"十二五"普通高等教育本科国家级规划教材

2009 年度普通高等教育精品教材

张三慧　编著

C6版

大学物理学（第三版）

上册

清華大學出版社
北　京

内容简介

本书讲述物理学基础理论的力学、光学和热学部分。其中力学部分包括质点力学、刚体的转动、振动和波，以及狭义相对论；光学部分讲述波动光学的光的干涉、衍射、偏振等规律；热学部分包括温度和气体动理论，热力学第一和第二定律。书中特别着重于守恒定律的讲解，也特别注意从微观上阐明物理现象及规律的本质。内容的选择上除了包括经典基本内容外，还注意适时插入现代物理概念与物理思想。此外，安排了许多现代的、联系各方面实际的例题和习题。

本书可作为高等院校的物理教材，也可以作为中学物理教师教学或其他读者自学的参考书。

图书在版编目(CIP)数据

大学物理学：C6版．上册/张三慧编著．—3版．—北京：清华大学出版社，2014(2024.8重印)
ISBN 978-7-302-36237-1

Ⅰ．①大…　Ⅱ．①张…　Ⅲ．①物理学－高等学校－教材　Ⅳ．①O4

中国版本图书馆CIP数据核字(2014)第076284号

责任编辑：邹开颜
封面设计：傅瑞学
责任校对：刘玉霞
责任印制：宋　林

出版发行：清华大学出版社
　　网　　址：https://www.tup.com.cn，https://www.wqxuetang.com
　　地　　址：北京清华大学学研大厦A座　　**邮　　编**：100084
　　社 总 机：010-83470000　　**邮　　购**：010-62786544
　　投稿与读者服务：010-62776969，c-service@tup.tsinghua.edu.cn
　　质量反馈：010-62772015，zhiliang@tup.tsinghua.edu.cn
印 装 者：三河市龙大印装有限公司
经　　销：全国新华书店
开　　本：185mm×260mm　　**印　张**：27.5　　**字　　数**：634千字
版　　次：1990年2月第1版　　2014年7月第3版　　**印　　次**：2024年8月第11次印刷
定　　价：77.00元

产品编号：059103-04

前言

FOREWORD

这部《大学物理学》(第三版)C6 版分上、下两册。上册含力学篇、光学篇和热学篇 3 篇,下册包括电磁学篇和量子物理篇 2 篇。

本书内容完全涵盖了 2006 年我国教育部发布的“非物理类理工学科大学物理课程基本要求”,标“*”的章节和例题非基本要求,可供选用。书中各篇对物理学的基本概念与规律进行了正确明晰的讲解。讲解基本上都是以最基本的规律和概念为基础,推演出相应的概念与规律。笔者认为,在教学上应用这种演绎逻辑更便于学生从整体上理解和掌握物理课程的内容。

力学篇是以牛顿定律为基础展开的。除了直接应用牛顿定律对问题进行动力学分析外,还引入了动量、角动量、能量等概念,并着重讲解相应的守恒定律及其应用。除惯性系外,还介绍了利用非惯性系解题的基本思路,刚体的转动、振动、波动这三章内容都是上述基本概念和定律对于特殊系统的应用。狭义相对论的讲解以两条基本假设为基础,从同时性的相对性这一“关键的和革命的”(杨振宁语)概念出发,逐渐展开得出各个重要结论。这种讲解可以比较自然地使学生从物理上而不只是从数学上弄懂狭义相对论的基本结论。

光学篇以电磁波和振动的叠加的概念为基础,讲述了光电干涉和衍射的规律。第 11 章光的偏振讲述了光的横波特征。

热学篇的讲述是以微观的分子运动的无规则性这一基本概念为基础的。除了阐明经典力学对分子运动的应用外,特别引入并加强了统计概念和统计规律,包括麦克斯韦速率分布律的讲解。对热力学第一定律也阐述了其微观意义。对热力学第二定律是从宏观热力学过程的方向性讲起,说明方向性的微观根源,并利用热力学概率定义了玻耳兹曼熵并说明了熵增加原理,然后再进一步导出克劳修斯熵及其计算方法。这种讲法最能揭示熵概念的微观本质,也便于理解熵概念的推广应用。

电磁学篇按照传统讲法,讲述电磁学的基本理论,包括静止和运动电荷的电场,运动电荷和电流的磁场,介质中的电场和磁场,电磁感应,电磁波等。

以上力学、光学、热学、电磁学各篇的内容基本上都是经典理论,但也在适当地方穿插了量子理论的概念和结论以便相互比较。

量子物理篇是从波粒二象性出发,以定态薛定谔方程为基础讲解的;进而介绍了原子中电子的运动规律。

本书各章均配有思考题和习题，以帮助学生理解和掌握已学的物理概念和定律或扩充一些新的知识。这些题目有易有难，绝大多数是实际现象的分析和计算。题目的数量适当，不以多取胜。也希望学生做题时不要贪多，而要求精，要真正把做过的每一道题从概念原理上搞清楚，并且用尽可能简洁明确的语言、公式、图像表示出来，需知，对一个科技工作者来说，正确地书面表达自己的思维过程与成果也是一项重要的基本功。

本书在保留经典物理精髓的基础上，特别注意加强了现代物理前沿知识和思想的介绍。本书内容取材在注重科学性和系统性的同时，还注重密切联系实际，选用了大量现代科技与我国古代文明的资料，力求达到经典与现代，理论与实际的完美结合。

物理教学除了“授业”外，还有“育人”的任务。为此本书介绍了十几位科学大师的事迹，简要说明了他们的思想境界、治学态度、开创精神和学术成就，以之作为学生为人处事的借鉴。在此我还要介绍一下我和帕塞尔教授的一段交往。帕塞尔教授是哈佛大学教授，1952 年因对核磁共振研究的成果荣获诺贝尔物理学奖。我于 1977 年看到他编写的《电磁学》，深深地为他的新讲法所折服。用他的书讲述两遍后，于 1987 年贸然写信向他请教，没想到很快就收到他的回信(见附图)和赠送给我的教材(第二版)及习题解答。他这种热心帮助一个素不相识的外国教授的行为使我非常感动。

帕塞尔《电磁学》(第二版)封面

本书作者与帕塞尔教授合影(1993 年)

HARVARD UNIVERSITY

DEPARTMENT OF PHYSICS

LYMAN LABORATORY OF PHYSICS
CAMBRIDGE, MASSACHUSETTS 02138

November 30, 1987

Professor Zhang Sanhui
Department of Physics
Tsinghua University
Beijing 100084
The People's Republic of China

Dear Professor Zhang:

Your letter of November 8 pleases me more than I can say, not only for your very kind remarks about my book, but for the welcome news that a growing number of physics teachers in China are finding the approach to magnetism through relativity enlightening and useful. That is surely to be credited to your own teaching, and also, I would surmise, to the high quality of your students. It is gratifying to learn that my book has helped to promote this development.

I don't know whether you have seen the second edition of my book, published about three years ago. A copy is being mailed to you, together with a copy of the Problem Solutions Manual. I shall be eager to hear your opinion of the changes and additions, the motivation for which is explained in the new Preface. May I suggest that you inspect, among other passages you will be curious about, pages 170-171. The footnote about Leigh Page repairs a regrettable omission in my first edition. When I wrote the book in 1963 I was unaware of Page's remarkable paper. I did not think my approach was original -- far from it -- but I did not take time to trace its history through earlier authors. As you now share my preference for this strategy I hope you will join me in mentioning Page's 1912 paper when suitable opportunities arise.

Your remark about printing errors in your own book evokes my keenly felt sympathy. In the first printing of my second edition we found about 50 errors, some serious! The copy you will receive is from the third printing, which still has a few errors, noted on the Errata list enclosed in the book. There is an International Student Edition in paperback. I'm not sure what printing it duplicates.

The copy of your own book has reached my office just after I began this letter! I hope my shipment will travel as rapidly. It will be some time before I shall be able to study your book with the care it deserves, so I shall not delay sending this letter of grateful acknowledgement.

Sincerely yours,

Edward M. Purcell

Edward M. Purcell

EMP/cad

帕塞尔回信复印件

他在信中写道“本书170—171页关于L. Page的注解改正了第一版的一个令人遗憾的疏忽。1963年我写该书时不知道Page那篇出色的文章，我并不认为我的讲法是原创的——远不是这样——但当时我没有时间查找早先的作者追溯该讲法的历史。现在既然你也喜欢这种讲法，我希望你和我一道在适当时机宣扬Page的1912年的文章。”一位物理学大师对自己的成就持如此虚心、谦逊、实事求是的态度使我震撼。另外他对自己书中的疏漏(实际上有些是印刷错误)认真修改，这种严肃认真的态度和科学精神也深深地教育了我。帕塞尔这封信所显示的作为一个科学家的优秀品德，对我以后的为人处事治学等方面都产生了很大影响，始终视之为楷模追随仿效，而且对我教的每一届学生都要展示帕塞尔的这一封信对他们进行教育，收到了很好的效果。

本书的撰写和修订得到了清华大学物理系老师的热情帮助(包括经验与批评)，也采纳了其他兄弟院校的教师和同学的建议和意见。此外也从国内外的著名物理教材中吸取了很多新的知识、好的讲法和有价值的素材。这些教材主要有：新概念物理教程(赵凯华等)，*Feyman Lectures on Physics*，*Berkeley Physics Course*(Purcell E M, Reif F, et al.)，*The Manchester Physics Series*(Mandl F, et al.)，*Physics*(Chanian H C.)，*Fundamentals of Physics*(Resnick R)，*Physics*(Alonso M et al.)等。

对于所有给予本书帮助的老师和学生以及上述著名教材的作者，本人在此谨致以诚挚的谢意。清华大学出版社诸位编辑对第三版杂乱的原稿进行了认真的审阅和编辑，特在此一并致谢。

张三慧

2008年1月

于清华园

第1篇　力　　学

第2篇 光 学

第 3 篇　热　　学

第1篇 力学

力学是一门古老的学问，其渊源在西方可追溯到公元前4世纪古希腊学者柏拉图认为圆运动是天体的最完美的运动和亚里士多德关于力产生运动的说教，在中国可以追溯到公元前5世纪《墨经》中关于杠杆原理的论述。但力学(以及整个物理学)成为一门科学理论应该说是从17世纪伽利略论述惯性运动开始，继而牛顿提出了后来以他的名字命名的三个运动定律。现在以牛顿定律为基础的力学理论叫牛顿力学或经典力学。它曾经被尊为完美普遍的理论而兴盛了约300年。在20世纪初虽然发现了它的局限性，在高速领域为相对论所取代，在微观领域为量子力学所取代，但在一般的技术领域，包括机械制造、土木建筑，甚至航空航天技术中，经典力学仍保持着充沛的活力而处于基础理论的地位。它的这种实用性是我们要学习经典力学的一个重要原因。

由于经典力学是最早形成的物理理论，后来的许多理论，包括相对论和量子力学的形成都受到它的影响。后者的许多概念和思想都是经典力学概念和思想的发展或改造。经典力学在一定意义上是整个物理学的基础，这是我们要学习经典力学的另一个重要原因。

本篇第1章、第2章讲述质点力学基础，即牛顿三定律和直接利用它们对力学问题的动力学分析方法。第4章、第5章引入并着重阐明了动量、角动量和能量诸概念及相应的守恒定律及其应用。刚体的转动、振动和波动各章则是阐述前几章力学定律对于特殊系统的应用。狭义相对论的时空观已是当今物理学的基础概念，它和牛顿力学联系紧密，可以归入经典力学的范畴。本篇第8章介绍狭义相对论的基本概念和原理。

量子力学是一门全新的理论，不可能归入经典力学，也就不包括在本篇内。尽管如此,在本篇适当的地方,还是插入了一些量子力学概念以便和经典概念加以比较。

经典力学一向被认为是决定论的。但是,在20世纪60年代,由于电子计算机的应用,发现了经典力学问题实际上大部分虽是决定论的,但是是不可预测的。为了使同学们了解经典力学的这一新发展,本篇在"今日物理趣闻B 混沌"中简单介绍了这方面的基本知识。

第1章

质点运动学

经典力学是研究物体的机械运动的规律的。为了研究，首先描述。力学中描述物体运动的内容叫做**运动学**。实际的物体结构复杂，大小各异，为了从最简单的研究开始，引进**质点**模型，即以具有一定质量的点来代表物体。本章讲解质点运动学。相当一部分概念和公式在中学物理课程中已学习过了，本章将对它们进行更严格、更全面也更系统化的讲解。例如强调了参考系的概念，速度、加速度的定义都用了导数这一数学运算，还普遍加强了矢量概念。又例如圆周运动介绍了切向加速度和法向加速度两个分加速度。最后还介绍了同一物体运动的描述在不同参考系中的变换关系——伽利略变换。

1.1 参考系

现在让我们从一般地描述质点在三维空间中的运动开始。

物体的机械运动是指它的位置随时间的改变。位置总是相对的，这就是说，任何物体的位置总是相对于其他物体或物体系来确定的。这个其他物体或物体系就叫做确定物体位置时用的**参考物**。例如，确定交通车辆的位置时，我们用固定在地面上的一些物体，如房子或路牌作参考物(图1.1)。

经验告诉我们，相对于不同的参考物，同一物体的同一运动，会表现为不同的形式。例如，一个自由下落的石块的运动，站在地面上观察，即以地面为参考物，它是直线运动。如果在近旁驰过的车厢内观察，即以行进的车厢为参考物，则石块将作曲线运动。物体运动的形式随参考物的不同而不同，这个事实叫**运动的相对性**。由于运动的相对性，当我们描述一个物体的运动时，就必须指明是相对于什么参考物来说的。

确定了参考物之后，为了定量地说明一个质点相对于此参考物的空间位置，就在此参考物上建立固定的**坐标系**。最常用的坐标系是**笛卡儿直角坐标系**。这个坐标系以参考物上某一固定点为原点 O，从此原点沿3个相互垂直的方向引3条固定在参考物上的直线作为**坐标轴**，通常分别叫做 x,y,z 轴(图1.2)。在这样的坐标系中，一个质点在任意时刻的空间位置，如 P 点，就可以用3个坐标值 (x,y,z) 来表示。

质点的运动就是它的位置随时间的变化。为了描述质点的运动，需要指出质点到达

图 1.1 汽车行进在"珠峰公路"上(新华社)。在路径已经确定的情况下,汽车的位置可由离一个指定的路牌的路径长度确定

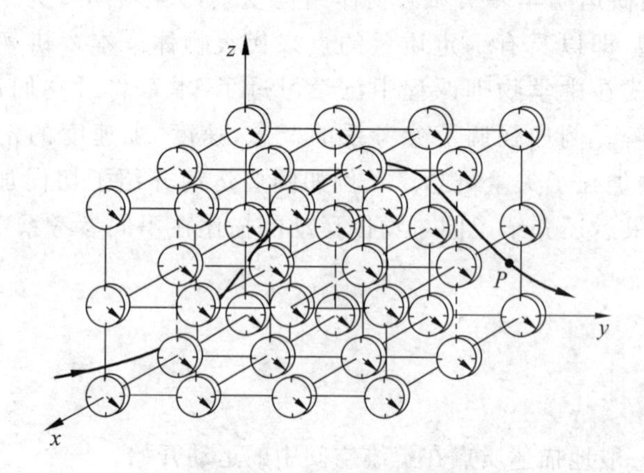

图 1.2 一个坐标系和一套同步的钟构成一个参考系

各个位置(x,y,z)的时刻t。这时刻t是由在坐标系中各处配置的许多**同步的钟**(如图1.2,在任意时刻这些钟的指示都一样)给出的[①]。质点在运动中到达各处时,都有近旁的钟给出它到达该处的时刻t。这样,质点的运动,亦即它的位置随时间的变化,就可以完全确定地描述出来了。

一个固定在参考物上的坐标系和相应的一套同步的钟组成一个**参考系**。参考系通常以所用的参考物命名。例如,坐标轴固定在地面上(通常一个轴竖直向上)的参考系叫**地面参考系**(图1.3中$O''x''y''z''$);坐标原点固定在地心而坐标轴指向空间固定方向(以恒星为基准)的参考系叫**地心参考系**(图1.3中$O'x'y'z'$);原点固定在太阳中心而坐标轴指向

① 此处说的"在坐标系中各处配置的许多同步的钟"是一种理论的设计,实际上当然办不到。实际上是用一个钟随同物体一起运动,由它指出物体到达各处的时刻。这只运动的钟事前已和静止在参考系中的一只钟对好,二者同步。这样前者给出的时刻就是本参考系给出的时刻。实际的例子是飞行员的手表就指示他到达空间各处的时刻,这和地面上控制室的钟给出的时刻是一样的。不过,这种实际操作在物体运动速度接近光速时将失效,在这种情况下运动的钟和静止的钟**不可能**同步,其原因参见本书8.3节。

空间固定方向(以恒星为基准)的参考系叫**太阳参考系**(图 1.3 中 $Oxyz$)。常用的固定在实验室的参考系叫**实验室参考系**。

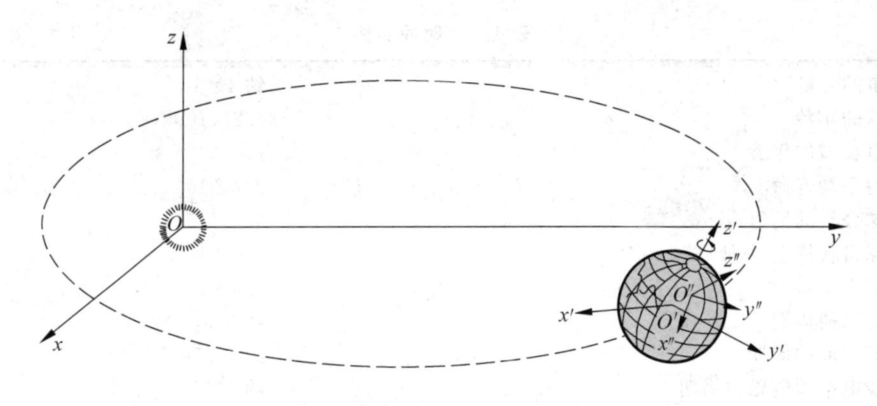

图 1.3　参考系示意图

质点位置的空间坐标值是沿着坐标轴方向从原点开始量起的长度。在**国际单位制** SI(其单位也是我国的法定计量单位)中,长度的基本单位是米(符号是 m)。现在国际上采用的米是 1983 年规定的[①]:**1 m 是光在真空中在(1/299 792 458)s 内所经过的距离**。这一规定的基础是激光技术的完善和相对论理论的确立。表 1.1 列出了一些长度的实例。

表 1.1　长度实例　m

目前可观察到的宇宙的半径	约 1×10^{26}
银河系之间的距离	约 2×10^{22}
我们的银河系的直径	7.6×10^{20}
地球到最近的恒星(半人马座比邻星)的距离	4.0×10^{16}
光在一年内走的距离(1 l. y.)	0.95×10^{16}
地球到太阳的距离	1.5×10^{11}
地球的半径	6.4×10^{6}
珠穆朗玛峰的高度	8.9×10^{3}
人的身高	约 1.7
无线电广播电磁波波长	约 3×10^{2}
说话声波波长	约 4×10^{-1}
人的红血球直径	7.5×10^{-6}
可见光波波长	约 6×10^{-7}
原子半径	约 1×10^{-10}
质子半径	1×10^{-15}
电子半径	$<1\times10^{-18}$
夸克半径	1×10^{-20}
"超弦"(理论假设)	1×10^{-35}

质点到达空间某一位置的**时刻**以从某一起始时刻到该时刻所经历的**时间**标记。时间在 SI 中是以秒(符号是 s)为基本单位计量的。以前曾规定平均太阳日的 1/86 400 是 1 s。

---

① 关于基本单位的规定,请参见:张钟华.基本物理常量与国际单位制基本单位的重新定义.物理通报,2006,2:7-10.

现在SI规定：**1 s是铯的一种同位素^{133}Cs原子发出的一个特征频率的光波周期的9 192 631 770倍**。表1.2列出了一些时间的实例。

表1.2 时间实例 s

宇宙的年龄	约4×10^{17}
地球的年龄	1.2×10^{17}
万里长城的年龄	7×10^{10}
人的平均寿命	2.2×10^{9}
地球公转周期(1年)	3.2×10^{7}
地球自转周期(1日)	8.6×10^{4}
自由中子寿命	8.9×10^{2}
人的脉搏周期	约0.9
说话声波的周期	约1×10^{-3}
无线电广播电磁波周期	约1×10^{-6}
π^+粒子的寿命	2.6×10^{-8}
可见光波的周期	约2×10^{-15}
最短的粒子寿命	约10^{-25}

在实际工作中，为了方便起见，常用基本单位的倍数或分数作单位来表示物理量的大小。这些单位叫**倍数单位**，它们的名称都是基本单位加上一个表示倍数或分数的词头构成。SI词头如表1.3所示。

表1.3 SI词头

因数	词头名称		符号
	英文	中文	
10^{24}	yotta	尧[它]	Y
10^{21}	zetta	泽[它]	Z
10^{18}	exa	艾[可萨]	E
10^{15}	peta	拍[它]	P
10^{12}	tera	太[拉]	T
10^{9}	giga	吉[咖]	G
10^{6}	mega	兆	M
10^{3}	kilo	千	k
10^{2}	hecto	百	h
10^{1}	deca	十	da
10^{-1}	deci	分	d
10^{-2}	centi	厘	c
10^{-3}	milli	毫	m
10^{-6}	micro	微	μ
10^{-9}	nano	纳[诺]	n
10^{-12}	pico	皮[可]	p
10^{-15}	femto	飞[母托]	f
10^{-18}	atto	阿[托]	a
10^{-21}	zepto	仄[普托]	z
10^{-24}	yocto	幺[科托]	y

1.2 质点的位矢、位移和速度

选定了参考系，一个质点的运动，即它的位置随时间的变化，就可以用数学函数的形式表示出来了。作为时间 t 的函数的 3 个坐标值一般可以表示为

$$x = x(t), \quad y = y(t), \quad z = z(t) \tag{1.1}$$

这样的一组函数叫做质点的**运动函数**(有的书上叫做运动方程)。

质点的位置可以用**矢量**①的概念更简洁清楚地表示出来。为了表示质点在时刻 t 的位置 P，我们从原点向此点引一有向线段 OP，并记作矢量 $\boldsymbol{r}$(图 1.4)。$\boldsymbol{r}$ 的方向说明了 P 点相对于坐标轴的方位，$\boldsymbol{r}$ 的大小(即它的"模")表明了原点到 P 点的距离。方位和距离都知道了，P 点的位置也就确定了。用来确定质点位置的这一矢量 $\boldsymbol{r}$ 叫做质点的**位置矢量**，简称**位矢**，也叫**径矢**。质点在运动时，它的位矢是随时间改变的，这一改变一般可以用函数

$$\boldsymbol{r} = \boldsymbol{r}(t) \tag{1.2}$$

来表示。上式就是质点的运动函数的矢量表示式。

(a)

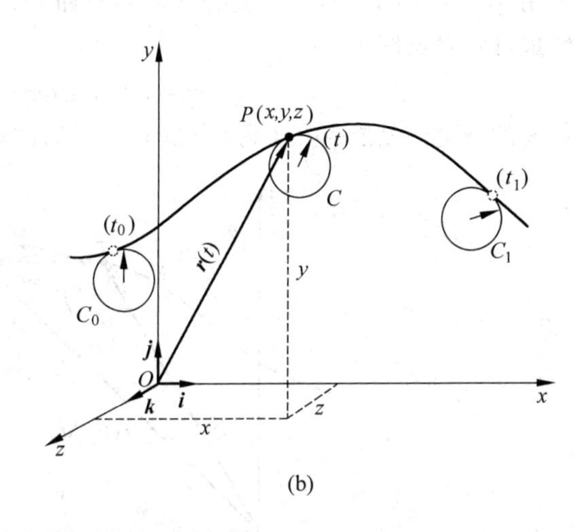

(b)

图 1.4 质点的运动

(a) 飞机穿透云层"实际的"质点运动；
(b) 用位矢 $\boldsymbol{r}(t)$ 表示质点在时刻 t 的位置

---

① **矢量**是指有方向而且其求和(或合成)需用**平行四边形定则**进行的物理量。矢量符号通常用黑体字印刷并且用长度与矢量的大小成比例的箭矢代表。求 $\boldsymbol{A}$ 与 $\boldsymbol{B}$ 的和 $\boldsymbol{C}$ 时可用平行四边形定则(图 1.5(a))，也可用三角形定则(图 1.5(b)，$\boldsymbol{A}$ 与 $\boldsymbol{B}$ 首尾相接)。求 $\boldsymbol{A}-\boldsymbol{B}=\boldsymbol{D}$ 时，由于 $\boldsymbol{A}=\boldsymbol{B}+\boldsymbol{D}$，所以可按图 1.6 进行($\boldsymbol{A}$ 与 $\boldsymbol{B}$ 首首相连)。

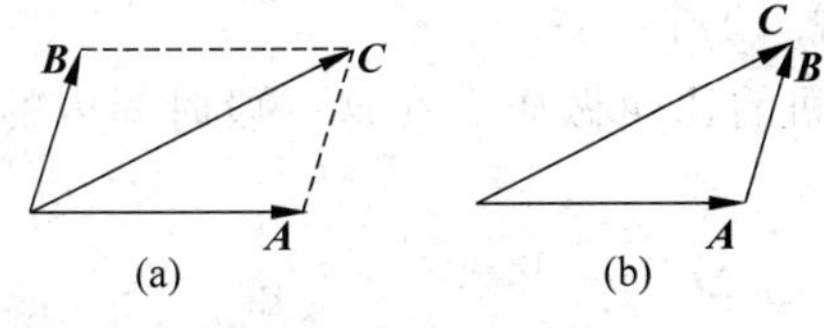

图 1.5 $\boldsymbol{A}+\boldsymbol{B}=\boldsymbol{C}$ 的图示

(a) 平行四边形定则；(b) 三角形定则

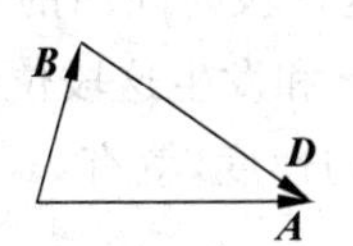

图 1.6 $\boldsymbol{A}-\boldsymbol{B}=\boldsymbol{D}$ 的图示

由于空间的几何性质，位置矢量总可以用它的沿3个坐标轴的分量之和表示。位置矢量 $\boldsymbol{r}$ 沿3个坐标轴的投影分别是坐标值 x,y,z。以 $\boldsymbol{i},\boldsymbol{j},\boldsymbol{k}$ 分别表示沿 x,y,z 轴正方向的**单位矢量**(即其大小是一个单位的矢量)，则位矢 $\boldsymbol{r}$ 和它的3个分量的关系就可以用矢量合成公式

$$\boldsymbol{r} = x\boldsymbol{i} + y\boldsymbol{j} + z\boldsymbol{k} \tag{1.3}$$

表示。式中等号右侧各项分别是位矢 $\boldsymbol{r}$ 沿各坐标轴的分矢量，它们的大小分别等于各坐标值的大小，其方向是各坐标轴的正向或负向，取决于各坐标值的正或负。根据式(1.3)，式(1.1)和式(1.2)表示的运动函数就有如下的关系：

$$\boldsymbol{r}(t) = x(t)\boldsymbol{i} + y(t)\boldsymbol{j} + z(t)\boldsymbol{k} \tag{1.4}$$

式(1.4)中各函数表示质点位置的各坐标值随时间的变化情况，可以看做是质点沿各坐标轴的**分运动**的表示式。质点的实际运动是由式(1.4)中3个函数的总体或式(1.2)表示的。式(1.4)表明，质点的实际运动是各分运动的**合运动**。

质点运动时所经过的路线叫做**轨道**，在一段时间内它沿轨道经过的距离叫做**路程**，在一段时间内它的位置的改变叫做它在这段时间内的**位移**。设质点在 t 和 $t+\Delta t$ 时刻分别通过 P 和 P_1 点(图1.7)，其位矢分别是 $\boldsymbol{r}(t)$ 和 $\boldsymbol{r}(t+\Delta t)$，则由 P 引到 P_1 的矢量表示位矢的增量，即(对比图1.6)

$$\Delta\boldsymbol{r} = \boldsymbol{r}(t+\Delta t) - \boldsymbol{r}(t) \tag{1.5}$$

这一位矢的增量就是质点在 t 到 $t+\Delta t$ 这一段时间内的位移。

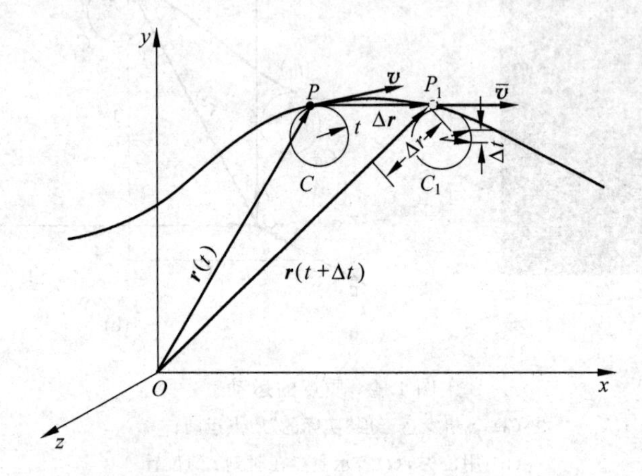

图1.7 位移矢量 $\Delta\boldsymbol{r}$ 和速度矢量 $\boldsymbol{v}$

应该注意的是，位移 $\Delta\boldsymbol{r}$ 是矢量，既有大小又有方向。其大小用图中 $\Delta\boldsymbol{r}$ 矢量的长度表示，记作 $|\Delta\boldsymbol{r}|$。这一数量不能简写为 Δr，因为 $\Delta r=r(t+\Delta t)-r(t)$，它是位矢的大小在 t 到 $t+\Delta t$ 这一段时间内的增量。一般地说，$|\Delta\boldsymbol{r}|\neq\Delta r$。

位移 $\Delta\boldsymbol{r}$ 和发生这段位移所经历的时间的比叫做质点在这一段时间内的**平均速度**。以 $\bar{\boldsymbol{v}}$ 表示平均速度，就有

$$\bar{\boldsymbol{v}} = \frac{\Delta\boldsymbol{r}}{\Delta t} \tag{1.6}$$

平均速度也是矢量，它的方向就是位移的方向(如图1.7所示)。

当 Δt 趋于零时，式(1.6)的极限，即质点位矢对时间的变化率，叫做质点在时刻 t 的**瞬时速度**，简称**速度**。用 $\boldsymbol{v}$ 表示速度，就有

$$\boldsymbol{v}=\lim_{\Delta t\to 0}\frac{\Delta\boldsymbol{r}}{\Delta t}=\frac{\mathrm{d}\boldsymbol{r}}{\mathrm{d}t} \tag{1.7}$$

速度的方向，就是 Δt 趋于零时 $\Delta\boldsymbol{r}$ 的方向。如图 1.7 所示，当 Δt 趋于零时，P_1 点向 P 点趋近，而 $\Delta\boldsymbol{r}$ 的方向最后将与质点运动轨道在 P 点的切线一致。因此，质点在时刻 t 的速度的方向就是沿着该时刻质点所在处运动轨道的切线而指向运动的前方，如图 1.7 中 $\boldsymbol{v}$ 的方向。

速度的大小叫**速率**，以 v 表示，则有

$$v=|\boldsymbol{v}|=\left|\frac{\mathrm{d}\boldsymbol{r}}{\mathrm{d}t}\right|=\lim_{\Delta t\to 0}\frac{|\Delta\boldsymbol{r}|}{\Delta t} \tag{1.8}$$

用 Δs 表示在 Δt 时间内质点沿轨道所经过的路程。当 Δt 趋于零时，$|\Delta\boldsymbol{r}|$ 和 Δs 趋于相同，因此可以得到

$$v=\lim_{\Delta t\to 0}\frac{|\Delta\boldsymbol{r}|}{\Delta t}=\lim_{\Delta t\to 0}\frac{\Delta s}{\Delta t}=\frac{\mathrm{d}s}{\mathrm{d}t} \tag{1.9}$$

这就是说速率又等于质点所走过的路程对时间的变化率。

根据位移的大小 $|\Delta\boldsymbol{r}|$ 与 Δr 的区别可以知道，一般地，

$$v=\left|\frac{\mathrm{d}\boldsymbol{r}}{\mathrm{d}t}\right|\neq\frac{\mathrm{d}r}{\mathrm{d}t}$$

将式(1.3)代入式(1.7)，由于沿 3 个坐标轴的单位矢量都不随时间改变，所以有

$$\boldsymbol{v}=\frac{\mathrm{d}x}{\mathrm{d}t}\boldsymbol{i}+\frac{\mathrm{d}y}{\mathrm{d}t}\boldsymbol{j}+\frac{\mathrm{d}z}{\mathrm{d}t}\boldsymbol{k}=\boldsymbol{v}_x+\boldsymbol{v}_y+\boldsymbol{v}_z \tag{1.10}$$

等号右面 3 项分别表示沿 3 个坐标轴方向的**分速度**。速度沿 3 个坐标轴的分量 v_x, v_y, v_z 分别为

$$v_x=\frac{\mathrm{d}x}{\mathrm{d}t},\quad v_y=\frac{\mathrm{d}y}{\mathrm{d}t},\quad v_z=\frac{\mathrm{d}z}{\mathrm{d}t} \tag{1.11}$$

这些分量都是数量，可正可负。

式(1.10)表明：质点的速度 $\boldsymbol{v}$ 是各分速度的矢量和。这一关系是式(1.4)的直接结果，也是由空间的几何性质所决定的。

由于式(1.10)中各分速度相互垂直，所以速率

$$v=\sqrt{v_x^2+v_y^2+v_z^2} \tag{1.12}$$

速度的 SI 单位是 m/s。表 1.4 给出了一些实际的速率的数值。

表 1.4 某些速率 m/s

光在真空中	3.0×10^8
北京正负电子对撞机中的电子	99.999 998%光速
类星体的退行(最快的)	2.7×10^8
太阳在银河系中绕银河系中心的运动	3.0×10^5
地球公转	3.0×10^4

续表

人造地球卫星	7.9×10^3
现代歼击机	约 9×10^2
步枪子弹离开枪口时	约 7×10^2
由于地球自转在赤道上一点的速率	4.6×10^2
空气分子热运动的平均速率(0℃)	4.5×10^2
空气中声速(0℃)	3.3×10^2
机动赛车(最大)	1.0×10^2
猎豹(最快动物)	2.8×10
人跑步百米世界纪录(最快时)	1.205×10
大陆板块移动	约 10^{-9}

全球定位系统(GPS)

全球定位系统是利用人造卫星准确认定接收器的位置并进行导航的系统。它由美国国防部首先创建,又称"NAVSTAR"。该系统共利用24颗卫星(1978年发射第一颗,1994年发射最后一颗),每颗卫星以速率 1.13×10^4 km/h 每天绕地球两圈,24颗卫星大致均匀分布于全球表面高空(图1.8(a)),卫星由太阳能电池供电(也有备用电池),有小火箭助推器保证它们各自在正确轨道上运行。卫星以1575.42 MHz的频率发射民用信号,地表面的接收器可以同时收到几颗卫星发来的信号。3个卫星的信号能认定接收器的二维位置(经度和纬度),4个卫星的信号能认定接收器的三维位置(经度、纬度和高度)(图1.8(b))。信号之所以能认定接收器的位置是因为接收器能测出各信号从卫星发出至到达接收器的时间,从而能计算出卫星到接收器的距离。知道了几个方向上卫星到接收器的距离,就可以确定接收器所在的位置了。NAVSTAR确定位置的精度平均为15 m,添加附属修正设备可使精度提高到3 m以下。位置确定后,接收器还可计算其他信息,如速率、方向、轨道等。目前NAVSTAR能对汽车、船只、飞机、导弹、卫星等进行全天候适时、准确定位。利用NAVSTAR是免费的。

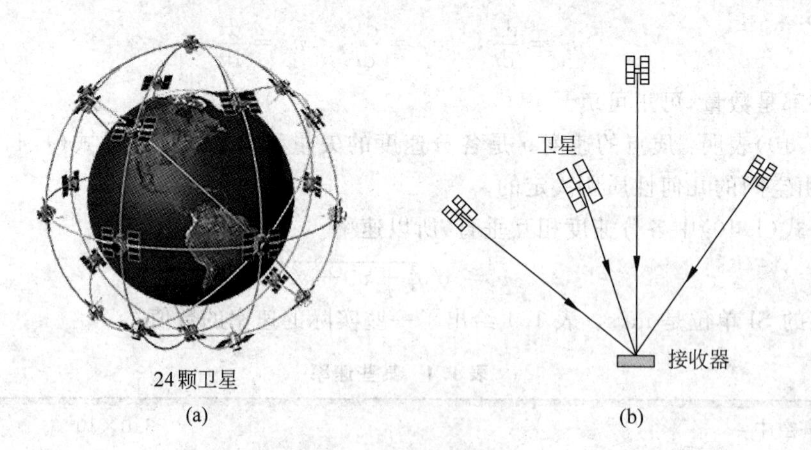

图1.8 全球定位系统

(a) NAVSTAR卫星分布图;(b) 4星定位原理图

为了摆脱对NAVSTAR的依赖,我国已自行研制开建了自己的全球卫星导航系统——北斗卫星导航系统。它将由5颗静止轨道卫星和30颗非静止轨道卫星组成,它不但能用来定位,而且还能用于通信。2006年我国已建成了"北斗一号"导航实验卫星系统。它由3颗卫星组成,其定位精度为10 m,授时精度为 50 ns,测速精度为 0.2 m/s。它覆盖我国及周边领域,已在电信、水利、交通、森林防火和国家安全等诸多领域发挥重要作用。2007 年 4 月我国又成功地发射了一颗北斗导航卫星(COMPASS-M1),在全球卫星导航系统的建设上又前进了一步。

1.3 加速度

当质点的运动速度随时间改变时,常常需要了解速度变化的情况。速度变化的情况用**加速度**表示。以 $\boldsymbol{v}(t)$ 和 $\boldsymbol{v}(t+\Delta t)$ 分别表示质点在时刻 t 和时刻 $t+\Delta t$ 的速度(图 1.9),则在这段时间内的**平均加速度** $\bar{\boldsymbol{a}}$ 由下式定义:

$$\bar{\boldsymbol{a}} = \frac{\boldsymbol{v}(t+\Delta t) - \boldsymbol{v}(t)}{\Delta t} = \frac{\Delta \boldsymbol{v}}{\Delta t} \tag{1.13}$$

当 Δt 趋于零时,此平均加速度的极限,即速度对时间的变化率,叫质点在时刻 t 的**瞬时加速度**,简称**加速度**。以 $\boldsymbol{a}$ 表示加速度,就有

$$\boldsymbol{a} = \lim_{\Delta t \to 0} \frac{\Delta \boldsymbol{v}}{\Delta t} = \frac{\mathrm{d}\boldsymbol{v}}{\mathrm{d}t} \tag{1.14}$$

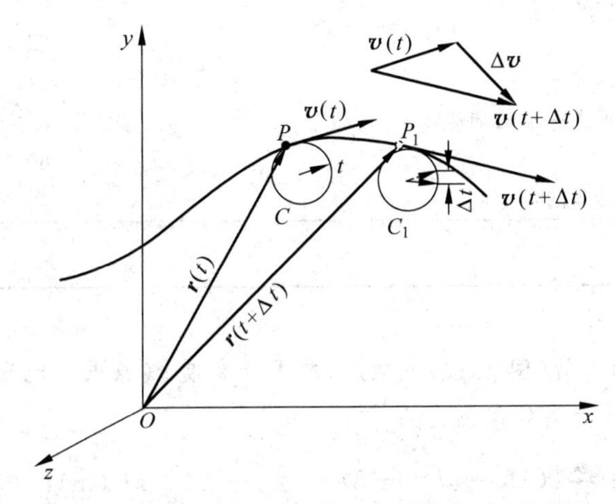

图 1.9 平均加速度矢量 $\bar{\boldsymbol{a}}$ 的方向就是 $\Delta \boldsymbol{v}$ 的方向

应该明确的是,加速度也是矢量。由于它是速度对时间的变化率,所以不管是速度的大小发生变化,还是速度的方向发生变化,都有加速度①。利用式(1.7),还可得

$$\boldsymbol{a} = \frac{\mathrm{d}^2 \boldsymbol{r}}{\mathrm{d}t^2} \tag{1.15}$$

将式(1.10)代入式(1.14),可得加速度的分量表示式如下:

$$\boldsymbol{a} = \frac{\mathrm{d}v_x}{\mathrm{d}t}\boldsymbol{i} + \frac{\mathrm{d}v_y}{\mathrm{d}t}\boldsymbol{j} + \frac{\mathrm{d}v_z}{\mathrm{d}t}\boldsymbol{k} = \boldsymbol{a}_x + \boldsymbol{a}_y + \boldsymbol{a}_z \tag{1.16}$$

加速度沿 3 个坐标轴的分量分别是

---

① 本节引进了加速度,即速度对时间的变化率。那么,是否还可进一步讨论加速度对时间的变化率,引进“**加加速度**”的概念呢?这一概念有实际意义吗?有的。请参见 2.1 节附加内容**急动度**。

$$\left.\begin{aligned}a_x&=\frac{dv_x}{dt}=\frac{d^2x}{dt^2}\\a_y&=\frac{dv_y}{dt}=\frac{d^2y}{dt^2}\\a_z&=\frac{dv_z}{dt}=\frac{d^2z}{dt^2}\end{aligned}\right\}\tag{1.17}$$

这些分量和加速度的大小的关系是

$$a=\sqrt{a_x^2+a_y^2+a_z^2}\tag{1.18}$$

加速度的SI单位是m/s^2。表1.5给出了一些实际的加速度的数值。

表1.5 某些加速度的数值 m/s^2

超级离心机中粒子的加速度	3×10^6
步枪子弹在枪膛中的加速度	约5×10^5
使汽车撞坏(以27 m/s车速撞到墙上)的加速度	约1×10^3
使人发晕的加速度	约7×10
地球表面的重力加速度	9.8
汽车制动的加速度	约8
月球表面的重力加速度	1.7
由于地球自转在赤道上一点的加速度	3.4×10^{-2}
地球公转的加速度	6×10^{-3}
太阳绕银河系中心转动的加速度	约3×10^{-10}

例1.1

竖直向上发射的火箭(图1.10)点燃后,其上升高度z(原点在地面上,z轴竖直向上)和时间t的关系,在不太高的范围内为

$$z=ut\ln M_0+\frac{u}{\alpha}\{(M_0-\alpha t)[\ln(M_0-\alpha t)-1]-M_0(\ln M_0-1)\}-\frac{1}{2}gt^2$$

其中,M_0为火箭发射前的质量;α为燃料的燃烧速率;u为燃料燃烧后喷出气体相对火箭的速率;g为重力加速度。

(1) 求火箭点燃后,它的速度和加速度随时间变化的关系。

(2) 已知$M_0=2.80\times10^6$ kg,$\alpha=1.20\times10^4$ kg/s,$u=2.90\times10^3$ m/s,g取9.80 m/s^2。求火箭点燃后$t=120$ s时,火箭的高度、速度和加速度。

(3) 用(2)中的数据分别画出z-t,v-t和a-t曲线。

解 (1) 火箭的速度为

$$v=\frac{dz}{dt}=u[\ln M_0-\ln(M_0-\alpha t)]-gt$$

加速度为

$$a=\frac{dv}{dt}=\frac{\alpha u}{M_0-\alpha t}-g$$

图 1.10 2007 年 2 月 3 日，在西昌卫星发射中心，“长征三号甲”运载火箭将第四颗北斗导航试验卫星送入太空

(2) 将已知数据代入相应公式，得到在 $t=120$ s 时，

$$M_0-\alpha t=2.80\times10^6-1.20\times10^4\times120=1.36\times10^6\ (\text{kg})$$

而火箭的高度为

$$\begin{aligned}z=&2.90\times10^3\times120\times\ln(2.8\times10^6)+\frac{2.9\times10^3}{1.20\times10^4}\Big\{1.36\times10^6[\ln(1.36\times10^6)-1]\\&-2.80\times10^6[\ln(2.80\times10^6)-1]\Big\}-\frac{1}{2}\times9.80\times120^2\\=&40\ (\text{km})\end{aligned}$$

为地球半径的 0.6%。这时火箭的速度为

$$v=2.90\times10^3\times\ln\frac{2.80\times10^6}{1.36\times10^6}-9.80\times120=0.918\ (\text{km/s})$$

方向向上，说明火箭仍在上升。火箭的加速度为

$$a=\frac{1.20\times10^4\times2.90\times10^3}{1.36\times10^6}-9.80=15.8\ (\text{m/s}^2)$$

方向向上，与速度同向，说明火箭仍在向上加速。

(3) 图 1.11(a)，(b)和(c)中分别画出了 z-t，v-t 和 a-t 曲线。从数学上说，三者中，后者依次为前者的斜率。

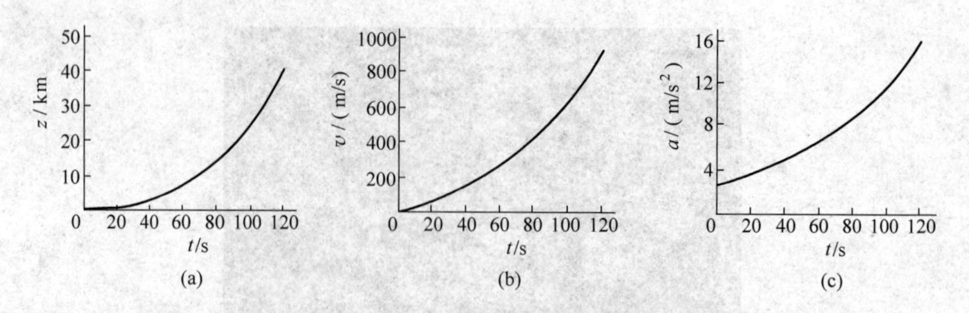

图 1.11 例 1.1 中火箭升空的高度 z、速率 v 和加速度 a 随时间 t 变化的曲线

例 1.2

一质点在 xy 平面内运动，其运动函数为 $x=R\cos\omega t$ 和 $y=R\sin\omega t$，其中 R 和 ω 为正值常量。求质点的运动轨道以及任一时刻它的位矢、速度和加速度。

解 对 x,y 两个函数分别取平方，然后相加，就可以消去 t 而得轨道方程

$$x^2+y^2=R^2$$

这是一个圆心在原点，半径为 R 的圆的方程(图 1.12)。它表明质点沿此圆周运动。

质点在任一时刻的位矢可表示为

$$\boldsymbol{r}=x\boldsymbol{i}+y\boldsymbol{j}=R\cos\omega t\boldsymbol{i}+R\sin\omega t\boldsymbol{j}$$

此位矢的大小为

$$r=\sqrt{x^2+y^2}=R$$

以 θ 表示此位矢和 x 轴的夹角，则

$$\tan\theta=\frac{y}{x}=\frac{\sin\omega t}{\cos\omega t}=\tan\omega t$$

因而

$$\theta=\omega t$$

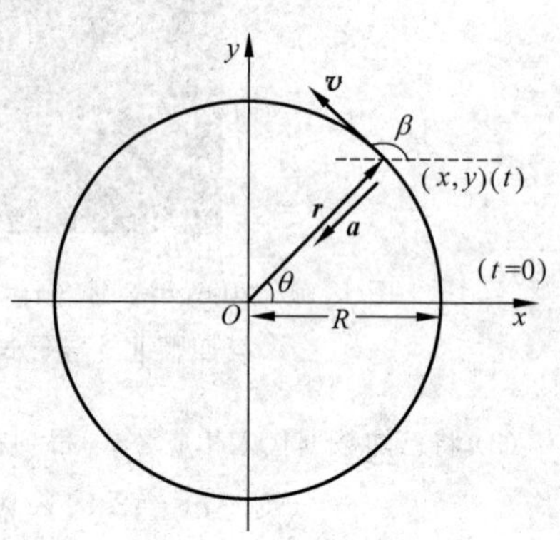

图 1.12 例 1.2 用图

质点在任一时刻的速度可由位矢表示式求出，即

$$\boldsymbol{v}=\frac{\mathrm{d}\boldsymbol{r}}{\mathrm{d}t}=-R\omega\sin\omega t\boldsymbol{i}+R\omega\cos\omega t\boldsymbol{j}$$

它沿两个坐标轴的分量分别为

$$v_x=-R\omega\sin\omega t,\quad v_y=R\omega\cos\omega t$$

速率为

$$v=\sqrt{v_x^2+v_y^2}=R\omega$$

由于 v 是常量，表明质点作匀速圆周运动。

以 β 表示速度方向与 x 轴之间的夹角，则

$$\tan\beta=\frac{v_y}{v_x}=-\frac{\cos\omega t}{\sin\omega t}=-\cot\omega t$$

从而有

$$\beta=\omega t+\frac{\pi}{2}=\theta+\frac{\pi}{2}$$

这说明，速度在任何时刻总与位矢垂直，即沿着圆的切线方向。质点在任一时刻的加速度为

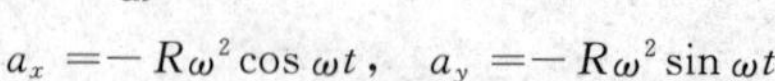

$$\boldsymbol{a}=\frac{\mathrm{d}\boldsymbol{v}}{\mathrm{d}t}=-R\omega^2\cos\omega t\boldsymbol{i}-R\omega^2\sin\omega t\boldsymbol{j}$$

而

$$a_x=-R\omega^2\cos\omega t,\quad a_y=-R\omega^2\sin\omega t$$

此加速度的大小为

$$a=\sqrt{a_x^2+a_y^2}=R\omega^2$$

又由上面的位矢表示式还可得

$$\boldsymbol{a}=-\omega^2(R\cos\omega t\boldsymbol{i}+R\sin\omega t\boldsymbol{j})=-\omega^2\boldsymbol{r}$$

这一负号表示在任一时刻质点的加速度的方向总和位矢的方向相反，也就是说匀速率圆周运动的加速度总是沿着半径指向圆心的。

本题给出的 x,y 两个函数式，实际上表示的是沿 x 和 y 方向的两个简谐振动。本题的分析结果指出，这两个振动的合成是一个匀速圆周运动，它有一个向心加速度，其大小为 ω^2R。

由以上二例可以看出，如果知道了质点的运动函数，我们就可以根据速度和加速度的定义用求导数的方法求出质点在任何时刻(或经过任意位置时)的速度和加速度。然而，在许多实际问题中，往往可以先求质点的加速度，而且要求在此基础上求出质点在各时刻的速度和位置。求解这类问题需要用积分的方法，下面我们以匀加速运动为例来说明这种方法。

1.4 匀加速运动

加速度的大小和方向都不随时间改变，即加速度 $\boldsymbol{a}$ 为常矢量的运动，叫做**匀加速运动**。由加速度的定义 $\boldsymbol{a}=\mathrm{d}\boldsymbol{v}/\mathrm{d}t$，可得

$$\mathrm{d}\boldsymbol{v}=\boldsymbol{a}\mathrm{d}t$$

对此式两边积分，即可得出速度随时间变化的关系。设已知某一时刻的速度，例如 $t=0$ 时，速度为 $\boldsymbol{v}_0$，则任意时刻 t 的速度 $\boldsymbol{v}$，就可以由下式求出：

$$\int_{\boldsymbol{v}_0}^{\boldsymbol{v}}\mathrm{d}\boldsymbol{v}=\int_0^t\boldsymbol{a}\mathrm{d}t$$

利用 $\boldsymbol{a}$ 为常矢量的条件，可得

$$\boldsymbol{v}=\boldsymbol{v}_0+\boldsymbol{a}t \tag{1.19}$$

这就是匀加速运动的速度公式。

由于 $\boldsymbol{v}=\mathrm{d}\boldsymbol{r}/\mathrm{d}t$，所以有 $\mathrm{d}\boldsymbol{r}=\boldsymbol{v}\mathrm{d}t$，将式(1.19)代入此式，可得

$$\mathrm{d}\boldsymbol{r}=(\boldsymbol{v}_0+\boldsymbol{a}t)\mathrm{d}t$$

设某一时刻，例如 $t=0$ 时的位矢为 $\boldsymbol{r}_0$，则任意时刻 t 的位矢 $\boldsymbol{r}$ 就可通过对上式两边积分求得，即

$$\int_{\boldsymbol{r}_0}^{\boldsymbol{r}}\mathrm{d}\boldsymbol{r}=\int_0^t(\boldsymbol{v}_0+\boldsymbol{a}t)\mathrm{d}t$$

由此得

$$\boldsymbol{r}=\boldsymbol{r}_0+\boldsymbol{v}_0t+\frac{1}{2}\boldsymbol{a}t^2 \tag{1.20}$$

这就是匀加速运动的位矢公式。

在实际问题中，常常利用式(1.19)和式(1.20)的分量式，它们是速度公式

$$\left.\begin{aligned}v_x&=v_{0x}+a_xt\\v_y&=v_{0y}+a_yt\\v_z&=v_{0z}+a_zt\end{aligned}\right\} \tag{1.21}$$

和位置公式

$$\left.\begin{aligned} x &= x_0 + v_{0x}t + \frac{1}{2}a_x t^2 \\ y &= y_0 + v_{0y}t + \frac{1}{2}a_y t^2 \\ z &= z_0 + v_{0z}t + \frac{1}{2}a_z t^2 \end{aligned}\right\} \tag{1.22}$$

这两组公式具体地说明了质点的匀加速运动沿3个坐标轴方向的分运动，质点的实际运动就是这3个分运动的合成。

以上各公式中的加速度和速度沿坐标轴的分量均可正可负，这要由各分矢量相对于坐标轴的正方向而定：相同为正，相反为负。

质点在时刻 $t=0$ 时的位矢 $\boldsymbol{r}_0$ 和速度 $\boldsymbol{v}_0$ 叫做运动的**初始条件**。由式(1.19)和式(1.20)可知，在已知加速度的情况下，给定了初始条件，就可以求出质点在任意时刻的位置和速度。这个结论在匀加速运动的诸公式中看得最明显。实际上它对质点的任意运动都是成立的。

如果质点沿一条直线作匀加速运动，就可以选它所沿的直线为 x 轴，而其运动就可以只用式(1.21)和式(1.22)的第一式加以描述。如果再取质点的初位置为原点，即取 $x_0=0$，则这些公式就是大家熟知的匀加速(或匀变速)直线运动的公式了。

最常见而且很重要的实际的匀加速运动是物体只在重力作用下的运动。这种运动的加速度的方向总竖直向下，其大小虽然随地点和高度略有不同(因而被近似地按匀加速运动处理)，但非常重要的是，实验证实，在同一地点的所有物体，不管它们的形状、大小和化学成分等有什么不同，它们的这一加速度都相同①。这一加速度就叫**重力加速度**，通常用 $\boldsymbol{g}$ 表示，在地面附近的重力加速度的值②大约是

$$g = 9.81\ \mathrm{m/s^2}$$

初速是零的这种运动就是**自由落体运动**。以起点为原点，取 y 轴向下，则由式(1.21)和式(1.22)的第二式可得自由落体运动的公式如下：

$$\left.\begin{aligned} v &= gt \\ y &= \frac{1}{2}gt^2 \\ v^2 &= 2gy \end{aligned}\right\}$$

---

① 所有物体的自由落体加速度都一样，作为事实首先被伽利略在17世纪初期肯定下来。它的重要意义被爱因斯坦注意到，作为他在1915年提出的广义相对论的出发点。正是由于这个十分重要的意义，所以有许多人多次做实验来验证这一点。牛顿所做的各种物体自由落体加速度都相等的实验曾精确到 10^{-3} 量级。近代，这方面的实验精确到 10^{-10} 量级，在某些特殊情况下甚至精确到 10^{-12} 量级。

1999年朱棣文小组用原子干涉仪成功地测量了重力加速度，利用自由下落的原子能够以与光学干涉仪相同的精度测出 g 的值，精度达 3×10^{-6}，从而证明了自由落体定律(即 g 值与落体质量无关)在量子尺度上成立。

② 测量地面上不同地点的 g 值通常是用单摆进行的。但近年来国际度量衡局采用了一种特别精确的方法。它是在一个真空容器中将一个特制的小抛体向上抛出，测量它上升一段给定的距离接着又回落到原处所经过的时间。由这距离和时间就可以算出 g 来。用光的干涉仪可以把测定距离的精度提高到 $\pm10^{-9}$ m。这样测定的 g 值可以准确到 $\pm3\times10^{-8}\ \mathrm{m/s^2}$(用低速原子构建的原子干涉仪甚至可以准确到 10^{-10} 数量级)。用这样精确的方法测量的结果发现 g 值随时间有微小的浮动，浮动值可以达到 $4\times10^{-7}\ \mathrm{m/s^2}$。这一浮动的原因目前还不清楚，大概和地球内部物质分布的改变有关(以上见：H. C. Ohanian, Physics, 2nd ed. W. W. Norton & Company, 1989: 41)。

例 1.3

在高出海面 30 m 的悬崖边上以 15 m/s 的初速竖直向上抛出一石子，如图 1.13 所示，设石子回落时不再碰到悬崖并忽略空气的阻力。求(1)石子能达到的最大高度；(2)石子从被抛出到回落触及海面所用的时间；(3)石子触及海面时的速度。

解 取通过抛出点的竖直线为 x 轴，向上为正，抛出点为原点(图 1.13)。石子抛出后作匀变速运动，就可以用式(1.21)($v_0=0$)～式(1.22)的 x 轴分量式求解。由于重力加速度和 x 轴方向相反，所以式(1.21)、式(1.22)中的 a 值应取 $-g$，而 $v_0=15$ m/s。

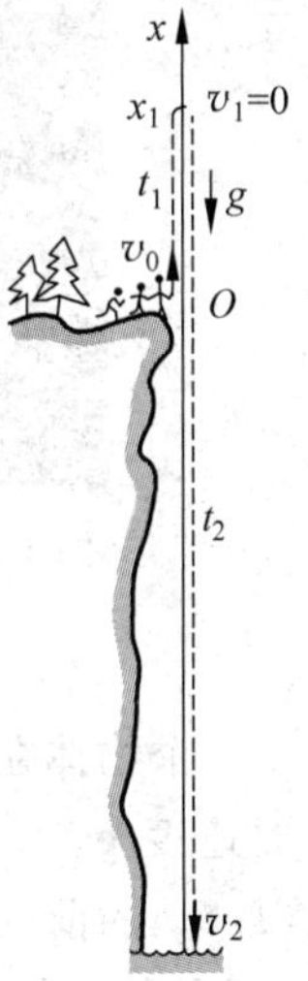

此题可分两阶段求解：石子上升阶段和回落阶段。

(1) 以 x_1 表示石子达到的最高位置，由于此时石子的速度应为 $v_1=0$，所以由式 $v^2=v_0^2+2(-g)x$ 可得

$$x_1=\frac{v_0^2-v_1^2}{2g}=\frac{15^2-0^2}{2\times 9.80}=11.5\ (\mathrm{m})$$

即石子最高可达到抛出点以上 11.5 m 处。

(2) 石子上升到最高点，根据式(1.21)($v=v_0+(-g)t$)可得所用时间 t_1 为

$$t_1=\frac{v_0-v_1}{g}=\frac{15-0}{9.80}=1.53\ (\mathrm{s})$$

石子到达最高点时就要回落(为清晰起见，在图 1.13 中将石子回落路径和上升路径分开画了)，作初速度为零的自由落体运动，这时可利用自由落体运动公式，由于下落高度为 $h=11.5+30=41.5$ m，所以由式 $h=\frac{1}{2}gt^2$ 可得下落的时间为

$$t_2=\sqrt{2h/g}=\sqrt{2\times 41.5/9.80}=2.91\ (\mathrm{s})$$

图 1.13 悬崖上抛石

于是，石子从抛出到触及海面所用的总时间就是

$$t=t_1+t_2=1.53+2.91=4.44\ (\mathrm{s})$$

(3) 石子触及海面时的速度为

$$v_2=\sqrt{2gh}=\sqrt{2\times 9.80\times 41.5}=28.5\ (\mathrm{m/s})$$

此题(2)、(3)两问也可以根据把上升下落作为一整体考虑，这时石子在抛出后经过时间 t 后触及海面的位置应为 $x=-30$ m，由式 $v^2=v_0^2+2(-g)x$ 可得石子触及海面时的速率为

$$v=\sqrt{v_0^2-2gx}=\sqrt{15^2-2\times 9.80\times(-30)}=-28.5\ (\mathrm{m/s})$$

此处开根号的结果取负值，是因为此时刻速度方向向下，与 x 轴正向相反。

根据式(1.22)$\left(x=v_0t+\frac{1}{2}(-g)t^2\right)$，代入 x，v_0 和 g 的值可得

$$-30=15t-4.9t^2$$

解此二次方程可得石子从抛出到触及海面所用总时间为 $t=4.44$ s(此方程另一解为 -1.38 s 对本题无意义，故舍去)。

1.5 抛体运动

从地面上某点向空中抛出一物体，它在空中的运动就叫**抛体运动**。物体被抛出后，忽略风的作用，它的运动轨道总是被限制在通过抛射点的由抛出速度方向和竖直方向所确

定的平面内，因而，抛体运动一般是二维运动(见图1.14)。

图1.14 河北省曹妃甸沿海的吹沙船在吹沙造地，吹起的沙形成近似抛物线
(新华社记者杨世尧)

一个物体在空中运动时，在空气阻力可以忽略的情况下，它在各时刻的加速度都是重力加速度 $\boldsymbol{g}$。一般视 $\boldsymbol{g}$ 为常矢量。这种运动的速度和位置随时间的变化可以分别用式(1.21)的前两式和式(1.22)的前两式表示。描述这种运动时，可以选抛出点为坐标原点，而取水平方向和竖直向上的方向分别为 x 轴和 y 轴(图1.15)。从抛出时刻开始计时，则 $t=0$ 时，物体的初始位置在原点，即 $\boldsymbol{r}_0=0$；以 $\boldsymbol{v}_0$ 表示物体的初速度，以 θ 表示抛射角(即初速度与 x 轴的夹角)，则 $\boldsymbol{v}_0$ 沿 x 轴和 y 轴上的分量分别是

$$v_{0x}=v_0\cos\theta,\quad v_{0y}=v_0\sin\theta$$

物体在空中的加速度为

$$a_x=0,\quad a_y=-g$$

其中负号表示加速度的方向与 y 轴的方向相反。利用这些条件，由式(1.21)可以得出物体在空中任意时刻的速度为

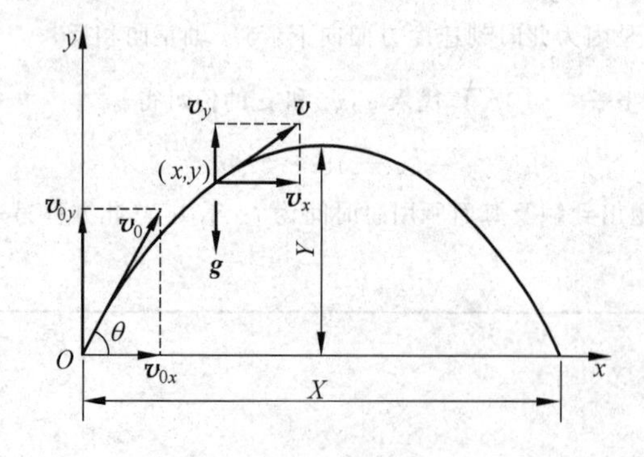

图1.15 抛体运动分析

$$\left.\begin{aligned} v_x &= v_0\cos\theta \\ v_y &= v_0\sin\theta - gt \end{aligned}\right\} \tag{1.23}$$

由式(1.22)可以得出物体在空中任意时刻的位置为

$$\left.\begin{aligned} x &= v_0\cos\theta\cdot t \\ y &= v_0\sin\theta\cdot t - \frac{1}{2}gt^2 \end{aligned}\right\} \tag{1.24}$$

式(1.23)和式(1.24)也是大家在中学都已熟悉的公式。它们说明抛体运动是竖直方向的匀加速运动和水平方向的匀速运动的合成。由上两式可以求出(请读者自证)物体从抛出到回落到抛出点高度所用的时间 T 为

$$T = \frac{2v_0\sin\theta}{g}$$

飞行中的最大高度(即高出抛出点的距离)Y 为

$$Y = \frac{v_0^2\sin^2\theta}{2g}$$

飞行的射程(即回落到与抛出点的高度相同时所经过的水平距离)X 为

$$X = \frac{v_0^2\sin 2\theta}{g}$$

由这一表示式还可以证明:当初速度大小相同时,在抛射角 θ 等于 45°的情况下射程最大。

在式(1.24)的两式中消去 t,可得抛体的轨道函数为

$$y = x\tan\theta - \frac{1}{2}\,\frac{gx^2}{v_0^2\cos^2\theta}$$

对于一定的 v_0 和 θ,这一函数表示一条通过原点的二次曲线。这曲线在数学上叫"抛物线"。

应该指出,以上关于抛体运动的公式,都是在忽略空气阻力的情况下得出的。只有在初速比较小的情况下,它们才比较符合实际。实际上子弹或炮弹在空中飞行的规律和上述公式是有很大差别的。例如,以 550 m/s 的初速沿 45°抛射角射出的子弹,按上述公式计算的射程在 30 000 m 以上。实际上,由于空气阻力,射程不过 8500 m,不到前者的 1/3。子弹或炮弹飞行的规律,在军事技术中由专门的弹道学进行研究。

空气对抛体运动的影响,不只限于减小射程。对于乒乓球、排球、足球等在空中的飞行,由于球的旋转,空气的作用还可能使它们的轨道发生侧向弯曲。

对于飞行高度与射程都很大的抛体,例如洲际弹道导弹,弹头在很大部分时间内都在大气层以外飞行,所受空气阻力是很小的。但是由于在这样大的范围内,重力加速度的大小和方向都有明显的变化,因而上述公式也都不能应用。

例 1.4

有一学生在体育馆阳台上以投射角 $\theta=30°$ 和速率 $v_0=20$ m/s 向台前操场投出一垒球。球离开手时距离操场水平面的高度 $h=10$ m。试问球投出后何时着地?在何处着地?着地时速度的大小和方向各如何?

解 以投出点为原点,建 x,y 坐标轴如图 1.16。引用式(1.24),有

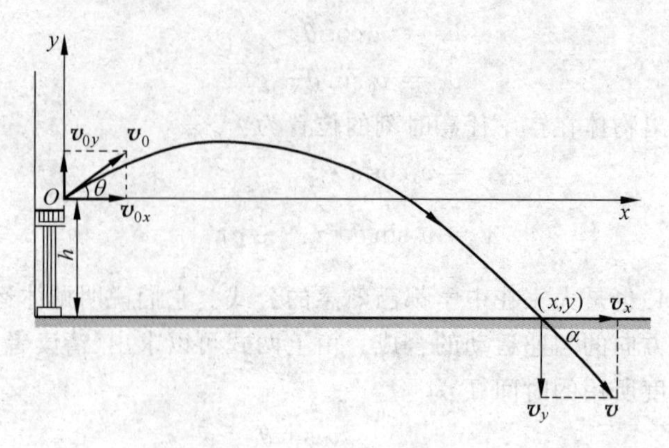

图 1.16 例 1.4 用图

$$x = v_0 \cos\theta \cdot t$$

$$y = v_0 \sin\theta \cdot t - \frac{1}{2} g t^2$$

以(x, y)表示着地点坐标，则 $y=-h=-10$ m。将此值和 v_0，θ 值一并代入第二式得

$$-10 = 20 \times \frac{1}{2} \times t - \frac{1}{2} \times 9.8 \times t^2$$

解此方程，可得 $t=2.78$ s 和 -0.74 s。取正数解，即得球在出手后 2.78 s 着地。

着地点离投射点的水平距离为

$$x = v_0 \cos\theta \cdot t = 20 \times \cos 30° \times 2.78 = 48.1 \text{ (m)}$$

引用式(1.23)得

$$v_x = v_0 \cos\theta = 20 \times \cos 30° = 17.3 \text{ (m/s)}$$

$$v_y = v_0 \sin\theta - gt = 20\sin 30° - 9.8 \times 2.78 = -17.2 \text{ (m/s)}$$

着地时速度的大小为

$$v = \sqrt{v_x^2 + v_y^2} = \sqrt{17.3^2 + 17.2^2} = 24.4 \text{ (m/s)}$$

此速度和水平面的夹角

$$\alpha = \arctan\frac{v_y}{v_x} = \arctan\frac{-17.2}{17.3} = -44.8°$$

作为抛体运动的一个特例，令抛射角 $\theta=90°$，我们就得到上抛运动。这是一个匀加速直线运动，它在任意时刻的速度和位置可以分别用式(1.23)中的第二式和式(1.24)中的第二式求得，于是有

$$v_y = v_0 - gt \tag{1.25}$$

$$y = v_0 t - \frac{1}{2} g t^2 \tag{1.26}$$

这也是大家所熟悉的公式。应该再次明确指出的是，v_y 和 y 的值都是代数值，可正可负。$v_y>0$ 表示该时刻物体正向上运动，$v_y<0$ 表示该时刻物体已回落并正向下运动。$y>0$ 表示该时刻物体的位置在抛出点之上，$y<0$ 表示物体的位置已回落到抛出点以下了。

1.6 圆周运动

质点沿圆周运动时，它的速率通常叫线速度。如以 s 表示从圆周上某点 A 量起的弧长(图 1.17)，则线速度 v 就可用式(1.9)表示为

$$v=\frac{\mathrm{d}s}{\mathrm{d}t}$$

以 θ 表示半径 R 从 OA 位置开始转过的角度，则 $s=R\theta$。将此关系代入上式，由于 R 是常量，可得

$$v=R\frac{\mathrm{d}\theta}{\mathrm{d}t}$$

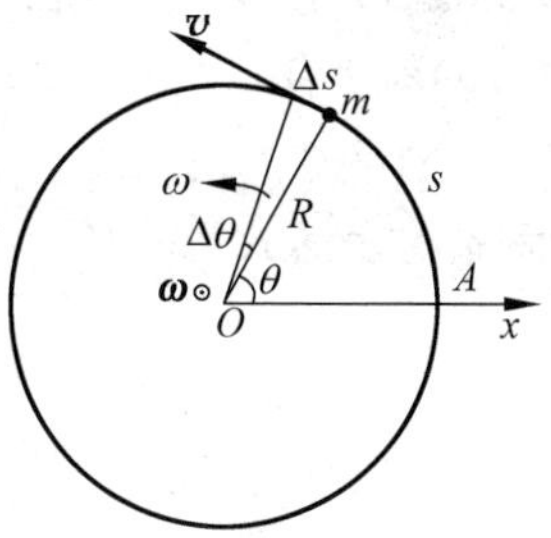

图 1.17 线速度与角速度

式中$\frac{\mathrm{d}\theta}{\mathrm{d}t}$叫做质点运动的**角速度**[①]，它的 SI 单位是 rad/s 或 1/s。常以 ω 表示角速度，即

$$\omega=\frac{\mathrm{d}\theta}{\mathrm{d}t} \tag{1.27}$$

这样就有

$$v=R\omega \tag{1.28}$$

对于匀速率圆周运动，ω 和 v 均保持不变，因而其运动周期可求得为

$$T=\frac{2\pi}{\omega} \tag{1.29}$$

质点作圆周运动时，它的线速度可以随时间改变或不改变。但是由于其速度矢量的方向总是在改变着，所以总是有加速度。下面我们来求变速圆周运动的加速度。

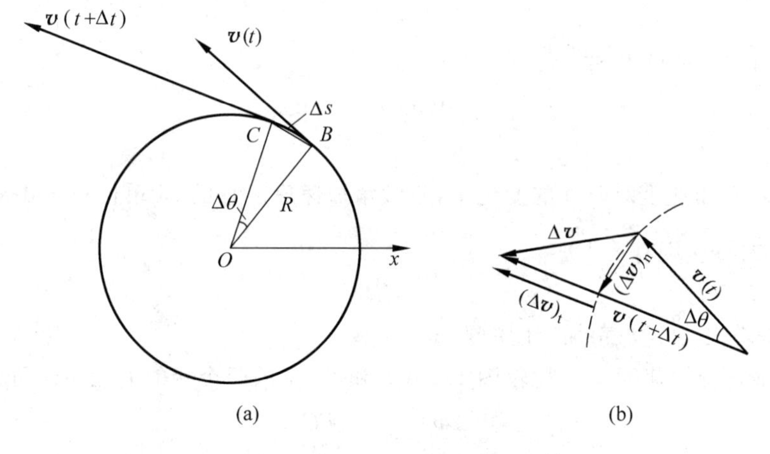

图 1.18 变速圆周运动的加速度

① 角速度也是一个矢量，它的大小由式(1.27)规定。它的方向沿转动的轴线，指向用右手螺旋法则判定：右手握住轴线，并让四指旋向转动方向，这时拇指沿轴线的指向即角速度的方向。例如，图 1.17 中的角速度的方向即垂直纸面指向读者。以 $\boldsymbol{\omega}$ 表示角速度矢量，以 $\boldsymbol{R}$ 表示径矢，则式(1.28)可写成矢积的形式，即

$$\boldsymbol{v}=\boldsymbol{\omega}\times\boldsymbol{R}$$

如图1.18(a)所示，$\boldsymbol{v}(t)$和$\boldsymbol{v}(t+\Delta t)$分别表示质点沿圆周运动经过$B$点和$C$点时的速度矢量，由加速度的定义式(1.14)可得

$$\boldsymbol{a}=\lim_{\Delta t\to 0}\frac{\boldsymbol{v}(t+\Delta t)-\boldsymbol{v}(t)}{\Delta t}=\lim_{\Delta t\to 0}\frac{\Delta \boldsymbol{v}}{\Delta t}$$

$\Delta\boldsymbol{v}$如图1.18(b)所示，在矢量$\boldsymbol{v}(t+\Delta t)$上截取一段，使其长度等于$v(t)$，作矢量$(\Delta\boldsymbol{v})_{\mathrm{n}}$和$(\Delta\boldsymbol{v})_{\mathrm{t}}$，就有

$$\Delta\boldsymbol{v}=(\Delta\boldsymbol{v})_{\mathrm{n}}+(\Delta\boldsymbol{v})_{\mathrm{t}}$$

因而$\boldsymbol{a}$的表达式可写成

$$\boldsymbol{a}=\lim_{\Delta t\to 0}\frac{(\Delta\boldsymbol{v})_{\mathrm{n}}}{\Delta t}+\lim_{\Delta t\to 0}\frac{(\Delta\boldsymbol{v})_{\mathrm{t}}}{\Delta t}=\boldsymbol{a}_{\mathrm{n}}+\boldsymbol{a}_{\mathrm{t}}\tag{1.30}$$

其中

$$\boldsymbol{a}_{\mathrm{n}}=\lim_{\Delta t\to 0}\frac{(\Delta\boldsymbol{v})_{\mathrm{n}}}{\Delta t},\quad \boldsymbol{a}_{\mathrm{t}}=\lim_{\Delta t\to 0}\frac{(\Delta\boldsymbol{v})_{\mathrm{t}}}{\Delta t}$$

这就是说，加速度$\boldsymbol{a}$可以看成是两个分加速度的合成。

先求分加速度$\boldsymbol{a}_{\mathrm{t}}$。由图1.18(b)可知，$(\Delta\boldsymbol{v})_{\mathrm{t}}$的数值为

$$v(t+\Delta t)-v(t)=\Delta v$$

即等于速率的变化。于是$\boldsymbol{a}_{\mathrm{t}}$的数值为

$$a_{\mathrm{t}}=\lim_{\Delta t\to 0}\frac{\Delta v}{\Delta t}=\frac{\mathrm{d}v}{\mathrm{d}t}\tag{1.31}$$

即等于速率的变化率。由于$\Delta t\to 0$时，$(\Delta\boldsymbol{v})_{\mathrm{t}}$的方向趋于和$\boldsymbol{v}$在同一直线上，因此$\boldsymbol{a}_{\mathrm{t}}$的方向也沿着轨道的切线方向。这一分加速度就叫**切向加速度**。切向加速度表示质点速率变化的快慢。a_{t}为一代数量，可正可负。$a_{\mathrm{t}}>0$表示速率随时间增大，这时$\boldsymbol{a}_{\mathrm{t}}$的方向与速度$\boldsymbol{v}$的方向相同；$a_{\mathrm{t}}<0$表示速率随时间减小，这时$\boldsymbol{a}_{\mathrm{t}}$的方向与速度$\boldsymbol{v}$的方向相反。

利用式(1.28)还可得到

$$a_{\mathrm{t}}=\frac{\mathrm{d}(R\omega)}{\mathrm{d}t}=R\frac{\mathrm{d}\omega}{\mathrm{d}t}$$

$\frac{\mathrm{d}\omega}{\mathrm{d}t}$表示质点运动角速度对时间的变化率，叫做**角加速度**。它的SI单位是$\mathrm{rad/s^2}$或$1/\mathrm{s^2}$。以α表示角加速度，则有

$$a_{\mathrm{t}}=R\alpha\tag{1.32}$$

即切向加速度等于半径与角加速度的乘积。

下面再来求分加速度$\boldsymbol{a}_{\mathrm{n}}$。比较图1.18(a)和(b)中的两个相似的三角形可知

$$\frac{|(\Delta\boldsymbol{v})_{\mathrm{n}}|}{v}=\frac{\overline{BC}}{R}$$

即

$$|(\Delta\boldsymbol{v})_{\mathrm{n}}|=\frac{v\overline{BC}}{R}$$

式中$\overline{BC}$为弦的长度。当$\Delta t\to 0$时，这一弦长趋近于和对应的弧长Δs相等。因此，$\boldsymbol{a}_{\mathrm{n}}$的大小为

$$a_n = \lim_{\Delta t \to 0} \frac{|(\Delta \boldsymbol{v})_n|}{\Delta t} = \lim_{\Delta t \to 0} \frac{v\Delta s}{R\Delta t} = \frac{v}{R} \lim_{\Delta t \to 0} \frac{\Delta s}{\Delta t}$$

由于

$$\lim_{\Delta t \to 0} \frac{\Delta s}{\Delta t} = v$$

可得

$$a_n = \frac{v^2}{R} \tag{1.33}$$

利用式(1.28)，还可得

$$a_n = \omega^2 R \tag{1.34}$$

至于 $\boldsymbol{a}_n$ 的方向，从图 1.18(b)中可以看到，当 $\Delta t \to 0$ 时，$\Delta\theta \to 0$，而$(\Delta \boldsymbol{v})_n$ 的方向趋向于垂直于速度 $\boldsymbol{v}$ 的方向而指向圆心。因此，$\boldsymbol{a}_n$ 的方向在任何时刻都垂直于圆的切线方向而沿着半径指向圆心。这个分加速度就叫**向心加速度**或**法向加速度**。法向加速度表示由于速度方向的改变而引起的速度的变化率。在圆周运动中，总有法向加速度。在直线运动中，由于速度方向不改变，所以 $a_n = 0$。在这种情况下，也可以认为 $R \to \infty$，此时式(1.33)也给出 $a_n = 0$。

由于 $\boldsymbol{a}_n$ 总是与 $\boldsymbol{a}_t$ 垂直，所以圆周运动的总加速度的大小为

$$a = \sqrt{a_n^2 + a_t^2} \tag{1.35}$$

以 β 表示加速度 $\boldsymbol{a}$ 与速度 $\boldsymbol{v}$ 之间的夹角(图 1.19)，则

$$\beta = \arctan \frac{a_n}{a_t} \tag{1.36}$$

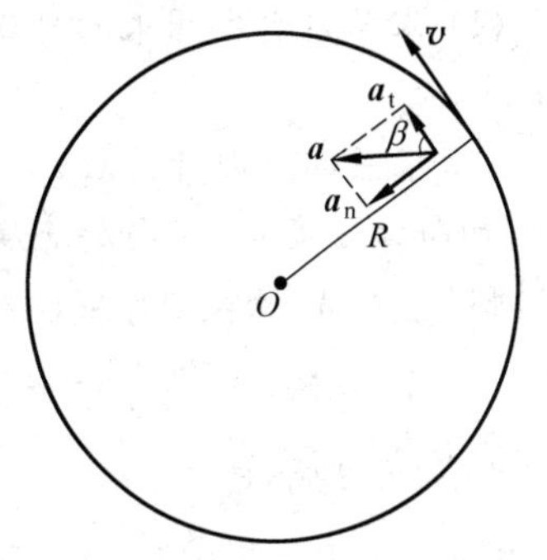

图 1.19 加速度的方向

应该指出，以上关于加速度的讨论及结果，也适用于任何二维的(即平面上的)曲线运动。这时有关公式中的半径应是曲线上所涉及点处的**曲率半径**(即该点曲线的密接圆或曲率圆的半径)。还应该指出的是，曲线运动中加速度的大小

$$a = |\boldsymbol{a}| = \left|\frac{d\boldsymbol{v}}{dt}\right| \neq \frac{dv}{dt} = a_t$$

也就是说，曲线运动中加速度的大小并不等于速率对时间的变化率，这一变化率只是加速度的一个分量，即切向加速度。

例 1.5

求地球的自转角速度。

解 若知道了地球的自转周期 T，就可以用式(1.29)进行计算。可以用 $T = 1\ \text{d} = 8.640 \times 10^4\ \text{s}$ 吗？不行。此处 1 d 是"平均太阳日"，即地球表面某点相继两次"日正午"时刻相隔的时间。计算地球自转周期应该用太阳参考系或恒星参考系。在这一参考系中地球自转一周的时间要比一平均太阳日短一些。如图 1.20(没有按比例画图)所示，设 P 点是地球表面日正午的一点，地球自转一周后，由于它的公

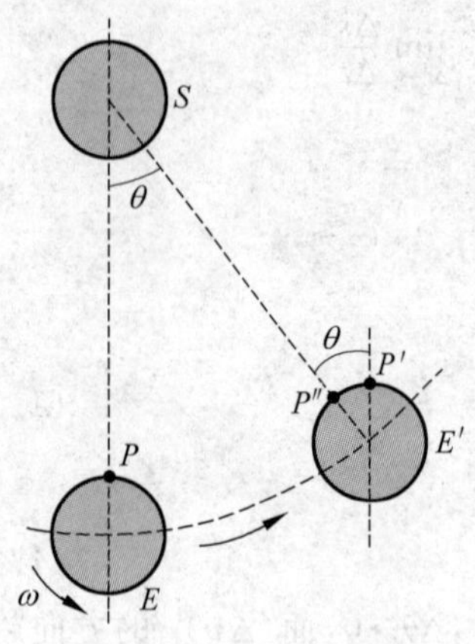

图 1.20 例 1.5 用图

转，移到 E' 位置，而 P 点转到 P' 点，还未到达日正午的位置 P''。要到日正午的位置还需要继续转动一 θ 角。这一 θ 角可如下计算。一天要多转一个 θ 角，一年要多转 365θ 角。由于一年后地球又回到 E 处，P 点应该正好多转了 2π 角度。于是

$$\theta = \frac{2\pi}{365} = 1.721 \times 10^{-2}\ (\text{rad})$$①

这样地球的自转周期应为

$$T = \frac{2\pi}{2\pi + \theta} \times 8.640 \times 10^4 = 8.616 \times 10^4\ (\text{s})$$

这一结果与实测相符。这一周期叫做**恒星日**。于是地球自转的角速度应为

$$\omega = \frac{2\pi}{T} = \frac{2\pi}{8.616 \times 10^4} = 7.292 \times 10^{-5}\ (\text{rad/s})$$

例 1.6

吊扇转动。一吊扇翼片长 $R=0.50$ m，以 $n=180$ r/min 的转速转动(图 1.21)。关闭电源开关后，吊扇均匀减速，经 $t_A=1.50$ min 转动停止。

(1) 求吊扇翼尖原来的转动角速度 ω_0 与线速度 v_0；

(2) 求关闭电源开关后 $t=80$ s 时翼尖的角加速度 α、切向加速度 $\boldsymbol{a}_t$、法向加速度 $\boldsymbol{a}_n$ 和总加速度 $\boldsymbol{a}$。

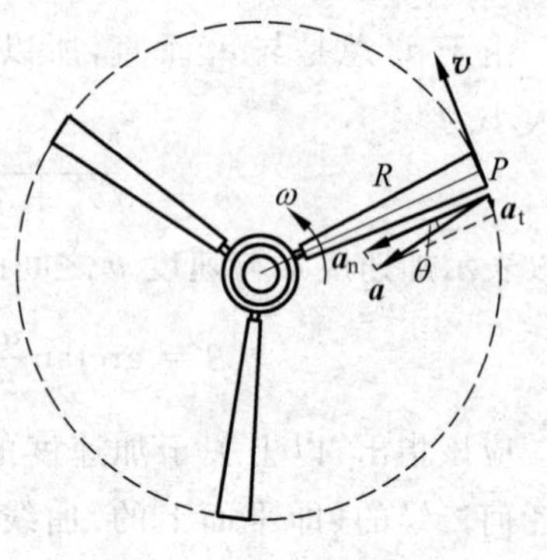

图 1.21 例 1.6 用图

解 (1) 吊扇翼尖 P 原来的转动角速度为

$$\omega_0 = 2\pi n = \frac{2\pi \times 180}{60} = 18.8\ (\text{rad/s})$$

由式(1.28)可得原来的线速度

$$v_0 = \omega_0 R = \frac{2\pi \times 180}{60} \times 0.50 = 9.42\ (\text{m/s})$$

(2) 由于均匀减速，翼尖的角加速度恒定，

$$\alpha = \frac{\omega_A - \omega_0}{t_A} = \frac{0 - 18.8}{90} = -0.209\ (\text{rad/s}^2)$$

由式(1.32)可知，翼尖的切向加速度也是恒定的，

$$a_t = \alpha R = -0.209 \times 0.50 = -0.105\ (\text{m/s}^2)$$

负号表示此切向加速度 $\boldsymbol{a}_t$ 的方向与速度 $\boldsymbol{v}$ 的方向相反，如图 1.21 所示。

为求法向加速度，先求 t 时刻的角速度 ω，即有

$$\omega = \omega_0 + \alpha t = 18.8 - 0.209 \times 80 = 2.08\ (\text{rad/s})$$

由式(1.34)，可得 t 时刻翼尖的法向加速度为

$$a_n = \omega^2 R = 2.08^2 \times 0.50 = 2.16\ (\text{m}^2/\text{s})$$

方向指向吊扇中心。翼尖的总加速度的大小为

$$a = \sqrt{a_t^2 + a_n^2} = \sqrt{0.105^2 + 2.16^2} = 2.16\ (\text{m/s}^2)$$

① 读者来信指出图 1.20 中位置 E' 并非地球日正午的位置。由于从位置 E' 到日正午的位置地球仍在公转，所以角 θ 应比图示的稍大，这是对的。经计算，θ 应该大 $\Delta\theta \approx 5 \times 10^{-5}$ rad。这一修正不影响按本题精度给出的结果。

此总加速度偏向翼尖运动的后方。以 θ 表示总加速度方向与半径的夹角(如图 1.21 所示),则

$$\theta = \arctan\left|\frac{a_t}{a_n}\right| = \arctan\frac{0.105}{2.16} = 2.78^\circ$$

1.7 相对运动

研究力学问题时常常需要从不同的参考系来描述同一物体的运动。对于不同的参考系,同一质点的位移、速度和加速度都可能不同。图 1.22 中,xOy 表示固定在水平地面上的坐标系(以 E 代表此坐标系),其 x 轴与一条平直马路平行。设有一辆平板车 V 沿马路行进,图中 $x'O'y'$ 表示固定在这个行进的平板车上的坐标系。在 Δt 时间内,车在地面上由 V_1 移到 V_2 位置,其位移为 $\Delta\boldsymbol{r}_{VE}$。设在同一 Δt 时间内,一个小球 S 在车内由 A 点移到 B 点,其位移为 $\Delta\boldsymbol{r}_{SV}$。在这同一时间内,在地面上观测,小球是从 A_0 点移到 B 点的,相应的位移是 $\Delta\boldsymbol{r}_{SE}$。(在这三个位移符号中,下标的前一字母表示运动的物体,后一字母表示参考系。)很明显,同一小球在同一时间内的位移,相对于地面和车这两个参考系来说,是不相同的。这两个位移和车厢对于地面的位移有下述关系:

$$\Delta\boldsymbol{r}_{SE} = \Delta\boldsymbol{r}_{SV} + \Delta\boldsymbol{r}_{VE} \tag{1.37}$$

以 Δt 除此式,并令 $\Delta t\to 0$,可以得到相应的速度之间的关系,即

$$\boldsymbol{v}_{SE} = \boldsymbol{v}_{SV} + \boldsymbol{v}_{VE} \tag{1.38}$$

以 $\boldsymbol{v}$ 表示质点相对于参考系 S(坐标系为 Oxy)的速度,以 $\boldsymbol{v}'$ 表示同一质点相对于参考系 S'(坐标系为 $O'x'y'$)的速度,以 $\boldsymbol{u}$ 表示参考系 S' 相对于参考系 S 平动的速度,则上式可以一般地表示为

$$\boldsymbol{v} = \boldsymbol{v}' + \boldsymbol{u} \tag{1.39}$$

同一质点相对于两个相对作平动的参考系的速度之间的这一关系叫做**伽利略速度变换**。

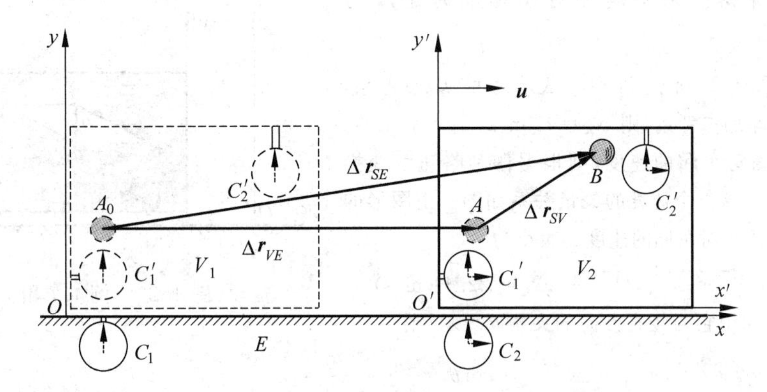

图 1.22 相对运动

要注意,速度的**合成**和速度的**变换**是两个不同的概念。速度的合成是指在同一参考系中一个质点的速度和它的各分速度的关系。相对于任何参考系,它都可以表示为矢量合成的形式,如式(1.10)。速度的变换涉及有相对运动的两个参考系,其公式的形式和相对速度的大小有关,而伽利略速度变换只适用于相对速度比真空中的光速小得多的情形。

这是因为，一般人都认为，而牛顿力学也这样认为，距离和时间的测量是与参考系无关的。上面的推导正是根据这样的理解，即认为小球由 A 到 B 的同一段距离 $\Delta \boldsymbol{r}_{SV}$ 和同一段时间 Δt 在地面上和在车内测量的结果都是一样的。但是，实际上，这样的理解只是在两参考系的相对速度 u 很小时才正确。当 u 很大(接近光速)时，这种理解，连带式(1.39)就失效了。关于这一点在第8章中还要作详细的说明。

如果质点运动速度是随时间变化的，则求式(1.39)对 t 的导数，就可得到相应的加速度之间的关系。以 $\boldsymbol{a}$ 表示质点相对于参考系 S 的加速度，以 $\boldsymbol{a}'$ 表示质点相对于参考系 S' 的加速度，以 $\boldsymbol{a}_0$ 表示参考系 S' 相对于参考系 S 平动的加速度，仍用牛顿力学的时空概念，则由式(1.39)可得

$$\frac{\mathrm{d}\boldsymbol{v}}{\mathrm{d}t}=\frac{\mathrm{d}\boldsymbol{v}'}{\mathrm{d}t}+\frac{\mathrm{d}\boldsymbol{u}}{\mathrm{d}t}$$

即

$$\boldsymbol{a}=\boldsymbol{a}'+\boldsymbol{a}_0 \tag{1.40}$$

这就是同一质点相对于两个相对作平动的参考系的加速度之间的关系。

如果两个参考系相对作匀速直线运动，即 $\boldsymbol{u}$ 为常量，则

$$\boldsymbol{a}_0=\frac{\mathrm{d}\boldsymbol{u}}{\mathrm{d}t}=0$$

于是有

$$\boldsymbol{a}=\boldsymbol{a}'$$

这就是说，在相对作匀速直线运动的参考系中观察同一质点的运动时，所测得的加速度是相同的。

例 1.7

雨天一辆客车 V 在水平马路上以 20 m/s 的速度向东开行，雨滴 R 在空中以 10 m/s 的速度竖直下落。求雨滴相对于车厢的速度的大小与方向。

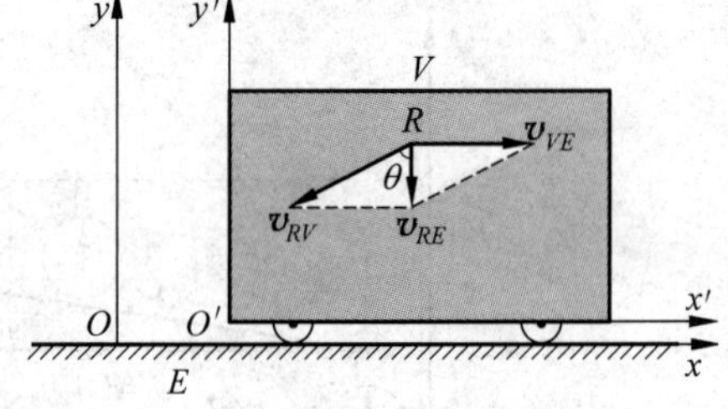

图 1.23　例 1.7 用图

解　如图 1.23 所示，以 Oxy 表示地面(E)参考系，以 $O'x'y'$ 表示车厢参考系，则 $v_{VE}=20$ m/s，$v_{RE}=10$ m/s。以 v_{RV} 表示雨滴对车厢的速度，则根据伽利略速度变换 $\boldsymbol{v}_{RE}=\boldsymbol{v}_{RV}+\boldsymbol{v}_{VE}$，这三个速度的矢量关系如图。由图形的几何关系可得雨滴对车厢的速度的大小为

$$v_{RV}=\sqrt{v_{RE}^2+v_{VE}^2}=\sqrt{10^2+20^2}=22.4\ (\mathrm{m/s})$$

这一速度的方向用它与竖直方向的夹角 θ 表示，则

$$\tan\theta=\frac{v_{VE}}{v_{RE}}=\frac{20}{10}=2$$

由此得

$$\theta=63.4^\circ$$

即向下偏西 63.4°。

提要

1. **参考系**：描述物体运动时用做参考的其他物体和一套同步的钟。

2. **运动函数**：表示质点位置随时间变化的函数。

位置矢量和运动合成　　$\boldsymbol{r}=\boldsymbol{r}(t)=x(t)\boldsymbol{i}+y(t)\boldsymbol{j}+z(t)\boldsymbol{k}$

位移矢量　　$\Delta\boldsymbol{r}=\boldsymbol{r}(t+\Delta t)-\boldsymbol{r}(t)$

一般地　　$|\Delta\boldsymbol{r}|\neq\Delta r$

3. **速度和加速度**：

$$\boldsymbol{v}=\frac{\mathrm{d}\boldsymbol{r}}{\mathrm{d}t},\quad \boldsymbol{a}=\frac{\mathrm{d}\boldsymbol{v}}{\mathrm{d}t}=\frac{\mathrm{d}^2\boldsymbol{r}}{\mathrm{d}t^2}$$

速度合成　　$\boldsymbol{v}=\boldsymbol{v}_x+\boldsymbol{v}_y+\boldsymbol{v}_z$

加速度合成　　$\boldsymbol{a}=\boldsymbol{a}_x+\boldsymbol{a}_y+\boldsymbol{a}_z$

4. **匀加速运动**：

$\boldsymbol{a}=$常矢量　　$\boldsymbol{v}=\boldsymbol{v}_0+\boldsymbol{a}t,\quad \boldsymbol{r}=\boldsymbol{r}_0+\boldsymbol{v}_0t+\frac{1}{2}\boldsymbol{a}t^2$

初始条件　　$\boldsymbol{r}_0,\boldsymbol{v}_0$

5. **匀加速直线运动**：以质点所沿直线为 x 轴，且 $t=0$ 时，$x_0=0$。

$$v=v_0+at,\quad x=v_0t+\frac{1}{2}at^2$$

$$v^2-v_0^2=2ax$$

6. **抛体运动**：以抛出点为坐标原点。

$$a_x=0,\quad a_y=-g$$

$$v_x=v_0\cos\theta,\quad v_y=v_0\sin\theta-gt$$

$$x=v_0\cos\theta\cdot t,\quad y=v_0\sin\theta\cdot t-\frac{1}{2}gt^2$$

7. **圆周运动**：

角速度　　$\omega=\frac{\mathrm{d}\theta}{\mathrm{d}t}=\frac{v}{R}$

角加速度　　$\alpha=\frac{\mathrm{d}\omega}{\mathrm{d}t}$

加速度　　$\boldsymbol{a}=\boldsymbol{a}_\mathrm{n}+\boldsymbol{a}_\mathrm{t}$

法向加速度　　$a_\mathrm{n}=\frac{v^2}{R}=R\omega^2$，指向圆心

切向加速度　　$a_\mathrm{t}=\frac{\mathrm{d}v}{\mathrm{d}t}=R\alpha$，沿切线方向

8. **伽利略速度变换**：参考系 S' 以恒定速度沿参考系 S 的 x 轴方向运动。

$$\boldsymbol{v}=\boldsymbol{v}'+\boldsymbol{u}$$

此变换式只适用于 $\boldsymbol{u}$ 比光速甚小的情况。对相对作匀速直线运动的参考系，则由

此变换式可得

$$\boldsymbol{a} = \boldsymbol{a}'$$

思考题

1.1　说明做平抛实验时小球的运动用什么参考系？说明湖面上游船运动用什么参考系？说明人造地球卫星的椭圆运动以及土星的椭圆运动又各用什么参考系？

1.2　回答下列问题：

(1) 位移和路程有何区别？

(2) 速度和速率有何区别？

(3) 瞬时速度和平均速度的区别和联系是什么？

1.3　回答下列问题并举出符合你的答案的实例：

(1) 物体能否有一不变的速率而仍有一变化的速度？

(2) 速度为零的时刻，加速度是否一定为零？加速度为零的时刻，速度是否一定为零？

(3) 物体的加速度不断减小，而速度却不断增大，这可能吗？

(4) 当物体具有大小、方向不变的加速度时，物体的速度方向能否改变？

1.4　圆周运动中质点的加速度是否一定和速度的方向垂直？如不一定，这加速度的方向在什么情况下偏向运动的前方？

1.5　任意平面曲线运动的加速度的方向总指向曲线凹进那一侧，为什么？

1.6　质点沿圆周运动，且速率随时间均匀增大，问 a_n，a_t，a 三者的大小是否都随时间改变？总加速度 $\boldsymbol{a}$ 与速度 $\boldsymbol{v}$ 之间的夹角如何随时间改变？

1.7　根据开普勒第一定律，行星轨道为椭圆(图1.24)。已知任一时刻行星的加速度方向都指向椭圆的一个焦点(太阳所在处)。分析行星在通过图中 M，N 两位置时，它的速率分别应正在增大还是正在减小？

1.8　一斜抛物体的水平初速度是 v_{0x}，它的轨道的最高点处的曲率圆的半径是多大？

1.9　有人说，考虑到地球的运动，一幢楼房的运动速率在夜里比在白天大，这是对什么参考系说的(图1.25)。

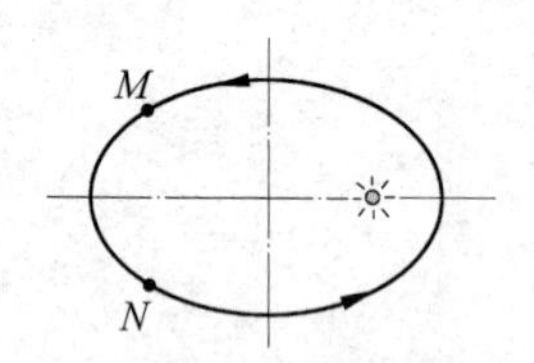

图1.24　思考题1.7用图

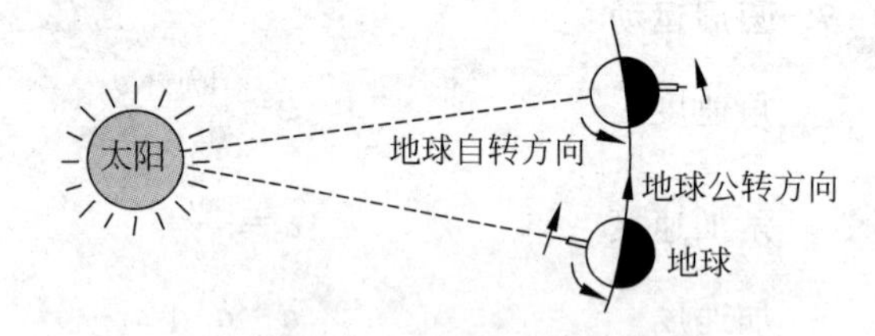

图1.25　思考题1.9用图

1.10　自由落体从 $t=0$ 时刻开始下落。用公式 $h=gt^2/2$ 计算，它下落的距离达到 19.6 m 的时刻为 +2 s 和 −2 s。这 −2 s 有什么物理意义？该时刻物体的位置和速度各如何？

*1.11　如果使时间反演，即把时刻 t 用 $t'=-t$ 取代，质点的速度式(1.7)、加速度式(1.15)、运动学公式(以式(1.21)和式(1.22)的第二式为例)等将会有什么变化？电影中的武士一跃登上高墙的动作形象，是实拍的跳下的动作的录像倒放的结果，为什么看起来和“真正的”跃上动作一样？

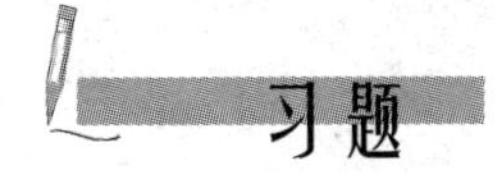

习题

1.1 木星的一个卫星——木卫1上面的珞玑火山喷发出的岩块上升高度可达200 km，这些石块的喷出速度是多大？已知木卫1上的重力加速度为1.80 m/s²，而且在木卫1上没有空气。

1.2 一种喷气推进的实验车，从静止开始可在1.80 s内加速到1600 km/h的速率。按匀加速运动计算，它的加速度是否超过了人可以忍受的加速度25g？这1.80 s内该车跑了多大距离？

1.3 一辆卡车为了超车，以90 km/h的速度驶入左侧逆行道时，猛然发现前方80 m处一辆汽车正迎面驶来。假定该汽车以65 km/h的速度行驶，同时也发现了卡车超车。设两司机的反应时间都是0.70 s(即司机发现险情到实际起动刹车所经过的时间)，他们刹车后的减速度都是7.5 m/s²，试问两车是否会相撞？如果相撞，相撞时卡车的速度多大？

1.4 跳伞运动员从1200 m高空下跳，起初不打开降落伞作加速运动。由于空气阻力的作用，会加速到一"终极速率"200 km/h而开始匀速下降。下降到离地面50 m处时打开降落伞，很快速率会变为18 km/h而匀速下降着地。若起初加速运动阶段的平均加速度按$g/2$计，此跳伞运动员在空中一共经历了多长时间？

1.5 由消防水龙带的喷嘴喷出的水的流量是$q=280$ L/min，水的流速$v=26$ m/s。若这喷嘴竖直向上喷射，水流上升的高度是多少？在任一瞬间空中有多少升水？

1.6 在以初速率$v=15.0$ m/s竖直向上扔一块石头后，

(1) 在$\Delta t_1=1.0$ s末又竖直向上扔出第二块石头，后者在$h=11.0$ m高度处击中前者，求第二块石头扔出时的速率；

(2) 若在$\Delta t_2=1.3$ s末竖直向上扔出第二块石头，它仍在$h=11.0$ m高度处击中前者，求这一次第二块石头扔出时的速率。

1.7 一质点在xy平面上运动，运动函数为$x=2t$，$y=4t^2-8$(采用国际单位制)。

(1) 求质点运动的轨道方程并画出轨道曲线；

(2) 求$t_1=1$ s和$t_2=2$ s时，质点的位置、速度和加速度。

1.8 男子排球的球网高度为2.43 m。球网两侧的场地大小都是9.0 m×9.0 m。一运动员采用跳发球姿势，其击球点高度为3.5 m，离网的水平距离是8.5 m。(1)球以多大速度沿水平方向被击出时，才能使球正好落在对方后方边线上？(2)球以此速度被击出后过网时超过网高多少？(3)这样，球落地时速率多大？(忽略空气阻力)

1.9 滑雪运动员离开水平滑雪道飞入空中时的速率$v=110$ km/h，着陆的斜坡与水平面夹角$\theta=45°$(见图1.26)。

(1) 计算滑雪运动员着陆时沿斜坡的位移L是多大？(忽略起飞点到斜面的距离。)

(2) 在实际的跳跃中，滑雪运动员所达到的距离$L=165$ m，这个结果为什么与计算结果不符？

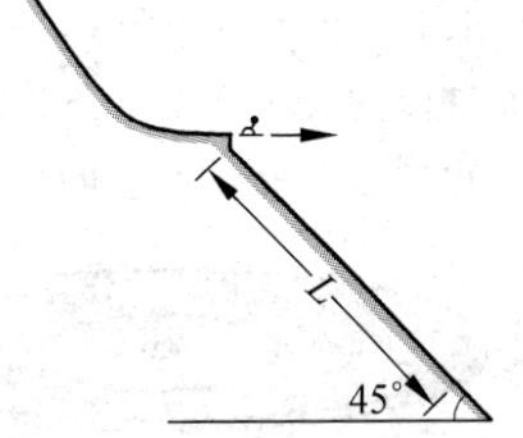

图1.26 习题1.9用图

1.10 一个人扔石头的最大出手速率$v=25$ m/s，他能把石头扔过与他的水平距离$L=50$ m，高$h=13$ m的一座墙吗？在这个距离内他能把石头扔过墙的最高高度是多少？

1.11 为迎接香港回归，柯受良1997年6月1日驾车飞越黄河壶口(见图1.27)。东岸跑道长265 m，柯驾车从跑道东端起动，到达跑道终端时速度为150 km/h，他随即以仰角5°冲出，飞越跨度为

57 m，安全落到西岸木桥上。

(1) 按匀加速运动计算，柯在东岸驱车的加速度和时间各是多少？

(2) 柯跨越黄河用了多长时间？

(3) 若起飞点高出河面 10.0 m，柯驾车飞行的最高点离河面几米？

(4) 西岸木桥桥面和起飞点的高度差是多少？

图 1.27 习题 1.11 用图

1.12 山上和山下两炮各瞄准对方同时以相同初速各发射一枚炮弹（图 1.28），这两枚炮弹会不会在空中相碰？为什么？（忽略空气阻力）如果山高 $h=50$ m，两炮相隔的水平距离 $s=200$ m。要使这两枚炮弹在空中相碰，它们的速率至少应等于多少？

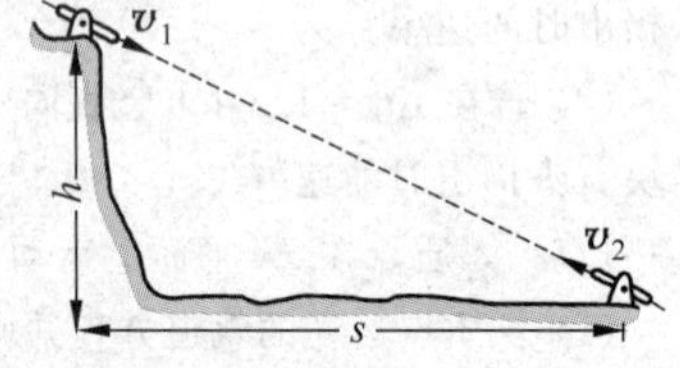

图 1.28 习题 1.12 用图

1.13 在生物物理实验中用来分离不同种类分子的超级离心机的转速是 6×10^4 r/min。在这种离心机的转子内，离轴 10 cm 远的一个大分子的向心加速度是重力加速度的几倍？

1.14 北京天安门所处纬度为 39.9°，求它随地球自转的速度和加速度的大小。

1.15 按玻尔模型，氢原子处于基态时，它的电子围绕原子核作圆周运动。电子的速率为 2.2×10^6 m/s，离核的距离为 0.53×10^{-10} m。求电子绕核运动的频率和向心加速度。

1.16 北京正负电子对撞机的储存环的周长为 240 m，电子要沿环以非常接近光速的速率运行。这些电子运动的向心加速度是重力加速度的几倍？

1.17 汽车在半径 $R=400$ m 的圆弧弯道上减速行驶。设在某一时刻，汽车的速率为 $v=10$ m/s，切向加速度的大小为 $a_t=0.20$ m/s^2。求汽车的法向加速度和总加速度的大小和方向？

*1.18 一张致密光盘（CD）音轨区域的内半径 $R_1=2.2$ cm，外半径为 $R_2=5.6$ cm（图 1.29），径向音轨密度 $N=650$ 条/mm。在 CD 唱机内，光盘每转一圈，激光头沿径向向外移动一条音轨，激光束相对光盘是以 $v=1.3$ m/s 的恒定线速度运动的。

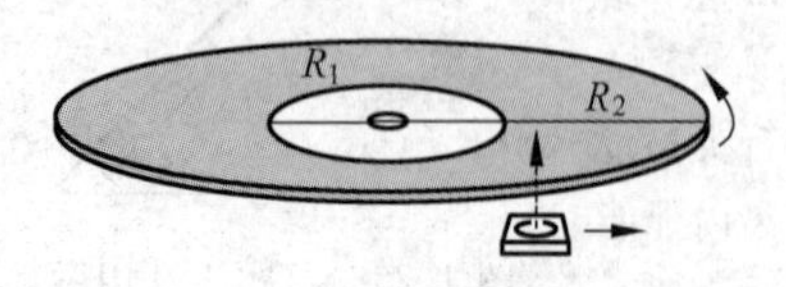

图 1.29 习题 1.18 用图

(1) 这张光盘的全部放音时间是多少？

(2) 激光束到达离盘心 $r=5.0$ cm 处时，光盘转动的角速度和角加速度各是多少？

1.19 一人自由泳时右手从前到后一次对身体划过的距离 $\Delta s_{hb}=1.20$ m,同时他的身体在泳道中前进了 $\Delta s_{bw}=0.9$ m 的距离。求同一时间他的右手在水中划过的距离 Δs_{hw}。手对水是向前还是向后划了?

1.20 当速率为 30 m/s 的西风正吹时,相对于地面,向东、向西和向北传播的声音的速率各是多大?已知声音在空气中传播的速率为 344 m/s。

1.21 一电梯以 1.2 m/s^2 的加速度下降,其中一乘客在电梯开始下降后 0.5 s 时用手在离电梯底板 1.5 m 高处释放一小球。求此小球落到底板上所需的时间和它对地面下落的距离。

1.22 一个人骑车以 18 km/h 的速率自东向西行进时,看见雨点垂直下落,当他的速率增至 36 km/h 时看见雨点与他前进的方向成 120°角下落,求雨点对地的速度。

1.23 飞机 A 以 $v_A=1000$ km/h 的速率(相对地面)向南飞行,同时另一架飞机 B 以 $v_B=800$ km/h 的速率(相对地面)向东偏南 30°方向飞行。求 A 机相对于 B 机的速度与 B 机相对于 A 机的速度。

1.24 利用本书的数值表提供的有关数据计算图 1.25 中地球表面的大楼日夜相对于太阳参考系的速率之差。

1.25 1964 年曾有人做过这样的实验:测量从以 0.999 75c(c 为光在真空中的速率,$c=2.9979\times10^8$ m/s)的速率运动的 π^0 介子向正前方和正后方发出的光的速率,测量结果是二者都是 c。如果按伽利略变换公式计算,相对于 π^0 介子,它发出的向正前方和正后方的光的速率应各是多少?

1.26 曾有报道,当年美国曾用预警飞机帮助以色列的"爱国者"导弹系统防止伊拉克导弹袭击。一架预警飞机正在伊拉克上空的速率为 150 km/h 的西风中水平巡航,机头指向正北,相对于空气的航速为 750 km/h。飞机中雷达员发现一导弹正相对于飞机以向西偏南 19.5°的方向以 5750 km/h 的速率水平飞行。求该导弹相对于地面的速率和方向。(此等信号将发到美国本土情报中心,经分析后发给以色列有关机构,使"爱国者"导弹系统及时防御(图 1.30)。)

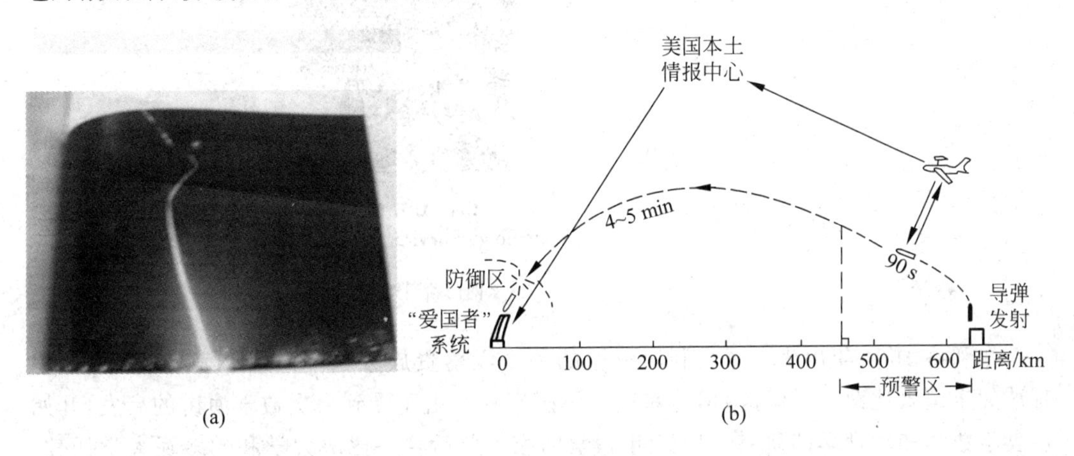

图 1.30 预警防御

(a)"爱国者"导弹防御发射;(b) 预警示意图,有预警报告时,"爱国者"系统有 4~5 min 的准备发射时间;无预警报告时,入射导弹进入防御区才能发现,已来不及回击

科学家介绍

伽利略

(Galileo Galilei,1564—1642 年)

伽利略

DISCORSI
E
DIMOSTRAZIONI
MATEMATICHE,
intorno à due nuoue scienze
Attenenti alla
MECANICA & i MOVIMENTI LOCALI;
del Signor
GALILEO GALILEI LINCEO,
Filosofo e Matematico primario del Serenissimo
Grand Duca di Toscana
Con una Appendice del centro di grauità d'alcuni Solidi.

IN LEIDA,
Appresso gli Elsevirii. M. D. C. XXXVIII.

《两门新科学》的扉页

伽利略 1564 年出生于意大利比萨城的一个没落贵族家庭。他从小表现聪颖,17 岁时被父亲送入比萨大学学医,但他对医学不感兴趣。由于受到一次数学演讲的启发,开始热衷于数学和物理学的研究。1585 年辍学回家。此后曾在比萨大学和帕多瓦大学任教,在此期间他在科学研究上取得了不少成绩。由于他反对当时统治知识界的亚里士多德世界观和物理学,同时又由于他积极宣扬违背天主教教义的哥白尼太阳中心说,所以不断受到教授们的排挤以及教士们和罗马教皇的激烈反对,最后终于在 1633 年被罗马宗教裁判所强迫在写有“我悔恨我的过失,宣传了地球运动的邪说”的“悔罪书”上签字,并被判刑入狱(后不久改为在家监禁)。这使他的身体和精神都受到很大的摧残。但他仍致力于力学的研究工作。1637 年双目失明。1642 年他由于寒热病在孤寂中离开了人世,时年 78 岁。(时隔 347 年,罗马教皇多余地于 1980 年宣布承认对伽利略的压制是错误的,并为他“恢复名誉”。)

伽利略的主要传世之作有两本书。一本是1632年出版的《关于两个世界体系的对话》，简称《对话》，主旨是宣扬哥白尼的太阳中心说。另一本是1638年出版的《关于力学和局部运动两门新科学的谈话和数学证明》，简称《两门新科学》，书中主要陈述了他在力学方面研究的成果。伽利略在科学上的贡献主要有以下几方面：

(1) 论证和宣扬了哥白尼学说，令人信服地说明了地球的公转、自转以及行星的绕日运动。他还用自制的望远镜仔细地观测了木星的4个卫星的运动，在人们面前展示了一个太阳系的模型，有力地支持了哥白尼学说。

(2) 论证了惯性运动，指出维持运动并不需要外力。这就否定了亚里士多德的"运动必须推动"的教条。不过伽利略对惯性运动理解还没有完全摆脱亚里士多德的影响，他也认为"维持宇宙完善秩序"的惯性运动"不可能是直线运动，而只能是圆周运动"。这个错误理解被他的同代人笛卡儿和后人牛顿纠正了。

(3) 论证了所有物体都以同一加速度下落。这个结论直接否定了亚里士多德的重物比轻物下落得快的说法。两百多年后，从这个结论萌发了爱因斯坦的广义相对论。

(4) 用实验研究了匀加速运动。他通过使小球沿斜面滚下的实验测量验证了他推出的公式：从静止开始的匀加速运动的路程和时间的平方成正比。他还把这一结果推广到自由落体运动，即倾角为90°的斜面上的运动。

(5) 提出运动合成的概念，明确指出平抛运动是相互独立的水平方向的匀速运动和竖直方向的匀加速运动的合成，并用数学证明合成运动的轨迹是抛物线。他还根据这个概念计算出了斜抛运动在仰角45°时射程最大，而且比45°大或小同样角度时射程相等。

(6) 提出了相对性原理的思想。他生动地叙述了大船内的一些力学现象，并且指出船以任何速度匀速前进时这些现象都一样地发生，从而无法根据它们来判断船是否在动。这个思想后来被爱因斯坦发展为相对性原理而成了狭义相对论的基本假设之一。

(7) 发现了单摆的等时性并证明了单摆振动的周期和摆长的平方根成正比。他还解释了共振和共鸣现象。

此外，伽利略还研究过固体材料的强度、空气的重量、潮汐现象、太阳黑子、月亮表面的隆起与凹陷等问题。

除了具体的研究成果外，伽利略还在研究方法上为近代物理学的发展开辟了道路，是他首先把实验引进物理学并赋予重要的地位，革除了以往只靠思辨下结论的恶习。他同时也很注意严格的推理和数学的运用，例如他用消除摩擦的极限情况来说明惯性运动，推论大石头和小石块绑在一起下落应具有的速度来使亚里士多德陷于自相矛盾的困境，从而否定重物比轻物下落快的结论。这样的推理就能消除直觉的错误，从而更深入地理解现象的本质。爱因斯坦和英费尔德在《物理学的进化》一书中曾评论说："伽利略的发现以及他所应用的科学的推理方法，是人类思想史上最伟大的成就之一，而且标志着物理学的真正开端。"

伽利略一生和传统的错误观念进行了不屈不挠的斗争，他对待权威的态度也很值得我们学习。他说过："老实说，我赞成亚里士多德的著作，并精心地加以研究。我只是责备那些使自己完全沦为他的奴隶的人，变得不管他讲什么都盲目地赞成，并把他的话一律当作丝毫不能违抗的圣旨一样，而不深究其他任何依据。"

第2章

运动与力

第1章讨论了质点运动学，即如何描述一个质点的运动。本章将讨论质点动力学，即要说明质点为什么，或者说，在什么条件下作这样那样的运动。动力学的基本定律是牛顿三定律。以这三定律为基础的力学体系叫**牛顿力学**或**经典力学**。本章所涉及的基本定律，包括牛顿三定律以及与之相联系的概念，如力、质量、动量等，大家在中学物理课程中都已学过，而且做过不少练习题。本章的任务是对它们加以复习并使之严格化、系统化。本章还特别指出了参考系的重要性。牛顿定律只在**惯性参考系**中成立，在非惯性参考系内形式上利用牛顿定律时，要引入惯性力的概念。

2.1 牛顿运动定律

牛顿在他1687年出版的名著《自然哲学的数学原理》一书中，提出了三条定律，这三条定律统称牛顿运动定律。它们是动力学的基础。牛顿所叙述的三条定律的中文译文如下：

第一定律　任何物体都保持静止的或沿一条直线作匀速运动的状态，除非作用在它上面的力迫使它改变这种状态。

第二定律　运动的变化与所加的动力成正比，并且发生在这力所沿的直线的方向上。

第三定律　对于每一个作用，总有一个相等的反作用与之相反；或者说，两个物体对各自对方的相互作用总是相等的，而且指向相反的方向。

这三条定律大家在中学已经相当熟悉了，下面对它们做一些解释和说明。

牛顿第一定律和两个力学基本概念相联系。一个是物体的**惯性**，它指物体本身要保持运动状态不变的性质，或者说是物体抵抗运动变化的性质。另一个是**力**，它指迫使一个物体运动状态改变，即，使该物体产生加速度的别的物体对它的作用。

由于运动只有相对于一定的参考系来说明才有意义，所以牛顿第一定律也定义了一种参考系。在这种参考系中观察，一个不受力作用的物体将保持静止或匀速直线运动状态不变。这样的参考系叫**惯性参考系**，简称惯性系。并非任何参考系都是惯性系。一个参考系是不是惯性系，要靠实验来判定。例如，实验指出，对一般力学现象来说，地面参考系是一个足够精确的惯性系。

牛顿第一定律只定性地指出了力和运动的关系。牛顿第二定律进一步给出了力和运动的定量关系。牛顿对他的叙述中的“运动”一词，定义为物体（应理解为质点）的质量和速度的乘积，现在把这一乘积称做物体的**动量**。以 $\boldsymbol{p}$ 表示质量为 m 的物体以速度 $\boldsymbol{v}$ 运动时的动量，则动量也是矢量，其定义式是

$$\boldsymbol{p} = m\boldsymbol{v} \tag{2.1}$$

根据牛顿在他的书中对其他问题的分析可以判断，在他的第二定律文字表述中的“变化”一词应该理解为“对时间的变化率”。因此牛顿第二定律用现代语言应表述为：**物体的动量对时间的变化率与所加的外力成正比，并且发生在这外力的方向上。**

以 $\boldsymbol{F}$ 表示作用在物体（质点）上的力，则第二定律用数学公式表达就是（各量要选取适当的单位，如 SI 单位）

$$\boldsymbol{F} = \frac{\mathrm{d}\boldsymbol{p}}{\mathrm{d}t} = \frac{\mathrm{d}(m\boldsymbol{v})}{\mathrm{d}t} \tag{2.2}$$

牛顿当时认为，一个物体的质量是一个与它的运动速度无关的常量。因而由式(2.2)可得

$$\boldsymbol{F} = m\frac{\mathrm{d}\boldsymbol{v}}{\mathrm{d}t}$$

由于 $\mathrm{d}\boldsymbol{v}/\mathrm{d}t=\boldsymbol{a}$ 是物体的加速度，所以有

$$\boldsymbol{F} = m\boldsymbol{a} \tag{2.3}$$

即物体所受的力等于它的质量和加速度的乘积。这一公式是大家早已熟知的牛顿第二定律公式，在牛顿力学中它和式(2.2)完全等效。但需要指出，式(2.2)应该看做是牛顿第二定律的基本的普遍形式。这一方面是因为在物理学中动量这个概念比速度、加速度等更为普遍和重要；另一方面还因为，现代实验已经证明，当物体速度达到接近光速时，其质量已经明显地和速度有关（见第 8 章），因而式(2.3)不再适用，但是式(2.2)却被实验证明仍然是成立的。

根据式(2.3)可以比较物体的质量。用同样的外力作用在两个质量分别是 m_1 和 m_2 的物体上，以 a_1 和 a_2 分别表示它们由此产生的加速度的数值，则由式(2.3)可得

$$\frac{m_1}{m_2} = \frac{a_2}{a_1}$$

即在相同外力的作用下，物体的质量和加速度成反比，质量大的物体产生的加速度小。这意味着质量大的物体抵抗运动变化的性质强，也就是它的惯性大。因此可以说，质量是物体惯性大小的量度。正因为这样，式(2.2)和式(2.3)中的质量叫做物体的**惯性质量**。

质量的 SI 单位名称是千克，符号是 kg。1 kg 现在仍用保存在巴黎度量衡局的地窖中的“千克标准原器”的质量来规定。为了方便比较，许多国家都有它的精确的复制品。

表 2.1 列出了一些质量的实例，图 2.1 给出了日常生活中使用质量的一个例子。

有了加速度和质量的 SI 单位，就可以利用式(2.3)来规定力的 SI 单位了。使 1 kg 物体产生 1 $\mathrm{m/s^2}$ 的加速度的力就规定为力的 SI 单位。它的名称是牛[顿]，符号是 N，1 N=1 $\mathrm{kg\cdot m/s^2}$。

表 2.1 质量实例 kg

可观察到的宇宙	约 10^{53}	一个馒头	1×10^{-1}
我们的银河系	4×10^{41}	雨点	1×10^{-6}
太阳	2.0×10^{30}	尘粒	1×10^{-10}
地球	6.0×10^{24}	红血球	9×10^{-14}
我国废污水年排放量(2004)	6.0×10^{13}	最小的病毒	4×10^{-21}
全世界 CO_2 年排放量(1995)	2.2×10^{13}	铂原子	4.0×10^{-26}
满载大油轮	2×10^{8}	质子(静止的)	1.7×10^{-27}
大宇宙飞船	1×10^{4}	电子(静止的)	9.1×10^{-31}
人	约 6×10	光子,中微子(静止的)	0

图 2.1 物理意义上的质量一词已进入日常生活。云南省的货车载物限额标示就是一例

式(2.2)和式(2.3)都是矢量式,实际应用时常用它们的分量式。在直角坐标系中,这些分量式是

$$F_x = \frac{\mathrm{d}p_x}{\mathrm{d}t},\quad F_y = \frac{\mathrm{d}p_y}{\mathrm{d}t},\quad F_z = \frac{\mathrm{d}p_z}{\mathrm{d}t} \tag{2.4}$$

或

$$F_x = ma_x,\quad F_y = ma_y,\quad F_z = ma_z \tag{2.5}$$

对于平面曲线运动,常用沿切向和法向的分量式,即

$$F_\mathrm{t} = ma_\mathrm{t},\quad F_\mathrm{n} = ma_\mathrm{n} \tag{2.6}$$

式(2.2)到式(2.6)是对物体只受一个力的情况说的。当一个物体同时受到几个力的作用时,它们和物体的加速度有什么关系呢?式中 $\boldsymbol{F}$ 应是这些力的**合力**(或**净力**),即这些力的**矢量和**。这样,**这几个力的作用效果跟它们的合力的作用效果一样**。这一结论叫**力的叠加原理**。

关于牛顿第三定律,若以 $\boldsymbol{F}_{12}$ 表示第一个物体受第二个物体的作用力,以 $\boldsymbol{F}_{21}$ 表示第二个物体受第一个物体的作用力,则这一定律可用数学形式表示为

$$\boldsymbol{F}_{12} = -\boldsymbol{F}_{21} \tag{2.7}$$

应该十分明确,这两个力是分别作用在两个物体上的。牛顿力学还认为,这两个力总是同时作用而且是沿着一条直线的。可以用16个字概括第三定律的意义:作用力和反作用力是**同时存在,分别作用,方向相反,大小相等**。

最后应该指出，牛顿第二定律和第三定律只适用于惯性参考系，这一点2.5节还将做较详细的论述。

量纲

在SI中，长度、质量和时间称为**基本量**，速度、加速度、力等都可以由这些基本量根据一定的物理公式导出，因而称为**导出量**。

为了定性地表示导出量和基本量之间的联系，常不考虑数字因数而将一个导出量用若干基本量的乘方之积表示出来。这样的表示式称为该物理量的**量纲**(或量纲式)。以L，M，T分别表示基本量长度、质量和时间的量纲，则速度、加速度、力和动量的量纲可以分别表示如下①：

$$[v]=\mathrm{LT}^{-1}\quad [a]=\mathrm{LT}^{-2}$$

$$[F]=\mathrm{MLT}^{-2}\quad [p]=\mathrm{MLT}^{-1}$$

式中各基本量的量纲的指数称为**量纲指数**。

量纲的概念在物理学中很重要。由于只有量纲相同的项才能进行加减或用等式连接，所以它的一个简单而重要的应用是检验文字结果的正误。例如，如果得出了一个结果是$F=mv^2$，则左边的量纲为MLT^{-2}，右边的量纲为$\mathrm{ML}^2\mathrm{T}^{-2}$。由于两者不相符合，所以可以判定这一结果一定是错误的。在做题时对于每一个文字结果都应该这样检查一下量纲，以免出现原则性的错误。当然，只是量纲正确，并不能保证结果就一定正确，因为还可能出现数字系数的错误。

*急动度②

在第1章我们讨论加速度时，曾提出“加速度对时间的变化率有无实际意义”。自牛顿以来，由于力学只讨论了力和加速度的关系，而且解决了极为广泛领域内的实际问题，所以都止于考虑加速度的概念。大概是A. Transon在1845年首先把加速度对时间的导数引入到力学中而考虑它在质点运动中的表现。近年来在这方面的讨论已逐渐增多。

质点的加速度对时间的导数或其位置坐标对时间的三阶导数在英文文献中命名为“jerk”③，我国现有文献中译为“**急动度**”或“**加加速度**”。以j表示**急动度**，其定义式为

$$\boldsymbol{j}=\frac{\mathrm{d}\boldsymbol{a}}{\mathrm{d}t}\tag{2.8}$$

由这一定义可知，$\boldsymbol{j}$为矢量，其方向为加速度增加的方向。对于加速度恒定的运动，例如抛体运动，$\boldsymbol{j}=0$。对变加速运动，$\boldsymbol{j}\neq0$。例如，对于匀速圆周运动，虽然加速度(向心加速度)的大小不变，但由于其方向连续变化，所以急动度不为零。可以容易地证明，匀速圆周运动的急动度的方向沿轨道的切线方向，与速度的方向相反；急动度的大小为$j=v^3/R^2$(见图2.2)。

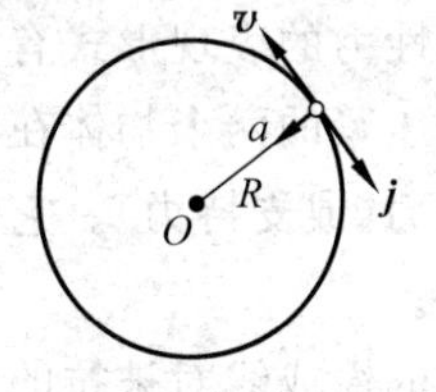

图2.2 匀速圆周运动的速度$\boldsymbol{v}$，加速度$\boldsymbol{a}$与急动度$\boldsymbol{j}$的方向

将牛顿第二定律的表示式，式(2.3)，对时间求导，由于m不随时间改变，就有

$$\frac{\mathrm{d}\boldsymbol{F}}{\mathrm{d}t}=m\frac{\mathrm{d}\boldsymbol{a}}{\mathrm{d}t}=m\boldsymbol{j}\tag{2.9}$$

可见，只有在质点所受的力随时间改变的情况下，质点才有急动度；反之，质点在运动中出现急动度，它受的力一定在发

① 按国家标准GB 3101—93，物理量Q的量纲记为dim$Q$，本书考虑到国际物理学界沿用的习惯，记为$[Q]$。

② 标题上出现*号，意思是本标题所涉及内容为自选学习的扩展内容。

③ 参见：Schot S H. Jerk: The timerate of change of acceleration. Am J Phys, 1978,46(11): 1090.

生变化。图3.1所示就是这种情况。

坐在汽车里的人，在汽车起动、加速或转向时，都会随汽车有加速度。对于这种加速度，人体内会有一种力的反应，使人产生不舒服的感觉甚至不能忍受。这种反应可称为**加速度效应**。在这些速度变化，特别是速度急剧变化的过程(如汽车遭撞击，见图3.1)中，通常不但有加速度，而且有急动度。对于这急动度，人体内会产生变化的力的反应。这种非正常状态也会使人感到极度不舒服和不能忍受。这种反应可称为**急动度效应**。这正是"jerk"一词原文和"急动度"一词译文的由来。

对汽车司机来说，沿前后方向可忍受的最大加速度约为450 m/s^2，而可忍受的最大急动度约20 000 m/s^3。因此，可允许的汽车达到最大可忍受的加速度的加速时间不能小于450/20 000=0.023 s。①

由于急动度而引起的生理和心理效应现在已在交通设施中广泛地注意到。例如公路、铁路轨道的设计，从直线到圆弧的过渡要使其曲率逐渐增加以减小急动度对旅客引起的不适。航天员的训练及竞技体育的指导等也都用到急动度概念。在学科研究方面，已经有人把急动度用做研究混沌理论的一种新方法并创建了一门"猝变动力学"(jerk dynamics)，使急动度概念在非线性系统的研究中发挥日益重要的作用。②

2.2 常见的几种力

要应用牛顿定律解决问题，首先必须能正确分析物体的受力情况。在中学物理课程中，大家已经熟悉了重力、弹性力、摩擦力等力。我们将在下面对它们作一简要的复习。此外，还要介绍两种常见的力：流体曳力和表面张力。

1. 重力

地球表面附近的物体都受到地球的吸引作用，这种由于地球吸引而使物体受到的力叫做**重力**。在重力作用下，任何物体产生的加速度都是重力加速度 $\boldsymbol{g}$。若以 $\boldsymbol{W}$ 表示物体受的重力，以 m 表示物体的质量，则根据牛顿第二定律就有

$$\boldsymbol{W} = m\boldsymbol{g} \tag{2.10}$$

即：重力的大小等于物体的质量和重力加速度大小的乘积，重力的方向和重力加速度的方向相同，即竖直向下。

2. 弹性力

发生形变的物体，由于要恢复原状，对与它接触的物体会产生力的作用，这种力叫**弹性力**。弹性力的表现形式有很多种。下面只讨论常见的三种表现形式。

互相压紧的两个物体在其接触面上都会产生对对方的弹性力作用。这种弹性力通常叫做**正压力**(或**支持力**)。它们的大小取决于相互压紧的程度，方向总是垂直于接触面而指向对方。

拉紧的绳或线对被拉的物体有**拉力**。它的大小取决于绳被拉紧的程度，方向总是沿着绳而指向绳要收缩的方向。拉紧的绳的各段之间也相互有拉力作用。这种拉力叫做**张力**，通常绳中张力也就等于该绳拉物体的力。

通常相互压紧的物体或拉紧的绳子的形变都很小，难于直接观察到，因而常常忽略。

---

① 参见：Ohanian H C. Physics. 2nd ed. W W Norton & Co，1989. Ⅲ-13.

② 参见：黄沛天，马善钧.从传统牛顿力学到当今猝变动力学.大学物理，2006，25(1)：1.

当弹簧被拉伸或压缩时，它就会对联结体（以及弹簧的各段之间）有弹力的作用（图2.3）。这种**弹簧的弹力**遵守**胡克定律**：在弹性限度内，弹力和形变成正比。以 f 表示弹力，以 x 表示形变，即弹簧的长度相对于原长的变化，则根据胡克定律就有

$$f=-kx \tag{2.11}$$

式中 k 叫弹簧的**劲度系数**，决定于弹簧本身的结构。式中负号表示弹力的方向：当 x 为正，也就是弹簧被拉长时，f 为负，即与被拉长的方向相反；当 x 为负，也就是弹簧被压缩时，f 为正，即与被压缩的方向相反。总之，弹簧的弹力总是指向要恢复它原长的方向的。

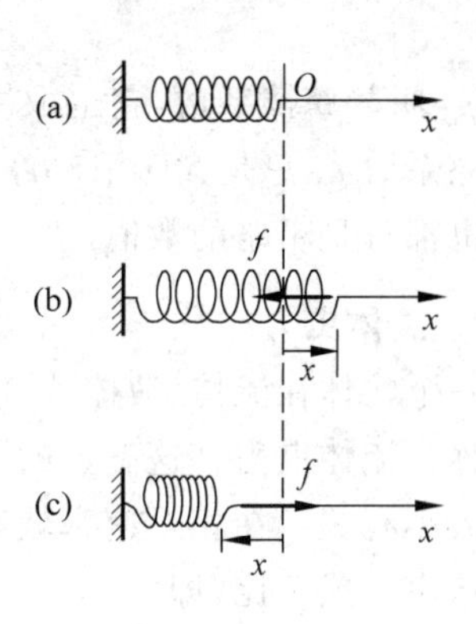

图2.3 弹簧的弹力

(a) 弹簧的自然伸长；(b) 弹簧被拉伸；(c) 弹簧被压缩

3. 摩擦力

两个相互接触的物体（指固体）沿着接触面的方向有**相对滑动**时（图2.4），在各自的接触面上都受到阻止相对滑动的力。这种力叫**滑动摩擦力**，它的方向总是与相对滑动的方向相反。实验证明当相对滑动的速度不是太大或太小时，滑动摩擦力 f_k 的大小和滑动速度无关而和正压力 N 成正比，即

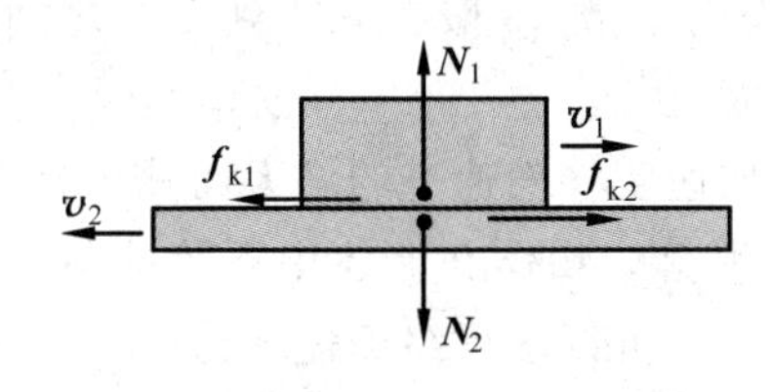

图2.4 滑动摩擦力

$$f_k=\mu_k N \tag{2.12}$$

式中 μ_k 为**滑动摩擦系数**，它与接触面的材料和表面的状态（如光滑与否）有关。一些典型情况的 μ_k 的数值列在表2.2中，它们都只是粗略的数值。

表2.2 一些典型情况的摩擦系数

接触面材料	μ_k	μ_s
钢—钢（干净表面）	0.6	0.7
钢—钢（加润滑剂）	0.05	0.09
铜—钢	0.4	0.5
铜—铸铁	0.3	1.0
玻璃—玻璃	0.4	0.9～1.0
橡胶—水泥路面	0.8	1.0
特氟隆—特氟隆（聚四氟乙烯）	0.04	0.04
涂蜡木滑雪板—干雪面	0.04	0.04

当有接触面的两个物体相对静止但有相对滑动的趋势时，它们之间产生的阻碍相对滑动的摩擦力叫**静摩擦力**。静摩擦力的大小是可以改变的。例如人推木箱，推力不大时，木箱不动。木箱所受的静摩擦力 f_s 一定等于人的推力 f。当人的推力大到一定程度时，木箱就要被推动了。这说明静摩擦力有一定限度，叫做**最大静摩擦力**。实验证明，最大静摩擦力 $f_{s\max}$ 与两物体之间的正压力 N 成正比，即

$$f_{\mathrm{s\,max}} = \mu_{\mathrm{s}} N \tag{2.13}$$

式中 μ_s 叫**静摩擦系数**，它也取决于接触面的材料与表面的状态。对同样的两个接触面，静摩擦系数 μ_s 总是大于滑动摩擦系数 μ_k。一些典型情况的静摩擦系数也列在表2.2中，它们也都只是粗略的数值。

4. 流体曳力

一个物体在流体（液体或气体）中和流体有相对运动时，物体会受到流体的阻力，这种阻力称为流体曳力。这曳力的方向和物体相对于流体的速度方向相反，其大小和相对速度的大小有关。在相对速率较小，流体可以从物体周围平顺地流过时，曳力 f_d 的大小和相对速率 v 成正比，即

$$f_{\mathrm{d}} = kv \tag{2.14}$$

式中比例系数 k 决定于物体的大小和形状以及流体的性质（如黏性、密度等）。在相对速率较大以致在物体的后方出现流体旋涡时（一般情形多是这样），曳力的大小将和相对速率的平方成正比。对于物体在空气中运动的情况，曳力的大小可以表示为

$$f_{\mathrm{d}} = \frac{1}{2} C\rho A v^2 \tag{2.15}$$

其中，ρ 是空气的密度；A 是物体的有效横截面积；C 为曳引系数，一般在0.4到1.0之间（也随速率而变化）。相对速率很大时，曳力还会急剧增大。

由于流体曳力和速率有关，物体在流体中下落时的加速度将随速率的增大而减小，以致当速率足够大时，曳力会和重力平衡而物体将以匀速下落。物体在流体中下落的最大速率叫**终极速率**。对于在空气中下落的物体，利用式(2.15)可以求得终极速率为

$$v_{\mathrm{t}} = \sqrt{\frac{2mg}{C\rho A}} \tag{2.16}$$

其中 m 为下落物体的质量。

按上式计算，半径为1.5 mm的雨滴在空气中下落的终极速率为7.4 m/s，大约在下落10 m时就会达到这个速率。跳伞者，由于伞的面积 A 较大，所以其终极速率也较小，通常为5 m/s左右，而且在伞张开后下降几米就会达到这一速率。

5. 表面张力

拿一根缝衣针放到一片薄棉纸上，小心地把它们平放到碗内的水面上。再小心地用细棍把已浸湿的纸按到水下面。你就会看到缝衣针漂在水面上（图2.5）。这种漂浮并不是水对针的浮力（遵守阿基米德定律）作用的结果，针实际上是躺在已被它压陷了的水面上，是水面兜住了针使之静止的。这说明水面有一种绷紧的力，在水面凹陷处这种绷紧的力 F 抬起了缝衣针。寺庙里盛水的大水缸里常见到落到水底的许多硬币，这都是那些想使自己的硬币漂在水面上（而得到降福?）的游客操作不当的结果。有些昆虫能在水面上行走，也是靠了这种沿水面作用的绷紧的力（图2.6）。

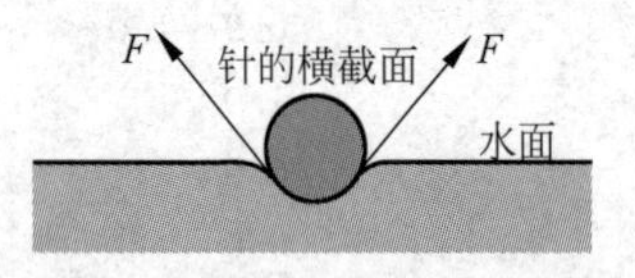

图2.5 缝衣针漂在水面上

液体表面总处于一种绷紧的状态。这归因于液面各部分之间存在着相互拉紧的力。

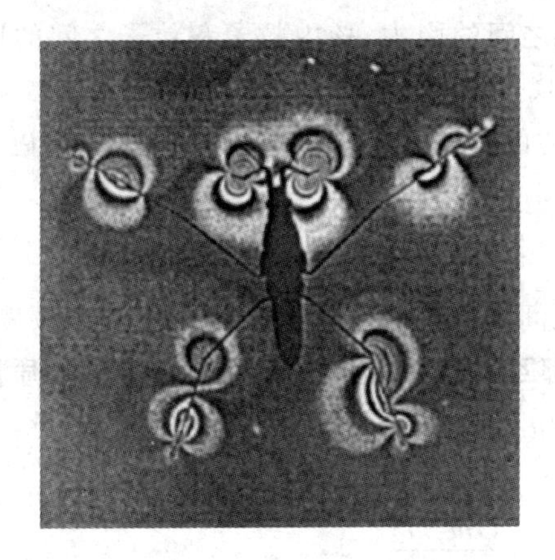

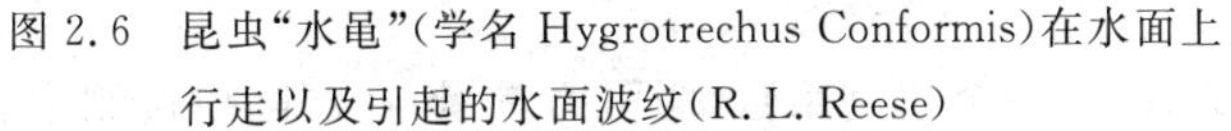

图 2.6　昆虫“水黾”(学名 Hygrotrechus Conformis)在水面上行走以及引起的水面波纹(R. L. Reese)

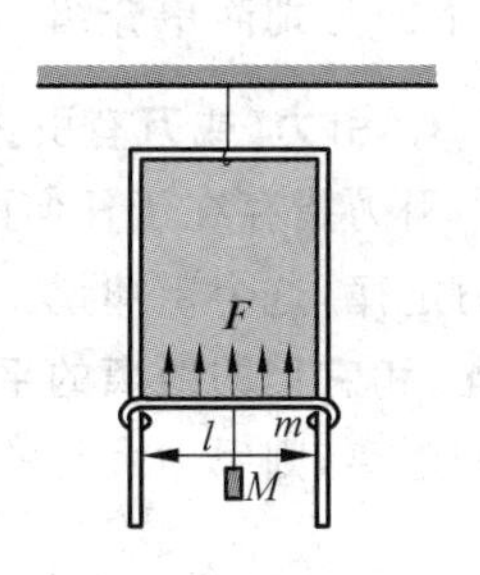

图 2.7　液膜的表面张力

这种力叫**表面张力**。它的方向沿着液面(或其“切面”)并垂直于液面的边界线。它的大小和边界线的长度成正比。以 F 表示在长为 l 的边界线上作用的表面张力,则应有

$$F = \gamma l \tag{2.17}$$

式中 γ(N/m)叫做**表面张力系数**,它的大小由液体的种类及其温度决定。例如在 20℃时,乙醇的 γ 为 0.0223 N/m,水银的为 0.465 N/m,水的为 0.0728 N/m,肥皂液的约为 0.025 N/m 等。

表面张力系数 γ 可用下述方法粗略地测定。用金属细棍做一个一边可以滑动的矩形框(图 2.7),将框没入液体。当向上缓慢把框提出时,框上就会蒙上一片液膜。这时拉动下侧可动框边再松手时,膜的面积将缩小,这就是膜的表面张力作用的表现。在这一可动框边上挂上适当的砝码,则可以使这一边保持不动,这时应该有

$$F = (m + M)g \tag{2.18}$$

式中,m 和 M 分别表示可动框边和砝码的质量。由于膜有两个表面,所以其下方在两条边线上都有向上的表面张力。以 l 表示膜的宽度,则由式(2.17),在式(2.18)中应有 $F=2\gamma l$。代入式(2.18)可得

$$\gamma = (m + M)g/2l \tag{2.19}$$

一个液滴由于表面张力,其表面有收缩趋势,这就使得秋天的露珠,夏天荷叶上的小水珠以及肥皂泡都呈球形。天体一般也是球形,这也是在其长期演变过程中表面张力作用的结果。

*2.3　基本的自然力

2.2 节介绍了几种力的特征,实际上,在日常生活和工程技术中,遇到的力还有很多种。例如皮球内空气对球胆的压力,江河海水对大船的浮力,胶水使两块木板固结在一起的黏结力,两个带电小球之间的吸力或斥力,两个磁铁之间的吸力或斥力等。除了这些宏观世界我们能观察到的力以外,在微观世界中也存在这样或那样的力。例如分子或原子

之间的引力或斥力，原子内的电子和核之间的引力，核内粒子和粒子之间的斥力和引力等。尽管力的种类看来如此复杂，但近代科学已经证明，自然界中只存在4种基本的力（或称相互作用），其他的力都是这4种力的不同表现。这4种力是引力、电磁力、强力、弱力，下面分别简单介绍。

1. 引力（或万有引力）

引力指存在于任何两个物质质点之间的吸引力。它的规律首先由牛顿发现，称之为引力定律，这个定律说：**任何两个质点都互相吸引，这引力的大小与它们的质量的乘积成正比，和它们的距离的平方成反比**。用 m_1 和 m_2 分别表示两个质点的质量，以 r 表示它们的距离，则引力大小的数学表示式是

$$f = \frac{Gm_1m_2}{r^2} \tag{2.20}$$

式中，f 是两个质点的相互吸引力；G 是一个比例系数，叫**引力常量**，在国际单位制中它的值为

$$G = 6.67 \times 10^{-11}\ \mathrm{N \cdot m^2/kg^2} \tag{2.21}$$

式(2.20)中的质量反映了物体的引力性质，是物体与其他物体相互吸引的性质的量度，因此又叫**引力质量**。它和反映物体抵抗运动变化这一性质的惯性质量在意义上是不同的。但是任何物体的重力加速度都相等的实验表明，同一个物体的这两个质量是相等的，因此可以说它们是同一质量的两种表现，也就不必加以区分了。

根据现在尚待证实的物理理论，物体间的引力是以一种叫做“引力子”的粒子作为传递媒介的。

2. 电磁力

电磁力指带电的粒子或带电的宏观物体间的作用力。两个静止的带电粒子之间的作用力由一个类似于引力定律的库仑定律支配着。库仑定律说，两个静止的点电荷相斥或相吸，这斥力或吸力的大小 f 与两个点电荷的电量 q_1 和 q_2 的乘积成正比，而与两电荷的距离 r 的平方成反比，写成公式

$$f = \frac{kq_1q_2}{r^2} \tag{2.22}$$

式中比例系数 k 在国际单位制中的值为

$$k = 9 \times 10^9\ \mathrm{N \cdot m^2 \cdot C^{-2}}$$

这种力比万有引力要大得多。例如两个相邻质子之间的电力按上式计算可以达到 10^2 N，是它们之间的万有引力(10^{-34} N)的 10^{36} 倍。

运动的电荷相互间除了有电力作用外，还有磁力相互作用。磁力实际上是电力的一种表现，或者说，磁力和电力具有同一本源。（关于这一点，本书第3篇电磁学有较详细的讨论。）因此**电力和磁力统称电磁力**。

电荷之间的电磁力是以**光子**作为传递媒介的。

由于分子或原子都是由电荷组成的系统，所以它们之间的作用力就是电磁力。中性分子或原子间也有相互作用力，这是因为虽然每个中性分子或原子的正负电荷数值相等，但在它们内部正负电荷有一定的分布，对外部电荷的作用并没有完全抵消，所以仍显示出

有电磁力的作用。中性分子或原子间的电磁力可以说是一种残余电磁力。2.2 节提到的相互接触的物体之间的弹力、摩擦力、流体阻力、表面张力以及气体压力、浮力、黏结力等都是相互靠近的原子或分子之间的作用力的宏观表现，因而从根本上说也是电磁力。

3. 强力

我们知道，在绝大多数原子核内有不止一个质子。质子之间的电磁力是排斥力，但事实上核的各部分并没有自动飞离，这说明在质子之间还存在一种比电磁力还要强的自然力，正是这种力把原子核内的质子以及中子紧紧地束缚在一起。这种存在于质子、中子、介子等强子之间的作用力称做**强力**。强力是夸克所带的"色荷"之间的作用力——色力的表现。色力是以**胶子**作为传递媒介的。两个相邻质子之间的强力可以达到10^4 N。强力的力程，即作用可及的范围非常短。强子之间的距离超过约 10^{-15} m 时，强力就变得很小而可以忽略不计；小于 10^{-15} m 时，强力占主要的支配地位，而且直到距离减小到大约 0.4×10^{-15} m 时，它都表现为吸引力，距离再减小，则强力就表现为斥力。

4. 弱力

弱力也是各种粒子之间的一种相互作用，但仅在粒子间的某些反应(如 β 衰变)中才显示出它的重要性。弱力是以 W^+，W^-，Z^0 等叫做**中间玻色子**的粒子作为传递媒介的。它的力程比强力还要短，而且力很弱。两个相邻的质子之间的弱力大约仅有 10^{-2} N。

表 2.3 中列出了 4 种基本自然力的特征，其中力的强度是指两个质子中心的距离等于它们直径时的相互作用力。

表 2.3 4 种基本自然力的特征

力的种类	相互作用的物体	力的强度/N	力 程
万有引力	一切质点	10^{-34}	无限远
弱力	大多数粒子	10^{-2}	小于 10^{-17} m
电磁力	电荷	10^2	无限远
强力	核子、介子等	10^4	10^{-15} m

从复杂纷纭、多种多样的力中，人们认识到基本的自然力只有 4 种，这是 20 世纪 30 年代物理学取得的很大成就。此后，人们就企图发现这 4 种力之间的联系。爱因斯坦就曾企图把万有引力和电磁力统一起来，但没有成功。20 世纪 60 年代，温伯格和萨拉姆在杨振宁等提出的理论基础上，提出了一个把电磁力和弱力统一起来的理论——电弱统一理论。这种理论指出在高能范围内，电磁相互作用和弱相互作用本是同一性质的相互作用，称做**电弱相互作用**。在低于 250 GeV 的能量范围内，由于"对称性的自发破缺"，统一的电弱相互作用分解成了性质极不相同的电磁相互作用和弱相互作用。这种理论已在 20 世纪 70 年代和 80 年代初期被实验证实了。电弱统一理论的成功使人类在对自然界的统一性的认识上又前进了一大步。现在，物理学家正在努力，以期建立起总括电弱色相互作用的"大统一理论"(它管辖的能量尺度为 10^{15} GeV，目前有些预言已被用实验"间接地探索过了")。人们还期望，有朝一日，能最后(?)建立起把 4 种基本相互作用都统一起来的……"超统一理论"。

2.4 应用牛顿定律解题

利用牛顿定律求解力学问题时，最好按下述“三字经”所设计的思路分析。

1. 认物体

在有关问题中选定一个物体(当成质点)作为分析对象。如果问题涉及几个物体，那就一个一个地作为对象进行分析，认出每个物体的质量。

2. 看运动

分析所认定的物体的运动状态，包括它的轨道、速度和加速度。问题涉及几个物体时，还要找出它们之间运动的联系，即它们的速度或加速度之间的关系。

3. 查受力

找出被认定的物体所受的所有外力。画简单的示意图表示物体受力情况与运动情况，这种图叫**示力图**。

4. 列方程

把上面分析出的质量、加速度和力用牛顿第二定律联系起来列出方程式。利用直角坐标系的分量式(式(2.5))列式时，在图中应注明坐标轴方向。在方程式足够的情况下就可以求解未知量了。

动力学问题一般有两类，一类是已知力的作用情况求运动；另一类是已知运动情况求力。这两类问题的分析方法都是一样的，都可以按上面的步骤进行，只是未知数不同罢了。

例 2.1

用皮带运输机向上运送砖块。设砖块与皮带间的静摩擦系数为 μ_s，砖块的质量为 m，皮带的倾斜角为 α。求皮带向上匀速输送砖块时，它对砖块的静摩擦力多大？

解 认定砖块进行分析。它向上匀速运动，因而加速度为零。在上升过程中，它受力情况如图 2.8 所示。

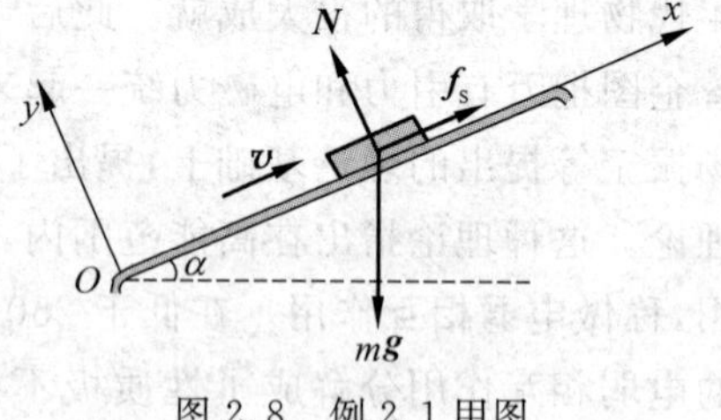

图 2.8 例 2.1 用图

选 x 轴沿着皮带方向，则对砖块用牛顿第二定律，可得 x 方向的分量式为

$$-mg\sin\alpha + f_s = ma_x = 0$$

由此得砖块受的静摩擦力为

$$f_s = mg\sin\alpha$$

注意，此题不能用公式 $f_s=\mu_s N$ 求静摩擦力，因为这一公式只对最大静摩擦力才适用。在静摩擦力不是最大的情况下，只能根据牛顿定律的要求求出静摩擦力。

例 2.2

在光滑桌面上放置一质量 $m_1=5.0$ kg 的物块，用绳通过一无摩擦滑轮将它和另一质

量为 $m_2=2.0\ \text{kg}$ 的物块相连。(1)保持两物块静止，需用多大的水平力 $\boldsymbol{F}$ 拉住桌上的物块？(2)换用 $F=30\ \text{N}$ 的水平力向左拉 m_1 时，两物块的加速度和绳中张力 T 的大小各如何？(3)怎样的水平力 $\boldsymbol{F}$ 会使绳中张力为零？

解 如图2.9所示，设两物块的加速度分别为 $\boldsymbol{a}_1$ 和 $\boldsymbol{a}_2$。参照如图所示的坐标方向。

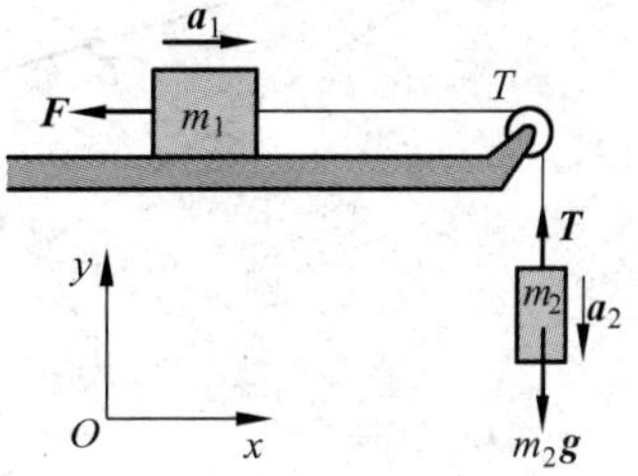

(1) 如两物体均静止，则 $a_1=a_2=0$，用牛顿第二定律，对 m_1，

$$-F+T=m_1a_1=0$$

对 m_2，

$$T-m_2g=m_2a_2=0$$

此二式联立给出

$$F=m_2g=2.0\times9.8=19.6\ (\text{N})$$

图2.9 例2.2用图

(2) 当 $F=30\ \text{N}$ 时，则用牛顿第二定律，对 m_1，沿 x 方向，有

$$-F+T=m_1a_1 \tag{2.23}$$

对 m_2，沿 y 方向，有

$$T-m_2g=m_2a_2 \tag{2.24}$$

由于 m_1 和 m_2 用绳联结着，所以有 $a_1=a_2$，令其为 a。

联立解式(2.23)和式(2.24)，可得两物块的加速度为

$$a=\frac{m_2g-F}{m_1+m_2}=\frac{2\times9.8-30}{5.0+2.0}=-1.49\ (\text{m/s}^2)$$

和图2.9所设 $\boldsymbol{a}_1$ 和 $\boldsymbol{a}_2$ 的方向相比，此结果的负号表示，两物块的加速度均与所设方向相反，即 m_1 将向左而 m_2 将向上以 $1.49\ \text{m/s}^2$ 的加速度运动。

由上面式(2.24)可得此时绳中张力为

$$T=m_2(g-a_2)=2.0\times[9.8-(-1.49)]=22.6\ (\text{N})$$

(3) 若绳中张力 $T=0$，则由式(2.24)知，$a_2=g$，即 m_2 自由下落，这时由式(2.23)可得

$$F=-m_1a_1=-m_1a_2=-m_1g=-5.0\times9.8=-49\ (\text{N})$$

负号表示力 $\boldsymbol{F}$ 的方向应与图2.9所示方向相反，即需用49 N的水平力向右推桌上的物块，才能使绳中张力为零。

例2.3

一个质量为 m 的珠子系在线的一端，线的另一端绑在墙上的钉子上，线长为 l。先拉动珠子使线保持水平静止，然后松手使珠子下落。求线摆下至 θ 角时这个珠子的速率和线的张力。

解 这是一个变加速问题，求解要用到微积分，但物理概念并没有什么特殊。如图2.10所示，珠子受的力有线对它的拉力 $\boldsymbol{T}$ 和重力 $m\boldsymbol{g}$。由于珠子沿圆周运动，所以我们按切向和法向来列牛顿第二定律分量式。

对珠子，在任意时刻，当摆下角度为 α 时，牛顿第二定律的切向分量式为

$$mg\cos\alpha=ma_t=m\frac{\mathrm{d}v}{\mathrm{d}t}$$

以 $\mathrm{d}s$ 乘以此式两侧，可得

$$mg\cos\alpha\,\mathrm{d}s=m\frac{\mathrm{d}v}{\mathrm{d}t}\mathrm{d}s=m\frac{\mathrm{d}s}{\mathrm{d}t}\mathrm{d}v$$

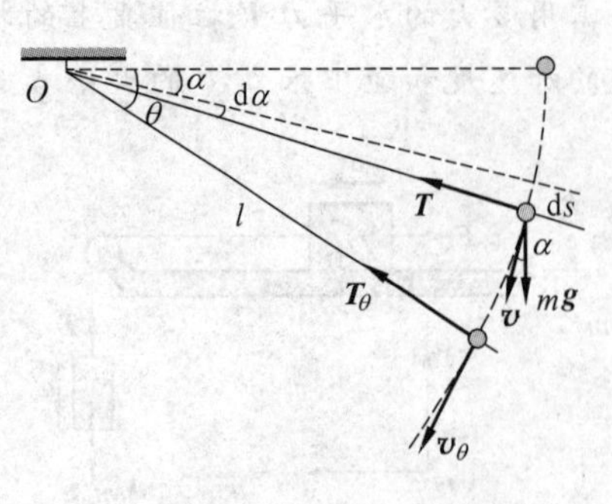

图 2.10 例 2.3 用图

由于 $ds = l d\alpha$，$\frac{ds}{dt} = v$，所以上式可写成

$$gl\cos\alpha \, d\alpha = v dv$$

两侧同时积分，由于摆角从 0 增大到 θ 时，速率从 0 增大到 v_θ，所以有

$$\int_0^\theta gl\cos\alpha \cdot d\alpha = \int_0^{v_\theta} v dv$$

由此得

$$gl\sin\theta = \frac{1}{2}v_\theta^2$$

从而

$$v_\theta = \sqrt{2gl\sin\theta}$$

对珠子，在摆下 θ 角时，牛顿第二定律的法向分量式为

$$T_\theta - mg\sin\theta = ma_n = m\frac{v_\theta^2}{l}$$

将上面 v_θ 值代入此式，可得线对珠子的拉力为

$$T_\theta = 3mg\sin\theta$$

这也就等于线中的张力。

例 2.4

一跳伞运动员质量为 80 kg，一次从 4000 m 高空的飞机上跳出，以雄鹰展翅的姿势下落(图 2.11)，有效横截面积为 0.6 m^2。以空气密度为 1.2 kg/m^3 和曳引系数 $C=0.6$ 计算，他下落的终极速率多大？

图 2.11 2007 年 11 月 10 日，美国得克萨斯州，现年 83 岁的美国前总统老布什(下)通过跳伞庆祝其个人博物馆开馆

解 空气曳力用式(2.15)计算，终极速率出现在此曳力等于运动员所受重力的时候。由此可得终极速率为

$$v_t = \sqrt{\frac{2mg}{C\rho A}} = \sqrt{\frac{2\times 80\times 9.8}{0.6\times 1.2\times 0.6}} = 60 \text{ (m/s)}$$

这一速率比从 4000 m 高空“自由下落”的速率(280 m/s)小得多，但运动员以这一速率触地还是很危险

的，所以他在接近地面时要打开降落伞。

例 2.5

一个水平的木制圆盘绕其中心竖直轴匀速转动（图 2.12）。在盘上离中心 $r=20$ cm 处放一小铁块，如果铁块与木板间的静摩擦系数 $\mu_s=0.4$，求圆盘转速增大到多少（以 r/min 表示）时，铁块开始在圆盘上移动？

解 对铁块进行分析。它在盘上不动时，是作半径为 r 的匀速圆周运动，具有法向加速度 $a_n=r\omega^2$。图 2.12 中示出铁块受力情况，f_s 为静摩擦力。

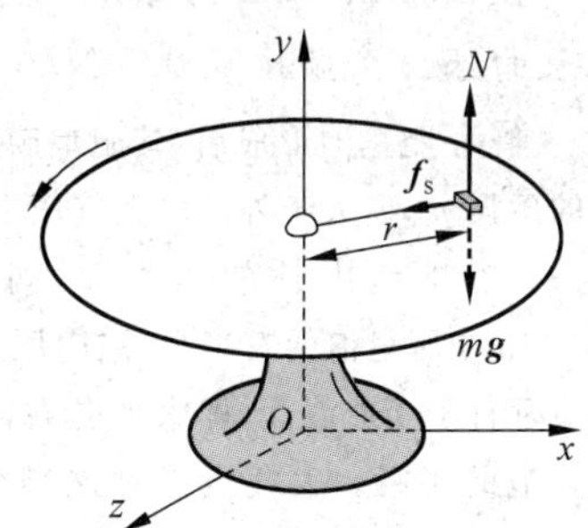

图 2.12 转动圆盘

对铁块用牛顿第二定律，得法向分量式为

$$f_s = ma_n = mr\omega^2$$

由于

$$f_s \leqslant \mu_s N = \mu_s mg$$

所以

$$\mu_s mg \geqslant mr\omega^2$$

即

$$\omega \leqslant \sqrt{\frac{\mu_s g}{r}} = \sqrt{\frac{0.4\times 9.8}{0.2}} = 4.43\ (\text{rad/s})$$

由此得

$$n = \frac{\omega}{2\pi} \leqslant 42.3\ (\text{r/min})$$

这一结果说明，圆盘转速达到 42.3 r/min 时，铁块开始在盘上移动。

例 2.6

开普勒第三定律。谷神星（最大的小行星，直径约 960 km）的公转周期为 1.67×10^3 d。试以地球公转为参考，求谷神星公转的轨道半径。

解 以 r 表示某一行星轨道的半径，T 为其公转周期。按匀加速圆周运动计算，该行星的法向加速度为 $4\pi^2 r/T^2$。以 M 表示太阳的质量，m 表示行星的质量，并忽略其他行星的影响，则由引力定律和牛顿第二定律可得

$$G\frac{Mm}{r^2} = m\frac{4\pi^2 r}{T^2}$$

由此得

$$\frac{T^2}{r^3} = \frac{4\pi^2}{GM}$$

由于此式右侧是与行星无关的常量，所以此结果即说明行星公转周期的平方和它的轨道半径的立方成正比。（由于行星轨道是椭圆，所以，严格地说，上式中的 r 应是轨道的半长轴。）这一结果称为关于行星运动的**开普勒第三定律**。

以 r_1, T_1 表示地球的轨道半径和公转周期，以 r_2, T_2 表示谷神星的轨道半径和公转周期，则

$$\frac{r_2^3}{r_1^3} = \frac{T_2^2}{T_1^2}$$

由此得

$$r_2 = r_1\left(\frac{T_2}{T_1}\right)^{2/3} = 1.50\times10^{11}\times\left(\frac{1.67\times10^3}{365}\right)^{2/3} = 4.13\times10^{11}\ (\mathrm{m})$$

这一数值在火星和木星的轨道半径之间。实际上,在火星和木星间存在一个小行星带。

例 2.7

直径为 2.0 cm 的球形肥皂泡内部气体的压强 p_{in} 比外部大气压强 p_0 大多少?肥皂液的表面张力系数按 0.025 N/m 计。

解 肥皂泡形成后,其肥皂膜内外表面的表面张力要使肥皂泡缩小。当其大小稳定时,其内部空气的压强 p_{int} 要大于外部的大气压强 p_0,以抵消这一收缩趋势。为了求泡内外的压强差,可考虑半个肥皂泡,如图 2.13 中肥皂泡的右半个。泡内压强对这半个肥皂泡的合力应垂直于半球截面,即水平向右,大小为 $F_{in}=p_{in}\cdot\pi R^2$,$R$ 为泡的半径。大气压强对这半个泡的合力应为 $F_{ext}=p_0\cdot\pi R^2$,方向水平向左。与受到此二力的同时,这半个泡还在其边界上受左半个泡的表面张力,边界各处的表面张力方向沿着球面的切面并与边界垂直,即都水平向左。其大小由式(2.16)求得 $F_{sur}=2\cdot\gamma\cdot 2\pi r$,其中的 2 倍是由于肥皂膜有内外两个表面。对右半个泡的力的平衡要求 $F_{in}=F_{ext}+F_{sur}$,即

$$p_0\pi R^2 = 2\cdot\gamma\cdot 2\pi R + p_{in}\pi R^2$$

由此得 $p_{in}-p_0=\frac{4\gamma}{R}=\frac{4\times0.025}{1.0\times10^{-2}}=10.0\ (\mathrm{Pa})$。

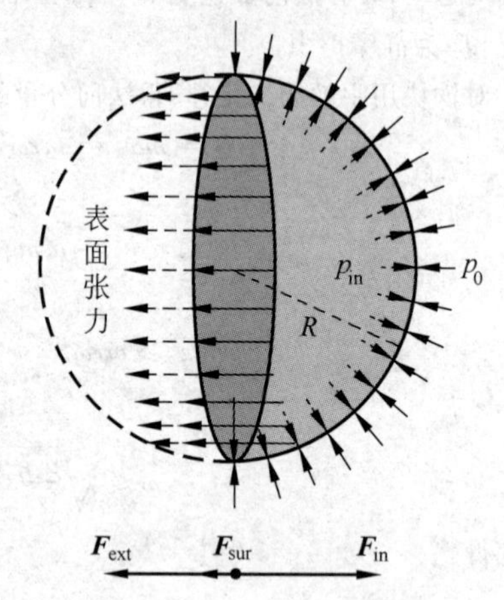

图 2.13 肥皂泡受力分析

2.5 非惯性系与惯性力

在 2.1 节中介绍牛顿定律时,特别指出牛顿第二定律和第三定律只适用于惯性参考系,2.4 节的例题都是相对于惯性系进行分析的。

惯性系有一个重要的性质,即,如果我们确认了某一参考系为惯性系,则相对于此参考系作匀速直线运动的任何其他参考系也一定是惯性系。这是因为如果一个物体不受力作用时相对于那个"原始"惯性系静止或作匀速直线运动,则在任何相对于这"原始"惯性系作匀速直线运动的参考系中观测,该物体也必然作匀速直线运动(尽管速度不同)或静止。这也是在不受力作用的情况下发生的。因此根据惯性系的定义,后者也是惯性系。

反过来我们也可以说,相对于一个已知惯性系作加速运动的参考系,一定不是惯性参考系,或者说是一个非惯性系。

具体判断一个实际的参考系是不是惯性系,只能根据实验观察。对天体(如行星)运动的观察表明,太阳参考系是个很好的惯性系①。由于地球绕太阳公转,地心相对于太阳

① 现代天文观测结果给出,太阳绕我们的银河中心公转,其法向加速度约为 $1.8\times10^{-10}\ \mathrm{m/s^2}$。

参考系有向心加速度，所以地心参考系不是惯性系。但地球相对于太阳参考系的法向加速度甚小(约 $6\times10^{-3}\ m/s^2$)，不到地球上重力加速度的 0.1%，所以地心参考系可以近似地作为惯性系看待。粗略研究人造地球卫星运动时，就可以应用地心参考系。

由于地球围绕自身的轴相对于地心参考系不断地自转，所以地面参考系也不是惯性系。但由于地面上各处相对于地心参考系的法向加速度最大不超过 $3.40\times10^{-2}\ m/s^2$(在赤道上)，所以对时间不长的运动，地面参考系也可以近似地作为惯性系看待。在一般工程技术问题中，都相对于地面参考系来描述物体的运动和应用牛顿定律，得出的结论也都足够准确地符合实际，就是因为这个缘故。

下面举两个例子，说明在非惯性系中，牛顿第二定律不成立。

先看一个例子。站台上停着一辆小车，相对于地面参考系进行分析，小车停着，加速度为零。这是因为作用在它上面的力相互平衡，即合力为零的缘故，这符合牛顿定律。如果从加速起动的列车车厢内观察这辆小车，即相对于作加速运动的车厢参考系来分析小车的运动，将发现小车向车厢后方作加速运动。它受力的情况并无改变，合力仍然是零。合力为零而有了加速度，这是违背牛顿定律的。因此，相对于作加速运动的车厢参考系，牛顿定律不成立。

再看例 2.5 中所提到的水平转盘。从地面参考系来看，铁块作圆周运动，有法向加速度。这是因为它受到盘面的静摩擦力作用的缘故，这符合牛顿定律。但是相对于转盘参考系来说，即站在转盘上观察，铁块总保持静止，因而加速度为零。可是这时它依然受着静摩擦力的作用。合力不为零，可是没有加速度，这也是违背牛顿定律的。因此，相对于转盘参考系，牛顿定律也是不成立的。

在实际问题中常常需要在非惯性系中观察和处理物体的运动现象。在这种情况下，为了方便起见，我们也常常形式地利用牛顿第二定律分析问题，为此我们引入惯性力这一概念。

首先讨论**加速平动参考系**的情况。设有一质点，质量为 m，相对于某一惯性系 S，它在实际的外力 $\boldsymbol{F}$ 作用下产生加速度 $\boldsymbol{a}$，根据牛顿第二定律，有

$$\boldsymbol{F}=m\boldsymbol{a}$$

设想另一参考系 S'，相对于惯性系 S 以加速度 $\boldsymbol{a}_0$ 平动。在 S' 参考系中，质点的加速度是 $\boldsymbol{a}'$。由运动的相对性可知

$$\boldsymbol{a}=\boldsymbol{a}'+\boldsymbol{a}_0$$

将此式代入上式可得

$$\boldsymbol{F}=m(\boldsymbol{a}'+\boldsymbol{a}_0)=m\boldsymbol{a}'+m\boldsymbol{a}_0$$

或者写成

$$\boldsymbol{F}+(-m\boldsymbol{a}_0)=m\boldsymbol{a}' \tag{2.25}$$

此式说明，质点受的合外力 $\boldsymbol{F}$ 并不等于 $m\boldsymbol{a}'$，因此牛顿定律在参考系 S' 中不成立。但是如果我们认为在 S' 系中观察时，除了实际的外力 $\boldsymbol{F}$ 外，质点还受到一个大小和方向由 $(-m\boldsymbol{a}_0)$ 表示的力，并将此力也计入合力之内，则式(2.25)就可以形式上理解为：在 S' 系内观测，质点所受的合外力也等于它的质量和加速度的乘积。这样就可以在形式上应用牛顿第二定律了。

为了在非惯性系中**形式地**应用牛顿第二定律而必须引入的力叫做**惯性力**。由

式(2.25)可知,在加速平动参考系中,它的大小等于质点的质量和此非惯性系相对于惯性系的加速度的乘积,而方向与此加速度的方向相反。以 $\boldsymbol{F}_{\mathrm{i}}$ 表示惯性力,则有

$$\boldsymbol{F}_{\mathrm{i}}=-m\boldsymbol{a}_0 \tag{2.26}$$

引进了惯性力,在非惯性系中就有了下述牛顿第二定律的形式:

$$\boldsymbol{F}+\boldsymbol{F}_{\mathrm{i}}=m\boldsymbol{a}' \tag{2.27}$$

其中 $\boldsymbol{F}$ 是实际存在的各种力,即"真实力"。它们是物体之间的相互作用的表现,其本质都可以归结为4种基本的自然力。惯性力 $\boldsymbol{F}_{\mathrm{i}}$ 只是参考系的非惯性运动的表观显示,或者说是物体的惯性在非惯性系中的表现。它不是物体间的相互作用,也没有反作用力。因此惯性力又称做**虚拟力**。

上述惯性力和引力有一种微妙的关系。静止在地面参考系(视为惯性系)中的物体受到地球引力 $m\boldsymbol{g}$ 的作用(图2.14(a)),这引力的大小和物体的质量成正比。今设想一个远离星体的太空船正以加速度(对某一惯性系)$\boldsymbol{a}'=-\boldsymbol{g}$ 运动,在船内观察一个质量为 m 的物体。由于太空船是非惯性系,依上分析,可以认为物体受到一个惯性力 $\boldsymbol{F}_{\mathrm{i}}=-m\boldsymbol{a}'=m\boldsymbol{g}$ 的作用,这个惯性力也和物体的质量成正比(图2.14(b))。但若只是在太空船内观察,我们也可以认为太空船是一静止的惯性系,而物体受到了一个引力 $m\boldsymbol{g}$。加速系中的惯性力和惯性系中的引力是等效的这一思想是爱因斯坦首先提出的,称为**等效原理**。它是爱因斯坦创立广义相对论的基础。

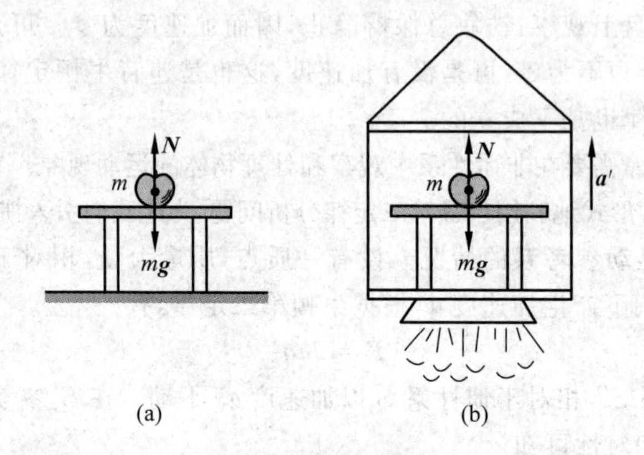

图2.14 等效原理

(a) 在地面上观察,物体受到引力(重力)mg 的作用;

(b) 在太空船内观察,也可认为物体受到引力 mg 的作用

例2.8

在水平轨道上有一节车厢以加速度 $\boldsymbol{a}_0$ 行进,在车厢中看到有一质量为 m 的小球静止地悬挂在天花板上,试以车厢为参考系求出悬线与竖直方向的夹角。

解 在车厢参考系内观察小球是静止的,即 $\boldsymbol{a}'=0$。它受的力除重力和线的拉力外,还有一惯性力 $\boldsymbol{F}_{\mathrm{i}}=-m\boldsymbol{a}_0$,如图2.15所示。

相对于车厢参考系,对小球用牛顿第二定律,则有

x' 向: $$T\sin\theta-F_{\mathrm{i}}=ma'_{x'}=0$$

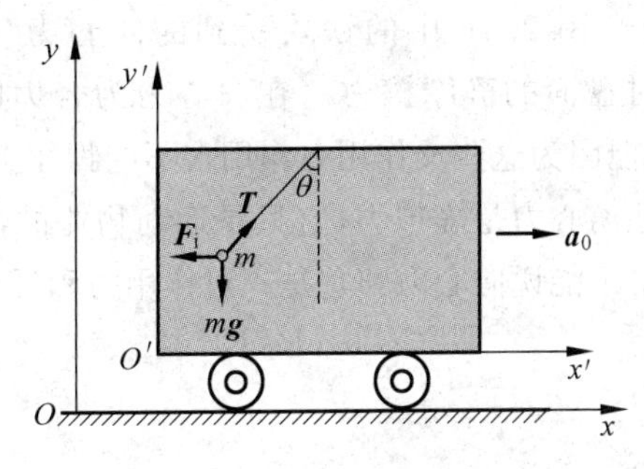

图 2.15 例 2.8 用图

y' 向：
$$T\cos\theta - mg = ma'_{y'} = 0$$
由于 $F_i = ma_0$，在上两式中消去 T，即可得
$$\theta = \arctan(a_0/g)$$
读者可以相对于地面参考系（惯性系）再解一次这个问题，并与上面的解法相比较。

下面我们再讨论**转动参考系**。一种简单的情况是物体相对于转动参考系**静止**。仍用例 2.5，一个小铁块静止在一个转盘上，如图 2.16 所示。对于铁块相对于地面参考系的运动，牛顿第二定律给出
$$\boldsymbol{f}_s = m\boldsymbol{a}_n = -m\omega^2\boldsymbol{r}$$
式中 $\boldsymbol{r}$ 为由圆心沿半径向外的位矢，此式也可以写成
$$\boldsymbol{f}_s + m\omega^2\boldsymbol{r} = 0 \tag{2.28}$$

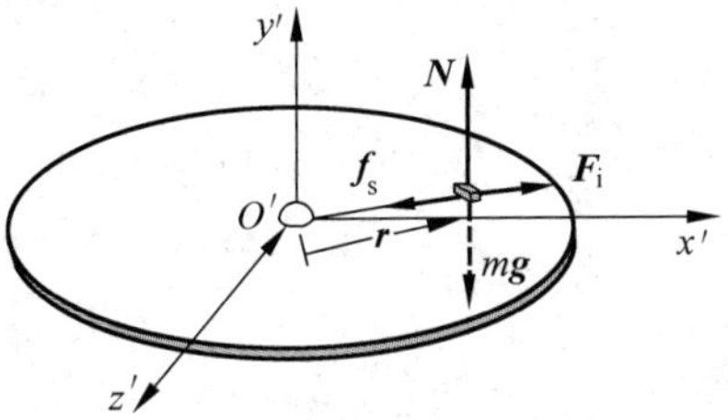

图 2.16 在转盘参考系上观察

站在圆盘上观察，即相对于转动的圆盘参考系，铁块是静止的，加速度 $\boldsymbol{a}'=0$。如果还要套用牛顿第二定律，则必须认为铁块除了受到静摩擦力这个“真实的”力以外，还受到一个惯性力或虚拟力 $\boldsymbol{F}_i$ 和它平衡。这样，相对于圆盘参考系，应该有
$$\boldsymbol{f}_s + \boldsymbol{F}_i = 0$$
将此式和式(2.28)对比，可得
$$\boldsymbol{F}_i = m\omega^2\boldsymbol{r} \tag{2.29}$$
这个惯性力的方向与 $\boldsymbol{r}$ 的方向相同，即沿着圆的半径向外，因此称为**惯性离心力**。这是在转动参考系中观察到的一种惯性力。实际上当我们乘坐汽车拐弯时，我们体验到的被甩向弯道外侧的“力”，就是这种惯性离心力。

由于惯性离心力和在惯性系中观察到的向心力大小相等，方向相反，所以常常有人（特别是那些把惯性离心力简称为离心力的人们）认为惯性离心力是向心力的反作用力，这是一种误解。首先，向心力作用在运动物体上使之产生向心加速度。惯性离心力，如上所述，也是作用在运动物体上。既然它们作用在同一物体上，当然就不是相互作用，所以谈不上作用和反作用。再者，向心力是真实力（或它们的合力）作用的表现，

它可能有真实的反作用力。图 2.16 中的铁块受到的向心力(即盘面对它的静摩擦力 f_s)的反作用力就是铁块对盘面的静摩擦力。(在向心力为合力的情况下,各个分力也都有相应的真实的反作用力,但因为这些反作用力作用在不同物体上,所以向心力谈不上有一个合成的反作用力。)但惯性离心力是虚拟力,它只是运动物体的惯性在转动参考系中的表现,它没有反作用力,因此也不能说向心力和它是一对作用力和反作用力。

提要

1. 牛顿运动定律:

第一定律　惯性和力的概念,惯性系的定义。

第二定律　$\boldsymbol{F}=\frac{\mathrm{d}\boldsymbol{p}}{\mathrm{d}t}$, $\boldsymbol{p}=m\boldsymbol{v}$

当 m 为常量时　$\boldsymbol{F}=m\boldsymbol{a}$

第三定律　$\boldsymbol{F}_{12}=-\boldsymbol{F}_{21}$,同时存在,分别作用,方向相反,大小相等。

力的叠加原理　$\boldsymbol{F}=\boldsymbol{F}_1+\boldsymbol{F}_2+\cdots$,相加用平行四边形定则或三角形定则。

*急动度　$\boldsymbol{j}=\frac{\mathrm{d}\boldsymbol{a}}{\mathrm{d}t}$,　$\frac{\mathrm{d}\boldsymbol{F}}{\mathrm{d}t}=m\boldsymbol{j}$

2. 常见的几种力:

重力　$\boldsymbol{W}=m\boldsymbol{g}$

弹性力　接触面间的压力和绳的张力

弹簧的弹力　$f=-kx$, k: 劲度系数

摩擦力　滑动摩擦力　$f_k=\mu_k N$, μ_k: 滑动摩擦系数

静摩擦力　$f_s\leqslant\mu_s N$, μ_s: 静摩擦系数

流体阻力　$f_d=kv$　或　$f_d=\frac{1}{2}C\rho A v^2$, C: 曳引系数

表面张力　$F=\gamma l$, γ: 表面张力系数

***3. 基本自然力**:引力、弱力、电磁力、强力(弱、电已经统一)。

4. 用牛顿定律解题"三字经":认物体,看运动,查受力(画示力图),列方程(一般用分量式)。

***5. 惯性力**:在非惯性系中引入的和参考系本身的加速运动相联系的力。

在平动加速参考系中　$\boldsymbol{F}_i=-m\boldsymbol{a}_0$

在转动参考系中　惯性离心力 $\boldsymbol{F}_i=m\omega^2\boldsymbol{r}$

思考题

2.1　没有动力的小车通过弧形桥面(图 2.17)时受几个力的作用?它们的反作用力作用在哪里?

若 m 为车的质量，车对桥面的压力是否等于 $mg\cos\theta$？小车能否作匀速率运动？

2.2　有一单摆如图 2.18 所示。试在图中画出摆球到达最低点 P_1 和最高点 P_2 时所受的力。在这两个位置上，摆线中张力是否等于摆球重力或重力在摆线方向的分力？如果用一水平绳拉住摆球，使之静止在 P_2 位置上，线中张力多大？

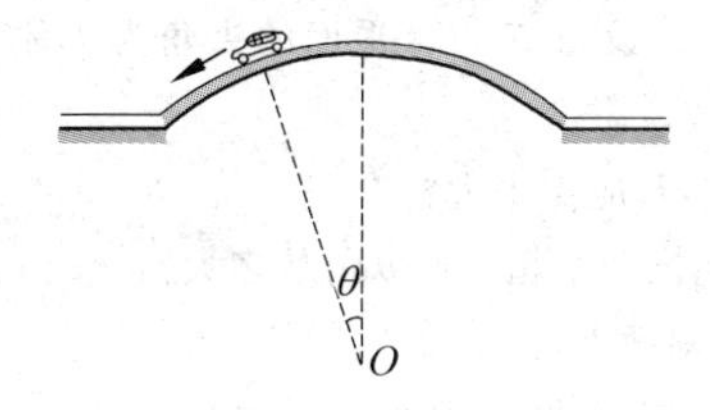

图 2.17　思考题 2.1 用图

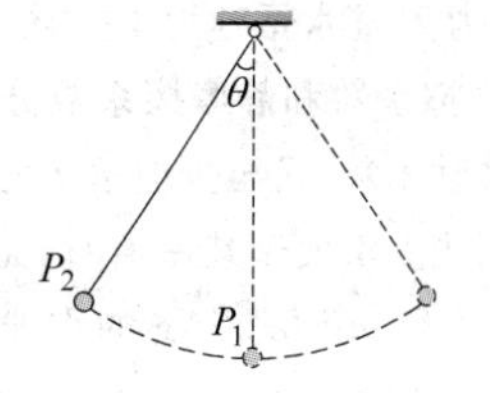

图 2.18　思考题 2.2 用图

2.3　有一个弹簧，其一端连有一小铁球，你能否做一个在汽车内测量汽车加速度的"加速度计"？根据什么原理？

2.4　当歼击机由爬升转为俯冲时(图 2.19(a))，飞行员会由于脑充血而"红视"(视场变红)；当飞行员由俯冲拉起时(图 2.19(b))，飞行员由于脑失血而"黑晕"(眼睛失明)。这是为什么？若飞行员穿上一种 G 套服(把身躯和四肢肌肉缠得紧紧的一种衣服)，当飞行员由俯冲拉起时，他能经得住相当于 $5g$ 的力而避免黑晕，但飞行开始俯冲时，最多经得住 $-2g$ 而仍免不了红视。这又是为什么？(定性分析)

2.5　用天平测出的物体的质量，是引力质量还是惯性质量？两汽车相撞时，其撞击力的产生是源于引力质量还是惯性质量？

2.6　设想在高处用绳子吊一块重木板，板面沿竖直方向，板中央有颗钉子，钉子上悬挂一单摆，今使单摆摆动起来。如果当摆球越过最低点时，砍断吊木板的绳子，在木板下落过程中，摆球相对于木板的运动形式将如何？如果当摆球到达极端位置时砍断绳子，摆球相对于木板的运动形式又将如何？(忽略空气阻力。)

*2.7　在门窗都关好的开行的汽车内，漂浮着一个氢气球，当汽车向左转弯时，氢气球在车内将向左运动还是向右运动？

*2.8　设想在地球北极装置一个单摆(图 2.20)。令其摆动后，则会发现其摆动平面，即摆线所扫过的平面，按顺时针方向旋转。摆球受到垂直于这平面的作用力了吗？为什么这平面会旋转？试用惯性系和非惯性系概念解释这个现象。

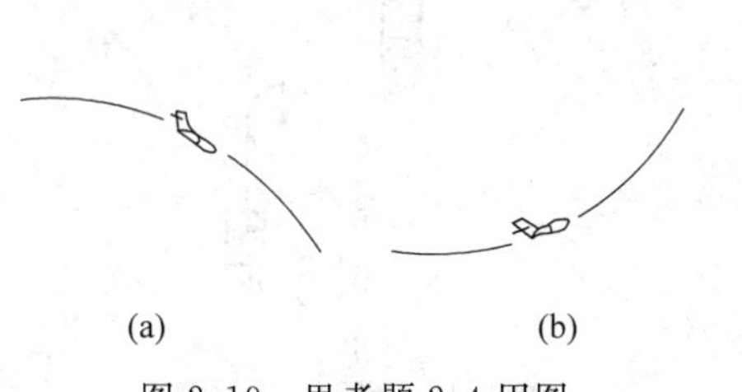

图 2.19　思考题 2.4 用图

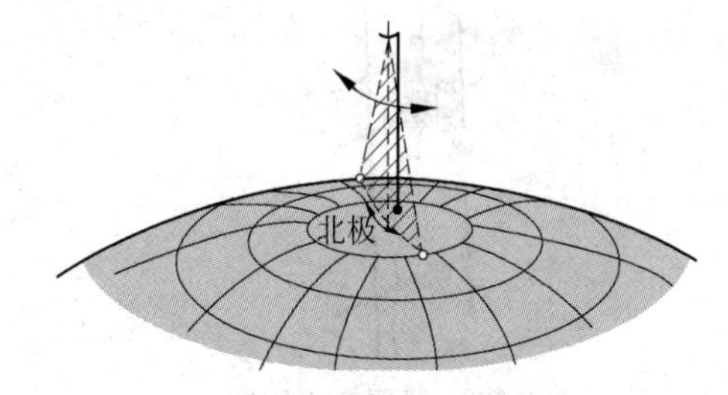

图 2.20　思考题 2.8 用图

2.9　小心缓慢地持续向玻璃杯内倒水，可以使水面鼓出杯口一定高度而不溢流。为什么可能这样？

2.10　不太严格地说，一物体所受重力就是地球对它的引力。据此，联立式(2.10)和式(2.20)导出以引力常量 G、地球质量 M 和地球半径 R 表示的重力加速度 g 的表示式。

习题

2.1　用力 $\boldsymbol{F}$ 推水平地面上一质量为 M 的木箱(图 2.21)。设力 $\boldsymbol{F}$ 与水平面的夹角为 θ,木箱与地面间的滑动摩擦系数和静摩擦系数分别为 μ_k 和 μ_s。

(1) 要推动木箱,F 至少应多大?此后维持木箱匀速前进,F 应需多大?

(2) 证明当 θ 角大于某一值时,无论用多大的力 F 也不能推动木箱。此 θ 角是多大?

2.2　设质量 $m=0.50$ kg 的小球挂在倾角 $\theta=30°$ 的光滑斜面上(图 2.22)。

(1) 当斜面以加速度 $a=2.0\ \mathrm{m/s^2}$ 沿如图所示的方向运动时,绳中的张力及小球对斜面的正压力各是多大?

(2) 当斜面的加速度至少为多大时,小球将脱离斜面?

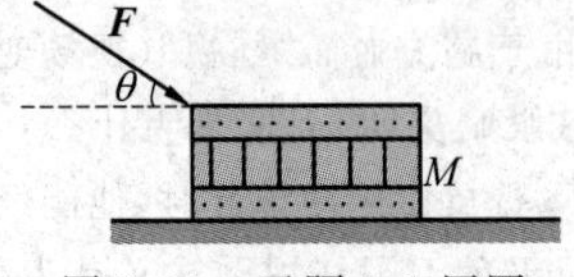

图 2.21　习题 2.1 用图

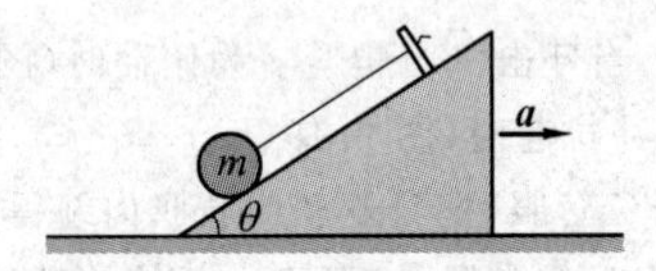

图 2.22　习题 2.2 用图

2.3　一架质量为 5000 kg 的直升机吊起一辆 1500 kg 的汽车以 0.60 $\mathrm{m/s^2}$ 的加速度向上升起。

(1) 空气作用在螺旋桨上的上举力多大?

(2) 吊汽车的缆绳中张力多大?

2.4　如图 2.23 所示,一个高楼擦窗工人利用一定滑轮自己控制下降。

(1) 要自己慢慢匀速下降,他需要用多大力拉绳?

(2) 如果他放松些,使拉力减少 10%,他下降的加速度将多大?设人和吊桶的总质量为 75 kg。

图 2.23　习题 2.4 用图

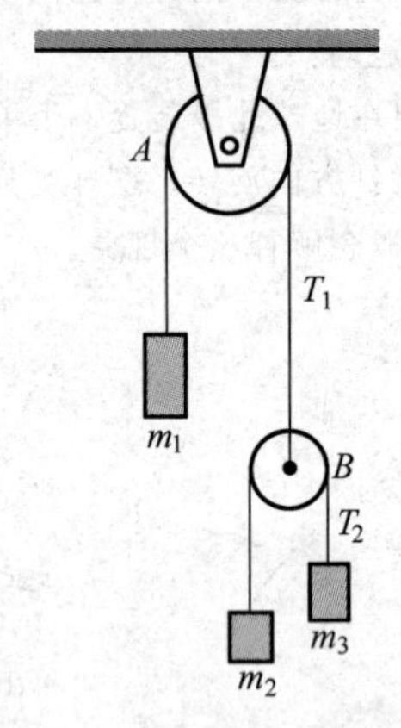

图 2.24　习题 2.5 用图

2.5　图 2.24 中 A 为定滑轮,B 为动滑轮,3 个物体的质量分别为:$m_1=200$ g,$m_2=100$ g,$m_3=50$ g。

(1) 求每个物体的加速度。

(2) 求两根绳中的张力 T_1 和 T_2。假定滑轮和绳的质量以及绳的伸长和摩擦力均可忽略。

2.6　在一水平的直路上，一辆车速 $v=90\ \text{km/h}$ 的汽车的刹车距离 $s=35\ \text{m}$。如果路面相同，只是有 1∶10 的下降斜度，这辆汽车的刹车距离将变为多少？

2.7　桌上有一质量 $M=1.50\ \text{kg}$ 的板，板上放一质量 $m=2.45\ \text{kg}$ 的另一物体。设物体与板、板与桌面之间的摩擦系数均为 $\mu=0.25$。要将板从物体下面抽出，至少需要多大的水平力？

2.8　如图 2.25 所示，在一质量为 M 的小车上放一质量为 m_1 的物块，它用细绳通过固定在小车上的滑轮与质量为 m_2 的物块相连，物块 m_2 靠在小车的前壁上而使悬线竖直。忽略所有摩擦。

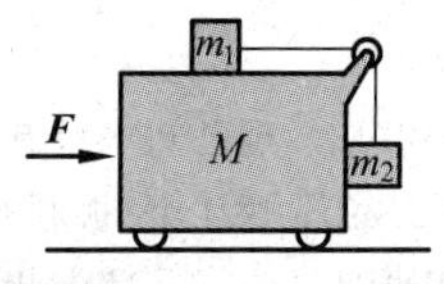

图 2.25　习题 2.8 用图

(1) 当用水平力 $\boldsymbol{F}$ 推小车使之沿水平面加速前进时，小车的加速度多大？

(2) 如果要保持 m_2 的高度不变，力 $\boldsymbol{F}$ 应多大？

2.9　按照 38 万千米外的地球上的飞行控制中心发来的指令，点燃自身的制动发动机后，我国第一颗月球卫星"嫦娥一号"于 2007 年 11 月 7 日正式进入科学探测工作轨道(图 2.26)。该轨道为圆形，离月面的高度为 200 km。求"嫦娥一号"的运行速率(相对月球)与运行周期。

(a)

(b)

图 2.26　"嫦娥一号"绕月球运行，探测月面

(a)"嫦娥一号"绕行月球；(b)"嫦娥一号"传回的首张月球表面照片

2.10　两根弹簧的劲度系数分别为 k_1 和 k_2。

(1) 试证明它们串联起来时(图 2.27(a))，总的劲度系数为

$$k=\frac{k_1k_2}{k_1+k_2}$$

(2) 试证明它们并联起来时(图 2.27(b))，总的劲度系数为

$$k=k_1+k_2$$

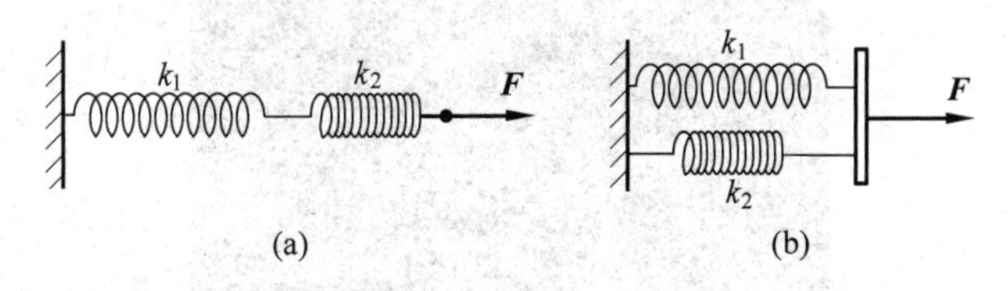

图 2.27　习题 2.10 用图

2.11　如图 2.28 所示，质量 $m=1200\ \text{kg}$ 的汽车，在一弯道上行驶，速率 $v=25\ \text{m/s}$。弯道的水平半径 $R=400\ \text{m}$，路面外高内低，倾角 $\theta=6°$。

(1) 求作用于汽车上的水平法向力与摩擦力。

(2) 如果汽车轮与轨道之间的静摩擦系数 $\mu_s=0.9$，要保证汽车无侧向滑动，汽车在此弯道上行驶

的最大允许速率应是多大？

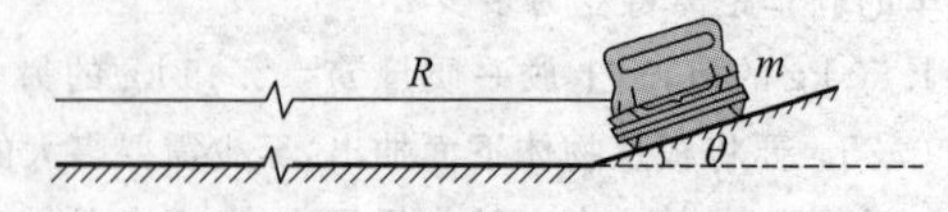

图 2.28　习题 2.11 用图

2.12　现已知木星有 16 个卫星，其中 4 个较大的是伽利略用他自制的望远镜在 1610 年发现的(图 2.29)。这 4 个“伽利略卫星”中最大的是木卫三，它到木星的平均距离是 1.07×10^6 km，绕木星运行的周期是 7.16 d。试由此求出木星的质量。忽略其他卫星的影响。

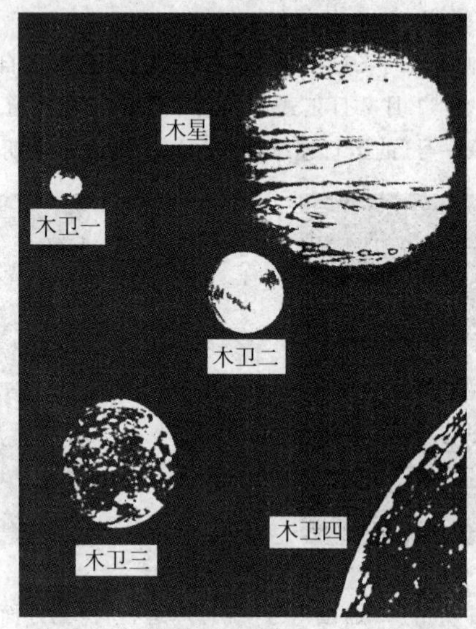

图 2.29　木星和它的最大的 4 个卫星

2.13　美丽的土星环在土星周围从离土星中心 73 000 km 延伸到距土星中心 136 000 km(图 2.30)。它由大小从 10^{-6} m 到 10 m 的粒子组成。若环的外缘粒子的运行周期是 14.2 h，那么由此可求得土星的质量是多大？

图 2.30　卡西尼号越过土星(小图)的光环(2004 年 7 月)

2.14　星体自转的最大转速发生在其赤道上的物质所受向心力正好全部由引力提供之时。

(1) 证明星体可能的最小自转周期为 $T_{\min}=\sqrt{3\pi/(G\rho)}$，其中 ρ 为星体的密度。

(2) 行星密度一般约为 $3.0\times10^3\ \mathrm{kg/m^3}$，求其可能最小自转周期。

(3) 有的中子星自转周期为 1.6 ms，若它的半径为 10 km，则该中子星的质量至少多大(以太阳质量为单位)？

2.15　证明：一个密度均匀的星体由于自身引力在其中心处产生的压强为

$$p=\frac{2}{3}\pi G\rho^2R^2$$

其中 ρ，R 分别为星体的密度和半径。

已知木星绝大部分由氢原子组成，平均密度约为 $1.3\times10^3\ \mathrm{kg/m^3}$，半径约为 7.0×10^7 m。试按上式估算木星中心的压强，并以标准大气压(atm)为单位表示($1\ \mathrm{atm}=1.013\times10^5$ Pa)。

2.16　设想一个三星系统：三个质量都是 M 的星球稳定地沿同一圆形轨道运动，轨道半径为 R，求此系统的运行周期。

2.17　1996 年用于考查太阳的一个航天器(SOHO)被发射升空，开始绕太阳运行。其轨道在地球轨道内侧不远处而运行周期也是一年，这样它在公转中就和地球保持相对静止。该航天器所在地点被称为拉格朗日点(Lagrange point)①。求该点离地球多远。在地球轨道外侧也有这样的点吗？

2.18　光滑的水平桌面上放置一固定的圆环带，半径为 R。一物体贴着环带内侧运动(图 2.32)，物体与环带间的滑动摩擦系数为 μ_k。设物体在某一时刻经 A 点时速率为 v_0，求此后 t 时刻物体的速率以及从 A 点开始所经过的路程。

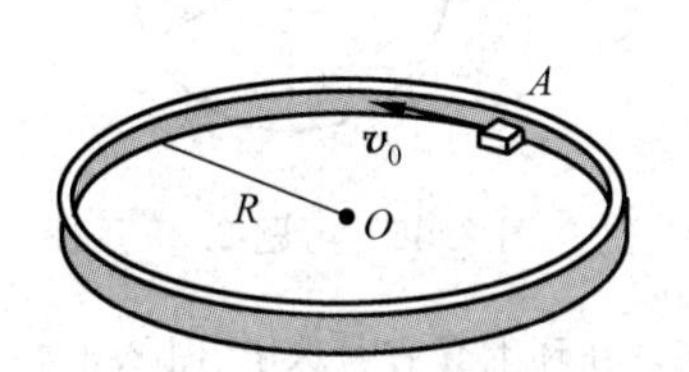

图 2.32　习题 2.18 用图

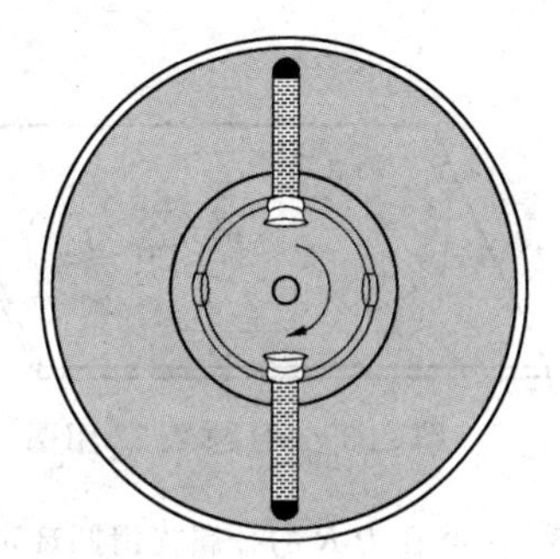

图 2.33　习题 2.19 用图

2.19　一台超级离心机的转速为 5×10^4 r/min，其试管口离转轴 2.00 cm，试管底离转轴 10.0 cm(图 2.33)。

(1) 求管口和管底的向心加速度各是 g 的几倍。

(2) 如果试管装满 12.0 g 的液体样品，管底所承受的压力多大？相当于几吨物体所受重力？

(3) 在管底一个质量为质子质量 10^5 倍的大分子受的惯性离心力多大？

① “拉格朗日点”还有另外的说法。一个是在地球与月球中间二者的引力正好抵消的那一点。另一个说法是拉格朗日 1772 年证明的：在木星轨道上以太阳为基准超前 60°和落后 60°的两个点，它们也总绕着太阳转(图 2.31)。1906 年在超前的那个拉格朗日点上观测到一颗相对于木星和太阳静止的小行星，现今已发现在“前点”上有 9 颗，“后点”上有 5 颗小行星。

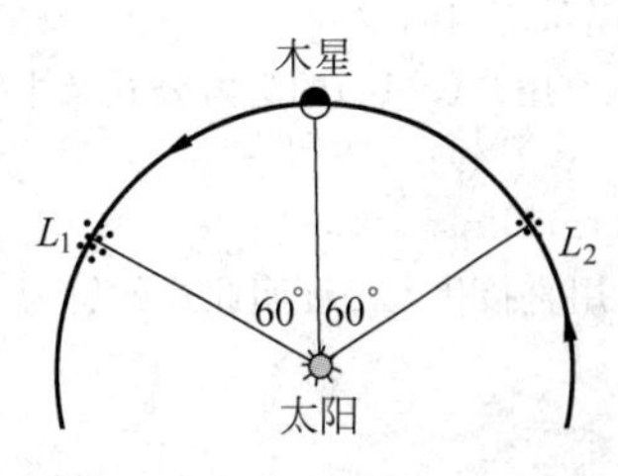

图 2.31　拉格朗日点

2.20 直九型直升机的每片旋翼长 5.97 m。若按宽度一定、厚度均匀的薄片计算，旋翼以 400 r/min 的转速旋转时，其根部受的拉力为其受重力的几倍？

2.21 如图 2.34 所示，一小物体放在一绕竖直轴匀速转动的漏斗壁上，漏斗每秒转 n 圈，漏斗壁与水平面成 θ 角，小物体和壁间的静摩擦系数为 μ_s，小物体中心与轴的距离为 r。为使小物体在漏斗壁上不动，n 应满足什么条件(以 r,θ,μ_s 等表示)？

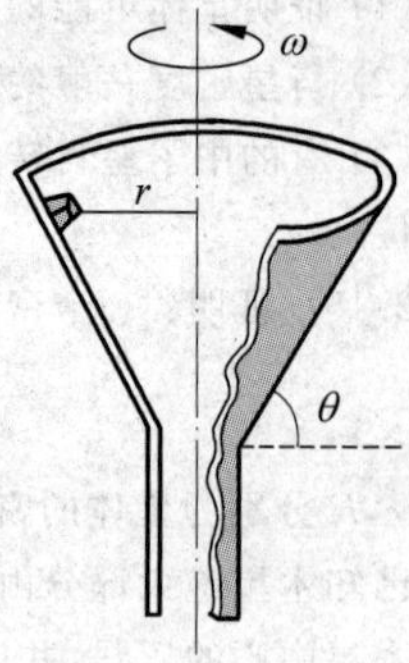

2.22 如图 2.35 所示，一个质量为 m_1 的物体拴在长为 L_1 的轻绳上，绳的另一端固定在一个水平光滑桌面的钉子上。另一物体质量为 m_2，用长为 L_2 的绳与 m_1 连接。二者均在桌面上作匀速圆周运动，假设 m_1，m_2 的角速度为 ω，求各段绳子上的张力。

图 2.34 习题 2.21 用图

2.23 在刹车时卡车有一恒定的减速度 $a=7.0\ \text{m/s}^2$。刹车一开始，原来停在上面的一个箱子就开始滑动，它在卡车车厢上滑动了 $l=2$ m 后撞上了车厢的前帮。问此箱子撞上前帮时相对卡车的速率为多大？设箱子与车厢底板之间的滑动摩擦系数 $\mu_k=0.50$。请试用车厢参考系列式求解。

2.24 一种围绕地球运行的空间站设计成一个环状密封圆筒(像一个充气的自行车胎)，环中心的半径是 1.8 km。如果想在环内产生大小等于 g 的人造重力加速度，则环应绕它的轴以多大的角速度旋转？这人造重力方向如何？

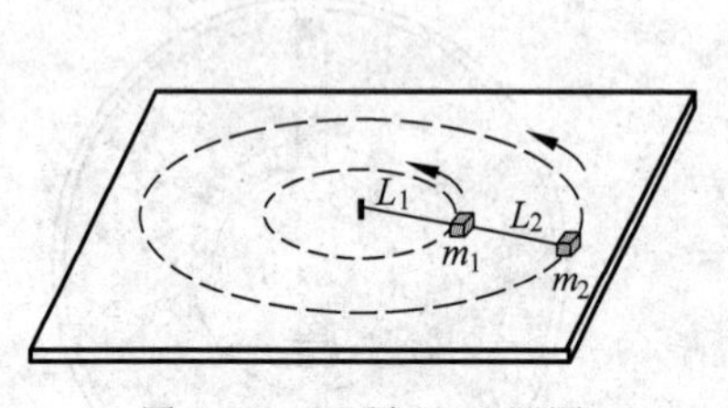

图 2.35 习题 2.22 用图

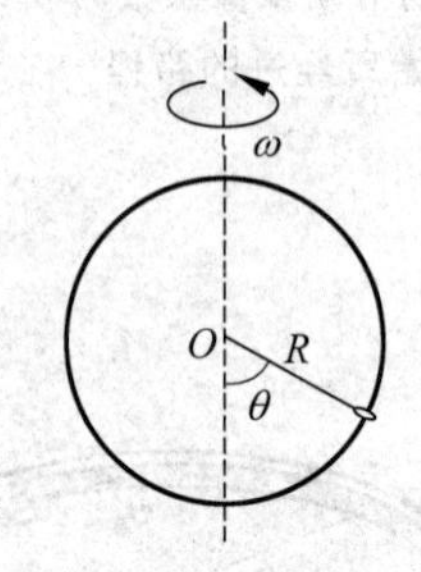

图 2.36 习题 2.25 用图

*2.25 一半径为 R 的金属光滑圆环可绕其竖直直径旋转。在环上套有一珠子(图 2.36)。今从静止开始逐渐增大圆环的转速 ω。试求在不同转速下珠子能静止在环上的位置(以珠子所停处的半径与竖直直径的夹角 θ 表示)。这些位置分别是稳定的，还是不稳定的？

*2.26 **平流层信息平台**是目前正在研制的一种多用途通信装置。它是在 20 ～40 km 高空的平流层内放置的充氦飞艇，其上装有信息转发器可进行各种信息传递。由于平流层内有比较稳定的东向或西向气流，所以要固定这种飞艇的位置需要在其上装推进器以平衡气流对飞艇的推力。一种飞艇的设计直径为 50 m，预定放置处的空气密度为0.062 kg/m³，风速取 40 m/s，空气阻力系数取 0.016，求固定该飞艇所需要的推进器的推力。如果该推进器的推力效率为 10 mN/W，则该推进器所需的功率多大？(能源可以是太阳能。)

2.27 用式(2.14)的阻力公式及牛顿第二定律可写出物体在流体中下落时的运动微分方程为

$$m\frac{\mathrm{d}v}{\mathrm{d}t}=mg-kv$$

(1) 用直接代入法证明此式的解为

$$v=\frac{mg}{k}\left(1-\mathrm{e}^{-(k/m)t}\right)$$

(2) $t\to\infty$时的速率就是终极速率，试求此终极速率。

2.28 一种简单的测量水的表面张力系数的方法如下。在一弹簧秤下端吊一只细圆环，先放下圆环使之浸没于水中，然后慢慢提升弹簧秤。待圆环被拉出水面一定高度时，可见接在圆环下面形成了一段环形水膜。这时弹簧秤显示出一定的向上的拉力(图 2.37)。以 r 表示细圆环的半径，以 m 表示其质量，以 F 表示弹簧秤显示的拉力的大小。试证明水的表面张力系数可利用下式求出：

$$\gamma=\frac{F-mg}{4\pi r}$$

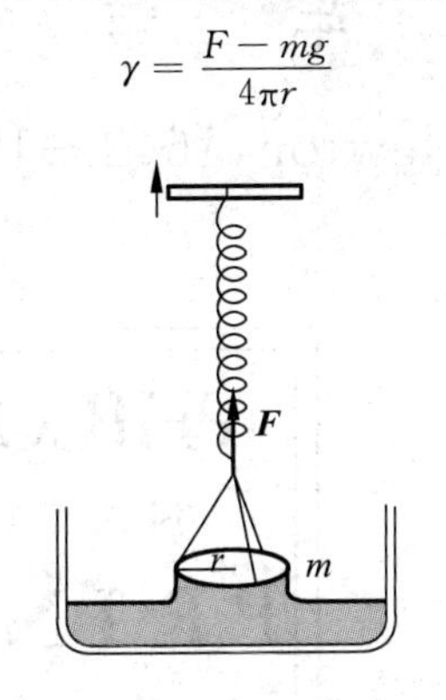

图 2.37 习题 2.28 用图

科学家介绍

牛　顿

（Isaac Newton，1642—1727 年）

牛顿

PHILOSOPHIÆ

NATURALIS

PRINCIPIA

MATHEMATICA

Autore *JS. NEWTON*, *Trin. Coll. Cantab. Soc.* Matheseos Professore *Lucasiano*, & Societatis Regalis Sodali.

IMPRIMATUR

S. PEPYS, *Reg. Soc.* PRÆSES.

Julii 5. 1686.

LONDINI,

Jussu *Societatis Regiæ* ac Typis *Josephi Streater*. Prostat apud plures Bibliopolas. *Anno* MDCLXXXVII.

《自然哲学的数学原理》的扉页

牛顿在伽利略逝世那年（1642 年）出生于英格兰林肯郡伍尔索普的一个农民家里。小时上学成绩一般，但爱制作机械模型，而且对问题爱追根究底。18 岁（1661 年）时考入剑桥大学“三一”学院。学习踏实认真，3 年后被选为优等生，1665 年毕业后留校研究。这年 6 月剑桥因瘟疫的威胁而停课，他回家乡一连住了 20 个月。这 20 个月的清静生活使他对在校所研究的问题有了充分的思考时间，因而成了他一生中创造力最旺盛的时期。他一生中最重要的科学发现，如微积分、万有引力定律、光的色散等在这一时期都已基本上孕育成熟。在以后的岁月里他的工作都是对这一时期研究工作的发展和完善。

1667 年牛顿回到剑桥，翌年获硕士学位。1669 年开始当数学讲座教授，时年 26 岁。此后在力学方面作了深入研究并在 1687 年出版了伟大的科学著作《自然哲学的数学原理》，简称《原理》，在这部著作中，他把伽利略提出、笛卡儿完善的惯性定律写下来作为第一运动定律；他定义了质量、力和动量，提出了动量改变与外力的关系，并把它作为第二运动定律；他写下了作用和反作用的关系作为第三运动定律。第三运动定律是在研究碰撞规律的基础上建立的，而在他之前华里士、雷恩和惠更斯等人都仔细地研究过碰撞现象，实际上已发现了这一定律。

他还写下了力的独立作用原理、伽利略的相对性原理、动量守恒定律。还写下了他对空间和时间的理解，即所谓绝对空间和绝对时间的概念，等等。

牛顿三大运动定律总结提炼了当时已发现的地面上所有力学现象的规律。它们形成了经典力学的基础，在以后的二百多年里几乎统治了物理学的各个领域。对于热、光、电现象人们都企图用牛顿定律加以解释，而且在有些方面，如热的动力论，居然取得了惊人的成功。尽管这种理论上的成功甚至错误地导致机械自然观的建立，最后曾从思想上束缚过自然科学的发展，但在实践上，牛顿定律至今仍是许多工程技术，例如机械、土建、动力等的理论基础，发挥着永不衰退的作用。

在《原理》一书中，牛顿还继续了哥白尼、开普勒、伽利略等对行星运动的研究，在惠更斯的向心加速度概念和他自己的运动定律基础上得出了万有引力定律。实际上牛顿的同代人胡克、雷恩、哈雷等人也提出了万有引力定律（万有引力一词出自胡克），但他们只限于说明行星的圆运动，而牛顿用自己发明的微积分还解释了开普勒的椭圆轨道，从而圆满地解决了行星的运动问题。牛顿（还有胡克）正确地提出了地球表面物体受的重力与地球月球之间的引力、太阳行星之间的引力具有相同的本质。这样，再加上他把原来是用于地球上的三条定律用于行星的运动而得出了正确结果，就宣告了天上地下的物体都遵循同一规律，彻底否定了亚里士多德以来人们所持有的天上和地下不同的思想。这是人类对自然界认识的第一次大综合，是人类认识史上的一次重大的飞跃。

除了在力学上的巨大成就外，牛顿在光学方面也有很大的贡献。例如，他发现并研究了色散现象。为了避免透镜引起的色散现象，他设计制造了反射式望远镜（这种设计今天还用于大型天文望远镜的制造），并为此在1672年被接受为伦敦皇家学会会员。1703年出版了《光学》一书，记载了他对光学的研究成果以及提出的问题。书中讨论了颜色，色光的反射和折射，虹的形成，现在称之为“牛顿环”的光学现象的定量的研究，光和物体的相互“转化”问题，冰洲石的双折射现象等。关于光的本性，他虽曾谈论过“光微粒”，但也并非是光的微粒说的坚持者，因为他也曾提到过“以太的振动”。

1689年和1701年他两次以剑桥大学代表的身份被选入议会。1696年被任命为皇家造币厂监督。1699年又被任命为造币厂厂长，同年被选为巴黎科学院院士。1703年起他被连选连任皇家学会会长直到逝世，由于他在科学研究和币制改革上的功绩，1705年被女王授予爵士爵位。他终生未婚，晚年由侄女照顾。1727年3月20日病逝，享年85岁。在他一生的后二三十年里，他转而研究神学，在科学上几乎没有什么贡献。

牛顿对他自己所以能在科学上取得突出的成就以及这些成就的历史地位有清醒的认识。他曾说过：“如果说我比多数人看得远一些的话，那是因为我站在巨人们的肩上。”在临终时，他还留下了这样的遗言：“我不知道世人将如何看我，但是，就我自己看来，我好像不过是一个在海滨玩耍的小孩，不时地为找到一个比通常更光滑的卵石或更好看的贝壳而感到高兴，但是，有待探索的真理的海洋正展现在我的面前。”

第3章

动量与角动量

第2章讲解了牛顿第二定律，主要是用加速度表示的式(2.3)的形式。该式表示了力和受力物体的加速度的关系，那是一个**瞬时关系**，即与力作用的同时物体所获得的加速度和此力的关系。实际上，力对物体的作用总要延续一段或长或短的时间。在很多问题中，在这段时间内，力的变化复杂，难于细究，而我们又往往只关心在这段时间内力的作用的总效果。这时我们将直接利用式(2.2)表示的牛顿第二定律形式，而把它改写为微分形式并称为动量定理。本章首先介绍动量定理，接着把这一定理应用于质点系，导出了一条重要的守恒定律——动量守恒定律。后面几节介绍了和动量概念相联系的描述物体转动特征的重要物理量——角动量，在牛顿第二定律的基础上导出了角动量变化率和外力矩的关系——角动量定理，并进一步导出了另一条重要的守恒定律——角动量守恒定律。最后还导出了用于质心参考系的角动量定理。

3.1 冲量与动量定理

把牛顿第二定律公式(2.2)写成微分形式，即

$$\boldsymbol{F}\mathrm{d}t = \mathrm{d}\boldsymbol{p} \tag{3.1}$$

式中乘积 $\boldsymbol{F}\mathrm{d}t$ 叫做在 $\mathrm{d}t$ 时间内质点所受合外力的**冲量**。此式表明在 $\mathrm{d}t$ 时间内质点所受合外力的冲量等于在同一时间内质点的动量的增量。这一表示在一段时间内，外力作用的总效果的关系式叫做**动量定理**。

如果将式(3.1)对 t_0 到 t' 这段有限时间积分，则有

$$\int_{t_0}^{t'} \boldsymbol{F}\mathrm{d}t = \int_{\boldsymbol{p}_0}^{\boldsymbol{p}'} \mathrm{d}\boldsymbol{p} = \boldsymbol{p}' - \boldsymbol{p}_0 \tag{3.2}$$

左侧积分表示在 t_0 到 t' 这段时间内合外力的冲量，以 $\boldsymbol{I}$ 表示此冲量，即

$$\boldsymbol{I} = \int_{t_0}^{t'} \boldsymbol{F}\mathrm{d}t$$

则式(3.2)可写成

$$\boldsymbol{I} = \boldsymbol{p}' - \boldsymbol{p}_0 \tag{3.3}$$

式(3.2)或式(3.3)是动量定理的积分形式,它表明质点在 t_0 到 t' 这段时间内所受的合外力的冲量等于质点在同一时间内的动量的增量。值得注意的是,要产生同样的动量增量,力大力小都可以:力大,时间可短些;力小,时间需长些。只要外力的冲量一样,就产生同样的动量增量。

动量定理常用于碰撞过程,碰撞一般泛指物体间相互作用时间很短的过程。在这一过程中,相互作用力往往很大而且随时间改变。这种力通常叫**冲力**。例如,球拍反击乒乓球的力,两汽车相撞时的相互撞击的力都是冲力。图 3.1 是清华大学汽车碰撞实验室做汽车撞击固定壁的实验照片与相应的冲力的大小随时间的变化曲线。

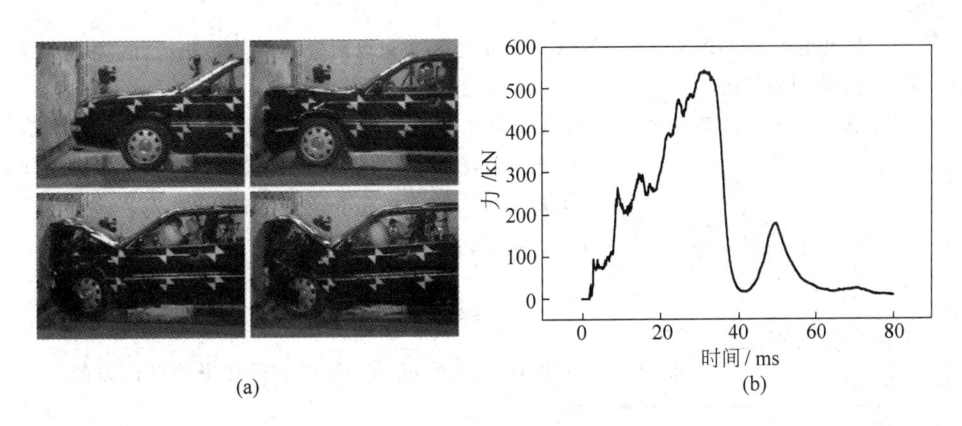

图 3.1 汽车撞击固定壁实验中汽车受壁的冲力

(a) 实验照片;(b) 冲力-时间曲线

对于短时间 Δt 内冲力的作用,常常把式(3.2)改写成

$$\bar{\boldsymbol{F}}\Delta t = \Delta \boldsymbol{p} \tag{3.4}$$

式中 $\bar{\boldsymbol{F}}$ 是**平均冲力**,即冲力**对时间**的平均值。平均冲力只是根据物体动量的变化计算出的平均值,它和实际的冲力的极大值可能有较大的差别,因此它不足以完全说明碰撞所可能引起的破坏性。

例 3.1

汽车碰撞实验。在一次碰撞实验中,一质量为 1200 kg 的汽车垂直冲向一固定壁,碰撞前速率为 15.0 m/s,碰撞后以 1.50 m/s 的速率退回,碰撞时间为 0.120 s。试求:(1)汽车受壁的冲量;(2)汽车受壁的平均冲力。

解 以汽车碰撞前的速度方向为正方向,则碰撞前汽车的速度 $v=15.0$ m/s,碰撞后汽车的速度 $v'=-1.50$ m/s,而汽车质量 $m=1200$ kg。

(1) 由动量定理知汽车受壁的冲量为

$$I = p' - p = mv' - mv = 1200 \times (-1.50) - 1200 \times 15.0$$
$$= -1.98 \times 10^4 \text{ (N·s)}$$

(2) 由于碰撞时间 $\Delta t = 0.120$ s,所以汽车受壁的平均冲力为

$$\bar{F} = \frac{I}{\Delta t} = \frac{-1.98 \times 10^4}{0.120} = -165 \text{ (kN)}$$

上两个结果的负号表明汽车所受壁的冲量和平均冲力的方向都和汽车碰前的速度方向相反。

平均冲力的大小为 165 kN，约为汽车本身重量的 14 倍，瞬时最大冲力还要比这大得多。这种巨大的冲力是车祸的破坏性的根源，而冲力随时间的急速变化所引起的急动度也是造成人身伤害的原因之一。

例 3.2

一个质量 $m=140$ g 的垒球以 $v=40$ m/s 的速率沿水平方向飞向击球手，被击后它以相同速率沿 $\theta=60°$ 的仰角飞出，求垒球受棒的平均打击力。设球和棒的接触时间 $\Delta t=1.2$ ms。

解 本题可用式(3.4)求解。由于该式是矢量式，所以可以用分量式求解，也可直接用矢量关系求解。下面分别给出两种解法。

(1) 用分量式求解。已知 $v_1=v_2=v$，选如图 3.2 所示的坐标系，利用式(3.4)的分量式，由于 $v_{1x}=-v$，$v_{2x}=v\cos\theta$，可得垒球受棒的平均打击力的 x 方向分量为

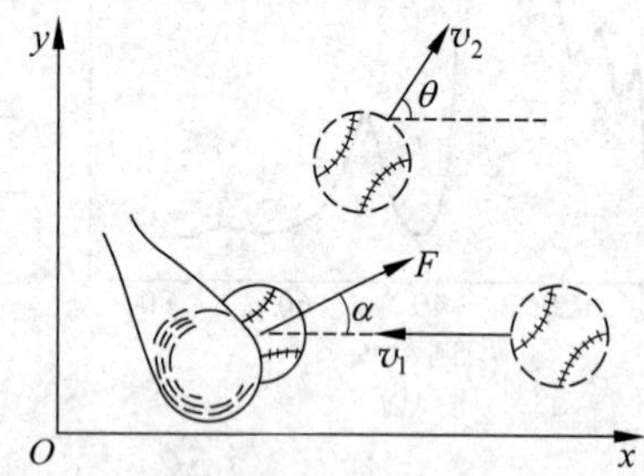

图 3.2 例 3.2 解法(1)图示

$$\overline{F}_x=\frac{\Delta p_x}{\Delta t}=\frac{mv_{2x}-mv_{1x}}{\Delta t}=\frac{mv\cos\theta-m(-v)}{\Delta t}$$

$$=\frac{0.14\times40\times(\cos60°+1)}{1.2\times10^{-3}}=7.0\times10^3\ (\text{N})$$

又由于 $v_{1y}=0$，$v_{2y}=v\sin\theta$，可得此平均打击力的 y 方向分量为

$$\overline{F}_y=\frac{\Delta p_y}{\Delta t}=\frac{mv_{2y}-mv_{1y}}{\Delta t}=\frac{mv\sin\theta}{\Delta t}$$

$$=\frac{0.14\times40\times0.866}{1.2\times10^{-3}}=4.0\times10^3\ (\text{N})$$

球受棒的平均打击力的大小为

$$\overline{F}=\sqrt{\overline{F}_x^2+\overline{F}_y^2}=10^3\times\sqrt{7.0^2+4.0^2}=8.1\times10^3\ (\text{N})$$

以 α 表示此力与水平方向的夹角，则

$$\tan\alpha=\frac{\overline{F}_y}{\overline{F}_x}=\frac{4.0\times10^3}{7.0\times10^3}=0.57$$

由此得

$$\alpha=30°$$

(2) 直接用矢量公式(3.4)求解。按式(3.4)$\overline{\boldsymbol{F}}\Delta t=\Delta\boldsymbol{p}=m\boldsymbol{v}_2-m\boldsymbol{v}_1$ 形成如图 3.3 中的矢量三角形，其中 $mv_2=mv_1=mv$。由等腰三角形可知，$\overline{F}$ 与水平面的夹角 $\alpha=\theta/2=30°$，且 $\overline{F}\Delta t=2mv\cos\alpha$，于是

$$\overline{F}=\frac{2mv\cos\alpha}{\Delta t}=\frac{2\times0.14\times40\times\cos\alpha}{1.2\times10^{-3}}=8.1\times10^3\ (\text{N})$$

注意：此打击力约为垒球自重的 5900 倍！

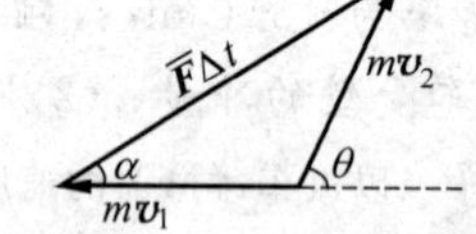

图 3.3 例 3.2 解法(2)图示

例 3.3

一辆装煤车以 $v=3$ m/s 的速率从煤斗下面通过(图 3.4)，每秒钟落入车厢的煤为 $\Delta m=500$ kg。如果使车厢的速率保持不变，应用多大的牵引力拉车厢？(车厢与钢轨间

的摩擦忽略不计)

解 先考虑煤落入车厢后运动状态的改变。如图 3.4 所示,以 $\mathrm{d}m$ 表示在 $\mathrm{d}t$ 时间内落入车厢的煤的质量。它在车厢对它的力 $\boldsymbol{f}$ 带动下在 $\mathrm{d}t$ 时间内沿 x 方向的速率由零增加到与车厢速率 v 相同,而动量由 0 增加到 $\mathrm{d}m \cdot v$。由动量定理式(3.1)得,对 $\mathrm{d}m$ 在 x 方向,应有

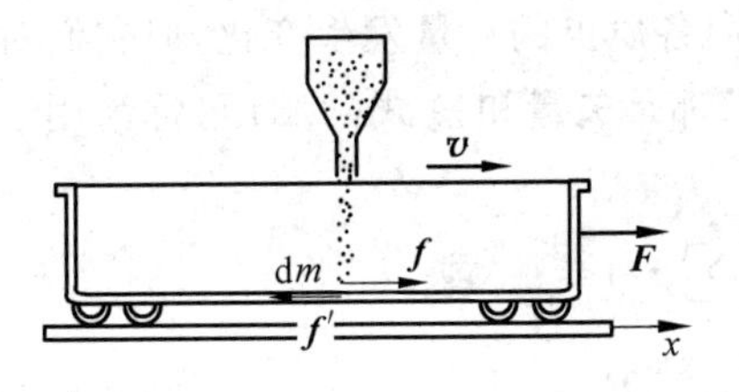

图 3.4 煤 $\mathrm{d}m$ 落入车厢被带走

$$f\mathrm{d}t = \mathrm{d}p = \mathrm{d}m \cdot v \tag{3.5}$$

对于车厢,在此 $\mathrm{d}t$ 时间内,它受到水平拉力 $\boldsymbol{F}$ 和煤 $\mathrm{d}m$ 对它的反作用 $\boldsymbol{f}'$ 的作用。此二力的合力沿 x 方向,为 $\boldsymbol{F}-\boldsymbol{f}'$。由于车厢速度不变,所以动量也不变,式(3.1)给出

$$(F - f')\mathrm{d}t = 0 \tag{3.6}$$

由牛顿第三定律

$$f' = f \tag{3.7}$$

联立解式(3.5)~式(3.7)可得

$$F = \frac{\mathrm{d}m}{\mathrm{d}t} \cdot v$$

以 $\mathrm{d}m/\mathrm{d}t = 500\ \mathrm{kg/s}$, $v = 3\ \mathrm{m/s}$ 代入得

$$F = 500 \times 3 = 1.5 \times 10^3\ (\mathrm{N})$$

3.2 动量守恒定律

在一个问题中,如果我们考虑的对象包括几个物体,则它们总体上常被称为一个**物体系统**或简称为**系统**。系统外的其他物体统称为**外界**。系统内各物体间的相互作用力称为**内力**,外界物体对系统内任意一物体的作用力称为**外力**。例如,把地球与月球看做一个系统,则它们之间的相互作用力称为内力,而系统外的物体如太阳以及其他行星对地球或月球的引力都是外力。本节讨论一个系统的动量变化的规律。

先讨论由两个质点组成的系统。设这两个质点的质量分别为 m_1, m_2。它们除分别受到相互作用力(内力)$\boldsymbol{f}$ 和 $\boldsymbol{f}'$ 外,还受到系统外其他物体的作用力(外力)$\boldsymbol{F}_1, \boldsymbol{F}_2$,如图 3.5 所示。分别对两质点写出动量定理式(3.1),得

$$(\boldsymbol{F}_1 + \boldsymbol{f})\mathrm{d}t = \mathrm{d}\boldsymbol{p}_1, \quad (\boldsymbol{F}_2 + \boldsymbol{f}')\mathrm{d}t = \mathrm{d}\boldsymbol{p}_2$$

图 3.5 两个质点的系统

将这二式相加,可以得

$$(\boldsymbol{F}_1 + \boldsymbol{F}_2 + \boldsymbol{f} + \boldsymbol{f}')\mathrm{d}t = \mathrm{d}\boldsymbol{p}_1 + \mathrm{d}\boldsymbol{p}_2$$

由于系统内力是一对作用力和反作用力,根据牛顿第三定律,得 $\boldsymbol{f} = -\boldsymbol{f}'$ 或 $\boldsymbol{f} + \boldsymbol{f}' = 0$,因此上式给出

$$(\boldsymbol{F}_1 + \boldsymbol{F}_2)\mathrm{d}t = \mathrm{d}(\boldsymbol{p}_1 + \boldsymbol{p}_2)$$

如果系统包含两个以上,例如 i 个质点,可仿照上述步骤对各个质点写出牛顿定律公式,再相加。由于系统的各个内力总是以作用力和反作用力的形式成对出现的,所以它们的矢量总和等于零。因此,一般地又可得到

$$\left(\sum_i \boldsymbol{F}_i\right)\mathrm{d}t = \mathrm{d}\left(\sum_i \boldsymbol{p}_i\right) \tag{3.8}$$

其中，$\sum_i \boldsymbol{F}_i$ 为系统受的合外力；$\sum_i \boldsymbol{p}_i$ 为系统的总动量。式(3.8)表明，系统的**总动量**随时间的变化率等于该系统所受的**合外力**。内力能使系统内各质点的动量发生变化，但它们对系统的总动量没有影响。(注意："合外力"和"总动量"都是**矢量和!**)式(3.8)可称为用于**质点系的动量定理**。

如果在式(3.8)中，$\sum_i \boldsymbol{F}_i = 0$，立即可以得到 $\mathrm{d}\left(\sum_i \boldsymbol{p}_i\right) = 0$，或

$$\sum_i \boldsymbol{p}_i = \sum_i m_i \boldsymbol{v}_i = \text{常矢量} \quad \left(\sum_i \boldsymbol{F}_i = 0\right) \tag{3.9}$$

这就是说**当一个质点系所受的合外力为零时，这一质点系的总动量就保持不变**。这一结论叫做**动量守恒定律**。

一个不受外界影响的系统，常被称为**孤立系统**。**一个孤立系统在运动过程中，其总动量一定保持不变**。这也是动量守恒定律的一种表述形式。

应用动量守恒定律分析解决问题时，应该注意以下几点。

(1) 系统动量守恒的条件是合外力为零，即 $\sum_i \boldsymbol{F}_i = 0$。但在外力比内力小得多的情况下，外力对质点系的总动量变化影响甚小，这时可以认为近似满足守恒条件，也就可以近似地应用动量守恒定律。例如两物体的碰撞过程，由于相互撞击的内力往往很大，所以此时即使有摩擦力或重力等外力，也常可忽略它们，而认为系统的总动量守恒。又如爆炸过程也属于内力远大于外力的过程，也可以认为在此过程中系统的总动量守恒。

(2) 动量守恒表示式(3.9)是矢量关系式。在实际问题中，常应用其分量式，即如果系统沿某一方向所受的合外力为零，则该系统沿此方向的总动量的分量守恒。例如，一个物体在空中爆炸后碎裂成几块，在忽略空气阻力的情况下，这些碎块受到的外力只有竖直向下的重力，因此它们的总动量在水平方向的分量是守恒的。

(3) 由于我们是用牛顿定律导出动量守恒定律的，所以它只适用于惯性系。

以上我们从牛顿定律出发导出了以式(3.9)表示的动量守恒定律。应该指出，更普遍的动量守恒定律并不依靠牛顿定律。动量概念不仅适用于以速度 $\boldsymbol{v}$ 运动的质点或粒子，而且也适用于电磁场，只是对于后者，其动量不再能用 $m\boldsymbol{v}$ 这样的形式表示。考虑包括电磁场在内的系统所发生的过程时，其总动量必须也把电磁场的动量计算在内。不但对可以用作用力和反作用力描述其相互作用的质点系所发生的过程，动量守恒定律成立；而且，大量实验证明，对其内部的相互作用不能用力的概念描述的系统所发生的过程，如光子和电子的碰撞，光子转化为电子，电子转化为光子等过程，只要系统不受外界影响，它们的动量都是守恒的。动量守恒定律实际上是关于自然界的一切物理过程的一条最基本的定律。

例 3.4

冲击摆。如图3.6所示，一质量为 M 的物体被静止悬挂着，今有一质量为 m 的子弹沿水平方向以速度 $\boldsymbol{v}$ 射中物体并停留在其中。求子弹刚停在物体内时物体的速度。

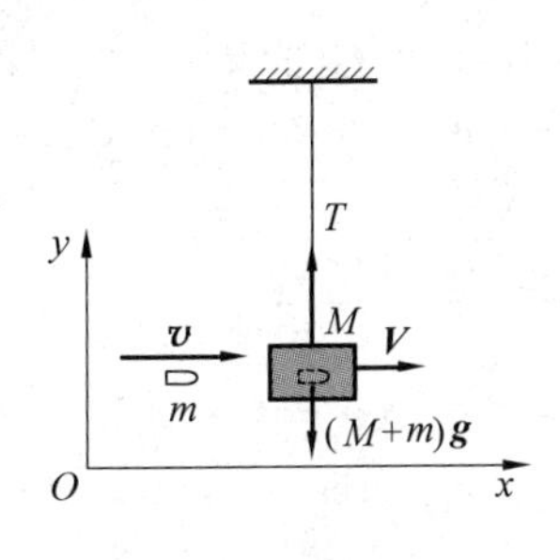

图 3.6 例 3.4 用图

解 由于子弹从射入物体到停在其中所经历的时间很短，所以在此过程中物体基本上未动而停在原来的平衡位置。于是对子弹和物体这一系统，在子弹射入这一短暂过程中，它们所受的水平方向的外力为零，因此水平方向的动量守恒。设子弹刚停在物体中时物体的速度为 $\boldsymbol{V}$，则此系统此时的水平总动量为 $(m+M)V$。由于子弹射入前此系统的水平总动量为 mv，所以有

$$mv=(m+M)V$$

由此得

$$V=\frac{m}{m+M}v$$

例 3.5

如图 3.7 所示，一个有 1/4 圆弧滑槽的大物体的质量为 M，停在光滑的水平面上，另一质量为 m 的小物体自圆弧顶点由静止下滑。求当小物体 m 滑到底时，大物体 M 在水平面上移动的距离。

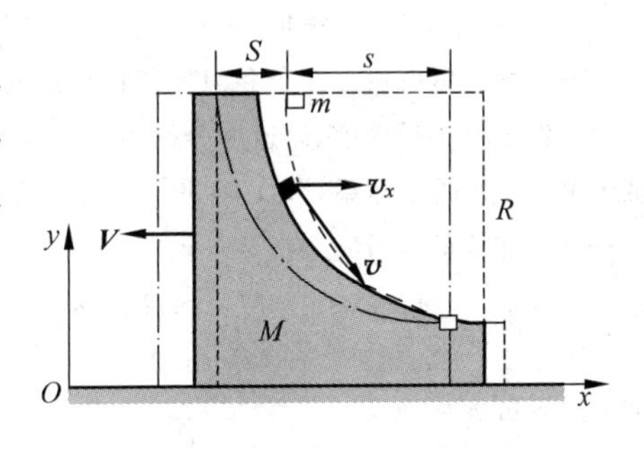

图 3.7 例 3.5 用图

解 选如图 3.7 所示的坐标系，取 m 和 M 为系统。在 m 下滑过程中，在水平方向上，系统所受的合外力为零，因此水平方向上的动量守恒。由于系统的初动量为零，所以，如果以 $\boldsymbol{v}$ 和 $\boldsymbol{V}$ 分别表示下滑过程中任一时刻 m 和 M 的速度，则应该有

$$0=mv_x+M(-V)$$

因此对任一时刻都应该有

$$mv_x=MV$$

就整个下落的时间 t 对此式积分，有

$$m\int_0^t v_x\,\mathrm{d}t=M\int_0^t V\,\mathrm{d}t$$

以 s 和 S 分别表示 m 和 M 在水平方向移动的距离，则有

$$s=\int_0^t v_x\,\mathrm{d}t,\quad S=\int_0^t V\,\mathrm{d}t$$

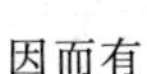
因而有

$$ms=MS$$

又因为位移的相对性，有 $s=R-S$，将此关系代入上式，即可得

$$S=\frac{m}{m+M}R$$

值得注意的是，此距离值与弧形槽面是否光滑无关，只要 M 下面的水平面光滑就行了。

例 3.6

原子核 $^{147}\mathrm{Sm}$ 是一种放射性核，它衰变时放出一 α 粒子，自身变成 $^{143}\mathrm{Nd}$ 核。已测得一静止的 $^{147}\mathrm{Sm}$ 核放出的 α 粒子的速率是 1.04×10^7 m/s，求 $^{143}\mathrm{Nd}$ 核的反冲速率。

解 以 M_0 和 $V_0\,(V_0=0)$ 分别表示 $^{147}\mathrm{Sm}$ 核的质量和速率，以 M 和 V 分别表示 $^{143}\mathrm{Nd}$ 核的质量和速率，以 m 和 v 分别表示 α 粒子的质量和速率，$\boldsymbol{V}$ 和 $\boldsymbol{v}$ 的方向如图 3.8 所示，以 $^{147}\mathrm{Sm}$ 核为系统。由于衰变只是 $^{147}\mathrm{Sm}$ 核内部的现象，所以动量守恒。结合图 3.8 所示坐标的方向，应有 $\boldsymbol{V}$ 和 $\boldsymbol{v}$ 方向相反，其大小

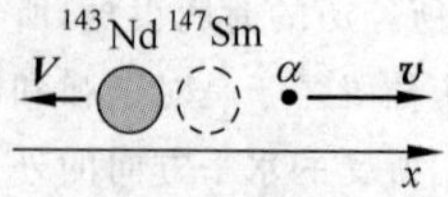

图 3.8 ^{147}Sm 衰变

之间的关系为

$$M_0V_0 = M(-V) + mv$$

由此解得^{143}Nd核的反冲速率应为

$$V = \frac{mv - M_0V_0}{M} = \frac{(M_0 - M)v - M_0V_0}{M}$$

代入数值得

$$V = \frac{(147 - 143) \times 1.04 \times 10^7 - 147 \times 0}{143} = 2.91 \times 10^5 \text{ (m/s)}$$

例 3.7

粒子碰撞。在一次α粒子散射过程中，α粒子(质量为 m)和静止的氧原子核(质量为 M)发生"碰撞"(如图 3.9 所示)。实验测出碰撞后α粒子沿与入射方向成 $\theta = 72°$ 的方向运动，而氧原子核沿与α粒子入射方向成 $\beta = 41°$ 的方向"反冲"。求α粒子碰撞后与碰撞前的速率之比。

解 粒子的这种"碰撞"过程，实际上是它们在运动中相互靠近，继而由于相互斥力的作用又相互分离的过程。考虑由α粒子和氧原子核组成的系统。由于整个过程中仅有内力作用，所以系统的动量守恒。设α粒子碰撞前、后速度分别为 $\boldsymbol{v}_1$，$\boldsymbol{v}_2$，氧核碰撞后速度为 $\boldsymbol{V}$。选如图坐标系，令 x 轴平行于α粒子的入射方向。根据动量守恒的分量式，有

x 向 $\quad mv_2\cos\theta + MV\cos\beta = mv_1$

y 向 $\quad mv_2\sin\theta - MV\sin\beta = 0$

两式联立可解出

$$v_1 = v_2\cos\theta + \frac{v_2\sin\theta}{\sin\beta}\cos\beta = \frac{v_2}{\sin\beta}\sin(\theta + \beta)$$

$$\frac{v_2}{v_1} = \frac{\sin\beta}{\sin(\theta + \beta)} = \frac{\sin 41°}{\sin(72° + 41°)} = 0.71$$

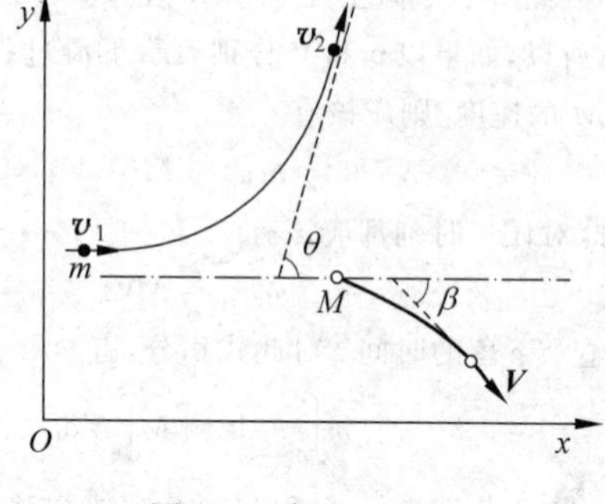

图 3.9 例 3.7 用图

即α粒子碰撞后的速率约为碰撞前速率的 71%。

*3.3 火箭飞行原理

火箭是一种利用燃料燃烧后喷出的气体产生的反冲推力的发动机。它自带燃料与助燃剂，因而可以在空间任何地方发动。火箭技术在近代有很大的发展，火箭炮以及各种各样的导弹都利用火箭发动机作动力，空间技术的发展更以火箭技术为基础。各式各样的人造地球卫星、飞船和空间探测器都是靠火箭发动机发射并控制航向的。

火箭飞行原理分析如下。为简单起见，设火箭在自由空间飞行，即它不受引力或空气阻力等任何外力的影响。如图 3.10 所示，把某时刻 t 的火箭(包括火箭体和其中尚存的燃料)作为研究的系统，其总质量为 M，以 v 表示此时刻火箭的速率，则此时刻系统的总动量为 Mv(沿空间坐标 x 轴正向)。此后经过 $\mathrm{d}t$ 时间，火箭喷出质量为 $\mathrm{d}m$ 的气体，其喷出速率相对于火箭体为定值 u。在 $t + \mathrm{d}t$ 时刻，火箭体的速率增为 $v + \mathrm{d}v$。在此时刻系统

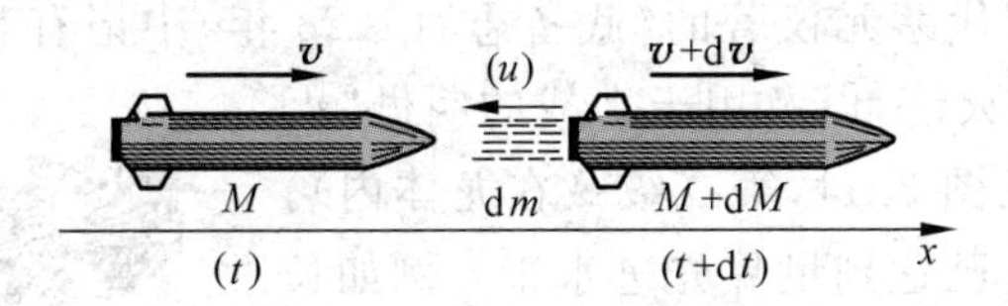

图 3.10 火箭飞行原理说明图

的总动量为

$$dm\cdot(v-u)+(M-dm)(v+dv)$$

由于喷出气体的质量 dm 等于火箭质量的减小，即 $-dM$，所以上式可写为

$$-dM\cdot(v-u)+(M+dM)(v+dv)$$

由动量守恒定律可得

$$-dM\cdot(v-u)+(M+dM)(v+dv)=Mv$$

展开此等式，略去二阶无穷小量 $dM\cdot dv$，可得

$$udM+Mdv=0$$

或者

$$dv=-u\frac{dM}{M}$$

设火箭点火时质量为 M_i，初速为 v_i，燃料烧完后火箭质量为 M_f，达到的末速度为 v_f，对上式积分则有

$$\int_{v_i}^{v_f}dv=-u\int_{M_i}^{M_f}\frac{dM}{M}$$

由此得

$$v_f-v_i=u\ln\frac{M_i}{M_f} \tag{3.10}$$

此式表明，火箭在燃料燃烧后所增加的速率和喷气速率成正比，也与火箭的始末质量比(以下简称**质量比**)的自然对数成正比。

如果只以火箭本身作为研究的系统，以 F 表示在时间间隔 t 到 $t+dt$ 内喷出气体对火箭体(质量为$(M-dm)$)的推力，则根据动量定理，应有

$$Fdt=(M-dm)[(v+dv)-v]=Mdv$$

将上面已求得的结果 $Mdv=-udM=udm$ 代入，可得

$$F=u\frac{dm}{dt} \tag{3.11}$$

此式表明，火箭发动机的推力与燃料燃烧速率 dm/dt 以及喷出气体的相对速率 u 成正比。例如，一种火箭的发动机的燃烧速率为 1.38×10^4 kg/s，喷出气体的相对速率为 2.94×10^3 m/s，理论上它所产生的推力为

$$F=2.94\times10^3\times1.38\times10^4=4.06\times10^7\ (\text{N})$$

这相当于 4000 t 海轮所受的浮力！

为了提高火箭的末速度以满足发射地球人造卫星或其他航天器的要求，人们制造了若干单级火箭串联形成的多级火箭(通常是三级火箭)。

火箭最早是中国发明的。我国南宋时出现了作烟火玩物的“起火”，其后就出现了利

用起火推动的翎箭。明代茅元仪著的《武备志》(1628年)中记有利用火药发动的“多箭头”(10支到100支)的火箭,以及用于水战的叫做“火龙出水”的二级火箭(见图3.11,第二级藏在龙体内)。我国现在的火箭技术也已达到世界先进水平。例如长征三号火箭是三级大型运载火箭,全长43.25 m,最大直径3.35 m,起飞质量约202 t,起飞推力为2.8×10^3 kN。我们不但利用自制推力强大的火箭发射自己的载人宇宙飞船“神舟”号,而且还不断成功地向国际提供航天发射服务。

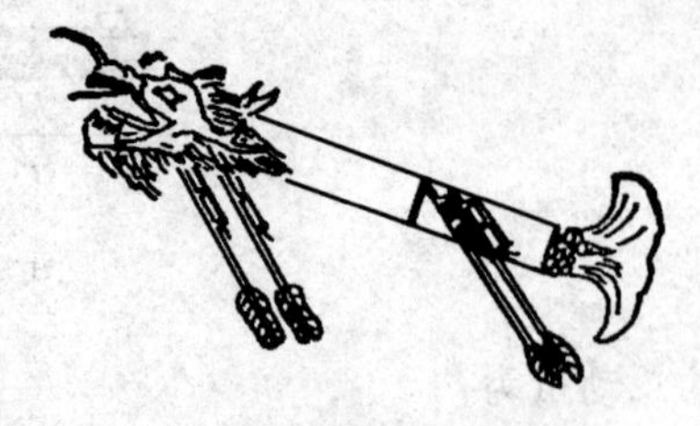

图3.11　“火龙出水”火箭

3.4　质点的角动量和角动量定理

本节将介绍描述质点运动的另一个重要物理量——**角动量**。这一概念在物理学上经历了一段有趣的演变过程。18世纪在力学中才定义和开始利用它,直到19世纪人们才把它看成力学中的最基本的概念之一,到20世纪它加入了动量和能量的行列,成为力学中最重要的概念之一。角动量之所以能有这样的地位,是由于它也服从守恒定律,在近代物理中其运用是极为广泛的。

一个动量为$\boldsymbol{p}$的质点,对惯性参考系中某一固定点O的角动量$\boldsymbol{L}$用下述矢积定义:

$$\boldsymbol{L}=\boldsymbol{r}\times\boldsymbol{p}=\boldsymbol{r}\times m\boldsymbol{v}\tag{3.12}$$

式中$\boldsymbol{r}$为质点相对于固定点的径矢(图3.12)。根据矢积的定义,可知角动量大小为

$$L=rp\sin\varphi=mrv\sin\varphi$$

其中φ是$\boldsymbol{r}$和$\boldsymbol{p}$两矢量之间的夹角。$\boldsymbol{L}$的方向垂直于$\boldsymbol{r}$和$\boldsymbol{p}$所决定的平面,其指向可用右手螺旋法则确定,即用右手四指从$\boldsymbol{r}$经小于180°角转向$\boldsymbol{p}$,则拇指的指向为$\boldsymbol{L}$的方向。

按式(3.12),质点的角动量还取决于它的径矢,因而取决于固定点位置的选择。同一质点,相对于不同的点,它的角动量有不同的值。因此,在说明一个质点的角动量时,必须指明是对哪一个固定点说的。

一个质点沿半径为r的圆周运动,其动量$p=mv$时,它对于圆心O的角动量的大小为

$$L=rp=mrv\tag{3.13}$$

这个角动量的方向用右手螺旋法则判断,如图3.13所示。

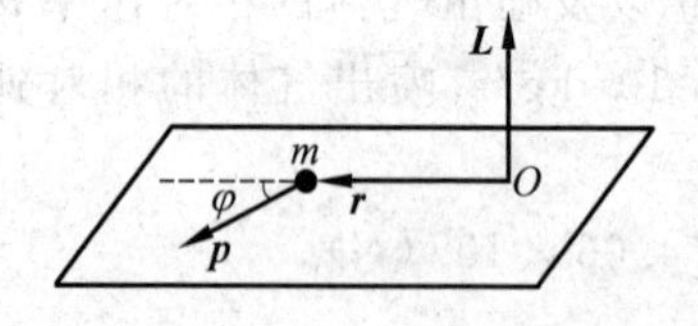

图3.12　质点的角动量

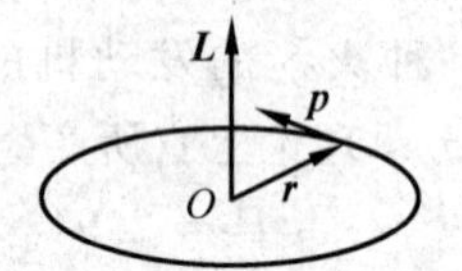

图3.13　圆周运动对圆心的角动量

在国际单位制中,角动量的量纲为ML^2T^{-1},单位名称是千克二次方米每秒,符号是$kg\cdot m^2/s$,也可写做$J\cdot s$。

例 3.8

地球的角动量。地球绕太阳的运动可以近似地看做匀速圆周运动，求地球对太阳中心的角动量。

解 已知从太阳中心到地球的距离 $r=1.5\times10^{11}$ m，地球的公转速度 $v=3.0\times10^{4}$ m/s，而地球的质量为 $m=6.0\times10^{24}$ kg。代入式(3.13)，即可得地球对于太阳中心的角动量的大小为

$$L=mrv=6.0\times10^{24}\times1.5\times10^{11}\times3.0\times10^{4}$$
$$=2.7\times10^{40}\ (\mathrm{kg\cdot m^2/s})$$

例 3.9

电子的轨道角动量。根据玻尔假设，氢原子内电子绕核运动的角动量只可能是$h/2\pi$的整数倍，其中 h 是普朗克常量，它的大小为 $6.63\times10^{-34}\,\mathrm{kg\cdot m^2/s}$。已知电子圆形轨道的最小半径为 $r=0.529\times10^{-10}$ m，求在此轨道上电子运动的频率 ν。

解 由于是最小半径，所以有

$$L=mrv=2\pi mr^2\nu=\frac{h}{2\pi}$$

于是

$$\nu=\frac{h}{4\pi^2mr^2}=\frac{6.63\times10^{-34}}{4\pi^2\times9.1\times10^{-31}\times(0.529\times10^{-10})^2}=6.59\times10^{15}\ (\mathrm{Hz})$$

角动量只能取某些分立的值，这种现象叫**角动量的量子化**。它是原子系统的基本特征之一。根据量子理论，原子中的电子绕核运动的角动量 L 由式

$$L^2=\hbar^2l(l+1)$$

给出，式中 $\hbar=h/2\pi$，l 是正整数(0，1，2，…)。本题中玻尔关于角动量的假设还不是量子力学的正确结果。

我们知道，一个质点的线动量(即动量 $\boldsymbol{p}=m\boldsymbol{v}$)的变化率是由质点受的合外力决定的，那么质点的角动量的变化率又由什么决定呢？

让我们来求角动量对时间的变化率，有

$$\frac{\mathrm{d}\boldsymbol{L}}{\mathrm{d}t}=\frac{\mathrm{d}}{\mathrm{d}t}(\boldsymbol{r}\times\boldsymbol{p})=\boldsymbol{r}\times\frac{\mathrm{d}\boldsymbol{p}}{\mathrm{d}t}+\frac{\mathrm{d}\boldsymbol{r}}{\mathrm{d}t}\times\boldsymbol{p}$$

由于 $\mathrm{d}\boldsymbol{r}/\mathrm{d}t=\boldsymbol{v}$，而 $\boldsymbol{p}=m\boldsymbol{v}$，所以$(\mathrm{d}\boldsymbol{r}/\mathrm{d}t)\times\boldsymbol{p}$ 为零。又由于线动量的变化率等于质点所受的合外力，所以有

$$\frac{\mathrm{d}\boldsymbol{L}}{\mathrm{d}t}=\boldsymbol{r}\times\boldsymbol{F} \tag{3.14}$$

此式中的矢积叫做合外力对固定点(即计算 $\boldsymbol{L}$ 时用的那个固定点)的**力矩**，以 $\boldsymbol{M}$ 表示力矩，就有

$$\boldsymbol{M}=\boldsymbol{r}\times\boldsymbol{F} \tag{3.15}$$

这样，式(3.14)就可以写成

$$\boldsymbol{M}=\frac{\mathrm{d}\boldsymbol{L}}{\mathrm{d}t} \tag{3.16}$$

这一等式的意义是：**质点所受的合外力矩等于它的角动量对时间的变化率**(力矩和角动量都是对于惯性系中同一固定点说的)。这个结论叫质点的**角动量定理**。[①]

大家中学已学过力矩的概念，即力 $\boldsymbol{F}$ 对一个支点 O 的力矩的大小等于此力和力臂 $r_{\perp}$ 的乘积。力臂指的是从支点到力的作用线的垂直距离。如图 3.14 所示，力臂 $r_{\perp}=r\sin\alpha$。因此，力 $\boldsymbol{F}$ 对支点 O 的力矩的大小就是

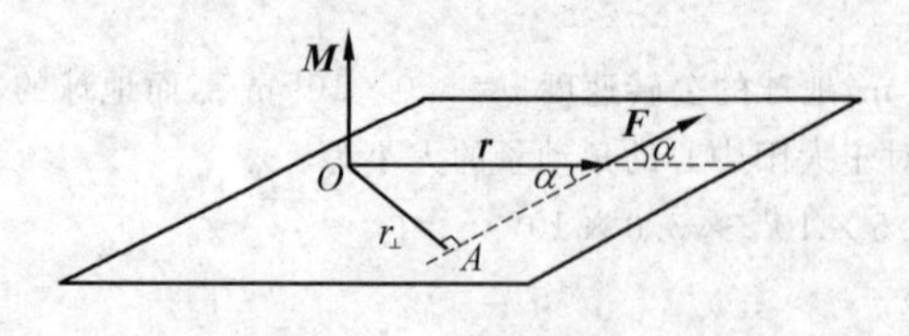

图 3.14　力矩的定义

$$M = r_{\perp} F = rF\sin\alpha \tag{3.17}$$

根据式(3.15)，由矢积的定义可知，这正是由该式定义的力矩的大小。至于力矩的方向，在中学时只指出它有两个“方向”，即“顺时针方向”和“逆时针方向”。其实这种说法只是一种表面的直观的说法，并不具有矢量方向的那种确切的含意。式(3.15)则给出了力矩的确切的定义，它是一个矢量，它的方向垂直于径矢 $\boldsymbol{r}$ 和力 $\boldsymbol{F}$ 所决定的平面，其指向用右手螺旋法则由拇指的指向确定。

在国际单位制中，力矩的量纲为 $\mathrm{ML^2T^{-2}}$，单位名称是牛[顿]米，符号是 N·m。

3.5 角动量守恒定律

根据式(3.16)，如果 $\boldsymbol{M}=0$，则 $\mathrm{d}\boldsymbol{L}/\mathrm{d}t=0$，因而

$$\boldsymbol{L} = \text{常矢量} \quad (\boldsymbol{M}=0) \tag{3.18}$$

这就是说，**如果对于某一固定点，质点所受的合外力矩为零，则此质点对该固定点的角动量矢量保持不变**。这一结论叫做**角动量守恒定律**。

角动量守恒定律和动量守恒定律一样，也是自然界的一条最基本的定律，并且在更广泛情况下它也不依赖牛顿定律。

关于外力矩为零这一条件，应该指出的是，由于力矩 $\boldsymbol{M}=\boldsymbol{r}\times\boldsymbol{F}$，所以它既可能是质点所受的外力为零，也可能是外力并不为零，但是在任意时刻外力总是与质点对于固定点的径矢平行或反平行。下面我们分别就这两种情况各举一个例子。

例 3.10

直线运动的角动量。证明：一个质点运动时，如果不受外力作用，则它对于任一固定点的角动量矢量保持不变。

解　根据牛顿第一定律，不受外力作用时，质点将作匀速直线运动。以 $\boldsymbol{v}$ 表示这一速度，以 m 表示质点的质量，则质点的线动量为 $m\boldsymbol{v}$。如图 3.15 所示，以 SS' 表示质点运动的轨迹直线，质点运动经过任一点 P 时，它对于任一固定点 O 的角动量为

$$\boldsymbol{L} = \boldsymbol{r}\times m\boldsymbol{v}$$

---

① 式(3.16)也可以写成微分形式 $\mathrm{d}\boldsymbol{L}=\boldsymbol{M}\mathrm{d}t$。

这一矢量的方向垂直于 $\boldsymbol{r}$ 和 $\boldsymbol{v}$ 所决定的平面，也就是固定点 O 与轨迹直线 SS' 所决定的平面。质点沿 SS' 直线运动时，它对于 O 点的角动量在任一时刻总垂直于这同一平面，所以它的角动量的方向不变。这一角动量的大小为

$$L = rmv\sin\alpha = r_{\perp} mv$$

其中 $r_{\perp}$ 是从固定点到轨迹直线 SS' 的垂直距离，它只有一个值，与质点在运动中的具体位置无关。因此，不管质点运动到何处，角动量的大小也是不变的。

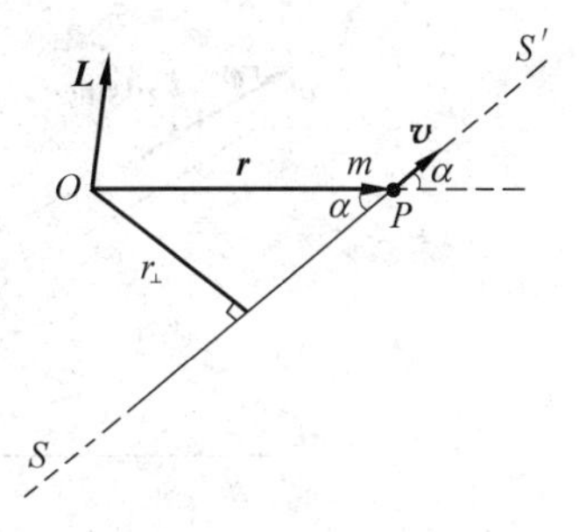

图 3.15　例 3.10 用图

角动量的方向和大小都保持不变，也就是角动量矢量保持不变。

例 3.11

开普勒第二定律。 证明关于行星运动的开普勒第二定律：行星对太阳的径矢在相等的时间内扫过相等的面积。

解　行星是在太阳的引力作用下沿着椭圆轨道运动的。由于引力的方向在任何时刻总与行星对于太阳的径矢方向反平行，所以行星受到的引力对太阳的力矩等于零。因此，行星在运动过程中，对太阳的角动量将保持不变。我们来看这个不变意味着什么。

首先，由于角动量 $\boldsymbol{L}$ 的方向不变，表明 $\boldsymbol{r}$ 和 $\boldsymbol{v}$ 所决定的平面的方位不变。这就是说，行星总在一个平面内运动，它的轨道是一个平面轨道(图 3.16)，而 $\boldsymbol{L}$ 就垂直于这个平面。

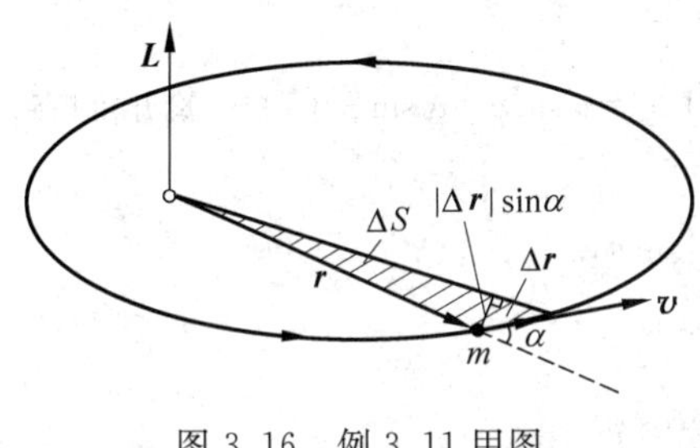

图 3.16　例 3.11 用图

其次，行星对太阳的角动量的大小为

$$L = mrv\sin\alpha = mr\left|\frac{\mathrm{d}\boldsymbol{r}}{\mathrm{d}t}\right|\sin\alpha = m\lim_{\Delta t\to 0}\frac{r\,|\,\Delta\boldsymbol{r}\,|\,\sin\alpha}{\Delta t}$$

由图 3.16 可知，乘积 $r|\Delta\boldsymbol{r}|\sin\alpha$ 等于阴影三角形的面积(忽略那个小角的面积)的两倍，以 ΔS 表示这一面积，就有

$$r\,|\,\Delta\boldsymbol{r}\,|\,\sin\alpha = 2\Delta S$$

将此式代入上式可得

$$L = 2m\lim_{\Delta t\to 0}\frac{\Delta S}{\Delta t} = 2m\frac{\mathrm{d}S}{\mathrm{d}t}$$

此处 $\mathrm{d}S/\mathrm{d}t$ 为行星对太阳的径矢在单位时间内扫过的面积，叫做行星运动的**掠面速度**。行星运动的角动量守恒又意味着这一掠面速度保持不变。由此，我们可以直接得出行星对太阳的径矢在相等的时间内扫过相等的面积的结论。

例 3.12

α 粒子散射。 一 α 粒子在远处以速度 $\boldsymbol{v}_0$ 射向一重原子核，瞄准距离(重原子核到 $\boldsymbol{v}_0$ 直线的距离)为 b(图 3.17)，重原子核所带电量为 Ze，求 α 粒子被散射的角度(即它离开重原子核时的速度 $\boldsymbol{v}'$ 的方向偏离 $\boldsymbol{v}_0$ 的角度)。

解　由于重原子核的质量比 α 粒子的质量 m 大得多，所以可以认为重原子核在整个过程中静止。以原子核所在处为原点，可设如图 3.17 的坐标进行分析。在整个散射过程中 α 粒子受到核的库仑力的作用，力的大小为

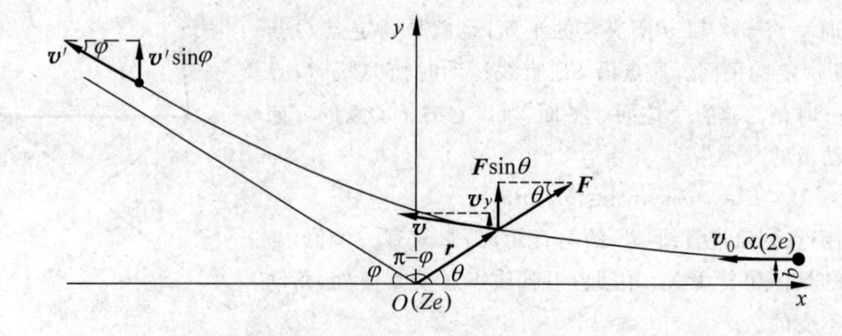

图 3.17 α粒子被重核 Ze 散射分析图

$$F=\frac{kZe\cdot 2e}{r^2}=\frac{2kZe^2}{r^2}$$

由于此力总沿着α粒子的位矢 $\boldsymbol{r}$ 作用，所以此力对原点的力矩为零。于是α粒子对原点的角动量守恒。α粒子在入射时的角动量为 mbv_0，在其后任一时刻的角动量为 $mr^2\omega=mr^2\frac{\mathrm{d}\theta}{\mathrm{d}t}$。角动量守恒给出

$$mr^2\frac{\mathrm{d}\theta}{\mathrm{d}t}=mv_0b$$

为了得到另一个 θ 随时间改变的关系式，沿 y 方向对α粒子应用牛顿第二定律，于是有

$$m\frac{\mathrm{d}v_y}{\mathrm{d}t}=F_y=F\sin\theta=\frac{2kZe^2}{r^2}\sin\theta$$

在以上两式中消去 r^2，得

$$\frac{\mathrm{d}v_y}{\mathrm{d}t}=\frac{2kZe^2}{mv_0b}\sin\theta\frac{\mathrm{d}\theta}{\mathrm{d}t}$$

对此式从α粒子入射到离开积分，由于入射时 $v_y=0$，离开时 $v_y'=v'\sin\varphi=v_0\sin\varphi$（α粒子离开重核到远处时，速率恢复到 v_0），而且 $\theta=\pi-\varphi$，所以有

$$\int_0^{v_0\sin\varphi}\mathrm{d}v_y=\frac{2kZe^2}{mv_0b}\int_0^{\pi-\varphi}\sin\theta\mathrm{d}\theta$$

积分可得

$$v_0\sin\varphi=\frac{2kZe^2}{mv_0b}(1+\cos\varphi)$$

此式可进一步化成较简洁的形式，即

$$\cot\frac{1}{2}\varphi=\frac{mv_0^2b}{2kZe^2}$$

1911年卢瑟福就是利用此式对他的α散射实验的结果进行分析，从而建立了他的原子的核式模型。

3.6 质点系的角动量定理

一个质点系对某一定点的角动量定义为其中各质点对该定点的角动量的矢量和，即

$$\boldsymbol{L}=\sum_i\boldsymbol{L}_i=\sum_i\boldsymbol{r}_i\times\boldsymbol{p}_i \tag{3.19}$$

对于系内任意第 i 个质点，角动量定理式(3.14)给出

$$\frac{\mathrm{d}\boldsymbol{L}_i}{\mathrm{d}t}=\boldsymbol{r}_i\times\left(\boldsymbol{F}_i+\sum_{j\neq i}\boldsymbol{f}_{ij}\right)$$

其中 $\boldsymbol{F}_i$ 为第 i 个质点受系外物体的力，$\boldsymbol{f}_{ij}$ 为它受系内第 j 个质点的内力(图 3.18)；二者之和与径矢 $\boldsymbol{r}_i$ 的矢积表示第 i 个质点所受的对定点 O 的力矩。将上式对系内所有质点求和，可得

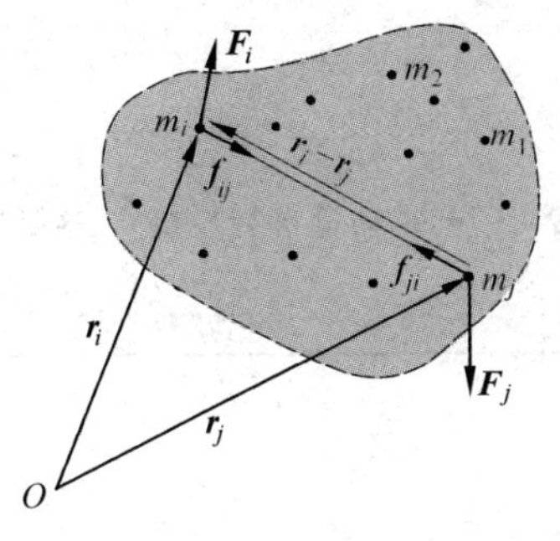

图 3.18 质点系的角动量定理

$$\frac{\mathrm{d}\boldsymbol{L}}{\mathrm{d}t}=\sum_i \boldsymbol{r}_i\times\boldsymbol{F}_i+\sum_i\Big(\boldsymbol{r}_i\times\sum_{j\neq i}\boldsymbol{f}_{ij}\Big)=\boldsymbol{M}+\boldsymbol{M}_{\mathrm{in}} \tag{3.20}$$

其中

$$\boldsymbol{M}=\sum_i \boldsymbol{r}_i\times\boldsymbol{F} \tag{3.21}$$

表示质点系所受的合外力矩，即各质点所受的外力矩的矢量和，而

$$\boldsymbol{M}_{\mathrm{in}}=\sum_i\Big(\boldsymbol{r}_i\times\sum_{j\neq i}\boldsymbol{f}_{ij}\Big) \tag{3.22}$$

表示各质点所受的各内力矩的矢量和。在式(3.22)中，由于内力 $\boldsymbol{f}_{ij}$ 和 $\boldsymbol{f}_{ji}$ 是成对出现的，所以与之相应的内力矩也就成对出现。对 i 和 j 两个质点来说，它们相互作用的力矩之和为

$$\boldsymbol{r}_i\times\boldsymbol{f}_{ij}+\boldsymbol{r}_j\times\boldsymbol{f}_{ji}=(\boldsymbol{r}_i-\boldsymbol{r}_j)\times\boldsymbol{f}_{ij}$$

式中利用了牛顿第三定律 $\boldsymbol{f}_{ji}=-\boldsymbol{f}_{ij}$。又因为满足牛顿第三定律的两个力总是沿着两质点的连线作用，$\boldsymbol{f}_{ij}$ 就和 $(\boldsymbol{r}_i-\boldsymbol{r}_j)$ 共线，而上式右侧矢积等于零，即一对内力矩之和为零。因此由式(3.22)表示的所有内力矩之和为零。于是由式(3.20)得出

$$\boldsymbol{M}=\frac{\mathrm{d}\boldsymbol{L}}{\mathrm{d}t} \tag{3.23}$$

它说明**一个质点系所受的合外力矩等于该质点系的角动量对时间的变化率**(力矩和角动量都相对于惯性系中同一定点)。这就是**质点系的角动量定理**。它和质点的角动量定理式(3.16)具有同样的形式。不过应注意，这里的 $\boldsymbol{M}$ 只包括外力的力矩，内力矩会影响系内某质点的角动量，但对质点系的总角动量并无影响。

在式(3.23)中，如果 $\boldsymbol{M}=0$，立即有 $\boldsymbol{L}=$ 常矢量，这表明，**当质点系相对于某一定点所受的合外力矩为零时，该质点系相对于该定点的角动量将不随时间改变**。这就是一般情况下的角动量守恒定律。

例 3.13

如图 3.19 所示，质量分别为 m_1 和 m_2 的两个小钢球固定在一个长为 a 的轻质硬杆的两端，杆的中点有一轴使杆可在水平面内自由转动，杆原来静止。另一泥球质量为 m_3，以水平速度 $\boldsymbol{v}_0$ 垂直于杆的方向与 m_2 发生碰撞，碰后二者粘在一起。设 $m_1=m_2=m_3$，求碰撞后杆转动的角速度。

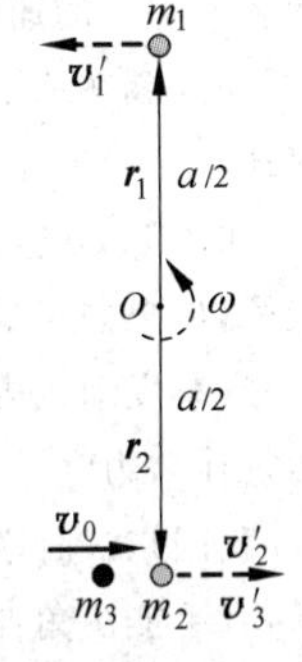

图 3.19 例 3.13 用图

解 考虑这三个质点组成的质点系。相对于杆的中点，在碰撞过程中合外力矩为零，因此对此点的角动量守恒。设碰撞后杆转动的角速度为 ω，则碰撞后三质点的速率 $v_1'=v_2'=v_3'=\frac{a}{2}\omega$。碰撞前，此三质点系统的总角动量为 $m_3\boldsymbol{r}_2\times\boldsymbol{v}_0$。碰撞后，它们的总角动量为 $m_3\boldsymbol{r}_2\times\boldsymbol{v}_3'+m_2\boldsymbol{r}_2\times$

$v_2'+m_1 r_1\times v_1'$。考虑到这些矢积的方向相同,角动量守恒给出下列标量关系:

$$m_3 r_2 v_0 = m_3 r_2 v_3' + m_2 r_2 v_2' + m_1 r_1 v_1'$$

由于 $m_1=m_2=m_3$,$r_1=r_2=a/2$,$v_1'=v_2'=v_3'=\frac{a}{2}\omega$,上式给出

$$\omega = \frac{2v_0}{3a}$$

值得注意的是,在此碰撞过程中,质点系的总动量并不守恒(读者可就初末动量自行校核)。这是因为在 m_3 和 m_2 的碰撞过程中,质点系还受到轴 O 的冲量的缘故。

提要

1. 动量定理:合外力的冲量等于质点(或质点系)动量的增量,即

$$\boldsymbol{F}\mathrm{d}t = \mathrm{d}\boldsymbol{p}$$

2. 动量守恒定律:系统所受合外力为零时,

$$\boldsymbol{p} = \sum_i \boldsymbol{p}_i = \text{常矢量}$$

3. 质点的角动量定理:对于惯性系中某一定点,

力 $\boldsymbol{F}$ 的力矩 $\boldsymbol{M}=\boldsymbol{r}\times\boldsymbol{F}$

质点的角动量 $\boldsymbol{L}=\boldsymbol{r}\times\boldsymbol{p}=m\boldsymbol{r}\times\boldsymbol{v}$

角动量定理 $\boldsymbol{M}=\frac{\mathrm{d}\boldsymbol{L}}{\mathrm{d}t}$

其中 $\boldsymbol{M}$ 为合外力矩,它和 $\boldsymbol{L}$ 都是对同一定点说的。

4. 角动量守恒定律:对某定点,质点受的合力矩为零时,则它对于同一定点的 $\boldsymbol{L}=$常矢量。

思考题

3.1 小力作用在一个静止的物体上,只能使它产生小的速度吗?大力作用在一个静止的物体上,一定能使它产生大的速度吗?

3.2 一人躺在地上,身上压一块重石板,另一人用重锤猛击石板,但见石板碎裂,而下面的人毫无损伤。何故?

3.3 如图3.20所示,一重球的上下两面系同样的两根线,今用其中一根线将球吊起,而用手向下拉另一根线,如果向下猛一扽,则下面的线断而球未动。如果用力慢慢拉线,则上面的线断开,为什么?

3.4 汽车发动机内气体对活塞的推力以及各种传动部件之间的作用力能使汽车前进吗?使汽车前进的力是什么力?

3.5 我国东汉时学者王充在他所著《论衡》(公元28年)一书中记有:"奡(ào)、育,古之多力者,身能负荷千钧,手能决角伸钩,使之自举,不能离地。"说的是古代大力士自己不能把自己举离地面。这个说法正确吗?为什么?

3.6 你自己身体的质心是固定在身体内某一点吗？你能把你的身体的质心移到身体外面吗？

3.7 放烟花时，一朵五彩缤纷的烟花(图 3.21)的质心的运动轨迹如何？(忽略空气阻力与风力)为什么在空中烟花总是以球形逐渐扩大？

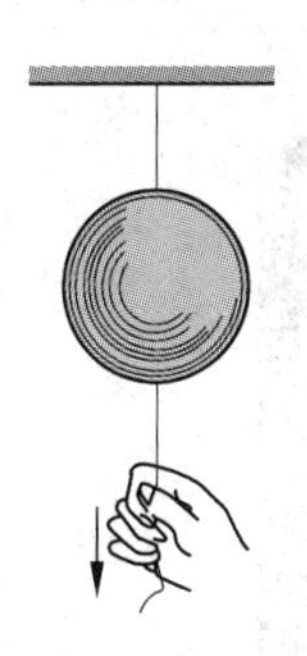

图 3.20 思考题 3.3 用图

图 3.21 烟花盛景

3.8 人造地球卫星是沿着一个椭圆轨道运行的，地心 O 是这一轨道的一个焦点(图 3.22)。卫星经过近地点 P 和远地点 A 时的速率一样吗？它们和地心到 P 的距离 r_1 以及地心到 A 的距离 r_2 有什么关系？

3.9 作匀速圆周运动的质点，对于圆周上某一定点，它的角动量是否守恒？对于通过圆心而与圆面垂直的轴上的任一点，它的角动量是否守恒？对于哪一个定点，它的角动量守恒？

3.10 一个 α 粒子飞过一金原子核而被散射，金核基本上未动(图 3.23)。在这一过程中，对金核中心来说，α 粒子的角动量是否守恒？为什么？α 粒子的动量是否守恒？

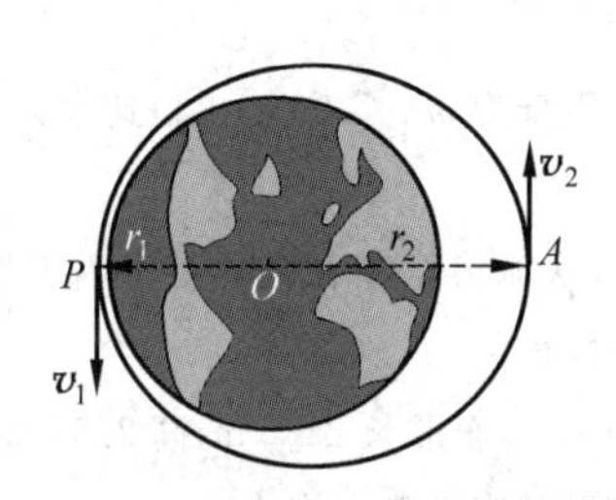

图 3.22 思考题 3.8 用图

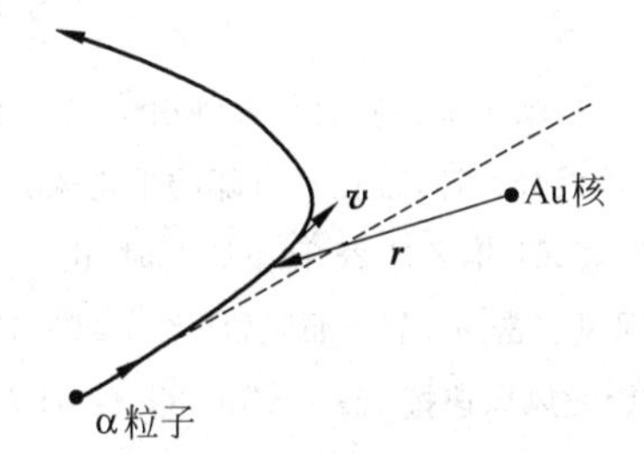

图 3.23 思考题 3.10 用图

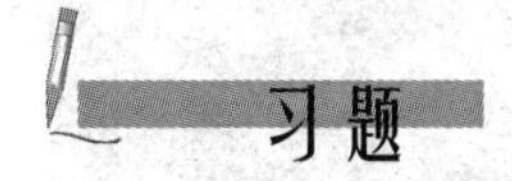

习题

3.1 一小球在弹簧的作用下振动(图 3.24)，弹力 $F=-kx$，而位移 $x=A\cos\omega t$，其中，k,A,ω 都是常量。求在 $t=0$ 到 $t=\pi/2\omega$ 的时间间隔内弹力施于小球的冲量。

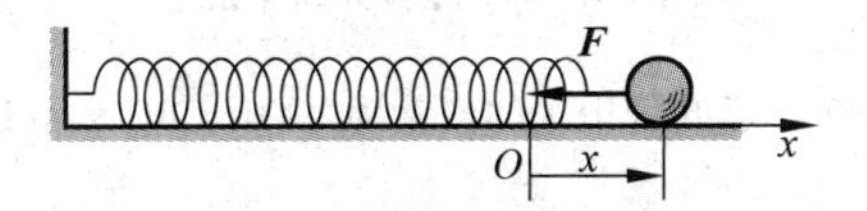

图 3.24 习题 3.1 用图

3.2 一个质量 $m=50$ g，以速率 $v=20$ m/s 作匀速圆周运动的小球，在1/4周期内向心力加给它的冲量是多大？

3.3 美国丹佛市每年举办一次"水世界肚皮砸水比赛"，图3.25就是2007年6月21日比赛参加者Hoffman（冠军）跳水的姿态。设他的质量是150 kg，跳起后离水面最大高度是5.0 m，碰到水面0.30 s后开始缓慢下沉，求他砸水的力多大？

图3.25 肚皮砸水跳

3.4 自动步枪连发时每分钟射出120发子弹，每发子弹的质量为 $m=7.90$ g，出口速率为735 m/s。求射击时（以分钟计）枪托对肩部的平均压力。

3.5 2007年2月28日凌晨2时，由乌鲁木齐开出的5807次旅客列车在吐鲁番境内突然遭遇13级特大飓风袭击，11节车厢脱轨（图3.26），造成了死3伤34的惨祸。

13级飓风风速按137 km/h(38 m/s)计，空气密度为1.29 kg/m^3，车厢长22.5 m，高2.62 m。设大风垂直吹向车厢侧面，碰到车厢后就停下来。这样，飓风对一节车厢的水平推力多大？

图3.26 飓风吹倒车厢

3.6 水管有一段弯曲成90°。已知管中水的流量为 3×10^3 kg/s，流速为10 m/s。求水流对此弯管的压力的大小和方向。

*3.7 桌面上堆放一串柔软的长链，今拉住长链的一端竖直向上以恒定速度 v_0 上提。试证明：当提起的长度为 l 时，所用的向上的力 $F=\rho_l lg+\rho_l v_0^2$，其中 ρ_l 为长链单位长度的质量。

*3.8 手提住一柔软长链的上端，使其下端刚与桌面接触，然后松手使链自由下落。试证明下落过程中，桌面受的压力等于已落在桌面上的链的重量的3倍。

3.9 一个原来静止的原子核，放射性衰变时放出一个动量为 $p_1=9.22\times10^{-21}$ kg·m/s 的电子，同时还在垂直于此电子运动的方向上放出一个动量为 $p_2=5.33\times10^{-21}$ kg·m/s 的中微子。求衰变后原子核的动量的大小和方向。

*3.10 运载火箭的最后一级以 $v_0=7600$ m/s 的速率飞行。这一级由一个质量为 $m_1=290.0$ kg 的火箭壳和一个质量为 $m_2=150.0$ kg 的仪器舱扣在一起。当扣松开后，二者间的压缩弹簧使二者分离，这时二者的相对速率为 $u=910.0$ m/s。设所有速度都在同一直线上，求两部分分开后各自的速度。

3.11 两辆质量相同的汽车在十字路口垂直相撞，撞后二者扣在一起又沿直线滑动了 $s=25$ m 才停下来。设滑动时地面与车轮之间的滑动摩擦系数为 $\mu_k=0.80$。撞后两个司机都声明在撞车前自己的车速未超限制(14 m/s)，他们的话都可信吗？

3.12 一空间探测器质量为6090 kg，正相对于太阳以105 m/s的速率向木星运动。当它的火箭发动机相对于它以253 m/s的速率向后喷出80.0 kg废气后，它对太阳的速率变为多少？

3.13 在太空静止的一单级火箭，点火后，其质量的减少与初质量之比为多大时，它喷出的废气将是静止的？

*3.14 一质量为 2.72×10^6 kg 的火箭竖直离地面发射，燃料燃烧速率为 1.29×10^3 kg/s。

(1) 它喷出的气体相对于火箭体的速率是多大时才能使火箭刚刚离开地面？

(2) 它以恒定相对速率 5.50×10^4 m/s 喷出废气，全部燃烧时间为155 s。它的最大上升速率多大？

(3) 在(2)的情形下，当燃料刚燃烧完时，火箭体离地面多高？

*3.15 一架喷气式飞机以210 m/s的速度飞行，它的发动机每秒钟吸入75 kg空气，在体内与3.0 kg燃料燃烧后以相对于飞机490 m/s的速度向后喷出。求发动机对飞机的推力。

3.16 哈雷彗星绕太阳运动的轨道是一个椭圆。它离太阳最近的距离是 $r_1=8.75\times10^{10}$ m，此时它的速率是 $v_1=5.46\times10^4$ m/s。它离太阳最远时的速率是 $v_2=9.08\times10^2$ m/s，这时它离太阳的距离 r_2 是多少？

3.17 求月球对地球中心的角动量及掠面速度。将月球轨道看做是圆，其转动周期按27.3 d计算。

3.18 我国1988年12月发射的通信卫星在到达同步轨道之前，先要在一个大的椭圆形“转移轨道”上运行若干圈。此转移轨道的近地点高度为205.5 km，远地点高度为35 835.7 km。卫星越过近地点时的速率为10.2 km/s。

(1) 求卫星越过远地点时的速率；

(2) 求卫星在此轨道上运行的周期。(提示：用椭圆的面积公式。)

3.19 用绳系一小方块使之在光滑水平面上作圆周运动(图3.27)，圆半径为 r_0，速率为 v_0。今缓慢地拉下绳的另一端，使圆半径逐渐减小。求圆半径缩短至 r 时，小方块的速率 v 是多大。

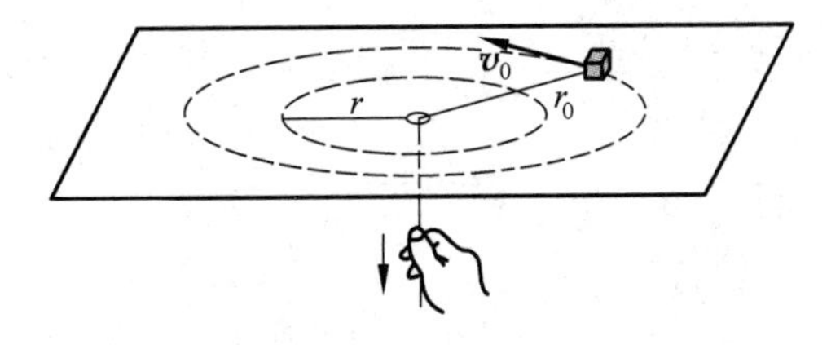

图3.27 习题3.19用图

*3.20 有两个质量都是 m 的质点，由长度为 a 的一根轻质硬杆连接在一起，在自由空间二者质心静止，但杆以角速度 ω 绕质心转动。杆上的一个质点与第三个质量也是 m 但静止的质点发生碰撞，结果粘在一起。

(1) 碰撞前一瞬间三个质点的质心在何处？此质心的速度多大？

(2) 碰撞前一瞬间，这三个质点对它们的质心的总角动量是多少？碰后一瞬间，又是多少？

(3) 碰撞后，整个系统绕质心转动的角速度多大？

科学家介绍

开　普　勒

(Johannes Kepler,1571—1630 年)

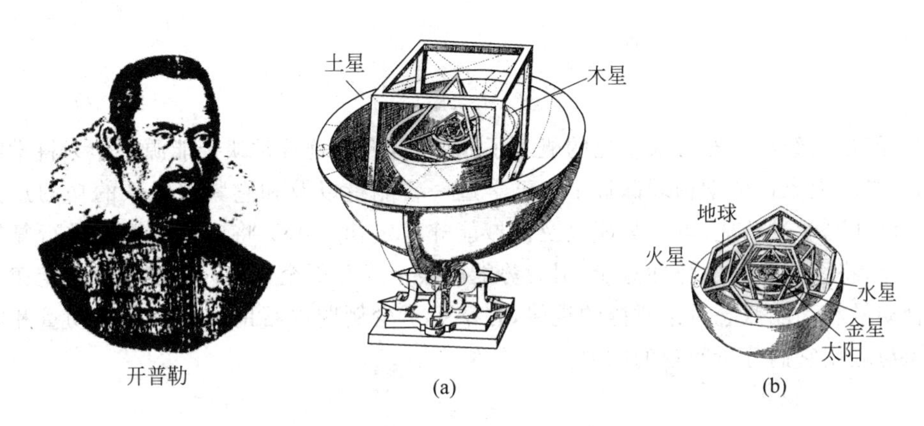

(a) 开普勒画的宇宙模型图;(b) 图(a)中心部分的放大。他认为六大行星都在各自的以太阳为中心的球面上运动,这些球面被五个正多边形隔开

开普勒早年是一个太阳崇拜者:"太阳位于诸行星的中心,本身不动但是它是运动之源。"因此是哥白尼学说的狂热信徒。1600 年元旦到布拉格天文学家第谷·布拉赫(Tycho Brahe,1546—1601 年)门下工作。布拉赫在没有望远镜的条件下用自制仪器观测记录了大量的行星位置的精确数据。开普勒根据这些数据核算,发现这些数据和哥白尼的圆形轨道理论不符,而以火星的数据相差最大。当他把布拉赫的数据由地心参考系换算到太阳参考系(为此他花了 4 年时间)时,发现火星数据仍和哥白尼的理论预测相差 8′(角分)。换作别人,可能忽略这 8′。但他坚信布拉赫的观测结果(布拉赫的观测精确到 2′),声称:"在这 8′的基础上,我要建立一个宇宙理论。"此后又经过 16 年的辛勤努力,他找到了新的行星运动规律,现在称为开普勒三定律。正是在这三定律的基础上,牛顿建立了他的万有引力以及力和运动的定律。

第 4 章

功和能

如今能量已经成了非常大众化的概念了。例如，人们就常常谈论能源。作为科学的物理概念大家在中学物理课程中也已学过一些能量以及和它紧密联系的功的意义和计算。例如已学过动能、重力势能以及机械能守恒定律。本章将对这些概念进行复习并加以扩充，将引入弹簧的弹性势能、引力势能的表示式并更全面地讨论能量守恒定律。之后综合动量和动能概念讨论碰撞的规律，并举了不少例题以帮助大家提高对动量和能量的认识与应用它们分析问题的能力。

4.1 功

功和能是一对紧密相连的物理量。一质点在力 $\boldsymbol{F}$ 的作用下，发生一无限小的元位移 $\mathrm{d}\boldsymbol{r}$ 时(图 4.1)，力对质点做的**功 $\mathrm{d}A$ 定义为力 $\boldsymbol{F}$ 和位移 $\mathrm{d}\boldsymbol{r}$ 的标量积**，即

$$\mathrm{d}A = \boldsymbol{F}\cdot\mathrm{d}\boldsymbol{r} = F\,|\,\mathrm{d}\boldsymbol{r}\,|\cos\varphi = F_{\mathrm{t}}\,|\,\mathrm{d}\boldsymbol{r}\,| \tag{4.1}$$

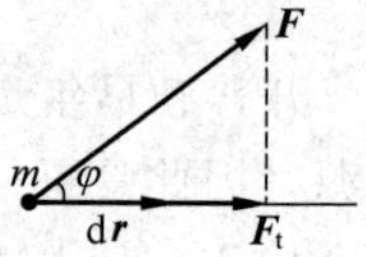

式中 φ 是力 $\boldsymbol{F}$ 与元位移 $\mathrm{d}\boldsymbol{r}$ 之间的夹角，而 $F_{\mathrm{t}}=F\cos\varphi$ 为力 $\boldsymbol{F}$ 在位移 $\mathrm{d}\boldsymbol{r}$ 方向的分力。

图 4.1 功的定义

按式(4.1)定义的功是标量。它没有方向，但有正负。当 $0\leqslant\varphi<\pi/2$ 时，$\mathrm{d}A>0$，力对质点做正功；当 $\varphi=\pi/2$ 时，$\mathrm{d}A=0$，力对质点不做功；当 $\pi/2<\varphi\leqslant\pi$ 时，$\mathrm{d}A<0$，力对质点做负功。对于这最后一种情况，我们也常说成是质点在运动中克服力 $\boldsymbol{F}$ 做了功。

一般地说，质点可以是沿曲线 L 运动，而且所受的力随质点的位置发生变化(图 4.2)。在这种情况下，质点沿路径 L 从 A 点到 B 点力 $\boldsymbol{F}$ 对它做的功 A_{AB} 等于经过各段无限小元位移时力所做的功的总和，可表示为

$$A_{AB} = \int_{L\,(A)}^{(B)}\mathrm{d}A = \int_{L\,(A)}^{(B)}\boldsymbol{F}\cdot\mathrm{d}\boldsymbol{r} \tag{4.2}$$

这一积分在数学上叫做力 $\boldsymbol{F}$ 沿路径 L 从 A 到 B 的**线积分**。

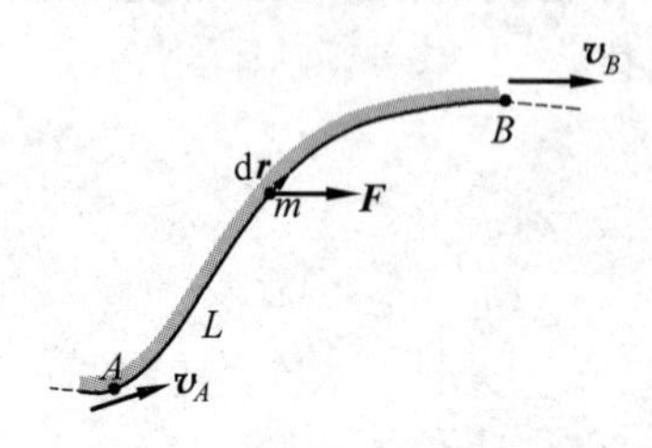

图 4.2 力沿一段曲线做的功

比较简单的情况是质点沿直线运动，受着与速度方向成 φ 角的恒力作用。这种情况下，式(4.2)给出

$$A_{AB}=\int_{(A)}^{(B)}F\,|\,\mathrm{d}\boldsymbol{r}\,|\cos\varphi=F\int_{(A)}^{(B)}|\,\mathrm{d}\boldsymbol{r}\,|\cos\varphi$$
$$=Fs_{AB}\cos\varphi \tag{4.3}$$

式中 s_{AB} 是质点从 A 到 B 经过的位移的大小。式(4.3)是大家在中学已学过的公式。

在国际单位制中，功的量纲是 $\mathrm{ML^2T^{-2}}$，单位名称是焦[耳]，符号为 J，

$$1\ \mathrm{J}=1\ \mathrm{N\cdot m}$$

其他常见的功的非 SI 单位有尔格(erg)、电子伏(eV)，

$$1\ \mathrm{erg}=10^{-7}\ \mathrm{J}$$
$$1\ \mathrm{eV}=1.6\times10^{-19}\ \mathrm{J}$$

例 4.1

推力做功。一超市营业员用 60 N 的力一次把饮料箱在地板上沿一弯曲路径推动了 25 m，他的推力始终向前并与地面保持 30°角。

求：营业员这一次推箱子做的功。

解 如图 4.3 所示，$F=60$ N，$s=25$ m，$\varphi=30°$。由式(4.2)可得营业员推箱子做的功为

$$A_F=\int_s\boldsymbol{F}\cdot\mathrm{d}\boldsymbol{r}=\int_sF\,|\,\mathrm{d}\boldsymbol{r}\,|\cos\varphi=F\cos\varphi\int_s\mathrm{d}s$$
$$=Fs\cos\varphi=60\times25\times\cos30°=1.30\times10^3\ (\mathrm{J})$$

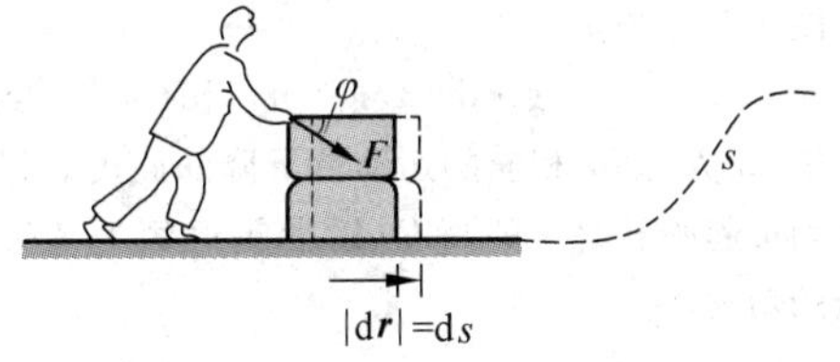

图 4.3 用力推箱

例 4.2

摩擦力做功。马拉爬犁在水平雪地上沿一弯曲道路行走(图 4.4)。爬犁总质量为 3 t，它和地面的滑动摩擦系数 $\mu_k=0.12$。求马拉爬犁行走 2 km 的过程中，路面摩擦力对爬犁做的功。

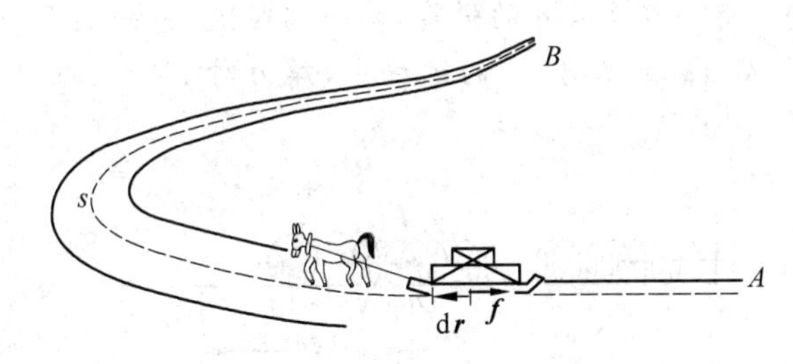

图 4.4 马拉爬犁在雪地上行进

解 这是一个物体沿曲线运动但力的大小不变的例子。爬犁在雪地上移动任一元位移 $\mathrm{d}\boldsymbol{r}$ 的过程中，它受的滑动摩擦力的大小为

$$f=\mu_kN=\mu_kmg$$

由于滑动摩擦力的方向总与位移 $\mathrm{d}\boldsymbol{r}$ 的方向相反(图 4.4)，所以相应的元功应为

$$\mathrm{d}A=\boldsymbol{f}\cdot\mathrm{d}\boldsymbol{r}=-f\,|\mathrm{d}\boldsymbol{r}|$$

以 $\mathrm{d}s=|\mathrm{d}\boldsymbol{r}|$ 表示元位移的大小，即相应的路程，则

$$dA = -f ds = -\mu_k mg ds$$

爬犁从 A 移到 B 的过程中，摩擦力对它做的功就是

$$A_{AB} = \int_{(A)}^{(B)} \boldsymbol{f} \cdot d\boldsymbol{r} = -\int_{(A)}^{(B)} \mu_k mg ds = -\mu_k mg \int_{(A)}^{(B)} ds$$

上式中最后一积分为从 A 到 B 爬犁实际经过的路程 s，所以

$$A_{AB} = -\mu_k mgs = -0.12 \times 3000 \times 9.81 \times 2000 = -7.06 \times 10^6 \text{ (J)}$$

此结果中的负号表示滑动摩擦力对爬犁做了负功。此功的大小和物体经过的路径形状有关。如果爬犁是沿直线从 A 到 B 的，则滑动摩擦力做的功的数值要比上面的小。

例 4.3

重力做功。一滑雪运动员质量为 m，沿滑雪道从 A 点滑到 B 点的过程中，重力对他做了多少功？

解 由式(4.2)可得，在运动员下降过程中，重力对他做的功为

$$A_g = \int_{(A)}^{(B)} m\boldsymbol{g} \cdot d\boldsymbol{r}$$

由图 4.5 可知，

$$\boldsymbol{g} \cdot d\boldsymbol{r} = g \mid d\boldsymbol{r} \mid \cos\varphi = -g dh$$

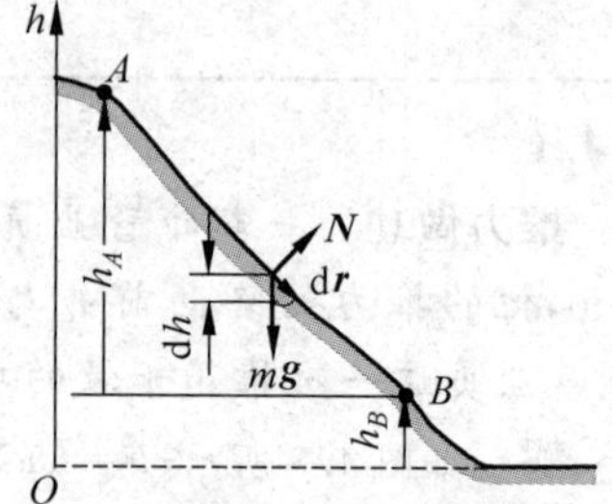

图 4.5 例 4.3 用图

其中 dh 为与 $d\boldsymbol{r}$ 相应的运动员下降的高度。以 h_A 和 h_B 分别表示运动员起始和终了的高度(以滑雪道底为参考零高度)，则有重力做的功为

$$A_g = \int_{(A)}^{(B)} mg \mid d\boldsymbol{r} \mid \cos\varphi = -m\int_{(A)}^{(B)} gh = mgh_A - mgh_B \tag{4.4}$$

此式表示重力的功只和运动员下滑过程的始末位置(以高度表示)有关，而和下滑过程经过的具体路径形状无关。

例 4.4

弹簧的弹力做功。有一水平放置的弹簧，其一端固定，另一端系一小球(如图 4.6 所示)。求弹簧的伸长量从 x_A 变化到 x_B 的过程中，弹力对小球做的功。设弹簧的劲度系数为 k。

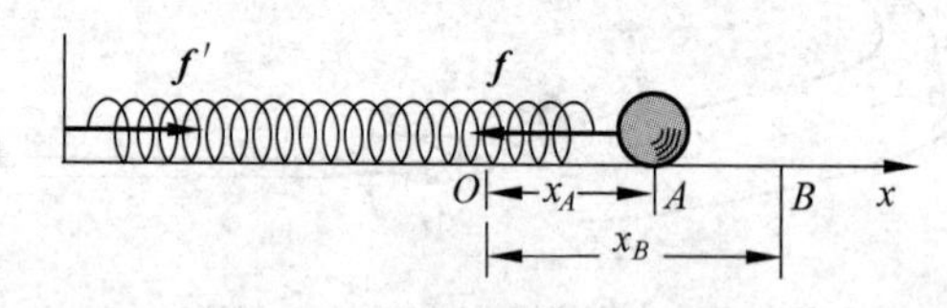

图 4.6 例 4.4 用图

解 这是一个路径为直线而力随位置改变的例子。取 x 轴与小球运动的直线平行，而原点对应于小球的平衡位置。这样，小球在任一位置 x 时，弹力就可以表示为

$$f_x = -kx$$

小球的位置由 A 移到 B 的过程中，弹力做的功为

$$A_{ela} = \int_{(A)}^{(B)} \boldsymbol{f} \cdot d\boldsymbol{r} = \int_{x_A}^{x_B} f_x dx = \int_{x_A}^{x_B} (-kx) dx$$

计算此积分,可得

$$A_{ela} = \frac{1}{2}kx_A^2 - \frac{1}{2}kx_B^2 \tag{4.5}$$

这一结果说明,如果 $x_B > x_A$,即弹簧伸长时,弹力对小球做负功;如果 $x_B < x_A$,即弹簧缩短时,弹力对小球做正功。

值得注意的是,这一弹力的功只和弹簧的始末形状(以伸长量表示)有关,而和伸长的中间过程无关。

例 4.3 和例 4.4 说明了重力做的功和弹力做的功都只决定于做功过程系统的始末位置或形状,而与过程的具体形式或路径无关。这种**做功与路径无关,只决定于系统的始末位置的力称为保守力**。重力和弹簧的弹力都是保守力。例 4.2 说明摩擦力做的功直接与路径有关,所以摩擦力不是保守力,或者说它是非保守力。

保守力有另一个等价定义:**如果力作用在物体上,当物体沿闭合路径移动一周时,力做的功为零,这样的力就称为保守力**。这可证明如下。如图 4.7 所示,力沿任意闭合路径 $A1B2A$ 做的功为

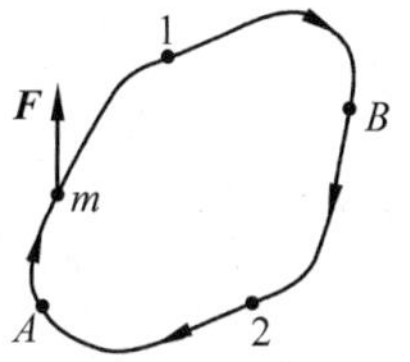

图 4.7 保守力沿闭合路径做功

$$A_{A1B2A} = A_{A1B} + A_{B2A}$$

因为对同一力 $\boldsymbol{F}$,当位移方向相反时,该力做的功应改变符号,所以 $A_{B2A} = -A_{A2B}$,这样就有

$$A_{A1B2A} = A_{A1B} - A_{A2B}$$

如果 $A_{A1B2A} = 0$,则 $A_{A1B} = A_{A2B}$。这说明,物体由 A 点到 B 点沿任意两条路径力做的功都相等。这符合前述定义,所以这力是保守力。

这里值得提出的是,在 2.3 节中已指出,摩擦力是微观上的分子或原子间的电磁力的宏观表现。这些微观上的电磁力是保守力,为什么在宏观上就变成非保守力了呢?这就是因为滑动摩擦力的非保守性是根据**宏观物体**的运动来判定的。一个金属块在桌面上滑动一圈,它的宏观位置复原了,但摩擦力做了功。这和**微观上**分子或原子间的相互作用是保守力并不矛盾。因为即使金属块回到了原来的位置,金属块中以及桌面上它滑动过的部分的所有分子或原子并没有回到原来的状态(包括位置和速度),实际上是离原来的状态更远了。因此它们之间的微观上的保守力是做了功的,这个功在宏观上就表现为摩擦力做的功。在技术中我们总是采用宏观的观点来考虑问题,因此滑动摩擦力就是一种非保守力。与此类似,碰撞中引起永久变形的冲力以及爆炸力等也都是非保守力。

4.2 动能定理

将牛顿第二定律公式代入功的定义式(4.1),可得

$$\mathrm{d}A = \boldsymbol{F} \cdot \mathrm{d}\boldsymbol{r} = F_t\,|\mathrm{d}\boldsymbol{r}| = ma_t\,|\mathrm{d}\boldsymbol{r}|$$

由于

$$a_t = \frac{dv}{dt}, \quad |d\boldsymbol{r}| = v dt$$

所以

$$dA = mv dv = d\left(\frac{1}{2}mv^2\right) \tag{4.6}$$

定义

$$E_k = \frac{1}{2}mv^2 = \frac{p^2}{2m} \tag{4.7}$$

为质点在速度为 $\boldsymbol{v}$ 时的**动能**，则

$$dA = dE_k \tag{4.8}$$

将式(4.6)和式(4.8)沿从 A 到 B 的路径(参看图 4.2)积分，

$$\int_{(A)}^{(B)} dA = \int_{v_A}^{v_B} d\left(\frac{1}{2}mv^2\right)$$

可得

$$A_{AB} = \frac{1}{2}mv_B^2 - \frac{1}{2}mv_A^2$$

或

$$A_{AB} = E_{kB} - E_{kA} \tag{4.9}$$

式中 v_A 和 v_B 分别是质点经过 A 和 B 时的速率，而 E_{kA} 和 E_{kB} 分别是相应时刻质点的动能。式(4.8)和式(4.9)说明：合外力对质点做的功要改变质点的动能，而功的数值就等于质点动能的增量，或者说力对质点做的功是质点动能改变的量度。这一表示力在一段路程上作用的效果的结论叫做用于质点的**动能定理**(或**功-动能定理**)。它也是牛顿定律的直接推论。

由式(4.9)可知，动能和功的量纲和单位都相同，即为 ML^2T^{-2} 和 J。

例 4.5

以 30 m/s 的速率将一石块扔到一结冰的湖面上，它能向前滑行多远？设石块与冰面间的滑动摩擦系数为 $\mu_k = 0.05$。

解 以 m 表示石块的质量，则它在冰面上滑行时受到的摩擦力为 $f = \mu_k mg$。以 s 表示石块能滑行的距离，则滑行时摩擦力对它做的总功为 $A = \boldsymbol{f} \cdot \boldsymbol{s} = -fs = -\mu_k mgs$。已知石块的初速率为 $v_A = 30$ m/s，而末速率为 $v_B = 0$，而且在石块滑动时只有摩擦力对它做功，所以根据动能定理(式(4.9))可得

$$-\mu_k mgs = 0 - \frac{1}{2}mv_A^2$$

由此得

$$s = \frac{v_A^2}{2\mu_k g} = \frac{30^2}{2 \times 0.05 \times 9.8} = 918 \text{ (m)}$$

此题也可以直接用牛顿第二定律和运动学公式求解，但用动能定理解答更简便些。基本定律虽然一样，但引入新概念往往可以使解决问题更为简便。

例 4.6

珠子下落又解。利用动能定理重解例 2.3，求线摆下 θ 角时珠子的速率。

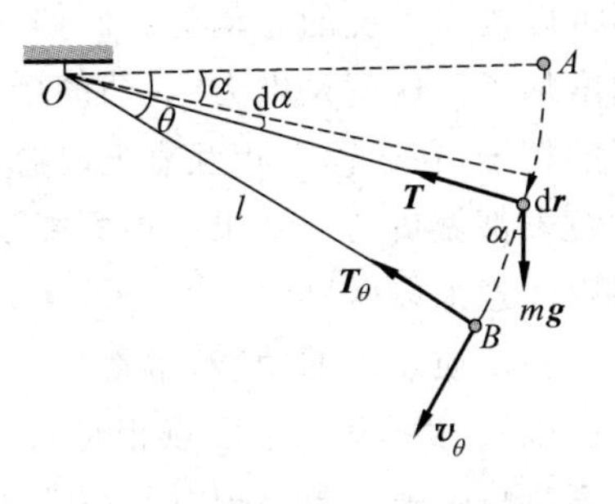

图 4.8 例 4.6 用图

解 如图 4.8 所示，珠子从 A 落到 B 的过程中，合外力 $(\boldsymbol{T}+m\boldsymbol{g})$ 对它做的功为(注意 $\boldsymbol{T}$ 总垂直于 $\mathrm{d}\boldsymbol{r}$)

$$A_{AB}=\int_{(A)}^{(B)}(\boldsymbol{T}+m\boldsymbol{g})\cdot\mathrm{d}\boldsymbol{r}=\int_{(A)}^{(B)}m\boldsymbol{g}\cdot\mathrm{d}\boldsymbol{r}=\int_{(A)}^{(B)}mg\ |\mathrm{d}\boldsymbol{r}|\ \cos\alpha$$

由于 $|\mathrm{d}\boldsymbol{r}|=l\mathrm{d}\alpha$，所以

$$A_{AB}=\int_0^{\theta}mg\cos\alpha\, l\,\mathrm{d}\alpha=mgl\sin\theta$$

对珠子，用动能定理，由于 $v_A=0, v_B=v_\theta$，得

$$mgl\sin\theta=\frac{1}{2}mv_\theta^2$$

由此得

$$v_\theta=\sqrt{2gl\sin\theta}$$

这和例 2.3 所得结果相同。2.4 节中的解法是应用牛顿第二定律进行单纯的数学运算。这里的解法应用了两个新概念:功和动能。在 2.4 节中，我们对牛顿第二定律公式的两侧都进行了积分。在这里，用动能定理，只需对力的一侧进行积分求功。另一侧，即运动一侧就可以直接写动能之差而不需进行积分了。这就简化了解题过程。

现在考虑由两个有相互作用的质点组成的质点系的动能变化和它们受的力所做的功的关系。

如图 4.9 所示，以 m_1, m_2 分别表示两质点的质量，以 $\boldsymbol{f}_1, \boldsymbol{f}_2$ 和 $\boldsymbol{F}_1, \boldsymbol{F}_2$ 分别表示它们受的内力和外力，以 $\boldsymbol{v}_{1A}, \boldsymbol{v}_{2A}$ 和 $\boldsymbol{v}_{1B}, \boldsymbol{v}_{2B}$ 分别表示它们在起始状态和终了状态的速度。

由动能定理式(4.9)，可得各自受的合外力做的功如下：

对 m_1：$$\int_{(A_1)}^{(B_1)}(\boldsymbol{F}_1+\boldsymbol{f}_1)\cdot\mathrm{d}\boldsymbol{r}_1=\int_{(A_1)}^{(B_1)}\boldsymbol{F}_1\cdot\mathrm{d}\boldsymbol{r}_1+\int_{(A_1)}^{(B_1)}\boldsymbol{f}_1\cdot\mathrm{d}\boldsymbol{r}_1=\frac{1}{2}m_1v_{1B}^2-\frac{1}{2}m_1v_{1A}^2$$

对 m_2：$$\int_{(A_2)}^{(B_2)}(\boldsymbol{F}_2+\boldsymbol{f}_2)\cdot\mathrm{d}\boldsymbol{r}_2=\int_{(A_2)}^{(B_2)}\boldsymbol{F}_2\cdot\mathrm{d}\boldsymbol{r}_2+\int_{(A_2)}^{(B_2)}\boldsymbol{f}_2\cdot\mathrm{d}\boldsymbol{r}_2=\frac{1}{2}m_2v_{2B}^2-\frac{1}{2}m_2v_{2A}^2$$

两式相加可得

$$\int_{(A_1)}^{(B_1)}\boldsymbol{F}_1\cdot\mathrm{d}\boldsymbol{r}_1+\int_{(A_2)}^{(B_2)}\boldsymbol{F}_2\cdot\mathrm{d}\boldsymbol{r}_2+\int_{(A_1)}^{(B_1)}\boldsymbol{f}_1\cdot\mathrm{d}\boldsymbol{r}_1+\int_{(A_2)}^{(B_2)}\boldsymbol{f}_2\cdot\mathrm{d}\boldsymbol{r}_2$$
$$=\frac{1}{2}m_1v_{1B}^2+\frac{1}{2}m_2v_{2B}^2-\left(\frac{1}{2}m_1v_{1A}^2+\frac{1}{2}m_2v_{2A}^2\right)$$

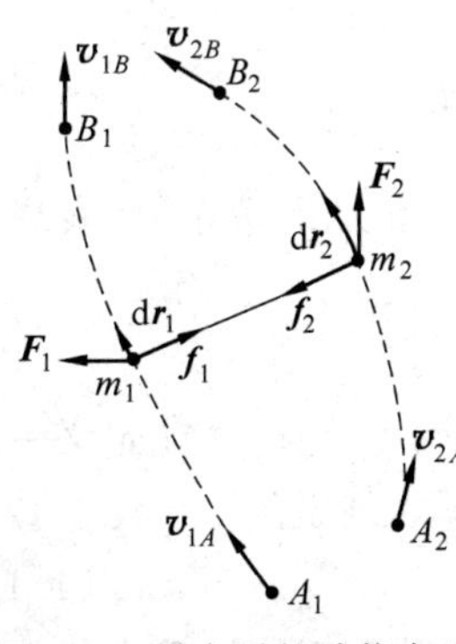

图 4.9 质点系的动能定理

此式中等号左侧前两项是外力对质点系所做功之和，用 A_{ex} 表示。左侧后两项是质点系内力所做功之和，用 A_{in} 表示。等号右侧是质点系**总动能**的增量，可写为 $E_{\mathrm{k}B}-E_{\mathrm{k}A}$。这样我们就有

$$A_{\mathrm{ex}}+A_{\mathrm{in}}=E_{\mathrm{k}B}-E_{\mathrm{k}A}\tag{4.10}$$

这就是说，**所有外力对质点系做的功和内力对质点系做的功之和等于质点系总动能的增量**。这一结论很明显地可以推广到由任意多个质点组成的质点系，它就是用于质点系的动能定理。

这里应该注意的是，系统内力的功之和可以不为零，因

而可以改变系统的总动能。例如，地雷爆炸后，弹片四向飞散，它们的总动能显然比爆炸前增加了。这就是内力(火药的爆炸力)对各弹片做正功的结果。又例如，两个都带正电荷的粒子，在运动中相互靠近时总动能会减少。这是因为它们之间的内力(相互的斥力)对粒子都做负功的结果。**内力能改变系统的总动能，但不能改变系统的总动量**，这是需要特别注意加以区别的。

一个质点系的动能，常常相对于其**质心参考系**(即质心在其中静止的参考系)加以计算。以 $\boldsymbol{v}_i$ 表示第 i 个质点相对某一惯性系的速度，以 $\boldsymbol{v}'_i$ 表示该质点相对于质心参考系的速度，以 $\boldsymbol{v}_C$ 表示质心相对于惯性系的速度，则由于 $\boldsymbol{v}_i=\boldsymbol{v}'_i+\boldsymbol{v}_C$，故相对于惯性系，质点系的总动能应为

$$\begin{aligned}E_\mathrm{k}&=\sum\frac{1}{2}m_i\boldsymbol{v}_i^2=\sum\frac{1}{2}m_i(\boldsymbol{v}_C+\boldsymbol{v}'_i)^2\\&=\frac{1}{2}mv_C^2+\boldsymbol{v}_C\sum m_i\boldsymbol{v}'_i+\sum\frac{1}{2}m_iv_i'^2\end{aligned}$$

式中右侧第一项表示质量等于质点系总质量的一个质点以质心速度运动时的动能，叫质点系的**轨道动能**(或说其质心的动能)，以 $E_{\mathrm{k}C}$ 表示；第二项中 $\sum m_i\boldsymbol{v}'_i=\dfrac{\mathrm{d}}{\mathrm{d}t}\sum m_i\boldsymbol{r}'_i=m\dfrac{\mathrm{d}\boldsymbol{r}'_C}{\mathrm{d}t}$。由于 $\boldsymbol{r}'_C$ 是质心在质心参考系中的位矢，它并不随时间变化，所以 $\dfrac{\mathrm{d}\boldsymbol{r}'_C}{\mathrm{d}t}=0$，而这第二项也就等于零；第三项是质点系相对于其质心参考系的总动能，叫质点系的**内动能**，以 $E_{\mathrm{k,in}}$ 表示。这样，上式就可写成

$$E_\mathrm{k}=E_{\mathrm{k}C}+E_{\mathrm{k,in}}\tag{4.11}$$

此式说明，一个质点系相对于某一惯性系的总动能等于该质点系的轨道动能和内动能之和。这一关系叫**柯尼希定理**。实例之一是，一个篮球在空中运动时，其内部气体相对于地面的总动能等于其中气体分子的轨道动能和它们相对于这气体的质心的动能——内动能之和。这气体的内动能也就是它的所有分子无规则运动的动能之和。

4.3 势能

本节先介绍**重力势能**。在中学物理课程中，除动能外，大家还学习了势能。质量为 m 的物体在高度 h 处的重力势能为

$$E_\mathrm{p}=mgh\tag{4.12}$$

对于这一概念，应明确以下几点。

(1) 只是因为重力是保守力，所以才能有重力势能的概念。重力是保守力，表现为式(4.4)，即

$$A_g=mgh_A-mgh_B$$

此式说明重力做的功只决定于物体的位置(以高度表示)，而正是因为这样，才能定义一个由物体位置决定的物理量——重力势能。重力势能是由其差按下式规定的：

$$A_g=-\Delta E_\mathrm{p}=E_{\mathrm{p}A}-E_{\mathrm{p}B}\tag{4.13}$$

式中 A,B 分别代表重力做功的起点和终点。此式表明，重力做的功等于物体重力势能的

减少。

对比式(4.13)和式(4.4)即可得重力势能表示式(4.12)。

(2) 重力势能表示式(4.12)要具有具体的数值,要求预先选定参考高度或称重力势能零点,在该高度时物体的重力势能为零,式(4.12)中的 h 是从该高度向上计算的。

(3) 由于重力是地球和物体之间的引力,所以重力势能应属于物体和地球这一系统,“物体的重力势能”只是一种简略的说法。

(4) 由于式(4.12)中的 h 是地球和物体之间的相对距离的一种表示,所以重力势能的值相对于所选用的任一参考系都是一样的。

下面再介绍**弹簧的弹性势能**。弹簧的弹力也是保守力,这由式(4.5)可看出:

$$A_{\text{ela}} = \frac{1}{2}kx_A^2 - \frac{1}{2}kx_B^2$$

因此,可以定义一个由弹簧的伸长量 x 所决定的物理量——弹簧的弹性势能。这一势能的差按下式规定:

$$A_{\text{ela}} = -\Delta E_{\text{p}} = E_{\text{p}A} - E_{\text{p}B} \tag{4.14}$$

此式表明:弹簧的弹力做的功等于弹簧的弹性势能的减少。

对比式(4.14)和式(4.5),可得弹簧的弹性势能表示式为

$$E_{\text{p}} = \frac{1}{2}kx^2 \tag{4.15}$$

当 $x=0$ 时,式(4.15)给出 $E_{\text{p}}=0$,由此可知由式(4.15)得出的弹性势能的“零点”对应于弹簧的伸长为零,即它处于原长的形状。

弹簧的弹性势能当然属于弹簧的整体,而且由于其伸长 x 是弹簧的长度相对于自身原长的变化,所以它的弹性势能也和选用的参考系无关。表示势能随位形变化的曲线叫做**势能曲线**,弹簧的弹性势能曲线如图 4.10 所示,是一条抛物线。

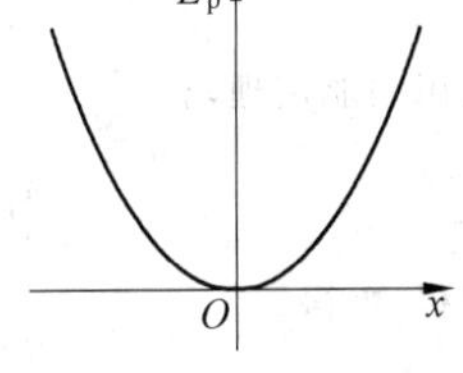

图 4.10 弹簧的弹性势能曲线

由以上关于两种势能的说明,可知关于势能的概念我们一般应了解以下几点。

(1) 只有对保守力才能引入势能概念,而且规定保守力做的功等于系统势能的减少,即

$$A_{AB} = -\Delta E_{\text{p}} = E_{\text{p}A} - E_{\text{p}B} \tag{4.16}$$

(2) 势能的具体数值要求预先选定系统的某一位形为势能零点。

(3) 势能属于有保守力相互作用的系统整体。

(4) 系统的势能与参考系无关。

对于非保守力,例如摩擦力,不能引入势能概念。

例 4.7

一轻弹簧的劲度系数 $k=200$ N/m,竖直静止在桌面上(图 4.11)。今在其上端轻轻地放置一质量为 $m=2.0$ kg 的砝码后松手。

(1) 求此后砝码下降的最大距离 $y_{\max}$;

(2) 求砝码下降$\frac{1}{2}y_{max}$时的速度 v。

解 (1) 以弹簧静止时其上端为势能零点，则由式(4.13)和式(4.12)得砝码下降过程中重力做的功为

$$A_g = 0 - mg(-y_{max}) = mgy_{max}$$

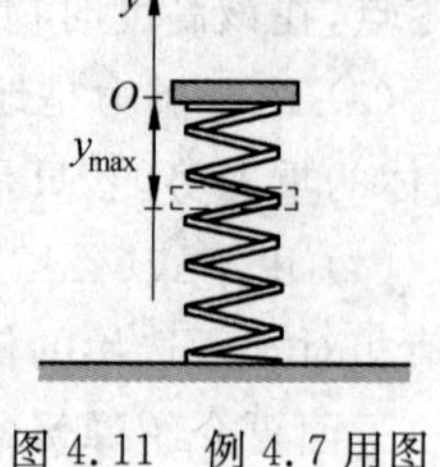

图 4.11 例 4.7 用图

由式(4.14)和式(4.15)得弹簧弹力做的功为

$$A_{ela} = 0 - \frac{1}{2}k(-y_{max})^2 = -\frac{1}{2}ky_{max}^2$$

对砝码用动能定理，有

$$A_g + A_{ela} = \frac{1}{2}mv_2^2 - \frac{1}{2}mv_1^2$$

由于砝码在 O 处时的速度 $v_1=0$，下降到最低点时速度 v_2 也等于 0，所以

$$A_g + A_{ela} = mgy_{max} - \frac{1}{2}ky_{max}^2 = 0$$

解此方程，得

$$y_{max,1} = 0, \quad y_{max,2} = \frac{2mg}{k}$$

解 $y_{max,1}$ 表示砝码在 O 处，舍去，取第二解为

$$y_{max} = \frac{2mg}{k} = \frac{2\times 2\times 9.8}{200} = 0.20\ (\text{m})$$

(2) 在砝码下降 $y_{max}/2$ 的过程中，重力做功为

$$A'_g = 0 - mg\left(-\frac{y_{max}}{2}\right) = \frac{1}{2}mgy_{max}$$

弹力做功为

$$A'_{ela} = 0 - \frac{1}{2}k\left(-\frac{y_{max}}{2}\right)^2 = -\frac{1}{8}ky_{max}^2$$

对砝码用动能定理，有

$$A'_g + A'_{ela} = \frac{1}{2}mgy_{max} - \frac{1}{8}ky_{max}^2 = \frac{1}{2}mv^2 - 0$$

解此方程，可得

$$\begin{aligned} v &= \left(gy_{max} - \frac{k}{4m}y_{max}^2\right)^{1/2} \\ &= \left(9.8\times 0.20 - \frac{200}{4\times 2}\times 0.20^2\right)^{1/2} \\ &= 0.98\ (\text{m/s}) \end{aligned}$$

本题中计算重力和弹力的功时都应用了势能概念，因此就可以只计算代数差而不必用积分了。这里要注意的是弄清楚系统最初和终了时各处于什么状态。

4.4 引力势能

让我们先来证明万有引力是保守力。

根据牛顿的引力定律，质量分别为 m_1 和 m_2 的两质点相距 r 时相互间引力的大小为

$$f=\frac{Gm_1m_2}{r^2}$$

方向沿着两质点的连线。如图 4.12 所示，以 m_1 所在处为原点，当 m_2 由 A 点沿任意路径 C 移动到 B 点时，引力做的功为

$$A_{AB}=\int_{(A)}^{(B)}\boldsymbol{f}\cdot\mathrm{d}\boldsymbol{r}=\int_{(A)}^{(B)}\frac{Gm_1m_2}{r^2}\ |\mathrm{d}\boldsymbol{r}|\ \cos\varphi$$

在图 4.12 中，径矢 OB' 和 OA' 长度之差为 $B'C'=\mathrm{d}r$。由于 $|\mathrm{d}\boldsymbol{r}|$ 为微小长度，所以 OB' 和 OA' 可视为平行，因而 $A'C'\perp B'C'$，于是 $|\mathrm{d}\boldsymbol{r}|\cos\varphi=-|\mathrm{d}\boldsymbol{r}|\cos\varphi'=-\mathrm{d}r$。将此关系代入上式可得

$$A_{AB}=-\int_{r_A}^{r_B}\frac{Gm_1m_2}{r^2}\mathrm{d}r=\frac{Gm_1m_2}{r_B}-\frac{Gm_1m_2}{r_A}\tag{4.17}$$

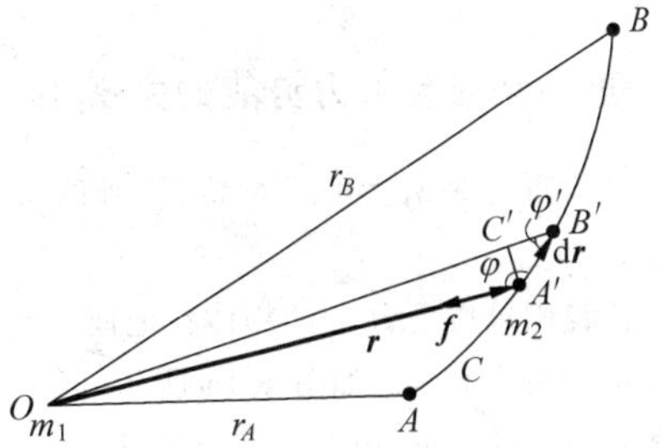

图 4.12 引力势能公式的推导

这一结果说明引力的功只决定于两质点间的始末距离而和移动的路径无关。所以，引力是保守力。

由于引力是保守力，所以可以引入势能概念。将式(4.17)和势能差的定义公式(4.16)($A_{AB}=E_{pA}-E_{pB}$)相比较，可得两质点相距 r 时的引力势能公式为

$$E_p=-\frac{Gm_1m_2}{r}\tag{4.18}$$

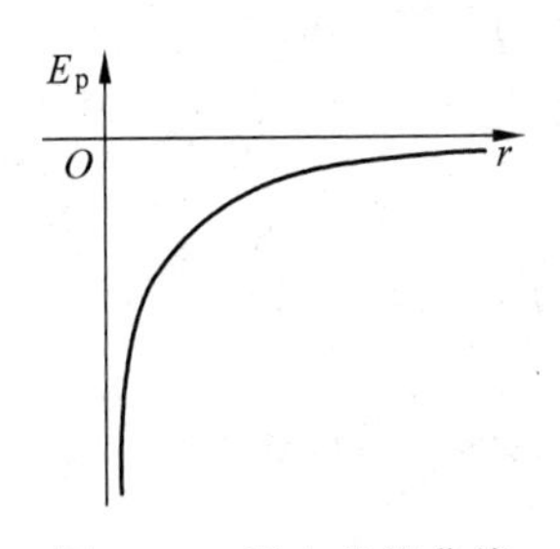

图 4.13 引力势能曲线

在式(4.18)中，当 $r\to\infty$ 时 $E_p=0$。由此可知与式(4.18)相应的引力势能的“零点”参考位形为两质点相距为无限远时。

由于 m_1，m_2 都是正数，所以式(4.18)中的负号表示：两质点从相距 r 的位形改变到势能零点的过程中，引力总做负功。根据这一公式画出的引力势能曲线如图 4.13 所示。

由式(4.18)可明显地看出，引力势能属于 m_1 和 m_2 两质点系统。由于 r 是两质点间的距离，所以引力势能也就和参考系无关。

例 4.8

陨石坠地。一颗重 5 t 的陨石从天外落到地球上，它和地球间的引力做功多少？已知地球质量为 6×10^{21} t，半径为 6.4×10^6 m。

解 “天外”可当做陨石和地球相距无限远。利用保守力的功和势能变化的关系可得

$$A_{AB}=E_{pA}-E_{pB}$$

再利用式(4.20)可得

$$A_{AB}=-\frac{GmM}{r_A}-\left(-\frac{GmM}{r_B}\right)$$

以 $m=5\times10^3$ kg，$M=6.0\times10^{24}$ kg，$G=6.67\times10^{-11}\ \mathrm{N\cdot m^2/kg^2}$，$r_A=\infty$，$r_B=6.4\times10^6$ m 代入上式，可得

$$A_{AB}=\frac{GmM}{r_B}=\frac{6.67\times10^{-11}\times5\times10^3\times6.0\times10^{24}}{6.4\times10^6}$$

$$=3.1\times10^{11}\ (\mathrm{J})$$

这一例子说明，在已知势能公式的条件下，求保守力的功时，可以不管路径如何，也就可以不作积分运算，这当然简化了计算过程。

---

*重力势能和引力势能的关系

由于重力是引力的一个特例，所以重力势能公式就应该是引力势能公式的一个特例。这可证明如下。

让我们求质量为 m 的物体在地面上某一不大的高度 h 时，它和地球系统的引力势能。如图4.14所示，以 M 表示地球的质量，以 r 表示物体到地心的距离，由式(4.17)可得

$$E_{pA}-E_{pB}=\frac{GmM}{r_B}-\frac{GmM}{r_A}$$

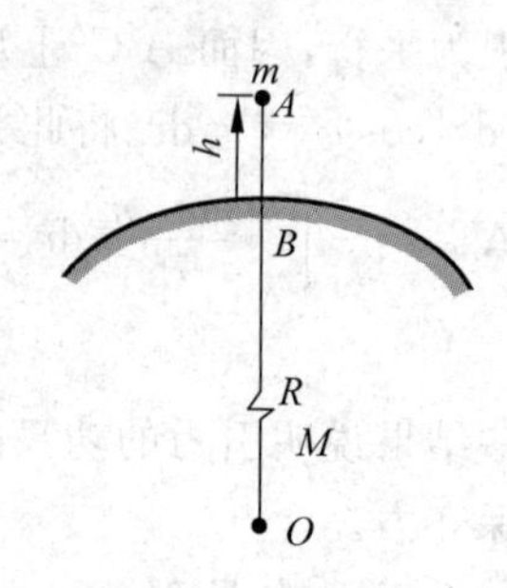

图4.14　重力势能的推导用图

以物体在地球表面上时为势能零点，即规定 $r_B=R$（地球半径）时，$E_{pB}=0$，则由上式可得物体在地面以上其他高度时的势能为

$$E_{pA}=\frac{GmM}{R}-\frac{GmM}{r_A}$$

物体在地面以上的高度为 h 时，$r_A=R+h$，这时

$$E_{pA}=\frac{GmM}{R}-\frac{GmM}{R+h}=GmM\left(\frac{1}{R}-\frac{1}{R+h}\right)$$

$$=GmM\,\frac{h}{R(R+h)}$$

设 $h\ll R$，则 $R(R+h)\approx R^2$，因而有

$$E_{pA}=\frac{GmMh}{R^2}$$

由于在地面附近，重力加速度 $g=f/m=GM/R^2$，所以最后得到物体在地面上高度 h 处时重力势能为（去掉下标 A）

$$E_p=mgh$$

这正是大家熟知的公式(4.12)。请注意它和引力势能公式(4.18)在势能零点选择上的不同。

重力势能的势能曲线如图4.15所示，它实际上是图4.13中一小段引力势能曲线的放大（加上势能零点的改变）。

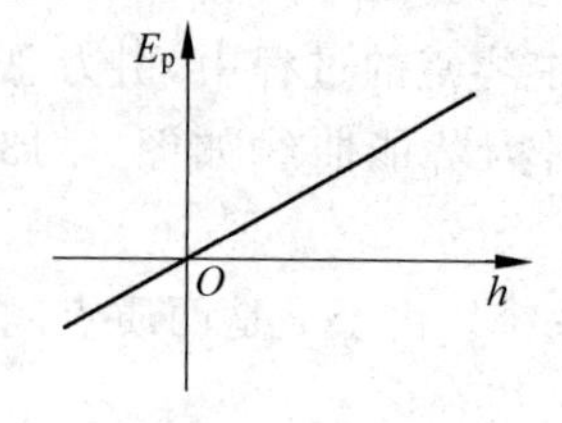

图4.15　重力势能曲线

*4.5　由势能求保守力

在4.3节中用保守力的功定义了势能。从数学上说，是用保守力对路径的线积分定义了势能。反过来，我们也应该能从势能函数对路径的导数求出保守力。下面就来说明这一点。

如图4.16所示，以 $\mathrm{d}\boldsymbol{l}$ 表示质点在保守力 $\boldsymbol{F}$ 作用下沿某一给定的 $\boldsymbol{l}$ 方向从 A 到 B 的元位移。以 $\mathrm{d}E_p$ 表示从 A 到 B 的势能增量。根据势能定义公式(4.16)，有

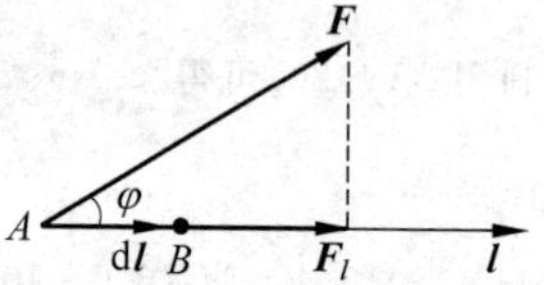

图4.16　由势能求保守力

$$-\mathrm{d}E_p=A_{AB}=\boldsymbol{F}\cdot\mathrm{d}\boldsymbol{l}=F\cos\varphi\,\mathrm{d}l$$

由于 $F\cos\varphi = F_l$ 为力 $\boldsymbol{F}$ 在 $\boldsymbol{l}$ 方向的分量，所以上式可写做

$$-\,\mathrm{d}E_\mathrm{p} = F_l \mathrm{d}l$$

由此可得

$$F_l = -\frac{\mathrm{d}E_\mathrm{p}}{\mathrm{d}l} \tag{4.19}$$

此式说明：**保守力沿某一给定的 $\boldsymbol{l}$ 方向的分量等于与此保守力相应的势能函数沿 $\boldsymbol{l}$ 方向的空间变化率**(即经过单位距离时的变化)**的负值**。

可以用引力势能公式验证式(4.19)。这时取 $\boldsymbol{l}$ 方向为从此质点到另一质点的径矢 $\boldsymbol{r}$ 的方向。引力沿 $\boldsymbol{r}$ 方向的空间变化率应为

$$F_r = -\frac{\mathrm{d}}{\mathrm{d}r}\left(-\frac{Gm_1m_2}{r}\right) = -\frac{Gm_1m_2}{r^2}$$

这实际上就是引力公式。

对于弹簧的弹性势能，可取 $\boldsymbol{l}$ 方向为伸长 $\boldsymbol{x}$ 的方向。这样弹力沿伸长方向的空间变化率就是

$$F_x = -\frac{\mathrm{d}}{\mathrm{d}x}\left(\frac{1}{2}kx^2\right) = -kx$$

这正是关于弹簧弹力的胡克定律公式。

一般来讲，E_p可以是位置坐标(x,y,z)的多元函数。这时式(4.19)中 $\boldsymbol{l}$ 的方向可依次取 x，y 和 z 轴的方向而得到，相应的保守力沿各轴方向的分量为

$$F_x = -\frac{\partial E_\mathrm{p}}{\partial x},\quad F_y = -\frac{\partial E_\mathrm{p}}{\partial y},\quad F_z = -\frac{\partial E_\mathrm{p}}{\partial z}$$

式中的导数分别是 E_p对 x，y 和 z 的偏导数。这样，保守力就可表示为

$$\begin{aligned}\boldsymbol{F} &= F_x\boldsymbol{i} + F_y\boldsymbol{j} + F_z\boldsymbol{k} \\ &= -\left(\frac{\partial E_\mathrm{p}}{\partial x}\boldsymbol{i} + \frac{\partial E_\mathrm{p}}{\partial y}\boldsymbol{j} + \frac{\partial E_\mathrm{p}}{\partial z}\boldsymbol{k}\right)\end{aligned} \tag{4.20}$$

这是在直角坐标系中由势能求保守力的最一般的公式。

式(4.20)中括号内的势能函数的空间变化率叫做势能的**梯度**，它是一个矢量。因此可以说，保守力等于相应的势能函数的梯度的负值。

式(4.20)表明保守力应等于势能曲线斜率的负值。例如，在图4.10所示的弹性势能曲线图中，在 $x>0$ 的范围内，曲线的斜率为正，弹力即为负，这表示弹力与 x 正方向相反。在 $x<0$ 的范围内，曲线的斜率为负，弹力即为正，这表示弹力与 x 正方向相同。在 $x=0$ 的点，曲线斜率为零，即没有弹力。这正是弹簧处于原长的情况。

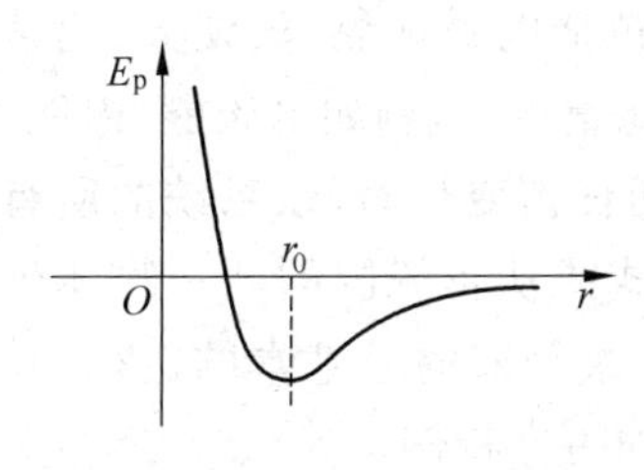

图 4.17 双原子分子的势能曲线

在许多实际问题中，往往能先通过实验得出系统的势能曲线。这样便可以根据势能曲线来分析受力情况。例如，图 4.17 画出了一个双原子分子的势能曲线，r 表示两原子间的距离。由图可知，当两原子间的距离等于 r_0 时，曲线的斜率为零，即两原子间没有相互作用力。这是两原子的平衡间距，在 $r>r_0$ 时，曲线斜率为正，而力为负，表示原子相吸；距离越大，吸力越

小。在 $r<r_0$ 时，曲线的斜率为负而力为正，表示两原子相斥，距离越小，斥力越大。

4.6 机械能守恒定律

在4.2节中我们已求出了质点系的动能定理公式(4.10)，即

$$A_{ex}+A_{in}=E_{kB}-E_{kA}$$

内力中可能既有保守力，也有非保守力，因此内力的功可以写成保守内力的功 $A_{in,cons}$ 和非保守内力的功 $A_{in,n\text{-}cons}$ 之和。于是有

$$A_{ex}+A_{in,cons}+A_{in,n\text{-}cons}=E_{kB}-E_{kA} \tag{4.21}$$

在4.3节中我们对保守内力定义了势能(见式(4.16))，即有

$$A_{in,cons}=E_{pA}-E_{pB}$$

因此式(4.21)可写做

$$A_{ex}+A_{in,n\text{-}cons}=(E_{kB}+E_{pB})-(E_{kA}+E_{pA}) \tag{4.22}$$

系统的总动能和势能之和叫做系统的**机械能**，通常用 E 表示，即

$$E=E_k+E_p \tag{4.23}$$

以 E_A 和 E_B 分别表示系统初、末状态时的机械能，则式(4.22)又可写作

$$A_{ex}+A_{in,n\text{-}cons}=E_B-E_A \tag{4.24}$$

此式表明，**质点系在运动过程中，它所受的外力的功与系统内非保守力的功的总和等于它的机械能的增量**。这一关于功和能的关系的结论叫**功能原理**。在经典力学中，它是牛顿定律的一个推论，因此也只适用于惯性系。

一个系统，如果内力中只有保守力，这种系统称为**保守系统**。对于保守系统，式(4.24)中的 $A_{in,n\text{-}cons}$ 一项自然等于零，于是有

$$A_{ex}=E_B-E_A=\Delta E \quad \text{(保守系统)} \tag{4.25}$$

一个系统，如果在其变化过程中，没有任何外力对它做功(或者实际上外力对它做的功可以忽略)，这样的系统称为**封闭系统**(或孤立系统)。对于一个封闭的保守系统，式(4.25)中的 $A_{ex}=0$，于是有 $\Delta E=0$，即

$$E_A=E_B \quad \text{(封闭的保守系统，}A_{ex}=0\text{)} \tag{4.26}$$

即其机械能保持不变或说守恒。这一陈述也常被称为机械能守恒定律。大家已熟悉的自由落体或抛体运动就服从这一机械能守恒定律。

如果一个封闭系统状态发生变化时，有非保守内力做功，根据式(4.24)，它的机械能当然就不守恒了。例如地雷爆炸时它(变成了碎片)的机械能会增加，两汽车相撞时它们的机械能要减少。但在这种情况下对更广泛的物理现象，包括电磁现象、热现象、化学反应以及原子内部的变化等的研究表明，如果引入更广泛的能量概念，例如电磁能、内能、化学能或原子核能等，则有大量实验证明：**一个封闭系统经历任何变化时，该系统的所有能量的总和是不改变的**，它只能从一种形式变化为另一种形式或从系统内的此一物体传给彼一物体。这就是**普遍的能量守恒定律**。它是自然界的一条普遍的最基本的定律，其意义远远超出了机械能守恒定律的范围，后者只不过是前者的一个特例。

为了对能量有个量的概念，表4.1列出了一些典型的能量值。

表 4.1 一些典型的能量值 J

1987A 超新星爆发	约 1×10^{46}
太阳的总核能	约 1×10^{45}
地球上矿物燃料总储能	约 2×10^{23}
1994 年彗木相撞释放总能量	约 1.8×10^{23}
2004 年我国全年发电量	7.3×10^{18}
1976 年唐山大地震	约 1×10^{18}
1 kg 物质-反物质湮灭	9.0×10^{16}
百万吨级氢弹爆炸	4.4×10^{15}
1 kg 铀裂变	8.2×10^{13}
一次闪电	约 1×10^{9}
1 L 汽油燃烧	3.4×10^{7}
1 人每日需要	约 1.3×10^{7}
1 kg TNT 爆炸	4.6×10^{6}
1 个馒头提供	2×10^{6}
地球表面每平方米每秒接受太阳能	1×10^{3}
一次俯卧撑	约 3×10^{2}
一个电子的静止能量	8.2×10^{-14}
一个氢原子的电离能	2.2×10^{-18}
一个黄色光子	3.4×10^{-19}
HCl 分子的振动能	2.9×10^{-20}

例 4.9

珠子下落再解。利用机械能守恒定律再解例 2.3 求线摆下 θ 角时珠子的速率。

解 如图 4.18 所示，取珠子和地球作为被研究的系统。以线的悬点 O 所在高度为重力势能零点并相对于地面参考系(或实验室参考系)来描述珠子的运动。在珠子下落过程中，绳拉珠子的外力 $\boldsymbol{T}$ 总垂直于珠子的速度 $\boldsymbol{v}$，所以此外力不做功。因此所讨论的系统是一个封闭的保守系统，所以它的机械能守恒，此系统初态的机械能为

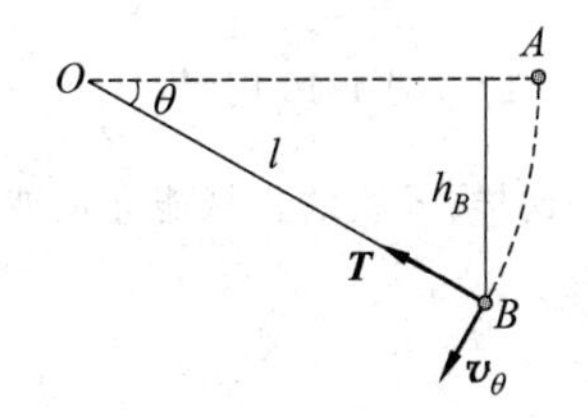

图 4.18 例 4.9 用图

$$E_A = mgh_A + \frac{1}{2}mv_A^2 = 0$$

线摆下 θ 角时系统的机械能为

$$E_B = mgh_B + \frac{1}{2}mv_B^2$$

由于 $h_B = -l\sin\theta$，$v_B = v_\theta$，所以

$$E_B = -mgl\sin\theta + \frac{1}{2}mv_\theta^2$$

由机械能守恒 $E_B = E_A$ 得出

$$-mgl\sin\theta + \frac{1}{2}mv_\theta^2 = 0$$

由此得

$$v_\theta = \sqrt{2gl\sin\theta}$$

与以前得出的结果相同。

读者可能已经注意到，我们已经用了三种不同的方法来解例2.3。现在可以清楚地比较三种解法的不同。在第一种解法中，我们直接应用牛顿第二定律本身，牛顿第二定律公式的两侧，“力侧”和“运动侧”，都用纯数学方法进行积分运算。在第二种方法中，我们应用了功和动能的概念，这时还需要对力侧进行积分来求功，但是运动侧已简化为只需要计算动能增量了。这一简化是由于对运动侧用积分进行了预处理的结果。现在，我们用了第三种解法，没有用任何积分，只是进行代数的运算，因而计算又大大简化了。这是因为我们又用积分预处理了力侧，也就是引入了势能的概念，并用计算势能差来代替用线积分去计算功的结果。大家可以看到，即使基本定律还是一个，但是引入新概念和建立新的定律形式，也能使我们在解决实际问题时获得很大的益处。以牛顿定律为基础的整个牛顿力学理论体系的大厦可以说都是在这种思想的指导下建立的。

例 4.10

如图4.19，一辆实验小车可在光滑水平桌面上自由运动。车的质量为M，车上装有长度为L的细杆(质量不计)，杆的一端可绕固定于车架上的光滑轴O在竖直面内摆动，杆的另一端固定一钢球，球质量为m。把钢球托起使杆处于水平位置，这时车保持静止，然后放手，使球无初速地下摆。求当杆摆至竖直位置时，钢球及小车的运动速度。

解 设当杆摆至竖直位置时钢球与小车相对于桌面的速度分别为$\boldsymbol{v}$与$\boldsymbol{V}$(如图4.19所示)。因为这两个速度都是未知的，所以必须找到两个方程式才能求解。

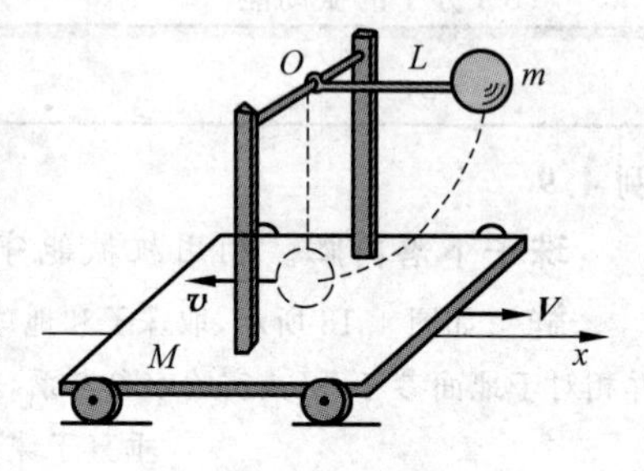

图4.19 例4.10用图

先看功能关系。把钢球、小车、地球看做一个系统。此系统所受外力为光滑水平桌面对小车的作用力，此力和小车运动方向垂直，所以不做功。有一个内力为杆与小车在光滑轴O处的相互作用力。由于这一对作用力与反作用力在同一处作用，位移相同而方向相反，所以它们做功之和为零。钢球、小车可以看做一个封闭的保守系统，所以系统的机械能应守恒。以球的最低位置为重力势能的势能零点，则钢球的最初势能为mgL。由于小车始终在水平桌面上运动，所以它的重力势能不变，因而可不考虑。这样，系统的机械能守恒就给出

$$\frac{1}{2}mv^2+\frac{1}{2}MV^2=mgL$$

再看动量关系。这时取钢球和小车为系统，因桌面光滑，此系统所受的水平合外力为零，因此系统在水平方向的动量守恒。列出沿图示水平x轴的分量式，可得

$$MV-mv=0$$

以上两个方程式联立，可解得

$$v=\sqrt{\frac{M}{M+m}2gL}$$

$$V=\frac{m}{M}v=\sqrt{\frac{m^2}{M(M+m)}2gL}$$

上述结果均为正值，这表明所设的速度方向是正确的。

例 4.11

用一个轻弹簧把一个金属盘悬挂起来(图 4.20),这时弹簧伸长了 $l_1=10$ cm。一个质量和盘相同的泥球,从高于盘 $h=30$ cm 处由静止下落到盘上。求此盘向下运动的最大距离 l_2。

解 本题可分为三个过程进行分析。

首先是泥球自由下落过程。它落到盘上时的速度为

$$v=\sqrt{2gh}$$

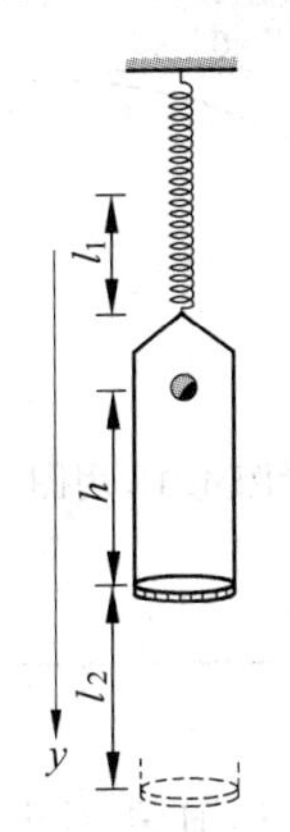

图 4.20 例 4.11 用图

接着是泥球和盘的碰撞过程。把盘和泥球看做一个系统,因二者之间的冲力远大于它们所受的外力(包括弹簧的拉力和重力),而且作用时间很短,所以可以认为系统的动量守恒。设泥球与盘的质量都是 m,它们碰撞后刚黏合在一起时的共同速度为 V,按图 4.20 写出沿 y 方向的动量守恒的分量式,可得

$$mv=(m+m)V$$

由此得

$$V=\frac{v}{2}=\sqrt{gh/2}$$

最后是泥球和盘共同下降的过程。选弹簧、泥球和盘以及地球为系统,以泥球和盘开始共同运动时为系统的初态,二者到达最低点时为末态。在此过程中系统是一封闭的保守系统,外力(悬点对弹簧的拉力)不做功,所以系统的机械能守恒。以弹簧的自然伸长为它的弹性势能的零点,以盘的最低位置为重力势能零点,则系统的机械能守恒表示为

$$\frac{1}{2}(2m)V^2+(2m)gl_2+\frac{1}{2}kl_1^2=\frac{1}{2}k(l_1+l_2)^2$$

此式中弹簧的劲度系数可以通过最初盘的平衡状态求出,结果是

$$k=mg/l_1$$

将此值以及 $V^2=gh/2$ 和 $l_1=10$ cm 代入上式,化简后可得

$$l_2^2-20l_2-300=0$$

解此方程得

$$l_2=30,-10$$

取前一正数解,即得盘向下运动的最大距离为 $l_2=30$ cm。

例 4.12

逃逸速率。求物体从地面出发的**逃逸速率**,即逃脱地球引力所需要的从地面出发的最小速率。地球半径取 $R=6.4\times10^6$ m。

解 选地球和物体作为被研究的系统,它是封闭的保守系统。当物体离开地球飞去时,无外力做功,这一系统的机械能守恒。以 v 表示物体离开地面时的速度,以 v_∞ 表示物体远离地球时的速度(相对于地面参考系)。由于将物体和地球分离无穷远时当做引力势能的零点,所以机械能守恒定律给出

$$\frac{1}{2}mv^2+\left(-\frac{GMm}{R}\right)=\frac{1}{2}mv_\infty^2+0$$

逃逸速度应为 v 的最小值,这和在无穷远时物体的速度 $v_\infty=0$ 相对应,由上式可得逃逸速率

$$v_e=\sqrt{\frac{2GM}{R}}$$

由于在地面上$\dfrac{GM}{R^2}=g$，所以

$$v_e=\sqrt{2Rg}$$

代入已知数据可得

$$v_e=\sqrt{2\times 6.4\times 10^6\times 9.8}=1.12\times 10^4\ (\text{m/s})$$

在物体以 v_e 的速度离开地球表面到无穷远处的过程中，它的动能逐渐减小到零，它的势能(负值)大小也逐渐减小到零，在任意时刻机械能总等于零。这些都显示在图4.21中。

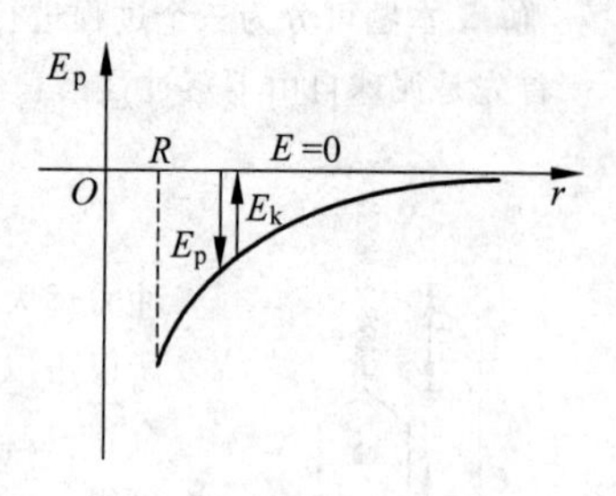

图 4.21　例 4.12 用图

以上计算出的 v_e 又叫做**第二宇宙速率**。第一宇宙速率是使物体可以环绕地球表面运行所需的最小速率，可以用牛顿第二定律直接求得，其值为 7.90×10^3 m/s。**第三宇宙速率**则是使物体脱离太阳系所需的最小发射速率，稍复杂的计算给出其数值为 1.67×10^4 m/s(相对于地球)。

例 4.13

水星绕太阳运行轨道的近日点到太阳的距离为 $r_1=4.59\times 10^7$ km，远日点到太阳的距离为 $r_2=6.98\times 10^7$ km。求水星越过近日点和远日点时的速率 v_1 和 v_2。

解　分别以 M 和 m 表示太阳和水星的质量，由于在近日点和远日点处水星的速度方向与它对太阳的径矢方向垂直，所以它对太阳的角动量分别为 mr_1v_1 和 mr_2v_2。由角动量守恒可得

$$mr_1v_1=mr_2v_2$$

又由机械能守恒定律可得

$$\frac{1}{2}mv_1^2-\frac{GMm}{r_1}=\frac{1}{2}mv_2^2-\frac{GMm}{r_2}$$

联立解上面两个方程可得

$$\begin{aligned}v_1&=\left[2GM\frac{r_2}{r_1(r_1+r_2)}\right]^{1/2}\\&=\left[2\times 6.67\times 10^{-11}\times 1.99\times 10^{30}\times\frac{6.98}{4.59\times(4.59+6.98)\times 10^{10}}\right]^{1/2}\\&=5.91\times 10^4\ (\text{m/s})\end{aligned}$$

$$v_2=v_1\frac{r_1}{r_2}=5.91\times 10^4\times\frac{4.59}{6.98}=3.88\times 10^4\ (\text{m/s})$$

例 4.14

伏卧撑动作中，双手摁地，躯体上升(图4.22(a))。对人来说，如何用机械能守恒定律分析这一过程？

解　考虑以人和地球组成的系统。在双手摁地，躯体上升的过程中，外力为地面对双手、双脚的支持力，这支持力是不做功的。但过程终了时人体的重力势能 E_p 增大了，根据机械能守恒定律式(4.24)，应有

$$A_{\text{in,n-cons}}=E_{pB}-E_{pA}$$

这说明是人体内的非保守力做的功导致了人的重力势能的增加。具体地说，是上臂内与肱骨平行的三

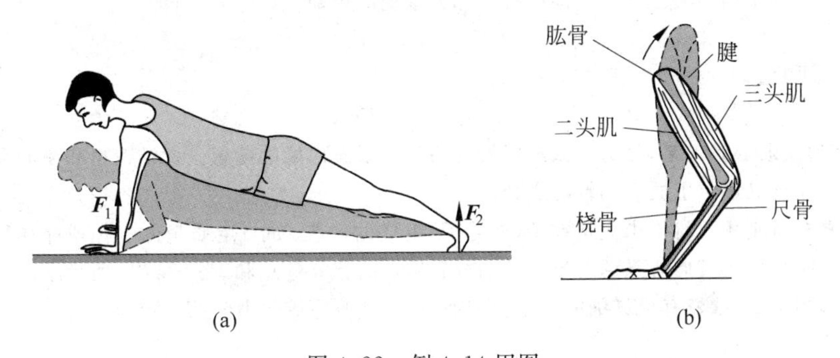

图 4.22 例 4.14 用图

(a) 伏卧撑中双手摁地躯体上升；(b) 三头肌收缩做功撑起躯体

头肌收缩而撑起躯体的(图 4.22(b))。这种肌肉收缩做的功等于躯体重力势能的增加。这一过程也符合普遍的能量守恒定律。三头肌的收缩是要消耗肌肉的“生物能”(实质上是化学能)的，所以伏卧撑中躯体上升过程是人体内的生物能转化为躯体的重力势能的过程。

用于质心参考系的机械能守恒定律

现在我们就质心参考系来讨论式(4.25)所表示的功能关系。为简单而实用起见，我们假定系统是保守系统。对于这样的系统，$A_{\text{in,n-cons}}=0$。以 $\boldsymbol{F}_i$ 表示系内第 i 个质点所受的外力，以 $\boldsymbol{f}_{ij}$ 表示该质点受系内第 j 个质点的内力，则对该质点，动能定理给出，在系统从初状态 A 过渡到末状态 B 的过程中，

$$\int_A^B \boldsymbol{F}_i \cdot \mathrm{d}\boldsymbol{r}_i + \sum_{j\neq i}\int_A^B \boldsymbol{f}_{ij} \cdot \mathrm{d}\boldsymbol{r}_i = \frac{1}{2}mv_{iB}^2 - \frac{1}{2}mv_{iA}^2$$

对系内各质点的相应的关系式求和，可得

$$\sum_i\int_A^B \boldsymbol{F}_i \cdot \mathrm{d}\boldsymbol{r}_i + \sum_i\sum_{j\neq i}\int_A^B \boldsymbol{f}_{ij} \cdot \mathrm{d}\boldsymbol{r}_i = \sum_i \frac{1}{2}m_iv_{iB}^2 - \sum_i \frac{1}{2}m_iv_{iA}^2 \tag{4.27}$$

以 $\boldsymbol{r}_C$ 和 v_C 分别表示此质点系的质心的位矢和速度，以 $\boldsymbol{r}_i'$ 和 $\boldsymbol{v}_i'$ 表示第 i 个质点相对系统的质心参考系的位矢和速度，则由式(4.27)可得

$$\begin{aligned}\int_A^B \Big(\sum \boldsymbol{F}_i\Big)\cdot \mathrm{d}\boldsymbol{r}_C + \sum_i\int_A^B \boldsymbol{F}_i \cdot \mathrm{d}\boldsymbol{r}_i' + \int_A^B \Big(\sum_i\sum_{j\neq i} \boldsymbol{f}_{ij}\Big)\cdot \mathrm{d}\boldsymbol{r}_C \\ + \sum_i\sum_{j\neq i}\int_A^B \boldsymbol{f}_{ij} \cdot \mathrm{d}\boldsymbol{r}_i' = \Big(\frac{1}{2}mv_{CB}^2 - \frac{1}{2}mv_{CA}^2\Big) \\ + \Big(\sum_i \frac{1}{2}m_iv_{iB}'^2 - \sum \frac{1}{2}m_iv_{iA}'^2\Big)\end{aligned} \tag{4.28}$$

此式左侧第三项由于牛顿第三定律而等于零。左侧第一项由质心运动定理式(3.18)可得

$$\int_A^B \Big(\sum \boldsymbol{F}_i\Big)\cdot \mathrm{d}\boldsymbol{r}_C = \int_A^B m\,\frac{\mathrm{d}\boldsymbol{v}_C}{\mathrm{d}t} \cdot \mathrm{d}\boldsymbol{r}_C = \frac{1}{2}mv_{CB}^2 - \frac{1}{2}mv_{CA}^2$$

这样就可以和式(4.28)等号右侧第一个括号内容相消。根据势能的定义可知，式(4.28)左侧第四项等于系统的势能的减少，即

$$\sum_i\sum_{j\neq i}\int_A^B \boldsymbol{f}_{ij} \cdot \mathrm{d}\boldsymbol{r}_i' = E_{pA} - E_{pB}$$

再考虑到式(4.28)中左侧第二项是相对于质心参考系外力对系统所做的功之和 A'_{ex}，右侧第二个括号内是系统的内动能的增量 $E_{\text{k,in},B}-E_{\text{k,in},A}$，则式(4.28)最后可化为

$$A'_{\text{ex}} = (E_{\text{k,in},B} + E_{pB}) - (E_{\text{k,in},A} + E_{pA}) \tag{4.29}$$

系统的内动能和系统内各质点间的势能的总和称为系统的**内能**，以 E_{in} 表示，即

$$E_{in} = E_{k,in} + E_p \tag{4.30}$$

这样式(4.29)可化为

$$A'_{ex} = E_{in,B} - E_{in,A} \tag{4.31}$$

上式说明，**相对于质心参考系，外力对系统所做的功等于系统内能的增量**。此结论也和质心参考系是否为惯性系无关。这又显示了质心的特殊之处。

内能的概念特别用于讨论由大量粒子(如分子)组成的系统，如一定质量的气体或晶体。气体或晶体的内能就是指相对于其质心系的各质点的动能和质点间势能的总和。式(4.31)所表示的功能关系在第2篇(热学)的第10章将有更详细的讨论。在那里，它被改写成热力学第一定律。

4.7 守恒定律的意义

我们已介绍了动量守恒定律、角动量守恒定律和能量守恒定律。自然界中还存在着其他的守恒定律，例如质量守恒定律，电磁现象中的电荷守恒定律，粒子反应中的重子数、轻子数、奇异数、宇称的守恒定律等。守恒定律都是关于变化过程的规律，它们都说的是只要过程满足一定的整体条件，就可以不必考虑过程的细节而对系统的初、末状态的某些特征下结论。**不究过程细节而能对系统的状态下结论，这是各个守恒定律的特点和优点**。在物理学中分析问题时常常用到守恒定律。对于一个待研究的物理过程，物理学家通常首先用已知的守恒定律出发来研究其特点，而先不涉及其细节，这是因为很多过程的细节有时不知道，有时因太复杂而难以处理。只是在守恒定律都用过之后，还未能得到所要求的结果时，才对过程的细节进行细致而复杂的分析。这就是守恒定律在方法论上的意义。

正是由于守恒定律的这一重要意义，所以物理学家们总是想方设法在所研究的现象中找出哪些量是守恒的。一旦发现了某种守恒现象，他们就首先用以整理过去的经验并总结出定律。尔后，在新的事例或现象中对它进行检验，并且借助于它作出有把握的预见。如果在新的现象中发现某一守恒定律不对，人们就会更精确地或更全面地对现象进行观察研究，以便寻找那些被忽视了的因素，从而再认定该守恒定律的正确性。在有些看来守恒定律失效的情况下，人们还千方百计地寻求"补救"的方法，比如扩大守恒量的概念，引进新的形式，从而使守恒定律更加普遍化。但这也并非都是可能的。曾经有物理学家看到有的守恒定律无法"补救"时，便大胆地宣布了这些守恒定律不是普遍成立的，认定它们是有缺陷的守恒定律。不论是上述哪种情况，都能使人们对自然界的认识进入一个新的更深入的阶段。事实上，每一守恒定律的发现、推广和修正，在科学史上的确都曾对人类认识自然的过程起过巨大的推动作用。

在前面我们都是从牛顿定律出发来导出动量、角动量和机械能守恒定律的，也曾指出这些守恒定律都有更广泛的适用范围。的确，在牛顿定律已不适用的物理现象中，这些守恒定律仍然保持正确，这说明这些守恒定律有更普遍更深刻的根基。现代物理学已确定地认识到这些守恒定律是和自然界的更为普遍的属性——时空对称性相联系着的。任一给定的物理实验(或物理现象)的发展过程和该实验所在的空间位置无关，即换一个地方做，该实验进展的过程完全一样。这个事实叫**空间平移对称性**，也叫**空间的均匀性**。动量守恒定律就是这种对称性的表现。任一给定的物理实验的发展过程和该实验装置在空间的取向无关，即把实验装置转一个方向，该实验进展的过程完全一样。这个事实叫**空间转**

动对称性，也叫**空间的各向同性**。角动量守恒定律就是这种对称性的表现。任一给定的物理实验的进展过程和该实验开始的时间无关，例如，迟三天开始做实验，或现在就开始做，该实验的进展过程完全一样。这个事实叫**时间平移对称性**，也叫**时间的均匀性**。能量守恒定律就是时间的这种对称性的表现。在现代物理理论中，可以由上述对称性导出相应的守恒定律，而且可进一步导出牛顿定律来。这种推导过程已超出本书的范围。但可以进一步指出的是，除上述三种对称性外，自然界还存在着一些其他的对称性。而且，相应于每一种对称性，都存在着一个守恒定律。多么美妙的自然规律啊！

4.8 碰撞

碰撞，一般是指两个物体在运动中相互靠近，或发生接触时，在相对较短的时间内发生强烈相互作用的过程。碰撞会使两个物体或其中的一个物体的运动状态发生明显的变化。例如网球和球拍的碰撞(图 4.23)，两个台球的碰撞(图 4.24)，两个质子的碰撞(图 4.25)，探测器与彗星的相撞(图 4.26)，两个星系的相撞(图 4.27)等。

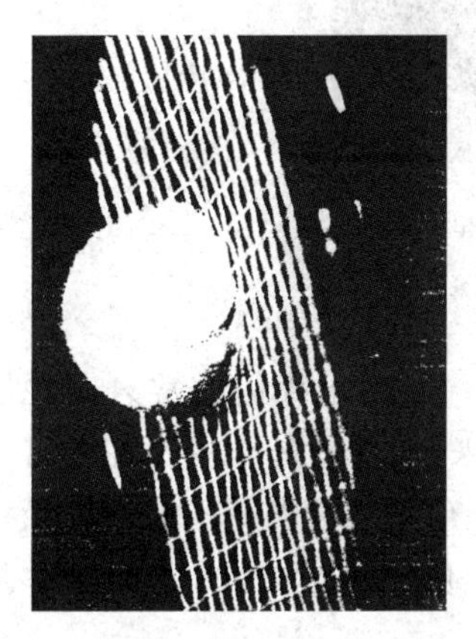

图 4.23 网球和球拍的碰撞

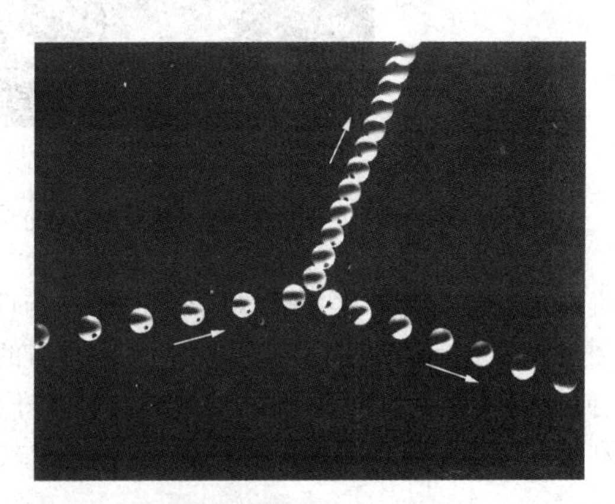

图 4.24 一个运动的台球和一个静止的台球的碰撞

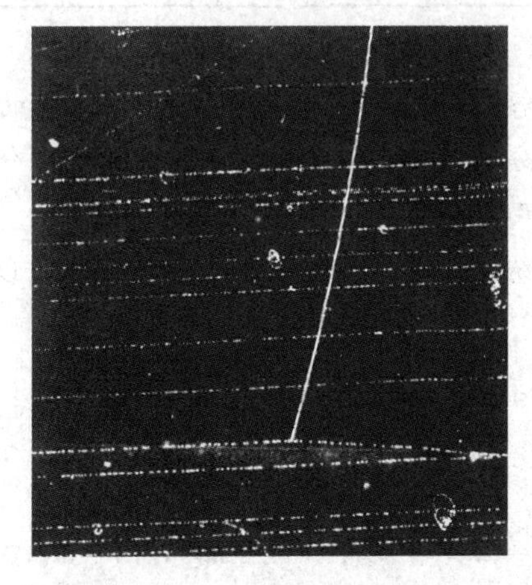

图 4.25 气泡室内一个运动的质子和一个静止的质子碰撞前后的径迹

图4.26 2005年7月4日"深度撞击"探测器行经4.31×10^8 km后在距地球1.3×10^8 km处释放的372 kg的撞击器准确地撞上坦普尔1号彗星。小图为探测器发回的撞击时的照片

图4.27 螺旋星系NGC5194(10^{41} kg)和年轻星系NGC5195(右,质量小到约为前者的1/3)的碰撞

碰撞过程一般都非常复杂,难于对过程进行仔细分析。但由于我们通常只需要了解物体在碰撞前后运动状态的变化,而对发生碰撞的物体系来说,外力的作用又往往可以忽略,因而我们就可以利用动量、角动量以及能量守恒定律对有关问题求解。前面已经举过几个利用守恒定律求解碰撞问题的例子(如例3.4、例3.7、例4.11等题),下面再举几个例子。

例4.15

完全非弹性碰撞。两个物体碰撞后如果不再分开,这样的碰撞叫完全非弹性碰撞。设有两个物体,它们的质量分别为m_1和m_2,碰撞前二者速度分别为$\boldsymbol{v}_1$和$\boldsymbol{v}_2$,碰撞后合在一起,求由于碰撞而损失的动能。

解 对于这样的两物体系统,由于无外力作用,所以总动量守恒。以$\boldsymbol{V}$表示碰后二者的共同速度,则由动量守恒定律可得

$$m_1\boldsymbol{v}_1+m_2\boldsymbol{v}_2=(m_1+m_2)\boldsymbol{V}$$

由此求得

$$\boldsymbol{V}=\frac{m_1\boldsymbol{v}_1+m_2\boldsymbol{v}_2}{m_1+m_2}$$

由于m_1和m_2的质心位矢为$\boldsymbol{r}_C=(m_1\boldsymbol{r}_1+m_2\boldsymbol{r}_2)/(m_1+m_2)$,而$\boldsymbol{V}=\mathrm{d}\boldsymbol{r}_C/\mathrm{d}t=\boldsymbol{v}_C$,所以这共同速度$\boldsymbol{V}$也就是碰撞前后质心的速度$\boldsymbol{v}_C$。

由于此完全非弹性碰撞而损失的动能为碰撞前两物体动能之和减去碰撞后的动能，即

$$E_{\text{loss}} = \frac{1}{2}m_1 v_1^2 + \frac{1}{2}m_2 v_2^2 - \frac{1}{2}(m_1 + m_2)V^2 \tag{4.32}$$

又由柯尼希定理公式(4.11)可知，碰前两物体的总动能等于其内动能 $E_{\text{k,in}}$ 和轨道动能 $\frac{1}{2}(m_1+m_2)v_C^2$ 之和，所以上式给出

$$E_{\text{loss}} = E_{\text{k,in}} \tag{4.33}$$

即完全非弹性碰撞中物体系损失的动能等于该物体系的内动能，即相对于其质心系的动能，而轨道动能保持不变。

在完全非弹性碰撞中所损失的动能并没“消灭”，而是转化为其他形式的能量了。例如，转化为分子运动的能量即物体的内能了。在粒子物理实验中，常常利用粒子的碰撞引起粒子的转变来研究粒子的行为和规律。引起粒子转变的能量就是碰撞前粒子的内动能，这一能量叫引起转变的**资用能**。早期的粒子碰撞多是利用一个高速的粒子去撞击另一个静止的靶粒子。在这种情况下，入射粒子的动能只有一部分作为资用能被利用。若入射粒子和靶粒子的质量分别为 m 和 M，则资用能只占入射粒子动能的 $M/(m+M)$。为了更有效地利用碰撞前粒子的能量，就应尽可能减少碰前粒子系的轨道动能。这就是现代高能粒子加速器都造成**对撞机**(例如电子正电子对撞机，质子反质子对撞机)的原因。在这种对撞机里，使质量和速率都相同的粒子发生对撞。由于它们的轨道动能为零，所以粒子碰撞前的总动能都可以用来作为资用能而引起粒子的转变。

例 4.16

弹性碰撞。碰撞前后两物体总动能没有损失的碰撞叫做弹性碰撞。两个台球的碰撞近似于这种碰撞。两个分子或两个粒子的碰撞，如果没有引起内部的变化，也都是弹性碰撞。设想两个球的质量分别为 m_1 和 m_2，沿一条直线分别以速度 v_{10} 和 v_{20} 运动，碰撞后仍沿同一直线运动。这样的碰撞叫**对心碰撞**(图 4.28)。求两球发生弹性的对心碰撞后的速度各如何。

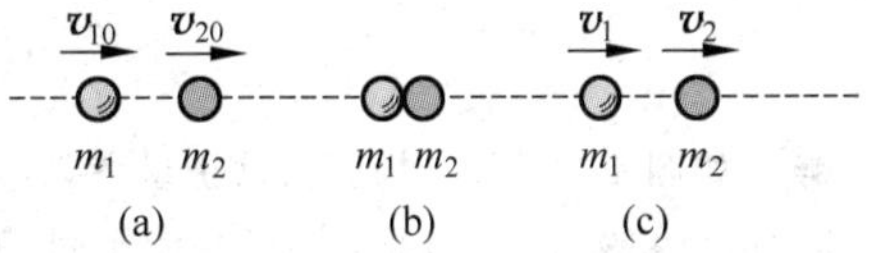

图 4.28 两个球的对心碰撞
(a) 碰撞前；(b) 碰撞时；(c) 碰撞后

解 以 v_1 和 v_2 分别表示两球碰撞后的速度。由于碰撞后二者还沿着原来的直线运动，根据动量守恒定律，及由于是弹性的碰撞，总动能应保持不变，即可得

$$\left.\begin{aligned} m_1 v_{10} + m_2 v_{20} &= m_1 v_1 + m_2 v_2 \\ \frac{1}{2}m_1 v_{10}^2 + \frac{1}{2}m_2 v_{20}^2 &= \frac{1}{2}m_1 v_1^2 + \frac{1}{2}m_2 v_2^2 \end{aligned}\right\} \tag{4.34}$$

联立解这两个方程式可得

$$v_1 = \frac{m_1 - m_2}{m_1 + m_2}v_{10} + \frac{2m_2}{m_1 + m_2}v_{20} \tag{4.35}$$

$$v_2 = \frac{m_2 - m_1}{m_1 + m_2}v_{20} + \frac{2m_1}{m_1 + m_2}v_{10} \tag{4.36}$$

为了明确这一结果的意义，我们举两个特例。

特例1：两个球的质量相等，即 $m_1=m_2$。这时以上两式给出

$$v_1 = v_{20}, \quad v_2 = v_{10}$$

即碰撞结果是两个球互相交换速度。如果原来一个球是静止的，则碰撞后它将接替原来运动的那个球继续运动。打台球或打克朗棋时常常会看到这种情况，同种气体分子的相撞也常设想为这种情况。

特例2：一球的质量远大于另一球，如 $m_2 \gg m_1$，而且大球的初速为零，即 $v_{20}=0$。这时，式(4.35)和式(4.36)给出

$$v_1 = -v_{10}, \quad v_2 \approx 0$$

即碰撞后大球几乎不动而小球以原来的速率返回。乒乓球碰铅球，网球碰墙壁（这时大球是墙壁固定于其上的地球），拍皮球时球与地面的相碰都是这种情形；气体分子与容器壁的垂直碰撞，反应堆中中子与重核的完全弹性对心碰撞也是这样的实例。

例 4.17

弹弓效应。如图4.29所示，土星的质量为 5.67×10^{26} kg，以相对于太阳的轨道速率9.6 km/s运行；一空间探测器质量为150 kg，以相对于太阳10.4 km/s的速率迎向土星飞行。由于土星的引力，探测器绕过土星沿和原来速度相反的方向离去。求它离开土星后的速度。

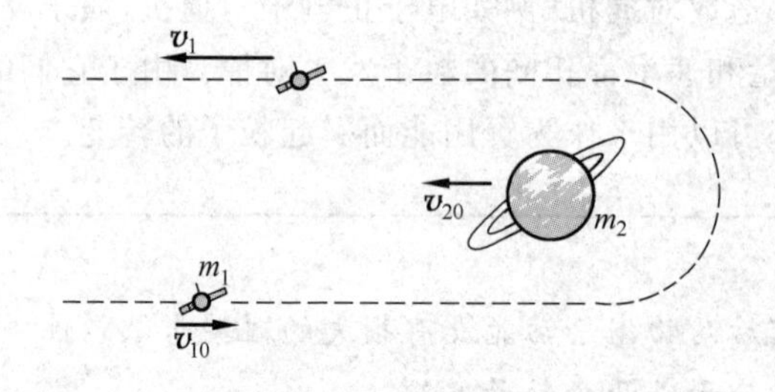

图4.29 弹弓效应

解 如图4.29所示，探测器从土星旁飞过的过程可视为一种无接触的“碰撞”过程。它们遵守守恒定律的情况和例4.16两球的弹性碰撞相同，因而速度的变化可用式(4.35)求得。由于土星质量 m_2 远大于探测器的质量 m_1，在式(4.35)中可忽略 m_1 而得出探测器离开土星后的速度为

$$v_1 = -v_{10} + 2v_{20}$$

如图4.29所示，以 $\boldsymbol{v}_{10}$ 的方向为正，$v_{10}=10.4$ km/s，$v_{20}=-9.6$ km/s，因而

$$v_1 = -10.4 - 2\times9.6 = -29.6\ (\text{km/s})$$

这说明探测器从土星旁绕过后由于引力的作用而速率增大了。这种现象叫做弹弓效应。本例是一种最有利于速率增大的情况。实际上探测器飞近的速度不一定和行星的速度正好反向，但由于引力它绕过行星后的速率还是要增大的。

弹弓效应是航天技术中增大宇宙探测器速率的一种有效办法，又被称为引力助推。1989年10月发射的伽利略探测器（它已于1995年12月按时到达木星（图4.30(a)）并用了两年时间探测木星大气和它的主要的卫星）就曾利用了这种助推技术。它的轨道设计成一次从金星旁绕过，两次从地球旁绕过（图4.30(b)），都因为这种助推技术而增加了速

率。这种设计有效地减少了它从航天飞机上发射时所需要的能量。另一种设计只需要两年半的时间就可达到木星。但这需要用液氢和液氧作燃料的强大推进器,而这对航天飞机来说是比较昂贵而且危险的。

(a)

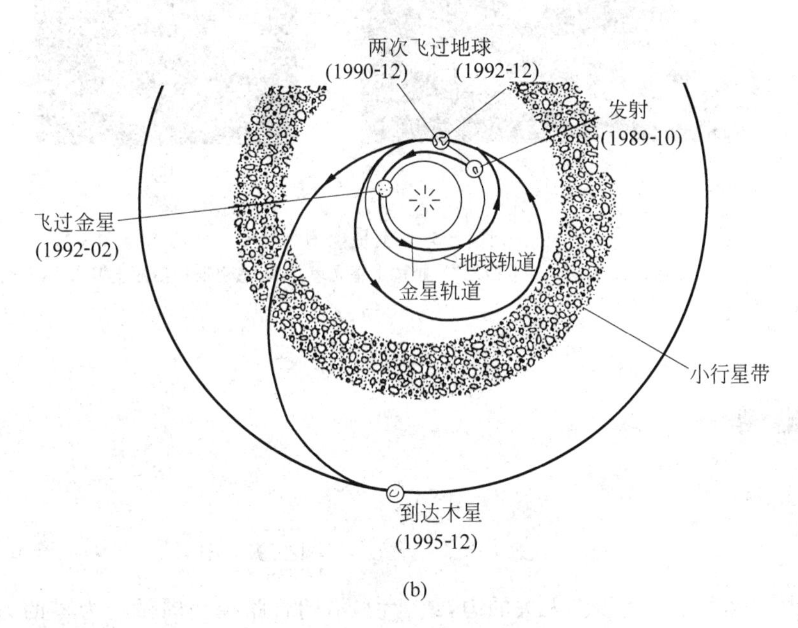

(b)

图 4.30 伽利略探测器

(a) 飞临木星;(b) 飞行轨道

美国宇航局 1997 年 10 月 15 日发射了一颗探测土星的核动力航天器——重 5.67 t 的"卡西尼"号(图 4.31)。它航行了 7 年,行程 3.5×10^{9} km。该航天器两次掠过金星,1999 年 8 月在 900 km 上空掠过地球,然后掠过木星。在掠过这些行星时都利用了引力助推技术来加速并改变航行方向,因而节省了 77 t 燃料。最后于 2004 年 7 月 1 日准时进入了土星轨道，开始对土星的光环系统和它的卫星进行为时 4 年的考察。它所携带的“惠更斯”号探测器于 2004 年 12 月离开它奔向土星最大的卫星——土卫六，以考察这颗和地球早期(45 亿年前)极其相似的天体。20 天后，“惠更斯”号飞临土卫六上空，打开降落伞下降并进行拍照和大气监测，随后在土卫六的表面着陆，继续工作约 90 分钟后就永远留在了那里。

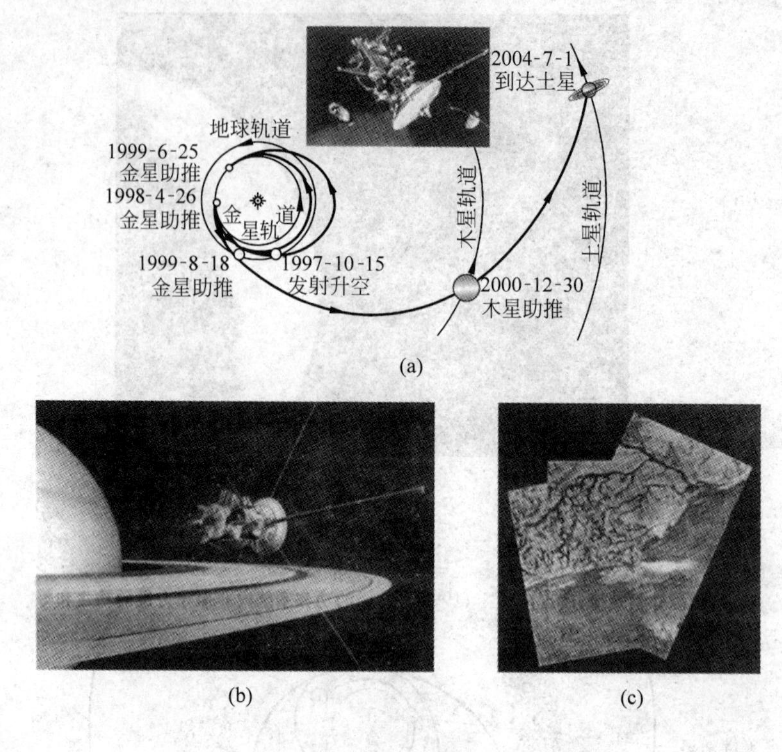

图 4.31　土星探测

(a)“卡西尼”号运行轨道；(b)“卡西尼”号越过土星光环；(c) 惠更斯拍摄的土卫六表面照片

提要

1. 功：

$$\mathrm{d}A = \boldsymbol{F} \cdot \mathrm{d}\boldsymbol{r}, \quad A_{AB} = \int_{L\,(A)}^{(B)} \boldsymbol{F} \cdot \mathrm{d}\boldsymbol{r}$$

保守力：做功与路径形状无关的力，或者说，沿闭合路径一周做功为零的力。保守力做的功只由系统的初、末位形决定。

2. 动能定理：

动能

$$E_{\mathrm{k}} = \frac{1}{2}mv^2$$

对于一个质点，

$$A_{AB} = E_{\mathrm{k}B} - E_{\mathrm{k}A}$$

对于一个质点系，

$$A_{ex}+A_{in}=E_{kB}-E_{kA}$$

柯尼希定理：对于一个质点系

$$E_k=E_{kC}+E_{k,in}$$

其中 $E_{kC}=\frac{1}{2}mv_C^2$ 为质心的动能，$E_{k,in}$ 为各质点相对于质心（即在质心参考系内）运动的动能之和。

3. 势能：对保守力可引进势能概念。一个系统的势能 E_p 决定于系统的位形，它由势能差定义为

$$A_{AB}=-\Delta E_p=E_{pA}-E_{pB}$$

确定势能 E_p 的值，需要先选定势能零点。

势能属于有保守力相互作用的整个系统，一个系统的势能与参考系无关。

重力势能：$E_p=mgh$，以物体在地面为势能零点。

弹簧的弹性势能：$E_p=\frac{1}{2}kx^2$，以弹簧的自然长度为势能零点。

引力势能：$E_p=-\frac{Gm_1m_2}{r}$，以两质点无穷远分离时为势能零点。

*__4. 由势能函数求保守力__：

$$F_l=-\frac{dE_p}{dl}$$

5. 机械能守恒定律：质点系所受的外力做的功和系统内非保守力做的功之和等于该质点系机械能的增量，即

$$A_{ex}+A_{in,n\text{-}cons}=E_B-E_A,\quad \text{其中机械能 } E=E_k+E_p$$

外力对保守系统做的功等于该保守系统的机械能的增加。

封闭的保守系统的机械能保持不变。

用于质心参考系的机械能守恒定律：对保守系统 $A'_{ex}=E_{in,B}-E_{in,A}$，式中 E_{in} 为系统的内能。

6. 守恒定律的意义：不究过程的细节而对系统的初、末状态下结论；相应于自然界的每一种对称性，都存在着一个守恒定律。

7. 碰撞：完全非弹性碰撞：碰后合在一起；弹性碰撞：碰撞时无动能损失。

思考题

4.1 一辆卡车在水平直轨道上匀速开行，你在车上将一木箱向前推动一段距离。在地面上测量，木箱移动的距离与在车上测得的是否一样长？你用力推动木箱做的功在车上和在地面上测算是否一样？一个力做的功是否与参考系有关？一个物体的动能呢？动能定理呢？

4.2 你在五楼的窗口向外扔石块。一次水平扔出，一次斜向上扔出，一次斜向下扔出。如果三个石块质量一样，在下落到地面的过程中，重力对哪一个石块做的功最多？

4.3 一质点的势能随 x 变化的势能曲线如图 4.32 所示。在 $x=2,3,4,5,6,7$ 诸位置时，质点受的力各是 $+x$ 还是 $-x$ 方向？哪个位置是平衡位置？哪个位置是稳定平衡位置(质点稍微离开平衡位置时，它受的力指向平衡位置，则该位置是稳定的；如果受的力是指离平衡位置，则该位置是不稳定的)？

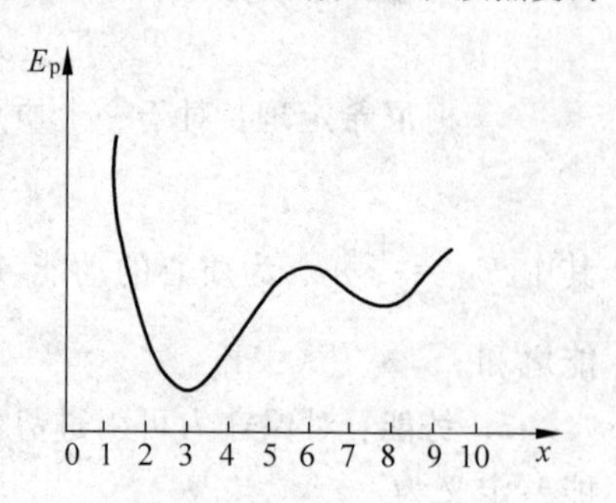

图 4.32 思考题 4.3 用图

4.4 向上扔一石块，其机械能总是由于空气阻力不断减小。试根据这一事实说明石块上升到最高点所用的时间总比它回落到抛出点所用的时间要短些。

4.5 如果两个质点间的相互作用力沿着两质点的连线作用，而大小决定于它们之间的距离，即一般地，$f_1=f_2=f(r)$，这样的力叫**有心力**。万有引力就是一种有心力。任何有心力都是保守力，这个结论对吗？

4.6 对比引力定律和库仑定律的形式，你能直接写出两个电荷(q_1,q_2)相距 r 时的电势能公式吗？这个势能可能有正值吗？

4.7 如图 4.33 所示，物体 B(质量为 m)放在光滑斜面 A(质量为 M)上。二者最初静止于一个光滑水平面上。有人以 A 为参考系，认为 B 下落高度 h 时的速率 u 满足

$$mgh=\frac{1}{2}mu^2$$

其中 u 是 B 相对于 A 的速度。这一公式为什么错了？正确的公式应如何写？

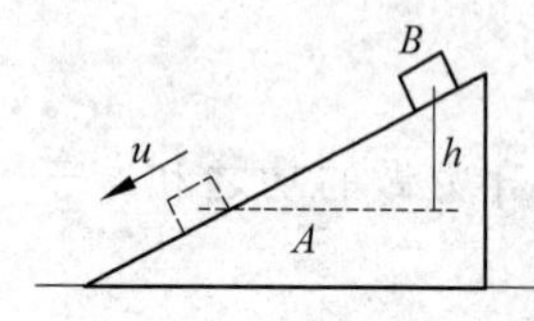

图 4.33 思考题 4.7 用图

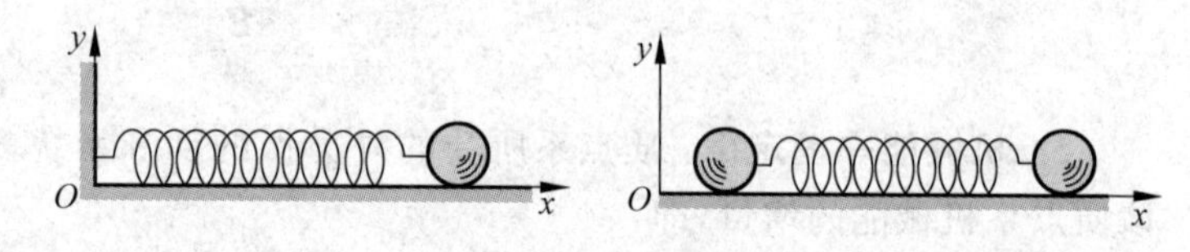

图 4.34 思考题 4.8 用图

4.8 如图 4.34 所示的两个由轻质弹簧和小球组成的系统，都放在水平光滑平面上，今拉长弹簧然后松手。在小球来回运动的过程中，对所选的参考系，两系统的动量是否都改变？两系统的动能是否都改变？两系统的机械能是否都改变？

4.9 在匀速水平开行的车厢内悬吊一个单摆。相对于车厢参考系，摆球的机械能是否保持不变？相对于地面参考系，摆球的机械能是否也保持不变？

4.10 行星绕太阳 S 运行时(图 4.35)，从近日点 P 向远日点 A 运行的过程中，太阳对它的引力做正功还是负功？再从远日点向近日点运行的过程中，太阳的引力对它做正功还是负功？由功判断，行星的动能以及引力势能在这两阶段的运行中各是增加还是减少？其机械能呢？

4.11 游泳时，水对手的推力是做负功的(参看习题 1.19)，水对人头和躯体的阻力或曳力也是做负功的。人所受外力都对他做负功，他怎么还能匀速甚至加速前进呢？试用能量转换分析此问题。

4.12 飞机机翼断面形状如图 4.36 所示。当飞机起飞或飞行时机翼的上下两侧的气流流线如图。试据此图说明飞机飞行时受到“升力”的原因。这和气球上升的原因有何不同？

4.13 两条船并排航行时(图 4.37)容易相互靠近而致相撞发生事故。这是什么原因？

4.14 在漏斗中放一乒乓球，颠倒过来，再通过漏斗管向下吹气(图 4.38)，则发现乒乓球不但不被吹掉，反而牢牢地留在漏斗内，这是什么原因？

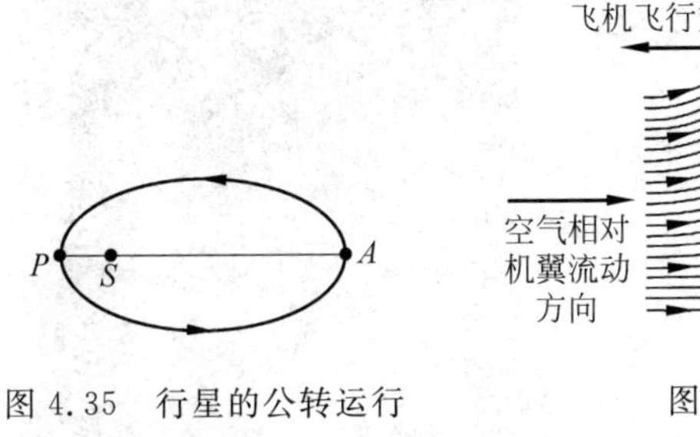

图 4.35　行星的公转运行　　　　图 4.36　飞机“升力”的产生

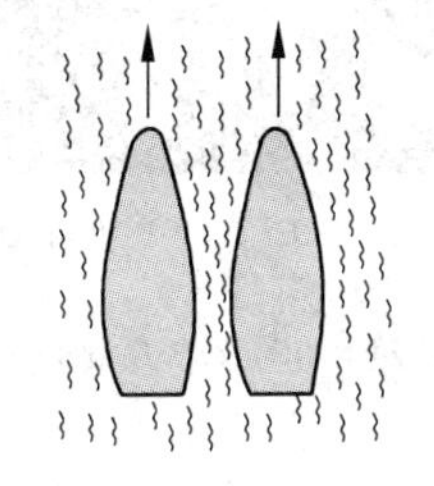

图 4.37　并排开行的船有相撞的危险

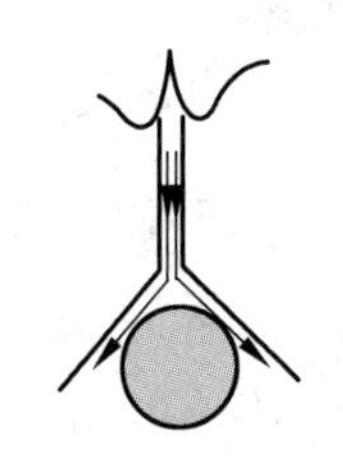

图 4.38　乒乓球吹不掉

习题

4.1　电梯由一个起重间与一个配重组成。它们分别系在一根绕过定滑轮的钢缆的两端(图 4.39)。起重间(包括负载)的质量 $M=1200\ \text{kg}$,配重的质量 $m=1000\ \text{kg}$。此电梯由和定滑轮同轴的电动机所驱动。假定起重间由低层从静止开始加速上升,加速度 $a=1.5\ \text{m/s}^2$。

(1) 这时滑轮两侧钢缆中的拉力各是多少?

(2) 加速时间 $t=1.0\ \text{s}$,在此时间内电动机所做功是多少?(忽略滑轮与钢缆的质量。)

(3) 在加速 $t=1.0\ \text{s}$ 以后,起重间匀速上升。求它再上升 $\Delta h=10\ \text{m}$ 的过程中,电动机又做了多少功?

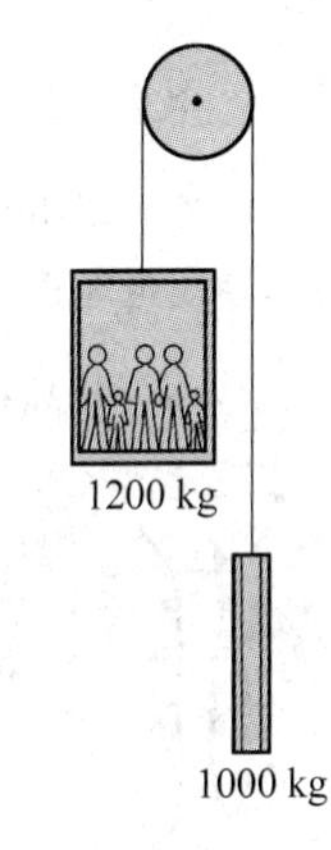

图 4.39　习题 4.1 用图

4.2　一匹马拉着雪橇沿着冰雪覆盖的圆弧形路面极缓慢地匀速移动。设圆弧路面的半径为 R(图 4.40),马对雪橇的拉力总是平行于路面,雪橇的质量为 m,与路面的滑动摩擦系数为 μ_k。当把雪橇由底端拉上 45°圆弧时,马对雪橇做功多少?重力和摩擦力各做功多少?

4.3　2001 年 9 月 11 日美国纽约世贸中心双子塔遭恐怖分子劫持的飞机袭击而被撞毁(图 4.41)。据美国官方发表的数据,撞击南楼的飞机是波音 767 客机,质量为 132 t,速度为 942 km/h。求该客机的动能,这一能量相当于多少 TNT 炸药的爆炸能量?

4.4　矿砂由料槽均匀落在水平运动的传送带上,落砂流量 $q=50\ \text{kg/s}$。传送带匀速移动,速率为 $v=1.5\ \text{m/s}$。求电动机拖动皮带的功率,这一功率是否等于单位时间内落砂获得的动能?为什么?

4.5　如图 4.42 所示,A 和 B 两物体的质量 $m_A=m_B$,物体 B 与桌面间的滑动摩擦系数 $\mu_k=0.20$,滑轮摩擦不计。试利用功能概念求物体 A 自静止落下 $h=1.0\ \text{m}$ 时的速度。

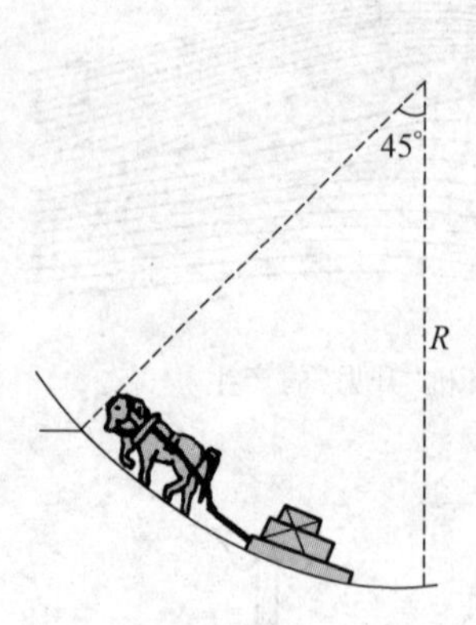

图 4.40 习题 4.2 用图

图 4.41 “9·11”飞机撞高楼

4.6 如图 4.43 所示，一木块 M 静止在光滑地平面上。一子弹 m 沿水平方向以速度 v 射入木块内前进一段距离 s' 而停在木块内，使木块移动了 s_1 的距离。

(1) 相对于地面参考系，在这一过程中子弹和木块的动能变化各是多少？子弹和木块间的摩擦力对子弹和木块各做了多少功？

(2) 证明子弹和木块的总机械能的增量等于一对摩擦力之一沿相对位移 s' 做的功。

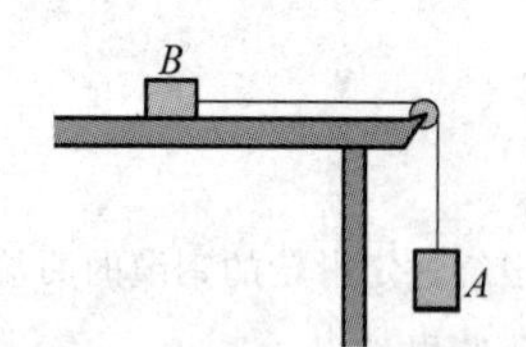

图 4.42 习题 4.5 用图

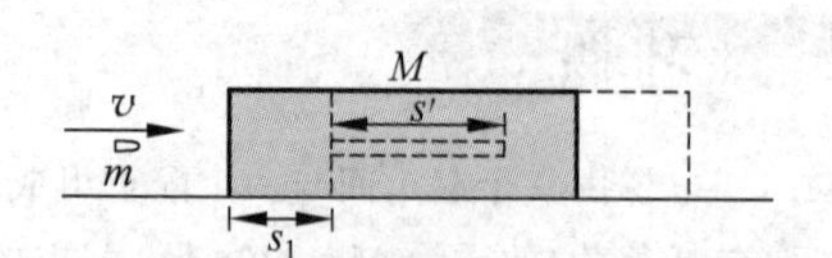

图 4.43 习题 4.6 用图

4.7 参考系 S' 相对于参考系 S 以速度 $\boldsymbol{u}$ 作匀速运动。试用伽利略变换和牛顿定律证明：如果在参考系 S 中，动能定理式(4.9)成立，则在参考系 S' 中，形式完全相同的动能定理也成立，即必然有 $A'_{AB}=\frac{1}{2}mv'^2_B-\frac{1}{2}mv'^2_A$（注意：相对于两参考系的功以及动能并不相等）。

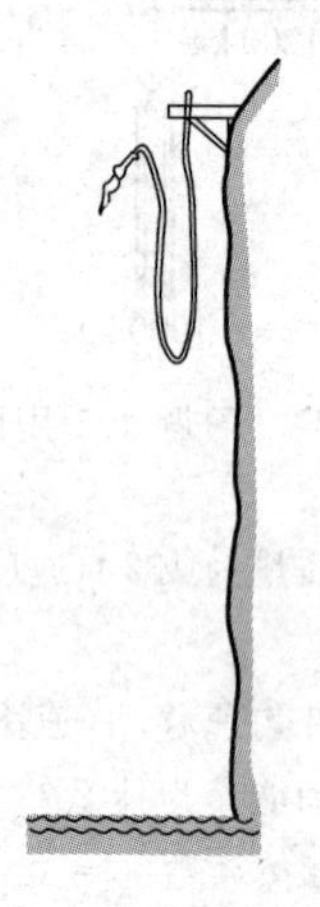
图 4.44 蹦极

4.8 一竖直悬挂的弹簧（劲度系数为 k）下端挂一物体，平衡时弹簧已有一伸长。若以物体的平衡位置为竖直 y 轴的原点，相应位形作为弹性势能和重力势能的零点。试证：当物体的位置坐标为 y 时，弹性势能和重力势能之和为 $\frac{1}{2}ky^2$。

4.9 一轻质量弹簧原长 l_0，劲度系数为 k，上端固定，下端挂一质量为 m 的物体，先用手托住，使弹簧保持原长。然后突然将物体释放，物体达最低位置时弹簧的最大伸长和弹力是多少？物体经过平衡位置时的速率多大？

4.10 图 4.44 表示质量为 72 kg 的人蹦极。弹性蹦极带原长 20 m，劲度系数为 60 N/m。忽略空气阻力。

(1) 此人自跳台跳出后，落下多高时速度最大？此最大速度是多少？

(2) 已知跳台高于下面的水面 60 m。此人跳下后会不会触到水面？

*4.11 如图 4.45 所示，一轻质弹簧劲度系数为 k，两端各固定一质量均为 M 的物块 A 和 B，放在水平光滑桌面上静止。今有一质量为 m 的子弹沿弹簧的轴

线方向以速度 $\boldsymbol{v}_0$ 射入一物块而不复出,求此后弹簧的最大压缩长度。

4.12 如图 4.46 所示,弹簧下面悬挂着质量分别为 m_1,m_2 的两个物体,开始时它们都处于静止状态。突然把 m_1 与 m_2 的连线剪断后,m_1 的最大速率是多少?设弹簧的劲度系数 $k=8.9$ N/m,而 $m_1=500$ g,$m_2=300$ g。

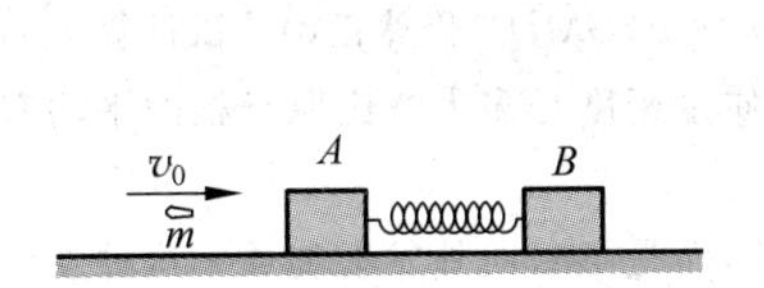

图 4.45 习题 4.11 用图

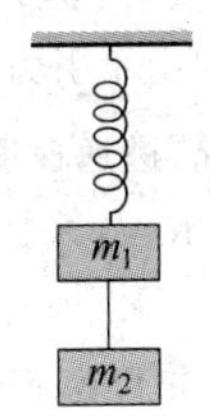

图 4.46 习题 4.12 用图

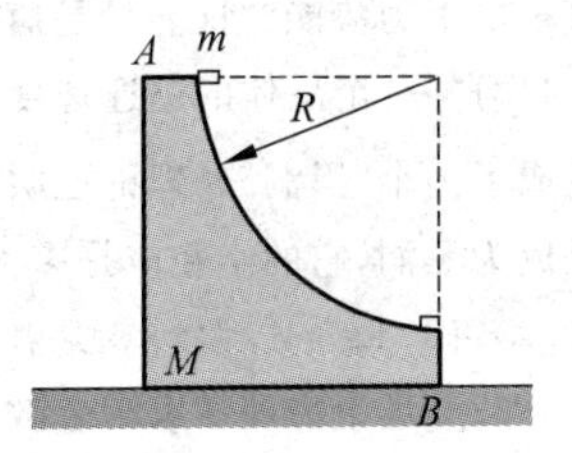

图 4.47 习题 4.13 用图

*4.13 一质量为 m 的物体,从质量为 M 的圆弧形槽顶端由静止滑下,设圆弧形槽的半径为 R,张角为 $\pi/2$(图 4.47)。如所有摩擦都可忽略,求:

(1) 物体刚离开槽底端时,物体和槽的速度各是多少?

(2) 在物体从 A 滑到 B 的过程中,物体对槽所做的功 A。

(3) 物体到达 B 时对槽的压力。

4.14 证明:一个运动的小球与另一个静止的质量相同的小球作弹性的非对心碰撞后,它们将总沿互成直角的方向离开(参看图 4.24 和图 4.25)。

4.15 对于一维情况证明:若两质点以某一相对速率靠近并做弹性碰撞,那么碰撞后恒以同一相对速率离开,即

$$v_{10}-v_{20}=-(v_1-v_2)$$

4.16 一质量为 m 的人造地球卫星沿一圆形轨道运动,离开地面的高度等于地球半径的 2 倍(即 $2R$)。试以 m,R,引力恒量 G,地球质量 M 表示出:

(1) 卫星的动能;

(2) 卫星在地球引力场中的引力势能;

(3) 卫星的总机械能。

*4.17 证明:行星在轨道上运动的总能量为

$$E=-\frac{GMm}{r_1+r_2}$$

式中,M,m 分别为太阳和行星的质量;r_1,r_2 分别为太阳到行星轨道的近日点和远日点的距离。

4.18 发射地球同步卫星要利用"霍曼轨道"(图 4.48)。设发射一颗质量为 500 kg 的地球同步卫星。先把它发射到高度为 1400 km 的停泊轨道上,然后利用火箭推力使它沿此轨道的切线方向进入霍曼轨道。霍曼轨道远地点即同步高度 36 000 km,在此高度上利用火箭推力使之进入同步轨道。

(1) 先后两次火箭推力给予卫星的能量各是多少?

(2) 先后两次推力使卫星的速率增加多少?

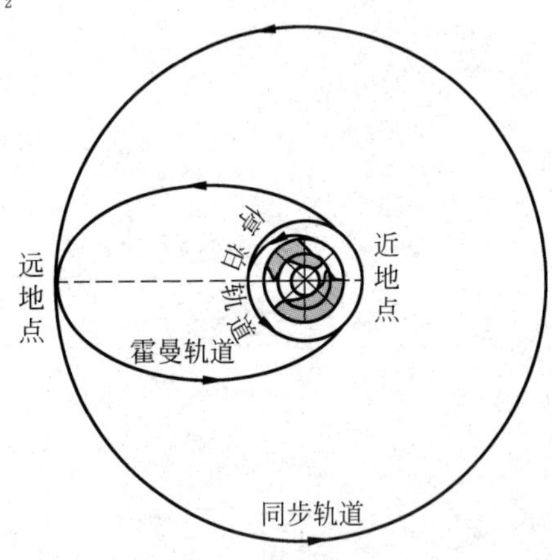

图 4.48 习题 4.18 用图

4.19 两颗中子星质量都是 10^{30} kg,半径都是 20 km,相距 10^{10} m。如果它们最初都是静止的,试求:

(1) 当它们的距离减小到一半时，它们的速度各是多大？

(2) 当它们就要碰上时，它们的速度又将各是多大？

4.20 有一种说法认为地球上的一次灾难性物种(如恐龙)绝灭是由于6500万年前一颗大的小行星撞入地球引起的。设小行星的半径是10 km，密度为6.0×10^3 kg/m^3(和地球的一样)，它撞入地球将释放多少引力势能？这能量是唐山地震估计能量(见表4.1)的多少倍？

4.21 一个星体的逃逸速度为光速时，亦即由于引力的作用光子也不能从该星体表面逃离时，该星体就成了一个"黑洞"。理论证明，对于这种情况，逃逸速度公式($v_e=\sqrt{2GM/R}$)仍然正确。试计算太阳要是成为黑洞，它的半径应是多大(目前半径为$R=7\times10^8$ m)？质量密度是多大？比原子核的平均密度(2.3×10^{17} kg/m^3)大到多少倍？

4.22 理论物理学家霍金教授认为"黑洞"并不是完全"黑"的，而是不断向外发射物质。这种发射称为黑洞的"蒸发"。他估计一个质量是太阳两倍的黑洞的温度大约是10^{-6} K，完全蒸发掉需要10^{67}年的时间。又据信宇宙大爆炸开始曾产生过许多微型黑洞，但到如今这些微型黑洞都已由于蒸发而消失了。若一个黑洞蒸发完所需的时间和它的质量的3次方成正比，而宇宙大爆炸发生在200亿年以前，那么当时产生的而至今已蒸发完的最大的微型黑洞的质量和半径各是多少？

4.23 ^{238}U核放射性衰变时放出的α粒子时释放的总能量是4.27 MeV，求一个静止的^{238}U核放出的α粒子的动能。

今日物理趣闻

奇妙的对称性

A.1 对称美

人类和自然界都很喜欢对称。

对称是形象美的重要因素之一，远古时期人类就有这种感受了。我国西安半坡遗址出土的陶器(6000 年前遗物)不但具有轴对称性，而且表面还绘有许多优美的对称图案。图 A.1 的鱼纹就是这种图案之一。当今世界利用对称给人以美感的形体到处都可看到。故宫的每座宫殿都是对其中线左右对称的，而整个建筑群也基本上是对南北中心线按东西对称分布的；天坛的祈年殿(图 A.2)则具有严格的对于竖直中心线的轴对称性。这样的设计都给人以庄严、肃穆、优美的感觉。近代建筑群也不乏以对称求美的例子。除建筑外，人们的服饰及其上的图样也常常具有对称性从而增加了体态美。艺术表演上的美也常以对称性来体现。中国残疾人艺术团表演的“千手观音”(图 A.3)就突出地表现了这一点。我国古诗中有一种“回文诗”，顺念倒念(甚至横、斜、绕圈念或从任一字开始念)都成章，这可以说是文学创作中

图 A.1 半坡鱼纹

图 A.2 天坛祈年殿

图 A.3 千手观音造型
(北京青年报记者陈中文)

表现出的对称性。宋朝大诗人苏东坡的一首回文诗《题金山寺》是这样写的：

潮随暗浪雪山倾，　远浦渔舟钓月明。
桥对寺门松径小，　巷当泉眼石波清。
迢迢远树江天晓，　蔼蔼红霞晚日晴。
遥望四山云接水，　碧峰千点数鸥轻。

大自然的对称表现是随处可见的。植物的叶子几乎都有左右对称的形状(图 A.4)，花的美丽和花瓣的轴对称或左右对称的分布有直接的关系，动物的形体几乎都是左右对称的，蝴蝶的美丽和它的体态花样的左右对称分不开(图 A.5)。在无机界最容易看到的是雪花的对称图像(图 A.6)，这种对称外观是其中水分子排列的严格对称性的表现。分子或原子的对称排列是晶体的微观结构的普遍规律，图 A.7 是铂针针尖上原子对称排列在场离子显微镜下显示出的花样，图 A.8 是用电子显微镜拍摄的白铁矿晶体中 FeS_2 分子的排列图形。

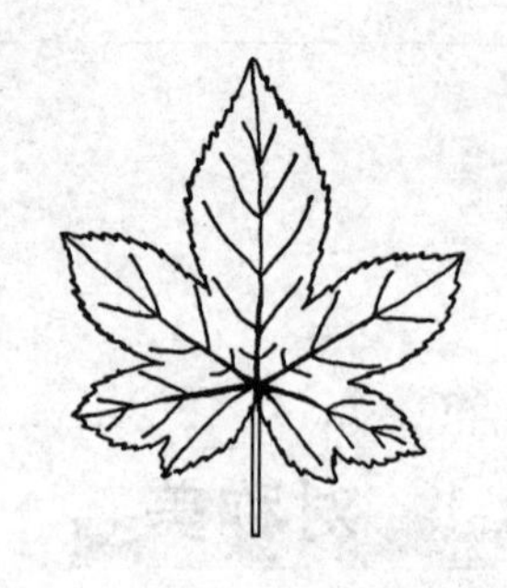

图 A.4　树叶的对称形状

图 A.5　蝴蝶的对称体形

图 A.6　雪花的六角形花样

图 A.7　场离子显微镜显示的铂针针尖图形

图 A.8　电子显微镜拍摄的 FeS_2 分子的对称排列

A.2　对称性种种

上面我们多次谈到对称性，大家好像都理解其含义，但实际上也还都是一些直观的认识。关于对称性的普遍的严格的定义是德国数学家魏尔 1951 年给出的：**对一个事物进行一次变动或操作；如果经此操作后，该事物完全复原，则称该事物对所经历的操作是对称的**；而该操作就叫**对称操作**。由于操作方式的不同而有若干种不同的对称性，下面介绍几种常见的对称性。

1. 镜像对称或左右对称

图 A.1 到图 A.5 都具有这种对称性。它的特点是如果把各图中的中心线设想为一个垂直于图面的平面镜与图面的交线，则各图的每一半都分别是另一半在平面镜内的像。用魏尔对称性的定义来说，是这样的：设 x 轴垂直于镜面，原点就在镜面上。将一半图形的坐标值 x 变成 $-x$，就得到了另一半图形（图 A.9）。这 x 坐标的变号就叫镜像对称操作，也叫**空间反演操作**，相应的对称性称为**镜像对称**。由于左手图像经过这种操作就变成了右手图像，所以这种对称又叫**左右对称**。日常生活中的对称性常常指的是这种对称性，回文诗所表现的对称性可以认为是文学创作中的“镜像对称”。

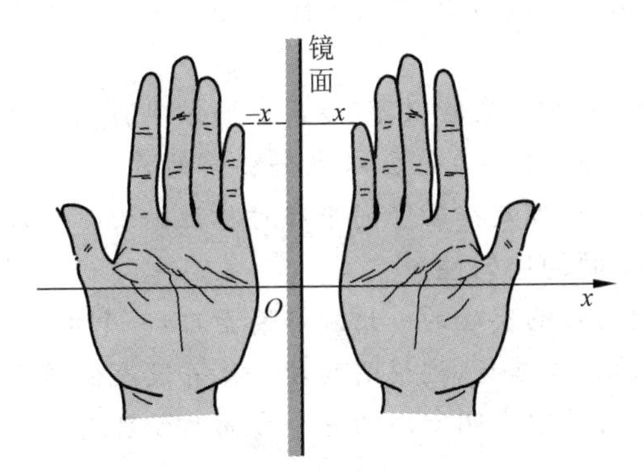

图 A.9　镜像对称操作

2. 转动对称

如果使一个形体绕某一固定轴转动一个角度（转动操作），它又和原来一模一样的话，这种对称叫**转动对称**或**轴对称**。轴对称有级次之别。比如图 A.4 中的树叶图形绕中心线转 180°后可恢复原状，而图 A.6 中的雪花图形绕垂直于纸面的中心轴转动 60°后就可恢复原状，我们说后者比前者的对称性级次高。又如图 A.2 中祈年殿的外形绕其中心竖直轴转过几乎任意角度时都和原状一样，所以它具有更高级次的转动对称性。

如果一个形体对通过某一定点的任意轴都具有转动对称性，则该形体就具有**球对称性**，而那个定点就叫对称中心。具有球对称性的形体，从对称中心出发，各个方向都是一样的，这叫做**各向同性**。

3. 平移对称

使一个形体发生一平移后它也和原来一模一样的话，该形体就具有**平移对称性**。平移对称性也有高低之分。比如一条无穷长直线对沿自身方向任意大小的平移都是对称的，一个无穷大平面对沿面内的任何平移也都是对称的，但晶体（如食盐）只对沿确定的方向（如沿一列离子的方向）而且一次平移的“步长”具有确定值（如图 A.10 中的

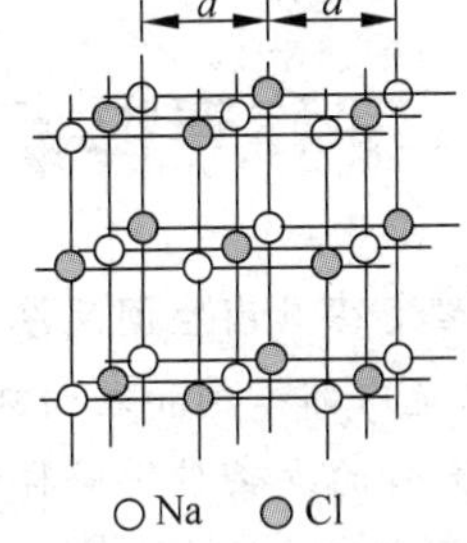

图 A.10　食盐晶体的平移对称性

$2d$)的平移才是对称的。我们说,前两种平移对称性比第三种的级次高。

以上是几种简单的空间对称性,事物对时间也有对称性,量子力学研究的微观对象还具有更抽象的对称性,这些在下文都有涉及。

A.3 物理定律的对称性

A.2节所讨论的对称性都是几何形体的对称性,研究它的规律对艺术、对物理学都有重要的意义。例如,对晶体结晶点阵的对称性的研究是研究晶体微观结构及其宏观性质的很重要的方法和内容。除了这种几何形体的对称性外,在物理学中具有更深刻意义的是物理定律的对称性。量子力学的发展特别表明了这一点。

物理定律的对称性是指经过一定的操作后,物理定律的形式保持不变。因此物理定律的对称性又叫**不变性**。

设想我们在空间某处做一个物理实验,然后将该套实验仪器(连同影响该实验的一切外部因素)平移到另一处。如果给予同样的起始条件,实验将会以完全相同的方式进行,这说明物理定律没有因平移而发生变化。这就是物理定律的空间平移对称性。由于它表明空间各处对物理定律是一样的,所以又叫做**空间的均匀性**。

如果在空间某处做实验后,把整套仪器(连同影响实验的一切外部因素)转一个角度,则在相同的起始条件下,实验也会以完全相同的方式进行,这说明物理定律并没有因转动而发生变化。这就是物理定律的转动对称性。由于它表明空间的各个方向对物理定律是一样的,所以又叫**空间的各向同性**。

还可以举出一个物理定律的对称性,即物理定律对于匀速直线运动的对称性。这说的是,如果我们先在一个静止的车厢内做物理实验,然后使此车厢做匀速直线运动,这时将发现物理实验和车厢静止时完全一样地发生。这说明物理定律不受匀速直线运动的影响。(更具体地说,这种对称性是指物理定律在洛伦兹变换下保持形式不变。)

在量子力学中还有经过更抽象的对称操作而物理定律保持形式不变的对称性,如经过全同粒子互换、相移、电荷共轭变换(即粒子与反粒子之间的相互转换)等操作所表现出的对称性等。

关于物理定律的对称性有一条很重要的定律:**对应于每一种对称性都有一条守恒定律**。例如,对应于空间均匀性的是动量守恒定律,对应于空间的各向同性的是角动量守恒定律,对应于空间反演对称的是宇称守恒定律(见A.4节),对应于量子力学相移对称的是电荷守恒定律等。

A.4 宇称守恒与不守恒

物理定律具有空间反演对称性吗?可以这样设想:让我们造两只钟,它们所用的材料都一样,只是内部结构和表面刻度做得使一只钟和另一只钟的镜像完全一样(图A.11)。然后将这两只钟的发条拧得同样紧并且从同一对应位置开始走动。直觉告诉我们这两只钟将会完全按互为镜像的方式走动。这表明把所有东西从"左"式的换成"右"式的,物理定律保持不变。实际上大量的宏观现象和微观过程都表现出这种物理定律的空间反演对称性。

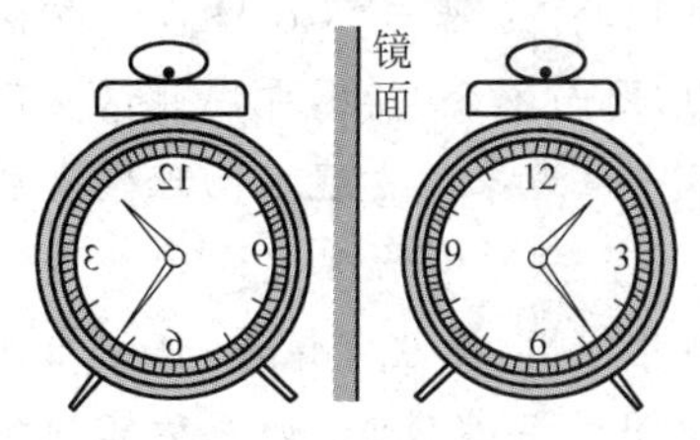

图 A.11　空间反演对称

和空间反演对称性相对应的守恒量叫**宇称**。在经典物理中不曾用到宇称的概念，在量子力学中宇称概念的应用给出关于微观粒子相互作用的很重要的定律——**宇称守恒定律**。下面我们用宏观的例子来说明宇称这一比较抽象的概念。

对于某一状态的系统的镜像和它本身的关系只可能有两种情况。一种是它的镜像和它本身能完全重合或完全一样，一只正放着的圆筒状茶杯和它的镜像(图 A.12)的关系就是这种情况。我们说这样的系统(实际上是指处于某一状态的基本粒子)有**偶宇称**，其宇称值为+1。另一种情况是系统的镜像有左右之分，因而不能完全重合。右手的镜像成为左手(图 A.9)，就是这种情况，钟和它的镜像(图 A.11)也是这样。我们说这样的系统(实际上也是指处于某一状态的基本粒子)有**奇宇称**，其宇称值为−1。对应于粒子的轨道运动状态(如氢原子中电子的轨道运动)有**轨道**宇称值。某些粒子还有**内禀**宇称(对应于该粒子的内部结构)，如质子的内禀宇称为+1，π 介子的内禀宇称是−1，等等。宇称具有**可乘性**而不是可加性，一个粒子或一个粒子系统的"总"宇称是各粒子的轨道宇称和内禀宇称的总乘积。宇称守恒定律指的就是在经过某一相互作用后，粒子系统的总宇称和相互作用前粒子系统的总宇称相等。

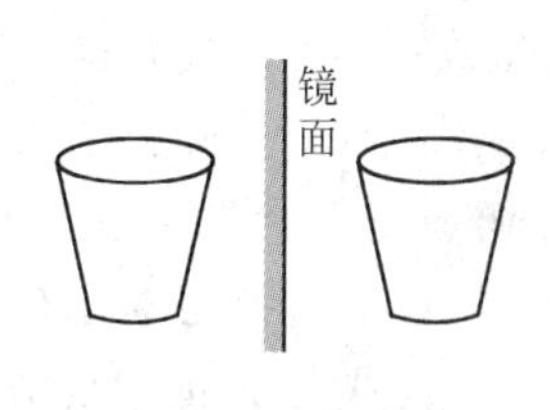

图 A.12　偶宇称

图 A.13　发现宇称不守恒的三位科学家
从左到右依次为李政道、杨振宁和吴健雄

宇称守恒定律原来被认为和动量守恒定律一样是自然界的普遍定律，但后来发现并非如此。1956 年夏天，李政道和杨振宁(图 A.13)在审查粒子相互作用中宇称守恒的实验根据时，发现并没有关于弱相互作用(发生在一些衰变过程中)服从宇称守恒的实验根据。为了说明当时已在实验中发现的困难，他们大胆地提出可能弱相互作用不存在空间反演对称性，因而也不服从宇称守恒定律的假定，并建议做验证这个假定的实验。当年吴健雄(图 A.13)等就做了这样的实验，证明李、杨的假定是符合事实的。该实验是在 0.01 K 的温度下使 ^{60}Co 核在强磁场中排列起来，观察这种核衰变时在各方向上放出的电子的数目。实验结果是放出电子的数目并不是各向相同的，而是沿与 ^{60}Co 自旋方向相反的方向放出的电子数最多(图 A.14)。这样的结果不可能具有空间反演对称性。因为，实际发生的情况的镜像如

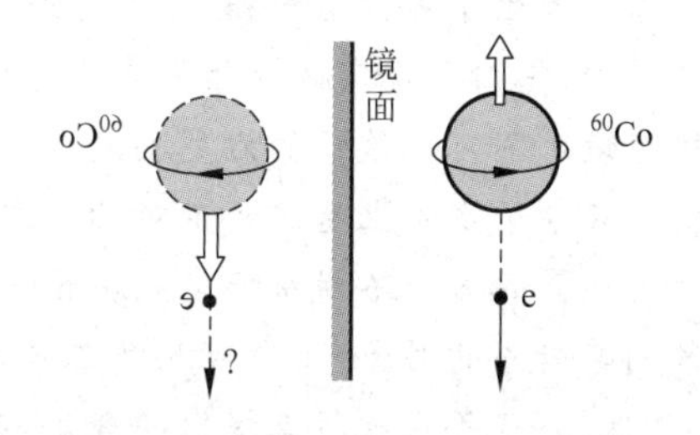

图 A.14　证明空间反演不对称的实验

图A.14中虚线所示，这时^{60}Co核自旋的方向反过来了，因此，将是沿与^{60}Co核自旋相同的方向放出的电子数最多。这是与实际发生的情况相反的，因而不会发生，也因此这一现象不具有空间反演对称性而不服从宇称守恒定律。宇称不守恒现象的发现在物理学发展史上有重要的意义，这也可由第二年(1957年)李、杨就获得了诺贝尔物理奖看出。这样人们就认识到有些守恒定律是"绝对的"，如动量守恒、角动量守恒、能量守恒等，任何自然过程都要服从这些定律；有些守恒定律则有其局限性，只适用于某些过程，如宇称守恒定律只适用于强相互作用和电磁相互作用引起的变化，而在弱相互作用中则不成立。

弱相互作用的一个实例是如下衰变：

$$\Sigma^+ \to p + \pi^0$$

实验测得反应前后轨道宇称无变化，但粒子Σ^+和质子p的内禀宇称为+1，π^0介子的内禀宇称为-1。显见反应前后的总宇称符号相反，因而宇称不守恒。

A.5 自然界的不对称现象

宇称不守恒是物理规律的不对称的表现，在自然界还存在着一些不对称的事物，其中最重要的是生物界的不对称性和粒子-反粒子的不对称性。

动物和植物的外观看起来大都具有左右对称性，但是构成它们的蛋白质的分子却只有"左"的一种。我们知道蛋白质是生命的基本物质，它是由多种氨基酸组成的，每种氨基酸都有两种互为镜像的异构体。图A.15中画出了丙氨酸(alanine)的两种异构体的模型。利用二氧化碳、乙烷和氨等人工合成的氨基酸，L(左)型和D(右)型的异构体各占一半。可是，现代生物化学实验已确认：生物体内的蛋白质几乎都是由左型氨基酸组成的，对高等动物尤其如此。已经查明，人工合成的蔗糖也是由等量的左、右两型分子组成，但用甘蔗榨出的蔗糖则只有左型的。有人做过用人工合成的糖培养细菌的实验。当把剩下的糖水加以检验，竟发现其中的糖分子都是右型的。这说明细菌为了实现自己的生命，也只吃那种与自身型类对路的左型糖。所有生物的蛋白质分子几乎都是左型的，这才使那些以生物为食的生物能补充自己而维持生命。但物理规律并不排斥右型生物的存在。如果由于某种原因产生了一只右型猫，虽然按物理规律的空间反演对称性它可以和通常的左型猫一样活动，但由于现实的自然界不存在它能够消化的右型食物，如右型老鼠，这只右型猫很快非饿死不可。饿死的右型猫腐烂后，复归自然，蛋白质就解体成为无机物了。为什么生物界在分子水平上有这种不对称存在，至今还是个谜。

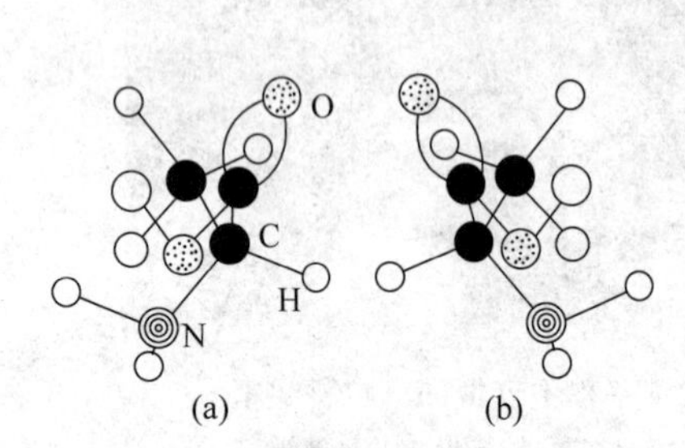

图A.15 丙氨酸的两种异构体
(a) L(左)型；(b) D(右)型

自然界的另一不对称事实是关于基本粒子的。我们知道，在我们的地球(以及我们已能拿到其岩石的月球)上所有物质都是由质子、中子组成的原子核和核外电子构成的。按照20世纪20年代狄拉克提出的理论，每种粒子都有自己的反粒子，如反质子(带负电)、反中子、反电子(带正电)等。20世纪30年代后各种反粒子的存在已被实验证实。根据对称性的设想(狄拉克理论指出),在自然界内粒子和反粒子数应该一样。虽然地球、月球甚至整个太阳系中粒子占绝对优势,几乎没有反粒子存在,但宇宙的其他地方"应该"存在着反物质的世界。(物质、反物质相遇时是要湮灭的)由于物质和反物质构成的星体光谱一样,较早的天文学观测手段很难对此下定论。因此许多人相信物质和反物质对称存在的说法。但现在各种天文观测是不利于粒子反粒子对称存在的假定的。例如,可以认定宇宙射线中反质子和质子数目的比不超过 10^{-4} 数量级。为什么有这种粒子反粒子的不对称的存在呢?有人把它归因于宇宙大爆炸初期的某种机遇,但实际上至今并没有完全令人信服的解释。

大自然是喜欢对称的。不对称(无论是物理定律还是具体事物)的存在似乎表明,上帝不愿意大自然十全十美。这正像人们的下述心态一样:绝大多数人喜欢穿具有对称图样的衣服,但在大街上也能看到有的人以他们衣服的图案不对称为美。

A.6 关于时间的对称性

如果我们用一套仪器做实验,显然,该实验进行的方式或秩序是和开始此实验的时刻无关的。比如今天某时刻开始做和推迟一周开始做,我们将得到完全一样的结果。这个事实表示了物理定律的时间平移对称性。可以证明,这种对称性导致能量守恒定律的成立。到目前为止,这种对称性和守恒定律还被认为是"绝对的"。

和空间反演类似,我们可以提出时间反演的操作。它的直观意义是时间倒流。现实中时间是不会倒流的,所以我们不可能直接从事时间反演的实验。但借助于电影我们可以"观察"时间倒流的结果从而理解时间反演的意义。理论分析时,时间反演操作就是把物理定律或某一过程的时间参量变号,即把 t 换成 $-t$,这一操作的结果如何呢?

先看时间反演对个别物理量的影响。在力学中,在时间反演操作下,质点的位置不受影响,但速度是要反向的。正放时物体下落的电影,倒放时该物体要上升,但加速度的方向不变。正放电影时看到物体下落时越来越快,加速度方向向下。同一影片倒放时会看到物体上升,而且越来越慢,加速度方向也是向下。物体的质量与时间反演无关。由于牛顿第二定律是力等于质量乘以加速度,所以经过时间反演操作,力是不变的。这也就是说牛顿定律具有时间反演对称性。电磁学中电荷是时间反演不变的,电流要反向;电场强度 E 是时间反演不变的,而磁场 B 要反向。实验表明,电磁学的基本规律——麦克斯韦方程具有时间反演对称性。量子力学的规律也具有时间反演对称性。

由于上述"第一级定律"的时间反演对称性,受这些规律所"直接"支配的自然过程(指单个粒子或少数粒子参与的过程)按"正"或"倒"的次序进行都是可能发生的。记录两个钢球碰撞过程的电影,正放倒放,你看起来都是"真"的现象,即时序相反的两种现象在自然界都可能实际发生。与此类似,少数几个分子的相互碰撞与运动过程,也是可以沿相反方向实际发生的。这些事实表明了自然过程的**可逆性**。由于这种可逆性,我们不能区别这些基本过程进行方向的正或倒。这也就是说,上述第一级定律没有时间定向的概念,甚至由此也可以说,没有时间的概念。

可是,实际上我们日常看到的现象几乎没有一个是可逆的,所有现象都沿确定方向进行，决不会按相反方向演变。人只能由小长大，而不能返老还童。茶杯可以摔碎，但那些碎片不会自动聚合起来复原为茶杯。如果你把一滴红水滴入一杯清水后发生的过程拍成电影，然后放映；那么当你看到屏幕上有一杯淡红色的水，其中红、清两色逐渐分开，最后形成清水中有一滴红水的图像时，你一定会马上呼叫“电影倒放了”，因为自然界实际上不存在这种倒向的过程。这些都说明自然界的实际过程是有一定方向的，是**不可逆**的，不具有时间反演对称性。

我们知道，宏观物体是由大量粒子组成的，我们所看到的宏观现象应是一个个粒子运动的总体表现。那么为什么由第一级规律支配的微观运动（包括粒子的各种相互作用）是可逆的，具有时间反演对称性，而它们的总体所表现的行为却是不可逆的呢？这是因为除了第一级规律外，大量粒子的运动还要遵守“第二级规律”，即统计规律，更具体地说就是热力学第二定律。这一定律的核心思想是大量粒子组成的系统总是要沿着越来越无序或越来越混乱的方向发展。这一定律的发现对时间概念产生了巨大的影响：不可逆赋予时间以确定的方向，自然界是沿确定方向发展的，宇宙有了历史，时间是单向地流着因而也才有真正的时间概念。

宏观现象是不可逆的，微观过程都是可逆的。但1964年发现了有的微观过程（如 K_L^0 介子的衰变过程）也显示了时间反演的不对称性，尽管十分微弱。看来，上帝在时间方面也没有给自然界以十全十美的对称。这一微观过程的不对称性会带来什么后果，是尚待研究的问题。

第5章

刚体的转动

在讲过用于质点的牛顿定律及其延伸的概念原理之后,本章讲解刚体转动的规律。这些规律大家在中学课程中没有学过。但是只要注意到一个刚体可以看做是一个质点系,其运动规律应该是牛顿定律对这种质点系的应用,本章内容就并不难掌握。本章将先根据质点系的角动量定理式(3.23)导出对刚体的转动定律,接着说明有刚体时的角动量守恒,然后再讲解功能概念对刚体转动的应用。之后用质心运动定理和转动定律说明一些滚动的规律。最后简要地介绍了进动的原理。

5.1 刚体转动的描述

刚体是固体物件的理想化模型。实际的固体在受力作用时总是要发生或大或小的形状和体积的改变。如果在讨论一个固体的运动时,这种形状或体积的改变可以忽略,我们就把这个固体当做刚体处理。这就是说,**刚体是受力时不改变形状和体积的物体**。刚体可以看成由许多质点组成,每一个质点叫做刚体的一个**质元**,刚体这个质点系的特点是,在外力作用下各质元之间的相对位置保持不变。

转动的最简单情况是定轴转动。在这种运动中各质元均作圆周运动,而且各圆的圆心都在一条固定不动的直线上,这条直线叫**转轴**。转动是刚体的基本运动形式之一。刚体的一般运动都可以认为是平动和绕某一转轴转动的结合。作为基础,本章只讨论刚体的定轴转动。

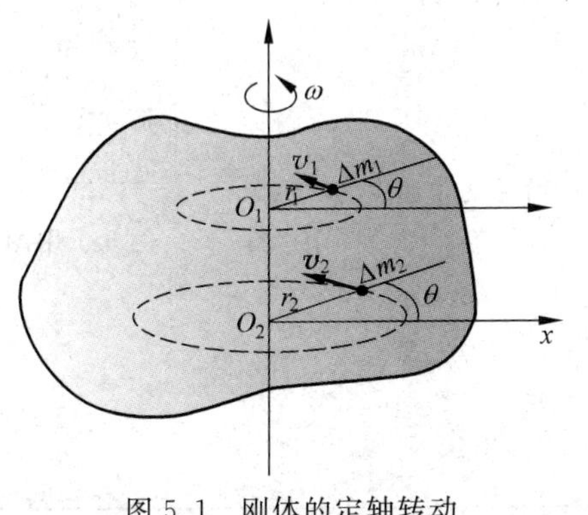

图 5.1 刚体的定轴转动

刚体绕某一固定转轴转动时,各质元的线速度、加速度一般是不同的(图 5.1)。但由于各质元的相对位置保持不变,所以描述各质元运动的角量,如角位移、角速度和角加速度都是一样的。因此描述刚体整体的运动时,用角量最为方便。如在第 1 章讲圆周运动时所提出的,以 $\mathrm{d}\theta$ 表示刚体在 $\mathrm{d}t$ 时间内转过的角位移,则刚体的角速度为

$$\omega=\frac{\mathrm{d}\theta}{\mathrm{d}t} \tag{5.1}$$

角速度实际上是矢量，以$\boldsymbol{\omega}$表示。它的方向规定为沿轴的方向，其指向用右手螺旋法则确定(图5.1)。在刚体定轴转动的情况下，角速度的方向只能沿轴取两个方向，相应于刚体转动的两个相反的旋转方向。这种情况下，ω就可用代数方法处理，用正负来区别两个旋转方向。

刚体的角加速度为

$$\beta=\frac{\mathrm{d}\omega}{\mathrm{d}t}=\frac{\mathrm{d}^2\theta}{\mathrm{d}t^2} \tag{5.2}$$

离转轴的距离为r的质元的线速度和刚体的角速度的关系为

$$v=r\omega \tag{5.3}$$

而其加速度与刚体的角加速度和角速度的关系为

$$a_\mathrm{t}=r\beta \tag{5.4}$$

$$a_\mathrm{n}=r\omega^2 \tag{5.5}$$

定轴转动的一种简单情况是匀加速转动。在这一转动过程中，刚体的角加速度β保持不变。以ω_0表示刚体在时刻$t=0$时的角速度，以ω表示它在时刻t时的角速度，以θ表示它在从0到t时刻这一段时间内的角位移，仿照匀加速直线运动公式的推导可得匀加速转动的相应公式

$$\omega=\omega_0+\beta t \tag{5.6}$$

$$\theta=\omega_0 t+\frac{1}{2}\beta t^2 \tag{5.7}$$

$$\omega^2-\omega_0^2=2\beta\theta \tag{5.8}$$

例 5.1

一条缆索绕过一定滑轮拉动一升降机(图5.2)，滑轮半径$r=0.5\ \mathrm{m}$，如果升降机从静止开始以加速度$a=0.4\ \mathrm{m/s^2}$匀加速上升，且缆索与滑轮之间不打滑，求：

(1) 滑轮的角加速度；

(2) 开始上升后，$t=5\ \mathrm{s}$末滑轮的角速度；

(3) 在这5 s内滑轮转过的圈数。

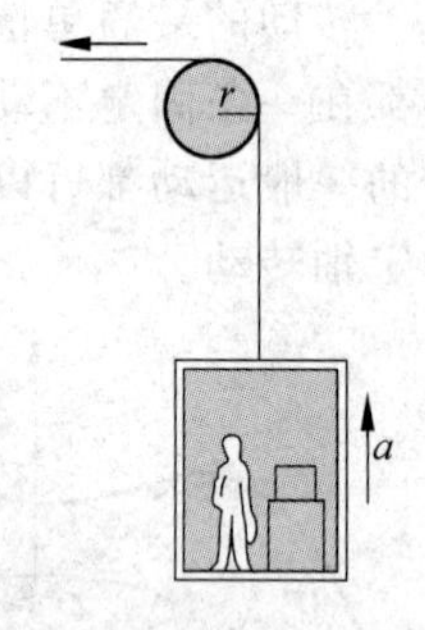

图5.2 例5.1用图

解 (1) 由于升降机的加速度和轮缘上一点的切向加速度相等，根据式(5.4)可得滑轮的角加速度

$$\beta=\frac{a_\mathrm{t}}{r}=\frac{a}{r}=\frac{0.4}{0.5}=0.8\ (\mathrm{rad/s^2})$$

(2) 利用匀加速转动公式(5.6)，由于$\omega_0=0$，所以5 s末滑轮的角速度为

$$\omega=\beta t=0.8\times 5=4\ (\mathrm{rad/s})$$

(3) 利用公式(5.7)，得滑轮转过的角度

$$\theta=\frac{1}{2}\beta t^2=\frac{1}{2}\times 0.8\times 5^2=10\ (\mathrm{rad})$$

与此相应的圈数是$\frac{10}{2\pi}=1.6$(圈)。

5.2 转动定律

绕定轴转动的刚体的动力学规律是用它的角动量的变化来说明的。作为质点系,它应该服从质点系的角动量定理的一般形式,式(3.23),即

$$\boldsymbol{M}=\frac{\mathrm{d}\boldsymbol{L}}{\mathrm{d}t} \tag{5.9}$$

此式为一矢量式,它沿某一选定的 z 轴的分量式为

$$M_z=\frac{\mathrm{d}L_z}{\mathrm{d}t} \tag{5.10}$$

式中 M_z 和 L_z 分别为质点系所受的合外力矩和它的总角动量沿 z 轴的分量。

对于绕定轴转动的刚体,它的轴固定在惯性系中,我们就**取这转轴为 z 轴**。这样便可以用式(5.10)表示定轴转动的刚体的动力学规律。下面就推导对于刚体的 M_z 和 L_z 的具体形式。

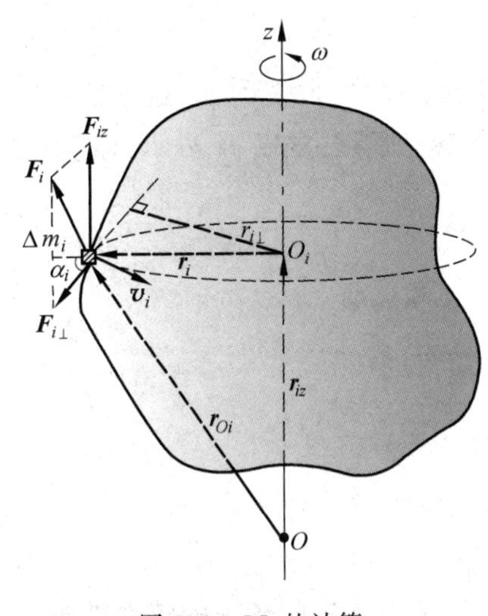

图 5.3 $\boldsymbol{M}_{iz}$ 的计算

先考虑 M_z。如图 5.3 所示,以 $\boldsymbol{F}_i$ 表示质元 Δm_i 所受的外力。注意式(5.9)和式(5.10)都是对于定点说的。取轴上一点 O,相对于它来计算 $\boldsymbol{M}_i$ 和 $\boldsymbol{M}_{iz}$。将 $\boldsymbol{F}_i$ 分解为垂直和平行于转轴两个分量 $\boldsymbol{F}_{i\perp}$ 和 $\boldsymbol{F}_{iz}$,则 $\boldsymbol{F}_i$ 对于 O 点的力矩为

$$\boldsymbol{M}_i=\boldsymbol{r}_{Oi}\times\boldsymbol{F}_i=\boldsymbol{r}_{Oi}\times\boldsymbol{F}_{i\perp}+\boldsymbol{r}_{Oi}\times\boldsymbol{F}_{iz}$$

由矢积定义可知,此式最后一项的方向和 z 轴垂直,它在 z 轴方向的分量自然为零。下面看它前面一项在 z 轴方向的分量。

将 $\boldsymbol{r}_{Oi}$ 分解为垂直和平行于转轴的两个分量 $\boldsymbol{r}_i$ 和 $\boldsymbol{r}_{iz}$,则

$$\boldsymbol{r}_{Oi}\times\boldsymbol{F}_{i\perp}=\boldsymbol{r}_i\times\boldsymbol{F}_{i\perp}+\boldsymbol{r}_{iz}\times\boldsymbol{F}_{i\perp}$$

此式中最后一项方向也和 z 轴垂直,它在 z 轴方向的分量也是零。这样 $\boldsymbol{M}_i$ 的 z 轴分量就是 $\boldsymbol{r}_i\times\boldsymbol{F}_{i\perp}$ 的 z 轴分量。由于此矢积的两个因子都垂直于 z 轴,所以这一矢积本身就沿 z 轴,其数值就是 M_{iz}。以 α_i 表示 $\boldsymbol{r}_i$ 和 $\boldsymbol{F}_{i\perp}$ 之间的夹角,则

$$M_{iz}=r_iF_{i\perp}\sin\alpha_i=r_{i\perp}F_{i\perp}$$

由于这一力矩分量是用转轴到质元 Δm_i 的距离 r_i 计算的,所以它又称做**对于转轴的力矩**,以区别于对于定点 O 的力矩。

考虑到所有外力,可得作用在定轴转动的刚体上的合外力矩的 z 向分量,即对于转轴的合外力矩为

$$M_z=\sum M_{iz}=\sum r_iF_{i\perp}\sin\alpha_i \tag{5.11}$$

现在考虑 L_z。如图 5.4 所示，质元 Δm_i 对于定点 O 的角动量为

$$\boldsymbol{L}_i = \Delta m_i \boldsymbol{r}_{Oi} \times \boldsymbol{v}_i$$

方向如图示，大小为

$$L_i = \Delta m_i r_{Oi} v_i$$

此角动量沿 z 轴的分量为

$$L_{iz} = L_i \sin\theta = \Delta m_i r_{Oi} v_i \sin\theta$$

由于 $r_{Oi}\sin\theta = r_i$，为从 Δm_i 到转轴的垂直距离，而 $v_i = r_i\omega$，所以

$$L_{iz} = \Delta m_i r_i^2 \omega$$

整个刚体的总角动量沿 z 轴的分量，亦即刚体沿 z 轴的角动量为

$$L_z = \sum L_{iz} = \left(\sum \Delta m_i r_i^2\right)\omega \qquad (5.12)$$

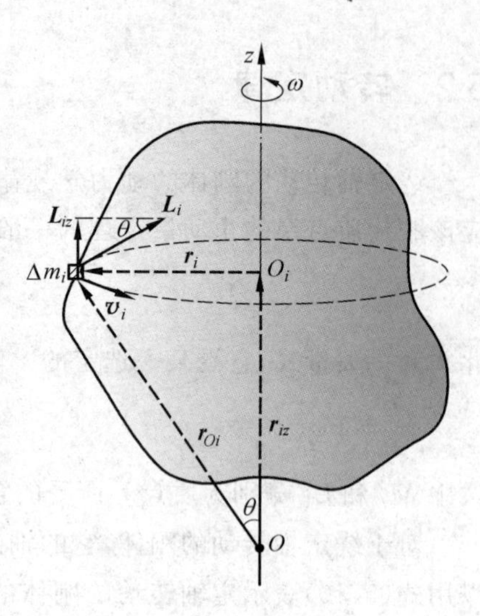

图 5.4 L_{iz} 的计算

此式中括号内的物理量 $\sum \Delta m_i r_i^2$ 是由刚体的各质元相对于固定转轴的分布所决定的，与刚体的运动以及所受的外力无关。这个表示刚体本身相对于转轴的特征的物理量叫做**刚体对于转轴的转动惯量**，常以 J_z 表示，即

$$J_z = \sum \Delta m_i r_i^2 \qquad (5.13)$$

这样，式(5.12)又可写为

$$L_z = J_z \omega \qquad (5.14)$$

利用此式，可以将式(5.10)用于刚体定轴转动的形式而写成

$$M_z = \frac{\mathrm{d}L_z}{\mathrm{d}t} = J_z \frac{\mathrm{d}\omega}{\mathrm{d}t} = J_z \beta$$

在约定固定轴为 z 轴的情况下，常略去此式中的下标而写成

$$M = J\beta \qquad (5.15)$$

此式表明，**刚体所受的对于某一固定转轴的合外力矩等于刚体对此转轴的转动惯量与刚体在此合外力矩作用下所获得的角加速度的乘积**。这一角动量定理用于刚体定轴转动的具体形式，叫做**刚体定轴转动定律**。

将式(5.15)和牛顿第二定律公式 $\boldsymbol{F} = m\boldsymbol{a}$ 加以对比是很有启发性的。前者中的合外力矩相当于后者中的合外力，前者中的角加速度相当于后者中的加速度，而刚体的转动惯量 J 则和质点的惯性质量 m 相对应。可以说，转动惯量表示刚体在转动过程中表现出的惯性。转动惯量这一词正是这样命名的。

5.3 转动惯量的计算

应用定轴转动定律式(5.15)时，我们需要先求出刚体对固定转轴（取为 z 轴）的转动惯量。按式(5.13)，转动惯量由下式定义：

$$J = J_z = \sum_i \Delta m_i r_i^2$$

对于质量连续分布的刚体,上述求和应以积分代替,即

$$J = \int r^2 \mathrm{d}m \tag{5.16}$$

式中 r 为刚体质元 $\mathrm{d}m$ 到转轴的垂直距离。

由上面两公式可知,刚体对某转轴的转动惯量等于刚体中各质元的质量和它们各自离该转轴的垂直距离的平方的乘积的总和,它的大小不仅与刚体的总质量有关,而且和质量相对于轴的分布有关。其关系可以概括为以下三点:

(1) 形状、大小相同的均匀刚体总质量越大,转动惯量越大。

(2) 总质量相同的刚体,质量分布离轴越远,转动惯量越大。

(3) 同一刚体,转轴不同,质量对轴的分布就不同,因而转动惯量就不同。

在国际单位制中,转动惯量的量纲为 ML^2,单位名称是千克二次方米,符号为 $\mathrm{kg \cdot m^2}$。

下面举几个求刚体的转动惯量的例子。

例 5.2

圆环。求质量为 m,半径为 R 的均匀薄圆环的转动惯量,轴与圆环平面垂直并且通过其圆心。

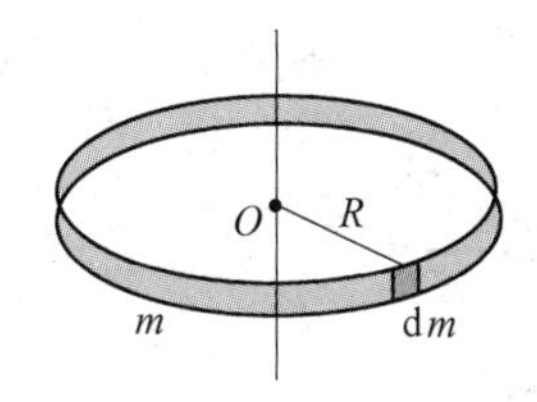

图 5.5　例 5.2 用图

解　如图 5.5 所示,环上各质元到轴的垂直距离都相等,而且等于 R,所以

$$J = \int R^2 \mathrm{d}m = R^2 \int \mathrm{d}m$$

后一积分的意义是环的总质量 m,所以有

$$J = mR^2 \tag{5.17}$$

由于转动惯量是可加的,所以一个质量为 m,半径为 R 的薄壁圆筒对其轴的转动惯量也是 mR^2。

例 5.3

圆盘。求质量为 m,半径为 R,厚为 l 的均匀圆盘的转动惯量,轴与盘面垂直并通过盘心。

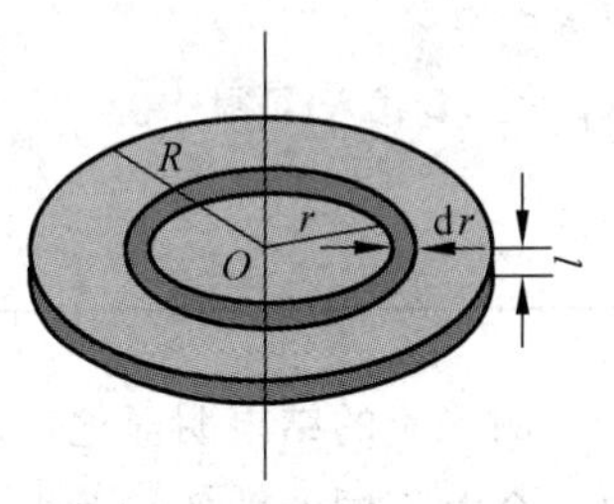

图 5.6　例 5.3 用图

解　如图 5.6 所示,圆盘可以认为是由许多薄圆环组成。取任一半径为 r,宽度为 $\mathrm{d}r$ 的薄圆环。它的转动惯量按例 5.2 计算出的结果为

$$\mathrm{d}J = r^2 \mathrm{d}m$$

其中 $\mathrm{d}m$ 为薄圆环的质量。以 ρ 表示圆盘的密度,则有

$$\mathrm{d}m = \rho 2\pi r l \mathrm{d}r$$

代入上一式可得

$$\mathrm{d}J = 2\pi r^3 l \rho \mathrm{d}r$$

因此

$$J = \int \mathrm{d}J = \int_0^R 2\pi r^3 l\rho \mathrm{d}r = \frac{1}{2}\pi R^4 l\rho$$

由于

$$\rho = \frac{m}{\pi R^2 l}$$

所以

$$J = \frac{1}{2}mR^2 \tag{5.18}$$

此例中对 l 并不限制，所以一个质量为 m，半径为 R 的均匀实心圆柱对其轴的转动惯量也是 $\frac{1}{2}mR^2$。

例 5.4

细棒。求长度为 L，质量为 m 的均匀细棒 AB 的转动惯量：

(1) 对于通过棒的一端与棒垂直的轴；

(2) 对于通过棒的中点与棒垂直的轴。

解 (1) 如图 5.7(a)所示，沿棒长方向取 x 轴。取任一长度元 $\mathrm{d}x$。以 ρ_l 表示单位长度的质量，则这一长度元的质量为 $\mathrm{d}m=\rho_l \mathrm{d}x$。对于在棒的一端的轴来说，

$$J_A = \int x^2 \mathrm{d}m = \int_0^L x^2 \rho_l \mathrm{d}x = \frac{1}{3}\rho_l L^3$$

将 $\rho_l = m/L$ 代入，可得

$$J_A = \frac{1}{3}mL^2 \tag{5.19}$$

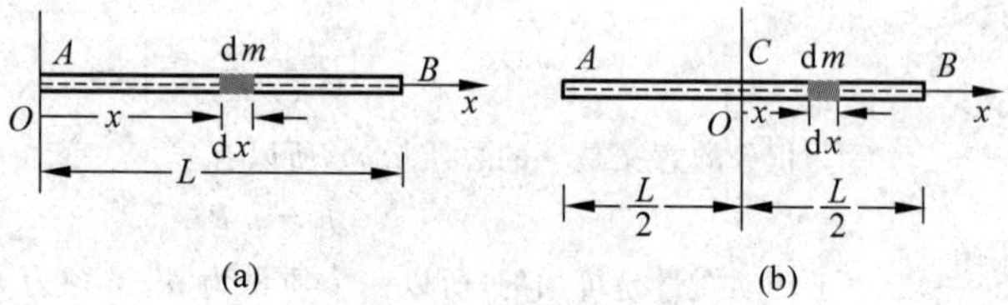

图 5.7 例 5.4 用图

(2) 对于通过棒的中点的轴来说，如图 5.7(b)所示，棒的转动惯量应为

$$J_C = \int x^2 \mathrm{d}m = \int_{-\frac{L}{2}}^{+\frac{L}{2}} x^2 \rho_l \mathrm{d}x = \frac{1}{12}\rho_l L^3$$

以 $\rho_l = m/L$ 代入，可得

$$J_C = \frac{1}{12}mL^2 \tag{5.20}$$

例 5.4 的结果明显地表示，对于不同的转轴，同一刚体的转动惯量不同。我们可以导出一个对不同的轴的转动惯量之间的一般关系。以 m 表示刚体的质量，以 J_C 表示它对于通过其质心 C 的轴的转动惯量。若另一个轴与此轴平行并且相距为 d（图 5.8），则此刚体对于后一轴的转动惯量为

$$J = J_C + md^2 \tag{5.21}$$

这一关系叫做**平行轴定理**。其证明如下。

如图5.8所示,取 x 轴垂直于两平行转轴并和它们相交。质元 Δm_i 到两个转轴的距离分别用 r_i' 和 r_i 表示。由余弦定理可得

$$r_i^2 = r_i'^2 + d^2 - 2dr_i'\cos\theta_i' = r_i'^2 + d^2 - 2dx_i'$$

式中 $x_i' = r_i'\cos\theta_i'$ 是 Δm_i 相对于质心 C 的 x 坐标值。由转动惯量定义公式(5.13),得刚体对于 z 轴的转动惯量为

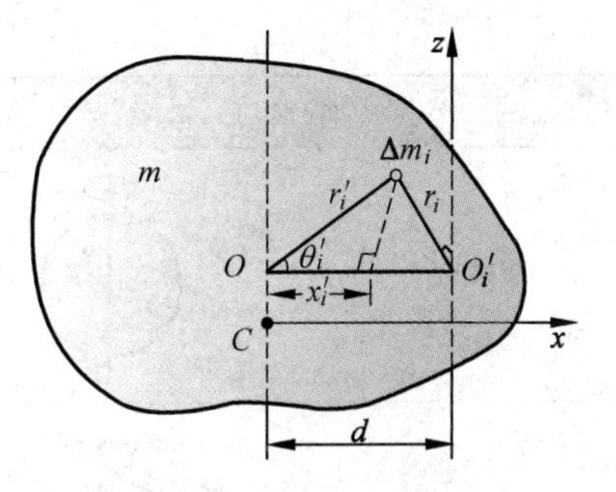

图5.8　平行轴定理的证明

$$\begin{aligned} J &= \sum_i \Delta m_i r_i^2 \\ &= \sum_i \Delta m_i r_i'^2 + \left(\sum_i \Delta m_i\right)d^2 - 2d\sum_i m_i x_i' \end{aligned}$$

按质心的定义,$\sum_i \Delta m_i x_i' = m x_C'$,而此 x_C' 为质心相对于质心的 x 坐标值,当然应等于零。上式右侧第一项就是 J_C,因此上式可表示为

$$J = J_C + md^2$$

这正是式(5.21)。

读者可以自己证明,例5.4中的两个结果符合此公式。作为另一个例子,利用例5.3的结果,可以求出一个均匀圆盘对于通过其边缘一点且垂直于盘面的轴的转动惯量为

$$J = J_C + mR^2 = \frac{1}{2}mR^2 + mR^2 = \frac{3}{2}mR^2$$

一些常见的均匀刚体的转动惯量在表5.1中给出。

表5.1　一些均匀刚体的转动惯量

刚体形状	轴的位置	转动惯量
细杆 (L, m)	通过一端垂直于杆	$\frac{1}{3}mL^2$
细杆 (L, m)	通过中点垂直于杆	$\frac{1}{12}mL^2$
薄圆环(或薄圆筒) (m, R)	通过环心垂直于环面(或中心轴)	mR^2
圆盘(或圆柱体) (m, R)	通过盘心垂直于盘面(或中心轴)	$\frac{1}{2}mR^2$

续表

刚体形状	轴的位置	转动惯量
薄球壳	直径	$\frac{2}{3}mR^2$
球体	直径	$\frac{2}{5}mR^2$

5.4　转动定律的应用

应用转动定律式(5.15)解题还是比较容易的。不过要特别注意转动轴的位置和指向,也要注意力矩、角速度和角加速度的正负。下面举几个例题。

例 5.5

一个飞轮的质量 $m=60\,\mathrm{kg}$,半径 $R=0.25\,\mathrm{m}$,正在以 $\omega_0=1000\,\mathrm{r/min}$ 的转速转动。现在要制动飞轮(图5.9),要求在 $t=5.0\,\mathrm{s}$ 内使它均匀减速而最后停下来。求闸瓦对轮子的压力 N 为多大?假定闸瓦与飞轮之间的滑动摩擦系数为 $\mu_k=0.8$,而飞轮的质量可以看做全部均匀分布在轮的外周上。

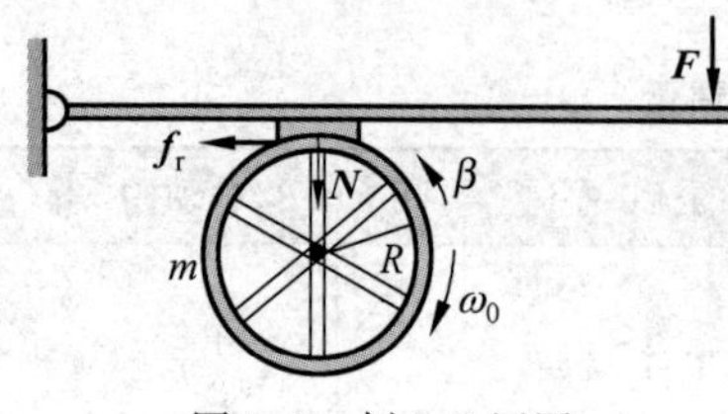

图5.9　例5.5用图

解　飞轮在制动时一定有角加速度,这一角加速度 β 可以用下式求出:

$$\beta=\frac{\omega-\omega_0}{t}$$

以 $\omega_0=1000\,\mathrm{r/min}=104.7\,\mathrm{rad/s}$, $\omega=0$, $t=5\,\mathrm{s}$ 代入可得

$$\beta=\frac{0-104.7}{5}=-20.9\ (\mathrm{rad/s^2})$$

负值表示 β 与 ω_0 的方向相反,和减速转动相对应。

飞轮的这一负加速度是外力矩作用的结果,这一外力矩就是当用力 $\boldsymbol{F}$ 将闸瓦压紧到轮缘上时对轮缘产生的摩擦力的力矩,以 ω_0 方向为正,则此摩擦力矩应为负值。以 f_r 表示摩擦力的数值,则它对轮的转轴的力矩为

$$M=-f_rR=-\mu NR$$

根据刚体定轴转动定律 $M=J\beta$,可得

$$-\mu NR=J\beta$$

将 $J=mR^2$ 代入,可解得

$$N=-\frac{mR\beta}{\mu}$$

代入已知数值，可得

$$N = -\frac{60 \times 0.25 \times (-20.9)}{0.8} = 392\ (\text{N})$$

例 5.6

如图 5.10 所示，一个质量为 M，半径为 R 的定滑轮（当做均匀圆盘）上面绕有细绳。绳的一端固定在滑轮边上，另一端挂一质量为 m 的物体而下垂。忽略轴处摩擦，求物体 m 由静止下落 h 高度时的速度和此时滑轮的角速度。

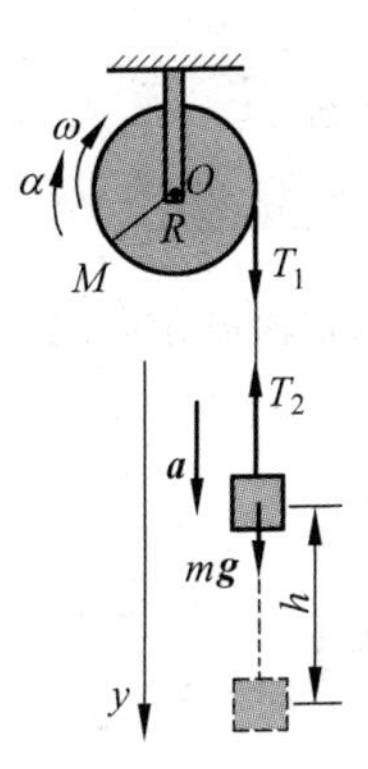

图 5.10 例 5.6 用图

解 图中二拉力 $\boldsymbol{T}_1$ 和 $\boldsymbol{T}_2$ 的大小相等，以 T 表示。

对定滑轮 M，由转动定律，对于轴 O，有

$$RT = J\beta = \frac{1}{2}MR^2\beta$$

对物体 m，由牛顿第二定律，沿 y 方向，有

$$mg - T = ma$$

滑轮和物体的运动学关系为

$$a = R\beta$$

联立解以上三式，可得物体下落的加速度为

$$a = \frac{m}{m + \frac{M}{2}}g$$

物体下落高度 h 时的速度为

$$v = \sqrt{2ah} = \sqrt{\frac{4mgh}{2m + M}}$$

这时滑轮转动的角速度为

$$\omega = \frac{v}{R} = \frac{\sqrt{\frac{4mgh}{2m+M}}}{R}$$

例 5.7

一根长 l，质量为 m 的均匀细直棒，其一端有一固定的光滑水平轴，因而可以在竖直平面内转动。最初棒静止在水平位置，求它由此下摆 θ 角时的角加速度和角速度，这时棒受轴的力的大小、方向各如何？

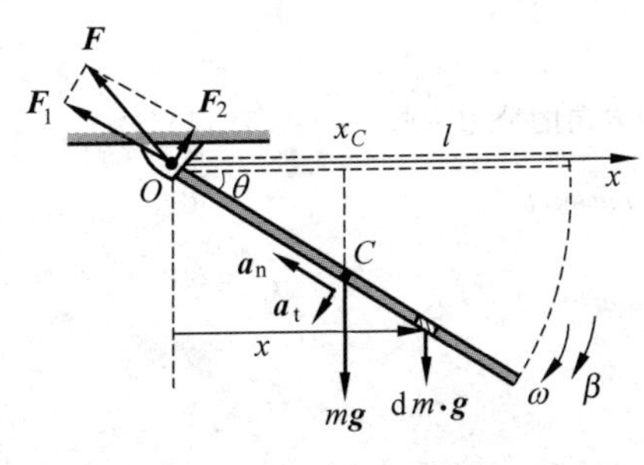

图 5.11 例 5.7 用图

解 讨论此棒的下摆运动时，不能再把它看成质点，而应作为刚体转动来处理。这需要用转动定律。

棒的下摆是一加速转动，所受外力矩即重力对转轴 O 的力矩。取棒上一小段，其质量为 $\mathrm{d}m$（图 5.11）。在棒下摆任意角度 θ 时，它所受重力对轴 O 的力矩是 $x\mathrm{d}m \cdot g$，其中 x 是 $\mathrm{d}m$ 对轴 O 的水平坐标。整个棒受的重力对轴 O 的力矩就是

$$M = \int x\mathrm{d}m \cdot g = g\int x\mathrm{d}m$$

由质心的定义，$\int x\mathrm{d}m = mx_C$，其中 x_C 是质心对于轴 O 的 x 坐标。因而可得

$$M = mgx_C$$

这一结果说明**重力对整个棒的合力矩就和全部重力集中作用于质心所产生的力矩一样。**

由于

$$x_C = \frac{1}{2}l\cos\theta$$

所以有

$$M = \frac{1}{2}mgl\cos\theta$$

代入定轴转动定律式(5.15)可得棒的角加速度为

$$\beta = \frac{M}{J} = \frac{\frac{1}{2}mgl\cos\theta}{\frac{1}{3}ml^2} = \frac{3g\cos\theta}{2l}$$

又因为

$$\beta = \frac{\mathrm{d}\omega}{\mathrm{d}t} = \frac{\mathrm{d}\omega}{\mathrm{d}\theta}\frac{\mathrm{d}\theta}{\mathrm{d}t} = \omega\frac{\mathrm{d}\omega}{\mathrm{d}\theta}$$

所以有

$$\omega\frac{\mathrm{d}\omega}{\mathrm{d}\theta} = \frac{3g\cos\theta}{2l}$$

即

$$\omega\,\mathrm{d}\omega = \frac{3g\cos\theta}{2l}\mathrm{d}\theta$$

两边积分

$$\int_0^\omega \omega\,\mathrm{d}\omega = \int_0^\theta \frac{3g\cos\theta}{2l}\mathrm{d}\theta$$

可得

$$\omega^2 = \frac{3g\sin\theta}{l}$$

从而有

$$\omega = \sqrt{\frac{3g\sin\theta}{l}}$$

为了求出棒受轴的力，需考虑棒的质心 C 的运动而用质心运动定理。当棒下摆到 θ 角时，其质心有

法向加速度：
$$a_{\mathrm{n}} = \omega^2\frac{l}{2} = \frac{3g\sin\theta}{2l}$$

切向加速度：
$$a_{\mathrm{t}} = \beta\frac{l}{2} = \frac{3g\cos\theta}{4}$$

以 $\boldsymbol{F}_1$ 和 $\boldsymbol{F}_2$ 分别表示棒受轴的沿棒的方向和垂直于棒的方向的分力，则由质心运动定理得

法向：
$$F_1 - mg\sin\theta = ma_{\mathrm{n}} = \frac{3}{2}mg\sin\theta$$

切向：
$$mg\cos\theta - F_2 = ma_{\mathrm{t}} = \frac{3}{4}mg\cos\theta$$

由此得

$$F_1 = \frac{5}{2}mg\sin\theta,\quad F_2 = \frac{1}{4}mg\cos\theta$$

棒受轴的力的大小为

$$F=\sqrt{F_1^2+F_2^2}=\frac{1}{4}mg\sqrt{99\sin^2\theta+1}$$

此力与棒此时刻的夹角为

$$\beta=\arctan\frac{F_2}{F_1}=\arctan\frac{\cos\theta}{10\sin\theta}$$

5.5 角动量守恒

用于质点系的角动量定理的分量式(5.10)重写如下：

$$M_z=\frac{\mathrm{d}L_z}{\mathrm{d}t}$$

如果 $M_z=0$,则 $L_z=$常量。这就是说,**对于一个质点系,如果它受的对于某一固定轴的合外力矩为零,则它对于这一固定轴的角动量保持不变**。这个结论叫**对定轴的角动量守恒定律**。这里指的质点系可以不是刚体,其中的质点也可以组成一个或几个刚体。一个刚体的角动量可以用 $J\omega$(即 $J_z\omega$)求出。应该注意的是一个系统内的各个刚体或质点的角动量必须是对于同一个**固定轴**说的。

定轴转动中的角动量守恒很容易演示。例如让一个人坐在有竖直光滑轴的转椅上,手持哑铃,两臂伸平(图 5.12(a)),用手推他,使他转起来。当他把两臂收回使哑铃贴在胸前时,他的转速就明显地增大(图 5.12(b))。这个现象可以用角动量守恒解释如下。把人在两臂伸平时和收回以后都当成一个刚体,分别以 J_1 和 J_2 表示他对固定竖直轴的转动惯量,以 ω_1 和 ω_2 分别表示两种状态时的角速度。由于人在收回手臂时对竖直轴并没有受到外力矩的作用,所以他的角动量应该守恒,即 $J_1\omega_1=J_2\omega_2$。很明显,$J_2<J_1$,因此 $\omega_2>\omega_1$。

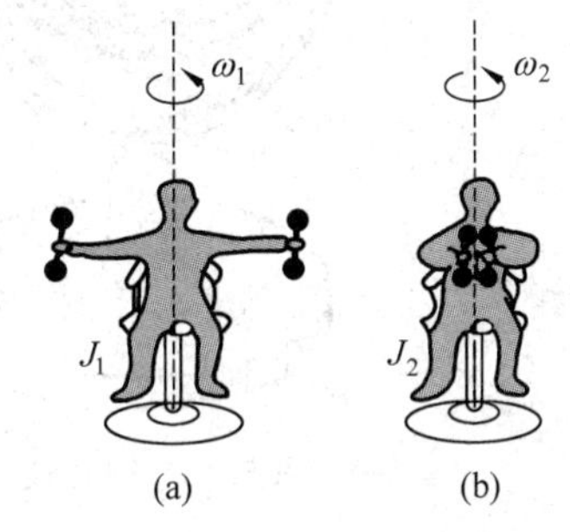

图 5.12 角动量守恒演示

式(5.10)虽然是对定轴转动说的,但可证明,在物体有整体运动的情况下,如果考虑它绕通过其质心的轴的转动,式(5.10)仍然适用,而与质心做何种运动无关。因此,只要物体所受的对于通过其质心的轴的合外力矩为零,它对这根轴的角动量也保持不变。利用角动量守恒定律的这个意义,可以解释许多现象。例如运动员表演空中翻滚时,总是先纵身离地使自己绕通过自身质心的水平轴有一缓慢的转动。在空中时就尽量蜷缩四肢,以减小转动惯量从而增大角速度,迅速翻转。待要着地时又伸开四肢增大转动惯量以便以较小的角速度安稳地落至地面。

刚体的角动量守恒在现代技术中的一个重要应用是**惯性导航**,所用的装置叫**回转仪**,也叫“陀螺”。它的核心部分是装置在**常平架**上的一个质量较大的转子(图 5.13)。常平架由套在一起且分别具有竖直轴和水平轴的两个圆环组成。转子装在内环上,其轴与内环的轴垂直。转子是精确地对称于其转轴的圆柱,各轴承均高度润滑。这样转子就具有可以绕其自由转动的三个相互垂直的轴。因此,不管常平架如何移动或转动,转子都不会受到任何力矩的作用。所以一旦使转子高速转动起来，根据角动量守恒定律，它将保持其对称轴在空间的指向不变。安装在船、飞机、导弹或宇宙飞船上的这种回转仪就能指出这些船或飞行器的航向相对于空间某一定向的方向，从而起到导航的作用。在这种应用中，往往用三个这样的回转仪并使它们的转轴相互垂直，从而提供一套绝对的笛卡儿直角坐标系。读者可以想一下，这些转子竟能在浩瀚的太空中认准一个确定的方向并且使自己的转轴始终指向它而不改变。多么不可思议的自然界啊！

上述惯性导航装置出现不过一百年，但常平架在我国早就出现了。那是西汉（公元1世纪）丁缓设计制造但后来失传的“被中香炉”（图5.14）。他用两个套在一起的环形支架架住一个小香炉，香炉由于受有重力总是悬着。不管支架如何转动，香炉总不会倾倒。遗憾的是这种装置只是用来保证被中取暖时的安全，而没有得到任何技术上的应用。虽然如此，它也闪现了我们祖先的智慧之光。

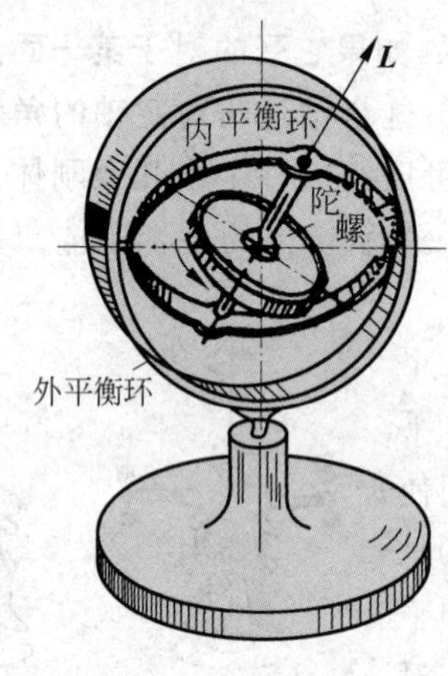

图5.13 回转仪

图5.14 被中香炉

为了对角动量的大小有个量的概念，表5.2列出了一些典型的角动量的数值。

表5.2 典型的角动量的数值 J·s

太阳系所有行星的轨道运动	3.2×10^{43}	玩具陀螺	1×10^{-1}
地球公转	2.7×10^{40}	致密光盘放音	7×10^{-4}
地球自转	5.8×10^{33}	步枪子弹的自旋	2×10^{-3}
直升机螺旋桨(320 r/min)	5×10^{4}	基态的氢原子中电子的轨道运动	1.05×10^{-34}
汽车轮子(90 km/h)	1×10^{2}	电子的自旋	0.53×10^{-34}
电扇叶片	1		

例5.8

一根长 l，质量为 M 的均匀直棒，其一端挂在一个水平光滑轴上而静止在竖直位置。今有一子弹，质量为 m，以水平速度 v_0 射入棒的下端而不复出。求棒和子弹开始一起运动时的角速度。

解 由于从子弹进入棒到二者开始一起运动所经过的时间极短，在这一过程中棒的位置基本不

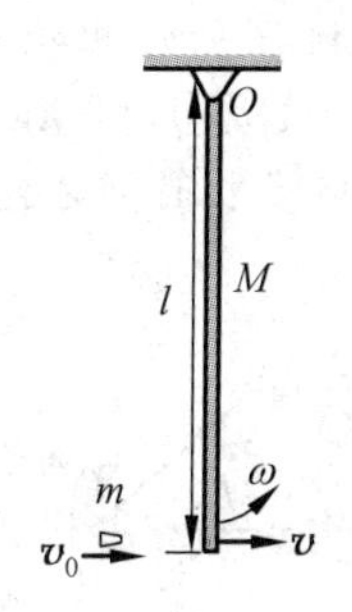

图 5.15 例 5.8 用图

变，即仍然保持竖直（图 5.15）。因此，对于木棒和子弹系统，在子弹冲入过程中，系统所受的外力（重力和轴的支持力）对于轴 O 的力矩都是零。这样，系统对轴 O 的角动量守恒。以 v 和 ω 分别表示子弹和木棒一起开始运动时木棒端点的速度和角速度，则角动量守恒给出

$$mlv_0 = mlv + \frac{1}{3}Ml^2\omega$$

再利用关系式 $v = l\omega$，就可解得

$$\omega = \frac{3m}{3m+M}\frac{v_0}{l}$$

将此题和例 3.4 比较一下是很有启发性的。注意，这里，在子弹冲入棒的过程中，木棒和子弹系统的总动量并不守恒。

例 5.9

一个质量为 M，半径为 R 的水平均匀圆盘可绕通过中心的光滑竖直轴自由转动。在盘缘上站着一个质量为 m 的人，二者最初都相对地面静止。当人在盘上沿盘边走一周时，盘对地面转过的角度多大？

解 如图 5.16 所示，对盘和人组成的系统，在人走动时系统所受的对竖直轴的外力矩为零，所以系统对此轴的角动量守恒。以 j 和 J 分别表示人和盘对轴的转动惯量，并以 ω 和 Ω 分别表示任一时刻人和盘绕轴的角速度。由于起始角动量为零，所以角动量守恒给出

$$j\omega - J\Omega = 0$$

其中 $j = mR^2$，$J = \frac{1}{2}MR^2$，以 θ 和 Θ 分别表示人和盘对地面发生的角位移，则

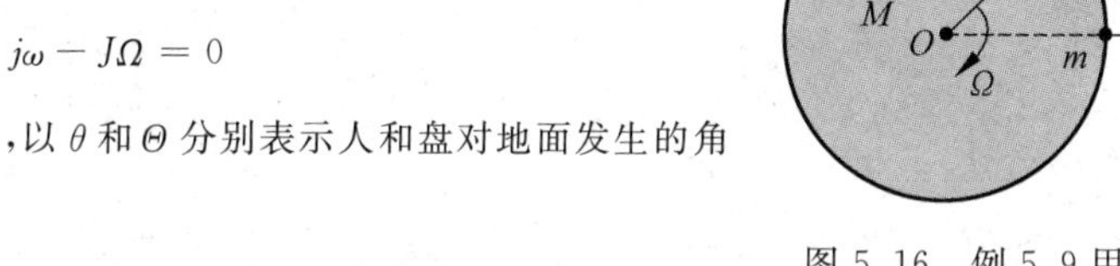

图 5.16 例 5.9 用图

$$\omega = \frac{\mathrm{d}\theta}{\mathrm{d}t}, \quad \Omega = \frac{\mathrm{d}\Theta}{\mathrm{d}t}$$

代入上一式得

$$mR^2\frac{\mathrm{d}\theta}{\mathrm{d}t} = \frac{1}{2}MR^2\frac{\mathrm{d}\Theta}{\mathrm{d}t}$$

两边都乘以 $\mathrm{d}t$，并积分

$$\int_0^\theta mR^2\,\mathrm{d}\theta = \int_0^\Theta \frac{1}{2}MR^2\,\mathrm{d}\Theta$$

由此得

$$m\theta = \frac{1}{2}M\Theta$$

人在盘上走一周时

$$\theta = 2\pi - \Theta$$

代入上式可解得

$$\Theta = \frac{2m}{2m+M}\times 2\pi$$

将此例题和例 3.5 比较一下，也是很有启发性的。

例 5.10

如图 5.17 所示的宇宙飞船对于其中心轴的转动惯量为 $J=2\times10^3\ \mathrm{kg\cdot m^2}$，正以 $\omega=$

0.2 rad/s 的角速度绕中心轴旋转。宇航员想用两个切向的控制喷管使飞船停止旋转。每个喷管的位置与轴线距离都是 $r=1.5$ m。两喷管的喷气流量恒定，共是 $q=2$ kg/s。废气的喷射速率(相对于飞船周边)$u=50$ m/s，并且恒定。问喷管应喷射多长时间才能使飞船停止旋转。

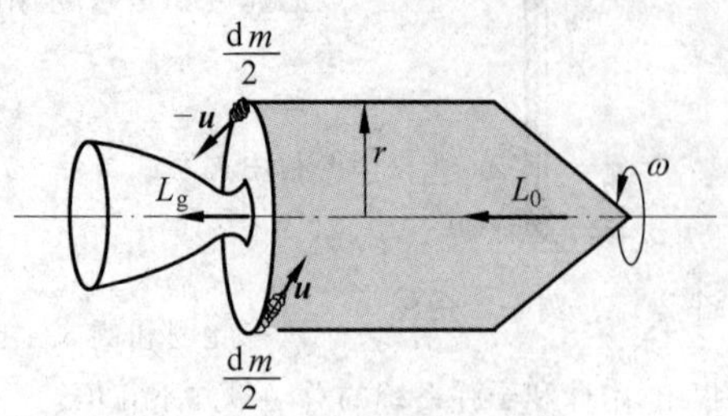

图 5.17 例 5.10 用图

解 把飞船和排出的废气 m 当做研究系统，可以认为废气质量远小于飞船质量，所以原来系统对于飞船中心轴的角动量近似地等于飞船自身的角动量，即

$$L_0 = J\omega$$

在喷气过程中，以 $\mathrm{d}m$ 表示 $\mathrm{d}t$ 时间内喷出的气体，这些气体对中心轴的角动量为 $\mathrm{d}m\cdot r(u+v)$，方向与飞船的角动量方向相同。由于 $u=50$ m/s，比飞船周边的速率 $v(v=\omega r)$ 大得多，所以此角动量近似地等于 $\mathrm{d}m\cdot ru$。在整个喷气过程中喷出的废气的总的角动量 L_{g} 应为

$$L_{\mathrm{g}} = \int_0^m \mathrm{d}m\cdot ru = mru$$

式中 m 是喷出废气的总质量。当宇宙飞船停止旋转时，它的角动量为零，系统的总角动量 L_1 就是全部排出的废气的总角动量，即

$$L_1 = L_{\mathrm{g}} = mru$$

在整个喷射过程中，系统所受的对于飞船中心轴的外力矩为零，所以系统对于此轴的角动量守恒，即 $L_0=L_1$。由此得

$$J\omega = mru$$

即

$$m = \frac{J\omega}{ru}$$

而所求的时间为

$$t = \frac{m}{q} = \frac{J\omega}{qru} = \frac{2\times10^3\times0.2}{2\times1.5\times50} = 2.67\ (\mathrm{s})$$

5.6 转动中的功和能

在刚体转动时，作用在刚体上某点的力做的功仍用此力和受力作用的质元的位移的点积来定义。但对于刚体这个特殊质点系，在转动中力做的功可以用一个特殊形式表示，下面来导出这个特殊表示式。

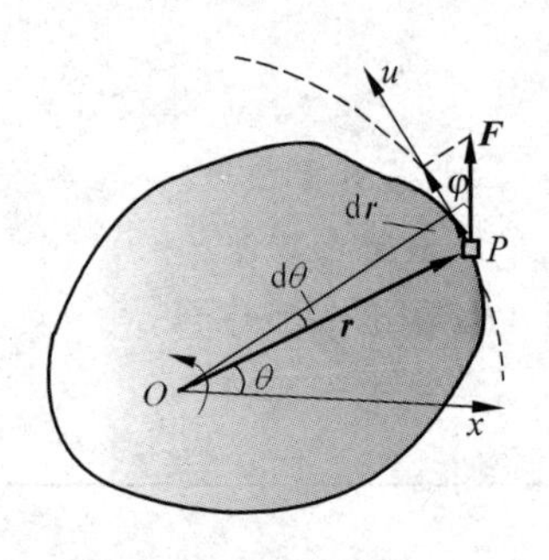

图 5.18 外力矩对刚体做的功

以 $\boldsymbol{F}$ 表示作用在刚体上 P 点的外力(图 5.18)，当物体绕固定轴 O(垂直于纸面)有一角位移 $\mathrm{d}\theta$ 时，力 $\boldsymbol{F}$ 做的元功为

$$\mathrm{d}A = \boldsymbol{F}\cdot\mathrm{d}\boldsymbol{r} = F\cos\varphi\,|\,\mathrm{d}\boldsymbol{r}\,| = F\cos\varphi\, r\mathrm{d}\theta$$

由于 $F\cos\varphi$ 是力 $\boldsymbol{F}$ 沿 $\mathrm{d}\boldsymbol{r}$ 方向的分量，因而垂直于 $\boldsymbol{r}$ 的方向，所以 $F\cos\varphi\, r$ 就是力对转轴的力矩 M。因此有

$$\mathrm{d}A = M\mathrm{d}\theta \tag{5.22}$$

即力对转动刚体做的元功等于相应的力矩和角位移的乘积。

对于有限的角位移，力做的功应该用积分

$$A = \int_{\theta_1}^{\theta_2} M\mathrm{d}\theta \tag{5.23}$$

求得。上式常叫**力矩的功**。它就是力做的功在刚体转动中的特殊表示形式。

力矩做的功对刚体运动的影响可以通过转动定律导出。将转动定律式(5.15)两侧乘以 $\mathrm{d}\theta$ 并积分,可得

$$\int_{\theta_1}^{\theta_2} M\mathrm{d}\theta = \int J\,\frac{\mathrm{d}\omega}{\mathrm{d}t}\mathrm{d}\theta = \int_{\omega_1}^{\omega_2} J\omega\,\mathrm{d}\omega$$

演算后一积分,可得

$$\int_{\theta_1}^{\theta_2} M\mathrm{d}\theta = \frac{1}{2}J\omega_2^2 - \frac{1}{2}J\omega_1^2$$

等式左侧是合外力矩对刚体做的功 A。作为质点系,可证明,绕固定转轴转动的刚体中各质元的总动能,即刚体的转动动能为(见习题 5.14)

$$E_\mathrm{k} = \frac{1}{2}J\omega^2 \tag{5.24}$$

这样上式就可写成

$$A = E_{\mathrm{k}2} - E_{\mathrm{k}1} \tag{5.25}$$

这一公式与质点的动能定理类似,我们可称之为**定轴转动的动能定理**。它说明,**合外力矩对一个绕固定轴转动的刚体所做的功等于它的转动动能的增量**。

例 5.11

某一冲床利用飞轮的转动动能通过曲柄连杆机构的传动,带动冲头在铁板上穿孔。已知飞轮的半径为 $r=0.4\ \mathrm{m}$,质量为 $m=600\ \mathrm{kg}$,可以看成均匀圆盘。飞轮的正常转速是 $n_1=240\ \mathrm{r/min}$,冲一次孔转速减低 20%。求冲一次孔,冲头做了多少功?

解 以 ω_1 和 ω_2 分别表示冲孔前后飞轮的角速度,则

$$\omega_1 = 2\pi n_1/60,\quad \omega_2 = (1-0.2)\omega_1 = 0.8\omega_1$$

由转动动能定理式(5.25),可得冲一次孔铁板阻力对冲头-飞轮做的功为

$$\begin{aligned} A &= E_{\mathrm{k}2} - E_{\mathrm{k}1} = \frac{1}{2}J\omega_2^2 - \frac{1}{2}J\omega_1^2 \\ &= \frac{1}{2}J\omega_1^2(0.8^2-1) = \frac{1}{4}mr^2\omega_1^2(0.8^2-1) \\ &= \frac{1}{3600}\pi^2 mr^2 n_1^2(0.8^2-1) \end{aligned}$$

将已知数值代入,可得

$$\begin{aligned} A &= \frac{1}{3600}\times\pi^2\times600\times0.4^2\times240^2\times(0.8^2-1) \\ &= -5.45\times10^3\ (\mathrm{J}) \end{aligned}$$

这是冲一次孔铁板阻力对冲头做的功,它的大小也就是冲一次孔冲头克服此阻力做的功。

如果一个刚体受到保守力的作用,也可以引入势能的概念。例如在重力场中的刚体就具有一定的重力势能,它的重力势能就是它的各质元重力势能的总和。对于一个不太

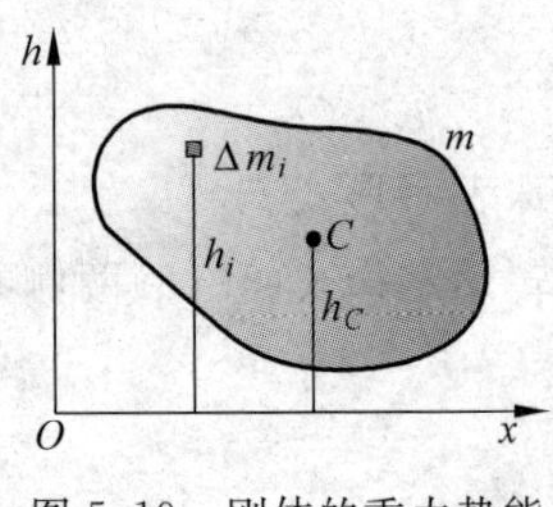

图 5.19 刚体的重力势能

大，质量为 m 的刚体(图 5.19)，它的重力势能为

$$E_\mathrm{p}=\sum_i \Delta m_i g h_i = g\sum_i \Delta m_i h_i$$

根据质心的定义，此刚体的质心的高度应为

$$h_C=\frac{\sum_i \Delta m_i h_i}{m}$$

所以上式可以写成

$$E_\mathrm{p}=mgh_C \tag{5.26}$$

这一结果说明，**一个不太大的刚体的重力势能和它的全部质量集中在质心时所具有的势能一样。**

对于包括有刚体的系统，如果在运动过程中，只有保守内力做功，则这系统的机械能也应该守恒。下面举两个例子。

例 5.12

利用机械能守恒定律重解例 5.6，求物体 m 下落 h 高度时的速度。

解 仍参看图 5.10。以滑轮、物体和地球作为研究的系统。在物体 m 下落的过程中，滑轮随同转动。滑轮轴对滑轮的支持力(外力)不做功(因为无位移)。$\boldsymbol{T}_1$ 拉动物体做负功，$\boldsymbol{T}_2$ 拉动轮缘做正功。由于物体下落距离与轮缘转过的距离相等，所以这一对外力做的功之和为零。因此，对于所考虑的系统只有重力这一保守力做功，所以机械能守恒。

滑轮的重力势能不变，可以不考虑。取物体的初始位置为重力势能零点，则系统的初态的机械能为零，末态的机械能为

$$\frac{1}{2}J\omega^2+\frac{1}{2}mv^2+mg(-h)$$

机械能守恒给出

$$\frac{1}{2}J\omega^2+\frac{1}{2}mv^2-mgh=0$$

将关系式 $J=\frac{1}{2}MR^2$，$\omega=\frac{v}{R}$ 代入上式，即可求得

$$v=\sqrt{\frac{4mgh}{2m+M}}$$

与例 5.6 得出的结果相同。

例 5.13

利用机械能守恒定律重解例 5.7，求棒下摆 θ 角时的角速度。

解 仍参看图 5.11，取棒和地球为研究的系统。由于在棒下摆的过程中，外力(轴对棒的支持力)不做功，只有重力做功，所以系统的机械能守恒。取棒的水平初位置为势能零点，机械能守恒给出

$$\frac{1}{2}J\omega^2+mg(-h_C)=0$$

利用公式 $J=\frac{1}{3}ml^2$，$h_C=\frac{1}{2}l\sin\theta$，就可解得

$$\omega=\sqrt{\frac{3g\sin\theta}{l}}$$

也与前面结果相同。

***例 5.14**

一个质量为 m，半径为 R 的均匀实心圆球在倾角为 θ 的斜面上由静止无滑动地滚下。求它滚下高度 h 时的速率和转动的角速度。

解 如图 5.20 所示。球在滚下时除受重力外，由于无滑动，还要受到斜面对它的静摩擦力。如果斜面是光滑的，球必然向下滑动，因而此静摩擦力 f 的方向是沿斜面向上的。

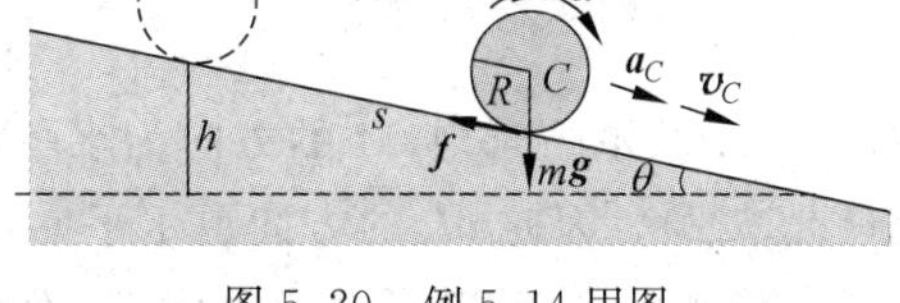

图 5.20 例 5.14 用图

对球，沿斜面方向用质心运动定理式(3.18)，有

$$mg\sin\theta-f=ma_C=mR\beta$$

对球的质心用转动定理，式(5.16)，有

$$fR=J_C\beta=\frac{2}{5}mR^2\beta$$

联立解上两式，可得

$$\beta=\frac{5g\sin\theta}{7R}$$

由此得

$$a_C=R\beta=\frac{5}{7}g\sin\theta$$

二者皆为常量。所以球的质心沿斜面方向匀加速下降，而且球对通过质心的水平轴匀加速转动。

球下降高度 h 时，速率为

$$v_C=\sqrt{2a_Cs}=\sqrt{2\times\frac{5}{7}g\sin\theta\times\frac{h}{\sin\theta}}=\sqrt{\frac{10}{7}gh}$$

转动的角速度为

$$\omega=v_C/R=\sqrt{\frac{10}{7}gh}\Big/R$$

本题也可以用功能关系求解。球原来有重力势能 mgh。落下高度 h 时具有动能。按柯尼希定理，式(4.11)，此动能为 $\frac{1}{2}mv_C^2+\frac{1}{2}J_C\omega^2$。由于下滚过程中静摩擦力不做功，所以球和地球系统的机械能守恒，即

$$mgh=\frac{1}{2}mv_C^2+\frac{1}{2}J_C\omega^2$$

以 $\omega=v_C/R$ 和 $J_C=\frac{2}{5}mR^2$ 代入，可解得

$$v_C=\sqrt{\frac{10}{7}gh},\quad \omega=\sqrt{\frac{10}{7}gh}\Big/R$$

---

*5.7 进动

本节介绍一种刚体的转动轴不固定的情况。如图 5.21 所示，一个飞轮（实验室中常用一个自行车轮）的轴的一端做成球形，放在一根固定竖直杆顶上的凹槽内。先使轴保持

水平,如果这时松手,飞轮当然要下落。如果使飞轮高速地绕自己的对称轴旋转起来(这种旋转叫自旋),当松手后,则出乎意料地飞轮并不下落,但它的轴会在水平面内以杆顶为中心转动起来。这种高速自旋的物体的轴在空间转动的现象叫**进动**。

为什么飞轮的自旋轴不下落而转动呢?这可以用角动量定理式(5.9)加以解释。根据式(5.9),可得出在 $\mathrm{d}t$ 时间内飞轮对支点的自旋角动量矢量 $\boldsymbol{L}$ 的增量为

$$\mathrm{d}\boldsymbol{L} = \boldsymbol{M}\mathrm{d}t \tag{5.27}$$

式中 $\boldsymbol{M}$ 为飞轮所受的对支点的外力矩。在飞轮轴为水平的情况下,以 m 表示飞轮的质量,则这一力矩的大小为

$$M = rmg$$

在图 5.21 所示的时刻,$\boldsymbol{M}$ 的方向为水平而且垂直于 $\boldsymbol{L}$ 的方向,顺着 $\boldsymbol{L}$ 方向看去指向 $\boldsymbol{L}$ 左侧(图 5.22)。因此 $\mathrm{d}\boldsymbol{L}$ 的方向也水平向左。既然这增量是水平方向的,所以 $\boldsymbol{L}$ 的方向,也就是自旋轴的方向,就不会向下倾斜,而是要水平向左偏转了。继续不断地向左偏转就形成了自旋轴的转动。这就是说进动现象正是自旋的物体在外力矩的作用下沿外力矩方向改变其角动量矢量的结果。

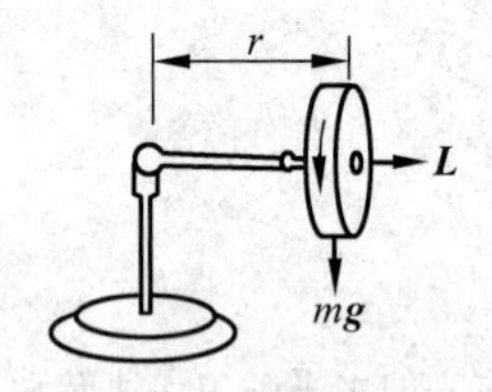

图 5.21 进动现象

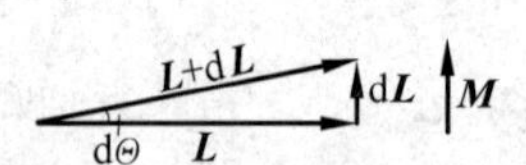

图 5.22 $\boldsymbol{L}$,$\boldsymbol{M}$ 和 $\mathrm{d}\boldsymbol{L}$ 方向关系图(俯视)

在图 5.21 中,由于飞轮所受的力矩的大小不变,方向总是水平地垂直于 $\boldsymbol{L}$,所以进动是匀速的。从图 5.22 可以看出,在 $\mathrm{d}t$ 时间内自旋轴转过的角度为

$$\mathrm{d}\Theta = \frac{|\mathrm{d}\boldsymbol{L}|}{L} = \frac{M\mathrm{d}t}{L}$$

而相应的角速度,叫**进动角速度**,为

$$\Omega = \frac{\mathrm{d}\Theta}{\mathrm{d}t} = \frac{M}{L} \tag{5.28}$$

常见的进动实例是陀螺的进动。在不旋转时,陀螺就躺在地面上(图 5.23(a))。当使它绕自己的对称轴高速旋转时,即使轴线已倾斜,它也不会倒下来(图 5.23(b))。它的轴要沿一个圆锥面转动。这一圆锥面的轴线是竖直的,锥顶就在陀螺尖顶与地面接触处。陀螺的这种进动也是重力矩作用的结果。虽然这时重力的方向与陀螺轴线的方向并不垂直,但不难证明,这时陀螺进动的角速度,即它的自旋轴绕竖直轴转动的角速度,可按下式求出:

$$\Omega = \frac{M}{L\sin\theta} \tag{5.29}$$

其中 θ 为陀螺的自旋轴与圆锥的轴线之间的夹角。

技术上利用进动的一个实例是炮弹在空中的飞行(图 5.24)。炮弹在飞行时,要受到空气阻力的作用。阻力 $\boldsymbol{f}$ 的方向总与炮弹质心的速度 $\boldsymbol{v}_C$ 方向相反,但其合力不一定通过质心。阻力对质心的力矩就会使炮弹在空中翻转。这样,当炮弹射中目标时,就有可能是

弹尾先触目标而不引爆，从而丧失威力。为了避免这种事故，就在炮筒内壁上刻出螺旋线。这种螺旋线叫**来复线**。当炮弹由于发射药的爆炸被强力推出炮筒时，还同时绕自己的对称轴高速旋转。由于这种旋转，它在飞行中受到的空气阻力的力矩将不能使它翻转，而只是使它绕着质心前进的方向进动。这样，它的轴线将会始终只与前进的方向有不大的偏离，而弹头就总是大致指向前方了。

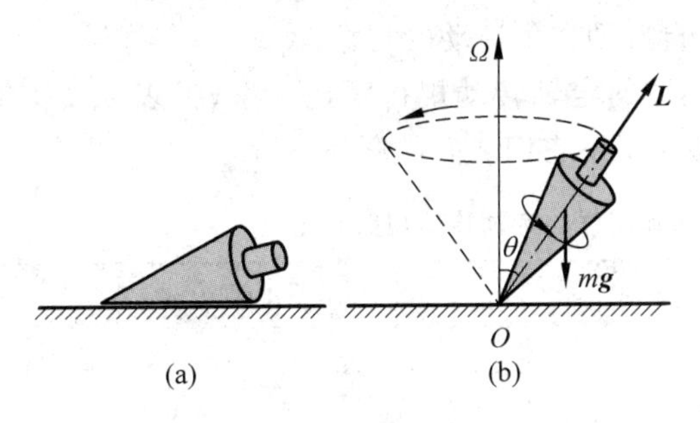

图 5.23　陀螺的进动

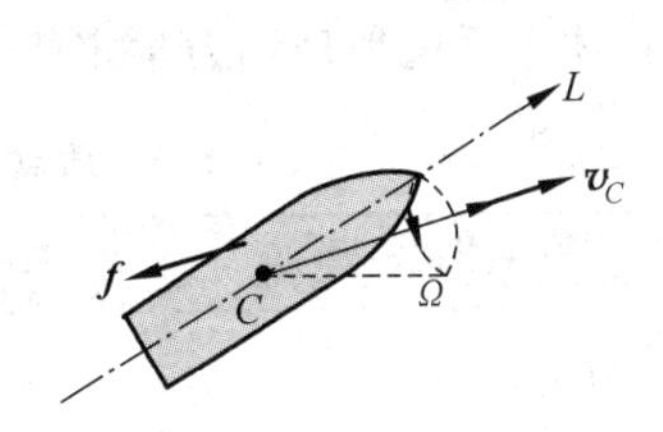

图 5.24　炮弹飞行时的进动

应该指出，在图 5.21 所示的实验中，如果飞轮的自旋速度不是太大，则它的轴线在进动时，还会上上下下周期性地摆动。这种摆动叫**章动**。式(5.28)或式(5.29)并没有给出这种摆动的效果。这是因为我们在推导式(5.28)时做了一个简化，即认为飞轮的总角动量就是它绕自己的对称轴自旋的角动量。实际上它的总角动量 $\boldsymbol{L}$ 应该是自旋角动量和它的进动的角动量的矢量和。当高速旋转时，总角动量近似地等于飞轮的自旋角动量，这样就得出了式(5.28)与式(5.29)。更详尽的分析比较复杂，我们就不讨论了。

提要

1. 刚体的定轴转动：

匀加速转动：　$\omega = \omega_0 + \beta t$，　$\theta = \omega_0 t + \frac{1}{2}\beta t^2$，　$\omega^2 - \omega_0^2 = 2\beta\theta$

2. 刚体定轴转动定律：　　$M_z = \frac{\mathrm{d}L_z}{\mathrm{d}t}$

以转动轴为 z 轴，$M_z = M$ 为外力对转轴的力矩之和；$L_z = J\omega$，J 为刚体对转轴的转动惯量，则

$$M = J\beta$$

3. 刚体的转动惯量：

$$J = \sum m_i r_i^2,\quad J = \int r^2 \mathrm{d}m$$

平行轴定理：　　$J = J_C + md^2$

4. 刚体转动的功和能：

力矩的功：　　$A = \int_{\theta_1}^{\theta_2} M \mathrm{d}\theta$

转动动能：　　$E_\mathrm{k} = \frac{1}{2}J\omega^2$

刚体的重力势能：$E_p = mgh_C$

机械能守恒定律：只有保守力做功时，

$$E_k + E_p = \text{常量}$$

5. 对定轴的角动量守恒：系统(包括刚体)所受的对某一固定轴的合外力矩为零时，系统对此轴的总角动量保持不变。

***6. 进动**：自旋物体在外力矩作用下，自旋轴发生转动的现象。

7. 规律对比：把质点的运动规律和刚体的定轴转动规律对比一下(见表5.3)，有助于从整体上系统地理解力学定律。读者还应了解它们之间的联系。

表5.3 质点的运动规律和刚体的定轴转动规律对比

质点的运动	刚体的定轴转动
速度 $\boldsymbol{v}=\frac{d\boldsymbol{r}}{dt}$	角速度 $\omega=\frac{d\theta}{dt}$
加速度 $\boldsymbol{a}=\frac{d\boldsymbol{v}}{dt}=\frac{d^2\boldsymbol{r}}{dt^2}$	角加速度 $\beta=\frac{d\omega}{dt}=\frac{d^2\theta}{dt^2}$
质量 m	转动惯量 $J=\int r^2 dm$
力 $\boldsymbol{F}$	力矩 $M=r_\perp F_\perp$ ($\perp$表示垂直转轴)
运动定律 $\boldsymbol{F}=m\boldsymbol{a}$	转动定律 $M=J\beta$
动量 $\boldsymbol{p}=m\boldsymbol{v}$	动量 $\boldsymbol{p}=\sum_i \Delta m_i \boldsymbol{v}_i$
角动量 $\boldsymbol{L}=\boldsymbol{r}\times\boldsymbol{p}$	角动量 $L=J\omega$
动量定理 $\boldsymbol{F}=\frac{d(m\boldsymbol{v})}{dt}$	角动量定理 $M=\frac{d(J\omega)}{dt}$
动量守恒 $\sum_i \boldsymbol{F}_i=0$ 时， $\sum_i m_i\boldsymbol{v}_i=$ 恒量	角动量守恒 $M=0$ 时， $\sum J\omega=$ 恒量
力的功 $A_{AB}=\int_{(A)}^{(B)}\boldsymbol{F}\cdot d\boldsymbol{r}$	力矩的功 $A_{AB}=\int_{\theta_A}^{\theta_B}M d\theta$
动能 $E_k=\frac{1}{2}mv^2$	转动动能 $E_k=\frac{1}{2}J\omega^2$
动能定理 $A_{AB}=\frac{1}{2}mv_B^2-\frac{1}{2}mv_A^2$	动能定理 $A_{AB}=\frac{1}{2}J\omega_B^2-\frac{1}{2}J\omega_A^2$
重力势能 $E_p=mgh$	重力势能 $E_p=mgh_C$
机械能守恒 对封闭的保守系统， $E_k+E_p=$ 恒量	机械能守恒 对封闭的保守系统， $E_k+E_p=$ 恒量

思考题

5.1 一个有固定轴的刚体，受有两个力的作用。当这两个力的合力为零时，它们对轴的合力矩也一定是零吗？当这两个力对轴的合力矩为零时，它们的合力也一定是零吗？举例说明之。

5.2 就自身来说，你作什么姿势和对什么样的轴，转动惯量最小或最大？

5.3 走钢丝的杂技演员，表演时为什么要拿一根长直棍(图 5.25)？

5.4 两个半径相同的轮子，质量相同。但一个轮子的质量聚集在边缘附近，另一个轮子的质量分布比较均匀，试问：

(1) 如果它们的角动量相同，哪个轮子转得快？

(2) 如果它们的角速度相同，哪个轮子的角动量大？

5.5 假定时钟的指针是质量均匀的矩形薄片。分针长而细，时针短而粗，两者具有相等的质量。哪一个指针有较大的转动惯量？哪一个有较大的动能与角动量？

5.6 花样滑冰运动员想高速旋转时，她先把一条腿和两臂伸开，并用脚蹬冰使自己转动起来，然后她再收拢腿和臂，这时她的转速就明显地加快了。这是利用了什么原理？

5.7 一个站在水平转盘上的人，左手举一个自行车轮，使轮子的轴竖直(图 5.26)。当他用右手拨动轮缘使车轮转动时，他自己会同时沿相反方向转动起来。解释其中的道理。

图 5.25 阿迪力走钢丝跨过北京野生动物园上空
(新京报记者陈杰)

图 5.26 思考题 5.7 用图

5.8 刚体定轴转动时，它的动能的增量只决定于外力对它做的功而与内力的作用无关。对于非刚体也是这样吗？为什么？

5.9 一定轴转动的刚体的转动动能等于其中各质元的动能之和，试根据这一理由推导转动动能 $E_k=\frac{1}{2}J\omega^2$。

*5.10 杂技节目《转碟》是用直杆顶住碟底突沿内侧(图 5.27)不断晃动，使碟子旋转不停，碟子就不会掉下。为什么？碟子在旋转的同时，整个碟子还要围绕顶杆转。又是为什么？碟子围着顶杆转时，还会上下摆动，这是什么现象？

图 5.27 杂技《转碟》

*5.11 抖单筒空竹的人在空竹绕水平轴旋转起来时，为了使两段拉线不致扭缠在一起，他自己就要

不断旋转自己的身体(图5.28)。为什么？图示的人正不断地向右旋转，说明空竹本身是绕自己的轴向什么方向旋转的(用箭头在空竹上标出)？抖双筒空竹时，人还需要旋转吗？

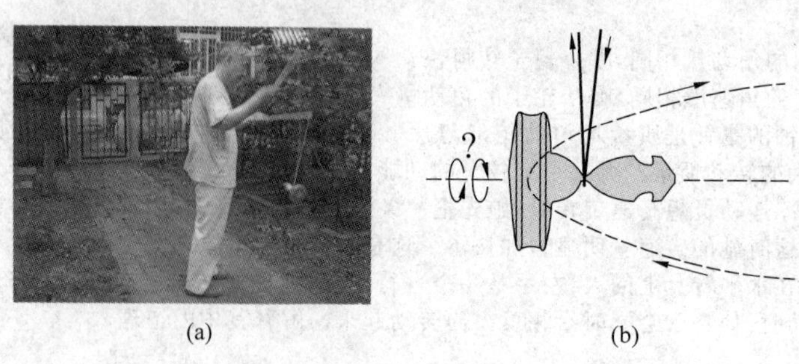

图5.28 抖空竹

(a) 本书作者做抖空竹游戏；(b) 单筒空竹运动分析图

习题

5.1 掷铁饼运动员手持铁饼转动1.25圈后松手，此刻铁饼的速度值达到 $v=25\ \mathrm{m/s}$。设转动时铁饼沿半径为 $R=1.0\ \mathrm{m}$ 的圆周运动并且均匀加速，求：

(1) 铁饼离手时的角速度；

(2) 铁饼的角加速度；

(3) 铁饼在手中加速的时间(把铁饼视为质点)。

5.2 一汽车发动机的主轴的转速在7.0 s内由200 r/min均匀地增加到3000 r/min。

(1) 求在这段时间内主轴的初角速度和末角速度以及角加速度；

(2) 求这段时间内主轴转过的角度和圈数。

5.3 地球自转是逐渐变慢的。在1987年完成365次自转比1900年长1.14 s。求在1900年到1987年这段时间内，地球自转的平均角加速度。

5.4 求位于北纬40°的颐和园排云殿(以图5.29中 P 点表示)相对于地心参考系的线速度与加速度的数值与方向。

5.5 水分子的形状如图5.30所示。从光谱分析得知水分子对 AA' 轴的转动惯量是 $J_{AA'}=1.93\times 10^{-47}\ \mathrm{kg\cdot m^2}$，对 BB' 轴的转动惯量是 $J_{BB'}=1.14\times 10^{-47}\ \mathrm{kg\cdot m^2}$。试由此数据和各原子的质量求出氢和氧原子间的距离 d 和夹角 θ。假设各原子都可当质点处理。

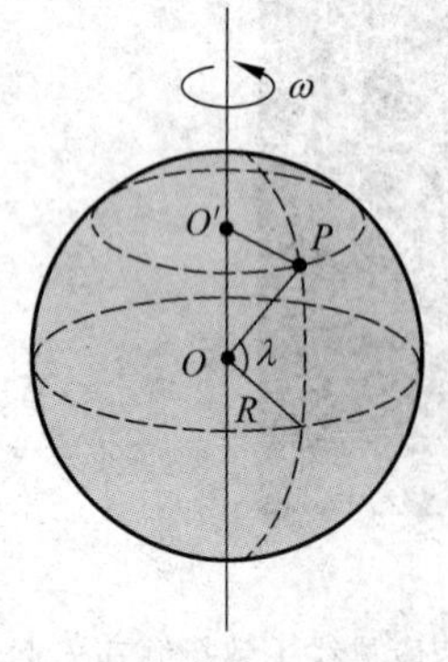

图5.29 习题5.4用图

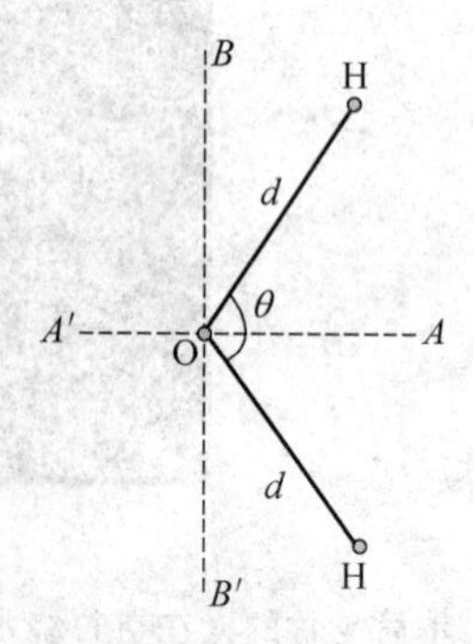

图5.30 习题5.5用图

5.6　C_{60}(Fullerene,富勒烯)分子由60个碳原子组成,这些碳原子各位于一个球形32面体的60个顶角上(图5.31),此球体的直径为71 nm。

(1) 按均匀球面计算,此球形分子对其一个直径的转动惯量是多少?

(2) 在室温下一个C_{60}分子的自转动能为6.21×10^{-21} J。求它的自转频率。

5.7　一个氧原子的质量是2.66×10^{-26} kg,一个氧分子中两个氧原子的中心相距1.21×10^{-10} m。求氧分子相对于通过其质心并垂直于二原子连线的轴的转动惯量。如果一个氧分子相对于此轴的转动动能是2.06×10^{-21} J,它绕此轴的转动周期是多少?

5.8　一个哑铃由两个质量为m,半径为R的铁球和中间一根长l的连杆组成(图5.32)。和铁球的质量相比,连杆的质量可以忽略。求此哑铃对于通过连杆中心并和它垂直的轴的转动惯量。它对于通过两球的连心线的轴的转动惯量又是多大?

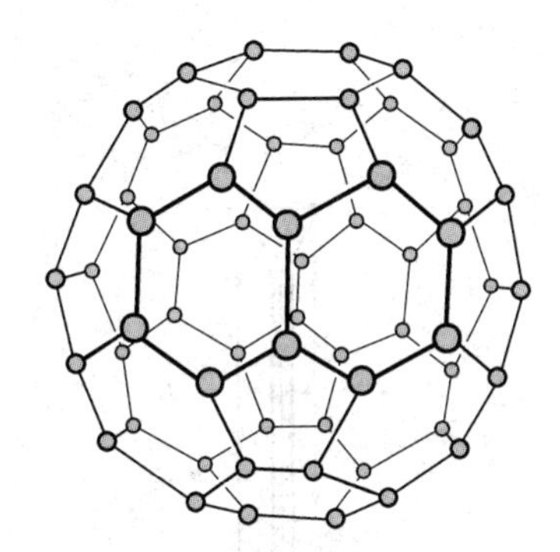

图5.31　习题5.6用图

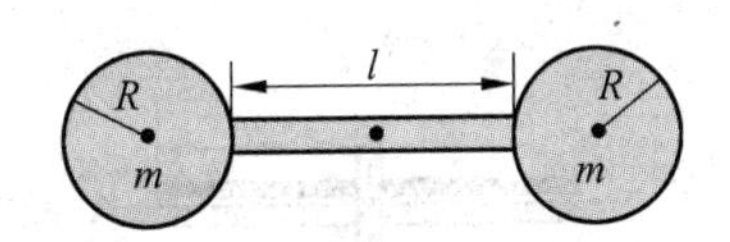

图5.32　习题5.8用图

5.9　在伦敦的英国议会塔楼上的大本钟的分针长4.50 m,质量为100 kg;时针长2.70 m,质量为60.0 kg。二者对中心轴的角动量和转动动能各是多少?将二者都当成均匀细直棒处理。

*5.10　从一个半径为R的均匀薄板上挖去一个直径为R的圆板,所形成的圆洞中心在距原薄板中心$R/2$处(图5.33),所剩薄板的质量为m。求此时薄板对于通过原中心而与板面垂直的轴的转动惯量。

5.11　如图5.34所示,两物体质量分别为m_1和m_2,定滑轮的质量为m,半径为r,可视作均匀圆盘。已知m_2与桌面间的滑动摩擦系数为μ_k,求m_1下落的加速度和两段绳子中的张力各是多少?设绳子和滑轮间无相对滑动,滑轮轴受的摩擦力忽略不计。

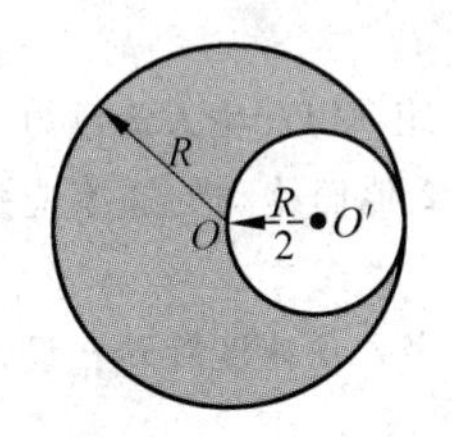

图5.33　习题5.10用图

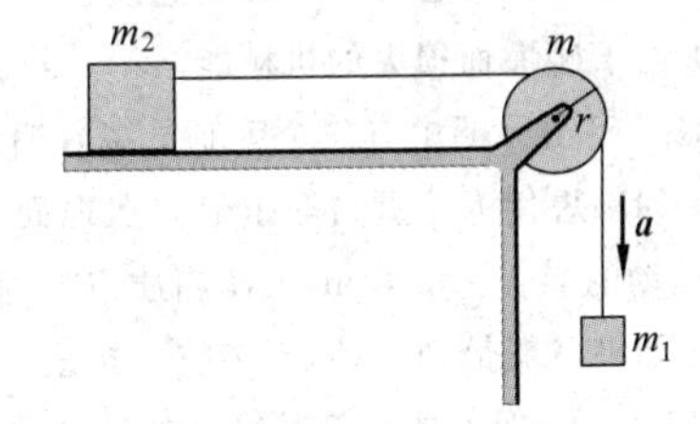

图5.34　习题5.11用图

5.12　一根均匀米尺,在60 cm刻度处被钉到墙上,且可以在竖直平面内自由转动。先用手使米尺保持水平,然后释放。求刚释放时米尺的角加速度和米尺到竖直位置时的角速度各是多大?

5.13　从质元的动能表示式$\Delta E_k=\frac{1}{2}\Delta mv^2$出发,导出刚体绕定轴转动的动能表示式$E_k=\frac{1}{2}J\omega^2$。

5.14　唱机的转盘绕着通过盘心的固定竖直轴转动,唱片放上去后将受转盘的摩擦力作用而随转盘转动(图5.35)。设唱片可以看成是半径为R的均匀圆盘,质量为m,唱片和转盘之间的滑动摩擦系数为μ_k。转盘原来以角速度ω匀速转动,唱片刚放上去时它受到的摩擦力矩多大?唱片达到角速度ω需要多长时间?在这段时间内,转盘保持角速度ω不变,驱动力矩共做了多少功?唱片获得了多大动能?

5.15 坐在转椅上的人手握哑铃(图5.12)。两臂伸直时,人、哑铃和椅系统对竖直轴的转动惯量为$J_1=2\ \mathrm{kg\cdot m^2}$。在外人推动后,此系统开始以$n_1=15\ \mathrm{r/min}$转动。当人的两臂收回,使系统的转动惯量变为$J_2=0.80\ \mathrm{kg\cdot m^2}$时,它的转速$n_2$是多大?两臂收回过程中,系统的机械能是否守恒?什么力做了功?做功多少?设轴上摩擦忽略不计。

5.16 图5.36中均匀杆长$L=0.40\ \mathrm{m}$,质量$M=1.0\ \mathrm{kg}$,由其上端的光滑水平轴吊起而处于静止。今有一质量$m=8.0\ \mathrm{g}$的子弹以$v_0=200\ \mathrm{m/s}$的速率水平射入杆中而不复出,射入点在轴下$d=3L/4$处。

(1) 求子弹停在杆中时杆的角速度;

(2) 求杆的最大偏转角。

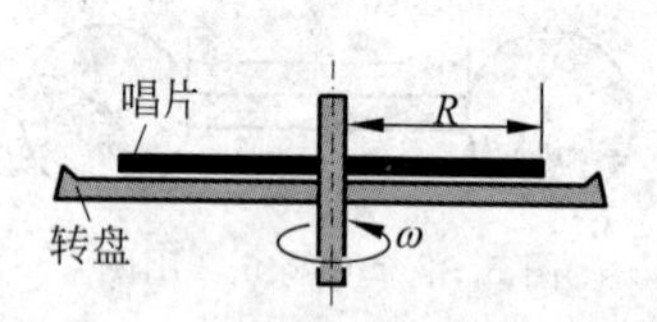

图5.35 习题5.14用图

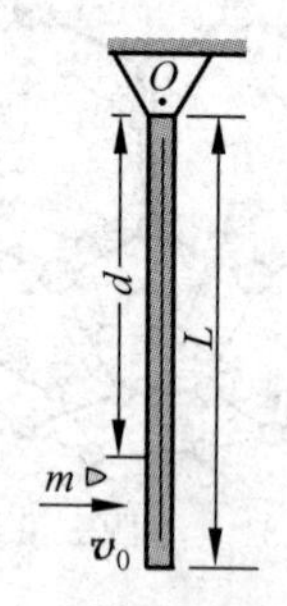

图5.36 习题5.16用图

5.17 一转台绕竖直固定轴转动,每转一周所需时间为$t=10\ \mathrm{s}$,转台对轴的转动惯量为$J=1200\ \mathrm{kg\cdot m^2}$。一质量为$M=80\ \mathrm{kg}$的人,开始时站在转台的中心,随后沿半径向外跑去,当人离转台中心$r=2\ \mathrm{m}$时转台的角速度是多大?

5.18 两辆质量都是1200 kg的汽车在平直公路上都以72 km/h的高速迎面开行。由于两车质心轨道间距离太小,仅为0.5 m,因而发生碰撞,碰后两车扣在一起,此残体对于其质心的转动惯量为$2500\ \mathrm{kg\cdot m^2}$,求:

(1) 两车扣在一起时的旋转角速度;

(2) 由于碰撞而损失的机械能。

5.19 宇宙飞船中有三个宇航员绕着船舱环形内壁按同一方向跑动以产生人造重力。

(1) 如果想使人造重力等于他们在地面上时受的自然重力,那么他们跑动的速率应多大?设他们的质心运动的半径为2.5 m,人体当质点处理。

(2) 如果飞船最初未动,当宇航员按上面速率跑动时,飞船将以多大角速度旋转?设每个宇航员的质量为70 kg,飞船船体对于其纵轴的转动惯量为$3\times10^5\ \mathrm{kg\cdot m^2}$。

(3) 要使飞船转过30°,宇航员需要跑几圈?

5.20 把太阳当成均匀球体,试由本书的"数值表"给出的有关数据计算太阳的角动量。太阳的角动量是太阳系总角动量($3.3\times10^{43}\ \mathrm{J\cdot s}$)的百分之几?

*5.21 蟹状星云(图5.37)中心是一颗脉冲星,代号PSR 0531+21。它以十分确定的周期(0.033 s)向地球发射电磁波脉冲。这种脉冲星实际上是转动着的中子星,由中子密聚而成,脉冲周期就是它的转动周期。实测还发现,上述中子星的周期以$1.26\times10^{-5}\ \mathrm{s/a}$的速率增大。

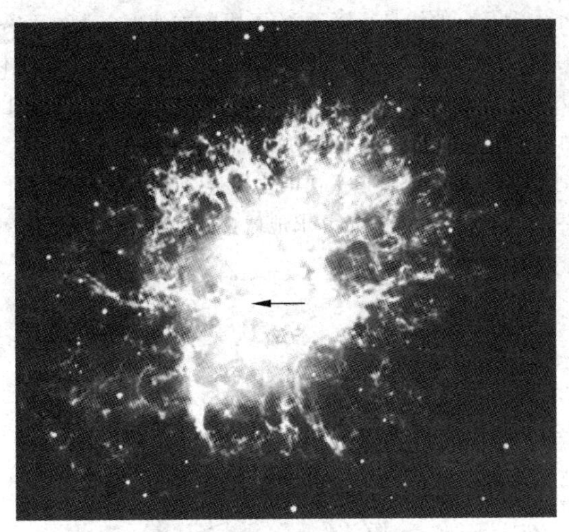

图 5.37 蟹状星云现状(箭头所指处是一颗中子星，它是 1054 年爆发的超新星的残骸)

(1) 求此中子星的自转角加速度。

(2) 设此中子星的质量为 1.5×10^{30} kg(近似太阳的质量),半径为 10 km。求它的转动动能以多大的速率(以 J/s 计)减小。(这减小的转动动能就转变为蟹状星云向外辐射的能量。)

(3) 若这一能量变化率保持不变,该中子星经过多长时间将停止转动。设此中子星可作均匀球体处理。

*5.22 地球对自转轴的转动惯量是 $0.33\ MR^2$,其中 M 是地球的质量,R 是地球的半径。求地球的自转动能。

由于潮汐对海岸的摩擦作用,地球自转的速度逐渐减小,每百万年自转周期增加 16 s。这样,地球自转动能的减小相当于摩擦消耗多大的功率？一年内消耗的能量相当于我国 2004 年发电量的几倍？潮汐对地球的平均力矩多大？

5.23 太阳的热核燃料耗尽时,它将急速塌缩成半径等于地球半径的一颗白矮星。如果不计质量散失,那时太阳的转动周期将变为多少？太阳和白矮星均按均匀球体计算,目前太阳的自转周期按 26 d 计。

*5.24 证明:圆盘在平面上无滑动地滚动时,其上各点相对于平面的速度 $\boldsymbol{v}$ 和圆盘的转动角速度 $\boldsymbol{\omega}$ 有下述关系:

$$\boldsymbol{v}=\boldsymbol{\omega}\times\boldsymbol{r}_P$$

其中角速度矢量 $\boldsymbol{\omega}$ 的方向垂直于盘面,其指向根据盘的转动方向用右手螺旋定则确定,$\boldsymbol{r}_P$ 是从圆盘与平面的瞬时接触点 P 到各点的径矢。上式表明盘上各点在任一瞬时都是绕 P 点运动的。因此,接触点 P 称圆盘的瞬时转动中心。

*5.25 绕有电缆的大轮轴总质量为 $M=1000$ kg,轮半径 $R_1=1.00$ m,电缆在轴上绕至半径为 $R_2=0.60$ m 处。设此时整个轮轴对其中心轴的转动惯量 $J_C=300\ \text{kg}\cdot\text{m}^2$。今用 $F=2000$ N 的力在底部沿水平方向拉电缆,如果轮轴在路面上无滑动地滚动,它将向哪个方向滚动？滚动的角加速度多大？质心前进的加速度多大？轮轴受到地面的摩擦力多大？

*5.26 小学生爱玩的“悠悠球”是把一条线绕在一个扁圆柱体的圆柱面上的沟内,再用手抓住线放开的一端上下抖动,使扁圆柱体上下运动的同时还不停地绕其水平轴转动。下面为简单起见假定线就绕在扁圆柱体的圆柱面上并设扁圆柱体的质量为 m,半径为 R。

(1) 若手不动，让圆柱体沿竖直的线自行滚下，它下降的加速度多大？手需用多大的力提住线端？

(2) 若要使圆柱体停留在一定高度上，手需用多大力向上提起线端？圆柱体转动的角加速度多大？

(3) 手若用 $2\,mg$ 的力向上提起线端，则圆柱体上升的加速度多大？手向上提的加速度多大？

*5.27 地球的自转轴与它绕太阳的轨道平面的垂线间的夹角是23.5°(图5.38)。由于太阳和月亮对地球的引力产生力矩，地球的自转轴绕轨道平面的垂线进动，进动一周需时间约26 000 a。已知地球绕自转轴的转动惯量为 $J=8.05\times10^{37}\ \mathrm{kg\cdot m^2}$。求地球自旋角动量矢量变化率的大小，即 $|\mathrm{d}\boldsymbol{L}/\mathrm{d}t|$，并求太阳和月亮对地球的合力矩多大？

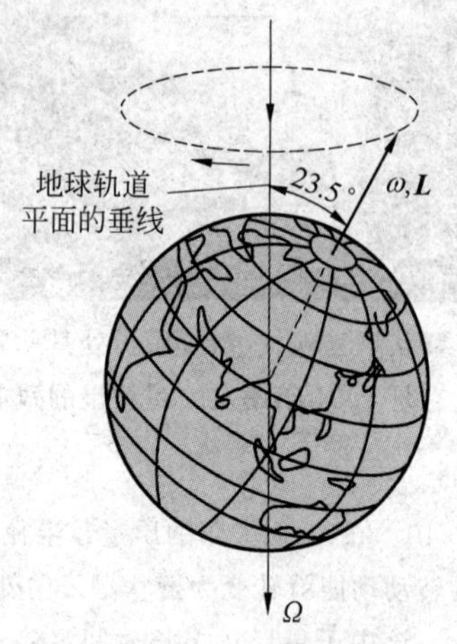

图5.38 习题5.27用图

*5.28 一艘船中装的回转稳定器是一个质量为50.0 t，半径为2.00 m的固体圆盘。它绕着一个竖直轴以800 r/min的角速度转动。

(1) 如果用恒定输入功率 7.46×10^4 W启动，要经过多少时间才能使它从静止达到上述额定转速？

(2) 如果船的轴在船的纵向竖直平面内以1.00°/s的角速度进动，说明船体受到了左倾或右倾的多大力矩。

第6章

狭义相对论基础

以上各章介绍了牛顿力学最基本的内容，牛顿力学的基础就是以牛顿命名的三条定律。这理论是在17世纪形成的，在以后的两个多世纪里，牛顿力学对科学和技术的发展起了很大的推动作用，而自身也得到了很大的发展。历史踏入20世纪时，物理学开始深入扩展到微观高速领域，这时发现牛顿力学在这些领域不再适用，物理学的发展要求对牛顿力学以及某些长期认为是不言自明的基本概念作出根本性的改革。这种改革终于实现了，那就是相对论和量子力学的建立。本章介绍相对论的基础知识，量子力学的基本概念将在本书下册第5篇量子物理中加以简单介绍。

6.1 牛顿相对性原理和伽利略变换

力学是研究物体的运动的，物体的运动就是它的位置随时间的变化。为了定量研究这种变化，必须选定适当的参考系，而力学概念，如速度、加速度等，以及力学规律都是对一定的参考系才有意义的。在处理实际问题时，视问题的方便，可以选用不同的参考系。相对于任一参考系分析研究物体的运动时，都要应用基本力学定律。这里就出现了这样的问题，对于不同的参考系，基本力学定律的形式是完全一样的吗？

运动既然是物体位置随时间的变化，那么，无论是运动的描述或是运动定律的说明，都离不开长度和时间的测量。因此，和上述问题紧密联系而又更根本的问题是：相对于不同的参考系，长度和时间的测量结果是一样的吗？

物理学对于这些根本问题的解答，经历了从牛顿力学到相对论的发展。下面先说明牛顿力学是怎样理解这些问题的，然后再着重介绍狭义相对论的基本内容。

对于上面的第一个问题，牛顿力学的回答是干脆的：对于任何惯性参考系，牛顿定律都成立。也就是说，对于不同的惯性系，力学的基本定律——牛顿定律，其形式都是一样的。因此，在任何惯性系中观察，同一力学现象将按同样的形式发生和演变。这个结论叫**牛顿相对性原理**或**力学相对性原理**，也叫做伽利略不变性。这个思想首先是伽利略表述的。在宣扬哥白尼的日心说时，为了解释地球的表观上的静止，他曾以大船作比喻，生动地指出：在“以任何速度前进，只要运动是匀速的，同时也不这样那样摆动”的大船船舱内，观察各种力学现象，如人的跳跃，抛物，水滴的下落，烟的上升，鱼的游动，甚至蝴蝶和苍蝇

图 6.1 舟行而不觉

的飞行等，你会发现，它们都会和船静止不动时一样地发生。人们并不能从这些现象来判断大船是否在运动。无独有偶，这种关于相对性原理的思想，在我国古籍中也有记述，成书于东汉时代（比伽利略要早约1500年！）的《尚书纬·考灵曜》中有这样的记述："地恒动不止而人不知，譬如人在大舟中，闭牖而坐，舟行而不觉也"（图6.1）。

在作匀速直线运动的大船内观察任何力学现象，都不能据此判断船本身的运动。只有打开舷窗向外看，当看到岸上灯塔的位置相对于船不断地在变化时，才能判定船相对于地面是在运动的，并由此确定航速。即使这样，也只能作出相对运动的结论，并不能肯定"究竟"是地面在运动，还是船在运动。只能确定两个惯性系的相对运动速度，谈论某一惯性系的绝对运动（或绝对静止）是没有意义的。这是力学相对性原理的一个重要结论。

关于空间和时间的问题，牛顿有的是**绝对空间**和**绝对时间**概念，或**绝对时空观**。所谓绝对空间是指长度的量度与参考系无关，绝对时间是指时间的量度和参考系无关。这也就是说，同样两点间的距离或同样的前后两个事件之间的时间，无论在哪个惯性系中测量都是一样的。牛顿本人曾说过："绝对空间，就其本性而言，与外界任何事物**无关**，而永远是相同的和不动的。"还说过："绝对的、真正的和数学的时间自己流逝着，并由于它的本性而均匀地与任何外界对象**无关**地流逝着。"还有，在牛顿那里，时间和空间的量度是**相互独立**的。

牛顿的这种绝对空间与绝对时间的概念是一般人对空间和时间概念的理论总结。我国唐代诗人李白在他的《春夜宴桃李园序》中的词句："夫天地者，万物之逆旅；光阴者，百代之过客"，也表达了相同的意思。

牛顿的相对性原理和他的绝对时空概念是有直接联系的，下面就来说明这种联系。

设想两个相对作匀速直线运动的参考系，分别以直角坐标系 $S(O,x,y,z)$ 和 $S'(O',x',y',z')$ 表示（图6.2），两者的坐标轴分别相互平行，而且 x 轴和 x' 轴重合在一起。S' 相对于 S 沿 x 轴方向以速度 $\boldsymbol{u}=u\boldsymbol{i}$ 运动。

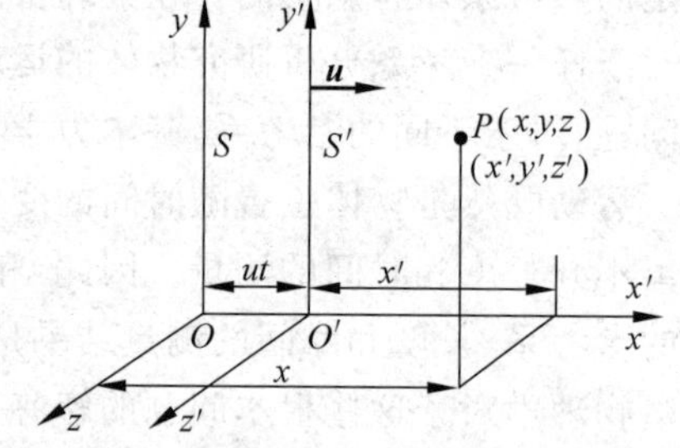

图 6.2 相对作匀速直线运动的两个参考系 S 和 S'

为了测量时间，设想在 S 和 S' 系中各处各有自己的钟，所有的钟结构完全相同，而且同一参考系中的所有的钟都是校准好而同步的，它们分别指示时刻 t 和 t'。为了对比两个参考系中所测的时间，我们假定两个参考系中的钟都以原点 O' 和 O 重合的时刻作为计算时间的零点。让我们找出两个参考系测出的同一质点到达某一位置 P 的时刻以及该位置的空间坐标之间的关系。

由于时间量度的绝对性，质点到达 P 时，两个参考系中 P 点附近的钟给出的时刻数

值一定相等，即

$$t' = t \tag{6.1}$$

由于空间量度的绝对性，由 P 点到 xz 平面（亦即 $x'z'$ 平面）的距离，由两个参考系测出的数值也是一样的，即

$$y' = y \tag{6.2}$$

同理

$$z' = z \tag{6.3}$$

至于 x 和 x' 的值，由 S 系测量，x 应该等于此时刻两原点之间的距离 ut 加上 $y'z'$ 平面到 P 点的距离。这后一距离由 S' 系量得为 x'。若由 S 系测量，根据绝对空间概念，这后一距离应该一样，即也等于 x'。所以，在 S 系中测量就应该有

$$x = x' + ut$$

或

$$x' = x - ut \tag{6.4}$$

将式(6.2)～式(6.4)写到一起，就得到下面一组变换公式：

$$x' = x - ut, \quad y' = y, \quad z' = z, \quad t' = t \tag{6.5}$$

这组公式叫**伽利略坐标变换**，它是绝对时空概念的直接反映。

由公式(6.5)可进一步求得速度变换公式。将其中前 3 式对时间求导，考虑到 $t=t'$，可得

$$\frac{\mathrm{d}x'}{\mathrm{d}t'} = \frac{\mathrm{d}x}{\mathrm{d}t} - u, \quad \frac{\mathrm{d}y'}{\mathrm{d}t'} = \frac{\mathrm{d}y}{\mathrm{d}t}, \quad \frac{\mathrm{d}z'}{\mathrm{d}t'} = \frac{\mathrm{d}z}{\mathrm{d}t}$$

式中

$$\frac{\mathrm{d}x'}{\mathrm{d}t'} = v_x', \quad \frac{\mathrm{d}y'}{\mathrm{d}t'} = v_y', \quad \frac{\mathrm{d}z'}{\mathrm{d}t'} = v_z'$$

与

$$\frac{\mathrm{d}x}{\mathrm{d}t} = v_x, \quad \frac{\mathrm{d}y}{\mathrm{d}t} = v_y, \quad \frac{\mathrm{d}z}{\mathrm{d}t} = v_z$$

分别为 S' 系与 S 系中的各个速度分量，因此可得速度变换公式为

$$v_x' = v_x - u, \quad v_y' = v_y, \quad v_z' = v_z \tag{6.6}$$

式(6.6)中的三式可以合并成一个矢量式，即

$$\boldsymbol{v}' = \boldsymbol{v} - \boldsymbol{u} \tag{6.7}$$

这正是在第 1 章中已导出的伽利略速度变换公式(1.39)。由上面的推导可以看出它是以绝对的时空概念为基础的。

将式(6.7)再对时间求导，可得出加速度变换公式。由于 $\boldsymbol{u}$ 与时间无关，所以有

$$\frac{\mathrm{d}\boldsymbol{v}'}{\mathrm{d}t'} = \frac{\mathrm{d}\boldsymbol{v}}{\mathrm{d}t}$$

即

$$\boldsymbol{a}' = \boldsymbol{a} \tag{6.8}$$

这说明同一质点的加速度在不同的惯性系内测得的结果是一样的。

在牛顿力学里，质点的质量和运动速度没有关系，因而也不受参考系的影响。牛顿力

学中的力只跟质点的相对位置或相对运动有关，因而也是和参考系无关的。因此，只要 $\boldsymbol{F}=m\boldsymbol{a}$ 在参考系 $\boldsymbol{S}$ 中是正确的，那么，对于参考系 $\boldsymbol{S}'$ 来说，由于 $\boldsymbol{F}'=\boldsymbol{F}$，$m'=m$ 以及式(6.8)，则必然有

$$\boldsymbol{F}' = m'\boldsymbol{a}' \tag{6.9}$$

即对参考系 S'说，牛顿定律也是正确的。一般地说，牛顿定律对任何惯性系都是正确的。

这样，我们就由牛顿的绝对时空概念(以及“绝对质量”概念)得到了牛顿相对性原理。

6.2 爱因斯坦相对性原理和光速不变

在牛顿等对力学进行深入研究之后，人们对其他物理现象，如光和电磁现象的研究也逐步深入了。19世纪中叶，已形成了比较严整的电磁理论——麦克斯韦理论。它预言光是一种电磁波，而且不久也为实验所证实。在分析与物体运动有关的电磁现象时，也发现有符合相对性原理的实例。例如在电磁感应现象中，只是磁体和线圈的相对运动决定线圈内产生的感生电动势。因此，也提出了同样的问题，对于不同的惯性系，电磁现象的基本规律的形式是一样的吗？如果用伽利略变换对电磁现象的基本规律进行变换，发现这些规律对不同的惯性系并不具有相同的形式。就这样，伽利略变换和电磁现象符合相对性原理的设想发生了矛盾。

在这个问题中，光速的数值起了特别重要的作用。以 c 表示在某一参考系 S 中测得的光在真空中的速率，以 c'表示在另一参考系 S' 中测得的光在真空的速率，如果根据伽利略变换，就应该有

$$c' = c \pm u$$

式中，u 为 S'相对于 S 的速度，它前面的正负号由 $\boldsymbol{c}$ 和 $\boldsymbol{u}$ 的方向相反或相同而定。但是麦克斯韦的电磁场理论给出的结果与此不相符，该理论给出的光在真空中的速率

$$c = \frac{1}{\sqrt{\varepsilon_0 \mu_0}} \tag{6.10}$$

其中 $\varepsilon_0 = 8.85\times10^{-12}\,\mathrm{C^2\cdot N^{-1}\cdot m^{-2}}$(或 F/m)，$\mu_0 = 1.26\times10^{-6}\,\mathrm{N\cdot s^2\cdot C^{-2}}$(或 H/m)，是两个电磁学常量。将这两个值代入上式，可得

$$c = 2.99\times10^8\ \mathrm{m/s}$$

由于 ε_0，μ_0 与参考系无关，因此 c 也应该与参考系无关。这就是说在任何参考系内测得的光在真空中的速率都应该是这一数值。这一结论还为后来的很多精确的实验(最著名的是1887年迈克尔逊和莫雷做的实验)和观察所证实①。它们都明确无误地证明光速的测量结果与光源和测量者的相对运动无关，亦即与参考系无关。这就是说，光或电磁波的运动不服从伽利略变换！

正是根据光在真空中的速度与参考系无关这一性质，在精密的激光测量技术的基础上，现在把光在真空中的速率规定为一个基本的物理常量，其值规定为

$$c = 299\ 792\ 458\ \mathrm{m/s}$$

---

① 参看习题1.25。

SI 的长度单位“m”就是在光速的这一规定的基础上规定的(参看 1.1 节)。

光速与参考系无关这一点是与人们的预计相反的,因日常经验总是使人们确信伽利略变换是正确的。但是要知道,日常遇到的物体运动的速率比起光速来是非常小的,炮弹飞出炮口的速率不过 10^3 m/s,人造卫星的发射速率也不过 10^4 m/s,不及光速的万分之一。我们本来不能,也不应该轻率地期望在低速情况下适用的规律在很高速的情况下也一定能适用。

伽利略变换和电磁规律的矛盾促使人们思考下述问题:是伽利略变换是正确的,而电磁现象的基本规律不符合相对性原理呢?还是已发现的电磁现象的基本规律是符合相对性原理的,而伽利略变换,实际上是绝对时空概念,应该修正呢?爱因斯坦对这个问题进行了深入的研究,并在 1905 年发表了《论动体的电动力学》这篇著名的论文,对此问题作出了对整个物理学都有根本变革意义的回答。在该文中他把下述“思想”提升为“公设”即基本假设:

物理规律对所有惯性系都是一样的,不存在任何一个特殊的(例如“绝对静止”的)惯性系。

爱因斯坦称这一假设为相对性原理,我们称之为**爱因斯坦相对性原理**。和牛顿相对性原理加以比较,可以看出前者是后者的推广,使相对性原理不仅适用于力学现象,而且适用于所有物理现象,包括电磁现象在内。这样,我们就可以料到,在任何一个惯性系内,不但是力学实验,而且任何物理实验都不能用来确定本参考系的运动速度。绝对运动或绝对静止的概念,从整个物理学中被排除了。

在把相对性原理作为基本假设的同时,爱因斯坦在那篇著名论文中还把另一论断,即**在所有惯性系中,光在真空中的速率都相等**,作为另一个基本假设提了出来。这一假设称为**光速不变原理**①。就是在看来这样简单而且最一般的两个假设的基础上,爱因斯坦建立了一套完整的理论——狭义相对论,而把物理学推进到了一个新的阶段。由于在这里涉及的只是无加速运动的惯性系,所以叫**狭义相对论**,以别于后来爱因斯坦发展的**广义相对论**,在那里讨论了作加速运动的参考系。

既然选择了相对性原理,那就必须修改伽利略变换,爱因斯坦从考虑**同时性的相对性**开始导出了一套新的时空变换公式——洛伦兹变换。

6.3 同时性的相对性和时间延缓

爱因斯坦对物理规律和参考系的关系进行考查时,不仅注意到了物理规律的具体形式,而且注意到了更根本更普遍的问题——关于时间和长度的测量问题,首先是时间的概

---

① 如果把光速当成一个“物理规律”,则光速不变原理就成了相对性原理的一个推论,无须作为一条独立的假设提出。更应注意的是,相对论理论不应该是电磁学的一个分支,不应该依赖光速的极限性。可以在空间的均匀性和各向同性的“基本假设”的基础上,根据相对性原理导出洛伦兹变换而建立相对论理论。这就更说明了爱因斯坦的相对性思想的普遍性和基础意义。关于不用光速的相对论论证可参看:Mermin N D. Relativity without light. Am J Phys, 1984, 52(2): 119~124; Terletskii Y P. Paradoxes in the Theory of Relativity. New York: Plenum Press, 1968, Sec. 7.

念。他对牛顿的绝对时间概念提出了怀疑，并且，据他说，从16岁起就开始思考这个问题了。经过10年的思考，终于得到了他的异乎寻常的结论：时间的量度是相对的！对于不同的参考系，同样的先后两个事件之间的时间间隔是不同的。

爱因斯坦的论述是从讨论"同时性"概念开始的①。在1905年发表的《论动体的电动力学》那篇著名论文中，他写道："如果我们要描述一个质点的运动，我们就以时间的函数来给出它的坐标值。现在我们必须记住，这样的数学描述，只有在我们十分清楚懂得'时间'在这里指的是什么之后才有物理意义。我们应该考虑到：凡是时间在里面起作用的我们的一切判断，总是关于同时的事件的判断。比如我们说，'那列火车7点钟到达这里'，这大概是说，'我的表的短针指到7同火车到达是同时的事件'。"

注意到了同时性，我们就会发现，和光速不变紧密联系在一起的是：在某一惯性系中同时发生的两个事件，在相对于此惯性系运动的另一惯性系中观察，并不是同时发生的。这可由下面的理想实验看出来。

仍设如图6.2所示的两个参考系 S 和 S'，设在坐标系 S' 中的 x' 轴上的 A'，B' 两点各放置一个接收器，每个接收器旁各有一个静止于 S' 的钟，在 $A'B'$ 的中点 M' 上有一闪光光源(图6.3)。今设光源发出一闪光，由于 $M'A'=M'B'$，而且向各个方向的光速是一样的，所以闪光必将同时传到两个接收器，或者说，光到达 A' 和到达 B' 这两个事件在 S' 系中观察是同时发生的。

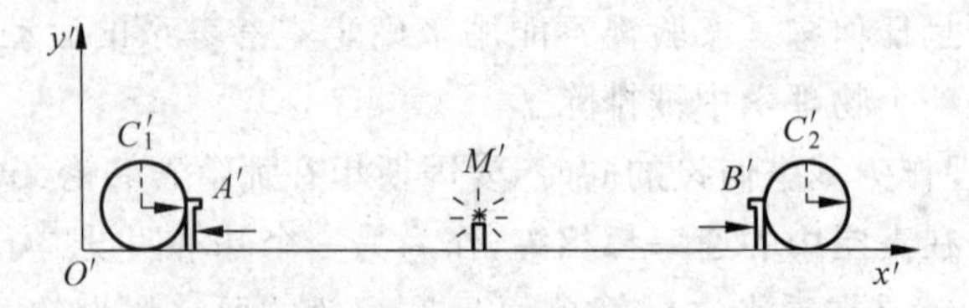

图6.3 在 S' 系中观察，光同时到达 A' 和 B'

在 S 系中观察这两个同样的事件，其结果又如何呢？如图6.4所示，在光从 M' 发出到达 A' 这一段时间内，A' 已迎着光线走了一段距离，而在光从 M' 出发到达 B' 这段时间内，B' 却背着光线走了一段距离。

显然，光线从 M' 发出到达 A' 所走的距离比到达 B' 所走的距离要短。因为这两个方向的光速还是一样的(光速与光源和观察者的相对运动无关)，所以光必定先到达 A' 而后到达 B'，或者说，光到达 A' 和到达 B' 这两个事件在 S 系中观察并不是同时发生的。这就说明，**同时性是相对的**②。

如果 M，A，B 是固定在 S 系的 x 轴上的一套类似装置，则用同样分析可以得出，在 S 系中同时发生的两个事件，在 S' 系中观察，也不是同时发生的。分析这两种情况的结果还可以得出下一结论：沿两个惯性系相对运动方向发生的两个事件，在其中一个惯性系中

---

① 杨振宁称同时性的相对性是"关键性、革命性的思想"，他还评论说："洛伦兹有其数学，没有其物理；庞加莱有其哲学，也没有其物理。而26岁的爱因斯坦敢于质疑人类关于时间的错误的原始观念，坚持同时性是相对的，才能从而打开了通向新的微观物理之门。"——见：物理与工程，2005(6)：2.

② 这一结论和人类的"原始观念"是相违背的。参见：张三慧.同时性的相对性与经典同时性.物理通报，2001(2)：9.

表现为同时的，在另一惯性系中观察，则总是**在前一惯性系运动的后方的那一事件先发生**。

由图 6.4 也很容易了解，S'系相对于 S 系的速度越大，在 S 系中所测得的沿相对速度方向配置的两事件之间的时间间隔就越长。这就是说，对不同的参考系，沿相对速度方向配置的同样的两个事件之间的时间间隔是不同的。这也就是说，**时间的测量是相对的**。

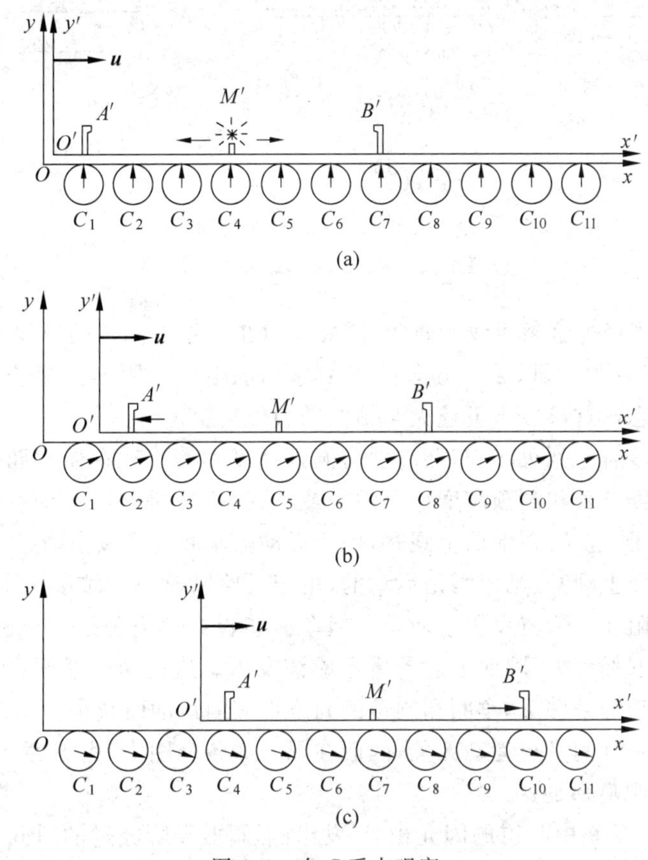

图 6.4　在 S 系中观察

(a) 光由 M'发出；(b) 光到达 A'；(c) 光到达 B'

下面我们来导出时间量度和参考系相对速度之间的关系。

如图 6.5(a)所示，设在 S'系中 A'点有一闪光光源，它近旁有一只钟 C'。在平行于 y'轴方向离 A'距离为 d 处放置一反射镜，镜面向 A'。今令光源发出一闪光射向镜面又反射回 A'，光从 A'发出到再返回 A'这两个事件相隔的时间由钟 C'给出，它应该是

$$\Delta t' = \frac{2d}{c} \tag{6.11}$$

在 S 系中测量，光从 A'发出再返回 A'这两个事件相隔的时间又是多长呢？首先，我们看到，由于 S'系的运动，这两个事件并不发生在 S 系中的同一地点。为了测量这一时间间隔，必须利用沿 x 轴配置的许多静止于 S 系的经过校准而同步的钟 C_1，C_2 等，而待测时间间隔由光从 A'发出和返回 A'时，A'所邻近的钟 C_1 和 C_2 给出。我们还可以看到，在 S 系中测量时，光线由发出到返回并不沿同一直线进行，而是沿一条折线(图 6.5(b)、

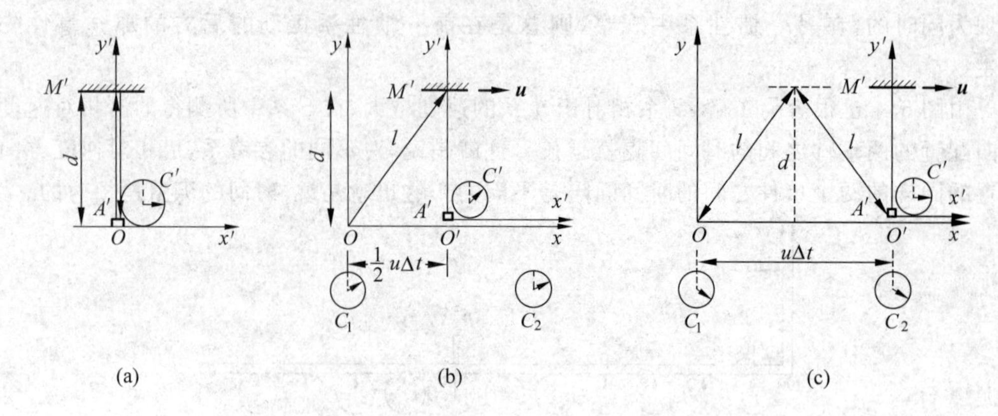

图 6.5 光由 A'到 M'，再返回 A'

(a) 在 S'系中测量；(b)、(c) 在 S 系中测量

(c))。为了计算光经过这条折线的时间，需要算出在 S 系中测得的斜线 l 的长度。为此，我们先说明，在 S 系中测量，沿 y 方向从 A'到镜面的距离也是 d(这里应当怀疑一下牛顿的绝对长度的概念)，这可以由下述火车钻洞的假想实验得出。

设在山洞外停有一列火车，车厢高度与洞顶高度相等。现在使车厢匀速地向山洞开去。这时它的高度是否和洞顶高度相等呢？或者说，高度是否和运动有关呢？假设高度由于运动而变小了，这样，在地面上观察，由于运动的车厢高度减小，它当然能顺利地通过山洞。如果在车厢上观察，则山洞是运动的，由相对性原理，洞顶的高度应减小，这样车厢势必在山洞外被阻住。这就发生了矛盾。但车厢能否穿过山洞是一个确定的物理事实，应该和参考系的选择无关，因而上述矛盾不应该发生。这说明上述假设是错误的。因此在满足相对性原理的条件下，车厢和洞顶的高度不应因运动而减小。这也就是说，垂直于相对运动方向的长度测量与运动无关，因而在图 6.5 各分图中，由 S 系观察，A'和反射镜之间沿 y 方向的距离都是 d。

以 Δt 表示在 S 系中测得的闪光由 A'发出到返回 A'所经过的时间。由于在这段时间内，A'移动了距离 $u\Delta t$，所以

$$l=\sqrt{d^2+\left(\frac{u\Delta t}{2}\right)^2} \tag{6.12}$$

由光速不变，又有

$$\Delta t=\frac{2l}{c}=\frac{2}{c}\sqrt{d^2+\left(\frac{u\Delta t}{2}\right)^2}$$

由此式解出

$$\Delta t=\frac{2d}{c}\frac{1}{\sqrt{1-u^2/c^2}}$$

和式(6.11)比较可得

$$\Delta t=\frac{\Delta t'}{\sqrt{1-u^2/c^2}} \tag{6.13}$$

此式说明，如果在某一参考系 S'中发生在同一地点的两个事件相隔的时间是 $\Delta t'$，则在另

一参考系 S 中测得的这两个事件相隔的时间 Δt 总是要长一些，二者之间差一个 $\sqrt{1-u^2/c^2}$ 因子。这就从数量上显示了时间测量的相对性。

在某一参考系中**同一地点先后发生的两个事件之间的时间间隔**叫**固有时**，它是静止于此参考系中的一只钟测出的。在上面的例子中，$\Delta t'$ 就是光从 A' 发出又返回 A' 所经历的固有时。由式(6.13)可看出，**固有时最短**。固有时和在其他参考系中测得的时间的关系，如果用钟走得快慢来说明，就是 S 系中的观察者把相对于他运动的那只 S' 系中的钟和自己的许多同步的钟对比，发现那只钟慢了，那只运动的钟的一秒对应于这许多静止的同步的钟的好几秒。这个效应叫做运动的钟**时间延缓**。

应注意，时间延缓是一种相对效应。也就是说，S' 系中的观察者会发现静止于 S 系中而相对于自己运动的任一只钟比自己的参考系中的一系列同步的钟走得慢。这时 S 系中的一只钟给出固有时，S' 系中的钟给出的不是固有时。

由式(6.13)还可以看出，当 $u \ll c$ 时，$\sqrt{1-u^2/c^2} \approx 1$，而 $\Delta t \approx \Delta t'$。这种情况下，同样的两个事件之间的时间间隔在各参考系中测得的结果都是一样的，即时间的测量与参考系无关。这就是牛顿的绝对时间概念。由此可知，牛顿的绝对时间概念实际上是相对论时间概念在参考系的相对速度很小时的近似。

例 6.1

一飞船以 $u=9\times10^3$ m/s 的速率相对于地面(我们假定为惯性系)匀速飞行。飞船上的钟走了 5 s 的时间，用地面上的钟测量是经过了多少时间？

解 因为 $\Delta t'$ 为固有时，$u=9\times10^3$ m/s，$\Delta t'=5$ s，所以

$$\Delta t = \frac{\Delta t'}{\sqrt{1-u^2/c^2}} = \frac{5}{\sqrt{1-[(9\times10^3)/(3\times10^8)]^2}}$$

$$\approx 5\left[1+\frac{1}{2}\times(3\times10^{-5})^2\right] = 5.000\ 000\ 002\ (\mathrm{s})$$

此结果说明对于飞船的这样大的速率来说，时间延缓效应实际上是很难测量出来的。

例 6.2

带正电的 π 介子是一种不稳定的粒子。当它静止时，平均寿命为 2.5×10^{-8} s，过后即衰变为一个 μ 介子和一个中微子。今产生一束 π 介子，在实验室测得它的速率为 $u=0.99\,c$，并测得它在衰变前通过的平均距离为 52 m。这些测量结果是否一致？

解 如果用平均寿命 $\Delta t'=2.5\times10^{-8}$ s 和速率 u 相乘，得

$$0.99\times3\times10^8\times2.5\times10^{-8} = 7.4\ (\mathrm{m})$$

这和实验结果明显不符。若考虑相对论时间延缓效应，$\Delta t'$ 是静止 π 介子的平均寿命，为固有时，当 π 介子运动时，在实验室测得的平均寿命应是

$$\Delta t = \frac{\Delta t'}{\sqrt{1-u^2/c^2}} = \frac{2.5\times10^{-8}}{\sqrt{1-0.99^2}} = 1.8\times10^{-7}\ (\mathrm{s})$$

在实验室测得它通过的平均距离应该是

$$u\Delta t = 0.99\times3\times10^8\times1.8\times10^{-7} = 53\ (\mathrm{m})$$

和实验结果很好地符合。

这是符合相对论的一个高能粒子的实验。实际上，近代高能粒子实验，每天都在考验着相对论，而相对论每次也都经受住了这种考验。

6.4 长度收缩

现在讨论长度的测量。6.3节已说过，垂直于运动方向的长度测量是与参考系无关的。沿运动方向的长度测量又如何呢？

应该明确的是，长度测量是和同时性概念密切相关的。在某一参考系中测量棒的长度，就是要测量它的两端点在**同一时刻**的位置之间的距离。这一点在测量静止的棒的长度时并不明显地重要，因为它的两端的位置不变，不管是否同时记录两端的位置，结果总是一样的。但在测量运动的棒的长度时，同时性的考虑就带有决定性的意义了。如图6.6所示，要测量正在行进的汽车的长度l，就**必须在同一时刻**记录车头的位置x_2和车尾的位置x_1，然后算出来$l=x_2-x_1$(图6.6(a))。如果两个位置不是在同一时刻记录的，例如在记录了x_1之后过一会再记录x_2(图6.6(b))，则x_2-x_1就和两次记录的时间间隔有关系，它的数值显然不代表汽车的长度。

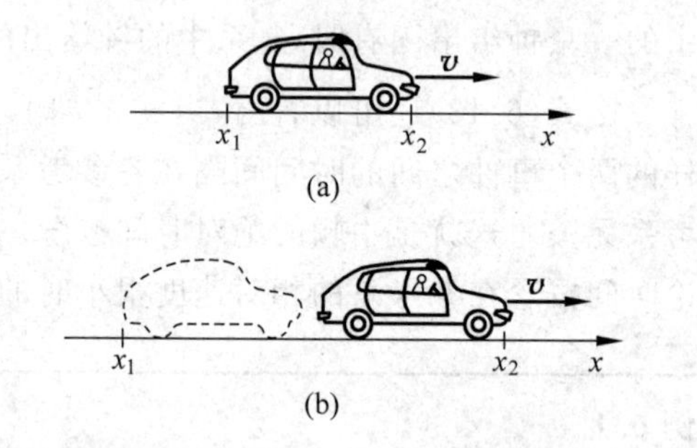

图6.6 测量运动的汽车的长度

(a) 同时记录x_1和x_2；(b) 先记录x_1，后记录x_2

根据爱因斯坦的观点，既然同时性是相对的，那么长度的测量也必定是相对的。长度测量和参考系的运动有什么关系呢？

仍假设如图6.2所示的两个参考系S和S'。有一根棒$A'B'$固定在x'轴上，在S'系中测得它的长度为l'。为了求出它在S系中的长度l，我们假想在S系中某一时刻t_1，B'端经过x_1，如图6.7(a)，在其后$t_1+\Delta t$时刻A'经过x_1。由于棒的运动速度为u，在$t_1+\Delta t$这一时刻B'端的位置一定在$x_2=x_1+u\Delta t$处，如图6.7(b)。根据上面所说长度测量的规定，在S系中棒长就应该是

$$l=x_2-x_1=u\Delta t \tag{6.14}$$

现在再看Δt，它是B'端和A'端相继通过x_1点这两个事件之间的时间间隔。由于x_1是S系中一个固定地点，所以Δt是这两个事件之间的固有时。

从S'系看来，棒是静止的，由于S系向左运动，x_1这一点相继经过B'和A'端(图6.8)。由于棒长为l'，所以x_1经过B'和A'这两个事件之间的时间间隔$\Delta t'$，在S'系中测量为

$$\Delta t'=\frac{l'}{u} \tag{6.15}$$

Δt和$\Delta t'$都是指同样两个事件之间的时间间隔，根据时间延缓关系，有

$$\Delta t=\Delta t'\sqrt{1-u^2/c^2}=\frac{l'}{u}\sqrt{1-u^2/c^2}$$

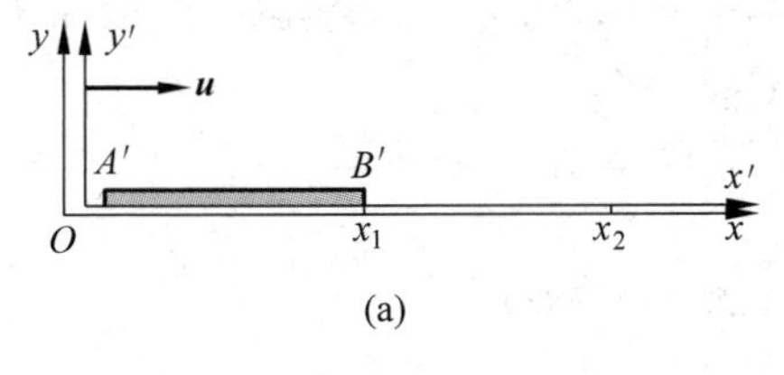

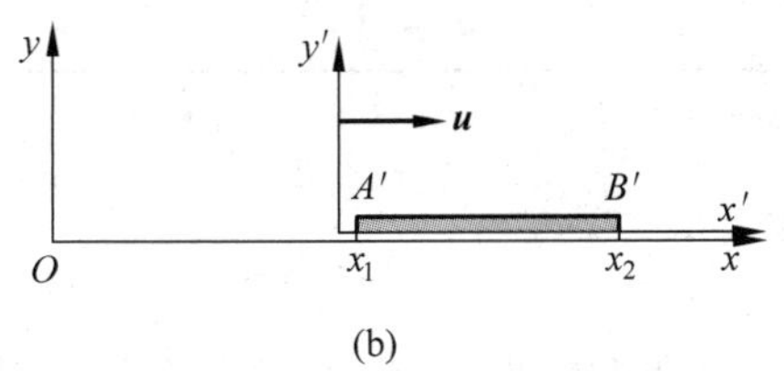

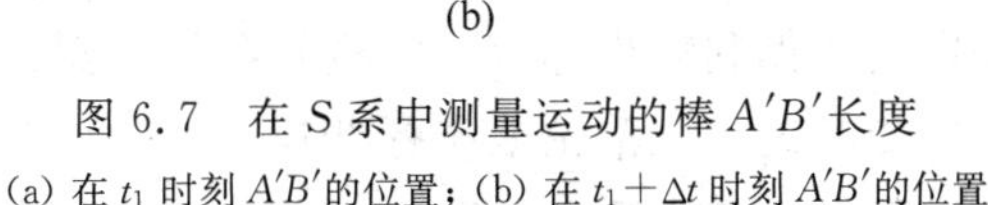

图 6.7 在 S 系中测量运动的棒 $A'B'$ 长度

(a) 在 t_1 时刻 $A'B'$ 的位置；(b) 在 $t_1+\Delta t$ 时刻 $A'B'$ 的位置

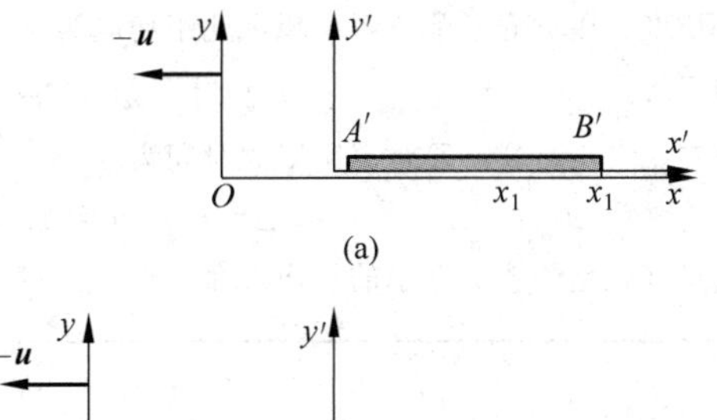

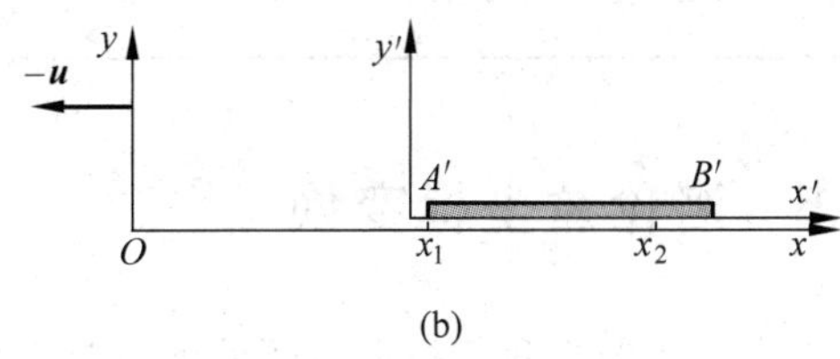

图 6.8 在 S' 系中观察的结果

(a) x_1 经过 B' 点；(b) x_1 经过 A' 点

将此式代入式(6.14)即可得

$$l = l'\sqrt{1-u^2/c^2} \tag{6.16}$$

此式说明，如果在某一参考系(S')中，一根静止的棒的长度是 l'，则在另一参考系中测得的同一根棒的长度 l 总要短些，二者之间相差一个因子 $\sqrt{1-u^2/c^2}$。这就是说，**长度的测量也是相对的**。

棒静止时测得的它的长度叫**棒的静长**或**固有长度**。上例中的 l'就是固有长度。由式(6.16)可看出，**固有长度最长**。这种长度测量值的不同显然只适用于棒沿着运动方向放置的情况。这种效应叫做运动的棒(纵向)的**长度收缩**。

也应该指出，长度收缩也是一种相对效应。静止于 S 系中沿 x 方向放置的棒，在 S' 系中测量，其长度也要收缩。此时，l 是固有长度，而 l'不是固有长度。

由式(6.16)可以看出，当 $u \ll c$ 时，$l \approx l'$。这时又回到了牛顿的绝对空间的概念：空间的量度与参考系无关。这也说明，牛顿的绝对空间概念是相对论空间概念在相对速度很小时的近似。

例 6.3

固有长度为 5 m 的飞船以 $u=9\times10^3$ m/s 的速率相对于地面匀速飞行时，从地面上测量，它的长度是多少？

解 l'即为固有长度，$l'=5$ m，$u=9\times10^3$ m/s，所以

$$l = l'\sqrt{1-u^2/c^2} = 5\sqrt{1-[(9\times10^3)/(3\times10^8)]^2}$$

$$\approx 5\left[1-\frac{1}{2}\times(3\times10^{-5})^2\right] = 4.999\ 999\ 998\ (\text{m})$$

这个结果和静长 5 m 的差别是难以测出的。

例 6.4

试从 π 介子在其中静止的参考系来考虑 π 介子的平均寿命(参照例 6.2)。

解 从 π 介子的参考系看来，实验室的运动速率为 $u=0.99c$，实验室中测得的距离 $l=52$ m 为固有长度。在 π 介子参考系中测量此距离应为

$$l'=l\sqrt{1-u^2/c^2}=52\times\sqrt{1-0.99^2}=7.3\ (\mathrm{m})$$

而实验室飞过这一段距离所用的时间为

$$\Delta t'=l'/u=7.3/0.99c=2.5\times10^{-8}\ (\mathrm{s})$$

这正好就是静止 π 介子的平均寿命。

6.5 洛伦兹坐标变换

在 6.1 节中我们根据牛顿的绝对时空概念导出了伽利略坐标变换。现在我们根据爱因斯坦的相对论时空概念导出相应的另一组坐标变换式——洛伦兹坐标变换。

仍然设 S,S' 两个参考系如图 6.9 所示，S' 以速度 $\boldsymbol{u}$ 相对于 S 运动，二者原点 O,O' 在 $t=t'=0$ 时重合。我们求由两个坐标系测出的在某时刻发生在 P 点的一个事件(例如一次爆炸)的两套坐标值之间的关系。在该时刻，在 S' 系中测量(图 6.9(b))时刻为 t'，从 $y'z'$ 平面到 P 点的距离为 x'。在 S 系中测量(图 6.9(a))，该同一时刻为 t，从 yz 平面到 P 点的距离 x 应等于此时刻两原点之间的距离 ut 加上 $y'z'$ 平面到 P 点的距离。但这后一段距离在 S 系中测量，其数值不再等于 x'，根据长度收缩，应等于 $x'\sqrt{1-u^2/c^2}$，因此在 S 系中测量的结果应为

$$x=ut+x'\sqrt{1-u^2/c^2}\tag{6.17}$$

或者

$$x'=\frac{x-ut}{\sqrt{1-u^2/c^2}}\tag{6.18}$$

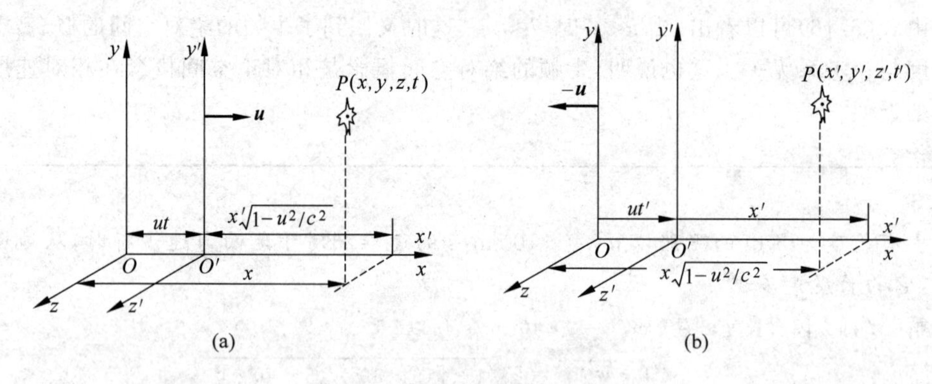

图 6.9 洛伦兹坐标变换的推导

(a) 在 S 系中测量；(b) 在 S' 系中测量

为了求得时间变换公式，可以先求出以 x 和 t' 表示的 x' 的表示式。在 S' 系中观察时，yz 平面到 P 点的距离应为 $x\sqrt{1-u^2/c^2}$，而 OO' 的距离为 ut'，这样就有

$$x'=x\sqrt{1-u^2/c^2}-ut'\tag{6.19}$$

在式(6.17)、式(6.19)中消去 x',可得

$$t'=\frac{t-\frac{u}{c^2}x}{\sqrt{1-u^2/c^2}} \tag{6.20}$$

在 6.3 节中已经指出,垂直于相对运动方向的长度测量与参考系无关,即 $y'=y$, $z'=z$,将上述变换式列到一起,有

$$x'=\frac{x-ut}{\sqrt{1-u^2/c^2}},\quad y'=y,\quad z'=z,\quad t'=\frac{t-\frac{u}{c^2}x}{\sqrt{1-u^2/c^2}} \tag{6.21}$$

式(6.21)称为**洛伦兹坐标变换**①。

可以明显地看出,当 $u\ll c$ 时,洛伦兹坐标变换就约化为伽利略坐标变换。这也正如已指出过的,牛顿的绝对时空概念是相对论时空概念在参考系相对速度很小时的近似。

与伽利略坐标变换相比,洛伦兹坐标变换中的时间坐标明显地和空间坐标有关。这说明,在相对论中,时间空间的测量**互相不能分离**,它们联系成一个整体了。因此在相对论中常把一个事件发生时的位置和时刻联系起来称为它的**时空坐标**。

在现代相对论的文献中,常用下面两个恒等符号:

$$\beta\equiv\frac{u}{c},\quad \gamma\equiv\frac{1}{\sqrt{1-\beta^2}} \tag{6.22}$$

这样,洛伦兹坐标变换就可写成

$$x'=\gamma(x-\beta ct),\quad y'=y,\quad z'=z,\quad t'=\gamma\left(t-\frac{\beta}{c}x\right) \tag{6.23}$$

对此式解出 x,y,z,t,可得**逆变换公式**

$$x=\gamma(x'+\beta ct'),\quad y=y',\quad z=z',\quad t=\gamma\left(t'+\frac{\beta}{c}x'\right) \tag{6.24}$$

此逆变换公式也可以根据相对性原理,在正变换式(6.23)中把带撇的量和不带撇的量相互交换,同时把 β 换成 $-\beta$ 得出。

这时应指出一点,在式(6.21)中,$t=0$ 时,

$$x'=\frac{x}{\sqrt{1-u^2/c^2}}$$

如果 $u\geqslant c$,则对于各 x 值,x' 值将只能以无穷大值或虚数值和它对应,这显然是没有物理意义的。因而两参考系的相对速度不可能等于或大于光速。由于参考系总是借助于一定的物体(或物体组)而确定的,所以我们也可以说,根据狭义相对论的基本假设,任何物体相对于另一物体的速度不能等于或超过真空中的光速,即在真空中的光速 c 是一切实际物体运动速度的极限②。其实这一点我们从式(6.13)已经可以看出了,在 6.9 节中还要介绍关于这一结论的直接实验验证。

这里可以指出,洛伦兹坐标变换式(6.21)在理论上具有根本性的重要意义,这就是,

---

① 这一套坐标变换是洛伦兹先于爱因斯坦导出的,但他未正确地说明它的深刻的物理含意。1905 年爱因斯坦根据相对论思想重新导出了这一套公式。为尊重洛伦兹的贡献,爱因斯坦把它取名为洛伦兹[坐标]变换。

② 关于光速是极限速度的问题,现在仍不断引起讨论。对此感兴趣的读者可参看:张三慧.谈谈超光速.物理通报,2002(10):45.

基本的物理定律,包括电磁学和量子力学的基本定律,都在而且应该在洛伦兹坐标变换下保持不变。这种不变显示出物理定律对匀速直线运动的对称性,这种对称性也是自然界的一种基本的对称性——**相对论性对称性**。

例 6.5

长度收缩验证。用洛伦兹坐标变换验证长度收缩公式(6.16)。

解 设在 S' 系中沿 x' 轴放置一根静止的棒,它的长度为 $l'=x_2'-x_1'$。由洛伦兹坐标变换,得

$$l'=\frac{x_2-ut_2}{\sqrt{1-u^2/c^2}}-\frac{x_1-ut_1}{\sqrt{1-u^2/c^2}}=\frac{x_2-x_1}{\sqrt{1-u^2/c^2}}-\frac{u(t_2-t_1)}{\sqrt{1-u^2/c^2}}$$

遵照测量运动棒的长度时棒两端的位置必须同时记录的规定,要使 $x_2-x_1=l$ 表示在 S 系中测得的棒长,就必须有 $t_2=t_1$。这样上式就给出

$$l'=\frac{l}{\sqrt{1-u^2/c^2}} \quad 或 \quad l=l'\sqrt{1-u^2/c^2}$$

这就是式(6.16)。

例 6.6

同时性的相对性验证。用洛伦兹坐标变换验证同时性的相对性。

解 从根本上说,洛伦兹坐标变换来源于爱因斯坦的同时性的相对性,它自然也能反过来把这一相对性表现出来。例如,对于 S 系中的两个事件 $A(x_1,0,0,t_1)$ 和 $B(x_2,0,0,t_2)$,在 S' 系中它的时空坐标将是 $A(x_1',0,0,t_1')$ 和 $B(x_2',0,0,t_2')$。由洛伦兹变换,得

$$t_1'=\frac{t_1-\frac{u}{c^2}x_1}{\sqrt{1-u^2/c^2}},\quad t_2'=\frac{t_2-\frac{u}{c^2}x_2}{\sqrt{1-u^2/c^2}}$$

因此

$$t_2'-t_1'=\frac{(t_2-t_1)-\frac{u}{c^2}(x_2-x_1)}{\sqrt{1-u^2/c^2}} \tag{6.25}$$

如果在 S 系中,A,B 是在不同的地点(即 $x_2\neq x_1$),但是在同一时刻(即 $t_2=t_1$)发生,则由上式可得 $t_2'\neq t_1'$,即在 S' 系中观察,A,B 并不是同时发生的。这就说明了同时性的相对性。

关于事件发生的时间顺序

由式(6.25)还可以看出,如果 $t_2>t_1$,即在 S 系中观察,B 事件迟于 A 事件发生,则对于不同的 (x_2-x_1) 值,$(t_2'-t_1')$ 可以大于、等于或小于零,即在 S' 系中观察,B 事件可能迟于、同时或先于 A 事件发生。这就是说,两个事件发生的时间顺序,在不同的参考系中观察,有可能颠倒。不过,应该注意,这只限于两个互不相关的事件。

对于有因果关系的两个事件,它们发生的顺序,在任何惯性系中观察,都是不应该颠倒的。所谓的 A,B 两个事件有因果关系,就是说 B 事件是 A 事件引起的。例如,在某处的枪口发出子弹算作 A 事件,在另一处的靶上被此子弹击穿一个洞算作 B 事件,这 B 事件当然是 A 事件引起的。又例如在地面上某雷达站发出一雷达波算作 A 事件,在某人造地球卫星上接收到此雷达波算作 B 事件,这 B 事件也是 A 事件引起的。一般地说,A 事件引起 B 事件的发生,必然是从 A 事件向 B 事件传递了一种“作用”或“信

号”,例如上面例子中的子弹或无线电波。这种“信号”在 t_1 时刻到 t_2 时刻这段时间内,从 x_1 到达 x_2 处,因而传递的速度是

$$v_s = \frac{x_2 - x_1}{t_2 - t_1}$$

这个速度就叫**“信号速度”**。由于信号实际上是一些物体或无线电波、光波等,因而信号速度总不能大于光速。对于这种有因果关系的两个事件,式(6.25)可改写成

$$t_2' - t_1' = \frac{t_2 - t_1}{\sqrt{1 - u^2/c^2}}\left(1 - \frac{u}{c^2}\frac{x_2 - x_1}{t_2 - t_1}\right)$$

$$= \frac{t_2 - t_1}{\sqrt{1 - u^2/c^2}}\left(1 - \frac{u}{c^2}v_s\right)$$

由于 $u<c$, $v_s \leqslant c$,所以 uv_s/c^2 总小于1。这样,$(t_2'-t_1')$就总跟(t_2-t_1)同号。这就是说,在 S 系中观察,如果 A 事件先于 B 事件发生(即 $t_2>t_1$),则在任何其他参考系 S' 中观察,A 事件也总是先于 B 事件发生,时间顺序不会颠倒。狭义相对论在这一点上是符合因果关系的要求的。

例 6.7

北京和上海直线相距 1000 km,在某一时刻从两地同时各开出一列火车。现有一艘飞船沿从北京到上海的方向在高空掠过,速率恒为 $u=9$ km/s。求宇航员测得的两列火车开出时刻的间隔,哪一列先开出?

解 取地面为 S 系,坐标原点在北京,以北京到上海的方向为 x 轴正方向,北京和上海的位置坐标分别是 x_1 和 x_2。取飞船为 S'系。

现已知两地距离是

$$\Delta x = x_2 - x_1 = 10^6 \text{ m}$$

而两列火车开出时刻的间隔是

$$\Delta t = t_2 - t_1 = 0$$

以 t_1'和 t_2'分别表示在飞船上测得的从北京发车的时刻和从上海发车的时刻,则由洛伦兹变换可知

$$t_2' - t_1' = \frac{(t_2 - t_1) - \frac{u}{c^2}(x_2 - x_1)}{\sqrt{1 - u^2/c^2}} = \frac{-\frac{u}{c^2}(x_2 - x_1)}{\sqrt{1 - u^2/c^2}}$$

$$= \frac{-\frac{9\times 10^3}{(3\times 10^8)^2}\times 10^6}{\sqrt{1 - \left(\frac{9\times 10^3}{3\times 10^8}\right)^2}} \approx -10^{-7}\ (\text{s})$$

这一负的结果表示:宇航员发现从上海发车的时刻比从北京发车的时刻早 10^{-7} s。

6.6 相对论速度变换

在讨论速度变换时,我们首先注意到,各速度分量的定义如下:

在 S 系中 $\quad v_x = \frac{dx}{dt},\quad v_y = \frac{dy}{dt},\quad v_z = \frac{dz}{dt}$

在 S' 系中 $\quad v_x' = \frac{dx'}{dt'},\quad v_y' = \frac{dy'}{dt'},\quad v_z' = \frac{dz'}{dt'}$

在洛伦兹变换公式(6.23)中,对t'求导,可得

$$\frac{\mathrm{d}x'}{\mathrm{d}t'}=\frac{\dfrac{\mathrm{d}x'}{\mathrm{d}t}}{\dfrac{\mathrm{d}t'}{\mathrm{d}t}}=\frac{\dfrac{\mathrm{d}x}{\mathrm{d}t}-\beta c}{1-\dfrac{\beta}{c}\dfrac{\mathrm{d}x}{\mathrm{d}t}}$$

$$\frac{\mathrm{d}y'}{\mathrm{d}t'}=\frac{\dfrac{\mathrm{d}y'}{\mathrm{d}t}}{\dfrac{\mathrm{d}t'}{\mathrm{d}t}}=\frac{\dfrac{\mathrm{d}y}{\mathrm{d}t}}{\gamma\left(1-\dfrac{\beta}{c}\dfrac{\mathrm{d}x}{\mathrm{d}t}\right)}$$

$$\frac{\mathrm{d}z'}{\mathrm{d}t'}=\frac{\dfrac{\mathrm{d}z'}{\mathrm{d}t}}{\dfrac{\mathrm{d}t'}{\mathrm{d}t}}=\frac{\dfrac{\mathrm{d}z}{\mathrm{d}t}}{\gamma\left(1-\dfrac{\beta}{c}\dfrac{\mathrm{d}x}{\mathrm{d}t}\right)}$$

利用上面的速度分量定义公式,这些式子可写作

$$\left.\begin{aligned}v_x'&=\frac{v_x-\beta c}{1-\dfrac{\beta}{c}v_x}=\frac{v_x-u}{1-\dfrac{uv_x}{c^2}}\\v_y'&=\frac{v_y}{\gamma\left(1-\dfrac{\beta}{c}v_x\right)}=\frac{v_y}{1-\dfrac{uv_x}{c^2}}\sqrt{1-u^2/c^2}\\v_z'&=\frac{v_z}{\gamma\left(1-\dfrac{\beta}{c}v_x\right)}=\frac{v_z}{1-\dfrac{uv_x}{c^2}}\sqrt{1-u^2/c^2}\end{aligned}\right\}\tag{6.26}$$

这就是**相对论速度变换公式**,可以明显地看出,当u和v都比c小很多时,它们就约化为伽利略速度变换公式(6.6)。

对于光,设在S系中一束光沿x轴方向传播,其速率为c,则在S'系中,$v_x=c$,$v_y=v_z=0$按式(6.26),光的速率应为

$$v'=v_x'=\frac{c-u}{1-\dfrac{cu}{c^2}}=c$$

仍然是c。这一结果和相对速率u无关。也就是说,光在任何惯性系中速率都是c。正应该这样,因为这是相对论的一个出发点。

在式(6.26)中,将带撇的量和不带撇的量互相交换,同时把u换成$-u$,可得速度的逆变换式如下:

$$\left.\begin{aligned}v_x&=\frac{v_x'+\beta c}{1+\dfrac{\beta}{c}v_x'}=\frac{v_x'+u}{1+\dfrac{uv_x'}{c^2}}\\v_y&=\frac{v_y'}{\gamma\left(1+\dfrac{\beta}{c}v_x'\right)}=\frac{v_y'}{1+\dfrac{uv_x'}{c^2}}\sqrt{1-u^2/c^2}\\v_z&=\frac{v_z'}{\gamma\left(1+\dfrac{\beta}{c}v_x'\right)}=\frac{v_z'}{1+\dfrac{uv_x'}{c^2}}\sqrt{1-u^2/c^2}\end{aligned}\right\}\tag{6.27}$$

例 6.8

速度变换。在地面上测到有两个飞船分别以 $+0.9c$ 和 $-0.9c$ 的速度向相反方向飞行。求一飞船相对于另一飞船的速度有多大？

解　如图 6.10，设 S 为速度是 $-0.9c$ 的飞船在其中静止的参考系，则地面对此参考系以速度 $u=0.9c$ 运动。以地面为参考系 S'，则另一飞船相对于 S' 系的速度为 $v_x'=0.9c$，由公式(6.27)可得所求速度为

$$v_x=\frac{v_x'+u}{1+uv_x'/c^2}=\frac{0.9c+0.9c}{1+0.9\times0.9}=\frac{1.80}{1.81}c=0.994c$$

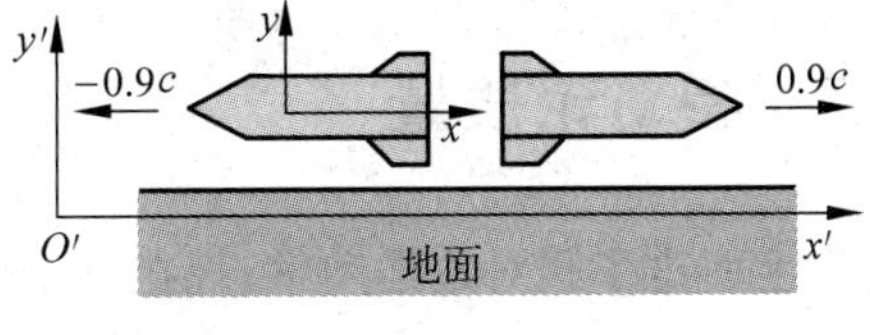

图 6.10　例 6.8 用图

这和伽利略变换($v_x=v_x'+u$)给出的结果($1.8c$)是不同的，此处 $v_x<c$。一般地说，按相对论速度变换，在 u 和 v' 都小于 c 的情况下，v 不可能大于 c。

值得指出的是，相对于地面来说，上述两飞船的"相对速度"确实等于 $1.8c$，这就是说，由地面上的观察者测量，两飞船之间的距离是按 $2\times0.9c$ 的速率增加的。但是，就一个物体来讲，它对任何其他物体或参考系，其速度的大小是不可能大于 c 的，而这一速度正是速度这一概念的真正含义。

例 6.9

在太阳参考系中观察，一束星光垂直射向地面，速率为 c，而地球以速率 u 垂直于光线运动。求在地面上测量，这束星光的速度的大小与方向各如何？

解　以太阳参考系为 S 系(图 6.11(a))，以地面参考系为 S' 系(图 6.11(b))。S' 系以速度 $\boldsymbol{u}$ 向右运动。在 S 系中，星光的速度为 $v_y=-c$，$v_x=0$，$v_z=0$。在 S' 系中星光的速度根据式(6.26)，应为

$$v_x'=-u$$

$$v_y'=v_y\sqrt{1-u^2/c^2}=-c\sqrt{1-u^2/c^2}$$

$$v_z'=0$$

由此可得这星光速度的大小为

$$v'=\sqrt{v_x'^2+v_y'^2+v_z'^2}=\sqrt{u^2+c^2-u^2}=c$$

即仍为 c。其方向用光线方向与竖直方向(即 y' 轴)之间的夹角 α 表示，则有

$$\tan\alpha=\frac{|v_x'|}{|v_y'|}=\frac{u}{c\sqrt{1-u^2/c^2}}$$

由于 $u=3\times10^4$ m/s (地球公转速率)，这比光速小得多，所以有

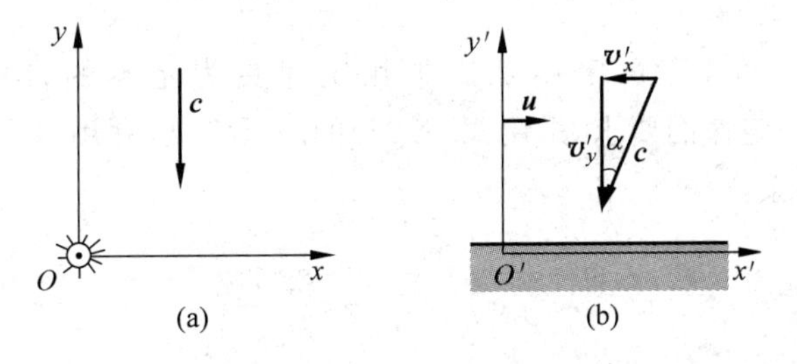

图 6.11　例 6.9 用图

$$\tan\alpha \approx \frac{u}{c}$$

将 u 和 c 值代入，可得

$$\tan\alpha \approx \frac{3\times10^4}{3\times10^8} = 10^{-4}$$

即

$$\alpha \approx 20.6''$$

6.7 相对论质量

上面讲了相对论运动学，现在开始介绍相对论动力学。动力学中一个基本概念是质量，在牛顿力学中是通过比较物体在相同的力作用下产生的加速度来比较物体的质量并加以量度的(见 2.1 节)。在高速情况下，$F=ma$ 不再成立，这样质量的概念也就无意义了。这时我们注意到动量这一概念。在牛顿力学中，一个质点的动量的定义是

$$\boldsymbol{p} = m\boldsymbol{v} \tag{6.28}$$

式中质量与质点的速率无关，也就是质点静止时的质量可以称为**静止质量**。根据式(6.28)，一个质点的动量是和速率成正比的，在高速情况下，实验发现，质点(例如电子)的动量也随其速率增大而增大，但比正比增大要快得多。在这种情况下，如果继续以式(6.28)定义质点的动量，就必须把这种非正比的增大归之于质点的质量随其速率的增大而增大。以 m 表示一般的质量，以 m_0 表示静止质量。实验给出的质点的动量比 p/m_0v 也就是质量比 m/m_0 随质点的速率变化的图线如图 6.12 所示。

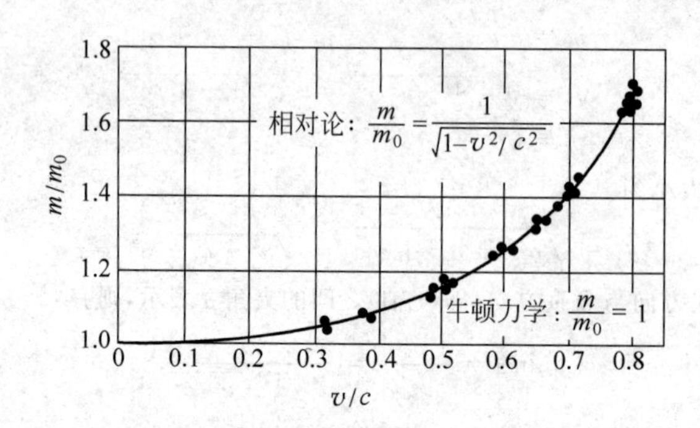

图 6.12 电子的 m/m_0 随速率 v 变化的曲线

我们已指出过，动量守恒定律是比牛顿定律更为基本的自然规律(见 3.2 节和 4.7 节)。根据这一定律的要求，采用式(6.28)的动量定义，利用洛伦兹变换可以导出一相对论质量-速率关系：

$$m = \frac{m_0}{\sqrt{1-v^2/c^2}} = \gamma m_0 \tag{6.29}$$

式中 m 是比牛顿质量(静止质量 m_0)意义更为广泛的质量,称为**相对论质量**①(本节末给出一种推导)。静止质量是质点相对于参考系静止时的质量,它是一个确定的不变的量。

要注意式(6.29)中的速率是质点相对于相关的参考系的速率,而**不是**两个参考系的相对速率。同一质点相对于不同的参考系可以有不同的质量,式(6.29)中的 $\gamma=(1-v^2/c^2)^{-1/2}$,虽然形式上和式(6.22)中的 $\gamma=(1-u^2/c^2)^{-1/2}$ 相同,但 v 和 u 的意义是不相同的。

当 $v\ll c$ 时,式(6.29)给出 $m\approx m_0$,这时可以认为物体的质量与速率无关,等于其静质量。这就是牛顿力学讨论的情况。从这里也可以看出牛顿力学的结论是相对论力学在速度非常小时的近似。

实际上,在一般技术中宏观物体所能达到的速度范围内,质量随速率的变化非常小,因而可以忽略不计。例如,当 $v=10^4$ m/s 时,物体的质量和静质量相比的相对变化为

$$\frac{m-m_0}{m_0}=\frac{1}{\sqrt{1-\beta^2}}-1\approx\frac{1}{2}\beta^2$$

$$=\frac{1}{2}\times\left(\frac{10^4}{3\times10^8}\right)^2=5.6\times10^{-10}$$

在关于微观粒子的实验中,粒子的速率经常会达到接近光速的程度,这时质量随速率的改变就非常明显了。例如,当电子的速率达到 $v=0.98\,c$ 时,按式(6.29)可以算出此时电子的质量为

$$m=5.03m_0$$

有一种粒子,例如光子,具有质量,但总是以速度 c 运动。根据式(6.29),在 m 有限的情况下,只可能是 $m_0=0$。这就是说,以光速运动的粒子其静质量为零。

由式(6.29)也可以看到,当 $v>c$ 时,m 将成为虚数而无实际意义,这也说明,在真空中的光速 c 是一切物体运动速度的极限。

利用相对论质量表示式(6.29),相对论动量可表示为

$$\boldsymbol{p}=m\boldsymbol{v}=\frac{m_0\boldsymbol{v}}{\sqrt{1-v^2/c^2}}=\gamma m_0\boldsymbol{v} \tag{6.30}$$

在相对论力学中仍然用动量变化率定义质点受的力,即

$$\boldsymbol{F}=\frac{\mathrm{d}\boldsymbol{p}}{\mathrm{d}t}=\frac{\mathrm{d}}{\mathrm{d}t}(m\boldsymbol{v}) \tag{6.31}$$

仍是正确的。但由于 m 是随 v 变化,因而也是随时间变化的,所以它不再和表示式

$$\boldsymbol{F}=m\boldsymbol{a}=m\frac{\mathrm{d}\boldsymbol{v}}{\mathrm{d}t}$$

等效。这就是说,用加速度表示的牛顿第二定律公式,在相对论力学中不再成立。

式(6.29)的推导

如图 6.13,设在 S' 系中有一粒子,原来静止于原点 O',在某一时刻此粒子分裂为完全相同的两半 A

① 有人曾反对引入相对论质量概念,从而引起了一场讨论。对此问题有兴趣的读者可参看:张三慧.也谈质量概念.物理与工程,2001(6):5.

和B,分别沿x'轴的正向和反向运动。根据动量守恒定律,这两半的速率应该相等,我们都以u表示。

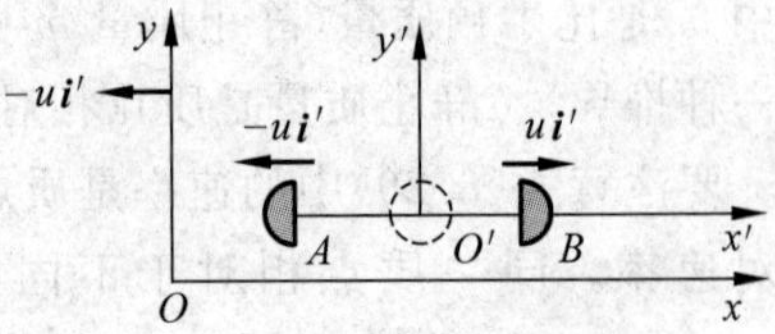

设另一参考系S,以u的速率沿$-\boldsymbol{i}'$方向运动。在此参考系中,A将是静止的,而B是运动的。我们以m_A和m_B分别表示二者的质量。由于O'的速度为$u\boldsymbol{i}$,所以根据相对论速度变换,B的速度应是

图6.13　在S'系中观察粒子的分裂和S系的运动

$$v_B=\frac{2u}{1+u^2/c^2} \tag{6.32}$$

方向沿x轴正向。在S系中观察,粒子在分裂前的速度,即O'的速度为$u\boldsymbol{i}$,因而它的动量为$Mu\boldsymbol{i}$,此处M为粒子分裂前的总质量。在分裂后,两个粒子的总动量为$m_Bv_B\boldsymbol{i}$。根据动量守恒,应有

$$Mu\boldsymbol{i}=m_Bv_B\boldsymbol{i} \tag{6.33}$$

在此我们合理地假定在S参考系中粒子在分裂前后质量也是守恒的[①],即$M=m_A+m_B$,上式可改写成

$$(m_A+m_B)u=\frac{2m_Bu}{1+u^2/c^2} \tag{6.34}$$

如果用牛顿力学中质量的概念,质量和速率无关,则应有$m_A=m_B$,这样式(6.34)不能成立,动量也不再守恒了。为了使动量守恒定律在任何惯性系中都成立,而且动量定义仍然保持式(6.28)的形式,就不能再认为m_A和m_B都和速率无关,而必须认为它们都是各自速率的函数。这样m_A将不再等于m_B,由式(6.34)可解得

$$m_B=m_A\frac{1+u^2/c^2}{1-u^2/c^2}$$

再由式(6.32),可得

$$u=\frac{c^2}{v_B}\left(1-\sqrt{1-v_B^2/c^2}\right)$$

代入上一式消去u可得

$$m_B=\frac{m_A}{\sqrt{1-v_B^2/c^2}} \tag{6.35}$$

这一公式说明,在S系中观察,m_A,m_B有了差别。由于A是静止的,它的质量叫**静质量**,以m_0表示。粒子B如果静止,质量也一定等于m_0,因为这两个粒子是完全相同的。B是以速率v_B运动的,它的质量不等于m_0。以v代替v_B,并以m代替m_B表示粒子以速率v运动时的质量,则式(6.32)可写作

$$m=\frac{m_0}{\sqrt{1-v^2/c^2}}$$

这正是我们要证明的式(6.29)。

6.8　相对论动能

在相对论动力学中,动能定理(式(4.9))仍被应用,即力$\boldsymbol{F}$对一质点做的功使质点的速率由零增大到v时,力所做的功等于质点最后的动能。以E_k表示质点速率为v时的动能,则可由质速关系式(6.29)导出(见本节末),即有

① 对本推导的"假定",曾有人提出质疑,本书作者曾给予解释。见:张三慧.关于相对论质速关系推导方法的商榷.大学物理,1999(3):30.

$$E_k = mc^2 - m_0c^2 \tag{6.36}$$

这就是**相对论动能**公式，式中 m 和 m_0 分别是质点的相对论质量和静止质量。

式(6.36)显示，质点的相对论动能表示式和其牛顿力学表示式$\left(E_k=\frac{1}{2}mv^2\right)$明显不同。但是，当 $v \ll c$ 时，由于

$$\frac{1}{\sqrt{1-v^2/c^2}} = 1+\frac{1}{2}\frac{v^2}{c^2}+\cdots \approx 1+\frac{1}{2}\frac{v^2}{c^2}$$

则由式(6.36)可得

$$E_k = \frac{m_0c^2}{\sqrt{1-v^2/c^2}} - m_0c^2 \approx m_0c^2\left(1+\frac{1}{2}\frac{v^2}{c^2}\right) - m_0c^2 = \frac{1}{2}m_0v^2$$

这时又回到了牛顿力学的动能公式。

注意，相对论动量公式(6.28)和相对论动量变化率公式(6.31)，在形式上都与牛顿力学公式一样，只是其中 m 要换成相对论质量。但相对论动能公式(6.36)和牛顿力学动能公式形式上不一样，只是把后者中的 m 换成相对论质量并不能得到前者。

由式(6.36)可以得到粒子的速率由其动能表示为

$$v^2 = c^2\left[1-\left(1+\frac{E_k}{m_0c^2}\right)^{-2}\right] \tag{6.37}$$

此式表明，当粒子的动能 E_k 由于力对它做的功增多而增大时，它的速率也逐渐增大。但无论 E_k 增到多大，速率 v 都不能无限增大，而有一极限值 c。我们又一次看到，对粒子来说，存在着一个极限速率，它就是光在真空中的速率 c。

粒子速率有一极限这一结论，已于 1962 年被贝托齐用实验直接证实，他的实验装置大致如图 6.14(a)所示。电子由静电加速器加速后进入一无电场区域，然后打到铝靶上。电子通过无电场区域的时间可以由示波器测出，因而可以算出电子的速率。电子的动能就是它在加速器中获得的能量，等于电子电量和加速电压的乘积。这一能量还可以通过测定铝靶由于电子撞击而获得的热量加以核算，结果二者相符。贝托齐的实验结果如图 6.14(b)所示，它明确地显示出电子动能增大时，其速率趋近于极限速率 c，而按牛顿公式电子速率是会很快地无限制地增大的。

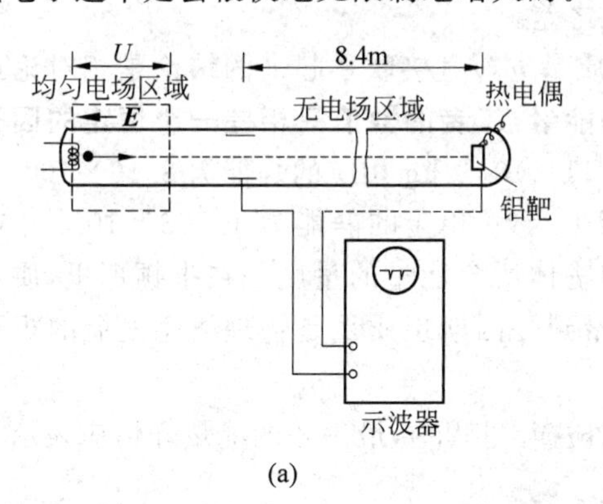

(a)

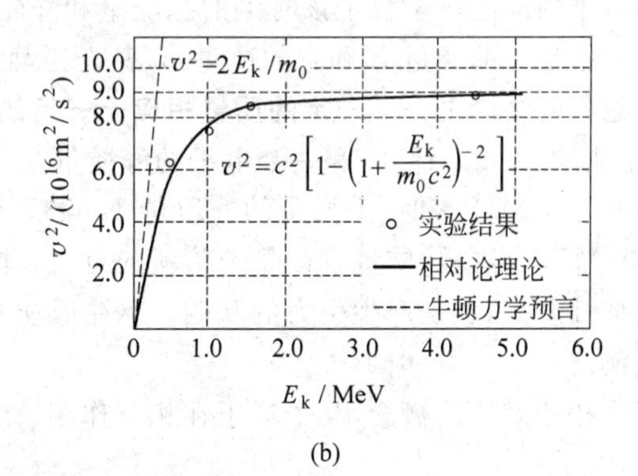

(b)

图 6.14 贝托齐极限速率实验

(a) 装置示意图；(b) 实验结果

式(6.36)的推导

对静止质量为 m_0 的质点，应用动能定理式(4.9)可得

$$E_k = \int_{(v=0)}^{(v)} \boldsymbol{F} \cdot \mathrm{d}\boldsymbol{r} = \int_{(v=0)}^{(v)} \frac{\mathrm{d}(m\boldsymbol{v})}{\mathrm{d}t} \cdot \mathrm{d}\boldsymbol{r} = \int_{(v=0)}^{(v)} \boldsymbol{v} \cdot \mathrm{d}(m\boldsymbol{v})$$

由于 $\boldsymbol{v} \cdot \mathrm{d}(m\boldsymbol{v}) = m\boldsymbol{v} \cdot \mathrm{d}\boldsymbol{v} + \boldsymbol{v} \cdot \boldsymbol{v}\mathrm{d}m = mv\mathrm{d}v + v^2\mathrm{d}m$，又由式(6.29)，可得

$$m^2c^2 - m^2v^2 = m_0^2c^2$$

两边求微分，有

$$2mc^2\mathrm{d}m - 2mv^2\mathrm{d}m - 2m^2v\mathrm{d}v = 0$$

即

$$c^2\mathrm{d}m = v^2\mathrm{d}m + mv\mathrm{d}v$$

所以有

$$\boldsymbol{v} \cdot \mathrm{d}(m\boldsymbol{v}) = c^2\mathrm{d}m$$

代入上面求 E_k 的积分式内可得

$$E_k = \int_{m_0}^{m} c^2\mathrm{d}m$$

由此得

$$E_k = mc^2 - m_0c^2$$

这正是**相对论动能**公式(6.36)。

6.9 相对论能量

在相对论动能公式(6.36)$E_k = mc^2 - m_0c^2$ 中，等号右端两项都具有能量的量纲，可以认为 m_0c^2 表示粒子静止时具有的能量，叫**静能**。而 mc^2 表示粒子以速率 v 运动时所具有的能量，这个能量是在相对论意义上粒子的总能量，以 E 表示此相对论能量，则

$$E = mc^2 \tag{6.38}$$

在粒子速率等于零时，总能量就是静能①

$$E_0 = m_0c^2 \tag{6.39}$$

这样式(6.36)也可以写成

$$E_k = E - E_0 \tag{6.40}$$

即粒子的动能等于粒子该时刻的总能量和静能之差。

把粒子的能量 E 和它的质量 m(甚至是静质量 m_0)直接联系起来的结论是相对论最有意义的结论之一。**一定的质量相应于一定的能量，二者的数值只相差一个恒定的因子 c^2**。按式(6.39)计算，和一个电子的静质量 0.911×10^{-30} kg 相应的静能为 8.19×10^{-14} J 或 0.511 MeV，和一个质子的静质量 1.673×10^{-27} kg 相应的静能为 1.503×10^{-10} J 或 938 MeV。这样，质量就被赋予了新的意义，即物体所含能量的量度。在牛顿那里，质量是惯性质量，也是产生引力的基础。从牛顿质量到爱因斯坦质量是物理概念发展的重要事例之一。

按相对论的概念，几个粒子在相互作用(如碰撞)过程中，最一般的能量守恒应表示为

---

① 对静质量 $m_0=0$ 的粒子，静能为零，即不存在处于静止状态的这种粒子。

$$\sum_i E_i = \sum_i (m_i c^2) = \text{常量}^{①} \tag{6.41}$$

由此公式立即可以得出，在相互作用过程中

$$\sum_i m_i = \text{常量} \tag{6.42}$$

这表示质量守恒。在历史上**能量守恒和质量守恒是分别发现的两条相互独立的自然规律，在相对论中二者完全统一起来了**。应该指出，在科学史上，质量守恒只涉及粒子的静质量，它只是相对论质量守恒在粒子能量变化很小时的近似。一般情况下，当涉及的能量变化比较大时，以上守恒给出的粒子的静质量也是可以改变的。爱因斯坦在1905年首先指出："就一个粒子来说，如果由于自身内部的过程使它的能量减小了，它的静质量也将相应地减小。"他又接着指出："用那些所含能量是高度可变的物体(比如用镭盐)来验证这个理论，不是不可能成功的。"后来的事实正如他预料的那样，在放射性蜕变、原子核反应以及高能粒子实验中，无数事实都证明了式(6.38)所表示的质量能量关系的正确性。原子能时代可以说是随同这一关系的发现而到来的。

在核反应中，以 m_{01} 和 m_{02} 分别表示反应粒子和生成粒子的总的静质量，以 E_{k1} 和 E_{k2} 分别表示反应前后它们的总动能。利用能量守恒定律式(6.40)，有

$$m_{01}c^2 + E_{k1} = m_{02}c^2 + E_{k2}$$

由此得

$$E_{k2} - E_{k1} = (m_{01} - m_{02})c^2 \tag{6.43}$$

$E_{k2} - E_{k1}$ 表示核反应后与前相比，粒子总动能的增量，也就是核反应所释放的能量，通常以 ΔE 表示；$m_{01} - m_{02}$ 表示经过反应后粒子的总的静质量的减小，叫**质量亏损**，以 Δm_0 表示。这样式(6.43)就可以表示成

$$\Delta E = \Delta m_0 c^2 \tag{6.44}$$

这说明核反应中释放一定的能量相应于一定的质量亏损。这个公式是关于原子能的一个基本公式。

例 6.10

如图6.15所示，在参考系 S 中，有两个静质量都是 m_0 的粒子 A，B 分别以速度 $\boldsymbol{v}_A = v\boldsymbol{i}$，$\boldsymbol{v}_B = -v\boldsymbol{i}$ 运动，相撞后合在一起为一个静质量为 M_0 的粒子，求 M_0。

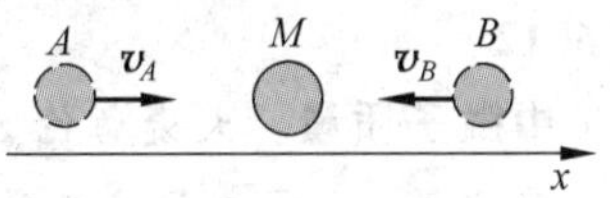

图6.15 例6.10用图

解 以 M 表示合成粒子的质量，其速度为 $\mathbf{V}$，则根据动量守恒

$$m_B\boldsymbol{v}_B + m_A\boldsymbol{v}_A = M\mathbf{V}$$

由于 A，B 的静质量一样，速率也一样，因此 $m_A = m_B$，又因为 $\boldsymbol{v}_A = -\boldsymbol{v}_B$，所以上式给出 $\mathbf{V} = 0$，即合成粒子是静止的，于是有

$$M = M_0$$

根据能量守恒

---

① 若有光子参与，需计入光子的能量 $E = h\nu$ 以及质量 $m = h\nu/c^2$。

$$M_0c^2 = m_Ac^2 + m_Bc^2$$

即

$$M_0 = m_A + m_B = \frac{2m_0}{\sqrt{1 - v^2/c^2}}$$

此结果说明，M_0 不等于 $2m_0$，而是大于 $2m_0$。

例 6.11

热核反应。在一种热核反应

$$^2_1\mathrm{H} + ^3_1\mathrm{H} \longrightarrow ^4_2\mathrm{He} + ^1_0\mathrm{n}$$

中，各种粒子的静质量如下：

氘核($^2_1$H) $m_D = 3.3437 \times 10^{-27}$ kg

氚核($^3_1$H) $m_T = 5.0049 \times 10^{-27}$ kg

氦核($^4_2$He) $m_{He} = 6.6425 \times 10^{-27}$ kg

中子(n) $m_n = 1.6750 \times 10^{-27}$ kg

求这一热核反应释放的能量是多少？

解 这一反应的质量亏损为

$$\begin{aligned}\Delta m_0 &= (m_D + m_T) - (m_{He} + m_n)\\ &= [(3.3437 + 5.0049) - (6.6425 + 1.6750)] \times 10^{-27}\\ &= 0.0311 \times 10^{-27}\ (\mathrm{kg})\end{aligned}$$

相应释放的能量为

$$\Delta E = \Delta m_0c^2 = 0.0311 \times 10^{-27} \times 9 \times 10^{16} = 2.799 \times 10^{-12}\ (\mathrm{J})$$

1kg 的这种核燃料所释放的能量为

$$\frac{\Delta E}{m_D + m_T} = \frac{2.799 \times 10^{-12}}{8.3486 \times 10^{-27}} = 3.35 \times 10^{14}\ (\mathrm{J/kg})$$

这一数值是 1 kg 优质煤燃烧所释放热量(约 7×10^6 cal/kg $= 2.93 \times 10^7$ J/kg)的 1.15×10^7 倍，即 1 千多万倍！即使这样，这一反应的"释能效率"，即所释放的能量占燃料的相对论静能之比，也不过是

$$\frac{\Delta E}{(m_D + m_T)c^2} = \frac{2.799 \times 10^{-12}}{8.3486 \times 10^{-27} \times (3 \times 10^8)^2} = 0.37\%$$

例 6.12

中微子质量。大麦哲伦云中超新星 1987A 爆发时发出大量中微子。以 m_ν 表示中微子的静质量，以 E 表示其能量($E \gg m_\nu c^2$)。已知大麦哲伦云离地球的距离为 d(约 1.6×10^5 l. y.)，求中微子发出后到达地球所用的时间。

解 由式(6.38)，有

$$E = mc^2 = \frac{m_\nu c^2}{\sqrt{1 - v^2/c^2}}$$

得

$$v = c\left[1 - \left(\frac{m_\nu c^2}{E}\right)^2\right]^{1/2}$$

由于 $E \gg m_\nu c^2$，所以可得

$$v = c\left[1 - \frac{(m_\nu c^2)^2}{2E^2}\right]$$

由此得所求时间为

$$t=\frac{d}{v}=\frac{d}{c}\left[1-\frac{(m_\nu c^2)^2}{2E^2}\right]^{-1}=\frac{d}{c}\left[1+\frac{(m_\nu c^2)^2}{2E^2}\right]$$

此式曾用于测定1987A发出的中微子的静质量。实际上是测出了两束能量相近的中微子到达地球上接收器的时间差(约几秒)和能量E_1和E_2,然后根据式

$$\Delta t=t_2-t_1=\frac{d}{c}\frac{(m_\nu c^2)^2}{2}\left(\frac{1}{E_2^2}-\frac{1}{E_1^2}\right)$$

来求出中微子的静质量。用这种方法估算出的结果是$m_\nu c^2\leqslant 20\ \text{eV}$。

6.10 动量和能量的关系

将相对论能量公式$E=mc^2$和动量公式$\boldsymbol{p}=m\boldsymbol{v}$相比,可得

$$\boldsymbol{v}=\frac{c^2}{E}\boldsymbol{p} \tag{6.45}$$

将$\boldsymbol{v}$值代入能量公式$E=mc^2=m_0c^2/\sqrt{1-v^2/c^2}$中,整理后可得

$$E^2=p^2c^2+m_0^2c^4 \tag{6.46}$$

这就是相对论动量能量关系式。如果以E,pc和m_0c^2分别表示一个三角形三边的长度,则它们正好构成一个直角三角形(图6.16)。

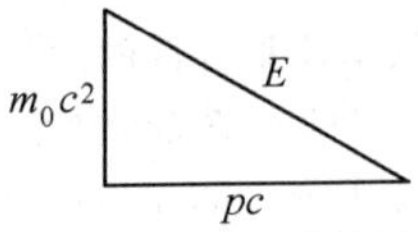

m_0c^2 E pc

图6.16 相对论动量能量三角形

对动能是E_k的粒子,用$E=E_k+m_0c^2$代入式(6.46)可得

$$E_k^2+2E_km_0c^2=p^2c^2$$

当$v\ll c$时,粒子的动能E_k要比其静能m_0c^2小得多,因而上式中第一项与第二项相比,可以略去,于是得

$$E_k=\frac{p^2}{2m_0}$$

我们又回到了牛顿力学的动能表达式。

例6.13

资用能。在高能实验室内,一个静质量为m,动能为$E_k(E_k\gg mc^2)$的高能粒子撞击一个静止的、静质量为M的靶粒子时,它可以引发后者发生转化的资用能多大?

解 在讲解例4.15时曾得出结论,在完全非弹性碰撞中,碰撞系统的机械能总有一部分要损失而变为其他形式的能量,而这损失的能量等于碰撞系统在其质心系中的能量。这一部分能量为转变成其他形式能量的资用能,在高能粒子碰撞过程中这一部分能量就是转化为其他种粒子的能量。由于粒子速度一般很大,所以要用相对论动量、能量公式求解。

粒子碰撞时,先是要形成一个复合粒子,此复合粒子迅即分裂转化为其他粒子。以M'表示此复合粒子的静质量。考虑碰撞开始到形成复合粒子的过程。

碰撞前,入射粒子的能量为

$$E_m=E_k+mc^2=\sqrt{p^2c^2+m^2c^4}$$

由此可得

$$p^2c^2 = E_k^2 + 2mc^2E_k$$

其中 p 为入射粒子的动量。

碰撞前，两个粒子的总能量为

$$E = E_m + E_M = E_k + (m+M)c^2$$

碰撞所形成的复合粒子的能量为

$$E' = \sqrt{p'^2c^2 + M'^2c^4}$$

其中 p' 表示复合粒子的动量。由动量守恒知 $p'=p$，因而有

$$E' = \sqrt{p^2c^2 + M'^2c^4} = \sqrt{E_k^2 + 2mc^2E_k + M'^2c^4}$$

由能量守恒 $E'=E$，可得

$$\sqrt{E_k^2 + 2mc^2E_k + M'^2c^4} = E_k + (m+M)c^2$$

此式两边平方后移项可得

$$M'c^2 = \sqrt{2Mc^2E_k + [(m+M)c^2]^2}$$

由于 M' 是复合粒子的静质量，所以 $M'c^2$ 就是它在自身质心系中的能量，也就是可以引起粒子转化的资用能。因此以动能 E_k 入射的粒子的资用能就是

$$E_{av} = \sqrt{2Mc^2E_k + [(m+M)c^2]^2}$$

欧洲核子研究中心的超质子加速器原来是用能量为 270 GeV 的质子(静能量为 938 MeV≈1 GeV)去轰击静止的质子，其资用能按上式算为

$$E_{av} = \sqrt{2\times1\times270 + (1+1)^2} = \sqrt{544} = 23\ (\text{GeV})$$

可见效率是非常低的。为了改变这种状况，1982 年将这台加速器改装成了对撞机，它使能量都是 270 GeV 的质子发生对撞。这时由于实验室参考系就是对撞质子的质心系，所以资用能为 $270\times2=540$ (GeV)，因而可以引发需要高能量的粒子转化。正是因为这样，翌年就在这台对撞机上发现了静能分别为 81.8 GeV 和 92.6 GeV 的 $W^{\pm}$ 粒子和 Z^0 粒子，从而证实了电磁力和弱力统一的理论预测，强有力地支持了该理论的成立。

在研究高速物体的运动时，有时需要在不同的参考系之间对动量和能量进行变换。下面介绍这种变换的公式。

仍如前设 S，S' 两参考系(见图 6.9)，先看动量的 x' 方向分量

$$p_x' = \frac{m_0 v_x'}{\sqrt{1-v'^2/c^2}}$$

利用速度变换公式可先求得

$$\sqrt{1-v'^2/c^2} = \sqrt{1-(v_x'^2+v_y'^2+v_z'^2)/c^2} = \frac{\sqrt{(1-u^2/c^2)(1-v^2/c^2)}}{1-\dfrac{uv_x}{c^2}}$$

将此式和 v_x' 的变换式(6.26)代入 p_x'，并利用式(6.29)和式(6.41)，得

$$\begin{aligned} p_x' &= \frac{m_0(v_x-u)}{\sqrt{(1-u^2/c^2)(1-v^2/c^2)}} \\ &= \frac{m_0 v_x}{\sqrt{(1-u^2/c^2)(1-v^2/c^2)}} - \frac{m_0 uc^2}{\sqrt{(1-u^2/c^2)(1-v^2/c^2)}\,c^2} \end{aligned}$$

$$= \frac{1}{\sqrt{1-u^2/c^2}}[p_x - uE/c^2]$$

或写成

$$p_x' = \gamma(p_x - \beta E/c)$$

其中

$$\gamma = (1-u^2/c^2)^{-1/2}, \quad \beta = u/c$$

用类似的方法可得

$$p_y' = \frac{m_0 v_y'}{\sqrt{1-v'^2/c^2}} = \frac{m_0 v_y \sqrt{1-u^2/c^2}}{\sqrt{(1-u^2/c^2)(1-v^2/c^2)}}$$
$$= \frac{m_0 v_y}{\sqrt{1-v^2/c^2}}$$

即

$$p_y' = p_y$$

同理

$$p_z' = p_z$$

而

$$E' = m'c^2 = \frac{m_0 c^2}{\sqrt{1-v'^2/c^2}} = \frac{m_0 c^2\left(1-\frac{uv_x}{c^2}\right)}{\sqrt{(1-u^2/c^2)(1-v^2/c^2)}}$$
$$= \gamma(E - \beta c p_x)$$

将上述有关变换式列在一起,可得相对论动量-能量变换式如下:

$$\left.\begin{aligned} p_x' &= \gamma\left(p_x - \frac{\beta E}{c}\right) \\ p_y' &= p_y \\ p_z' &= p_z \\ E' &= \gamma(E - \beta c p_x) \end{aligned}\right\} \tag{6.47}$$

将带撇的和不带撇的量交换,并把 β 换成 $-\beta$,可得逆变换式如下:

$$\left.\begin{aligned} p_x &= \gamma\left(p_x' + \frac{\beta E'}{c}\right) \\ p_y &= p_y' \\ p_z &= p_z' \\ E &= \gamma(E' + \beta c p_x') \end{aligned}\right\} \tag{6.48}$$

值得注意的是,在相对论中动量和能量在变换时紧密地联系在一起了。这一点实际上是相对论时空量度的相对性及紧密联系的反映。

还可以注意的是,式(6.47)所表示的 $\boldsymbol{p}$ 和 E/c^2 的变换关系和洛伦兹变换式(6.23)所表示的 $\boldsymbol{r}$ 和 t 的变换关系一样,即用 p_x, p_y, p_z 和 E/c^2 分别代替式(6.23)中的 x, y, z, t 就可以得到式(6.47)。

提要

1. 牛顿绝对时空观：长度和时间的测量与参考系无关。

伽利略坐标变换式 $x'=x-ut,\quad y'=y,\quad z'=z,\quad t'=t$

伽利略速度变换式 $v_x'=v_x-u,\quad v_y'=v_y,\quad v_z'=v_z$

2. 狭义相对论基本假设：

爱因斯坦相对性原理；

光速不变原理。

3. 同时性的相对性：

时间延缓 $\Delta t=\dfrac{\Delta t'}{\sqrt{1-u^2/c^2}}$ （$\Delta t'$ 为固有时）

长度收缩 $l=l'\sqrt{1-u^2/c^2}$ （l' 为固有长度）

4. 洛伦兹变换：

坐标变换式

$$x'=\frac{x-ut}{\sqrt{1-u^2/c^2}},\quad y'=y,\quad z'=z,$$

$$t'=\frac{t-\dfrac{u}{c^2}x}{\sqrt{1-u^2/c^2}}$$

速度变换式

$$v_x'=\frac{v_x-u}{1-\dfrac{uv_x}{c^2}}$$

$$v_y'=\frac{v_y}{1-\dfrac{uv_x}{c^2}}\sqrt{1-u^2/c^2}$$

$$v_z'=\frac{v_z}{1-\dfrac{uv_x}{c^2}}\sqrt{1-u^2/c^2}$$

5. 相对论质量：

$$m=\frac{m_0}{\sqrt{1-v^2/c^2}}\quad (m_0\text{ 为静质量})$$

6. 相对论动量：

$$\boldsymbol{p}=m\boldsymbol{v}=\frac{m_0\boldsymbol{v}}{\sqrt{1-v^2/c^2}}$$

7. 相对论能量： $E=mc^2$

相对论动能 $E_\mathrm{k}=E-E_0=mc^2-m_0c^2$

相对论动量能量关系式 $E^2=p^2c^2+m_0^2c^4$

8. 相对论动量-能量变换式：

$$p_x' = \gamma\left(p_x - \frac{\beta E}{c}\right), \quad p_y' = p_y$$

$$p_z' = p_z, \quad E' = \gamma(E - \beta c p_x)$$

思考题

6.1　什么是力学相对性原理？在一个参考系内作力学实验能否测出这个参考系相对于惯性系的加速度？

6.2　同时性的相对性是什么意思？为什么会有这种相对性？如果光速是无限大，是否还会有同时性的相对性？

6.3　前进中的一列火车的车头和车尾各遭到一次闪电轰击，据车上的观察者测定这两次轰击是同时发生的。试问，据地面上的观察者测定它们是否仍然同时？如果不同时，何处先遭到轰击？

6.4　如果在 S' 系中两事件的 x' 坐标相同(例如把图 6.3 中的 M' 和 A'，B' 沿 y' 轴方向配置)，那么当在 S' 系中观察到这两个事件同时发生时，在 S 系中观察它们是否也同时发生？

6.5　如图 6.17 所示，在 S 和 S' 系中的 x 和 x' 轴上分别固定有 5 个钟。在某一时刻，原点 O 和 O' 正好重合，此时钟 C_3 和钟 C_3' 都指零。若在 S 系中观察，试画出此时刻其他各钟的指针所指的方位。

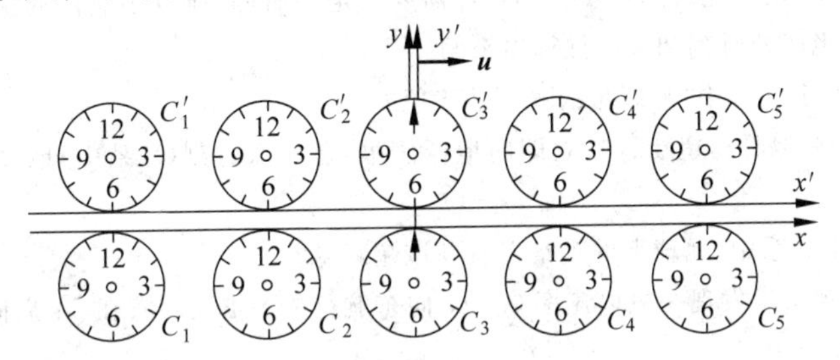

图 6.17　思考题 6.5 用图

6.6　在某一参考系中同一地点、同一时刻发生的两个事件，在任何其他参考系中观察都将是同时发生的，对吗？

6.7　长度的量度和同时性有什么关系？为什么长度的量度会和参考系有关？长度收缩效应是否因为棒的长度受到了实际的压缩？

6.8　相对论的时间和空间概念与牛顿力学的有何不同？有何联系？

6.9　在相对论中，在垂直于两个参考系的相对速度方向的长度的量度与参考系无关，而为什么在这方向上的速度分量却又和参考系有关？

6.10　能把一个粒子加速到光速吗？为什么？

6.11　什么叫质量亏损？它和原子能的释放有何关系？

习题

6.1　一根直杆在 S 系中观察，其静止长度为 l，与 x 轴的夹角为 θ，试求它在 S' 系中的长度和它与 x' 轴的夹角。

6.2　静止时边长为 a 的正立方体，当它以速率 u 沿与它的一个边平行的方向相对于 S' 系运动时，在S'系中测得它的体积将是多大？

6.3 S系中的观察者有一根米尺固定在x轴上，其两端各装一手枪。固定于S'系中的x'轴上有另一根长刻度尺。当后者从前者旁边经过时，S系的观察者同时扳动两枪，使子弹在S'系中的刻度上打出两个记号。求在S'尺上两记号之间的刻度值。在S'系中观察者将如何解释此结果。

6.4 在S系中观察到在同一地点发生两个事件，第二事件发生在第一事件之后2 s。在S'系中观察到第二事件在第一事件后3 s发生。求在S'系中这两个事件的空间距离。

6.5 在S系中观察到两个事件同时发生在x轴上，其间距离是1 m。在S'系中观察这两个事件之间的距离是2 m。求在S'系中这两个事件的时间间隔。

6.6 一只装有无线电发射和接收装置的飞船，正以$\frac{4}{5}c$的速度飞离地球。当宇航员发射一无线电信号后，信号经地球反射，60 s后宇航员才收到返回信号。

(1) 在地球反射信号的时刻，从飞船上测得的地球离飞船多远？

(2) 当飞船接收到反射信号时，地球上测得的飞船离地球多远？

6.7 一宇宙飞船沿x方向离开地球(S系，原点在地心)，以速率$u=0.80\,c$航行，宇航员观察到在自己的参考系(S'系，原点在飞船上)中，在时刻$t'=-6.0\times10^{8}$ s，$x'=1.8\times10^{17}$ m，$y'=1.2\times10^{17}$ m，$z'=0$处有一超新星爆发，他把这一观测通过无线电发回地球，在地球参考系中该超新星爆发事件的时空坐标如何？假定飞船飞过地球时其上的钟与地球上的钟的示值都指零。

*6.8 在题6.7中，由于光从超新星传到飞船需要一定的时间，所以宇航员的报告并非直接测量的结果，而是从光到达飞船的时刻和方向推算出来的。

(1) 试问在何时刻(S'系中)超新星的光到达飞船？

(2) 假定宇航员在他看到超新星时立即向地球发报，在什么时刻(S系中)地球上的观察者收到此报告？

(3) 在什么时刻(S系中)地球上的观察者看到该超新星？

6.9 地球上的观察者发现一只以速率0.60 c向东航行的宇宙飞船将在5 s后同一个以速率0.80 c向西飞行的彗星相撞。

(1) 飞船中的人们看到彗星以多大速率向他们接近。

(2) 按照他们的钟，还有多少时间允许他们离开原来航线避免碰撞。

6.10 一光源在S'系的原点O'发出一光线，其传播方向在$x'y'$平面内并与x'轴夹角为θ'，试求在S系中测得的此光线的传播方向，并证明在S系中此光线的速率仍是c。

*6.11 参照图6.9所示的两个参考系S和S'，设一质点在S系中沿x方向以速度$\boldsymbol{v}=\boldsymbol{v}(t)$运动，有加速度$\boldsymbol{a}$。证明：在$S'$系中它的加速度$\boldsymbol{a}'$为

$$\boldsymbol{a}'=\frac{(1-u^2/c^2)^{3/2}}{(1-uv/c^2)^3}\boldsymbol{a}$$

显然，这一关系和伽利略变换给出的结果不同。当$u,v\ll c$时，此结果说明什么？

6.12 一个静质量为m_0的质点在恒力$\boldsymbol{F}=F\boldsymbol{i}$的作用下开始运动，经过时间$t$，它的速度$v$和位移$x$各是多少？在时间很短($t\ll m_0c/F$)和时间很长($t\gg m_0c/F$)的两种极限情况下，$v$和$x$的值又各是多少？

6.13 在什么速度下粒子的动量等于非相对论动量的两倍？又在什么速度下粒子的动能等于非相对论动能的两倍。

6.14 在北京正负电子对撞机中，电子可以被加速到动能为$E_k=2.8\times10^9$ eV。

(1) 这种电子的速率和光速相差多少m/s？

(2) 这样的一个电子动量多大？

(3) 这种电子在周长为240 m的储存环内绕行时，它受的向心力多大？需要多大的偏转磁场？

6.15 最强的宇宙射线具有 50 J 的能量，如果这一射线是由一个质子形成的，这样一个质子的速率和光速差多少 m/s？

6.16 一个质子的静质量为 $m_p=1.67265\times10^{-27}$ kg，一个中子的静质量为 $m_n=1.67495\times10^{-27}$ kg，一个质子和一个中子结合成的氘核的静质量为 $m_D=3.34365\times10^{-27}$ kg。求结合过程中放出的能量是多少 MeV？这能量称为氘核的结合能，它是氘核静能量的百分之几？

一个电子和一个质子结合成一个氢原子，结合能是 13.58 eV，这一结合能是氢原子静能量的百分之几？已知氢原子的静质量为 $m_H=1.67323\times10^{-27}$ kg。

6.17 太阳发出的能量是由质子参与一系列反应产生的，其总结果相当于下述热核反应：

$$ {}_1^1\mathrm{H}+{}_1^1\mathrm{H}+{}_1^1\mathrm{H}+{}_1^1\mathrm{H}\longrightarrow{}_4^2\mathrm{He}+2{}_1^0\mathrm{e} $$

已知一个质子(${}_1^1\mathrm{H}$)的静质量是 $m_p=1.6726\times10^{-27}$ kg，一个氦核(${}_4^2\mathrm{He}$)的静质量是 $m_{He}=6.6425\times10^{-27}$ kg。一个正电子(${}_1^0\mathrm{e}$)的静质量是 $m_e=0.0009\times10^{-27}$ kg。

(1) 这一反应释放多少能量？

(2) 这一反应的释能效率多大？

(3) 消耗 1 kg 质子可以释放多少能量？

(4) 目前太阳辐射的总功率为 $P=3.9\times10^{26}$ W，它一秒钟消耗多少千克质子？

(5) 目前太阳约含有 $m=1.5\times10^{30}$ kg 质子。假定它继续以上述(4)求得的速率消耗质子，这些质子可供消耗多长时间？

6.18 20 世纪 60 年代发现的类星体的特点之一是它发出极强烈的辐射。这一辐射的能源机制不可能用热核反应来说明。一种可能的巨大能源机制是黑洞或中子星吞食或吸积远处物质时所释放的引力能。

(1) 1 kg 物质从远处落到地球表面上时释放的引力能是多少？释能效率(即所释放能量与落到地球表面的物质的静能的比)又是多大？

(2) 1 kg 物质从远处落到一颗中子星表面时释放的引力能是多少？(设中子星的质量等于一个太阳的质量而半径为 10 km。)释能效率又是多大？和习题 6.17 所求热核反应的释能效率相比又如何？

6.19 两个质子以 $\beta=0.5$ 的速率从一共同点反向运动，求：

(1) 每个质子相对于共同点的动量和能量；

(2) 一个质子在另一个质子处于静止的参考系中的动量和能量。

6.20 能量为 22 GeV 的电子轰击静止的质子时，其资用能多大？

6.21 北京正负电子对撞机设计为使能量都是 2.8 GeV 的电子和正电子发生对撞。这一对撞的资用能是多少？如果用高能电子去轰击静止的正电子而想得到同样多的资用能，入射高能电子的能量应多大？

6.22 用动量-能量的相对论变换式证明 $E^2-c^2p^2$ 是一不变量(即在 S 和 S' 系中此式的数值相等：$E^2-c^2p^2=E'^2-c^2p'^2$)。

*6.23 根据爱因斯坦质能公式(6.38)，质量具有能量，把这一关系式代入牛顿引力公式，可得两静止质子之间的引力和二者的能量 E_0 成正比。

(1) 一个静止的质子的静能量是多少 GeV？

(2) 在现实世界中，两静止质子间的电力要比引力大到 10^{36} 倍。要使二者间引力等于电力，质子的能量需要达到多少 GeV？这能量①是现今粒子加速器(包括在建的)的能量范围(10^3 GeV)的多少倍？

---

① 这一能量可以认为是包括引力在内的四种基本自然力“超统一”的能量尺度，它和使两质子间引力的“量子修正”超过引力经典值的“能量涨落”值 10^{19} GeV，只差一个数量级。10^{19} GeV 称为**普朗克能量**，是现今物理学能理解的最高能量尺度。

第7章

振　　动

物体在一定位置附近所作的往复的运动叫机械振动，简称振动。它是物体的一种运动形式。从日常生活到生产技术以及自然界中到处都存在着振动。一切发声体都在振动，机器的运转总伴随着振动，海浪的起伏以及地震也都是振动，就是晶体中的原子也都在不停地振动着。

广义地说，任何一个物理量随时间的周期性变化都可以叫做振动。例如，电路中的电流、电压，电磁场中的电场强度和磁场强度也都可能随时间作周期性变化。这种变化也可以称为振动——电磁振动或电磁振荡。这种振动虽然和机械振动有本质的不同，但它们随时间变化的情况以及许多其他性质在形式上都遵从相同的规律。因此研究机械振动的规律有助于了解其他种振动的规律，本章着重研究机械振动的规律。

振动有简单和复杂之别。最简单的是简谐运动，它也是最基本的振动，因为一切复杂的振动都可以认为是由许多简谐运动合成的。简谐运动在中学物理课程中已有较多的讨论，下面先简述简谐运动的运动学和动力学，然后介绍阻尼振动和受迫振动，最后说明振动合成的规律。

7.1　简谐运动的描述

质点运动时，如果离开平衡位置的位移 x（或角位移 θ）按正弦规律随时间变化，这种运动就叫简谐运动（图 7.1）。因此，简谐运动常用下一数学式作为其运动学定义：

$$x = A\cos(\omega t + \varphi) \tag{7.1}$$

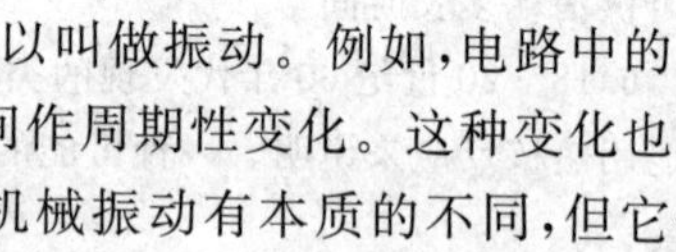

式中，A 叫简谐运动的**振幅**，它表示质点可能离开原点（即平衡位置）的最大距离；ω 叫简谐运动的**角频率**，它和简谐运动的**周期** T 有以下关系：

图 7.1　质点的简谐运动

$$\omega = \frac{2\pi}{T} \tag{7.2}$$

简谐运动的**频率** ν 为周期 T 的倒数，因而有

$$\omega = 2\pi\nu \tag{7.3}$$

将式(7.2)和式(7.3)代入式(7.1),又可得简谐运动的表达式为

$$x = A\cos\left(\frac{2\pi}{T}t + \varphi\right) = A\cos(2\pi\nu t + \varphi) \tag{7.4}$$

ω,T 和 ν 都是表示简谐运动在时间上的周期性的量。

根据定义,可得简谐运动的速度和加速度分别为

$$v = \frac{\mathrm{d}x}{\mathrm{d}t} = -\omega A\sin(\omega t + \varphi) = \omega A\cos\left(\omega t + \varphi + \frac{\pi}{2}\right) \tag{7.5}$$

$$a = \frac{\mathrm{d}^2 x}{\mathrm{d}t^2} = -\omega^2 A\cos(\omega t + \varphi) = \omega^2 A\cos(\omega t + \varphi + \pi) \tag{7.6}$$

比较式(7.1)和式(7.6)可得

$$a = \frac{\mathrm{d}^2 x}{\mathrm{d}t^2} = -\omega^2 x \tag{7.7}$$

这一关系式说明,**简谐运动的加速度和位移成正比而反向**。

式(7.1)、式(7.5)、式(7.6)的函数关系可用图7.2所示的曲线表示,其中表示 x-t 关系的一条曲线叫做**振动曲线**。

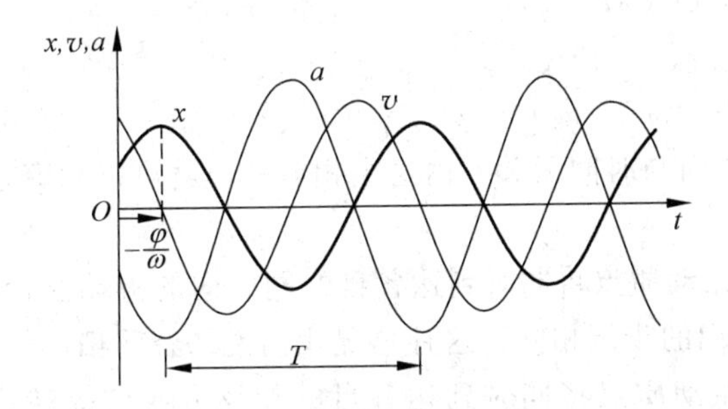

图7.2 简谐运动的 x,v,a 随时间变化的关系曲线

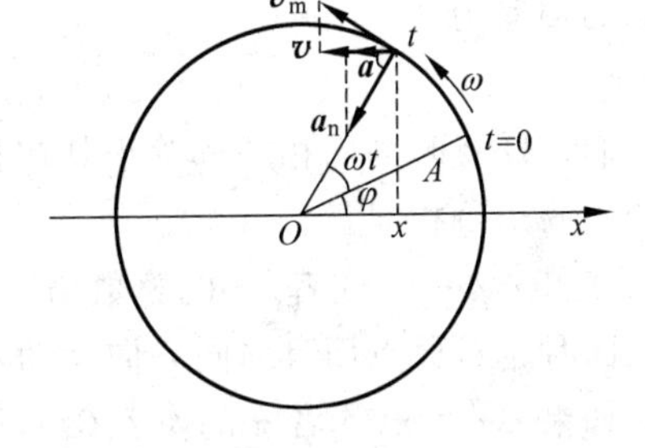

图7.3 匀速圆周运动与简谐运动

质点的简谐运动和匀速圆周运动有简单的关系。如图7.3所示,质点沿着以平衡位置 O 为中心,半径为 A 的圆周作角速度为 ω 的圆周运动时,它在一直径(取作 x 轴)上投影的运动就是简谐运动。以起始时质点的径矢与 x 轴的夹角为 φ,在时间 t 内该径矢转过的角度为 ωt,则在任意时刻 t 质点在 x 轴上的投影的位置就是

$$x = A\cos(\omega t + \varphi)$$

这正是简谐运动的定义公式(7.1)。从图7.3还可以看出,质点沿圆周运动的速度和加速度沿 x 轴的分量,即质点在 x 轴上的投影的速度和加速度的表达式,也正是上面简谐运动的速度和加速度的表达式——式(7.5)和式(7.6)。

正是由于简谐运动和匀速圆周运动的这一关系,就常用圆周运动的起始径矢位置图示一简谐运动。例如图7.4就表示式(7.1)所表达的简谐运动,简谐运动的这一表示法叫**相量图法**,长度等于振幅的径矢叫**振幅矢量**。

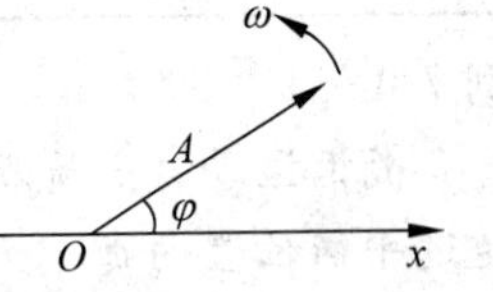

图7.4 相量图

在简谐运动定义公式(7.1)中的量($\omega t + \varphi$)叫做在时刻 t 振动的**相**(或**相位**)。在相量图中,它还有一个直观的几何意

义，即在时刻 t 振幅矢量和 x 轴的夹角。从式(7.1)和式(7.5)，或者借助于图 7.3，都可以知道，对于一个确定的简谐运动来说，一定的相就对应于振动质点一定时刻的运动状态，即一定时刻的位置和速度。因此，在说明简谐运动时，常不分别地指出位置和速度，而直接用相表示质点的某一运动状态。例如，当用余弦函数表示简谐运动时，$\omega t+\varphi=0$，即相为零的状态，表示质点在正位移极大处而速度为零；$\omega t+\varphi=\pi/2$，即相为 $\pi/2$ 的状态，表示质点正越过原点并以最大速率向 x 轴负向运动；$\omega t+\varphi=(3/2)\pi$ 的状态表示质点也正越过原点但是以最大速率向 x 轴正向运动；等等。因此，相是说明简谐运动时常用到的一个概念。

在初始时刻即 $t=0$ 时，相为 φ，因此，φ 叫做**初相**。

在式(7.1)中，如果 A,ω,φ 都知道了，由它表示的简谐运动就确定了。因此，A,ω 和 φ 叫做简谐运动的**三个特征量**。

相的概念在比较两个同频率的简谐运动的步调时特别有用。设有下列两个简谐运动：

$$x_1 = A_1\cos(\omega t+\varphi_1)$$
$$x_2 = A_2\cos(\omega t+\varphi_2)$$

它们的**相差**为

$$\Delta\varphi=(\omega t+\varphi_2)-(\omega t+\varphi_1)=\varphi_2-\varphi_1 \tag{7.8}$$

即它们在任意时刻的相差都等于其初相差而与时间无关。由这个相差的值就可以知道它们的步调是否相同。

如果 $\Delta\varphi=0$(或者 2π 的整数倍)，两振动质点将同时到达各自的同方向的极端位置，并且同时越过原点而且向同方向运动，它们的步调相同。这种情况我们说二者**同相**。

如果 $\Delta\varphi=\pi$(或者 π 的奇数倍)，两振动质点将同时到达各自的相反方向的极端位置，并且同时越过原点但向相反方向运动，它们的步调相反。这种情况我们说二者**反相**。

当 $\Delta\varphi$ 为其他值时，一般地说二者**不同相**。当 $\Delta\varphi=\varphi_2-\varphi_1>0$ 时，x_2 将先于 x_1 到达各自的同方向极大值，我们说 x_2 振动超前 x_1 振动 $\Delta\varphi$，或者说 x_1 振动落后于 x_2 振动 $\Delta\varphi$。当 $\Delta\varphi<0$ 时，我们说 x_1 振动超前 x_2 振动 $|\Delta\varphi|$。在这种说法中，由于相差的周期是 2π，所以我们把 $|\Delta\varphi|$ 的值限在 π 以内。例如，当 $\Delta\varphi=(3/2)\pi$ 时，我们常不说 x_2 振动超前 x_1 振动 $(3/2)\pi$，而改写成 $\Delta\varphi=(3/2)\pi-2\pi=-\pi/2$，且说 x_2 振动落后于 x_1 振动 $\pi/2$，或说 x_1 振动超前 x_2 振动 $\pi/2$。

相不但用来表示两个相同的作简谐运动的物理量的步调，而且可以用来表示频率相同的不同的物理量变化的步调。例如在图 7.2 中加速度 a 和位移 x 反相，速度 v 超前位移 $\pi/2$，而落后于加速度 $\pi/2$。

例 7.1

简谐运动。一质点沿 x 轴作简谐运动，振幅 $A=0.05$ m，周期 $T=0.2$ s。当质点正越过平衡位置向负 x 方向运动时开始计时。

(1) 写出此质点的简谐运动的表达式；

(2) 求在 $t=0.05$ s 时质点的位置、速度和加速度；

(3) 另一质点和此质点的振动频率相同，但振幅为 0.08 m，并和此质点反相，写出这另一质点的简谐运动表达式；

(4) 画出两振动的相量图。

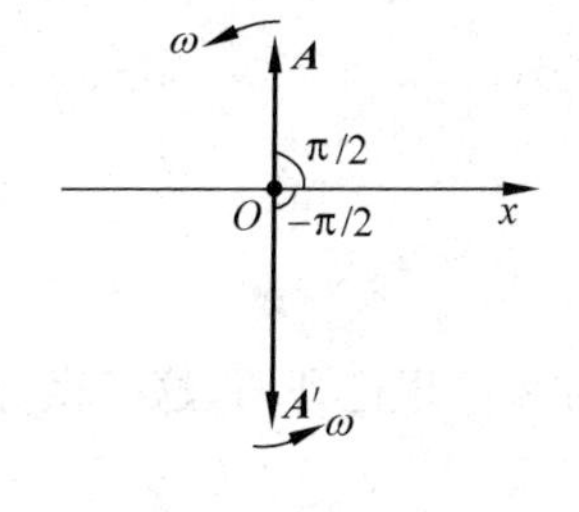

图 7.5 例 7.1 中两振动的相量图

解 (1) 取平衡位置为坐标原点，以余弦函数表示简谐运动，则 $A=0.05\ \mathrm{m}$，$\omega=2\pi/T=10\pi\ \mathrm{s}^{-1}$。由于 $t=0$ 时 $x=0$ 且 $v<0$，所以 $\varphi=\pi/2$。因此，此质点简谐运动表达式为

$$x = A\cos(\omega t+\varphi) = 0.05\cos(10\pi t+\pi/2)\text{①}$$

(2) $t=0.05$ s 时，

$$x = 0.05\cos(10\pi\times 0.05+\pi/2) = 0.05\cos\pi = -0.05\ \mathrm{m}$$

此时质点正在负 x 向最大位移处；

$$v = -\omega A\sin(\omega t+\varphi) = -0.05\times 10\pi\sin(10\pi\times 0.05+\pi/2) = 0$$

此时质点瞬时停止；

$$\begin{aligned} a &= -\omega^2 A\cos(\omega t+\varphi) \\ &= -(10\pi)^2 0.05\cos(10\pi\times 0.05+\pi/2) = 49.3\ \mathrm{m/s^2} \end{aligned}$$

此时质点的瞬时加速度指向平衡位置。

(3) 由于频率相同，另一反相质点的初相与此质点的初相差就是 π（或 $-\pi$）。这另一质点的简谐运动表达式应为

$$x' = A'\cos(\omega t+\varphi-\pi) = 0.08\cos(10\pi t-\pi/2)$$

(4) 两振动的相量图见图 7.5。

7.2 简谐运动的动力学

作简谐运动的质点，它的加速度和对于平衡位置的位移有式(7.7)所示的关系，即

$$a = \frac{\mathrm{d}^2 x}{\mathrm{d}t^2} = -\omega^2 x$$

根据牛顿第二定律，质量为 m 的质点沿 x 方向作简谐运动，沿此方向所受的合外力就应该是

$$F = m\frac{\mathrm{d}^2 x}{\mathrm{d}t^2} = -m\omega^2 x$$

由于对同一个简谐运动，m，ω 都是常量，所以可以说：**一个作简谐运动的质点所受的沿位移方向的合外力与它对于平衡位置的位移成正比而反向**。这样的力称为**回复力**。

反过来，如果一个质点沿 x 方向运动，它受到的合外力 F 与它对于平衡位置的位移 x 成正比而反向，即

$$F = -kx \tag{7.9}$$

其中，k 为比例常量，则由牛顿第二定律，可得

① 本章表达式中各量用数值表示时，除特别指明外，均用国际单位制单位。

$$F = m\frac{\mathrm{d}^2 x}{\mathrm{d}t^2} = -kx \tag{7.10}$$

或

$$a = \frac{\mathrm{d}^2 x}{\mathrm{d}t^2} = -\frac{k}{m}x \tag{7.11}$$

微分方程的理论证明,这一微分方程的解**一定**取式(7.1)的形式,即

$$x = A\cos(\omega t + \varphi)$$

因此可以说,在式(7.9)所示的合外力作用下,质点一定作简谐运动。这样,式(7.9)所表示的外力就是质点做简谐运动的充要条件。所以就可以说,**质点在与对平衡位置的位移成正比而反向的合外力作用下的运动就是简谐运动**。这可以作为**简谐运动的动力学定义**。式(7.10)就叫做简谐运动的**动力学方程**。

将式(7.7)和式(7.11)加以对比,还可以得出简谐运动的角频率为

$$\omega = \sqrt{\frac{k}{m}} \tag{7.12}$$

这就是说,简谐运动的角频率由振动系统本身的性质(包括力的特征和物体的质量)所决定。这一角频率叫振动系统的**固有角频率**,相应的周期叫振动系统的**固有周期**,其值为

$$T = \frac{2\pi}{\omega} = 2\pi\sqrt{\frac{m}{k}} \tag{7.13}$$

和处理一般的力学问题一样,除了知道式(7.9)所示外力条件外,还需要知道初始条件,即 $t=0$ 时的位移 x_0 和速度 v_0,才能决定简谐运动的具体形式。由式(7.1)和式(7.5)可知

$$x_0 = A\cos\varphi, \quad v_0 = -\omega A\sin\varphi \tag{7.14}$$

由此可解得

$$A = \sqrt{x_0^2 + \frac{v_0^2}{\omega^2}} \tag{7.15}$$

$$\varphi = \arctan\left(-\frac{v_0}{\omega x_0}\right) \tag{7.16}$$

在用式(7.16)确定 φ 时,一般说来,在 $-\pi$ 到 π 之间有两个值,因此应将此二值代回式(7.14)中以判定取舍。

简谐运动的三个特征量 A,ω,φ 都知道了,这个简谐运动的情况就完全确定了。

例 7.2

弹簧振子。图7.6所示为一水平弹簧振子,O 为振子的平衡位置,选作坐标原点。弹簧对小球(即振子)的弹力遵守胡克定律,即 $F=-kx$,其中 k 为弹簧的劲度系数。(1)证明:振子的运动为简谐运动。(2)已知弹簧的劲度系数为 $k=15.8\ \mathrm{N/m}$,振子的质量为 $m=0.1\ \mathrm{kg}$。在 $t=0$ 时振子对平衡位置的位移 $x_0=0.05\ \mathrm{m}$,速度 $v_0=-0.628\ \mathrm{m/s}$。写出相应的

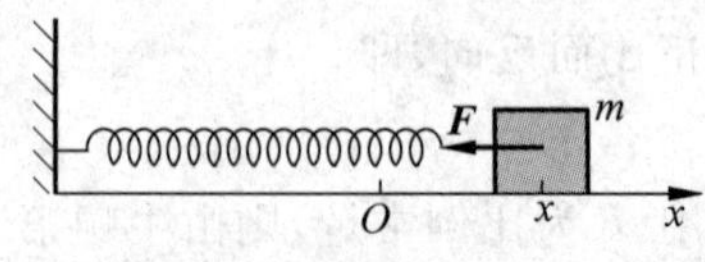

图7.6 水平弹簧振子

简谐运动的表达式。

解 (1) 以胡克定律表示的振子所受的水平合力表示式说明此合力与振子在其平衡位置的位移成正比而反向。根据定义,此力作用下的振子的水平运动应为简谐运动。

(2) 要写出此简谐运动的表达式,需要知道它的三个特征量 A,ω,φ。角频率决定于系统本身的性质,由式(7.12)可得

$$\omega=\sqrt{\frac{k}{m}}=\sqrt{\frac{15.8}{0.1}}=12.57\ (\mathrm{s}^{-1})=4\pi\ (\mathrm{s}^{-1})$$

A 和 φ 由初始条件决定,由式(7.15)得

$$A=\sqrt{x_0^2+\frac{v_0^2}{\omega^2}}=\sqrt{0.05^2+\frac{(-0.628)^2}{12.57^2}}=7.07\times10^{-2}\ (\mathrm{m})$$

又由式(7.16)得

$$\varphi=\arctan\left(-\frac{v_0}{\omega x_0}\right)=\arctan\left(-\frac{-0.628}{12.57\times0.05}\right)=\arctan 1=\frac{\pi}{4}\text{ 或 }-\frac{3}{4}\pi$$

由于 $x_0=A\cos\varphi=0.05\ \mathrm{m}>0$,所以取 $\varphi=\pi/4$。

由此,以平衡位置为原点所求简谐运动的表达式应为

$$x=7.07\times10^{-2}\cos\left(4\pi t+\frac{\pi}{4}\right)$$

例 7.3

单摆的小摆角振动。如图 7.7 所示的单摆摆长为 l,摆锤质量为 m。证明:单摆的小摆角振动是简谐运动并求其周期。

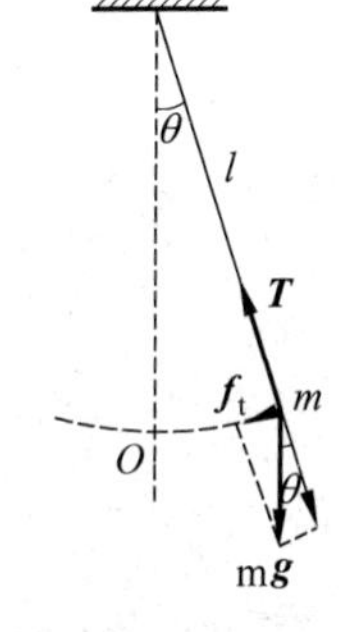

图 7.7 单摆

解 当摆线与竖直方向成 θ 角时,忽略空气阻力,摆球所受的合力沿圆弧切线方向的分力,即重力在这一方向的分力,为 $mg\sin\theta$。取逆时针方向为角位移 θ 的正方向,则此力应写成

$$f_t=-mg\sin\theta$$

在**角位移θ很小时**,$\sin\theta\approx\theta$,所以

$$f_t=-mg\theta \tag{7.17}$$

由于摆球的切向加速度为 $a_t=\frac{dv}{dt}=l\frac{d\omega}{dt}=l\frac{d^2\theta}{dt^2}$,所以由牛顿第二定律可得

$$ml\frac{d^2\theta}{dt^2}=-mg\theta$$

或

$$\frac{d^2\theta}{dt^2}=-\frac{g}{l}\theta \tag{7.18}$$

这一方程和式(7.11)具有相同的形式,其中的常量 g/l 相当于式(7.11)中的常量 k/m。由此可以得出结论:**在摆角很小的情况下,单摆的振动是简谐运动**。这一振动的角频率,根据式(7.12)应为

$$\omega=\sqrt{\frac{g}{l}}$$

而由式(7.2)可知单摆振动的周期为

$$T=\frac{2\pi}{\omega}=2\pi\sqrt{\frac{l}{g}} \tag{7.19}$$

这就是在中学物理课程中大家已熟知的周期公式。

式(7.17)表示的力也和位移(或角位移)成正比而反向,和上例的弹性力类似。这种形式上与弹性

力类似的力叫**准弹性力**。

在稳定平衡位置附近的微小振动

在弹簧振子和单摆的例子中，物体作简谐运动都是在恢复力作用下进行的。物体离开平衡位置时就要受到恢复力的作用而返回。这一平衡位置称做**稳定平衡位置**。根据力和势能的关系，在稳定平衡位置处，振动系统的势能必取最小值，而势能曲线在稳定平衡位置处应该达到最低点。由于势能曲线在其最低点附近足够小的范围内都可以用抛物线近似，所以质点在稳定平衡位置的微小振动就都是简谐运动(图7.8所示的弹簧振子的势能曲线是抛物线，它的振动就是简谐运动)。下面用解析方法来说明这一点。

以 $E_p=E_p(x)$ 表示振动系统的势能函数(这里只讨论一维的情况)。将稳定平衡位置取作原点，在此处振动质点应该受力为零。根据力和势能的关系，应该有

$$F=-\left(\frac{\mathrm{d}E_p}{\mathrm{d}x}\right)_{x=0}=0 \tag{7.20}$$

又由于平衡是稳定的，所以还应该有

$$\left(\frac{\mathrm{d}^2E_p}{\mathrm{d}x^2}\right)_{x=0}>0 \tag{7.21}$$

现在将 $E_p(x)$ 在 $x=0$ 处展开成泰勒级数，即

$$E_p(x)=E_p(x_0)+\left(\frac{\mathrm{d}E_p}{\mathrm{d}x}\right)_{x=0}x+\frac{1}{2!}\left(\frac{\mathrm{d}^2E_p}{\mathrm{d}x^2}\right)_{x=0}x^2+\frac{1}{3!}\left(\frac{\mathrm{d}^3E_p}{\mathrm{d}x^3}\right)_{x=0}x^3+\cdots$$

在位移 x 足够小时，可以忽略 x^3 以及更高次方项，于是有

$$E_p(x)=E_p(x_0)+\left(\frac{\mathrm{d}E_p}{\mathrm{d}x}\right)_{x=0}x+\frac{1}{2}\left(\frac{\mathrm{d}^2E_p}{\mathrm{d}x^2}\right)_{x=0}x^2$$

由式(7.20)可知，此式等号右侧第二项为零，于是质点受的力为

$$F(x)=-\frac{\mathrm{d}E_p}{\mathrm{d}x}=-\left(\frac{\mathrm{d}^2E_p}{\mathrm{d}x^2}\right)_{x=0}x \tag{7.22}$$

令

$$\left(\frac{\mathrm{d}^2E_p}{\mathrm{d}x^2}\right)_{x=0}=k \tag{7.23}$$

由式(7.21)可知，$k>0$。于是式(7.22)变为

$$F(x)=-kx$$

这正是与位移成正比而反向的恢复力的表示式。因此，在稳定平衡位置附近的微小振动就是简谐运动，而且其振动的角频率为

$$\omega=\sqrt{\frac{k}{m}}=\left[\frac{1}{m}\left(\frac{\mathrm{d}^2E_p}{\mathrm{d}x^2}\right)_{x=0}\right]^{1/2} \tag{7.24}$$

例7.4

已知氢分子内两原子的势能可表示为

$$E_p=E_{p0}\left[\mathrm{e}^{-(x-x_0)/b}-2\mathrm{e}^{-(x-x_0)/2b}\right]$$

其中 $E_{p0}=4.7\ \mathrm{eV}$，$x_0=7.4\times10^{-11}\ \mathrm{m}$，$x$ 为两原子之间的距离，b 为一特征长度。

(1) 试证明：两原子的平衡间距为 x_0，而且是稳定平衡间距。

(2) 已测得氢分子中两原子的微小振动频率为 $\nu=1.3\times10^{14}$ Hz，一个氢原子的质量是 $m=1.67\times10^{-27}$ kg。求上面的势能表示式中 b 的值。

解 (1) 一个氢原子受的力应为

$$F=-\frac{\mathrm{d}E_\mathrm{p}}{\mathrm{d}x}=-\frac{E_{\mathrm{p}0}}{b}\left[-\mathrm{e}^{-(x-x_0)/b}+\mathrm{e}^{-(x-x_0)/2b}\right]$$

平衡间距对应于 $F=0$，由上式可得 $x=x_0$ 或 ∞。间距无穷大对应于氢分子已解离，所以氢分子中两原子的平衡间距应为 x_0。

又因

$$\left(\frac{\mathrm{d}^2E_\mathrm{p}}{\mathrm{d}x^2}\right)_{x=x_0}=\frac{E_{\mathrm{p}0}}{2b^2}>0$$

所以 $x=x_0$ 为稳定平衡间距。

(2) 由式(7.23)

$$k=\left(\frac{\mathrm{d}^2E_\mathrm{p}}{\mathrm{d}x^2}\right)_{x=x_0}=\frac{E_{\mathrm{p}0}}{2b^2}$$

由于两氢原子都相对于其质心运动，所以

$$\nu=\frac{\omega}{2\pi}=\frac{1}{2\pi}\sqrt{\frac{2k}{m}}=\frac{1}{2\pi b}\sqrt{\frac{E_{\mathrm{p}0}}{m}}$$

由此得

$$b=\frac{1}{2\pi\nu}\sqrt{\frac{E_{\mathrm{p}0}}{m}}$$

$$=\frac{1}{2\pi\times1.3\times10^{14}}\sqrt{\frac{4.7\times1.6\times10^{-19}}{1.67\times10^{-27}}}=2.6\times10^{-11}\,(\mathrm{m})$$

7.3 简谐运动的能量

仍以图 7.6 所示的水平弹簧振子为例。当物体的位移为 x，速度为 $v=\mathrm{d}x/\mathrm{d}t$ 时，弹簧振子的总机械能为

$$E=E_\mathrm{k}+E_\mathrm{p}=\frac{1}{2}mv^2+\frac{1}{2}kx^2 \tag{7.25}$$

利用式(7.1)和式(7.5)，可得任意时刻弹簧振子的弹性势能和动能分别为

$$E_\mathrm{p}=\frac{1}{2}kx^2=\frac{1}{2}kA^2\cos^2(\omega t+\varphi) \tag{7.26}$$

$$E_\mathrm{k}=\frac{1}{2}mv^2=\frac{1}{2}m\omega^2A^2\sin^2(\omega t+\varphi) \tag{7.27}$$

应用(7.12)式的关系，即

$$\omega^2=\frac{k}{m}$$

可得

$$E_\mathrm{k}=\frac{1}{2}kA^2\sin^2(\omega t+\varphi) \tag{7.28}$$

因此，弹簧振子系统的总机械能为

$$E = E_k + E_p = \frac{1}{2}kA^2 \tag{7.29}$$

由此可知，弹簧振子的总能量不随时间改变，即其机械能守恒。这一点是和弹簧振子在振动过程中没有外力对它做功的条件相符合的。

式(7.29)还说明弹簧振子的总能量和振幅的平方成正比，这一点对其他的简谐运动系统也是正确的。振幅不仅给出了简谐运动的运动范围，而且还反映了振动系统总能量的大小，或者说反映了振动的**强度**。

弹簧振子作简谐运动时的能量变化情况可以在势能曲线图上查看。如图7.8所示，弹簧振子的势能曲线为抛物线。在一次振动中总能量为 E，保持不变。在位移为 x 时，势能和动能分别由 xa 和 ab 直线段表示。当位移到达 $+A$ 和 $-A$ 时，振子动能为零，开始返回运动。振子不可能越过势能曲线到达势能更大的区域，因为到那里振子的动能应为负值，而这是不可能的①。

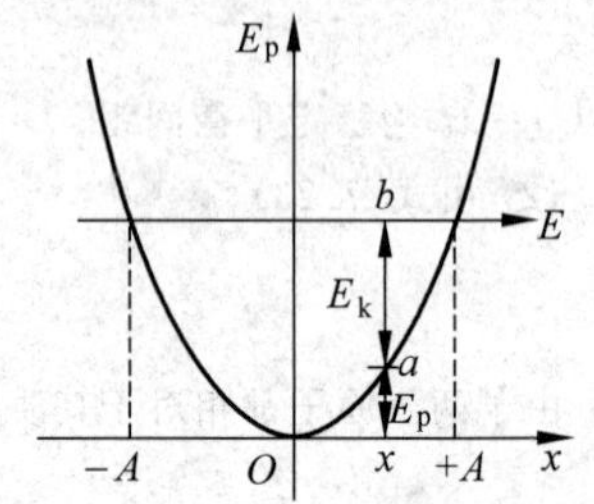

图7.8　弹簧振子的势能曲线

还可以利用式(7.26)和式(7.27)求出弹簧振子的势能和动能对时间的平均值。根据对时间的平均值的定义可得

$$\overline{E}_p = \frac{1}{T}\int_0^T E_p \mathrm{d}t = \frac{1}{T}\int_0^T \frac{1}{2}kA^2\cos^2(\omega t + \varphi)\mathrm{d}t = \frac{1}{4}kA^2$$

$$\overline{E}_k = \frac{1}{T}\int_0^T E_k \mathrm{d}t = \frac{1}{T}\int_0^T \frac{1}{2}kA^2\sin^2(\omega t + \varphi)\mathrm{d}t = \frac{1}{4}kA^2$$

即弹簧振子的势能和动能的平均值相等而且等于总机械能的一半。这一结论也同样适用于其他的简谐运动。

*7.4　阻尼振动

前面几节讨论的简谐运动，都是物体在弹性力或准弹性力作用下产生的，没有其他的力，如阻力的作用。这样的简谐运动又叫做**无阻尼自由振动**（“尼”字据《辞海》也是阻止的意思）。实际上，任何振动系统总还要受到阻力的作用，这时的振动叫做**阻尼振动**。由于在阻尼振动中，振动系统要不断地克服阻力做功，所以它的能量将不断地减少。因而阻尼振动的振幅也不断地减小，故而被称为**减幅振动**。

通常的振动系统都处在空气或液体中，它们受到的阻力就来自它们周围的这些介质。

---

① 式(7.29)表示简谐运动的能量和振幅的平方成正比，这个结论只适用于“经典”的谐振子。对于微观的振动系统，如分子内原子的振动，其能量只和振动的频率 ν 有关，而且是“量子化”的。其能量的可能值为

$$E = \left(n + \frac{1}{2}\right)h\nu, \quad n = 0,1,2,\cdots \tag{7.30}$$

式中，h 为普朗克常量；n 为振动“量子数”，只取正整数，每一个 n 值，对应于一个振动能级。

图7.8表示的振子不可能越过势能曲线的现象也只限于经典的简谐运动。微观的振动粒子是可以越过势能曲线所形成的障壁而进入势能更大的区域的，这就是所谓“隧道效应”。

实验指出，当运动物体的速度不太大时，介质对运动物体的阻力与速度成正比。又由于阻力总与速度方向相反，所以阻力 f_r 与速度 v 就有下述的关系：

$$f_r = -\gamma v = -\gamma \frac{dx}{dt} \tag{7.31}$$

式中 γ 为正的比例常数，它的大小由物体的形状、大小、表面状况以及介质的性质决定。

质量为 m 的振动物体，在弹性力(或准弹性力)和上述阻力作用下运动时，运动方程应为

$$m\frac{d^2x}{dt^2} = -kx - \gamma\frac{dx}{dt} \tag{7.32}$$

令

$$\omega_0^2 = \frac{k}{m}, \quad 2\beta = \frac{\gamma}{m}$$

这里 ω_0 为振动系统的固有角频率，β 称为**阻尼系数**。以此代入式(7.32)可得

$$\frac{d^2x}{dt^2} + 2\beta\frac{dx}{dt} + \omega_0^2 x = 0 \tag{7.33}$$

这是一个微分方程。在阻尼作用较小(即 $\beta < \omega_0$)时，此方程的解为

$$x = A_0 e^{-\beta t}\cos(\omega t + \varphi_0) \tag{7.34}$$

其中

$$\omega = \sqrt{\omega_0^2 - \beta^2} \tag{7.35}$$

而 A_0 和 φ_0 是由初始条件决定的积分常数。式(7.34)即阻尼振动的表达式，图 7.9 画出了相应的位移时间曲线。

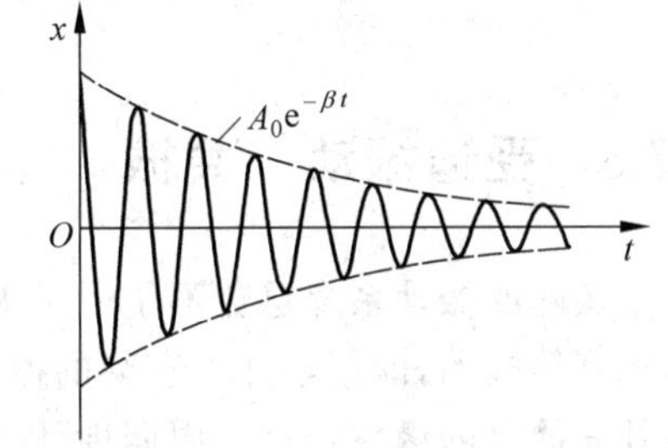

图 7.9 阻尼振动图线

式(7.34)中的 $A_0 e^{-\beta t}$ 可以看做是随时间变化的振幅，它随时间是按指数规律衰减的。这种振幅衰减的情况在图 7.9 中可以清楚地看出来。阻尼作用愈大，振幅衰减得愈快。显然阻尼振动不是简谐运动；它也不是严格的周期运动，因为位移并不能恢复原值。这时仍然把因子 $\cos(\omega t + \varphi_0)$ 的相变化 2π 所经历的时间，亦即相邻两次沿同方向经过平衡位置相隔的时间，叫周期。这样，阻尼振动的周期为

$$T = \frac{2\pi}{\omega} = \frac{2\pi}{\sqrt{\omega_0^2 - \beta^2}} \tag{7.36}$$

很明显，阻尼振动的周期比振动系统的固有周期要长。

由于振幅 $A_0 e^{-\beta t}$ 不断减小，振动能量也不断减小。由于振动能量和振幅的平方成正比，所以有

$$E = E_0 e^{-2\beta t} \tag{7.37}$$

其中 E_0 为起始能量。能量减小到起始能量的 1/e 所经过的时间为

$$\tau = \frac{1}{2\beta} \tag{7.38}$$

这一时间可以作为阻尼振动的特征时间而称为**时间常量**，或叫鸣响时间。阻尼越小，则时

间常数越大，鸣响时间也越长。

在通常情况下，阻尼很难避免，振动常常是阻尼的。对这种实际振动，常常用在鸣响时间内可能振动的次数来比较振动的“优劣”，振动次数越多越“好”。因此，技术上就用这一次数的 2π 倍定义为阻尼振动的**品质因数**，并以 Q 表示，因此又称为振动系统的 **Q 值**。于是

$$Q = 2\pi \frac{\tau}{T} = \omega\tau \tag{7.39}$$

在阻尼不严重的情况下，此式中的 T 和 ω 就可以用振动系统的固有周期和固有角频率计算。一般音叉和钢琴弦的 Q 值为几千，即它们在敲击后到基本听不见之前大约可以振动几千次，无线电技术中的振荡回路的 Q 值为几百，激光器的光学谐振腔的 Q 值可达 10^7。

图 7.9 所示的阻尼较小的阻尼运动叫**欠阻尼**(也见图 7.10 中的曲线 a)。阻尼作用过大时，物体的运动将不再具有任何周期性，物体将从原来远离平衡位置的状态慢慢回到平衡位置(图 7.10 中的曲线 b)。这种情况称为**过阻尼**。

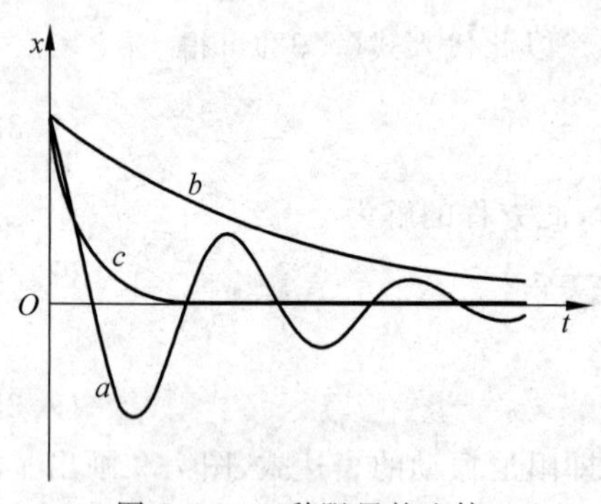

图 7.10 三种阻尼的比较

阻尼的大小适当，则可以使运动处于一种**临界阻尼**状态。此时系统还是一次性地回到平衡状态，但所用的时间比过阻尼的情况要短(图 7.10 中的曲线 c)。因此当物体偏离平衡位置时，如果要它以最短的时间一次性地回到平衡位置，就常用施加临界阻尼的方法。

*7.5 受迫振动 共振

实际的振动系统总免不了由于阻力而消耗能量，这会使振幅不断衰减。但这时也能够得到等幅的，即振幅并不衰减的振动，这是由于对振动系统施加了周期性外力因而不断地补充能量的缘故。这种周期性外力叫**驱动力**，在驱动力作用下的振动就叫**受迫振动**。

受迫振动是常见的。例如，如果电动机的转子的质心不在转轴上，则当电动机工作时它的转子就会对基座加一个周期性外力(频率等于转子的转动频率)而使基座作受迫振动。扬声器中和纸盆相连的线圈，在通有音频电流时，在磁场作用下就对纸盆施加周期性的驱动力而使之发声。人们听到声音也是耳膜在传入耳蜗的声波的周期性压力作用下作受迫振动的结果。

为简单起见，设驱动力是随时间按余弦规律变化的简谐力 $H\cos\omega t$。由于同时受到弹性力和阻力的作用，物体受迫振动的运动方程为

$$m\frac{\mathrm{d}^2 x}{\mathrm{d}t^2} = -kx - \gamma\frac{\mathrm{d}x}{\mathrm{d}t} + H\cos\omega t \tag{7.40}$$

令

$$\omega_0^2 = \frac{k}{m}, \quad 2\beta = \frac{\gamma}{m}, \quad h = \frac{H}{m}$$

则上一式可改写成

$$\frac{d^2x}{dt^2}+2\beta\frac{dx}{dt}+\omega_0^2x=h\cos\omega t \tag{7.41}$$

这个微分方程的解为

$$x=A_0e^{-\beta t}\cos\left(\sqrt{\omega_0^2-\beta^2}t+\varphi_0\right)+A\cos(\omega t+\varphi) \tag{7.42}$$

此式表明,受迫振动可以看成是两个振动合成的。一个振动由此式的第一项表示,它是一个减幅的振动。经过一段时间后,这一分振动就减弱到可以忽略不计了。余下的就只有上式中后一项表示的振幅不变的振动,这就是受迫振动达到稳定状态时的等幅振动。因此,受迫振动的稳定状态就由下式表示:

$$x=A\cos(\omega t+\varphi) \tag{7.43}$$

可以证明(将式(7.43)代入式(7.41)即可),此等幅振动的角频率 ω 就是驱动力的角频率,而振幅为

$$A=\frac{h}{[(\omega_0^2-\omega^2)^2+4\beta^2\omega^2]^{1/2}} \tag{7.44}$$

稳态受迫振动与驱动力的相差为

$$\varphi=\arctan\frac{-2\beta\omega}{\omega_0^2-\omega^2} \tag{7.45}$$

这些都与初始条件无关。

对一定的振动系统,改变驱动力的频率,当驱动力频率为某一值时,振幅A(式(7.44))会达到极大值。用求极值的方法可得使振幅达到极大值的角频率为

$$\omega_r=\sqrt{\omega_0^2-2\beta^2} \tag{7.46}$$

相应的最大振幅为

$$A_r=\frac{H/m}{2\beta\sqrt{\omega_0^2-\beta^2}} \tag{7.47}$$

在弱阻尼即 $\beta\ll\omega_0$ 的情况下,由式(7.46)可看出,当 $\omega_r=\omega_0$,即驱动力频率等于振动系统的固有频率时,振幅达到最大值。我们把这种振幅达到最大值的现象叫做**共振**[①]。

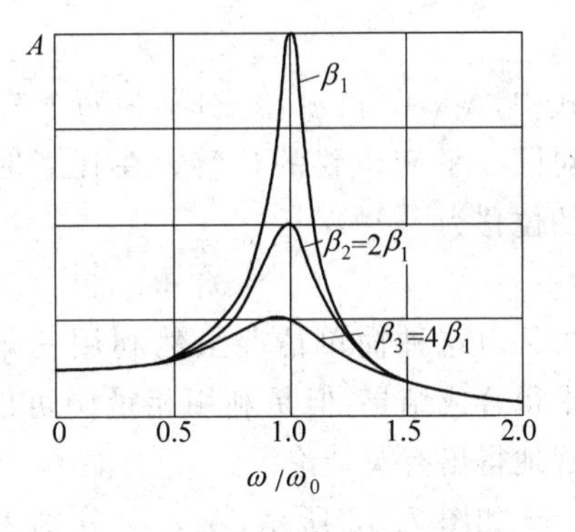

图 7.11 受迫振动的振幅曲线

在几种阻尼系数不同的情况下受迫振动的振幅随驱动力的角频率变化的情况如图 7.11 所示。

可以证明,在共振时,振动速度和驱动力同相,因而,驱动力总是对系统做正功,系统能最大限度地从外界得到能量。这就是共振时振幅最大的原因[②]。

共振现象是极为普遍的,在声、光、无线电、原子

---

① 一般来讲,可以证明,当驱动力频率正好等于系统固有频率时,受迫振动的速度幅达到极大值。这叫做**速度共振**。上面讲的振幅达到极大值的现象叫做**位移共振**。在弱阻尼的情况下,二者可不加区分。

② 关于受迫振动的能量,可参看:白守仁.受迫振动中的能量转换.大学物理,1984(6):19.

内部及工程技术中都常遇到。共振现象有有利的一面,例如,许多仪器就是利用共振原理设计的:收音机利用电磁共振(电谐振)进行选台,一些乐器利用共振来提高音响效果,核内的核磁共振被利用来进行物质结构的研究以及医疗诊断等。共振也有不利的一面,例如共振时因为系统振幅过大会造成机器设备的损坏等。1940 年著名的美国塔科马海峡大桥断塌的部分原因就是阵阵大风引起的桥的共振。图 7.12(a)是该桥要断前某一时刻的振动形态,图(b)是桥断后的惨状。

(a)

(b)

图 7.12 塔科马海峡大桥的共振断塌

7.6 同一直线上同频率的简谐运动的合成

在实际的问题中,常常会遇到几个简谐运动的合成(或叠加)。例如,当两列声波同时传到空间某一点时,该点空气质点的运动就是两个振动的合成。一般的振动合成问题比较复杂,下面先讨论在同一直线上的频率相同的两个简谐运动的合成。

设两个在同一直线上的同频率的简谐运动的表达式分别为

$$x_1 = A_1 \cos(\omega t + \varphi_1)$$

$$x_2 = A_2 \cos(\omega t + \varphi_2)$$

式中,A_1,A_2 和 φ_1,φ_2 分别为两个简谐运动的振幅和初相,x_1,x_2 表示在同一直线上,相对同一平衡位置的位移。在任意时刻合振动的位移为

$$x = x_1 + x_2$$

对这种简单情况虽然利用三角公式不难求得合成结果,但是利用相量图可以更简捷直观地得出有关结论。

如图 7.13 所示,A_1,A_2 分别表示简谐运动 x_1 和 x_2 的振幅矢量,A_1,A_2 的合矢量为 A,而 A 在 x 轴上的投影 $x=x_1+x_2$。

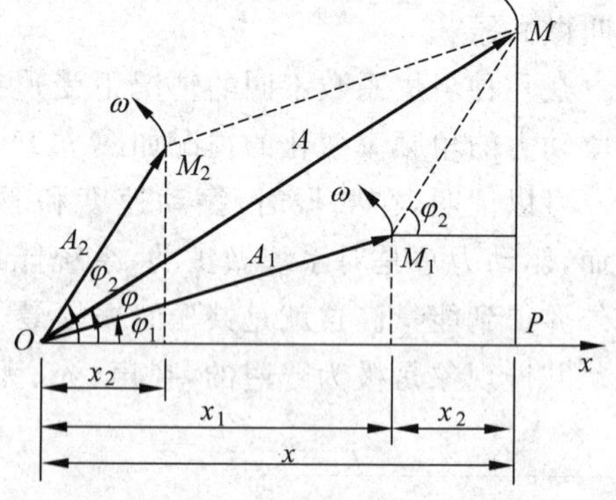

图 7.13 在 x 轴上的两个同频率的简谐运动合成的相量图

因为 A_1,A_2 以相同的角速度 ω 匀速旋转,所以在旋转过程中平行四边形的形状保持不变,因而合矢量 A 的长度保持不变,并以同一

角速度 ω 匀速旋转。因此，合矢量 A 就是相应的合振动的振幅矢量，而合振动的表达式为

$$x = A\cos(\omega t + \varphi)$$

参照图 7.13，利用余弦定理可求得合振幅为

$$A = \sqrt{A_1^2 + A_2^2 + 2A_1A_2\cos(\varphi_2 - \varphi_1)} \tag{7.48}$$

由直角 $\triangle OMP$ 可以求得合振动的初相 φ 满足

$$\tan\varphi = \frac{A_1\sin\varphi_1 + A_2\sin\varphi_2}{A_1\cos\varphi_1 + A_2\cos\varphi_2} \tag{7.49}$$

式(7.48)表明合振幅不仅与两个分振动的振幅有关，还与它们的初相差 $\varphi_2 - \varphi_1$ 有关。下面是两个重要的特例。

(1) 两分振动同相

$$\varphi_2 - \varphi_1 = 2k\pi, \quad k = 0, \pm 1, \pm 2, \cdots$$

这时 $\cos(\varphi_2 - \varphi_1) = 1$，由式(7.48)得

$$A = \sqrt{A_1^2 + A_2^2 + 2A_1A_2} = A_1 + A_2$$

合振幅最大，振动曲线如图 7.14(a)所示。

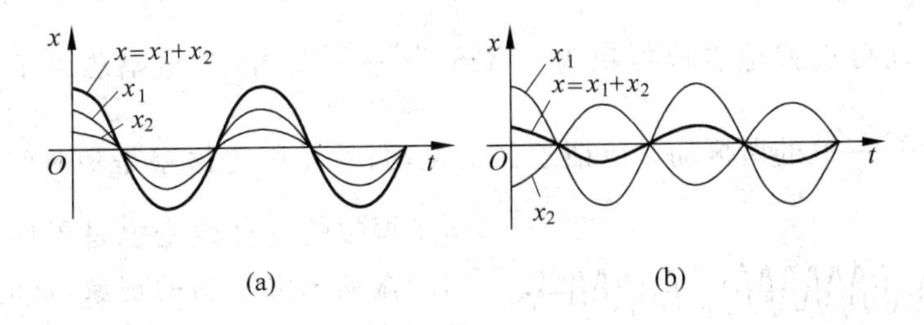

图 7.14 振动合成曲线

(a) 两振动同相；(b) 两振动反相

(2) 两分振动反相

$$\varphi_2 - \varphi_1 = (2k+1)\pi, \quad k = 0, \pm 1, \pm 2, \cdots$$

这时 $\cos(\varphi_2 - \varphi_1) = -1$，由式(7.48)得

$$A = \sqrt{A_1^2 + A_2^2 - 2A_1A_2} = |A_1 - A_2|$$

合振幅最小，振动曲线如图 7.14(b)所示。当 $A_1 = A_2$ 时，$A = 0$，说明两个同幅反相的振动合成的结果将使质点处于静止状态。

当相差 $\varphi_2 - \varphi_1$ 为其他值时，合振幅的值在 $A_1 + A_2$ 与 $|A_1 - A_2|$ 之间。

7.7 同一直线上不同频率的简谐运动的合成

如果在一条直线上的两个分振动频率不同，合成结果就比较复杂了。从相量图看，由于这时 A_1 和 A_2 的角速度不同，它们之间的夹角就要随时间改变，它们的合矢量也将随时间改变。该合矢量在 x 轴上的投影所表示的合运动将不是简谐运动。下面我们不讨论一般的情形，而只讨论两个振幅相同的振动的合成。

设两分振动的角频率分别为 ω_1 与 ω_2，振幅都是 A。由于二者频率不同，总会有机会二者同相（表现在相量图上是两分振幅矢量在某一时刻重合）。我们就从此时刻开始计算时间，因而二者的初相相同。这样，两分振动的表达式可分别写成

$$x_1 = A\cos(\omega_1 t + \varphi)$$
$$x_2 = A\cos(\omega_2 t + \varphi)$$

应用三角学中的和差化积公式可得合振动的表达式为

$$\begin{aligned} x = x_1 + x_2 &= A\cos(\omega_1 t + \varphi) + A\cos(\omega_2 t + \varphi) \\ &= 2A\cos\frac{\omega_2 - \omega_1}{2}t\cos\left(\frac{\omega_2 + \omega_1}{2}t + \varphi\right) \end{aligned} \tag{7.50}$$

在一般情形下，我们察觉不到合振动有明显的周期性。但当两个分振动的频率都较大而其差很小时，就会出现明显的周期性。我们就来说明这种特殊的情形。

式(7.50)中的两因子 $\cos\frac{\omega_2-\omega_1}{2}t$ 及 $\cos\left(\frac{\omega_2+\omega_1}{2}t+\varphi\right)$ 表示两个周期性变化的量。根据所设条件，$\omega_2-\omega_1 \ll \omega_2+\omega_1$，第二个量的频率比第一个的大很多，即第一个的周期比第二个的大很多。这就是说，第一个量的变化比第二个量的变化慢得多，以致在某一段较短时间内第二个量反复变化多次时，第一个量几乎没有变化。因此，对于由这两个因子的乘积决定的运动可近似地看成振幅为 $\left|2A\cos\frac{\omega_2-\omega_1}{2}t\right|$（因为振幅总为正，所以取绝对值），角频率为 $\frac{\omega_1+\omega_2}{2}$ 的谐振动。所谓近似谐振动，就是因为振幅是随时间改变的缘故。

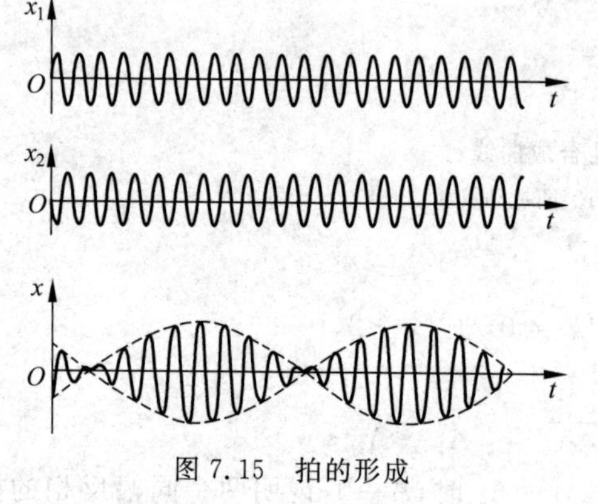

图 7.15　拍的形成

由于振幅的这种改变也是周期性的，所以就出现振动忽强忽弱的现象，这时的振动合成的图线如图7.15所示。频率都较大但相差很小的两个同方向振动合成时所产生的这种合振动忽强忽弱的现象叫做**拍**。单位时间内振动加强或减弱的次数叫**拍频**。拍频的值可以由振幅公式 $\left|2A\cos\frac{\omega_2-\omega_1}{2}t\right|$ 求出。由于这里只考虑绝对值，而余弦函数的绝对值在一个周期内两次达到最大值，所以单位时间内最大振幅出现的次数应为振动 $\left(\cos\frac{\omega_2-\omega_1}{2}t\right)$ 的频率的两倍，即拍频为

$$\nu = 2\times\frac{1}{2\pi}\left(\frac{\omega_2-\omega_1}{2}\right) = \frac{\omega_2}{2\pi} - \frac{\omega_1}{2\pi} = \nu_2 - \nu_1 \tag{7.51}$$

这就是说，**拍频为两分振动频率之差**。

式(7.51)常用来测量频率。如果已知一个高频振动的频率，使它和另一频率相近但未知的振动叠加，测量合成振动的拍频，就可以求出后者的频率。

提要

1. **简谐运动的运动学定义式**：$x=A\cos(\omega t+\varphi)$

三个特征量：振幅 A　决定于振动的能量；

角频率 ω　决定于振动系统的性质，$\omega=\frac{2\pi}{T}$，$\omega=2\pi\nu$；

初相 φ　决定于起始时刻的选择。

$$\boldsymbol{v}=-\omega A\sin(\omega t+\varphi)$$

$$a=-\omega^2 A\cos(\omega t+\varphi)=-\omega^2 x$$

简谐运动可以用相量图表示。

2. **振动的相**：$(\omega t+\varphi)$

两个振动的相差：同相 $\Delta\varphi=2k\pi$，　反相 $\Delta\varphi=(2k+1)\pi$

3. **简谐运动的动力学定义**：

$$F=-kx$$

由于

$$\frac{\mathrm{d}^2 x}{\mathrm{d}t^2}=-\omega^2 x$$

由牛顿第二定律可得

$$\omega=\sqrt{\frac{k}{m}},\quad T=2\pi\sqrt{\frac{m}{k}}$$

初始条件决定振幅和初相：

$$A=\sqrt{x_0^2+\frac{v_0^2}{\omega^2}},\quad \varphi=\arctan\left(-\frac{v_0}{\omega x_0}\right)$$

4. **简谐运动实例**：

弹簧振子(劲度系数 k)：　$\frac{\mathrm{d}^2 x}{\mathrm{d}t^2}=-\frac{k}{m}x$，　$\omega=\sqrt{\frac{k}{m}}$，　$T=2\pi\sqrt{\frac{m}{k}}$

单摆(摆长 l)小摆角振动：　$\frac{\mathrm{d}^2\theta}{\mathrm{d}t^2}=-\frac{g}{l}\theta$，　$\omega=\sqrt{\frac{g}{l}}$，　$T=2\pi\sqrt{\frac{l}{g}}$

在稳定平衡位置的微小振动：$k=\left(\frac{\mathrm{d}^2 E_\mathrm{p}}{\mathrm{d}x^2}\right)_{x=x_0}$，　$\omega=\sqrt{\frac{k}{m}}$

5. **简谐运动的能量**：机械能 E 保持不变。

$$E=E_\mathrm{k}+E_\mathrm{p}=\frac{1}{2}m\left(\frac{\mathrm{d}x}{\mathrm{d}t}\right)^2+\frac{1}{2}kx^2=\frac{1}{2}kA^2$$

这能量反映振动的强度，和振幅的平方成正比。

$$\overline{E}_\mathrm{k}=\overline{E}_\mathrm{p}=\frac{1}{2}E$$

6. 阻尼振动：欠阻尼(阻力较小)情况下

$$A = A_0 e^{-\beta t}$$

时间常数：

$$\tau=\frac{1}{2\beta}$$

Q 值：

$$Q=2\pi\frac{\tau}{T}=\omega\tau$$

过阻尼(阻力较大)情况下，质点慢慢回到平衡位置，不再振动；

临界阻尼(阻力适当)情况下，质点以最短时间回到平衡位置不再振动。

7. 受迫振动：是在周期性的驱动力作用下的振动。稳态时的振动频率等于驱动力的频率；当驱动力的频率等于振动系统的固有频率时发生共振现象，这时系统最大限度地从外界吸收能量。

8. 两个简谐运动的合成：

(1) 同一直线上的两个同频率振动：合振动的振幅决定于两分振动的振幅和相差：同相时，$A=A_1+A_2$，反相时，$A=|A_1-A_2|$。

(2) 同一直线上的两个不同频率的振动：两分振动频率都很大而频率差很小时，产生**拍**的现象。拍频等于二分振动的频率差。

思考题

7.1 什么是简谐运动？下列运动中哪个是简谐运动？

(1) 拍皮球时球的运动；

(2) 锥摆的运动；

(3) 一小球在半径很大的光滑凹球面底部的小幅度摆动。

7.2 如果把一弹簧振子和一单摆拿到月球上去，它们的振动周期将如何改变？

7.3 当一个弹簧振子的振幅增大到两倍时，试分析它的下列物理量将受到什么影响：振动的周期、最大速度、最大加速度和振动的能量。

7.4 把一单摆从其平衡位置拉开，使悬线与竖直方向成一小角度 φ，然后放手任其摆动。如果从放手时开始计算时间，此 φ 角是否振动的初相？单摆的角速度是否振动的角频率？

7.5 已知一简谐运动在 $t=0$ 时物体正越过平衡位置，试结合相量图说明由此条件能否确定物体振动的初相。

7.6 稳态受迫振动的频率由什么决定？改变这个频率时，受迫振动的振幅会受到什么影响？

7.7 弹簧振子的无阻尼自由振动是简谐运动，同一弹簧振子在简谐驱动力持续作用下的稳态受迫振动也是简谐运动，这两种简谐运动有什么不同？

7.8 任何一个实际的弹簧都是有质量的，如果考虑弹簧的质量，弹簧振子的振动周期将变大还是变小？

7.9 简谐运动的一般表达式为

$$x = A\cos(\omega t+\varphi)$$

此式可以改写成

$$x = B\cos\omega t + C\sin\omega t$$

试用振幅 A 和初相 φ 表示振幅 B 和 C，并用相量图说明此表示形式的意义。

7.10　一个弹簧，劲度系数为 k，一质量为 m 的物体挂在它的下面。若把该弹簧分割成两半，物体挂在分割后的一根弹簧上，问分割前后两个弹簧振子的频率是否一样？二者的关系如何？

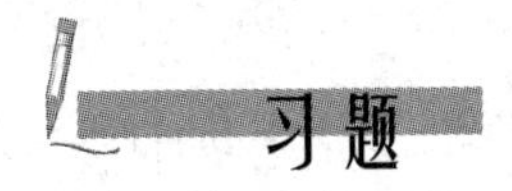

习题

7.1　一个小球和轻弹簧组成的系统，按

$$x = 0.05\cos\left(8\pi t + \frac{\pi}{3}\right)$$

的规律振动。

(1) 求振动的角频率、周期、振幅、初相、最大速度及最大加速度；

(2) 求 $t=1$ s，2 s，10 s 等时刻的相；

(3) 分别画出位移、速度、加速度与时间的关系曲线。

7.2　有一个和轻弹簧相连的小球，沿 x 轴作振幅为 A 的简谐运动。该振动的表达式用余弦函数表示。若 $t=0$ 时，球的运动状态分别为：(1) $x_0=-A$；(2)过平衡位置向 x 正方向运动；(3)过 $x=A/2$ 处，且向 x 负方向运动。试用相量图法分别确定相应的初相。

7.3　已知一个谐振子（即作简谐运动的质点）的振动曲线如图 7.16 所示。

(1) 求与 a,b,c,d,e 各状态相应的相；

(2) 写出振动表达式；

(3) 画出相量图。

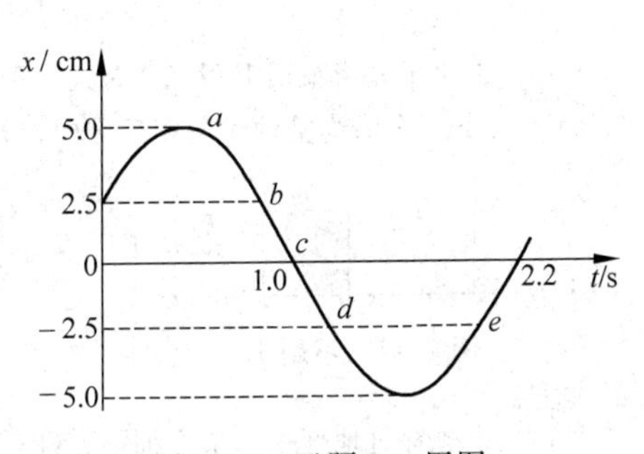

图 7.16　习题 7.3 用图

7.4　作简谐运动的小球，速度最大值为 $v_m=3$ cm/s，振幅 $A=2$ cm，若从速度为正的最大值的某时刻开始计算时间，

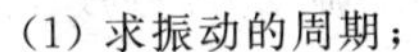

(1) 求振动的周期；

(2) 求加速度的最大值；

(3) 写出振动表达式。

7.5　一水平弹簧振子，振幅 $A=2.0\times10^{-2}$ m，周期 $T=0.50$ s。当 $t=0$ 时，

(1) 振子过 $x=1.0\times10^{-2}$ m 处，向负方向运动；

(2) 振子过 $x=-1.0\times10^{-2}$ m 处，向正方向运动。

分别写出以上两种情况下的振动表达式。

7.6　两个谐振子作同频率、同振幅的简谐运动。第一个振子的振动表达式为 $x_1=A\cos(\omega t+\varphi)$，当第一个振子从振动的正方向回到平衡位置时，第二个振子恰在正方向位移的端点。

(1) 求第二个振子的振动表达式和二者的相差；

(2) 若 $t=0$ 时，第一个振子 $x_1=-A/2$，并向 x 负方向运动，画出二者的 x-t 曲线及相量图。

7.7　两个质点平行于同一直线并排作同频率、同振幅的简谐运动。在振动过程中，每当它们经过振幅一半的地方时相遇，而运动方向相反。求它们的相差，并作相量图表示之。

7.8　一弹簧振子，弹簧劲度系数为 $k=25$ N/m，当振子以初动能 0.2 J 和初势能 0.6 J 振动时，试回答：

(1) 振幅是多大？

(2) 位移是多大时，势能和动能相等？

(3) 位移是振幅的一半时，势能多大？

7.9　将一劲度系数为 k 的轻质弹簧上端固定悬挂起来，下端挂一质量为 m 的小球，平衡时弹簧伸长为 b。试写出以此平衡位置为原点的小球的动力学方程，从而证明小球将作简谐运动并求出其振动周期。若它的振幅为 A，它的总能量是否还是 $\frac{1}{2}kA^2$？（总能量包括小球的动能和重力势能以及弹簧的弹性势能，两种势能均取平衡位置为势能零点。）

*7.10　在分析图7.6所示弹簧振子的振动时，都忽略了弹簧的质量，现在考虑一下弹簧质量的影响。设弹簧质量为 m'，沿弹簧长度均匀分布，振子质量为 m。以 v 表示振子在某时刻的速度，弹簧各点的速度和它们到固定端的长度成正比。

(1) 证明：此时刻弹簧振子的动能为 $\frac{1}{2}\left(m+\frac{m'}{3}\right)v^2$，从而可知此系统的有效质量为 $m+\frac{m'}{3}$。

(2) 证明：此系统的角频率应为 $\left[k\Big/\left(m+\frac{m'}{3}\right)\right]^{1/2}$。

7.11　将劲度系数分别为 k_1 和 k_2 的两根轻弹簧串联在一起，竖直悬挂着，下面系一质量为 m 的物体，做成一在竖直方向振动的弹簧振子，试求其振动周期。

*7.12　劲度系数分别为 k_1 和 k_2 的两根弹簧和质量为 m 的物体相连，如图7.17所示，试写出物体的动力学方程并证明该振动系统的振动周期为

$$T=2\pi\sqrt{\frac{m}{k_1+k_2}}$$

*7.13　在水平光滑桌面上用轻弹簧连接两个质量都是 0.05 kg 的小球(图7.18)，弹簧的劲度系数为 1×10^3 N/m。今沿弹簧轴线向相反方向拉开两球然后释放，求此后两球振动的频率。

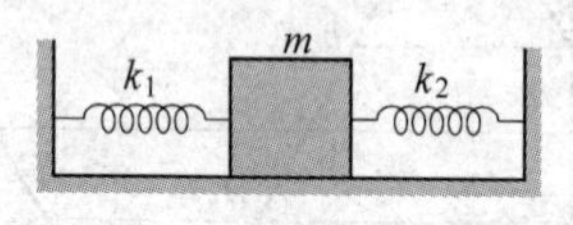

图7.17　习题7.12用图

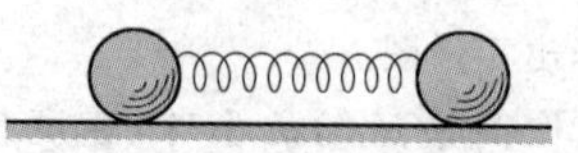
图7.18　习题7.13用图

*7.14　设想穿过地球挖一条直细隧道(图7.19)，隧道壁光滑。在隧道内放一质量为 m 的球，它离隧道中点的距离为 x。设地球为均匀球体，质量为 M_E，半径为 R_E。

(1) 求球受的重力。（提示：球只受其所在处内侧的球面以内的地球质量的引力作用。）

(2) 证明球在隧道内在重力作用下的运动是简谐运动，并求其周期。

(3) 近地圆轨道人造地球卫星的周期多大？

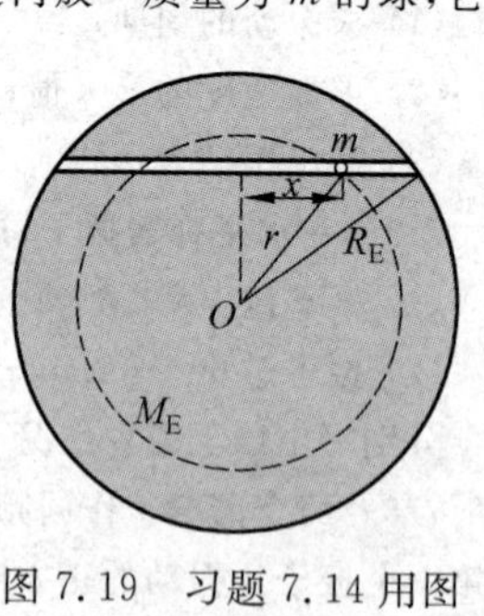

图7.19　习题7.14用图

*7.15　一物体放在水平木板上，物体与板面间的静摩擦系数为0.50。

(1) 当此板沿水平方向作频率为 2.0 Hz 的简谐运动时，要使物体在板上不致滑动，振幅的最大值应是多大？

(2) 若令此板改作竖直方向的简谐运动，振幅为 5.0 cm，要使物体一直保持与板面接触，则振动的最大频率是多少？

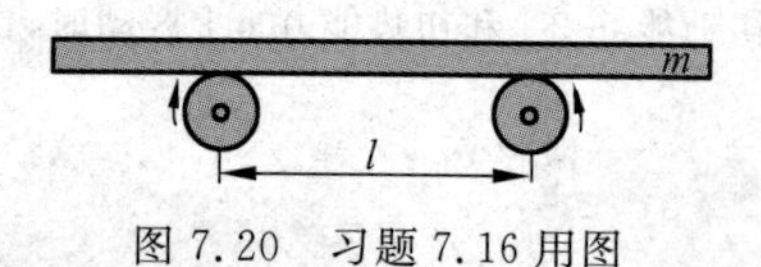

图7.20　习题7.16用图

7.16　如图7.20所示，一块均匀的长木板质量为 m，对称地平放在相距 $l=20$ cm 的两个滚轴上。如图所示，两滚轴的转动方向相反，已知滚轴表面与木板间的摩擦系数为 $\mu=0.5$。今使木板沿水平方向移动一段距离后释放，证明此后木板将

作简谐运动并求其周期。

7.17　质量为 $m=121$ g 的水银装在 U 形管中，管截面积 $S=0.30\ \text{cm}^2$。当水银面上下振动时，其振动周期 T 是多大？水银的密度为 $13.6\ \text{g/cm}^3$。忽略水银与管壁的摩擦。

*7.18　行星绕太阳的运行速度可分解为径向分速度 $v_r=\dfrac{\mathrm{d}r}{\mathrm{d}t}$ 和角向（垂直于径向）分速度 $v_\theta=r\dfrac{\mathrm{d}\theta}{\mathrm{d}t}$。因此，质量为 m 的行星的机械能可写成

$$E=\frac{1}{2}m\left(\frac{\mathrm{d}r}{\mathrm{d}t}\right)^2+\frac{1}{2}mr^2\left(\frac{\mathrm{d}\theta}{\mathrm{d}t}\right)^2-\frac{GmM_\mathrm{S}}{r}$$

式中 M_S 为太阳的质量，r 为太阳到行星的径矢。

(1) 证明：以 L 表示行星对太阳的恒定角动量，则有

$$E=\frac{1}{2}m\left(\frac{\mathrm{d}r}{\mathrm{d}t}\right)^2+\frac{1}{2}\frac{L^2}{mr^2}-\frac{GmM_\mathrm{S}}{r}$$

(2) 对于圆轨道，$r=r_0$；对于一近似圆轨道，$r=r_0+x$，$x\ll r_0$。证明：对于此近似圆轨道，近似地有

$$E=\frac{1}{2}m\left(\frac{\mathrm{d}x}{\mathrm{d}t}\right)^2+\frac{3}{2}\frac{L^2}{mr_0^4}x^2-\frac{GmM_\mathrm{S}}{r_0^3}x^2-\frac{GmM_\mathrm{S}}{2r_0}$$

(3) 和简谐运动的能量公式(7.25)对比，可知上式除最后一项的附加常量外，它表示行星沿径向作简谐运动。证明：和此简谐运动相应的“等效劲度系数”为

$$k=\frac{GM_\mathrm{S}m}{r_0^3}$$

(4) 证明：上述径向简谐运动的周期等于该行星公转的周期。画出此行星的近似圆运动的轨道图形。

7.19　一质量为 m 的刚体在重力力矩的作用下绕固定的水平轴 O 作小幅度无阻尼自由摆动，如图 7.21 所示。设刚体质心 C 到轴线 O 的距离为 b，刚体对轴线 O 的转动惯量为 I。试用转动定律写出此刚体绕轴 O 的动力学方程，并证明 OC 与竖直线的夹角 θ 的变化为简谐运动，而且振动周期为

$$T=2\pi\sqrt{\frac{I}{mgb}}$$

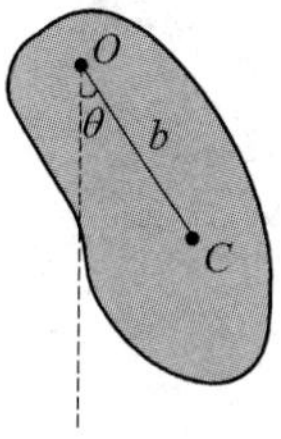

图 7.21　习题 7.19 用图

7.20　一细圆环质量为 m，半径为 R，挂在墙上的钉子上。求它的微小摆动的周期。

*7.21　HCl 分子中两离子的平衡间距为 1.3×10^{-10} m，势能可近似地表示为

$$E_\mathrm{p}(r)=-\frac{e^2}{4\pi\varepsilon_0 r}+\frac{B}{r^9}$$

式中 r 为两离子间的距离。

(1) 试求 HCl 分子的微小振动的频率。（由于 Cl 离子的质量比质子质量大得多，可以认为 Cl 离子不动。）

(2) 利用式(7.30)，并设 HCl 分子处于基态振动能级($n=1$)，按经典简谐运动计算，求其中质子振动的振幅。

7.22　一单摆在空气中摆动，摆长为 1.00 m，初始振幅为 $\theta_0=5°$。经过 100 s，振幅减为 $\theta_1=4°$。再经过多长时间，它的振幅减为 $\theta_2=2°$。此单摆的阻尼系数多大？Q 值多大？

*7.23　证明：当驱动力的频率等于系统的固有频率时，受迫振动的速度幅达到最大值。

7.24　一质点同时参与两个在同一直线上的简谐运动，其表达式为

$$x_1=0.04\cos\left(2t+\frac{\pi}{6}\right)$$

$$x_2 = 0.03\cos\left(2t - \frac{\pi}{6}\right)$$

试写出合振动的表达式。

*7.25 三个同方向、同频率的简谐振动为

$$x_1 = 0.08\cos\left(314t + \frac{\pi}{6}\right)$$

$$x_2 = 0.08\cos\left(314t + \frac{\pi}{2}\right)$$

$$x_3 = 0.08\cos\left(314t + \frac{5\pi}{6}\right)$$

求：(1) 合振动的角频率、振幅、初相及振动表达式；

(2) 合振动由初始位置运动到 $x=\frac{\sqrt{2}}{2}A$(A 为合振动振幅)所需最短时间。

第8章

波　　动

一定的扰动的传播称为波动，简称波。机械扰动在介质中的传播称为机械波，如声波、水波、地震波等。变化电场和变化磁场在空间的传播称为电磁波，如无线电波、光波、X射线等。虽然各类波的本质不同，各有其特殊的性质和规律，但是在形式上它们也具有许多相同的特征和规律，如都具有一定的传播速度，都伴随着能量的传播，都能产生反射、折射、干涉和衍射等现象。本章主要讨论机械波的基本规律，其中有许多对电磁波也是适用的。近代物理研究发现，微观粒子具有明显的二象性——粒子性与波动性，因此研究微观粒子的运动规律时，波动概念也是重要的基础。本章先介绍机械波特别是简谐波的形成过程、波函数及其特征。再说明波的传播速度和弹性介质的性质的关系以及波动传送能量的规律。接着讲述波的传播规律——惠更斯原理，以及波的一种叠加现象——驻波。最后介绍多普勒效应。

8.1　行波

把一根橡皮绳的一端固定在墙上，用手沿水平方向将它拉紧(图8.1)。当手猛然向上抖动一次时，就会看到一个突起状的扰动沿绳向另一端传去。这是因为各段绳之间都有相互作用的弹力联系着。当用手向上抖动绳的这一端的第一个质元时，它就带动第二个质元向上运动，第二个又带动第三个，依次下去。当手向下拉动第一个质元回到原来位置时，它也要带动第二个质元回来，而后第三个质元、第四个质元等也将被依次带动回到各自原来的位置。结果，由手抖动引起的扰动就不限在绳的这一端而是要向另一端传开了。这种扰动的传播就叫**行波**，取其“行走”之意。抖动一次的扰动叫**脉冲**，脉冲的传播叫**脉冲波**。

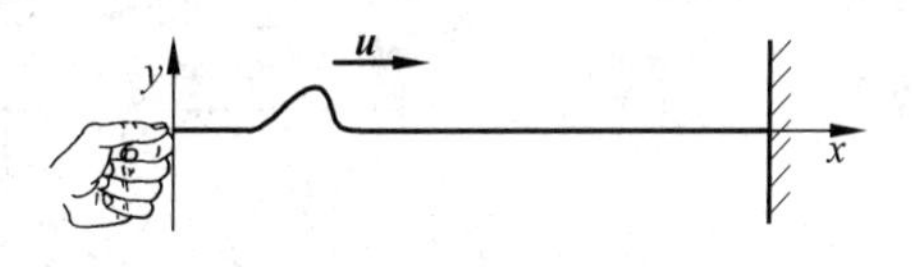

图8.1　脉冲横波的产生

像图8.1所示那种情况，扰动中质元的运动方向和扰动的传播方向垂直，这种波叫**横波**。横波在外形上有峰有谷。

对如图8.2中的长弹簧用手在其一端沿水平方向猛然向前推一下，则靠近手的一小段弹簧就突然被压缩。由于各段弹簧之间的弹力作用，这一压缩的扰动也会沿弹簧向另一端传播而形成一个脉冲波。在这种情况下，扰动中质元的运动方向和扰动的传播方向在一条直线上，这种波叫**纵波**。纵波形成时，介质的密度发生改变，时疏时密。

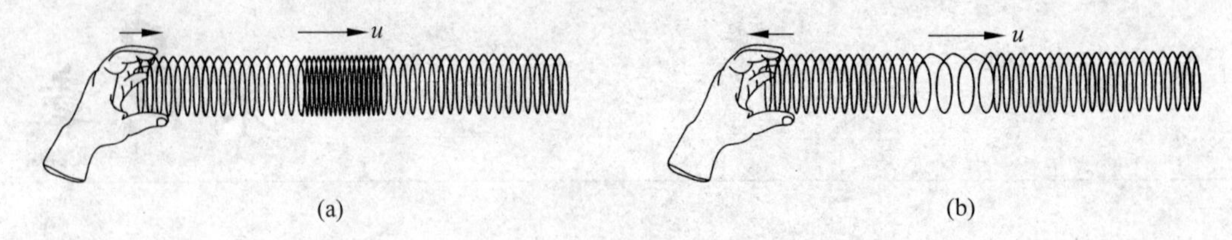

图 8.2 脉冲纵波的产生

(a) 密脉冲；(b) 疏脉冲

横波和纵波是弹性介质内波的两种基本形式。要特别注意的是，不管是横波还是纵波，都只是扰动(即一定的运动形态)的传播，介质本身并没有发生沿波的传播方向的**迁移**。

8.2 简谐波

脉冲波貌似简单，实际上是比较复杂的。最简单的波是**简谐波**，它所传播的扰动形式是简谐运动。正像复杂的振动可以看成是由许多简谐运动合成的一样，任何复杂的波都可以看成是由许多简谐波叠加而成的。因此，研究简谐波的规律具有重要意义。

简谐波可以是横波，也可以是纵波。一根弹性棒中的简谐横波和简谐纵波的形成过程分别如图 8.3 和图 8.4 所示。两图中把弹性棒划分成许多相同的质元，图中各点表示各质元中心的位置。最上面的(a)行表示振动就要从左端开始的状态，各质元都均匀地分布在各自的平衡位置上。下面各行依次画出了几个典型时刻(振动周期的分数倍)各质元

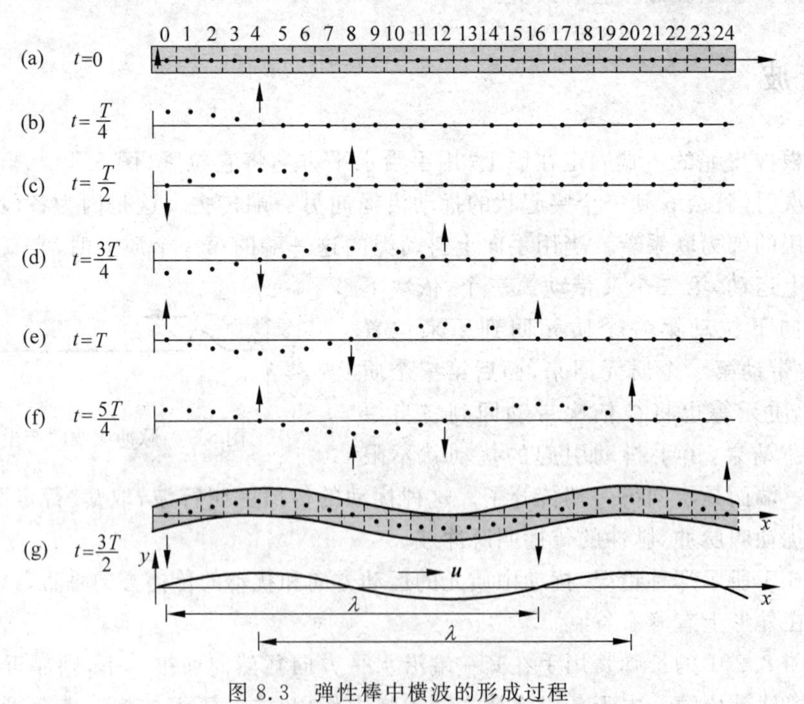

图 8.3 弹性棒中横波的形成过程

的位置与其**形变**(见 8.3 节)的情况。从图中可以明显地看出，在横波中各质元发生**剪切形变**，外形有峰谷之分；在纵波中，各质元发生**线变**(或**体积改变**)，因而介质的密度发生改变，各处密疏不同。图中用 $\boldsymbol{u}$ 表示简谐运动传播的速度，也就是波动的**传播速度**。图中的小箭头表示相应质元振动的方向。小箭头所在的各质元都正越过各自的平衡位置，因而具有最大的**振动速度**。从图中还可以看出，这些质元还同时发生着最大的形变。图(g)中最下面的是波形曲线。

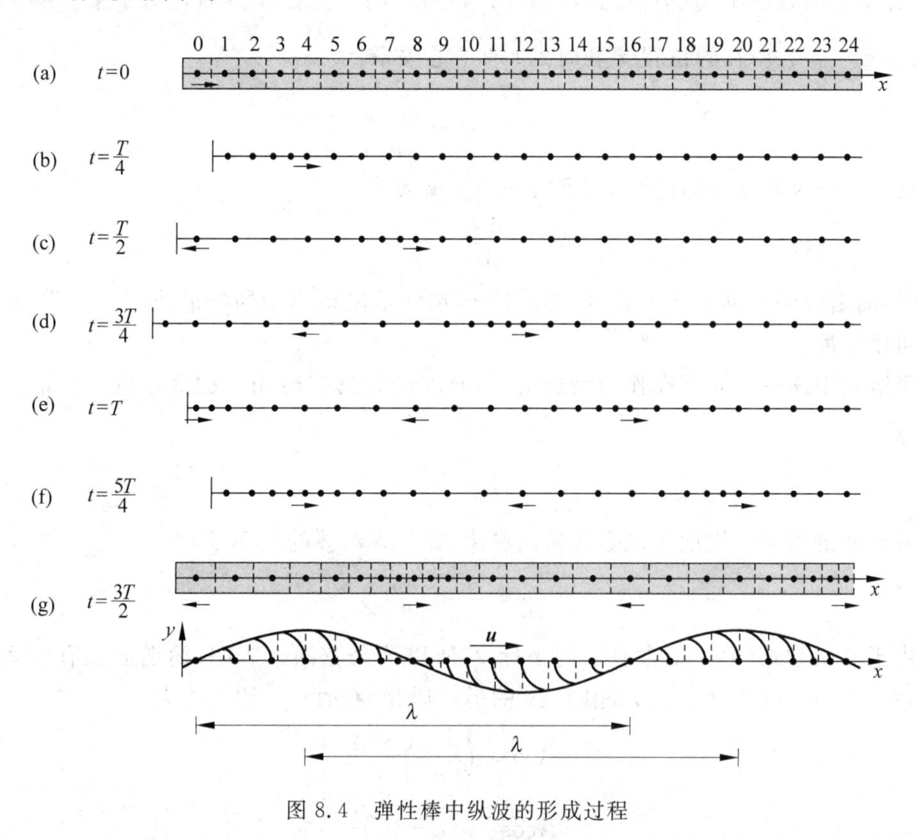

图 8.4 弹性棒中纵波的形成过程

简谐波在介质中传播时，各质元都在作简谐运动，它们的位移随时间不断改变。由于各质元开始振动的时刻不同，各质元的简谐运动并不同步，即在同一时刻各质元的位移随它们位置的不同而不同。各质元的位移 y 随其平衡位置 x 和时间 t 变化的数学表达式叫做简谐波的**波函数**，它可以通过以下的步骤写出来。

如图 8.3 和图 8.4 所示，沿棒长的方向取 x 轴，以棒的左端为原点 O。设位于原点的质元的振动表达式为

$$y_0 = A\cos \omega t \tag{8.1}$$

由于波沿 x 轴正向传播，所以在 $x>0$ 处的各质元将依次较晚开始振动。以 $\boldsymbol{u}$ 表示振动传播的速度，则位于 x 处的质元开始振动的时刻将比原点晚 x/u 这样一段时间，因此在时刻 t 位于 x 处的质元的位移应该等于原点在这之**前** x/u，亦即$(t-x/u)$时刻的位移。由式(8.1)可得位于 x 处的质元在时刻 t 的位移应为

$$y = A\cos\omega\left(t - \frac{x}{u}\right) \tag{8.2}$$

式中,A 称为简谐波的振幅[①];ω 称为简谐波的角频率。式(8.2)就是要写出的简谐波的波函数[②]。

式(8.2)中 $\omega\left(t-\frac{x}{u}\right)$ 为在 x 处的质点在时刻 t 的**相**(或相位)。式(8.2)表明,在同一时刻,各质元的相位不同;沿波的传播方向,各质元的相位依次落后。对于某一给定的相 $\varphi=\omega\left(t-\frac{x}{u}\right)$,它所在的位置 x 和时刻 t 有下述关系:

$$x = ut - \frac{\varphi u}{\omega}$$

即给定的相的位置随时间而改变,它的移动速度为

$$\frac{dx}{dt} = u$$

这说明,简谐波中扰动传播的速度,即波速 u,也就是振动的相的传播速度。因此,这一速度又叫**相速度**。

简谐波中任一质元都在作简谐运动,因而简谐波具有**时间上的周期性**。简谐运动的周期为

$$T = \frac{2\pi}{\omega} \tag{8.3}$$

这也就是波的周期。周期的倒数为波的频率,以 ν 表示波的频率,则有

$$\nu = \frac{1}{T} = \frac{\omega}{2\pi} \tag{8.4}$$

由于波函数式(8.2)中含有空间坐标 x,所以该余弦函数表明,简谐波还有**空间上的周期性**。在与坐标为 x 的质元相距 Δx 的另一质元,在时刻 t 的位移为

$$\begin{aligned} y_{x+\Delta x} &= A\cos\omega\left(t - \frac{x+\Delta x}{u}\right) \\ &= A\cos\left[\omega\left(t - \frac{x}{u}\right) - \frac{\omega\Delta x}{u}\right] \end{aligned}$$

很明显,如果 $\omega\Delta x/u=2\pi$ 或 2π 的整数倍,则此质元和位于 x 处的质元在同一时刻的位移就相同,或者说,它们将同相地振动。**两个相邻的同相质元之间的距离**为 $\Delta x=2\pi u/\omega$,以 λ 表示此距离,就有

$$\lambda = \frac{2\pi u}{\omega} = uT \tag{8.5}$$

这个表示简谐波的空间周期性的特征量叫做**波长**。由式(8.5)可看出,波长就等于一周期内简谐扰动传播的距离,或者,更准确地说,**波长等于一周期内任一给定的相所传播的距离**。

---

① 式(8.2)假定振幅不变,这表示波的能量没有衰减,参看8.5节波的能量。

② 一般说来,若已知原点位移随时间的变化形式为 $y_0=f(t)$,则当此变化沿 x 轴正向传播时,其波函数当为 $y=f(t-x/u)$。在某 t_0 时刻的波形曲线应是和 $y=f(t_0-x/u)$ 相应的曲线。

由式(8.4)和式(8.5)可得

$$u = \lambda \nu \tag{8.6}$$

这就是说,**简谐波的相速度等于其波长与频率的乘积**。

在某一给定的时刻 $t=t_0$,式(8.2)给出

$$y_{t_0} = A\cos\left(\omega t_0 - \frac{2\pi}{\lambda}x\right) \tag{8.7}$$

这一公式说明在同一时刻,各质元(中心)的位移随它们平衡位置的坐标做正弦变化,它给出 t_0 时刻波形的"照相"。和式(8.7)对应的 y-x 曲线就叫**波形曲线**。在图 8.3 和图 8.4 中的(g)就画出了在时刻 $t=\frac{3}{2}T$ 时的波形曲线。其中横波的波形曲线直接反映了横波中各质元的位移。纵波的波形曲线中 y 轴所表示的位移实际上是沿着 x 轴方向的,各质元的位移向左为负,向右为正。把位移转到 y 轴方向标出,就连成了与横波波形相似的正弦曲线。

由于波传播时任一给定的相都以速度 $\boldsymbol{u}$ 向前移动,所以波的传播在空间内就表现为**整个波形曲线以速度 $\boldsymbol{u}$ 向前平移**。图 8.5 就画出了波形曲线的平移,在 Δt 时间内向前平移了 $u\Delta t$ 的一段距离。

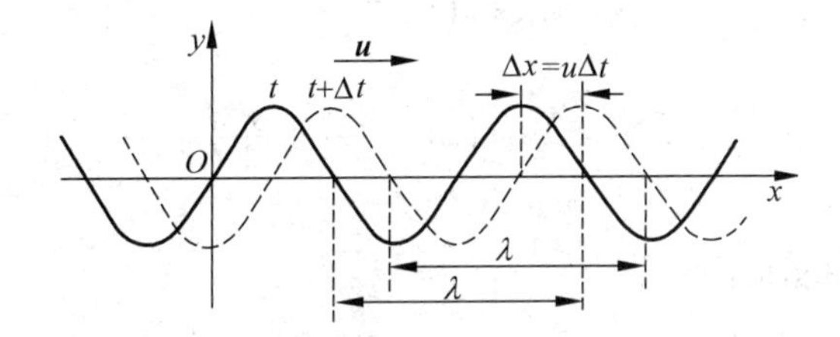

图 8.5 简谐波的波形曲线及其随时间的平移

对简谐波,还常用**波数** k 来表示其特征,k 的定义是

$$k = \frac{2\pi}{\lambda} \tag{8.8}$$

如果把横波中相接的一峰一谷算作一个"完整波",式(8.8)可理解为:波数等于在 2π 的长度内含有的"完整波"的数目。

根据 λ,ν,T,k 等的关系,沿 x 正向传播的简谐波的波函数还可以写成下列形式:

$$y = A\cos(\omega t - kx) \tag{8.9}$$

或

$$y = A\cos 2\pi\left(\frac{t}{T} - \frac{x}{\lambda}\right) \tag{8.10}$$

如果简谐波是沿 **x 轴负向**传播的,则在时刻 t 位于 x 处的质元的位移应该等于原点在这之**后** x/u,亦即$(t+x/u)$时刻的位移。因此,将式(8.2)、式(8.9)和式(8.10)中的**负号改为正号**,就可以得到相应的波函数了。

还需说明的是,这里写出的波函数是对一根棒上的行波来说的,但它也可以描述平面简谐波。在一个体积甚大的介质中,如果有一个平面上的质元都同相地沿同一方向作简谐运动,这种振动也会在介质中沿垂直于这个平面的方向传播开去而形成空间的

行波。选波的传播方向为 x 轴的方向,则 x 坐标相同的平面上的质元的振动都是同相的。这些同相振动的点组成的面叫**同相面**或**波面**。像这种同相面是平面的波就叫**平面简谐波**。代表传播方向的直线称做**波线**(图 8.6)。很明显,式(8.2)、式(8.9)和式(8.10)能够描述这种波传播时介质中各质元的振动情况,因此它们又都是平面简谐波的波函数。

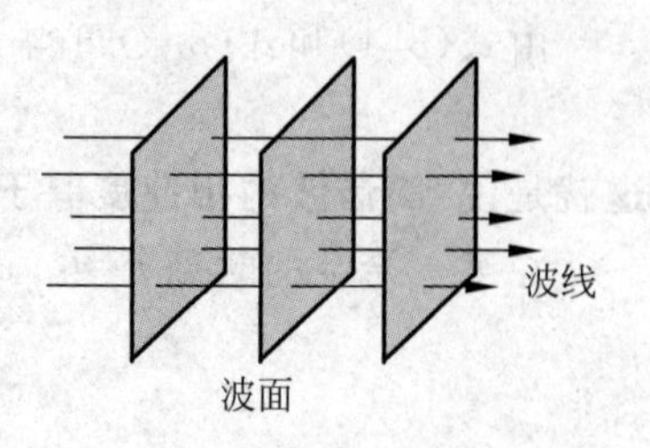

图 8.6 平面波

例 8.1

一列平面简谐波以波速 u 沿 x 轴正向传播,波长为 λ。已知在 $x_0=\lambda/4$ 处的质元的振动表达式为 $y_{x0}=A\cos\omega t$。试写出波函数,并在同一张坐标图中画出 $t=T$ 和 $t=5T/4$ 时的波形图。

解 设在 x 轴上 P 点处的质点的坐标为 x,则它的振动要比 x_0 处质点的振动晚 $(x-x_0)/u=\left(x-\frac{\lambda}{4}\right)\Big/u$ 这样一段时间,因此 P 点的振动表达式为

$$y=A\cos\omega\left(t-\frac{x-\lambda/4}{u}\right)$$

或

$$y=A\cos\left(\omega t-\frac{2\pi}{\lambda}x+\frac{\pi}{2}\right)$$

这就是所求的波函数。

$t=0$ 时的波形由下式给出:

$$y=A\cos\left(-\frac{2\pi}{\lambda}x+\frac{\pi}{2}\right)=A\sin\frac{2\pi}{\lambda}x$$

由于波的时间上的周期性,在 $t=T$ 时的波形图线应向右平移一个波长,即和上式给出的相同。在 $t=\frac{5}{4}T$ 时,波形曲线应较上式给出的向 x 正向平移一段距离 $\Delta x=u\Delta t=u\left(\frac{5}{4}T-T\right)=\frac{1}{4}uT=\frac{1}{4}\lambda$。两时刻的波形曲线如图 8.7 所示。

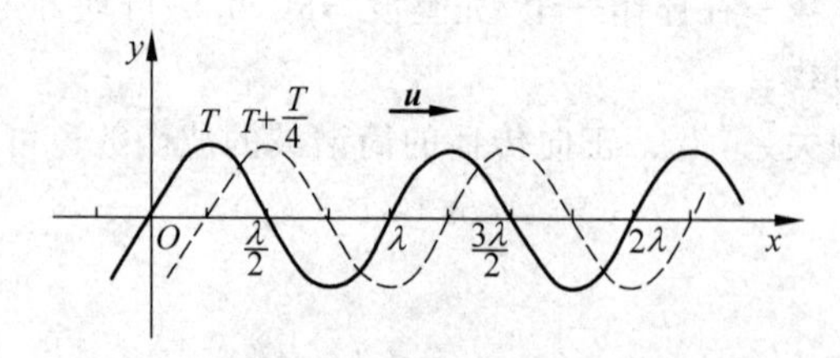

图 8.7 例 8.1 用图

例 8.2

一条长线用水平力张紧,其上产生一列简谐横波向左传播,波速为 20 m/s。在 $t=0$ 时它的波形曲线如图 8.8 所示。

(1) 求波的振幅、波长和波的周期;

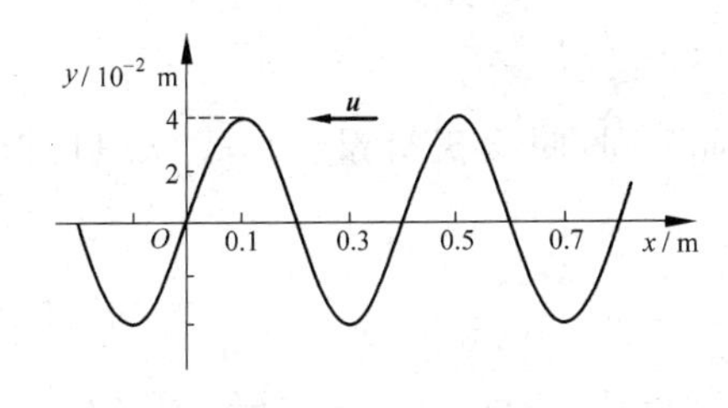

图 8.8　例 8.2 用图

(2) 按图设 x 轴方向写出波函数；

(3) 写出质点振动速度表达式。

解　(1) 由图可直接看出 $A=4.0\times10^{-2}$ m，$\lambda=0.4$ m，于是得

$$T=\frac{\lambda}{u}=\frac{0.4}{20}=\frac{1}{50}\ (\mathrm{s})$$

(2) 在波传播的过程中，整个波形图向左平移，于是可得原点 O 处质元的振动表达式为

$$y_0=A\cos\left(2\pi\frac{t}{T}-\frac{\pi}{2}\right)$$

而波函数为

$$y=A\cos\left(2\pi\frac{t}{T}-\frac{\pi}{2}+\frac{2\pi}{\lambda}x\right)$$

将上面的 A，T 和 λ 的值代入可得

$$y=4.0\times10^{-2}\cos\left(100\pi t+5\pi x-\frac{\pi}{2}\right)$$

(3) 位于 x 处的介质质元的振动速度为

$$v=\frac{\partial y}{\partial t}=12.6\cos\left(100\pi t+5\pi x\right)$$

将此函数和波函数相比较，可知振动速度也以波的形式向左传播。要注意质元的振动速度(其最大值为 12.6 m/s)和波速(为恒定值 20 m/s)的区别。

*8.3　物体的弹性形变

机械波是在弹性介质内传播的。为了说明机械波的动力学规律，先介绍一些有关物体的弹性形变的基本知识。

物体，包括固体、液体和气体，在受到外力作用时，形状或体积都会发生或大或小的变化。这种变化统称为**形变**。当外力不太大因而引起的形变也不太大时，去掉外力，形状或体积仍能复原。这个外力的限度叫**弹性限度**。在弹性限度内的形变叫**弹性形变**，它和外力具有简单的关系。

由于外力施加的方式不同，形变可以有以下几种基本形式。

1. 线变

一段固体棒，当在其两端沿轴的方向加以方向相反大小相等的外力时，其长度会发生改变，称为**线变**，如图 8.9 所示。伸长或压缩视二力的方向而定。以 F 表示力的大小，以 S 表示棒的横截面积，则 F/S 叫做**应力**。以 l 表示棒原来的长度，以 Δl 表示在外力 F 作用下的长度变化，则相对变化 $\Delta l/l$ 叫**线应变**。实验表明，在弹性限度内，**应力和线应变成正比**。这一关系叫做**胡克定律**，写成公式为

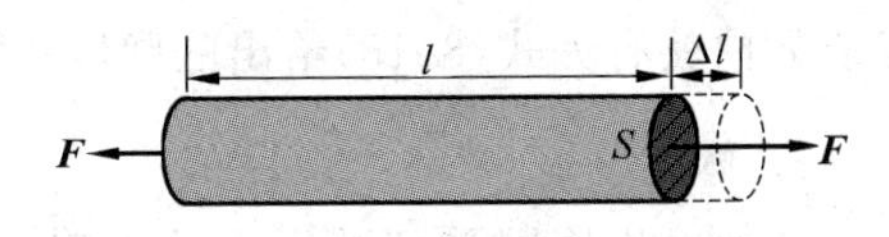

图 8.9　线变

$$\frac{F}{S}=E\frac{\Delta l}{l} \tag{8.11}$$

式中 E 为关于线变的比例常量，它随材料的不同而不同，叫**杨氏模量**。将式(8.11)改写成

$$F=\frac{ES}{l}\Delta l=k\Delta l \tag{8.12}$$

在外力不太大时，Δl 较小，S 基本不变，因而 ES/l 近似为一常数，可用 k 表示。式(8.12)即是常见的外力和棒的长度变化成正比的公式，k 称为**劲度系数**，简称**劲度**。

材料发生线变时，它具有弹性势能。类比弹簧的弹性势能公式，由式(8.12)可得弹性势能为

$$W_{\mathrm{p}}=\frac{1}{2}k(\Delta l)^2=\frac{1}{2}\frac{ES}{l}(\Delta l)^2=\frac{1}{2}ESl\left(\frac{\Delta l}{l}\right)^2$$

注意到 $Sl=V$ 为材料的总体积，就可以得知，当材料发生线变时，单位体积内的弹性势能为

$$w_{\mathrm{p}}=\frac{1}{2}E\left(\frac{\Delta l}{l}\right)^2 \tag{8.13}$$

即等于杨氏模量和线应变的平方的乘积的一半。

在纵波形成时，介质中各质元都发生线变(图 8.4)，各质元内就有如式(8.13)给出的弹性势能。

2. 剪切形变

一块矩形材料，当它的两个侧面受到与侧面平行的大小相等方向相反的力作用时，形状就要发生改变，如图 8.10 虚线所示。这种形变称为**剪切形变**，也简称**剪切**。外力 F 和施力面积 S 之比称做**剪应力**。施力面积相互错开而引起的材料角度的变化 $\varphi=\Delta d/D$ 叫做**剪应变**。在弹性限度内，剪应力也和剪应变成正比，即

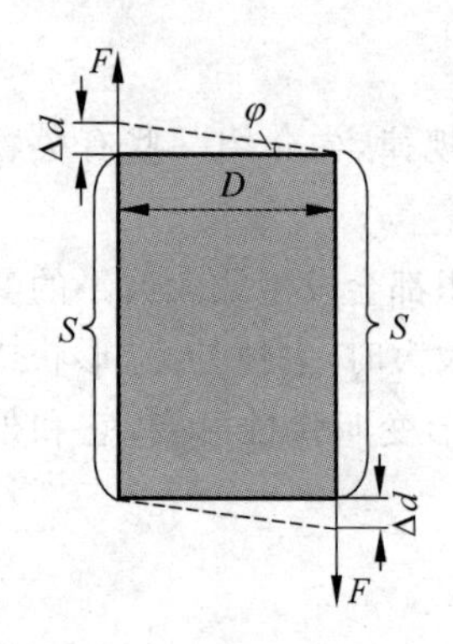

图 8.10 剪切形变

$$\frac{F}{S}=G\varphi=G\frac{\Delta d}{D} \tag{8.14}$$

式中 G 称为**剪切模量**，它是由材料性质决定的常量。式(8.14)即用于剪切形变的胡克定律公式。

材料发生剪切形变时，也具有弹性势能。也可以证明：材料发生剪切变时，单位体积内的弹性势能等于剪切模量和应变平方的乘积的一半，即

$$w_{\mathrm{p}}=\frac{1}{2}G\varphi^2=\frac{1}{2}G\left(\frac{\Delta d}{D}\right)^2 \tag{8.15}$$

在横波形成时，介质中各质元都发生剪切形变(图 8.10)，各质元内就有如式(8.15)给出的弹性势能。

3. 体变

一块物质周围受到的压强改变时，其体积也会发生改变，如图 8.11 所示。以 Δp 表示压强的改变，以 $\Delta V/V$ 表示相应的体积的相对变化即**体应变**，则胡克定律表示式为

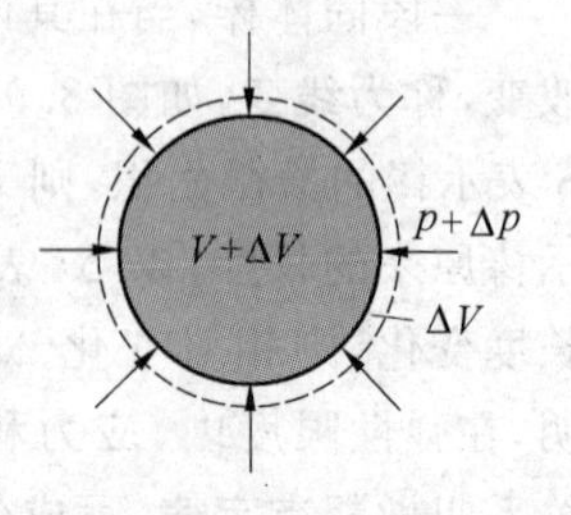

图 8.11 体变

$$\Delta p = -K\frac{\Delta V}{V} \tag{8.16}$$

式中 K 叫**体弹模量**,总取正数,它的大小随物质种类的不同而不同。式(8.16)中的负号表示压强的增大总导致体积的缩小。

体弹模量的倒数叫**压缩率**。以 κ 表示压缩率,则有

$$\kappa = \frac{1}{K} = -\frac{1}{V}\frac{\Delta V}{\Delta p} \tag{8.17}$$

可以证明,在发生体积压缩形变时,单位体积内的弹性势能也等于相应的弹性模量(K)与应变($\Delta V/V$)的平方的乘积的一半。

几种材料的弹性模量如表 8.1 所示。

表 8.1 几种材料的弹性模量

材 料	杨氏模量 $E/(10^{11}\,\mathrm{N/m^2})$	剪切模量 $G/(10^{11}\,\mathrm{N/m^2})$	体弹模量 $K/(10^{11}\,\mathrm{N/m^2})$
玻璃	0.55	0.23	0.37
铝	0.7	0.30	0.70
铜	1.1	0.42	1.4
铁	1.9	0.70	1.0
钢	2.0	0.84	1.6
水	—	—	0.02
酒精	—	—	0.0091

*8.4 弹性介质中的波速

弹性介质中的波是靠介质各质元间的弹性力作用而形成的。因此弹性越强的介质,在其中形成的波的传播速度就会越大;或者说,弹性模量越大的介质中,波的传播速度就越大。另外,波的速度还应和介质的密度有关。因为密度越大的介质,其中各质元的质量就越大,其惯性就越大,前方的质元就越不容易被其后紧接的质元的弹力带动。这必将延缓扰动传播的速度。因此,密度越大的介质,其中波的传播速度就越小。下面我们以棒中横波为例推导波的速度与弹性介质的弹性模量及密度的定量关系。

如图 8.12 所示,取图 8.3 中棒中横波形成时棒的任一长度为 Δx 的质元。以 S 表示棒的横截面积,则此质元的质量为 $\Delta m=\rho S\Delta x$,其中 ρ 为棒材的质量密度。由于剪切形变,此质元将分别受到其前方和后方介质对它的剪应力。其后方介质薄层 1 由于剪切形变而产生的对它的作用力为(据式(8.14),此处 $\Delta d=\mathrm{d}y$,$D=\mathrm{d}x$)

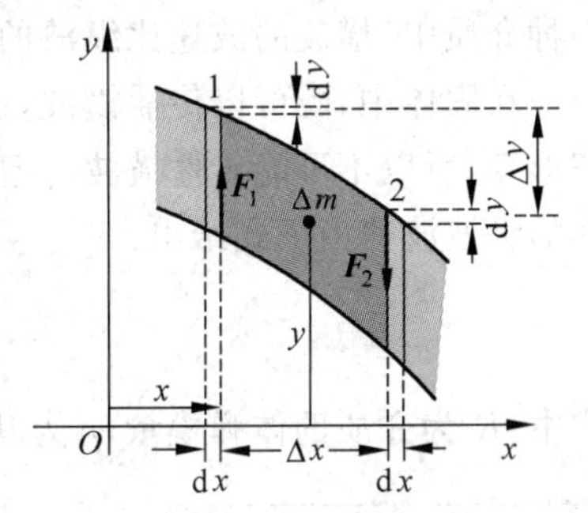

图 8.12 推导波的速度用图

$$F_1 = SG\left(\frac{\partial y}{\partial x}\right)_x$$ ①

其后方介质薄层2对它的作用力为

$$F_2 = SG\left(\frac{\partial y}{\partial x}\right)_{x+\Delta x}$$

这一质元受的合力为

$$\begin{aligned} F_2 - F_1 &= SG\left[\left(\frac{\partial y}{\partial x}\right)_{x+\Delta x} - \left(\frac{\partial y}{\partial x}\right)_x\right] = SG\,\frac{\mathrm{d}}{\mathrm{d}x}\left(\frac{\partial y}{\partial x}\right)\Delta x \\ &= SG\,\frac{\partial^2 y}{\partial x^2}\Delta x \end{aligned} \tag{8.18}$$

由于此合力的作用,此质元在 y 方向产生振动加速度$\frac{\partial^2 y}{\partial t^2}$。由牛顿第二定律可得,对此段质元

$$SG\,\frac{\partial^2 y}{\partial x^2}\Delta x = \rho S\Delta x\,\frac{\partial^2 y}{\partial t^2} \tag{8.19}$$

等式两边消去 $S\Delta x$,得

$$\frac{G}{\rho}\,\frac{\partial^2 y}{\partial x^2} = \frac{\partial^2 y}{\partial t^2} \tag{8.20}$$

此二元二阶微分方程的解取波函数的形式。如果将波函数式(8.2)代入式(8.20)中的 y,分别对 x 和 t 求其二阶偏导数,即可得

$$u^2 = G/\rho$$

于是得弹性棒中横波的速度为

$$u = \sqrt{\frac{G}{\rho}} \tag{8.21}$$

这和本节开始时的定性分析是相符的。

用类似的方法可以导出棒中的纵波的波速为

$$u = \sqrt{\frac{E}{\rho}} \tag{8.22}$$

式中 E 为棒材的杨氏模量。

同种材料的剪切模量 G 总小于其杨氏模量 E(这在表8.1中可以看出来),因此在同一种介质中,横波的波速比纵波的要小些。

在固体中,既可以传播横波,也可以传播纵波。在液体和气体中,由于不可能发生剪切形变,所以不可能传播横波。但因为它们具有体变弹性,所以能传播纵波。液体和气体中的纵波波速由下式给出:

$$u = \sqrt{\frac{K}{\rho}} \tag{8.23}$$

式中,K 为介质的体弹模量;ρ 为其密度。

---

① 由于波函数 y 是 x 和 t 的二元函数,此处形变是某一时刻棒的形变,所以此处 y 对 x 的求导是在 t 不变的情况下进行的。保持 t 不变而求得的 y 对 x 的导数叫 y 对 x 的**偏导数**,运算符号由"d"换成"∂"。

至于一条细绳中的横波，其中的波速由下式决定：

$$u = \sqrt{\frac{F}{\rho_l}} \tag{8.24}$$

式中，F 为细绳中的张力；ρ_l 为其质量线密度，即单位长度的质量。

对于气体，可以由式(8.23)导出其中纵波(即声波)的波速。

由状态方程 $p=\frac{\rho}{M}RT$ 和绝热过程方程 $pV^\gamma=C$ 可得

$$\frac{\mathrm{d}p}{\mathrm{d}V} = -\frac{\gamma p}{V} = -\frac{\gamma \rho RT}{MV}$$

由此可得 $K=\gamma\rho RT/M$，代入式(8.23)可得

$$u = \sqrt{\frac{\gamma p}{\rho}} = \sqrt{\frac{\gamma RT}{M}} \tag{8.25}$$

此式给出，对同一种气体，其中纵波波速明显地决定于其温度。实际上，即使对于固体或液体，其中的波速也和温度有关(因为弹性和密度都和温度有关)。

表 8.2 给出了一些波速的数值。

表 8.2 一些介质中波速的数值 m/s

介　质	棒中纵波	无限大介质中纵波	无限大介质中横波
硬玻璃	5170	5640	3280
铝	5000	6420	3040
铜	3750	5010	2270
电解铁	5120	5950	3240
低碳钢	5200	5960	3235
海水(25℃)	—	1531	—
蒸馏水(25℃)	—	1497	—
酒精(25℃)	—	1207	—
二氧化碳(气体 0℃)	—	259	—
空气(干燥 0℃)	—	331	—
氢气(0℃)	—	1284	—

8.5 波的能量

在弹性介质中有波传播时，介质的各质元由于运动而具有动能。同时又由于产生了形变(参看图 8.3 和图 8.4)，所以还具有弹性势能。这样，随同扰动的传播就有机械能量的传播，这是波动过程的一个重要特征。本节以棒内简谐横波为例说明能量传播的定量表达式。为此先求任一质元的动能和弹性势能。

设介质的密度为 ρ，一质元的体积为 ΔV，其中心的平衡位置坐标为 x。当平面简谐波

$$y = A\cos\omega\left(t-\frac{x}{u}\right)$$

在介质中传播时，此质元在时刻 t 的运动(即振动)速度为

$$v=\frac{\partial y}{\partial t}=-\omega A\sin\omega\left(t-\frac{x}{u}\right)$$

它在此时刻的振动动能为

$$\begin{aligned}\Delta W_{\mathrm{k}}&=\frac{1}{2}\rho\Delta V v^2\\&=\frac{1}{2}\rho\Delta V\omega^2A^2\sin^2\omega\left(t-\frac{x}{u}\right)\end{aligned}\tag{8.26}$$

此质元的应变(为切应变，参看图 8.3 和图 8.12)

$$\frac{\partial y}{\partial x}=-\frac{A\omega}{u}\sin\omega\left(t-\frac{x}{u}\right)$$

根据式(8.15)，它的弹性势能为

$$\begin{aligned}\Delta W_{\mathrm{p}}&=\frac{1}{2}G\left(\frac{\partial y}{\partial x}\right)^2\Delta V\\&=\frac{1}{2}\frac{G}{u^2}\omega^2A^2\sin^2\omega\left(t-\frac{x}{u}\right)\Delta V\end{aligned}$$

由式(8.21)可知 $u^2=G/\rho$，因而上式又可写作

$$\Delta W_{\mathrm{p}}=\frac{1}{2}\rho\omega^2A^2\Delta V\sin^2\omega\left(t-\frac{x}{u}\right)\tag{8.27}$$

和式(8.26)相比较可知，在平面简谐波中，每一质元的**动能和弹性势能是同相**地随时间变化的(这在图 8.3 和图 8.4 中可以清楚地看出来。质元经过其平衡位置时具有最大的振动速度，同时其形变也最大)，而且**在任意时刻都具有相同的数值**。振动动能和弹性势能的这种关系是波动中质元不同于孤立的振动系统的一个重要特点。

将式(8.26)和式(8.27)相加，可得质元的总机械能为

$$\Delta W=\Delta W_{\mathrm{k}}+\Delta W_{\mathrm{p}}=\rho\omega^2A^2\Delta V\sin^2\omega\left(t-\frac{x}{u}\right)\tag{8.28}$$

这个总能量随时间作周期性变化，时而达到最大值，时而为零。质元的能量的这一变化特点是能量在传播时的表现。

波传播时，介质单位体积内的能量叫波的**能量密度**。以 w 表示能量密度，则介质中 x 处在时刻 t 的能量密度是

$$w=\frac{\Delta W}{\Delta V}=\rho\omega^2A^2\sin^2\omega\left(t-\frac{x}{u}\right)\tag{8.29}$$

在一周期内(或一个波长范围内)能量密度的平均值叫**平均能量密度**，以 $\overline{w}$ 表示。由于正弦的平方在一周期内的平均值为 1/2，所以有

$$\overline{w}=\frac{1}{2}\rho\omega^2A^2=2\pi^2\rho A^2\nu^2\tag{8.30}$$

此式表明，平均能量密度和介质的密度、振幅的平方以及频率的平方成正比。这一公式虽然是由平面简谐波导出的，但对于各种弹性波均适用。

对波动来说，更重要的是它传播能量的本领。如图 8.13 所示，取垂直于波的传播方向的一个面积 S，在 $\mathrm{d}t$ 时间内通过此面积的能量就是此面积后方体积为 $u\mathrm{d}tS$ 的立方体内的

能量，即 $\mathrm{d}W=wu\mathrm{d}tS$。把式(8.29)的 w 值代入可得单位时间内通过面积 S 的能量为

$$P=\frac{wu\mathrm{d}tS}{\mathrm{d}t}=wuS=\rho u\omega^2A^2S\sin^2\omega\left(t-\frac{x}{u}\right) \tag{8.31}$$

此 P 称为通过面积 S 的**能流**。**通过垂直于波的方向的单位面积的能流的时间平均值，称为波的强度**。以 I 表示波的强度，就有

$$I=\frac{\overline{P}}{S}=\overline{w}u$$

再利用式(8.30)，可得

$$I=\frac{1}{2}\rho\omega^2A^2u \tag{8.32}$$

由于波的强度和振幅有关，所以借助于式(8.32)和能量守恒概念可以研究波传播时振幅的变化。

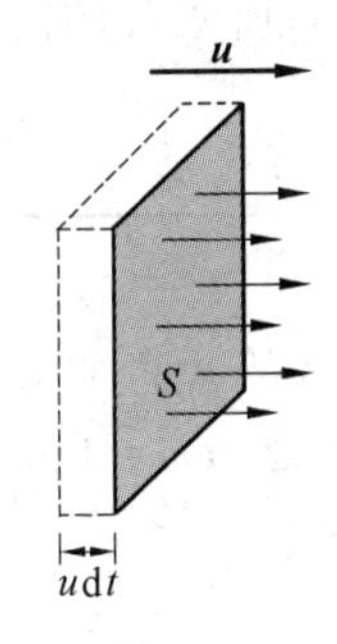

图 8.13 波的强度的计算

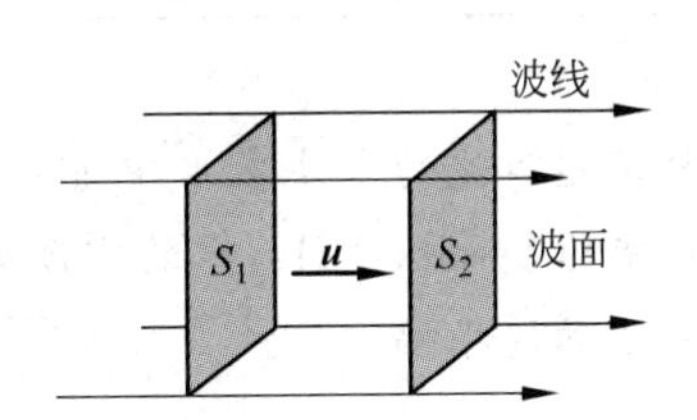

图 8.14 平面波中能量的传播

设有一平面波在均匀介质中沿 x 方向行进。图 8.14 中画出了为同样的波线所限的两个截面积 S_1 和 S_2。假设介质不吸收波的能量，根据能量守恒，在一周期内通过 S_1 和 S_2 面的能量应该相等。以 I_1 表示 S_1 处的强度，以 I_2 表示 S_2 处的强度，则应该有

$$I_1S_1T=I_2S_2T$$

利用式(8.32)，则有

$$\frac{1}{2}\rho u\omega^2A_1^2S_1T=\frac{1}{2}\rho u\omega^2A_2^2S_2T \tag{8.33}$$

对于平面波，$S_1=S_2$，因而有

$$A_1=A_2$$

这就是说，在均匀的不吸收能量的介质中传播的平面波的振幅保持不变。这一点我们在 8.3 节中写平面简谐波的波函数时已经用到了。

波面是球面的波叫**球面波**。如图 8.15 所示，球面波的波线沿着半径向外。如果球面波在均匀无吸收的介质中传播，则振幅将随 r 改变。设以点波源 O 为圆心画半径分别为 r_1 和 r_2 的两个球面(图 8.15)。在介质不吸收波的能量的条件下，一个周期内通过这两个球面的能量应该相等。这时

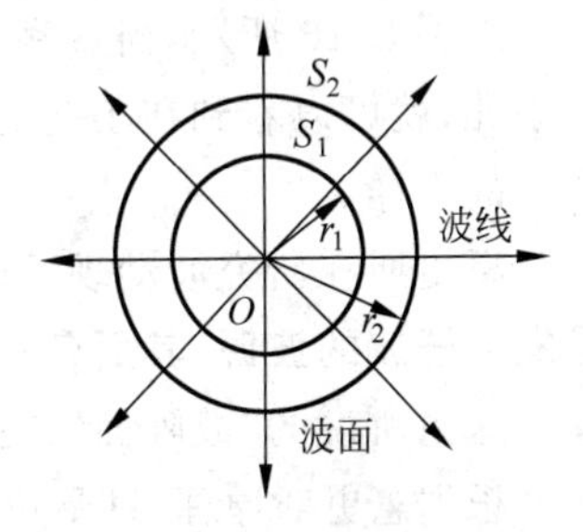

图 8.15 球面波中能量的传播

式(8.33)仍然正确,不过 S_1 和 S_2 应分别用球面积 $4\pi r_1^2$ 和 $4\pi r_2^2$ 代替。由此,对于球面波应有

$$A_1^2 r_1^2 = A_2^2 r_2^2$$

或

$$A_1 r_1 = A_2 r_2 \tag{8.34}$$

即振幅与离点波源的距离成反比。以 A_1 表示离波源的距离为单位长度处的振幅,则在离波源任意距离 r 处的振幅为 $A=A_1/r$。由于振动的相位随 r 的增加而落后的关系和平面波类似,所以球面简谐波的波函数应该是

$$y = \frac{A_1}{r}\cos\omega\left(t-\frac{r}{u}\right) \tag{8.35}$$

实际上,波在介质中传播时,介质总要吸收波的一部分能量,因此即使在平面波的情况下,波的振幅,因而波的强度也要沿波的传播方向逐渐减小,所吸收的能量通常转换成介质的内能或热。这种现象称为**波的吸收**。

例 8.3

用聚焦超声波的方法在水中可以产生强度达到 $I=120\ \mathrm{kW/cm^2}$ 的超声波。设该超声波的频率为 $\nu=500\ \mathrm{kHz}$,水的密度为 $\rho=10^3\ \mathrm{kg/m^3}$,其中声速为 $u=1500\ \mathrm{m/s}$。求这时液体质元振动的振幅。

解 由式(8.32),$I=\frac{1}{2}\rho\omega^2A^2u$,可得

$$A=\frac{1}{\omega}\sqrt{\frac{2I}{\rho u}}=\frac{1}{2\pi\nu}\sqrt{\frac{2I}{\rho u}}$$

$$=\frac{1}{2\pi\times500\times10^3}\sqrt{\frac{2\times120\times10^7}{10^3\times1500}}=1.27\times10^{-5}\ (\mathrm{m})$$

可见液体中超声波的振幅实际上是很小的。当然,它还是比水分子间距(10^{-10} m)大得多。

8.6 惠更斯原理与波的反射和折射

本节介绍有关波的传播方向的规律。

如图 8.16 所示,当观察水面上的波时,如果这波遇到一个障碍物,而且障碍物上有一个小孔,就可以看到在小孔的后面也出现了圆形的波,这圆形的波就好像是以小孔为波源产生的一样。

惠更斯在研究波动现象时,于 1690 年提出:**介质中任一波阵面上的各点,都可以看做是发射子波的波源,其后任一时刻,这些子波的包迹就是新的波阵面**。这就是**惠更斯原理**。这里所说的"波阵面"是指波传播时最前面那个波面,也叫"波前"。

根据惠更斯原理,只要知道某一时刻的波阵面就可以用几何作图法确定下一时刻的波阵面。因此,这一原理又叫惠更斯作图法,其应用在中学物理课程中已经作了举例说明。

例如,如图 8.17(a)所示,以波速 u 传播的平面波在某一时刻的波阵面为 S_1,在经过

时间 Δt 后其上各点发出的子波(以小的半圆表示)的包迹仍是平面,这就是此时新的波阵面,已从原来的波阵面向前推进了 $u\Delta t$ 的距离。对在各向同性的介质中传播的球面波,则可如图 8.17(b)中所示的那样,利用同样的作图法由某一时刻的球面波阵面 S_1 画出经过时间 Δt 后的新的波阵面 S_2,它仍是球面。

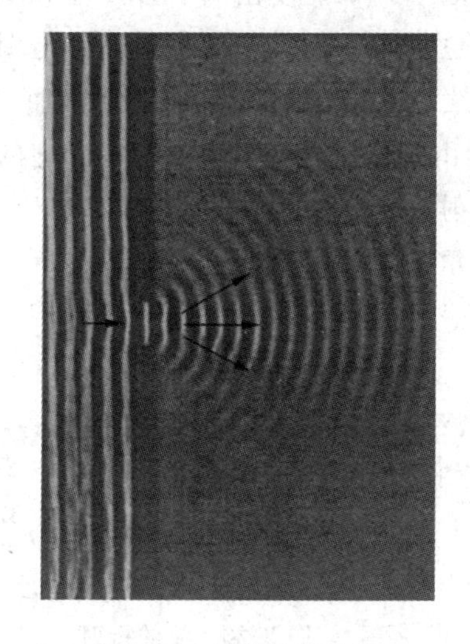

图 8.16　障碍物的小孔成为新波源

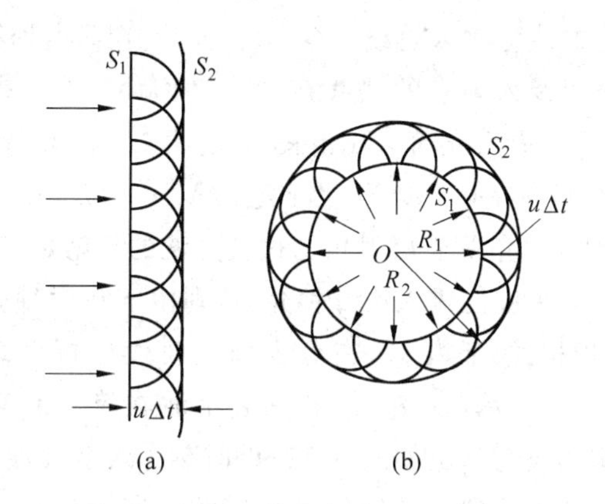

图 8.17　用惠更斯作图法求新波阵面
(a) 平面波;(b) 球面波

对于平面波传播时遇到有缝的障碍物的情况,画出由缝处波阵面上各点发出的子波的包迹,则会显示出波能绕过缝的边界向障碍物的后方几何阴影内传播,这就是波的**衍射现象**(图 8.18)。

用惠更斯作图法可以说明波入射到两种均匀而且各向同性的介质的分界面上时传播方向改变的规律,也就是波的反射和折射的规律。

设有一平面波以波速 u 入射到两种介质的分界面上。根据惠更斯作图法,入射波传到的分界面上的各点都可看做发射子波的波源。作出某一时刻这些子波的包迹,就能得到新的波阵面,从而确定反射波和折射波的传播方向。

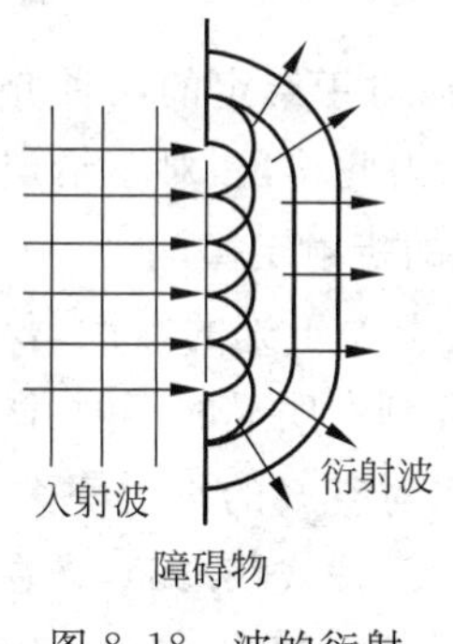

图 8.18　波的衍射

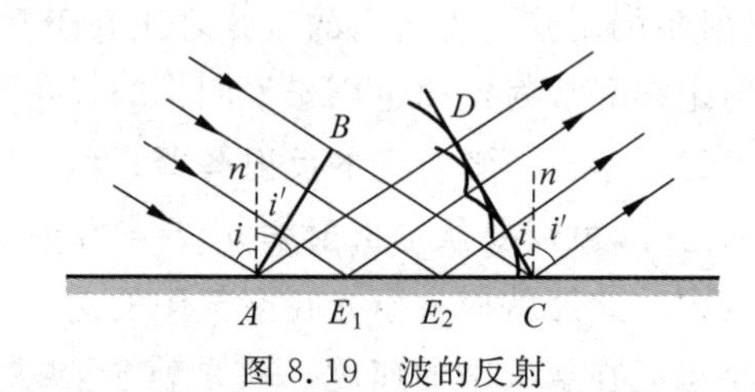

图 8.19　波的反射

先说明波的反射定律。如图 8.19 所示,设入射波的波阵面和两种介质的分界面均垂直于图面。在时刻 t,此波阵面与图面的交线 AB 到达图示位置,A 点和界面相遇。此后

AB 上各点将依次到达界面。设经过相等的时间此波阵面与图面的交线依次与分界面在 E_1,E_2 和 C 点相遇,而在时刻$(t+\Delta t)$,B 点到达 C 点。我们可以作出此时刻界面上各点发出的子波的包迹。为了清楚起见,图中只画出了 A,E_1,E_2 和 C 点发出的子波。因为波在同一介质中传播,波速 u 不变,所以在 $t+\Delta t$ 时刻,从 A,E_1,E_2 发出的子波半径分别是 d,$2d/3$,$d/3$,这里 $d=u\Delta t$。显然,这些子波的包迹面也是与图面垂直的平面。它与图面的交线为 CD,而且$AD=BC$。作垂直于此波阵面的直线,即得**反射线**。与入射波阵面 AB 垂直的线称为**入射线**。令 An,Cn 为分界面的法线,则由图可看出任一条入射线和它的反射线以及入射点的法线在同一平面内。令 i 表示入射角,i' 表示反射角,则由图中还可以看出,两个直角 $\triangle BAC$,$\triangle DCA$ 全等,因此$\angle BAC=\angle DCA$,所以 $i=i'$,即入射角等于反射角。这就是**波的反射定律**。

如果波能进入第二种介质,则由于在两种介质中波速(指相速)不相同,在分界面上要发生折射现象。如图 8.20 所示,以 u_1,u_2 分别表示波在第一和第二种介质中的波速。仍如图 8.19,设时刻 t 入射波波阵面 AB 到达图示位置。其后经过相等的时间此波阵面依次到达 E_1,E_2 和 C 点,而在 $t+\Delta t$ 时,B 点到达 C 点。画出 $t+\Delta t$ 时刻,从 A,E_1,E_2 发出的在第二种介质中的子波,子波半径分别为 d,$2d/3$,$d/3$,但这里 $d=u_2\Delta t$。这些子波的包迹也是与图面垂直的平面,它与图面的交线为 CD,而且 $\Delta t=BC/u_1=AD/u_2$。作垂直于此波阵面的直线,即得**折射线**。以 r 表示折射角,则有 $\angle ACD=r$。再以 i 表示入射角,则有$\angle BAC=i$。由图中可明显地看出

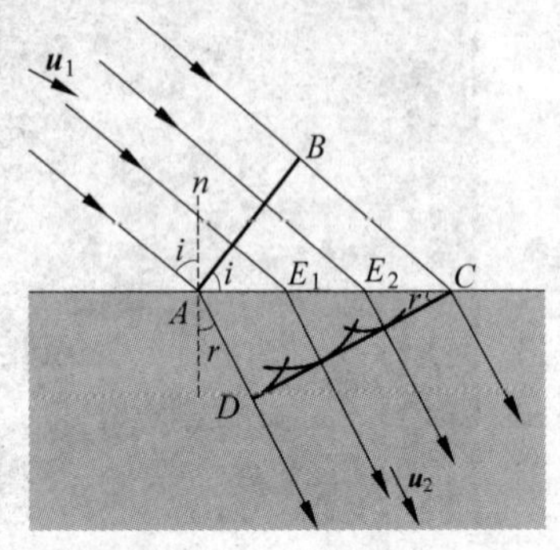

图 8.20 波的折射

$$BC = u_1\Delta t = AC\sin i$$

$$AD = u_2\Delta t = AC\sin r$$

两式相除得

$$\frac{\sin i}{\sin r} = \frac{u_1}{u_2} = n_{21} \tag{8.36}$$

由于不同介质中的波速 u 为不同的常量,所以比值 $n_{21}=u_1/u_2$ 对于给定的两种介质来说就是常数,称为第二种介质对于第一种介质的**相对折射率**[①]。由此得出,对于给定的两种介质,入射角的正弦与折射角的正弦之比等于常数,这就是**波的折射定律**。

反射定律和折射定律也用于说明光的反射和折射。历史上关于光的本性,曾有微粒说和波动说之争。二者对光的反射解释相似,但对折射的解释则有明显的不同:微粒说为解释折射定律,就需要认定折射率 $n_{21}=u_2/u_1$。因此,例如,水对空气的折射率大于1,所以光在水中的速度就应大于光在空气中的速度。波动说则相反,按式(8.36),光在水中的速度应小于光在空气中的速度。孰是孰非要靠光速的实测结果来判定。1850 年傅科首先测出了光在水中的速度,证实了它比光在空气中的速度小。这就最后否定了原来的光

① 对光的传播来说,某种介质对真空的相对折射率 $n=c/u$ 就叫这种介质的**折射率**。很易证明,$n_{21}=n_2/n_1$。

的微粒说。

由式(8.36)可得

$$\sin r = \frac{u_2}{u_1}\sin i$$

如果 $u_2 > u_1$，则当入射角 i 大于某一值时，等式右侧的值将大于 1 而使折射角 i 无解。这时将没有折射线产生，入射波将全部反射回原来的介质。这种现象叫**全反射**。产生全反射的最小入射角称为**临界角**。以 A 表示波从介质 1 射向介质 2($u_2 > u_1$)时的临界角，则由于相应的折射角为 90°，所以由式(8.36)可得

$$\sin A = \frac{u_1}{u_2} = n_{21} \tag{8.37}$$

就光的折射现象来说，两种介质相比，在其中光速较大的介质叫光疏介质，光速较小的介质叫光密介质。光由光密介质射向光疏介质时，就会发生全反射现象。对于光从水中射向空气的情况，由于空气对水的折射率为 1/1.33，所以全反射临界角为

$$A = \arcsin\frac{1}{1.33} = 48.7^\circ$$

光的反射的一个重要实际应用是制造光纤，它是现代光通信技术必不可少的材料。光可以沿着被称做光纤的玻璃细丝传播(图 8.21)，这是由于光纤表皮的折射率小于芯的折射率的缘故。

近年来发展起来的**导管 X 光学**也应用了全反射现象。由于对 X 光来说，玻璃对真空的折射率小于 1，所以 X 光从真空(或空气)射向玻璃表面时也会发生全反射现象。如果制成内表面非常光滑的空心玻璃管，使 X 光以大于临界角的入射角射入管内，则 X 光就可以沿导管传播。利用弯曲的导管就可以改变 X 光的传播方向。这种管子就成了 **X 光导管**。

X 光导管的一种重要实际应用是用毛细管束来做 X 光透镜。如图 8.22(a)所示的 X 光透镜可以将发散的 X 光束会聚成很小的束斑，以大大提高 X 光束的功率密度。如图 8.22(b)所示的 X 光半透镜则可以把发散的 X 光束转化为平行光束。目前，X 光透镜已应用于 X 光荧光分析、X 光衍射分析、深亚微米 X 射线光刻、医疗诊断以及 X 光天文望远镜等领域。

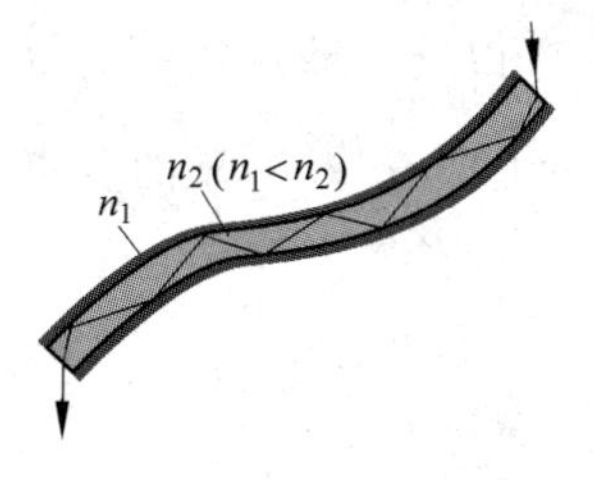

图 8.21 光沿着光纤传播

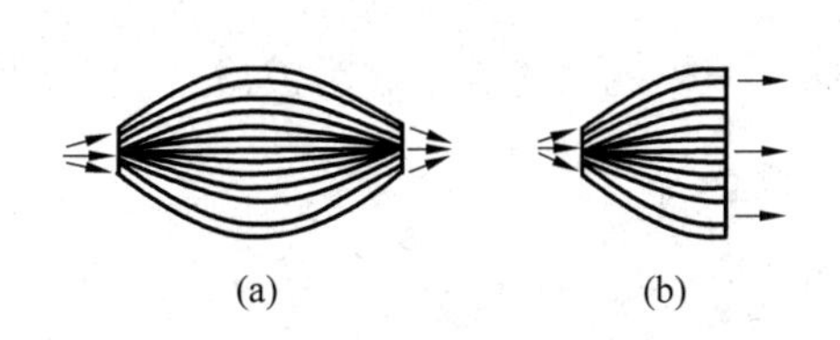

图 8.22 X 光透镜

8.7 波的叠加 驻波

观察和研究表明：几列波可以保持各自的特点（频率、波长、振幅、振动方向等）同时通过同一介质，好像在各自的传播过程中没有遇到其他波一样。因此，在几列波相遇或叠加的区域内，任一点的位移，为各个波单独在该点产生的位移的合成。这一关于波的传播的规律称为波的传播的**独立性**或**波的叠加原理**。

管弦乐队合奏或几个人同时讲话时，空气中同时传播着许多声波，但我们仍能够辨别出各种乐器的音调或各个人的声音，这就是波的独立性的例子。通常天空中同时有许多无线电波在传播，我们仍能随意接收到某一电台的广播，这是电磁波传播的独立性的例子。

当人们研究的波的强度越来越大时，发现波的叠加原理并不是普遍成立的，只有当波的强度较小时（在数学上，这表示为波动方程是**线性的**），它才正确。对于强度甚大的波，它就失效了。例如，强烈的爆炸声就有明显的相互影响。

几列波叠加可以产生许多独特的现象，**驻波**就是一例。在同一介质中两列频率、振动方向相同，而且振幅也相同的简谐波，在同一直线上沿相反方向传播时就叠加形成驻波。

设有两列简谐波，分别沿 x 轴正方向和负方向传播，它们的表达式为

$$y_1 = A\cos\left(\omega t - \frac{2\pi}{\lambda}x\right)$$

$$y_2 = A\cos\left(\omega t + \frac{2\pi}{\lambda}x\right)$$

其合成波为

$$y = y_1 + y_2 = A\cos\left(\omega t - \frac{2\pi}{\lambda}x\right) + A\cos\left(\omega t + \frac{2\pi}{\lambda}x\right)$$

利用三角关系可以求出

$$y = 2A\cos\frac{2\pi}{\lambda}x\ \cos\omega t \tag{8.38}$$

此式就是驻波的表达式①。式中 $\cos\omega t$ 表示简谐运动，而 $\left|2A\cos\frac{2\pi}{\lambda}x\right|$ 就是这简谐运动的振幅。这一函数不满足 $y(t+\Delta t, x+u\Delta t)=y(t,x)$，因此它**不表示行波**，只表示各点都在作简谐运动。各点的振动频率相同，就是原来的波的频率。但各点的振幅随位置的不同而不同。振幅最大的各点称为**波腹**，对应于使 $\left|\cos\frac{2\pi}{\lambda}x\right|=1$ 即 $\frac{2\pi}{\lambda}x=k\pi$ 的各点。因此波腹的位置为

$$x = k\frac{\lambda}{2},\quad k = 0, \pm 1, \pm 2, \cdots$$

振幅为零的各点称为**波节**，对应于使 $\left|\cos\frac{2\pi x}{\lambda}\right|=0$，即 $\frac{2\pi x}{\lambda}=(2k+1)\frac{\pi}{2}$ 的各点。因此波

---

① 驻波函数式(8.38)也是函数微分方程(8.20)的解，可将式(8.38)代入式(8.20)加以证明。

节的位置为

$$x=(2k+1)\frac{\lambda}{4},\quad k=0,\pm 1,\pm 2,\cdots$$

由以上两式可算出相邻的两个波节和相邻的两个波腹之间的距离都是 $\lambda/2$。这一点为我们提供了一种测定行波波长的方法，只要测出相邻两波节或波腹之间的距离就可以确定原来两列行波的波长 λ。

式(8.38)中的振动因子为 $\cos\omega t$，但不能认为驻波中各点的振动的相都是相同的。因为系数 $2A\cos(2\pi/\lambda)x$ 在 x 值不同时是有正有负的。把相邻两个波节之间的各点叫做一段，则由余弦函数取值的规律可以知道，$\cos(2\pi/\lambda)x$ 的值对于同一段内的各点有相同的符号，对于分别在相邻两段内的两点则符号相反。以 $|2A\cos(2\pi/\lambda)x|$ 作为振幅，这种符号的相同或相反就表明，在驻波中，**同一段上的各点的振动同相，而相邻两段中的各点的振动反相**。因此，驻波实际上就是分段振动的现象。在驻波中，没有振动状态或相位的传播，也没有能量的传播，所以才称之为驻波。

图 8.23 画出了驻波形成的物理过程，其中点线表示向右传播的波，虚线表示向左传播的波，粗实线表示合成振动。图中各行依次表示 $t=0, T/8, T/4, 3T/8, T/2$ 各时刻各质点的分位移和合位移。从图中可看出波腹(a)和波节(n)的位置。

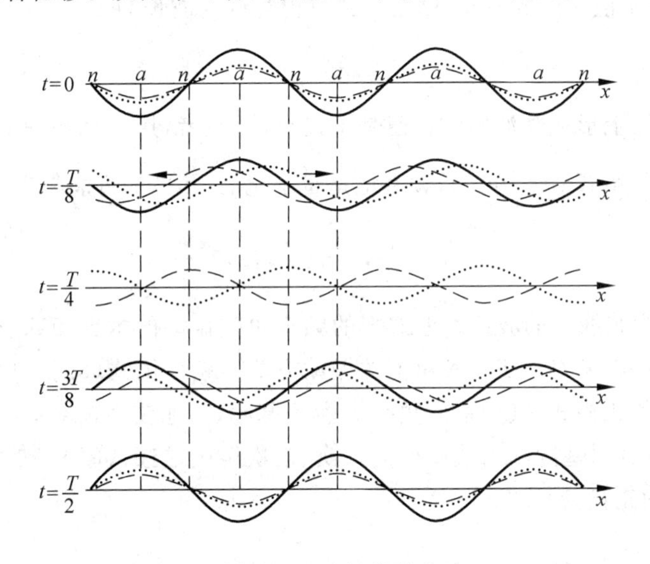

图 8.23 驻波的形成

图 8.24 为用电动音叉在绳上产生驻波的简图，波腹和波节的形象看得很清楚。这一驻波是由音叉在绳中引起的向右传播的波和在 B 点反射后向左传播的波合成的结果。改变拉紧绳的张力，就能改变波在绳上传播的速度。当这一速度和音叉的频率正好使得绳长为**半波长的整数倍**时，在绳上就能有驻波产生。

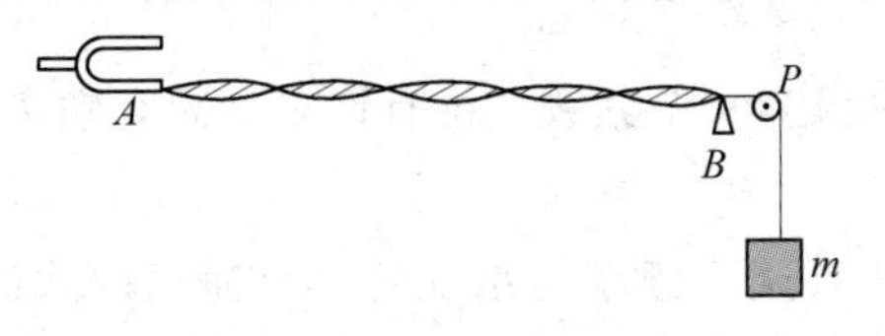

图 8.24 绳上的驻波

值得注意的是，在这一实验中，在反射点 B 处绳是固定不动的，因而此处只能是波节。从振动合成考虑，这意味着反射波与入射波的相在此处正好相反，或者说，入射波在反射时有π的**相跃变**。由于π的相跃变相当于波程差为半个波长，所以这种入射波在反射时发生反相的现象也常称为**半波损失**。当波在自由端反射时，则没有相跃变，形成的驻波在此端将出现波腹。

一般情况下，入射波在两种介质分界处反射时是否发生半波损失，与波的种类、两种介质的性质以及入射角的大小有关。在垂直入射时，它由介质的密度和波速的乘积ρu决定。相对来讲，ρu较大的介质称为**波密介质**，ρu较小的称为**波疏介质**。当波从波疏介质垂直入射到与波密介质的界面上反射时，有半波损失，形成的驻波在界面处出现波节。反之，当波从波密介质垂直入射到与波疏介质的界面上反射时，无半波损失，界面处出现波腹。

在范围有限的介质内产生的驻波有许多重要的特征。例如将一根弦线的两端用一定的张力固定在相距L的两点间，当拨动弦线时，弦线中就产生来回的波，它们就合成而形成驻波。但**并不是**所有波长的波都能形成驻波。由于绳的两个端点固定不动，所以这两点必须是波节，因此驻波的波长必须满足下列条件：

$$L = n\frac{\lambda}{2},\quad n = 1,2,3,\cdots$$

以λ_n表示与某一n值对应的波长，则由上式可得容许的波长为

$$\lambda_n = \frac{2L}{n} \tag{8.39}$$

这就是说能在弦线上形成驻波的波长值是不连续的，或者，用现代物理的语言说，波长是**“量子化”**的。由关系式$\nu=\frac{u}{\lambda}$可知，频率也是量子化的，相应的可能频率为

$$\nu_n = n\frac{u}{2L},\quad n = 1,2,3,\cdots \tag{8.40}$$

其中，$u=\sqrt{F/\rho_l}$为弦线中的波速。上式中的频率叫弦振动的**本征频率**，也就是它发出的声波的频率。每一频率对应于一种可能的振动方式。频率由式(8.40)决定的振动方式，称为弦线振动的**简正模式**，其中最低频率ν_1称为**基频**，其他较高频率$\nu_2,\nu_3,\cdots$都是基频的**整数倍**，它们各以其对基频的倍数而称为二次、三次……**谐频**。图8.25中画出了频率为ν_1,ν_2,ν_3的3种简正模式。

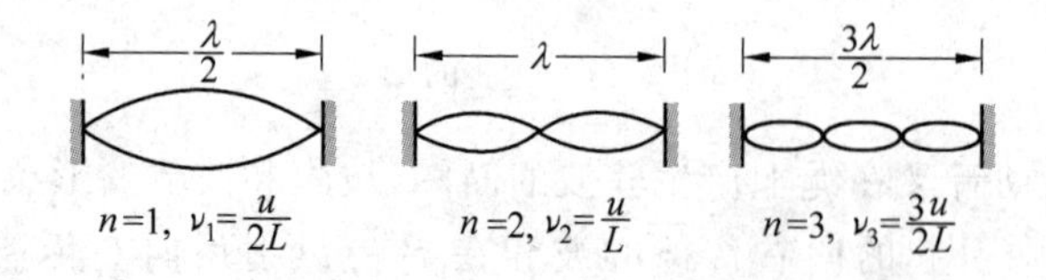

图8.25 两端固定弦的几种简正模式

简正模式的频率称为系统的固有频率。如上所述，一个驻波系统有许多个固有频率。这和弹簧振子只有一个固有频率不同。

当外界驱动源以某一频率激起系统振动时，如果这一频率与系统的某个简正模式的频率相同(或相近)，就会激起强驻波。这种现象称为**驻波共振**。用电动音叉演示驻波时，

观察到的就是驻波共振现象。

在驻波共振现象中，系统究竟按哪种模式振动，取决于初始条件。一般情况下，一个驻波系统的振动，是它的各种简正模式的叠加。

弦乐器的发声就服从驻波的原理。当拨动弦线使它振动时，它发出的声音中就包含有各种频率。管乐器中的管内的空气柱、锣面、鼓皮、钟、铃等振动时也都是驻波系统(图 8.26)，它们振动时也同样各有其相应的简正模式和共振现象，但其简正模式要比弦的复杂得多。

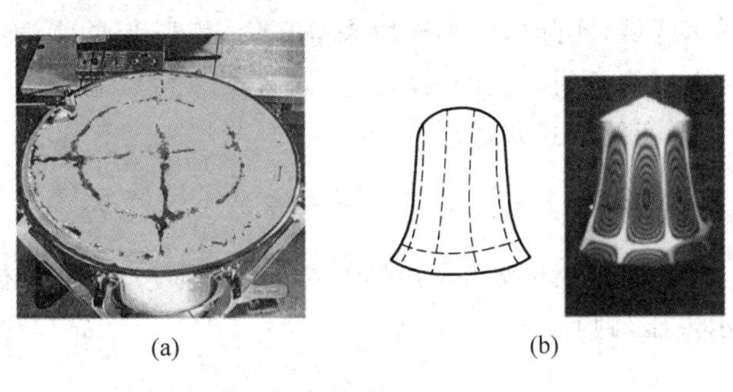

(a) (b)

图 8.26 二维驻波

(a) 鼓皮以某一模式振动时，才能在其上的碎屑聚集在不振动的地方，显示出二维驻波的"节线"的形状(R. Resnick)；

(b) 钟以某一模式振动时"节线"的分布(左图)和该模式的全息照相(右图)，其中白线对应于"节线"(T. D. Rossing)

乐器振动发声时，其**音调**由基频决定，同时发出的谐频的频率和强度决定声音的**音色**。

例 8.4

一只二胡的"千斤"(弦的上方固定点)和"码子"(弦的下方固定点)之间的距离是 $L=0.3\ \text{m}$(图 8.27)。其上一根弦的质量线密度为 $\rho_l=3.8\times10^{-4}\ \text{kg/m}$，拉紧它的张力 $F=9.4\ \text{N}$。求此弦所发的声音的基频是多少？此弦的三次谐频振动的节点在何处？

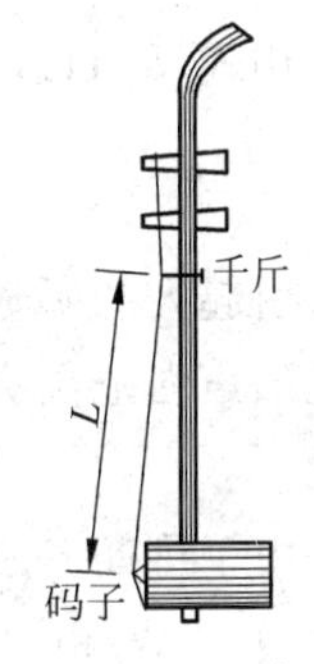

图 8.27 二胡

解 此弦中产生的驻波的基频为

$$\nu_1=\frac{u}{2L}=\frac{1}{2L}\sqrt{\frac{F}{\rho_l}}$$

$$=\frac{1}{2\times0.3}\sqrt{\frac{9.4}{3.8\times10^{-4}}}=262\ (\text{Hz})$$

这就是它发出的声波的基频，是"C"调。三次谐频振动时，整个弦长为 $\frac{1}{2}\lambda_3$ 的 3 倍。因此，从"千斤"算起，节点应在 0，10，20，30 cm 处。

8.8 声波

声波通常是指空气中形成的纵波[①]。频率在20～20 000 Hz之间的声波，能引起人的听觉，称为**可闻声波**，也简称**声波**。频率低于20 Hz的叫做**次声波**，高于20 000 Hz的叫做**超声波**。

介质中有声波传播时的压力与无声波时的静压力之间有一差额，这一差额称为**声压**。声波是疏密波，在稀疏区域，实际压力小于原来静压力，声压为负值；在稠密区域，实际压力大于原来静压力，声压为正值。它的表示式可如下求得。

把表示体积弹性形变的公式即式(8.16)

$$\Delta p = -K\frac{\Delta V}{V}$$

应用于介质的一个小质元，则 Δp 就表示声压。对平面简谐声波来讲，体应变 $\Delta V/V$ 也等于$\partial y/\partial x$。以 p 表示声压，则有

$$p = -K\frac{\partial y}{\partial x} = -K\frac{\omega}{u}A\sin\omega\left(t-\frac{x}{u}\right)$$

由于纵波波速即声速 $u=\sqrt{\dfrac{K}{\rho}}$（见式(8.23)），所以上式又可改写为

$$p = -\rho u\omega A\sin\omega\left(t-\frac{x}{u}\right)$$

而声压的振幅为

$$p_{\mathrm{m}} = \rho uA\omega \tag{8.41}$$

声强就是声波的强度，根据式(8.32)，声强为

$$I = \frac{1}{2}\rho uA^2\omega^2$$

再利用式(8.41)，还可得

$$I = \frac{1}{2}\frac{p_{\mathrm{m}}^2}{\rho u} \tag{8.42}$$

引起人的听觉的声波，不仅有一定的频率范围，还有一定的声强范围。能够引起人的听觉的声强范围大约为 $10^{-12}\sim1\ \mathrm{W/m^2}$。声强太小，不能引起听觉；声强太大，将引起痛觉。

由于可闻声强的数量级相差悬殊，通常用**声级**来描述声波的强弱。规定声强 $I_0=10^{-12}\ \mathrm{W/m^2}$ 作为测定声强的标准，某一声强 I 的声级用 L 表示：

$$L = \lg\frac{I}{I_0} \tag{8.43}$$

声级 L 的单位名称为贝[尔]，符号为B。通常用分贝(dB)为单位，1B＝10dB。这样式(8.43)可表示为

---

① 一般地讲，弹性介质中的纵波都被称为声波。

$$L = 10\lg\frac{I}{I_0}\ (\text{dB}) \tag{8.44}$$

声音响度是人对声音强度的主观感觉，它与声级有一定的关系，声级越大，人感觉越响。表 8.3 给出了常遇到的一些声音的声级。

表 8.3 几种声音的声强、声级和响度

声源	声强/(W/m²)	声级/dB	响度
聚焦超声波	10^9	210	
炮声	1	120	
痛觉阈	1	120	
铆钉机	10^{-2}	100	震耳
闹市车声	10^{-5}	70	响
通常谈话	10^{-6}	60	正常
室内轻声收音机	10^{-8}	40	较轻
耳语	10^{-10}	20	轻
树叶沙沙声	10^{-11}	10	极轻
听觉	10^{-12}	0	

例 8.5

《三国演义》中有大将张飞喝断当阳桥的故事。设张飞大喝一声声级为 140 dB，频率为 400 Hz。问：

(1) 张飞喝声的声压幅和振幅各是多少？

(2) 如果一个士兵的喝声声级为 90 dB，张飞一喝相当于多少士兵同时大喝一声？

解 (1) 由式(8.44)，以 I 表示张飞喝声的声强，则

$$140 = 10\lg\frac{I}{I_0}$$

由此得

$$I = I_0\times10^{14} = 10^{-12}\times10^{14} = 100\ (\text{W/m}^2)$$

由式(8.42)，张飞喝声的声压幅为

$$p_{\text{m}} = \sqrt{2\rho uI} = \sqrt{2\times1.29\times340\times100} = 3.0\times10^2\ (\text{N/m}^2)$$

由式(8.32)，空气质元的振幅为

$$A = \frac{1}{\omega}\sqrt{\frac{2I}{\rho u}} = \frac{1}{2\pi\times400}\sqrt{\frac{2\times100}{1.29\times340}} = 2.7\times10^{-4}\ (\text{m})$$

(2) 由式(8.44)，以 I_1 表示每一士兵喝声的声强，则

$$I_1 = I_0\times10^9 = 10^{-12}\times10^9 = 10^{-3}\ (\text{W/m}^2)$$

而

$$\frac{I}{I_1} = \frac{100}{10^{-3}} = 10^5$$

即张飞一喝相当于 10 万士兵同时齐声大喝。

声波是由振动的弦线(如提琴弦线、人的声带等)、振动的空气柱(如风琴管、单簧管等)、振动的板与振动的膜(如鼓、扬声器等)等产生的机械波。近似周期性或者由少数几

个近似周期性的波合成的声波，如果强度不太大时会引起愉快悦耳的**乐音**。波形不是周期性的或者是由个数很多的一些周期波合成的声波，听起来是**噪声**。

超声波

超声波一般由具有磁致伸缩或压电效应的晶体的振动产生。它的显著特点是频率高，波长短，衍射不严重，因而具有良好的定向传播特性，而且易于聚焦。也由于其频率高，因而超声波的声强比一般声波大得多，用聚焦的方法，可以获得声强高达 $10^9\ \mathrm{W/m^2}$ 的超声波。超声波穿透本领很大，特别是在液体、固体中传播时，衰减很小。在不透明的固体中，能穿透几十米的厚度。超声波的这些特性，在技术上得到广泛的应用。

利用超声波的定向发射性质，可以探测水中物体，如探测鱼群、潜艇等，也可用来测量海深。由于海水的导电性良好，电磁波在海水中传播时，吸收非常严重，因而电磁雷达无法使用。利用声波雷达——声呐，可以探测出潜艇的方位和距离。

因为超声波碰到杂质或介质分界面时有显著的反射，所以可以用来探测工件内部的缺陷。超声探伤的优点是不损伤工件，而且由于穿透力强，因而可以探测大型工件，如用于探测万吨水压机的主轴和横梁等。此外，在医学上可用来探测人体内部的病变，如“B超”仪就是利用超声波来显示人体内部结构的图像。

目前超声探伤正向着显像方向发展，如用声电管把声信号变换成电信号，再用显像管显示出目的物的像来。随着激光全息技术的发展，声全息也日益发展起来。把声全息记录的信息再用光显示出来，可直接看到被测物体的图像。声全息在地质、医学等领域有着重要的意义。

由于超声波能量大而且集中，所以也可以用来切削、焊接、钻孔、清洗机件，还可以用来处理种子和促进化学反应等。

超声波在介质中的传播特性，如波速、衰减、吸收等与介质的某些特性(如弹性模量、浓度、密度、化学成分、黏度等)或状态参量(如温度、压力、流速等)密切有关，利用这些特性可以间接测量其他有关物理量。这种非声量的声测法具有测量精度高、速度快等优点。

由于超声波的频率与一般无线电波的频率相近，因此利用超声元件代替某些电子元件，可以起到电子元件难以起到的作用。超声延迟线就是其中一例。因为超声波在介质中的传播速度比起电磁波小得多，用超声波延迟时间就方便得多。

次声波

次声波又称亚声波，一般指频率在 $10^{-4}\sim 20\ \mathrm{Hz}$ 之间的机械波，人耳听不到。它与地球、海洋和大气等的大规模运动有密切关系。例如火山爆发、地震、陨石落地、大气湍流、雷暴、磁暴等自然活动中，都有次声波产生，因此已成为研究地球、海洋、大气等大规模运动的有力工具。

次声波频率低，衰减极小，具有远距离传播的突出优点。在大气中传播几千公里后，吸收还不到万分之几分贝。因此对它的研究和应用受到越来越多的重视，已形成现代声学的一个新的分支——次声学。

8.9 多普勒效应

在前面的讨论中，波源和接收器相对于介质都是静止的，所以波的频率和波源的频率相同，接收器接收到的频率和波的频率相同，也和波源的频率相同。如果波源或接收器或两者相对于介质运动，则发现接收器接收到的频率和波源的振动频率不同。这种接收器接收到的频率有赖于波源或观察者运动的现象,称为**多普勒效应**。例如,当高速行驶的火车鸣笛而来时,我们听到的汽笛音调变高,当它鸣笛离去时,我们听到的音调变低,这种现象是声学的多普勒效应。本节讨论这一效应的规律。为简单起见,假定波源和接收器在同一直线上运动。波源相对于介质的运动速度用 v_S 表示,接收器相对于介质的运动速度用 v_R 表示,波速用 u 表示。波源的频率、接收器接收到的频率和波的频率分别用 ν_S,ν_R 和 ν 表示。在此处,三者的意义应区别清楚:波源的频率 ν_S 是波源在单位时间内振动的次数,或在单位时间内发出的"完整波"的个数;接收器接收到的频率 ν_R 是接收器在单位时间内接收到的振动数或完整波数;波的频率 ν 是介质质元在单位时间内振动的次数或单位时间内通过介质中某点的完整波的个数,它等于波速 u 除以波长 λ。这三个频率可能互不相同。下面分几种情况讨论。

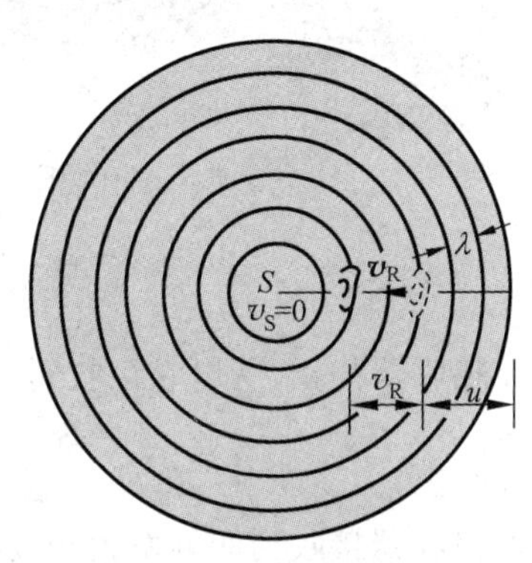

图 8.28 波源静止时的多普勒效应

(1) 相对于介质波源不动,接收器以速度 v_R 运动(图 8.28)

若接收器向着静止的波源运动,接收器在单位时间内接收到的完整波的数目比它静止时接收的多。因为波源发出的波以速度 u 向着接收器传播,同时接收器以速度 v_R 向着静止的波源运动,因而多接收了一些完整波数。在单位时间内接收器接收到的完整波的数目等于分布在 $u+v_R$ 距离内完整波的数目(见图 8.28),即

$$\nu_R=\frac{u+v_R}{\lambda}=\frac{u+v_R}{\dfrac{u}{\nu}}=\frac{u+v_R}{u}\nu$$

此式中的 ν 是波的频率。由于波源在介质中静止,所以波的频率就等于波源的频率,因此有

$$\nu_R=\frac{u+v_R}{u}\nu_S \tag{8.45}$$

这表明,当接收器向着静止波源运动时,接收到的频率为波源频率的$(1+v_R/u)$倍。

当接收器离开波源运动时,通过类似的分析,可求得接收器接收到的频率为

$$\nu_R=\frac{u-v_R}{u}\nu_S \tag{8.46}$$

即此时接收到的频率低于波源的频率。

(2) 相对于介质接收器不动,波源以速度 v_S 运动(图 8.29(a))

波源运动时,波的频率不再等于波源的频率。这是由于当波源运动时,它所发出的相邻的两个同相振动状态是在不同地点发出的,这两个地点相隔的距离为 $v_S T_S$,T_S 为波源的周期。如果波源是向着接收器运动的,这后一地点到前方最近的同相点之间的距离是现在介质中的波长。若波源静止时介质中的波长为 λ_0($\lambda_0=uT_S$),则现在介质中的波长为(见图 8.29(b))

$$\lambda=\lambda_0-v_S T_S=(u-v_S)T_S=\frac{u-v_S}{\nu_S}$$

现时波的频率为

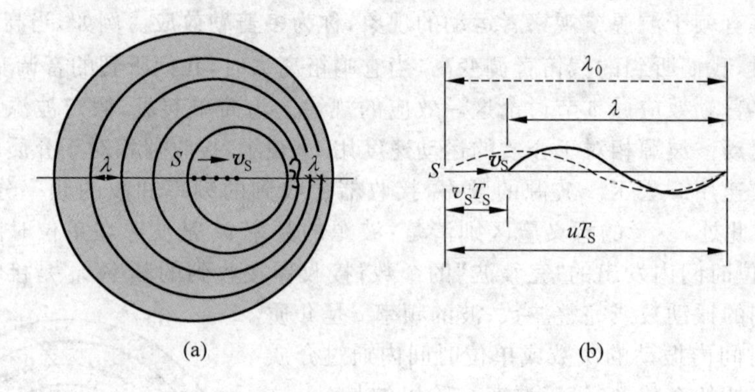

图8.29 波源运动时的多普勒效应

$$\nu = \frac{u}{\lambda} = \frac{u}{u - v_S}\nu_S$$

由于接收器静止,所以它接收到的频率就是波的频率,即

$$\nu_R = \frac{u}{u - v_S}\nu_S \tag{8.47}$$

此时接收器接收到的频率大于波源的频率。

当波源远离接收器运动时,通过类似的分析,可得接收器接收到的频率为

$$\nu_R = \frac{u}{u + v_S}\nu_S \tag{8.48}$$

这时接收器接收到的频率小于波源的频率。

(3) 相对于介质波源和接收器同时运动

综合以上两种分析,可得当波源和接收器相向运动时,接收器接收到的频率为

$$\nu_R = \frac{u + v_R}{u - v_S}\nu_S \tag{8.49}$$

当波源和接收器彼此离开时,接收器接收到的频率为

$$\nu_R = \frac{u - v_R}{u + v_S}\nu_S \tag{8.50}$$

电磁波(如光)也有多普勒现象。和声波不同的是,电磁波的传播不需要什么介质,因此只是光源和接收器的相对速度 v 决定接收的频率。可以用相对论证明,当光源和接收器在同一直线上运动时,如果二者相互接近,则

$$\nu_R = \sqrt{\frac{1 + v/c}{1 - v/c}}\ \nu_S \tag{8.51}$$

如果二者相互远离,则

$$\nu_R = \sqrt{\frac{1 - v/c}{1 + v/c}}\ \nu_S \tag{8.52}$$

由此可知,当光源远离接收器运动时,接收到的频率变小,因而波长变长,这种现象叫做"红移",即在可见光谱中移向红色一端。

天文学家将来自星球的光谱与地球上相同元素的光谱比较,发现星球光谱几乎都发生红移,这说明星体都正在远离地球向四面飞去。这一观察结果被"大爆炸"的宇宙学理

论的倡导者视为其理论的重要证据。

电磁波的多普勒效应还为跟踪人造地球卫星提供了一种简便的方法。在图 8.30 中，卫星从位置 1 运动到位置 2 的过程中，向着跟踪站的速度分量减小，在从位置 2 到位置 3 的过程中，离开跟踪站的速度分量增加。因此，如果卫星不断发射恒定频率的无线电信号，则当卫星经过跟踪站上空时，地面接收到的信号频率是逐渐减小的。如果把接收到的信号与接收站另外产生的恒定信号合成拍，则拍频可以产生一个听得见的声音。卫星经过上空时，这种声音的音调降低。

上面讲过，当波源向着接收器运动时，接收器接收到的频率比波源的频率大，它的值由式(8.47)给出。但这一公式当波源的速度 v_S 超过波速时将失去意义，因为这时在任一时刻波源本身将超过它此前发出的波的波前，在波源前方不可能有任何波动产生。这种情况如图 8.31 所示。

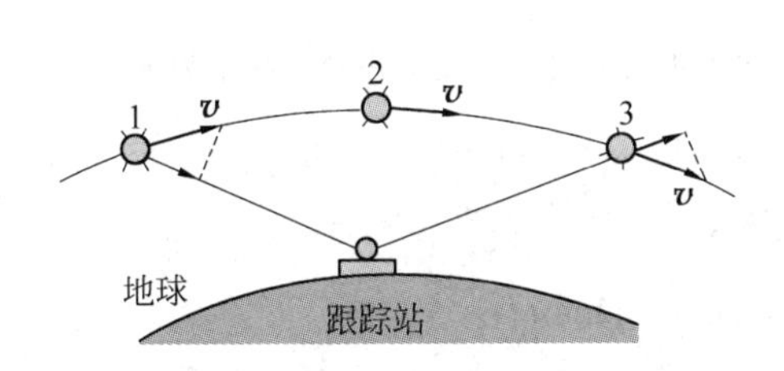

图 8.30 卫星—跟踪站连线方向上分速度的变化

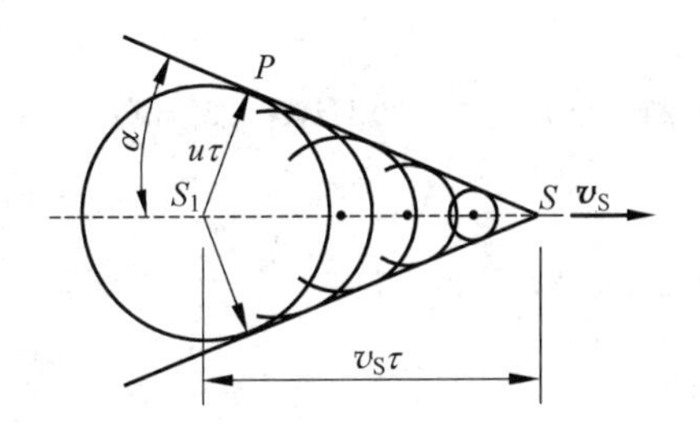

图 8.31 冲击波的产生

当波源经过 S_1 位置时发出的波在其后 τ 时刻的波阵面为半径等于 $u\tau$ 的球面，但此时刻波源已前进了 $v_S\tau$ 的距离到达 S 位置。在整个 τ 时间内，波源发出的波到达的前沿形成了一个圆锥面，这个圆锥面叫**马赫锥**，其半顶角 α 由下式决定：

$$\sin\alpha = \frac{u}{v_S} \tag{8.53}$$

当飞机、炮弹等以超音速飞行时，都会在空气中激起这种圆锥形的波。这种波称为**冲击波**。冲击波面到达的地方，空气压强突然增大。过强的冲击波掠过物体时甚至会造成损害(如使窗玻璃碎裂)，这种现象称为**声爆**。

类似的现象在水波中也可以看到。当船速超过水面上的水波波速时，在船后就激起以船为顶端的 V 形波，这种波叫**艏波**(图 8.32)。

当带电粒子在介质中运动，其速度超过该介质中的光速(这光速小于真空中的光速 c)时，会辐射锥形的电磁波，这种辐射称为**切连科夫辐射**。高能物理实验中利用这种现象来测定粒子的速度。

例 8.6

一警笛发射频率为 1500 Hz 的声波，并以 22 m/s 的速度向某方向运动，一人以 6 m/s 的速度跟踪其后，求他听到的警笛发出声音的频率以及在警笛后方空气中声波的波长。设没有风，空气中声速 u=330 m/s。

图 8.32 青龙峡湖面游艇激起的艏波弯曲优美
（新京报记者苏里）

解 已知 $\nu_S=1500\ \text{Hz}, v_S=22\ \text{m/s}, v_R=6\ \text{m/s}$，则此人听到的警笛发出的声音的频率为

$$\nu_R=\frac{u+v_R}{u+v_S}\nu_S=\frac{330+6}{330+22}\times1500=1432\ (\text{Hz})$$

警笛后方空气中声波的频率

$$\nu=\frac{u}{u+v_S}\nu_S=\frac{330}{330+22}\times1500=1406\ (\text{Hz})$$

相应的空气中声波波长为

$$\lambda=\frac{u}{\nu}=\frac{u+v_S}{\nu_S}=\frac{330+22}{1500}=0.23\ (\text{m})$$

应该注意，警笛后方空气中声波的频率并不等于警笛后方的人接收到的频率，这是因为人向着声源跑去时，又多接收了一些完整波的缘故。

提要

1. 行波：扰动的传播。机械波在介质中传播时，只是扰动在传播，介质并不随波迁移。

2. 简谐波：简谐运动的传播。波形成时，各质元都在振动，但步调不同；沿波的传播方向，各质元的相位依次落后。

简谐波波函数

$$y=A\cos\omega\left(t\mp\frac{x}{u}\right)=A\cos2\pi\left(\frac{t}{T}\mp\frac{x}{\lambda}\right)$$
$$=A\cos(\omega t\mp kx)$$

负号用于沿 x 轴正向传播的波，正号用于沿 x 轴负向传播的波；式中周期 $T=\frac{2\pi}{\omega}=\frac{1}{\nu}$，波数 $k=\frac{2\pi}{\lambda}$，相速度 $u=\lambda\nu$，波长 λ 是沿波的传播方向两相邻的同相质元间的距离。

3. 弹性介质中的波速：

横波波速 $u=\sqrt{G/\rho}$， G 为剪切模量， ρ 为密度；

纵波波速 $u=\sqrt{E/\rho}$， E 为杨氏模量， ρ 为密度；

液体气体中纵波波速 $u=\sqrt{K/\rho}$， K 为体弹模量， ρ 为密度；

拉紧的绳中的横波波速 $u=\sqrt{F/\rho_l}$， F 为绳中张力， ρ_l 为线密度。

4. 简谐波的能量：任一质元的动能和弹性势能同相地变化。

平均能量密度 $\overline{w}=\frac{1}{2}\rho\omega^2A^2$

波的强度 $I=\overline{w}u=\frac{1}{2}\rho\omega^2A^2u$

5. 惠更斯原理(作图法)：介质中波阵面上各点都可看做子波波源，其后任一时刻这些子波的包迹就是新的波阵面。用此作图法可说明波的反射定律，折射定律以及全反射现象。

6. 驻波：两列频率、振动方向和振幅都相同而传播方向相反的简谐波叠加形成驻波，其表达式为

$$y=2A\cos\frac{2\pi}{\lambda}x\cos\omega t$$

它实际上是稳定的分段振动，有波节和波腹。在有限的介质中(例如两端固定的弦线上)的驻波波长是量子化的。

7. 声波：

声级 $L=10\lg\frac{I}{I_0}$ (dB)， $I_0=10^{-12}$ W/m^2

空气中的声速

$$u=\sqrt{\frac{\gamma RT}{M}}$$

8. 多普勒效应：接收器接收到的频率与接收器(R)及波源(S)的运动有关。

波源静止 $\nu_R=\frac{u+v_R}{u}\nu_S$，接收器向波源运动时 v_R 取正值；

接收器静止 $\nu_R=\frac{u}{u-v_S}\nu_S$，波源向接收器运动时 v_S 取正值。

光学多普勒效应：决定于光源和接收器的相对运动。光源和接收器相对速度为 v 时，

$$\nu_R=\sqrt{\frac{c\pm v}{c\mp v}}\nu_S$$

波源速度超过它发出的波的速度时，产生冲击波。

马赫锥半顶角 α $\sin\alpha=\frac{u}{v_S}$

思考题

8.1 设某时刻横波波形曲线如图 8.33 所示，试分别用箭头表示出图中 A,B,C,D,E,F,G,H,I 等质点在该时刻的运动方向，并画出经过 1/4 周期后的波形曲线。

8.2 沿简谐波的传播方向相隔 Δx 的两质点在同一时刻的相差是多少？分别以波长 λ 和波数 k 表示之。

8.3 在相同温度下氢气和氦气中的声速哪个大些？

8.4 拉紧的橡皮绳上传播横波时，在同一时刻，何处动能密度最大？何处弹性势能密度最大？何处总能量密度最大？何处这些能量密度最小？

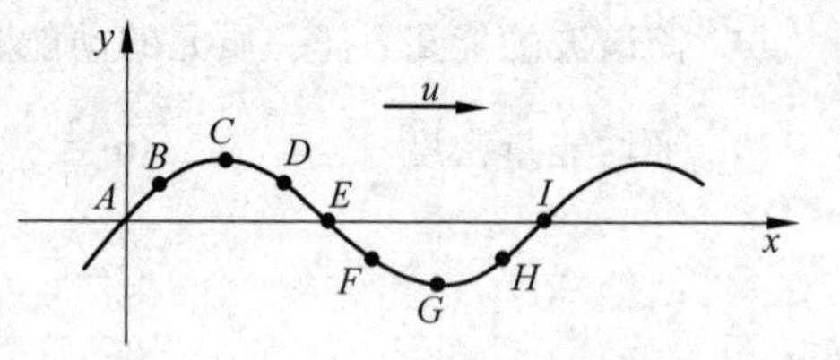

图 8.33 思考题 8.1 用图

8.5 驻波中各质元的相有什么关系？为什么说相没有传播？

8.6 在图 8.23 的驻波形成图中，在 $t=T/4$ 时，各质元的能量是什么能？大小分布如何？在 $t=T/2$ 时，各质元的能量是什么能？大小分布又如何？波节和波腹处的质元的能量各是如何变化的？

8.7 二胡调音时，要旋动上部的旋杆，演奏时手指压触弦线的不同部位，就能发出各种音调不同的声音。这都是什么缘故？

8.8 哨子和管乐器如风琴管、笛、箫等发声时，吹入的空气湍流使管内空气柱产生驻波振动。管口处是“自由端”形成纵波波腹。另一端如果封闭(图 8.34)，则为“固定端”，形成纵波波节；如果开放，则也是自由端，形成波腹。图 8.34(a)还画出了闭管中空气柱的基频简正振动模式曲线，表示 $\lambda_1=L/4$。你能画出下两个波长较短的谐频简正振动模式曲线吗？请在图 8.34(b)、(c)中画出。此闭管可能发出的声音的频率和管长应该有什么关系？

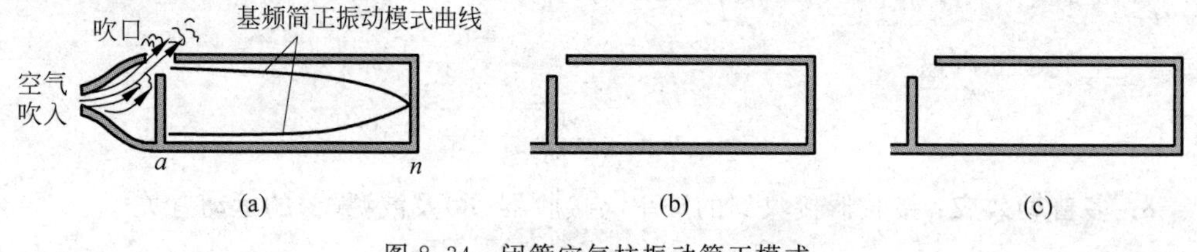

图 8.34 闭管空气柱振动简正模式

(a) 基频；(b)、(c) 谐频

8.9 利用拍现象可以根据标准音叉的频率测出另一待测音叉的频率。但拍频只给出二者的频率差，不能肯定哪个音叉的频率较高。如果给你一块橡皮泥，你能肯定地测出待测音叉的频率吗？

8.10 两个喇叭并排放置，由同一话筒驱动，以相同的功率向前发送声波。下述两种情况下，在它们前方较远处的 P 点的声强和单独一个喇叭发声时在该点的声强相比如何(用倍数或分数说明)？

(1) P 点到两个喇叭的距离相等；

(2) P 点到两个喇叭的距离差半个波长。

*8.11 如果地震发生时，你站在地面上。P 波怎样摇晃你？S 波怎样摇晃你？你先感到哪种摇晃？

*8.12 曾经说过，波传播时，介质的质元并不随波迁移。但水面上有波形成时，可以看到漂在水面上的树叶沿水波前进的方向移动。这是为什么？

8.13 如果在你做健身操时，头顶有飞机飞过，你会发现你向下弯腰和向上直起时所听到的飞机声音音调不同。为什么？何时听到的音调高些？

8.14 在有北风的情况下，站在南方的人听到在北方的警笛发出的声音和无风的情况下听到的有何不同？你能导出一个相应的公式吗？

8.15 声源向接收器运动和接收器向声源运动，都会产生声波频率增高的效果。这两种情况有何区别？如果两种情况下的运动速度相同，接收器接收的频率会有不同吗？若声源换为光源接收器接收光的频率，结果又如何？

*8.16 2004年圣诞节泰国避暑圣地普吉岛遭遇海啸袭击，损失惨重。报道称涌上岸的海浪高达10 m以上。这是从远洋传来的波浪靠近岸边时后浪推前浪拥塞堆集的结果。你能用浅海水面波速公式$u_s=\sqrt{gh}$来解释这种海啸高浪头的形成过程吗？

*8.17 二硫化碳对钠黄光的折射率为1.64，由此算得光在二硫化碳中的速度为1.83×10^8 m/s，但用光信号的传播直接测出的二硫化碳中钠黄光的速度为1.70×10^8 m/s。你能解释这个差别吗？

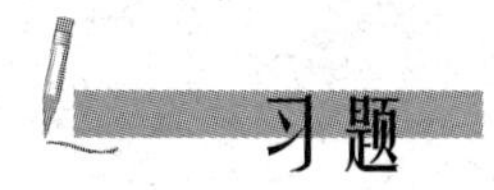

习题

8.1 太平洋上有一次形成的洋波速度为740 km/h，波长为300 km。这种洋波的频率是多少？横渡太平洋8000 km的距离需要多长时间？

8.2 一简谐横波以0.8 m/s的速度沿一长弦线传播。在$x=0.1$ m处，弦线质点的位移随时间的变化关系为$y=0.05\sin(1.0-4.0t)$。试写出波函数。

8.3 一横波沿绳传播，其波函数为

$$y=2\times10^{-2}\sin2\pi(200t-2.0x)$$

(1) 求此横波的波长、频率、波速和传播方向；

(2) 求绳上质元振动的最大速度并与波速比较。

8.4 据报道，1976年唐山大地震时，当地某居民曾被猛地向上抛起2 m高。设地震横波为简谐波，且频率为1 Hz，波速为3 km/s，它的波长多大？振幅多大？

8.5 一平面简谐波在$t=0$时的波形曲线如图8.35所示。

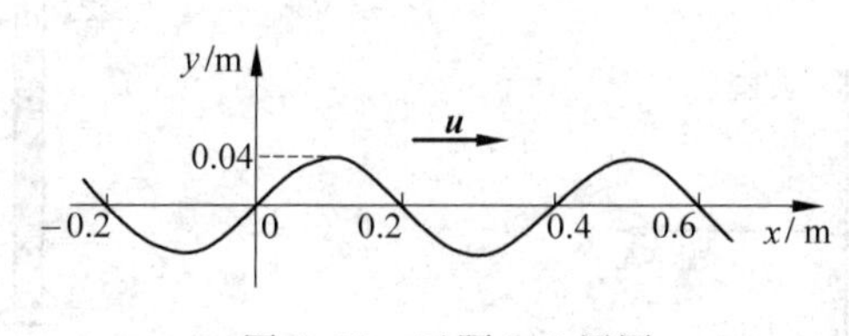

图8.35 习题8.5用图

(1) 已知$u=0.08$ m/s，写出波函数；

(2) 画出$t=T/8$时的波形曲线。

8.6 已知波的波函数为$y=A\cos\pi(4t+2x)$。

(1) 写出$t=4.2$ s时各波峰位置的坐标表示式，并计算此时离原点最近一个波峰的位置，该波峰何时通过原点？

(2) 画出$t=4.2$ s时的波形曲线。

8.7 频率为500 Hz的简谐波，波速为350 m/s。

(1) 沿波的传播方向，相差为60°的两点间相距多远？

(2) 在某点，时间间隔为10^{-3} s的两个振动状态，其相差多大？

8.8 在钢棒中声速为 5100 m/s，求钢的杨氏模量（钢的密度 $\rho=7.8\times10^3\ \mathrm{kg/m^3}$）。

8.9 证明固体或液体受到均匀压强 p 时的弹性势能密度为 $\frac{1}{2}K\left(\frac{\Delta V}{V}\right)^2$。注意，对固体和液体来说，$\Delta V\ll V$。

8.10 钢轨中声速为 5.1×10^3 m/s。今有一声波沿钢轨传播，在某处振幅为 1×10^{-9} m，频率为 1×10^3 Hz。钢的密度为 $7.9\times10^3\ \mathrm{kg/m^3}$，钢轨的截面积按 15 $\mathrm{cm^2}$ 计。

(1) 试求该声波在该处的强度；

(2) 试求该声波在该处通过钢轨输送的功率。

*8.11 行波中能量的传播是后面介质对前面介质做功的结果。参照图 8.12，先求出棒的一段长度 Δx 的左端面 S 受后方介质的拉力的表示式，再写出此端面的振动速度表示式，然后求出此拉力的功率。此结果应与式(8.31)相同。

8.12 位于 A,B 两点的两个波源，振幅相等，频率都是 100 Hz，相差为 π，若 A,B 相距 30 m，波速为 400 m/s，求 AB 连线上二者之间叠加而静止的各点的位置。

8.13 一驻波波函数为

$$y=0.02\cos 20x\cos 750t$$

求：(1) 形成此驻波的两行波的振幅和波速各为多少？

(2) 相邻两波节间的距离多大？

(3) $t=2.0\times10^{-3}$ s 时，$x=5.0\times10^{-2}$ m 处质点振动的速度多大？

8.14 一平面简谐波沿 x 正向传播，如图 8.36 所示，振幅为 A，频率为 ν，传播速度为 u。

(1) $t=0$ 时，在原点 O 处的质元由平衡位置向 x 轴正方向运动，试写出此波的波函数；

(2) 若经分界面反射的波的振幅和入射波的振幅相等，试写出反射波的波函数，并求在 x 轴上因入射波和反射波叠加而静止的各点的位置。

8.15 超声波源常用压电石英晶片的驻波振动。如图 8.37 在两面镀银的石英晶片上加上交变电压，晶片中就沿其厚度的方向上以交变电压的频率产生驻波，有电极的两表面是自由的而成为波腹。设晶片的厚度 d 为 2.00 mm，石英片中沿其厚度方向声速是 5.74×10^3 m/s 要想激起石英片发生基频振动，外加电压的频率应是多少？

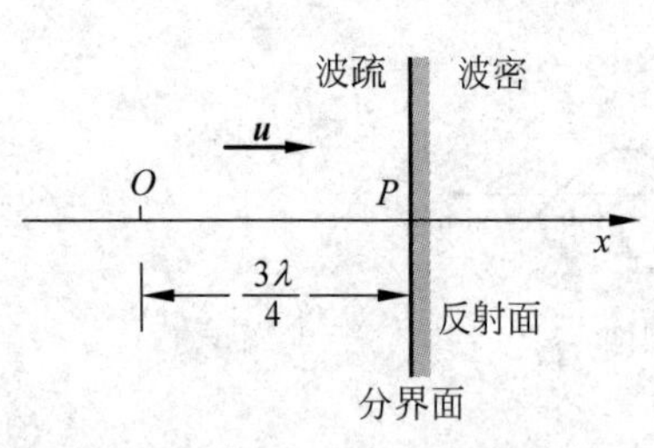

图 8.36 习题 8.14 用图

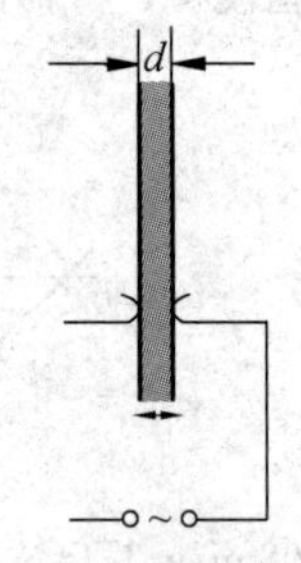

图 8.37 习题 8.15 用图

8.19 在海岸抛锚的船因海浪传来而上下振荡，振荡周期为 4.0 s，振幅为 60 cm，传来的波浪每隔 25 m 有一波峰。

(1) 求海波的速度；

*(2) 求海面上水的质点作圆周运动的线速度，并和波速比较。由此可知波传播能量的速度可以比介质质元本身运动的速度大得多。

8.20 一摩托车驾驶者撞人后驾车逃逸，一警车发现后开警车鸣笛追赶。两者均沿同一直路开行。摩托车速率为 80 km/h，警车速率 120 km/h。如果警笛发声频率为 400 Hz，空气中声速为 330 m/s。摩托车驾驶者听到的警笛声的频率是多少？

8.21 海面上波浪的波长为120 m，周期为10 s。一艘快艇以24 m/s的速度迎浪开行。它撞击浪峰的频率是多大？多长时间撞击一次？如果它顺浪开行，它撞击浪峰的频率又是多大？多长时间撞击一次？

8.22 一驱逐舰停在海面上，它的水下声呐向一驶近的潜艇发射 1.8×10^4 Hz 的超声波。由该潜艇反射回来的超声波的频率和发射的相差220 Hz，求该潜艇的速度。已知海水中声速为 1.54×10^3 m/s。

8.23 主动脉内血液的流速一般是0.32 m/s。今沿血流方向发射4.0 MHz的超声波，被红血球反射回的波与原发射波将形成的拍频是多少？已知声波在人体内的传播速度为 1.54×10^3 m/s。

8.24 公路检查站上警察用雷达测速仪测来往汽车的速度，所用雷达波的频率为 5.0×10^{10} Hz。发出的雷达波被一迎面开来的汽车反射回来，与入射波形成了频率为 1.1×10^4 Hz 的拍频。此汽车是否已超过了限定车速100 km/h。

8.25 物体超过声速的速度常用**马赫数**表示，马赫数定义为物体速度与介质中声速之比。一架超音速飞机以马赫数为2.3的速度在5000 m高空水平飞行，声速按330 m/s计。

(1) 求空气中马赫锥的半顶角的大小。

(2) 飞机从人头顶上飞过后要经过多长时间人才能听到飞机产生的冲击波声？

8.26 千岛湖水面上快艇以60 km/h的速率开行时，在其后留下的“艏波”的张角约为10°(图8.38)。试估算湖面水波的静水波速。

图8.38 习题8.26用图

8.27 有两列平面波，其波函数分别为

$$y_1 = A\sin(5x-10t)$$
$$y_2 = A\sin(4x-9t)$$

求：(1) 两波叠加后，合成波的波函数；

(2) 合成波的群速度；

(3) 一个波包的长度。

*8.28 沿固定细棒传播的弯曲波(棒的中心线像弦上横波那样运动，但各小段棒并不发生切变)的“色散关系”为

$$\omega = \alpha k^2$$

式中 α 为正的常量，由棒材的性质和截面尺寸决定。试求这种波的群速度和相速度的关系。

*8.29 大气上层电离层对于短波无线电波是色散介质，其色散关系为

$$\omega^2=\omega_p^2+c^2k^2$$

其中，c 是光在真空中的速度；ω_p 为一常量。求在电离层中无线电波的相速度 u 和群速度 u_g，并证明 $uu_g=c^2$。

8.30 远方一星系发来的光的波长经测量比地球上同类原子发的光的波长增大到 3/2 倍。求该星系离开地球的退行速度。

*8.31 证明在图 8.38 中复波的一个波包的长度为

$$\Delta x=\frac{\lambda^2}{\Delta\lambda}$$

并进而证明

$$\Delta x\Delta k=2\pi \tag{8.54}$$

以 Δt 表示波包的延续时间，即它通过某一定点的时间，则 $\Delta t=\Delta x/u_g$，再证明

$$\Delta t\Delta\nu=1 \tag{8.55}$$

这一关系式说明波包(或脉冲)延续时间越短，合成此波包的成分波的频率分布越宽。

式(8.54)和式(8.55)是波的通性，也用于微观粒子的波动性。在量子力学中这两式表示微观粒子的"不确定关系"。

*8.32 17世纪费马曾提出：光从某一点到达另一点所经过的实际路径是那一条所需时间最短的路径。试根据这一"费马原理"证明光的反射定律($i'=i$)和折射定律式(8.36)。参考图 8.39，其中 Q_1 和 Q_2 为光线先后经过的两定点。

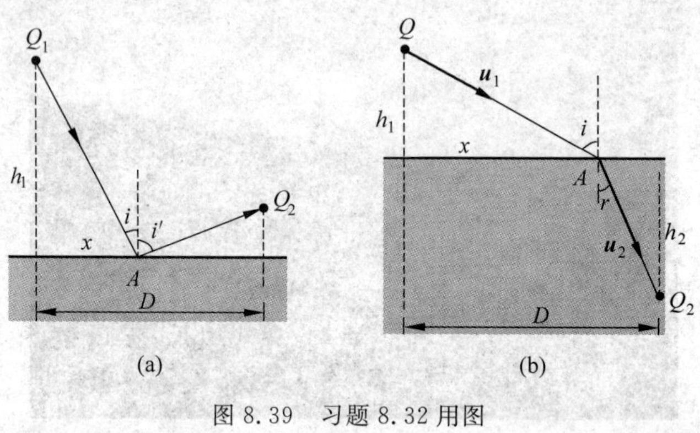

图 8.39 习题 8.32 用图
(a) 反射；(b) 折射

8.33 **超声电机**。超声电机是利用压电材料的电致伸缩效应制成的。因其中压电材料的工作频率在超声范围，所以称超声电机。一种超声电机的基本结构如图 8.40(a)所示，在一片薄金属弹性体 M 的下表面黏附上复合压电陶瓷片 P_1 和 P_2(每一片的两半的电极化方向相反，如箭头所示)，构成电机的"定子"。金属片 M 的上方压上金属滑块 R 作为电机的"转子"。当交流电信号加在压电陶瓷片上时，其电极化方向与信号中电场方向相同的半片略变厚，其电极化方向相反的半片略变薄。这将导致压电片上方的金属片局部发生弯曲振动。由于输入 P_1 和 P_2 的信号的相位不同，就有弯曲行波在金属片中产生。这种波的竖直和水平的两个分量的位移函数分别为

$$\xi_y=A_y\sin(\omega t-kx),\quad \xi_x=A_x\cos(\omega t-kx)$$

式中 ω 即信号的，也就是该信号引起的弹性金属片中波的，频率。这样，金属表面每一质元(x 一定)的合运动都将是两个相互垂直的振动的合成(图 8.40(b))，在其与上面金属滑块接触处的各质元(从左向右)都将依次向左运动。在这接触处涂有摩擦材料，借助于摩擦力，金属滑块将被推动向左运动，形成电

机的基本动作。

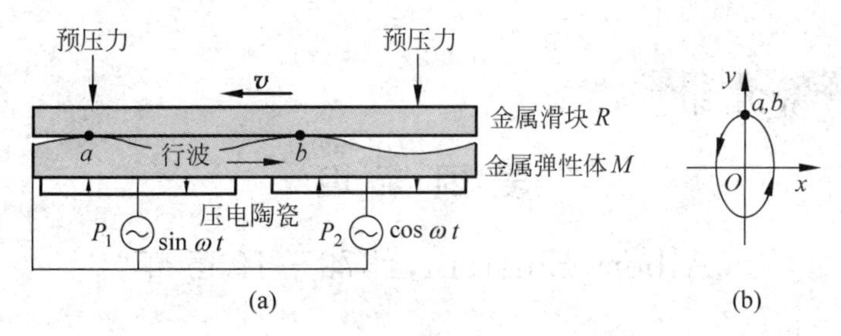

图 8.40 超声电机

(a) 一种超声电机结构图；(b) a,b 两点的运动

如果将薄金属弹性体做成扁环形体，在其下面沿环的方向黏附压电陶瓷片，在其上压上环形金属滑块，则在输入交流电信号时，滑块将被摩擦带动进行旋转，这将做成旋转的超声电机。

超声电机通常都造得很小，它和微型电磁电机相比具有体积小、转矩大、惯性小、无噪声等优点。现已被应用到精密设备，如照相机、扫描隧穿显微镜甚至航天设备中。图 8.41 是清华大学物理系声学研究室 2001 年研制成的直径 1 mm、长 5 mm、重 36 mg 的旋转超声电机，曾用于 OCT 内窥镜中驱动其中的扫描反射镜。

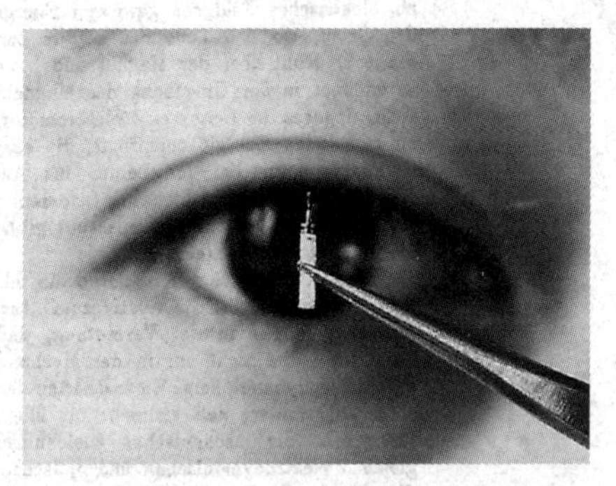

图 8.41 清华大学声学研究室研制成的直径 1 mm 的旋转超电声机(镊子夹住的)

就图 8.40 所示的超声电机证明：

(1) 薄金属片中各质元的合运动轨迹都是正椭圆，其轨迹方程为

$$\frac{\xi_x^2}{A_x^2}+\frac{\xi_y^2}{A_y^2}=1$$

(2) 薄金属片与金属滑块接触时的水平速率都是

$$v=-\omega A_x$$

负号表示此速度方向沿图 8.40 中 x 负方向，即向左。

科学家介绍

爱因斯坦

(Albert Einstein,1879—1955年)

爱因斯坦在瑞士专利局

8. *Zur Elektrodynamik bewegter Körper;*
von A. Einstein.

Daß die Elektrodynamik Maxwells — wie dieselbe gegenwärtig aufgefaßt zu werden pflegt — in ihrer Anwendung auf bewegte Körper zu Asymmetrien führt, welche den Phänomenen nicht anzuhaften scheinen, ist bekannt. Man denke z. B. an die elektrodynamische Wechselwirkung zwischen einem Magneten und einem Leiter. Das beobachtbare Phänomen hängt hier nur ab von der Relativbewegung von Leiter und Magnet, während nach der üblichen Auffassung die beiden Fälle, daß der eine oder der andere dieser Körper der bewegte sei, streng voneinander zu trennen sind. Bewegt sich nämlich der Magnet und ruht der Leiter, so entsteht in der Umgebung des Magneten ein elektrisches Feld von gewissem Energiewerte, welches an den Orten, wo sich Teile des Leiters befinden, einen Strom erzeugt. Ruht aber der Magnet und bewegt sich der Leiter, so entsteht in der Umgebung des Magneten kein elektrisches Feld, dagegen im Leiter eine elektromotorische Kraft, welcher an sich keine Energie entspricht, die aber — Gleichheit der Relativbewegung bei den beiden ins Auge gefaßten Fällen vorausgesetzt — zu elektrischen Strömen von derselben Größe und demselben Verlaufe Veranlassung gibt, wie im ersten Falle die elektrischen Kräfte.

Beispiele ähnlicher Art, sowie die mißlungenen Versuche, eine Bewegung der Erde relativ zum „Lichtmedium" zu konstatieren, führen zu der Vermutung, daß dem Begriffe der absoluten Ruhe nicht nur in der Mechanik, sondern auch in der Elektrodynamik keine Eigenschaften der Erscheinungen entsprechen, sondern daß vielmehr für alle Koordinatensysteme, für welche die mechanischen Gleichungen gelten, auch die gleichen elektrodynamischen und optischen Gesetze gelten, wie dies für die Größen erster Ordnung bereits erwiesen ist. Wir wollen diese Vermutung (deren Inhalt im folgenden „Prinzip der Relativität" genannt werden wird) zur Voraussetzung erheben und außerdem die mit ihm nur scheinbar unverträgliche

《论动体的电动力学》一文的首页

爱因斯坦，犹太人，1879年出生于德国符腾堡的乌尔姆市。智育发展很迟，小学和中学学习成绩都较差。1896年进入瑞士苏黎世工业大学学习并于1900年毕业。大学期间在学习上就表现出“离经叛道”的性格，颇受教授们责难。毕业后即失业。1902年到瑞士专利局工作，直到1909年开始当教授。他早期一系列最有创造性的具有历史意义的研究工作，如相对论的创立等，都是在专利局工作时利用业余时间进行的。从1914年起，任德国威廉皇家学会物理研究所所长兼柏林大学教授。由于希特勒法西斯的迫害，他于1933年到美国定居，任普林斯顿高级研究院研究员，直到1955年逝世。

爱因斯坦的主要科学成就有以下几方面：

(1) 创立了狭义相对论。他在1905年发表了题为《论动体的电动力学》的论文(载德国《物理学杂志》第4篇，17卷，1905年)，完整地提出了狭义相对论，揭示了空间和时间的联系，引起了物理学的革命。同年又提出了质能相当关系，在理论上为原子能时代开辟了道路。

(2) 发展了量子理论。他在1905年同一本杂志上发表了题为《关于光的产生和转化的一个启发性观点》的论文，提出了光的量子论。正是由于这篇论文的观点使他获得了1921年的诺贝尔物理学奖。以后他又陆续发表文章提出受激辐射理论(1916年)并发展了量子统计理论(1924年)。前者成为20世纪60年代崛起的激光技术的理论基础。

(3) 建立了广义相对论。他在1915年建立了广义相对论，揭示了空间、时间、物质、运动的统一性，几何学和物理学的统一性，解释了引力的本质，从而为现代天体物理学和宇宙学的发展打下了重要的基础。

此外，他对布朗运动的研究(1905年)曾为气体动理论的最后胜利作出了贡献。他还开创了现代宇宙学，他努力探索的统一场论的思想，指出了现代物理学发展的一个重要方向。20世纪60至70年代在这方面已取得了可喜的成果。

爱因斯坦所以能取得这样伟大的科学成就，归因于他的勤奋、刻苦的工作态度与求实、严谨的科学作风，更重要的应归因于他那对一切传统和现成的知识所采取的独立的批判精神。他不因循守旧，别人都认为一目了然的结论，他会觉得大有问题，于是深入研究，非彻底搞清楚不可。他不迷信权威，敢于离经叛道，敢于创新。他提出科学假设的胆略之大，令人惊奇，但这些假设又都是他的科学作风和创新精神的结晶。除了他的非凡的科学理论贡献之外，这种伟大革新家的革命精神也是他对人类提供的一份宝贵的遗产。

爱因斯坦的精神境界高尚。在巨大的荣誉面前，他从不把自己的成就全部归功于自己，总是强调前人的工作为他创造了条件。例如关于相对论的创立，他曾讲过："我想到的是牛顿给我们的物体运动和引力的理论，以及法拉第和麦克斯韦借以把物理学放到新基础上的电磁场概念。相对论实在可以说是对麦克斯韦和洛伦兹的伟大构思画了最后一笔。"他还谦逊地说："我们在这里并没有革命行动，而不过是一条可以回溯几世纪的路线的自然继续。"

爱因斯坦不但对自己的科学成就这么看，而且对人与人的一般关系也有类似的看法。他曾说过："人是为别人而生存的。""人只有献身于社会，才能找出那实际上是短暂而有风险的生命的意义。""一个获得成功的人，从他的同胞那里所取得的总无可比拟地超过他对他们所作的贡献。然而看一个人的价值，应当看他贡献什么，而不应当看他取得什么。"

爱因斯坦是这样说，也是这样做的。在他的一生中，除了孜孜不倦地从事科学研究外，他还积极参加正义的社会斗争。他旗帜鲜明地反对德国法西斯政权和它发动的侵略战争。战后，在美国他又积极参加了反对扩军备战政策和保卫民主权利的斗争。

爱因斯坦关心青年，关心教育，在《论教育》一文中，他根据自己的经验说出了十分有见解的话："学校的目标应当是培养有独立行动和独立思考的个人，不过他们要把为社会服务看做是自己人生的最高目的。""学校的目标始终应当是：青年人在离开学校时，是作为一个和谐的人，而不是作为一个专家。……发展独立思考和独立判断的一般能力，应当始终放在首位，而不应当把专业知识放在首位。如果一个人掌握了他的学科的基础理论，并且学会了独立思考和工作，他必定会找到自己的道路，而且比起那种主要以获得细节知识为其培训内容的人来，他一定会更好地适应进步和变化。”

爱因斯坦于1922年年底赴日本讲学的来回旅途中，曾两次在上海停留。第一次，北京大学曾邀请他讲学，但正式邀请信为邮程所阻，他以为邀请已被取消而未能成功。第二次适逢元旦，他曾作了一次有关相对论的演讲。巧合的是，正是在上海他得到了瑞典领事的关于他获得了1921年诺贝尔物理奖的正式通知。

第2篇 光学

光(这里主要指可见光)是人类以及各种生物生活不可或缺的最普通的要素。现在我们知道它是一种电磁波,但对它的这种认识却经历了漫长的过程。最早也是最容易观察到的规律是光的直线传播。在机械观的基础上,人们认为光是由一些微粒组成的,光线就是这些“光微粒”的运动路径。牛顿被尊为是光的微粒说的创始人和坚持者,但并没有确凿的证据。实际上牛顿已觉察到许多光现象可能需要用波动来解释,牛顿环就是一例。不过他当时未能作出这种解释。他的同代人惠更斯倒是明确地提出了光是一种波动,但是并没有建立起系统的有说服力的理论。直到进入19世纪,才由托马斯·杨和菲涅耳从实验和理论上建立起一套比较完整的光的波动理论,使人们正确地认识到光就是一种波动,而光的沿直线前进只是光的传播过程的一种表观的近似描述。托马斯·杨和菲涅耳对光波的理解还持有机械论的观点,即光是在一种介质中传播的波。关于传播光的介质是什么的问题,虽然对光波的传播规律的描述甚至实验观测并无直接的影响,但终究是波动理论的一个“要害”问题。19世纪中叶光的电磁理论的建立使人们对光波的认识更深入了一步,但关于“介质”的问题还是矛盾重重,有待解决。最终解决这个问题的是19世纪末叶迈克耳孙的实验以及随后爱因斯坦建立的相对论理论。他们的结论是电磁波(包括光波)是一种可独立存在的物质,它的传播不需要任何介质。

本篇关于光的波动规律的讲解,基本上还是近200年前托马斯·杨和菲涅耳的理论,当然有许多应用实例是现代化的。正确的基本理论是不会过时的,而且它们的应用将随时代的前进而不断扩大和翻新。现代的许多高新技术中的精密测量与控制就应用了光的干涉和衍射的原理。激光的发明(这也是40年前的事情了!)更使“古老的”光学焕发了青春。第9～11章就讲解波动光学的基本规律,包括干涉、衍射和偏振。在适当的地方都插入了若干这些规律的现代应用。所述规律大都是“唯象的”,没有用电磁理论麦克斯韦方程说明它们的根源。

光在均匀介质中沿直线传播的认识虽然是对光的波动本性的一种近似的描述,但在大量的光学实用技术中这种描述可以达到非常“精确”的程度,因而被当作理论基础。由此形成的光学理论叫几何光学。

从本质上说,光不单是电磁波,而且还是一种粒子,称为光子。关于这方面的知识,将在本书第5篇量子物理中介绍。

第9章

光的干涉

光是一种电磁波。通常意义上的光是指**可见光**,即能引起人的视觉的电磁波。它的频率在 $3.9\times10^{14}\sim8.6\times10^{14}$ Hz 之间,相应地在真空中的波长在 0.77 μm 到 0.35 μm 之间。不同频率的可见光给人以不同颜色的感觉,频率从大到小给出从紫到红的各种颜色。

作为电磁波,光波也服从叠加原理。满足一定条件的两束光叠加时,在叠加区域光的强度或明暗有一稳定的分布。这种现象称做**光的干涉**,干涉现象是光波以及一般的波动的特征。

本章讲述光的干涉的规律,包括干涉的条件和明暗条纹分布的规律。这些规律对其他种类的波,例如机械波和物质波也都适用。

9.1 杨氏双缝干涉

托马斯·杨在 1801 年做成功了一个判定光的波动性质的关键性实验——光的干涉实验。他用图 9.1 来说明实验原理。S_1 和 S_2 是两个点光源,它们发出的光波在右方叠加。在叠加区域放一白屏,就能看到在白屏上有等距离的明暗相间的条纹出现。这种现象只能用光是一种波动来解释,杨还由此实验测出了光的波长。就这样,杨首次通过实验肯定了光的波动性。

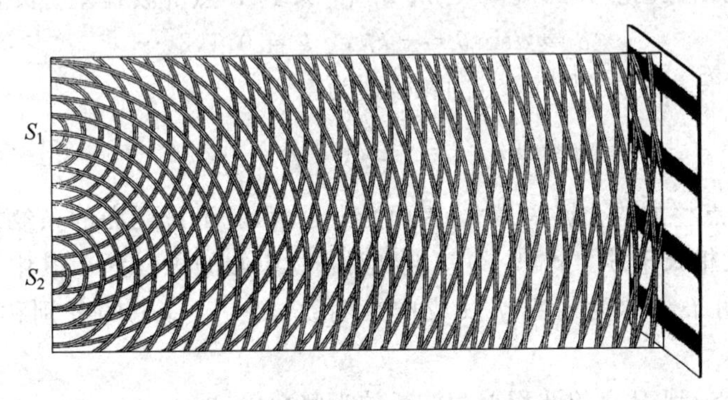

图 9.1　托马斯·杨的光的干涉图

现在的类似实验用双缝代替杨氏的两个点光源，因此叫杨氏双缝干涉实验。这实验如图9.2所示。S是一**线光源**，其长度方向与纸面垂直。它发出的光为单色光，波长为λ。它通常是用强的单色光照射的一条狭缝。G是一个遮光屏，其上开有两条平行的细缝S_1和S_2。图中画的S_1和S_2离光源S等远，S_1和S_2之间的距离为d。H是一个与G平行的白屏，它与G的距离为D。通常实验中总是使$D \gg d$，例如$D \approx 1$ m，而$d \approx 10^{-4}$ m。

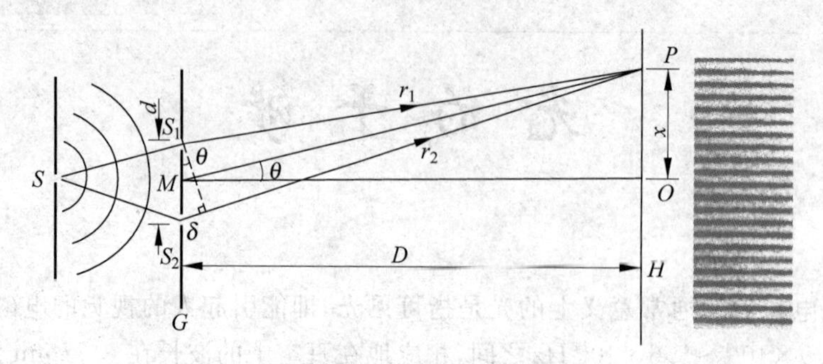

图9.2　杨氏双缝干涉实验

在如图9.2的实验中，由光源S发出的光的波阵面同时到达S_1和S_2。通过S_1和S_2的光将发生衍射现象而叠加在一起。由于S_1和S_2是由S发出的同一波阵面的两部分，所以这种产生光的干涉的方法叫做**分波阵面法**。

下面利用振动的叠加原理来分析双缝干涉实验中光的强度分布，这一分布是在屏H上以各处明暗不同的形式显示出来的。

考虑屏上离屏中心O点较近的任一点P，从S_1和S_2到P的距离分别为r_1和r_2。由于在图示装置中，从S到S_1和S_2等远，所以S_1和S_2是两个**同相**波源。因此在P处两列光波引起的振动的相(位)差就仅由从S_1和S_2到P点的**波程差**决定。由图可知，这一波程差为

$$\delta = r_2 - r_1 \approx d\sin\theta \tag{9.1}$$

式中θ是P点的角位置，即S_1S_2的中垂线MO与MP之间的夹角。通常这一夹角很小。

由于从S_1和S_2传向P的方向几乎相同，它们在P点引起的振动的方向就近似相同。根据**同方向**的振动叠加的规律，当从S_1和S_2到P点的波程差为波长的整数倍，即

$$\delta = d\sin\theta = \pm k\lambda, \quad k = 0,1,2,\cdots \tag{9.2}$$

亦即从S_1和S_2发出的光到达P点的相位差为

$$\Delta\varphi = 2\pi\frac{\delta}{\lambda} = \pm 2k\pi, \quad k = 0,1,2,\cdots \tag{9.3}$$

时，两束光在P点叠加的合振幅最大，因而光强最大，就形成明亮的条纹。这种合成振幅最大的叠加称做**相长干涉**。式(9.2)就给出明条纹中心的角位置θ，其中k称为明条纹的**级次**。$k=0$的明条纹称为零级明纹或中央明纹，$k=1,2,\cdots$的分别称为第1级、第2级……明纹。

当从S_1和S_2到P点的波程差为波长的半整数倍，即

$$\delta = d\sin\theta = \pm(2k-1)\frac{\lambda}{2}, \quad k = 1,2,3,\cdots \tag{9.4}$$

亦即 P 点两束光的相差为

$$\Delta\varphi = 2\pi \frac{\delta}{\lambda} = \pm (2k-1)\pi, \quad k = 1,2,3,\cdots \tag{9.5}$$

时，叠加后的合振幅最小，强度最小而形成暗纹。这种叠加称为**相消干涉**。式(9.4)即给出暗纹中心的角位置，而 k 即暗纹的级次。

波程差为其他值的各点，光强介于最明和最暗之间。

在实际的实验中，可以在屏 H 上看到稳定分布的明暗相间的条纹。这与上面给出的结果相符：中央为零级明纹，两侧对称地分布着较高级次的明暗相间的条纹。若以 x 表示 P 点在屏 H 上的位置，则由图 9.2 可得它与角位置的关系为

$$x = D\tan\theta$$

由于 θ 一般很小，所以有 $\tan\theta \approx \sin\theta$。再利用(9.2)式可得明纹中心的位置为

$$x = \pm k \frac{D}{d}\lambda, \quad k = 0,1,2,\cdots \tag{9.6}$$

利用式(9.4)可得暗纹中心的位置为

$$x = \pm (2k-1) \frac{D}{2d}\lambda, \quad k = 1,2,3,\cdots \tag{9.7}$$

相邻两明纹或暗纹间的距离都是

$$\Delta x = \frac{D}{d}\lambda \tag{9.8}$$

此式表明 Δx 与级次 k 无关，因而条纹是**等间距**地排列的。实验上常根据测得的 Δx 值和 D,d 的值求出光的波长。

若要更仔细地考虑屏 H 上的光强分布，则需利用振幅合成的规律。以 A 表示光振动在 P 点的合振幅，以 A_1 和 A_2 分别表示单独由 S_1 和 S_2 在 P 点引起的光振动的振幅，由于两振动方向相同，所以有

$$A^2 = A_1^2 + A_2^2 + 2A_1A_2\cos\Delta\varphi$$

其中 $\Delta\varphi$ 为两分振动的相差。由于**光的强度正比于振幅的平方**，所以在 P 点的光强应为

$$I = I_1 + I_2 + 2\sqrt{I_1I_2}\cos\Delta\varphi \tag{9.9}$$

这里 I_1, I_2 分别为两相干光单独在 P 点处的光强。根据此式得出的双缝干涉的强度分布如图 9.3 所示。

为了表示条纹的明显程度，引入**衬比度**概念。以 V 表示衬比度，则定义

$$V = \frac{I_{\max} - I_{\min}}{I_{\max} + I_{\min}} \tag{9.10}$$

当 $I_1 = I_2$ 时，明纹最亮处的光强为 $I_{\max} = 4I_1$，暗纹最暗处的光强为 $I_{\min} = 0$。这种情况下，$V=1$，条纹明暗对比鲜明(图 9.3(a))。$I_1 \neq I_2$ 时，$I_{\min} \neq 0$，$V<1$，条纹明暗对比差(图 9.3(b))。因此，为了获得明暗对比鲜明的干涉条纹，以利于观测，应力求使两相干光在各处的光强相等。在通常的双缝干涉实验中，缝 S_1 和 S_2 的宽度相等，而且都比较窄，又只是在 θ 较小的范围观测干涉条纹，这一条件一般是能满足的。

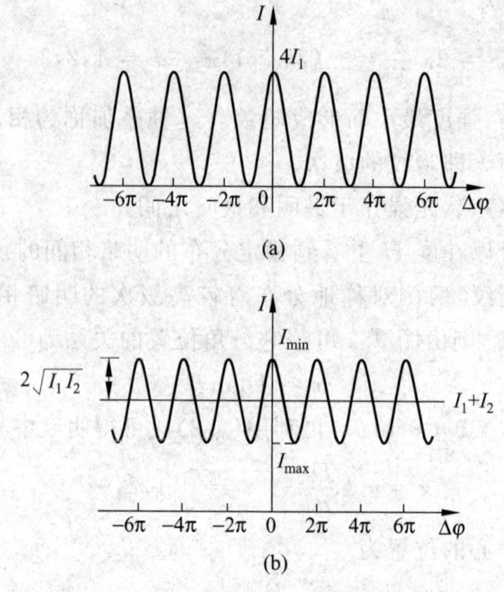

图 9.3 双缝干涉的光强分布曲线

(a) $I_1=I_2$；(b) $I_1\neq I_2$

以上讨论的是**单色光**的双缝干涉。式(9.8)表明相邻明纹(或暗纹)的间距和波长成正比。因此,如果用白光做实验,则除了 $k=0$ 的中央明纹的中部因各单色光重合而显示为白色外,其他各级明纹将因不同色光的波长不同,它们的极大所出现的位置错开而变成彩色的,并且各种颜色级次稍高的条纹将发生重叠以致模糊一片分不清条纹了。白光干涉条纹的这一特点在干涉测量中可用来判断是否出现了零级条纹。

例 9.1

用白光作光源观察双缝干涉。设缝间距为 d,试求能观察到的清晰可见光谱的级次。

解 白光波长在 390~750 nm 范围。明纹条件为

$$d\sin\theta=\pm k\lambda$$

在 $\theta=0$ 处,各种波长的光波程差均为零,所以各种波长的零级条纹在屏上 $x=0$ 处重叠,形成中央白色明纹。

在中央明纹两侧,各种波长的同一级次的明纹,由于波长不同而角位置不同,因而彼此错开,并产生不同级次的条纹的重叠。在重叠的区域内,靠近中央明纹的两侧,观察到的是由各种色光形成的彩色条纹,再远处则各色光重叠的结果形成一片白色,看不到条纹。

最先发生重叠的是某一级次的红光(波长为 λ_r)和高一级次的紫光(波长为 λ_v)。因此,能观察到的从紫到红清晰的可见光谱的级次可由下式求得:

$$k\lambda_r=(k+1)\lambda_v$$

因而

$$k=\frac{\lambda_v}{\lambda_r-\lambda_v}=\frac{390}{750-390}=1.08$$

由于 k 只能取整数,所以这一计算结果表明,从紫到红排列清晰的可见光谱只有正负各一级,如图 9.4 所示。

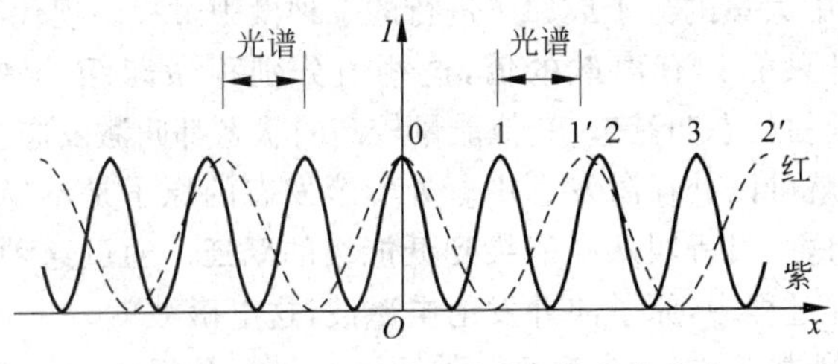

图 9.4 例 9.1 的白光干涉条纹强度分布

9.2 相干光

两列光波叠加时，既然能产生干涉现象，为什么室内用两个灯泡照明时，墙上不出现明暗条纹的稳定分布呢？不但如此，在实验室内，使两个单色光源，例如两只钠光灯（发黄光）发的光相叠加，甚至使同一只钠光灯上两个发光点发的光叠加，也还是观察不到明暗条纹**稳定分布**的干涉现象。这是为什么呢？

仔细分析一下双缝干涉现象，就可以发现并不是任何两列波相叠加都能发生干涉现象。要发生合振动强弱在空间**稳定分布**的干涉现象，这两列波必须**振动方向相同，频率相同，相位差恒定**。这些要求叫做波的**相干条件**。满足这些相干条件的波叫**相干波**。振动方向相同和频率相同保证叠加时的振幅由式(9.3)和式(9.5)决定，从而合振动有强弱之分。相位差恒定则是保证强弱分布稳定所不可或缺的条件。这些条件对机械波来说，比较容易满足。图 9.5 就是水波叠加产生的干涉图像，其中两水波波源是由同一簧片上的两个触点振动时不断撞击水面形成的，这样形成的两列水波自然是相干波。用普通光源要获得相干光波就复杂了，这和普通光源的发光机理有关。下面我们来说明这一点。

图 9.5 水波干涉实验

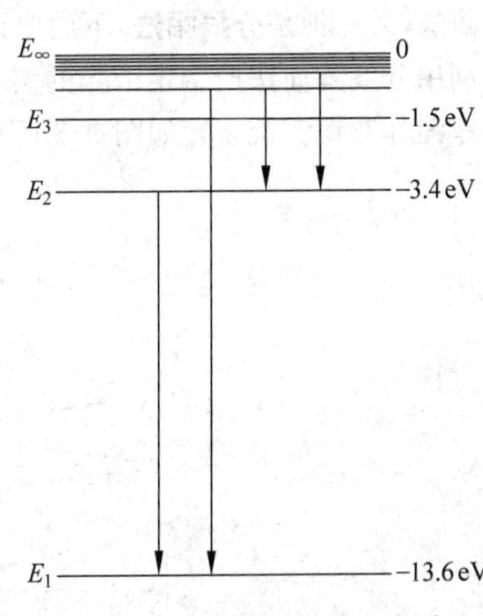

图 9.6 氢原子的能级及发光跃迁

光源的发光是其中大量的分子或原子进行的一种微观过程。现代物理学理论已完全肯定分子或原子的能量只能具有**离散的值**,这些值分别称做**能级**。例如氢原子的能级如图9.6所示。能量最低的状态叫**基态**,其他能量较高的状态都叫**激发态**。由于外界条件的激励,如通过碰撞,原子就可以处在激发态中。处于激发态的原子是不稳定的,它会自发地回到低激发态或基态。这一过程叫从高能级到低能级的**跃迁**。通过这种跃迁,原子的能量减小,也正是在这种跃迁过程中,原子向外发射电磁波,这电磁波就携带着原子所减少的能量。这一跃迁过程所经历的时间是很短的,约为10^{-8} s,这也就是一个原子一次发光所持续的时间。把光看成电磁波,一个原子每一次发光就只能发出一段**长度有限**、**频率一定**(实际上频率是在一个很小范围内)和**振动方向一定**(记住,电磁波是横波)的光波(图9.7)。这一段光波叫做一个**波列**。

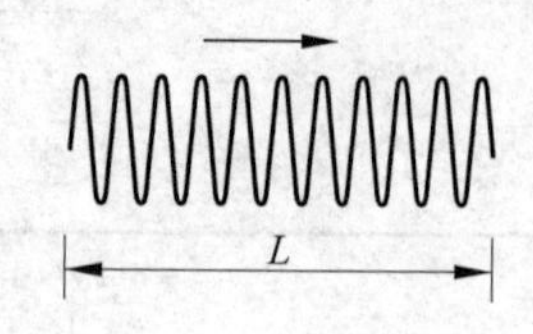

图9.7 一个波列示意图

当然,一个原子经过一次发光跃迁后,还可以再次被激发到较高的能级,因而又可以再次发光。因此,原子的发光都是断续的。

在普通的光源内,有非常多的原子在发光,这些原子的发光远**不是同步的**。这是因为在这些光源内原子处于激发态时,它向低能级的跃迁完全是**自发的**,是按照一定的概率发生的。各原子的各次发光完全是**相互独立**、互不相关的。各次发出的波列的频率和振动方向可能不同,而且它们每次何时发光是完全不确定的(因而相位不确定)。在实验中我们所观察到的光是由光源中的许多原子所发出的、许许多多相互独立的波列组成的。尽管在有些条件下(如在单色光源内)可以使这些波列的频率基本相同,但是两个相同的光源或同一光源上的两部分发出的各个波列振动方向与相位不同。当它们叠加时,在任一点,这些波列引起的振动方向不可能都相同,特别是相差不可能保持恒定,因而合振幅**不可能**稳定,也就**不可能**产生光的强弱在空间**稳定分布**的干涉现象了。

实际上,利用普通光源获得相干光的方法的基本原理是,把由光源上同一点发的光设法分成两部分,然后再使这两部分叠加起来。由于这两部分光的相应部分实际上都来自**同一发光原子的同一次发光**,所以它们将满足相干条件而成为相干光。

把同一光源发的光分成两部分的方法有两种。一种就是上面杨氏双缝实验中利用的**分波阵面法**,另一种是**分振幅法**,下面要讲的薄膜干涉实验用的就是后一种方法。

利用分波阵面法产生相干光的实验还有菲涅耳双镜实验、劳埃德镜实验等。

菲涅耳双镜实验装置如图9.8所示。它是由两个交角很小的平面镜M_1和M_2构成的。

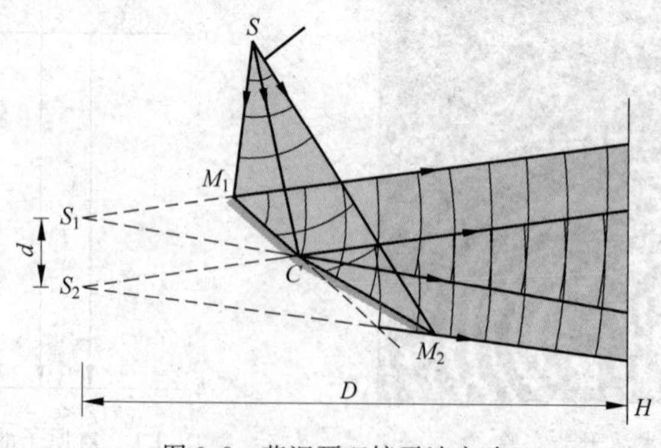

图9.8 菲涅耳双镜干涉实验

S 为线光源,其长度方向与两镜面的交线平行。

由 S 发的光的波阵面到达镜面上时也分成两部分,它们分别由两个平面镜反射。两束反射光也是相干光,它们也有部分重叠,在屏 H 上的重叠区域也有明暗条纹出现。如果把两束相干光分别看作是由两个虚光源 S_1 和 S_2 发出的,则关于杨氏双缝实验的分析也完全适用于这种双镜实验。

劳埃德镜实验就用一个平面镜 M,如图 9.9 所示,图中 S 为线光源。

S 发出的光的波阵面的一部分直接照到屏 H 上,另一部分经过平面镜反射后再射到屏 H 上。这两部分光也是相干光,在屏 H 上的重叠区域也能产生干涉条纹。如果把反射光看作是由虚光源 S' 发出的,则关于双缝实验的分析也同样适用于劳埃德镜干涉实验。不过这时必须认为 S 和 S' 两个光源是反相相干光源。这是因为玻璃与空气相比,玻璃是光密介质,而光线由光疏介质射向光密介质在界面上发生反射时有半波损失(或 π 的位相突变)的缘故。如果把屏 H 放到靠在平面镜的边上,则在接触处屏上出现的是暗条纹。一方面由于此处是未经反射的光和刚刚反射的光相叠加,它们的完全相消就说明光在平面镜上反射时有半波损失;另一方面,由于这一位置相当于双缝实验的中央条纹,它是暗纹就说明 S 和 S' 是反相的。

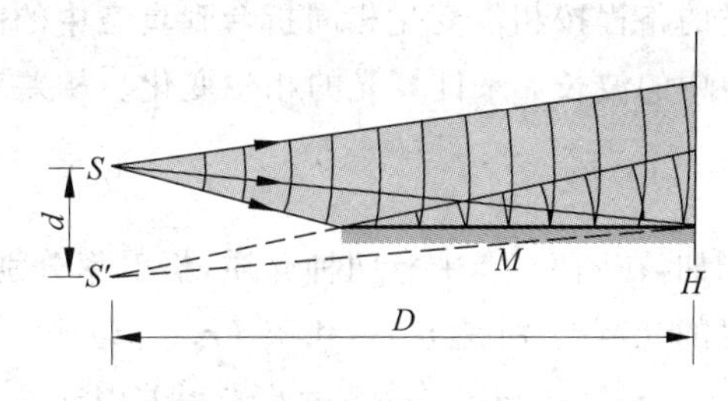

图 9.9 劳埃德镜干涉实验

以上说明的是利用“普通”光源产生相干光进行干涉实验的方法,现代的干涉实验已多用**激光光源**来做了。激光光源的发光面(即激光管的输出端面)上各点发出的光都是频率相同,振动方向相同而且同相的相干光波(基横模输出情况)。因此使一个激光光源的发光面的两部分发的光直接叠加起来,甚至使两个同频率的激光光源发的光叠加,也可以产生明显的干涉现象。现代精密技术中就有很多地方利用激光产生的干涉现象。

9.3 光程

相差的计算在分析光的叠加现象时十分重要。为了方便地比较、计算光经过不同介质时引起的相差,引入了**光程**的概念。

光在介质中传播时,光振动的相位沿传播方向逐点落后。以 λ' 表示光在介质中的波长,则通过路程 r 时,光振动相位落后的值为

$$\Delta\varphi = \frac{2\pi}{\lambda'}r$$

同一束光在不同介质中传播时,频率不变而波长不同。以 λ 表示光在**真空中**的波长,以 $n(=c/v)$ 表示介质的折射率,则有

$$\lambda' = \frac{\lambda}{n} \tag{9.11}$$

将此关系代入上一式中，可得

$$\Delta\varphi=\frac{2\pi}{\lambda}nr$$

此式的右侧表示光在真空中传播路程 nr 时所引起的相位落后。由此可知，同一频率的光在折射率为 n 的介质中通过 r 的距离时引起的相位落后和在真空中通过 nr 的距离时引起的相位落后相同。这时 **nr 就叫做与路程 r 相应的光程**。它实际上是把光在介质中通过的路程按相位变化相同**折合到真空中**的路程。这样折合的好处是可以统一地用光在真空中的波长 λ 来计算光的相位变化。相差和光程差的关系是

$$相差=\frac{2\pi}{\lambda}光程差 \tag{9.12}$$

例如，在图 9.10 中有两种介质，折射率分别为 n 和 n'。由两光源发出的光到达 P 点所经过的光程分别是 $n'r_1$ 和 $n'(r_2-d)+nd$，它们的光程差为 $n'(r_2-d)+nd-n'r_1$。由此光程差引起的相差就是

$$\Delta\varphi=\frac{2\pi}{\lambda}[n'(r_2-d)+nd-n'r_1]$$

式中 λ 是光在真空中的波长。

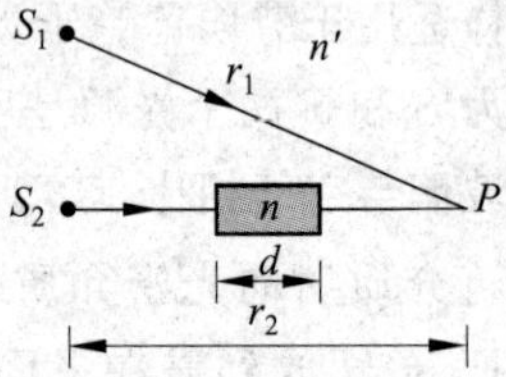

图 9.10 光程的计算

在干涉和衍射装置中，经常要用到透镜。下面简单说明通过透镜的各光线的等光程性。

平行光通过透镜后，各光线要会聚在焦点，形成一亮点(图 9.11(a)、(b))。这一事实说明，在焦点处各光线是同相的。由于平行光的同相面与光线垂直，所以从入射平行光内任一与光线垂直的平面算起，直到会聚点，各光线的光程都是相等的。例如在图 9.11(a)(或(b))中，从 a,b,c 到 F(或 F')或者从 A,B,C 到 F(或 F')的三条光线都是等光程的。

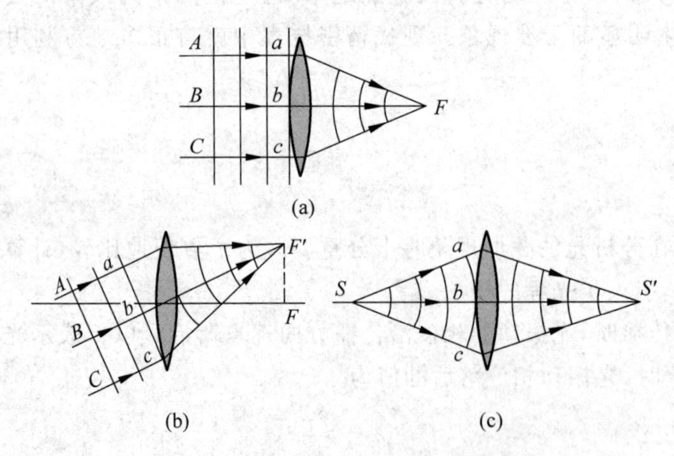

图 9.11 通过透镜的各光线的光程相等

这一等光程性可作如下解释。如图 9.11(a)(或(b))所示，A,B,C 为垂直于入射光束的同一平面上的三点，光线 AaF，CcF 在空气中传播的路径长，在透镜中传播的路径短；而光线 BbF 在空气中传播的路径短，在透镜中传播的路径长。由于透镜的折射率大

于空气的折射率，所以折算成光程，各光线光程将相等。这就是说，透镜可以改变光线的传播方向，但不附加光程差。在图 9.11(c)中，物点 S 发的光经透镜成像为 S'，说明物点和像点之间各光线也是等光程的。

9.4 薄膜干涉(一)——等厚条纹

本节开始讨论用分振幅法获得相干光产生干涉的实验，最典型的是薄膜干涉。平常看到的油膜或肥皂液膜在白光照射下产生的彩色花纹就是薄膜干涉的结果。

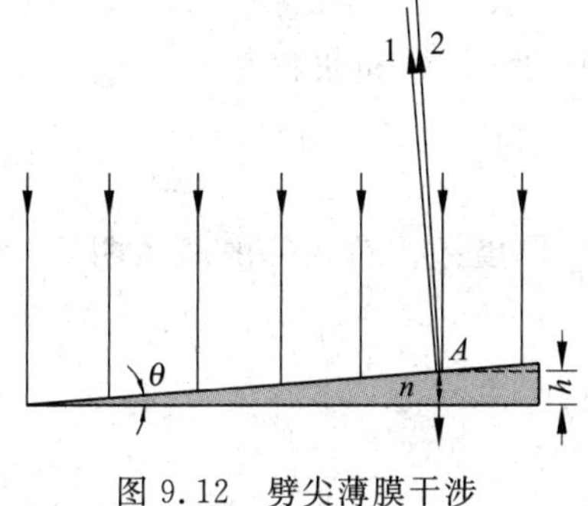

图 9.12 劈尖薄膜干涉

一种观察薄膜干涉的装置如图 9.12 所示。

产生干涉的部件是一个放在空气中的劈尖形状的介质薄片或膜，简称**劈尖**。它的两个表面是平面，其间有一个很小的夹角 θ。实验时使平行单色光近于垂直地入射到劈面上。为了说明干涉的形成，我们分析在介质上表面 A 点入射的光线。此光线到达 A 点时，一部分就在 A 点反射，成为反射线 1，另一部分则折射入介质内部，成为光线 2，它到达介质下表面时又被反射，然后再通过上表面透射出来(实际上，由于 θ 角很小，入射线、透射线和反射线都几乎重合)。因为这两条光线是从**同一条**入射光线，或者说入射光的波阵面上的**同一部分**分出来的，所以它们一定是相干光。它们的能量也是从那同一条入射光线分出来的。由于波的能量和振幅有关，所以这种产生相干光的方法叫**分振幅法**。

从介质膜上、下表面反射的光就在膜的上表面附近相遇，而发生干涉。因此当观察介质表面时就会看到干涉条纹。以 h 表示在入射点 A 处膜的厚度，则两束相干的反射光在相遇时的光程差为

$$\delta = 2nh + \frac{\lambda}{2} \tag{9.13}$$

式中前一项是由于光线 2 在介质膜中经过了 $2h$ 的几何路程引起的，后一项 $\lambda/2$ 则来自反射本身。如图 9.12 所示，由于介质膜相对于周围空气为**光密**介质，这样在上表面反射时有**半波损失**，在下表面反射时没有。这个反射时的差别就引起了附加的光程差 $\lambda/2$。

由于各处的膜的厚度 h 不同，所以光程差也不同，因而会产生相长干涉或相消干涉。相长干涉产生明纹的条件是

$$2nh + \frac{\lambda}{2} = k\lambda, \quad k = 1,2,3,\cdots \tag{9.14}$$

相消干涉产生暗纹的条件是

$$2nh + \frac{\lambda}{2} = (2k+1)\,\frac{\lambda}{2}, \quad k = 0,1,2,\cdots \tag{9.15}$$

这里 k 是干涉条纹的级次。以上两式表明，每级明或暗条纹都与一定的膜厚 h 相对应。因此在介质膜上表面的同一条等厚线上，就形成同一级次的一条干涉条纹。这样形成的干涉条纹因而称为**等厚条纹**。

由于劈尖的等厚线是一些平行于棱边的直线，所以等厚条纹是一些与棱边平行的明暗相间的**直条纹**，如图9.13所示。

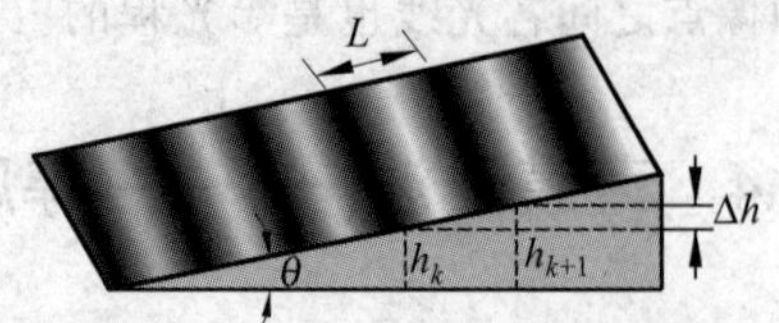

图9.13 劈尖薄膜等厚干涉条纹

在棱边处 $h=0$，只是由于有半波损失，两相干光相差为 π，因而形成暗纹。

以 L 表示相邻两条明纹或暗纹在表面上的距离，则由图9.13可求得

$$L=\frac{\Delta h}{\sin\theta} \tag{9.16}$$

式中，θ 为劈尖顶角；Δh 为与相邻两条明纹或暗纹对应的厚度差。对相邻的两条明纹，由式(9.14)有

$$2nh_{k+1}+\frac{\lambda}{2}=(k+1)\lambda$$

与

$$2nh_k+\frac{\lambda}{2}=k\lambda$$

两式相减得

$$\Delta h=h_{k+1}-h_k=\frac{\lambda}{2n}$$

代入式(9.16)就可得

$$L=\frac{\lambda}{2n\sin\theta} \tag{9.17}$$

通常 θ 很小，所以 $\sin\theta\approx\theta$，上式又可改写为

$$L=\frac{\lambda}{2n\theta} \tag{9.18}$$

式(9.17)和式(9.18)表明，劈尖干涉形成的干涉条纹是**等间距的**，条纹间距与劈尖角 θ 有关。θ 越大，条纹间距越小，条纹越密。当 θ 大到一定程度后，条纹就密不可分了。所以干涉条纹只能在劈尖角度很小时才能观察到。

已知折射率 n 和波长 λ，又测出条纹间距 L，则利用式(9.18)可求得劈尖角 θ。在工程上，常利用这一原理测定细丝直径、薄片厚度等(见例9.4)，还可利用等厚条纹特点检验工件的平整度，这种检验方法能检查出不超过 $\lambda/4$ 的凹凸缺陷(见例9.3)。

例9.2

牛顿环干涉装置如图9.14(a)所示，在一块平玻璃 B 上放一曲率半径 R 很大的平凸透镜 A，在 A,B 之间形成一薄的劈形空气层，当单色平行光垂直入射于平凸透镜时，可以观察到(为了使光源 S 发出的光能垂直射向空气层并观察反射光，在装置中加进了一个

45°放置的半反射半透射的平面镜 M)在透镜下表面出现一组干涉条纹,这些条纹是以接触点 O 为中心的同心圆环,称为**牛顿环**(图 9.14(b))。试分析干涉的起因并求出环半径 r 与 R 的关系。

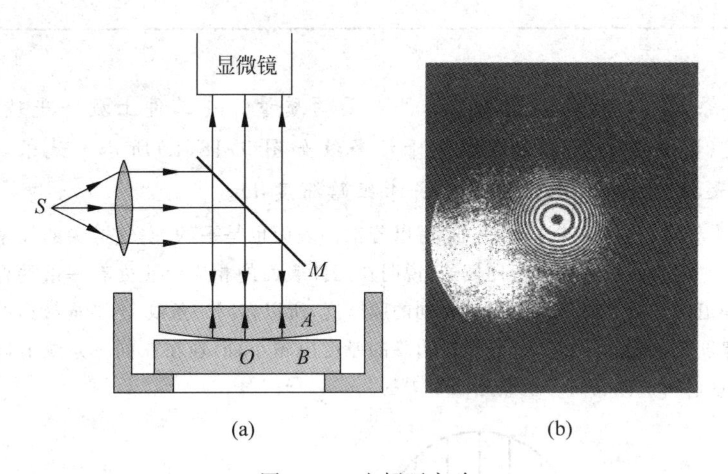

图 9.14 牛顿环实验

(a) 装置简图;(b) 牛顿环照相

解 当垂直入射的单色平行光透过平凸透镜后,在空气层的上、下表面发生反射形成两束向上的相干光。这两束相干光在平凸透镜下表面处相遇而发生干涉,这两束相干光的光程差为

$$\delta = 2h + \frac{\lambda}{2}$$

其中 h 是空气薄层的厚度,$\lambda/2$ 是光在空气层的下表面即平玻璃的分界面上反射时产生的半波损失。由于这一光程差由空气薄层的厚度决定,所以由干涉产生的牛顿环也是一种等厚条纹。又由于空气层的等厚线是以 O 为中心的同心圆,所以干涉条纹成为明暗相间的环。形成明环的条件为

$$2h + \frac{\lambda}{2} = k\lambda, \quad k = 1,2,3,\cdots \tag{9.19}$$

形成暗环的条件为

$$2h + \frac{\lambda}{2} = (2k+1)\frac{\lambda}{2}, \quad k = 0,1,2,\cdots \tag{9.20}$$

在中心处,$h=0$,由于有半波损失,两相干光光程差为 $\lambda/2$,所以形成一暗斑。

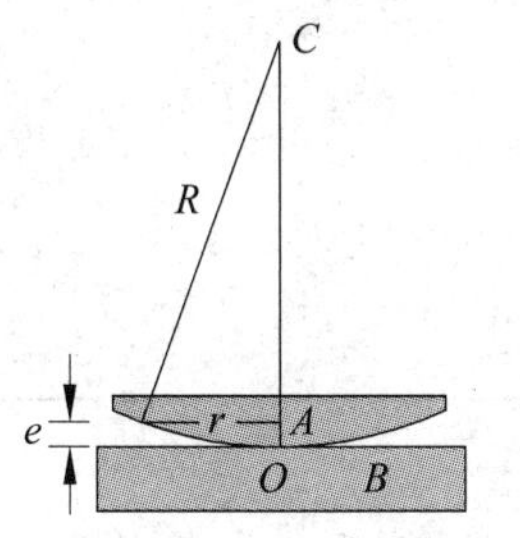

图 9.15 计算牛顿环半径用图

为了求环半径 r 与 R 的关系,参照图 9.15。在 r 和 R 为两边的直角三角形中,

$$r^2 = R^2 - (R-h)^2 = 2Rh - h^2$$

因为 $R \gg h$,此式中可略去 h^2,于是得

$$r^2 = 2Rh$$

由式(9.19)和式(9.20)求得 h,代入上式,可得明环半径为

$$r = \sqrt{\frac{(2k-1)R\lambda}{2}}, \quad k = 1,2,3,\cdots \tag{9.21}$$

暗环半径为

$$r = \sqrt{kR\lambda}, \quad k = 0,1,2,\cdots \tag{9.22}$$

由于半径 r 与环的级次的**平方根**成正比，所以正如图 9.14(b)所显示的那样，越向外环越密。

此外，也可以观察到透射光的干涉条纹，它们和反射光干涉条纹明暗互补，即反射光为明环处，透射光为暗环。

例 9.3

利用等厚条纹可以检验精密加工工件表面的质量。在工件上放一平玻璃，使其间形成一空气劈尖(图 9.16(a))。今观察到干涉条纹如图 9.16(b)所示。试根据纹路弯曲方向，判断工件表面上纹路是凹还是凸？并求纹路深度 H。

解　由于平玻璃下表面是"完全"平的，所以若工件表面也是平的，空气劈尖的等厚条纹应为平行于棱边的直条纹。现在条纹有局部弯向棱边，说明在工件表面的相应位置处有一条垂直于棱边的不平的纹路。我们知道同一条等厚条纹应对应相同的膜厚度，所以在同一条纹上，弯向棱边的部分和直的部分所对应的膜厚度应该相等。本来越靠近棱边膜的厚度应越小，而现在在同一条纹上近棱边处和远棱边处厚度相等，这说明工件表面的纹路是凹下去的。

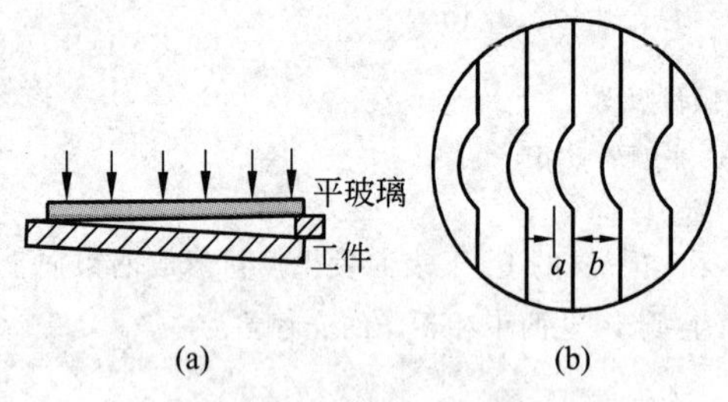

图 9.16　平玻璃表面检验示意图

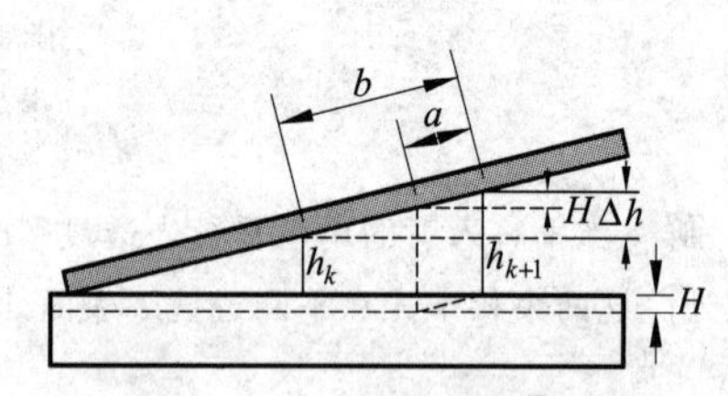

图 9.17　计算纹路深度用图

为了计算纹路深度，参考图 9.17，图中 b 是条纹间隔，a 是条纹弯曲深度，h_k 和 h_{k+1} 分别是和 k 级及 $k+1$ 级条纹对应的正常空气膜厚度，以 Δh 表示相邻两条纹对应的空气膜的厚度差，H 为纹路深度，则由相似三角形关系可得

$$\frac{H}{\Delta h} = \frac{a}{b}$$

由于对空气膜来说，$\Delta h = \lambda/2$，代入上式即可得

$$H = \frac{\lambda a}{2b}$$

例 9.4

把金属细丝夹在两块平玻璃之间，形成空气劈尖，如图 9.18 所示。金属丝和棱边间距离为 $D=28.880\ \mathrm{mm}$。用波长 $\lambda=589.3\ \mathrm{nm}$ 的钠黄光垂直照射，测得 30 条明条纹之间的总距离为 4.295 mm，求金属丝的直径 d。

解　由图示的几何关系可得

$$d = D\tan\alpha$$

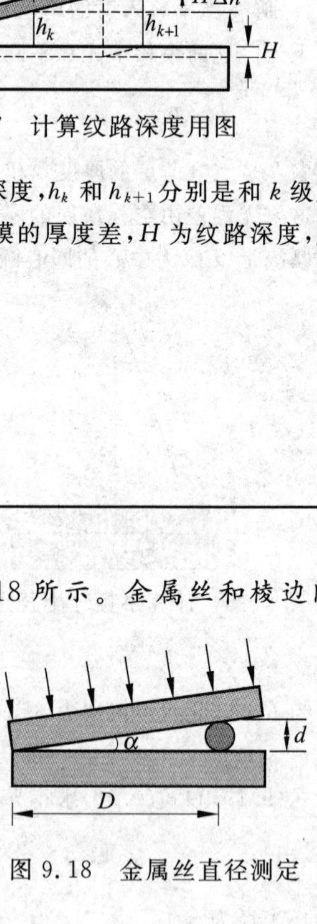

式中 α 为劈尖角。相邻两明条纹间距和劈尖角的关系为 $L=\dfrac{\lambda}{2\sin\alpha}$，因为 α 很小，$\tan\alpha \approx \sin\alpha = \dfrac{\lambda}{2L}$，于是有

图 9.18　金属丝直径测定

$$d = D\frac{\lambda}{2L} = 28.880 \times \frac{589.3 \times 10^{-9}}{2 \times \frac{4.295}{29}} = 5.746 \times 10^{-5}\,(\text{m}) = 5.746 \times 10^{-2}\,(\text{mm})$$

例 9.5

在一折射率为 n 的玻璃基片上均匀镀一层折射率为 n_e 的透明介质膜。今使波长为 λ 的单色光由空气(折射率为 n_0)垂直射入到介质膜表面上(图 9.19)。如果要想使在介质膜上、下表面反射的光干涉相消,介质膜至少应多厚?设 $n_0 < n_e < n$。

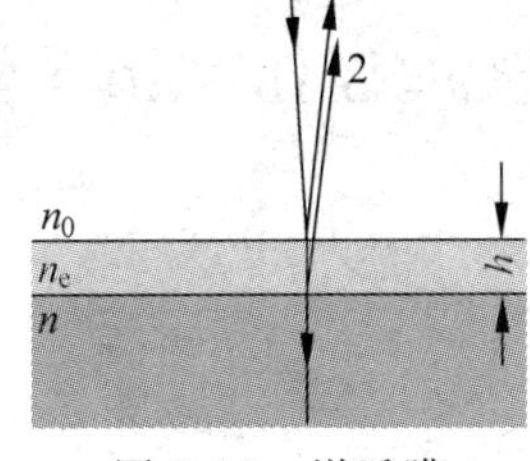

图 9.19 增透膜

解 以 h 表示介质膜厚度,要使两反射光 1 和 2 干涉相消的条件是(注意,在介质膜上下表面的反射均有半波损失)

$$2n_e h = (2k-1)\frac{\lambda}{2}, \quad k = 1,2,3,\cdots$$

因而介质膜的最小厚度应为(使 $k=1$)

$$h = \frac{\lambda}{4n_e}$$

由于反射光相消,所以透射光加强。这样的膜就叫**增透膜**。为了减小反射光的损失,在光学仪器中常常应用增透膜。根据上式,一定的膜厚只对应于一种波长的光。在照相机和助视光学仪器中,往往使膜厚对应于人眼最敏感的波长 550 nm 的黄绿光。

上面的计算只考虑了反射光的相差对干涉的影响。实际上能否完全相消,还要看两反射光的振幅。如果再考虑到振幅,可以证明,当反射光完全消除时,介质的折射率应满足

$$n_e = \sqrt{nn_0} \tag{9.23}$$

以 $n_0=1, n=1.5$ 计,n_e 应为 1.22。目前还未找到折射率这样低的镀膜材料。常用的最好的近似材料是 $n_e=1.38$ 的氟化镁(MgF_2)。

可以想到,也可以利用适当厚度的介质膜来加强反射光,由于反射光一般较弱,所以实际上是利用多层介质膜来制成**高反射膜**。适应各种要求的**干涉滤光片**(只使某一种色光通过)也是根据类似的原理制成的。

9.5 薄膜干涉(二)——等倾条纹

如果使一条光线斜入射到厚度为 h 均匀的平膜上(图 9.20),它在入射点 A 处也分成反射和折射的两部分,折射的部分在下表面反射后又能从上表面射出。由于这样形成的两条相干光线 1 和 2 是平行的,所以它们只能在无穷远处相交而发生干涉。在实验室中为了在有限远处观察干涉条纹,就使这两束光线射到一个透镜 L 上,经过透镜的会聚,它们将相交于焦平面 FF' 上一点 P 而在此处发生干涉。现在让我们来计算到达 P 点时,1,2 两条光线的光程差。

从折射线 AB 反射后的射出点 C 作光线 1 的垂线 CD。由于从 C 和 D 到 P 点光线 1 和 2 的光程相等(透镜不附加光程差),所以它们的光程差就是 ABC 和 AD 两条光程的差。

由图9.20可求得这一光程差为

$$\delta = n(AB + BC) - AD + \frac{\lambda}{2}$$

式中 $\lambda/2$ 是由于半波损失而附加的光程差。由于 $AB = BC = \frac{h}{\cos r}$，$AD = AC\sin i = 2h\tan r \sin i$，再利用折射定律 $\sin i = n\sin r$，可得

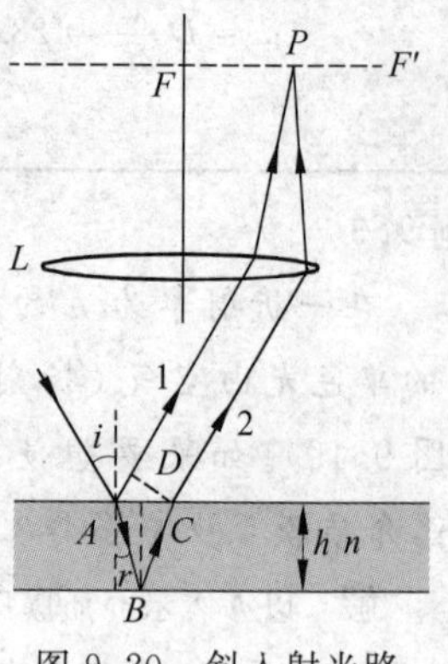

图9.20 斜入射光路

$$\delta = 2nAB - AD + \frac{\lambda}{2} = 2n\frac{h}{\cos r} - 2h\tan r \sin i + \frac{\lambda}{2}$$

$$= 2nh\cos r + \frac{\lambda}{2} \qquad (9.24)$$

或

$$\delta = 2h\sqrt{n^2 - \sin^2 i} + \frac{\lambda}{2} \qquad (9.25)$$

此式表明，**光程差决定于倾角**（指入射角 i），凡以**相同倾角** i 入射到厚度均匀的平膜上的光线，经膜上、下表面反射后产生的相干光束有相等的光程差，因而它们干涉相长或相消的情况一样。因此，这样形成的干涉条纹称为**等倾条纹**。

实际上观察等倾条纹的实验装置如图9.21(a)所示。S 为一面光源，M 为半反半透平面镜，L 为透镜，H 为置于透镜焦平面上的屏。先考虑发光面上一点发出的光线。这些光线中以相同倾角入射到膜表面上的应该在同一圆锥面上，它们的反射线经透镜会聚后应分别相交于焦平面上的同一个圆周上。因此，形成的等倾条纹是一组明暗相间的同心圆环。由式(9.25)可得，这些圆环中明环的条件是

$$\delta = 2h\sqrt{n^2 - \sin^2 i} + \frac{\lambda}{2} = k\lambda, \quad k = 1,2,3,\cdots \qquad (9.26)$$

暗环的条件是

$$\delta = 2h\sqrt{n^2 - \sin^2 i} + \frac{\lambda}{2} = (2k+1)\frac{\lambda}{2}, \quad k = 0,1,2,\cdots \qquad (9.27)$$

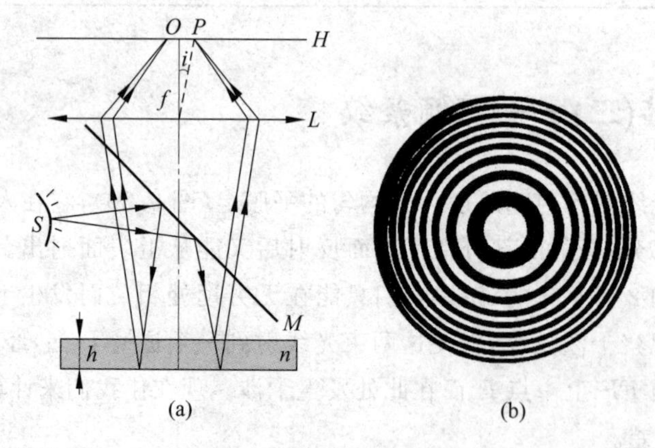

图9.21 观察等倾条纹

(a) 装置和光路；(b) 等倾条纹照相

光源上每一点发出的光束都产生一组相应的干涉环。由于方向相同的平行光线将被透镜会聚到焦平面上同一点,而与光线从何处来无关,所以由光源上不同点发出的光线,凡有相同倾角的,它们形成的干涉环都将重叠在一起,总光强为各个干涉环光强的**非相干**相加,因而明暗对比更为鲜明,这也就是观察等倾条纹时使用面光源的道理。

等倾干涉环是一组内疏外密的圆环,如图9.21(b)的照片所示。如果观察从薄膜透过的光线,也可以看到干涉环,它和图9.21(b)所显示的反射干涉环是互补的,即反射光为明环处,透射光为暗环。

例 9.6

用波长为λ的单色光观察等倾条纹,看到视场中心为一亮斑,外面围以若干圆环,如图9.21(b)所示。今若慢慢增大薄膜的厚度,则看到的干涉圆环会有什么变化?

解 用薄膜的折射率n和折射角r表示的等倾条纹明环的条件是(参考式(9.24))

$$2nh\cos r+\frac{\lambda}{2}=k\lambda$$

当薄膜厚度h一定时,愈靠近中心,入射角i愈小,折射角r也越小,$\cos r$越大,上式给出的k越大。这说明,越靠近中心,环纹的级次越高。在中心处,$r=0$,级次最高,且满足

$$2nh+\frac{\lambda}{2}=k_c\lambda \tag{9.28}$$

这里k_c是中心亮斑的级次。这时中心亮斑外面亮环的级次依次为$k_c-1,k_c-2,\cdots$。

当慢慢增大薄膜的厚度h时,起初看到中心变暗,但逐渐又一次看到中心为亮斑,由式(9.28)可知,这一中心亮斑级次比原来的应该加1,变为k_c+1,其外面亮环的级次依次应为$k_c,k_c-1,k_c-2,\cdots$。这意味着将看到在中心处又冒出了一个新的亮斑(级次为k_c+1),而原来的中心亮斑(k_c)扩大成了第一圈亮纹,原来的第一圈(k_c-1)变成了第二圈……如果再增大薄膜厚度,中心还会变暗,继而又冒出一个亮斑,级次为(k_c+2),而周围的圆环又向外扩大一环。这就是说,当薄膜厚度慢慢增大时,将会看到中心的光强发生周期性的变化,不断冒出新的亮斑,而周围的亮环也不断地向外扩大。

由于在中心处,

$$2n\Delta h=\Delta k_c\lambda$$

所以每冒出一个亮斑($\Delta k_c=1$),就意味着薄膜厚度增加了

$$\Delta h=\frac{\lambda}{2n} \tag{9.29}$$

与此相反,如果慢慢减小薄膜厚度,则会看到亮环一个一个向中心缩进,而在中心处亮斑一个一个地消失。薄膜厚度每缩小$\lambda/2n$,中心就有一个亮斑消失。

由式(9.24)还可以求出相邻两环的间距。对式(9.24)两边求微分,可得

$$-2nh\sin r\Delta r=\Delta k\lambda$$

令$\Delta k=1$,就可得相邻两环的角间距为

$$-\Delta r=r_k-r_{k+1}=\frac{\lambda}{2nh\sin r}$$

此式表明,当h增大时,等倾条纹的角间距变小,因而条纹越来越密,同一视场中看到的环数将越来越多。

9.6 迈克耳孙干涉仪

迈克耳孙干涉仪是100年前迈克耳孙设计制成的用分振幅法产生双光束干涉的仪器。迈克耳孙所用干涉仪简图和光路图如图9.22所示。图中M_1和M_2是两面精密磨光的平面反射镜，分别安装在相互垂直的两臂上。其中M_2固定，M_1通过精密丝杠的带动，可以沿臂轴方向移动。在两臂相交处放一与两臂成45°角的平行平面玻璃板G_1。在G_1的后表面镀有一层半透明半反射的薄银膜，这银膜的作用是将入射光束分成振幅近于相等的透射光束2和反射光束1。因此G_1称为**分光板**。

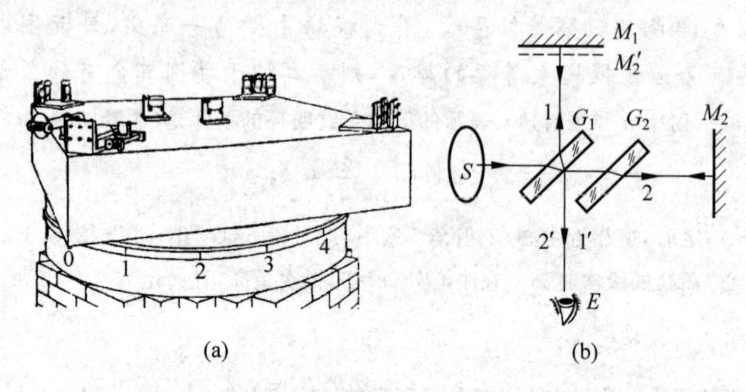

图9.22 迈克耳孙干涉仪

(a) 结构简图；(b) 光路图

由面光源S发出的光，射向分光板G_1，经分光后形成两部分，透射光束2通过另一块与G_1完全相同而且平行G_1放置的玻璃板G_2（无银膜）射向M_2，经M_2反射后又经过G_2到达G_1，再经半反射膜反射到E处；反射光束1射向M_1，经M_1反射后透过G_1也射向E处。两相干光束11′和22′干涉产生的干涉图样，在E处观察。

由光路图可看出，由于玻璃板G_2的插入，光束1和光束2一样都是三次通过玻璃板，这样光束1和光束2的光程差就和在玻璃板中的光程无关了。因此，玻璃板G_2称为**补偿板**。

分光板G_1后表面的半反射膜，在E处看来，使M_2在M_1附近形成一虚像M_2'，光束22′如同从M_2'反射的一样。因而干涉所产生的图样就如同由M_2'和M_1之间的空气膜产生的一样。

当M_1，M_2相互严格垂直时，M_1，M_2'之间形成平行平面空气膜，这时可以观察到等倾条纹；当M_1，M_2不严格垂直时，M_1，M_2'之间形成空气劈尖，这时可观察到等厚条纹。当M_1移动时，空气层厚度改变，可以方便地观察条纹的变化（参考例9.6）。

迈克耳孙干涉仪的主要特点是两相干光束在空间上是完全分开的，并且可用移动反射镜或在光路中加入另外介质的方法改变两光束的光程差，这就使干涉仪具有广泛的用途，如用于测长度，测折射率和检查光学元件的质量等。1881年迈克耳孙曾用他的干涉仪做了著名的迈克耳孙-莫雷实验，它的否定结果是相对论的实验基础之一。

提要

1. 相干光：

相干条件：振动方向相同，频率相同，相位差恒定。

利用普通光源获得相干光的方法：分波阵面法和分振幅法。

2. 杨氏双缝干涉实验：

用分波阵面法产生两个相干光源。干涉条纹是等间距的直条纹。

条纹间距：
$$\Delta x=\frac{D}{d}\lambda$$

3. 光的相干性：

根源于原子发光的断续机制与独立性。

时间相干性：相干长度（波列长度） $\delta_{\max}=\frac{\lambda^2}{\Delta\lambda}$， $\Delta\lambda$ 为谱线宽度

空间相干性：相干间隔 $d_0=\frac{R}{b}\lambda$

相干孔径 $\theta_0=\frac{d_0}{R}=\frac{\lambda}{b}$， b 为光源宽度

4. 光程：

和折射率为 n 的媒质中的几何路程 x 相应的光程为 nx。

$$相差=2\pi\frac{光程差}{\lambda}，\quad \lambda 为真空中波长$$

光由光疏媒质射向光密媒质而在界面上反射时，发生半波损失，这损失相当于$\frac{\lambda}{2}$的光程。

透镜不引起附加光程差。

5. 薄膜干涉：

入射光在薄膜上表面由于反射和折射而“分振幅”，在上、下表面反射的光为相干光。两束相干光的相差由光程差和反射时的半波损失情况共同决定。

(1) 等厚条纹：光线垂直入射，薄膜等厚处干涉情况一样。

透明介质劈尖在空气中时，干涉条纹是等间距直条纹。

对明纹：
$$2nh+\frac{\lambda}{2}=k\lambda$$

对暗纹：
$$2nh+\frac{\lambda}{2}=(2k+1)\frac{\lambda}{2}$$

(2) 等倾条纹：薄膜厚度均匀。以相同倾角 i 入射的光的干涉情况一样。干涉条纹是同心圆环。薄膜在空气中时，

对明环：
$$2h\sqrt{n^2-\sin^2 i}+\frac{\lambda}{2}=k\lambda$$

对暗环：
$$2h\sqrt{n^2-\sin^2 i}+\frac{\lambda}{2}=(2k+1)\frac{\lambda}{2}$$

6. 迈克耳孙干涉仪：

利用分振幅法使两个相互垂直的平面镜形成一等效的空气薄膜。

思考题

9.1 用白色线光源做双缝干涉实验时，若在缝 S_1 后面放一红色滤光片，S_2 后面放一绿色滤光片，问能否观察到干涉条纹？为什么？

9.2 用图9.23所示装置做双缝干涉实验，是否都能观察到干涉条纹？为什么？

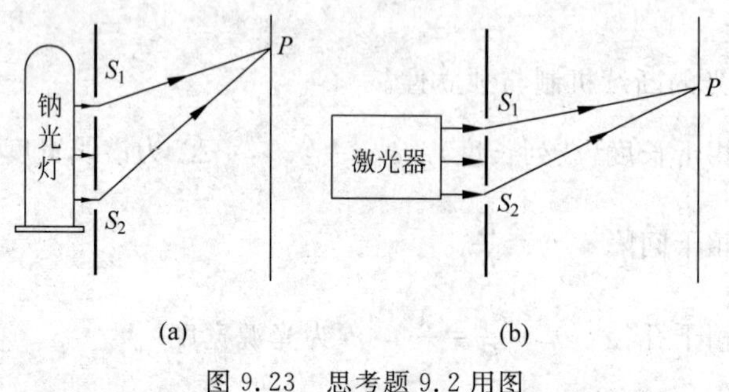

图9.23 思考题9.2用图

9.3 在水波干涉图样(图9.5)中，平静水面形成的曲线是双曲线。为什么？

9.4 把一对顶角很小的玻璃棱镜底边粘贴在一起(图9.24)做成"双棱镜"，就可以用来代替双缝做干涉实验(菲涅耳双棱镜实验)。试在图中画出两相干光源的位置和它们发出的波的叠加干涉区域。

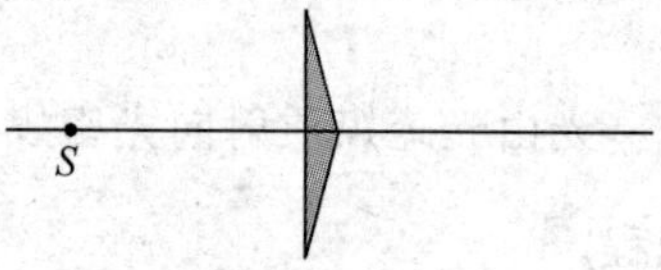

图9.24 思考题9.4用图

9.5 如果两束光是相干的，在两束光重叠处总光强如何计算？如果两束光是不相干的，又怎样计算(分别以 I_1 和 I_2 表示两束光的光强)？

9.6 在双缝干涉实验中

(1) 当缝间距 d 不断增大时，干涉条纹如何变化？为什么？

(2) 当缝光源 S 在垂直于轴线向下或向上移动时，干涉条纹如何变化？

*(3) 把光源缝 S 逐渐加宽时，干涉条纹如何变化？

9.7 用光通过一段路程的时间和周期也可以算出相差来。试比较光通过介质中一段路程的时间和通过相应的光程的时间来说明光程的物理意义。

9.8 观察正被吹大的肥皂泡时，先看到彩色分布在泡上，随着泡的扩大各处彩色会发生改变。当彩色消失呈现黑色时，肥皂泡破裂。为什么？

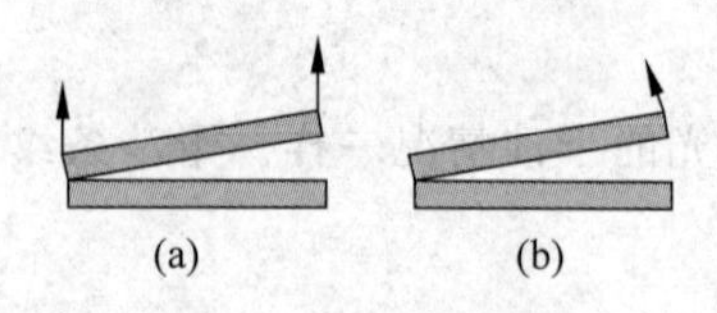

图9.25 思考题9.9用图

9.9 用两块平玻璃构成的劈尖(图9.25)观察等厚条纹时，若把劈尖上表面向上缓慢地平移(图(a))，干涉条纹有什么变化？若把劈尖角逐渐增大(图(b))，干涉条纹又有什么变化？

9.10 用普通单色光源照射一块两面不平行的玻璃板作劈尖干涉实验，板两表面的夹角很小，但板比较厚。这时观察不到干涉现象，为什么？

*9.11 利用两台相距很远(可达几千千米)而联合动作的无线电天文望远镜可以精确地测定大陆板块的漂移速度和地球的自转速度。试说明如何利用这两台望远镜监视一颗固定的无线电源星体时所得的记录来达到这些目的?

9.12 在双缝干涉实验中,如果在上方的缝后面贴一片薄的透明云母片,干涉条纹的间距有无变化?中央条纹的位置有无变化?

习题

9.1 钠黄光波长为589.3 nm。试以一次发光延续时间10^{-8} s计,计算一个波列中的波数。

9.2 汞弧灯发出的光通过一滤光片后照射双缝干涉装置。已知缝间距d=0.60 mm,观察屏与双缝相距D=2.5 m,并测得相邻明纹间距离Δx=2.27 mm。试计算入射光的波长,并指出属于什么颜色。

9.3 劳埃德镜干涉装置如图9.26所示,光源波长$\lambda=7.2\times10^{-7}$ m,试求镜的右边缘到第一条明纹的距离。

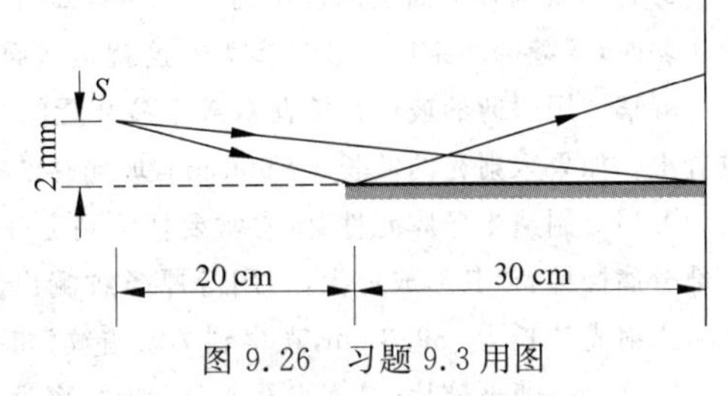

图9.26 习题9.3用图

9.4 一双缝实验中两缝间距为0.15 mm,在1.0 m远处测得第1级和第10级暗纹之间的距离为36 mm。求所用单色光的波长。

9.5 沿南北方向相隔3.0 km有两座无线发射台,它们同时发出频率为2.0×10^5 Hz的无线电波。南台比北台的无线电波的相位落后$\pi/2$。求在远处无线电波发生相长干涉的方位角(相对于东西方向)。

9.6 在一次水波干涉实验(图9.5)中,两同相波源的间距是12 cm,在两波源正前方50 cm处的水面上相邻的两平静区的中心相距4.5 cm。如果水波的波速为25 cm/s,求波源的振动频率。

9.7 一束激光斜入射到间距为d的双缝上,入射角为φ。

(1) 证明双缝后出现明纹的角度θ由下式给出:

$$d\sin\theta - d\sin\varphi = \pm k\lambda, \quad k = 0,1,2,\cdots$$

(2) 证明在θ很小的区域,相邻明纹的角距离$\Delta\theta$与φ无关。

9.8 澳大利亚天文学家通过观察太阳发出的无线电波,第一次把干涉现象用于天文观测。这无线电波一部分直接射向他们的天线,另一部分经海面反射到他们的天线(图9.27)。设无线电的频率为6.0×10^7 Hz,而无线电接收器高出海面25 m。求观察到相消干涉时太阳光线的掠射角θ的最小值。

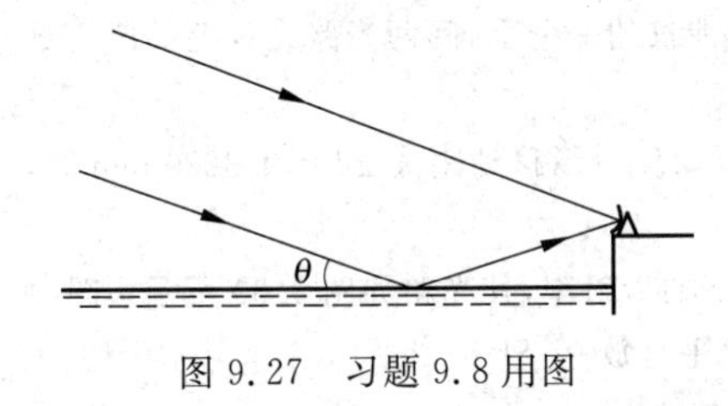

图9.27 习题9.8用图

*9.9 证明双缝干涉图样中明纹的半角宽度为

$$\Delta\theta = \frac{\lambda}{2d}$$

半角宽度指一条明纹中强度等于中心强度的一半的两点在双缝处所张的角度。

9.10 如图9.28所示为利用激光做干涉实验。M_1为一半镀银平面镜,M_2为一反射平面镜。入射激光束一部分透过M_1,直接垂直射到屏G上,另一部分经过M_1和M_2反射与前一部分叠加。在叠加区域两束光的夹角为45°,振幅之比为$A_1:A_2=2:1$。所用激光波长为632.8 nm。求在屏上干涉条纹的间距和衬比度。

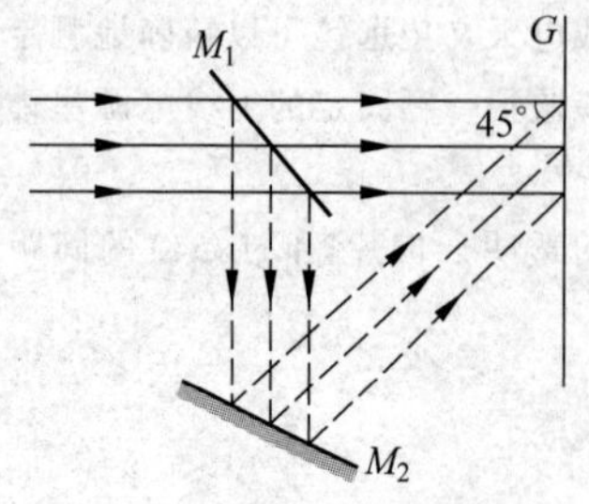

图 9.28 习题 9.10 用图

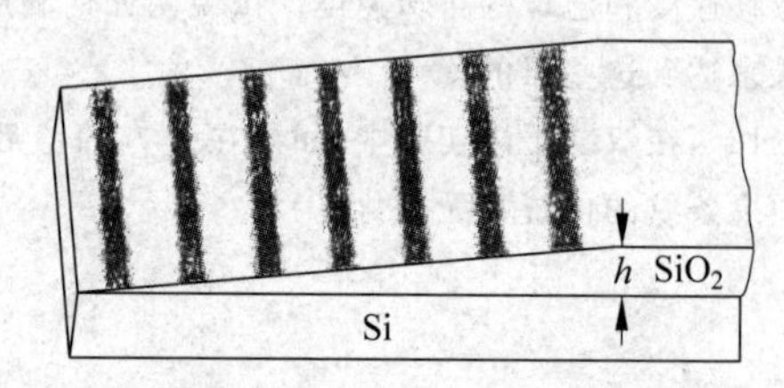

图 9.29 习题 9.14 用图

*9.11 某氦氖激光器所发红光波长为 $\lambda=632.8\ \text{nm}$，其谱线宽度为（以频率计）$\Delta\nu=1.3\times10^9\ \text{Hz}$。它的相干长度或波列长度是多少？相干时间是多长？

*9.12 太阳在地面上的视角为 $10^{-2}\ \text{rad}$，太阳光的波长按550 nm计。在地面上利用太阳光作双缝干涉实验时，双缝的间距应不超过多大？这就是地面上太阳光的空间相干间隔。

9.13 用很薄的玻璃片盖在双缝干涉装置的一条缝上，这时屏上零级条纹移到原来第7级明纹的位置上。如果入射光的波长 $\lambda=550\ \text{nm}$，玻璃片的折射率 $n=1.58$，试求此玻璃片的厚度。

9.14 制造半导体元件时，常常要精确测定硅片上二氧化硅薄膜的厚度，这时可把二氧化硅薄膜的一部分腐蚀掉，使其形成劈尖，利用等厚条纹测出其厚度。已知 Si 的折射率为 3.42，SiO_2 的折射率为 1.5，入射光波长为 589.3 nm，观察到 7 条暗纹（如图 9.29 所示）。问 SiO_2 薄膜的厚度 e 是多少？

9.15 一薄玻璃片，厚度为 $0.4\ \mu\text{m}$，折射率为 1.50，用白光垂直照射，问在可见光范围内，哪些波长的光在反射中加强？哪些波长的光在透射中加强？

9.16 在制作珠宝时，为了使人造水晶（$n=1.5$）具有强反射本领，就在其表面上镀一层一氧化硅（$n=2.0$）。要使波长为 560 nm 的光强烈反射，这镀层至少应多厚？

9.17 一片玻璃（$n=1.5$）表面附有一层油膜（$n=1.32$），今用一波长连续可调的单色光束垂直照射油面。当波长为 485 nm 时，反射光干涉相消。当波长增为 679 nm 时，反射光再次干涉相消。求油膜的厚度。

9.18 白光照射到折射率为 1.33 的肥皂膜上，若从 45°角方向观察薄膜呈现绿色（500 nm），试求薄膜最小厚度。若从垂直方向观察，肥皂膜正面呈现什么颜色？

9.19 在折射率 $n_1=1.52$ 的镜头表面涂有一层折射率 $n_2=1.38$ 的 MgF_2 增透膜，如果此膜适用于波长 $\lambda=550\ \text{nm}$ 的光，膜的厚度应是多少？

9.20 用单色光观察牛顿环，测得某一明环的直径为 3.00 mm，它外面第 5 个明环的直径为 4.60 mm，平凸透镜的半径为 1.03 m，求此单色光的波长。

9.21 折射率为 n，厚度为 h 的薄玻璃片放在迈克耳孙干涉仪的一臂上，问两光路光程差的改变量是多少？

9.22 用迈克耳孙干涉仪可以测量光的波长，某次测得可动反射镜移动距离 $\Delta L=0.3220\ \text{mm}$ 时，等倾条纹在中心处缩进 1204 条条纹，试求所用光的波长。

*9.23 一种干涉仪可以用来测定气体在各种温度和压力下的折射率，其光路如图 9.30 所示。图中 S 为光源，L 为凸透镜，G_1，G_2 为两块完全相同的玻璃板，彼此平行放置，T_1，T_2 为两个等长度的玻璃管，长度均为 d。测量时，先将两管抽空，然后将待测气体徐徐充入一管中，在 E 处观察干涉条纹的变化，即可测得该气体的折射率。某次测量时，将待测气体充入 T_2 管中，从开始进气到到达标准状态的过程中，在 E 处看到共移过 98 条干涉条纹。若光源波长 $\lambda=589.3\ \text{nm}$，$d=20\ \text{cm}$，试求该气体在标准状态下的折射率。

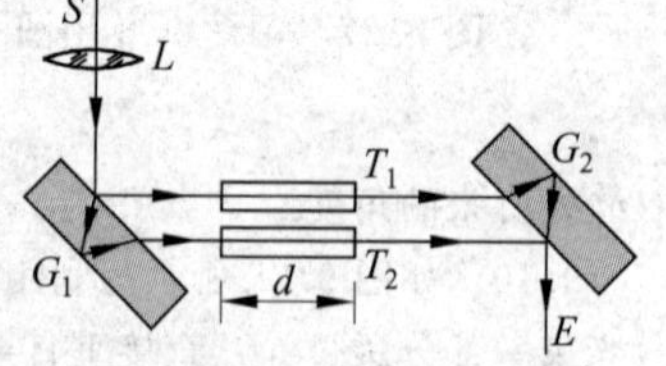

图 9.30 习题 9.23 用图

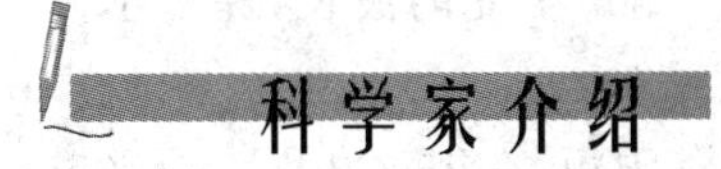

托马斯·杨和菲涅耳

(Thomas Young，1773—1829 年)

(Augustin Fresnel，1788—1827 年)

托马斯·杨

A
COURSE OF LECTURES
ON
NATURAL PHILOSOPHY
AND THE
MECHANICAL ARTS.
BY THOMAS YOUNG, M.D.
FOR. SEC. R.S. F.L.S. MEMBER OF EMMANUEL COLLEGE, CAMBRIDGE,
AND LATE PROFESSOR OF NATURAL PHILOSOPHY IN THE
ROYAL INSTITUTION OF GREAT BRITAIN.
IN TWO VOLUMES.
VOLUME I.
LONDON:
PRINTED FOR JOSEPH JOHNSON, ST. PAUL'S CHURCH YARD,
BY WILLIAM SAVAGE, BEDFORD BURY.
1807.

《自然哲学与机械学讲义》的扉页

光的波动理论的建立，经历了许多科学家的努力，其中特别需要纪念的是托马斯·杨和菲涅耳。

在 17 世纪下半叶，实验上已经观察到了光的干涉、衍射、偏振等光的波动现象，理论上惠更斯提出的波动理论也取得了很大成功，然而由于惠更斯的波动理论没有建立起波动过程的周期性概念，同时又认为光是纵波，所以在解释光的干涉、衍射和偏振现象时遇到了困难。

牛顿在光学方面的成就也是很大的，例如关于光的色散的研究、望远镜的制作等。在光的波动性方面，他发现了著名的"牛顿环"，他的精确的观测，本来是波动性的证明，但他当时没有能用波动说加以正确的解释。世人都说他主张微粒说，其实他并没有明确坚持光是微粒或光是波动的观点，而且有时还似乎用周期性来解释某些光的现象。不过，或许由于他这位权威未能明确倡导波动说，更可能是由于他的质点力学理论获得了极大的成功，在整个18世纪，光的波动说处于停滞状态，光的微粒说占据统治地位。

托马斯·杨的工作，使光的波动说重新兴起，并且第一次测量了光的波长，提出了波动光学的基本原理。

托马斯·杨是一位英国医生，曾获医学博士学位。他天资聪颖，有神童之称。他兴趣广泛，勤奋好学，是一位多才多艺的人。

他在英国著名的医学院学习生理光学专业，1793年发表了《对视觉过程的观察》。在哥廷根大学学习期间，受德国自然哲学学派的影响，开始怀疑微粒说，并钻研惠更斯的论著。学习结束后，他一边行医，一边从事光学研究，逐渐形成了他对光的本质的看法。

1801年他巧妙地进行了一次光的干涉实验，即著名的杨氏双孔干涉实验。在他发表的论文中，以干涉原理为基础，建立了新的波动理论，并成功地解释了牛顿环，精确地测定了波长。

1803年，杨把干涉原理用于解释衍射现象。1807年发表了《自然哲学与机械学讲义》(*A Course of Lectures on Natural Philosophy and the Mechanical Arts*)，书中综合论述了他在光的实验和理论方面的研究，描述了他的著名的双缝干涉实验。但是，他认为光是在以太媒质中传播的纵波。纵波概念和光的偏振现象相矛盾，然而，杨并未放弃光的波动说。

杨的理论，当时受到了一些人的攻击，而未能被科学界理解和承认。在将近20年后，当菲涅耳用他的干涉原理发展了惠更斯原理，并取得了重大成功后，杨的理论才获得应有的地位。

菲涅耳是法国物理学家和道路工程师，他从小身体虚弱多病，但读书非常用功，学习成绩一直很好，数学尤为突出。

菲涅耳从1814年开始研究光学，对光的衍射现象从实验和理论上进行了研究，并于1815年向科学院提交了关于光的衍射的第一篇研究报告。

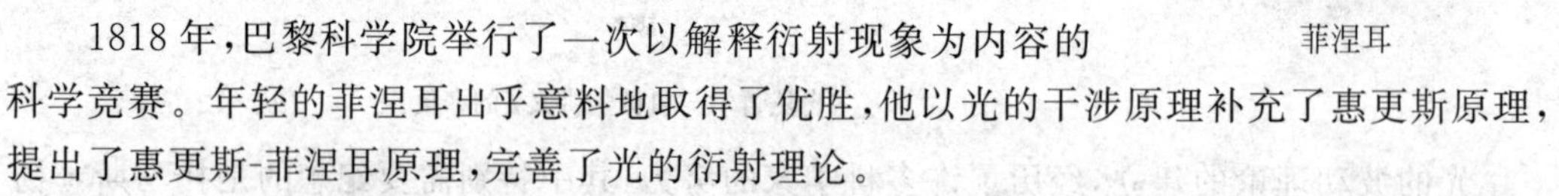

菲涅耳

1818年，巴黎科学院举行了一次以解释衍射现象为内容的科学竞赛。年轻的菲涅耳出乎意料地取得了优胜，他以光的干涉原理补充了惠更斯原理，提出了惠更斯-菲涅耳原理，完善了光的衍射理论。

竞赛委员会的成员泊松(S. D. Poisson)是微粒说的拥护者，他运用菲涅耳的理论导出了一个奇怪的结论：光经过不透明的小圆盘衍射后，在圆盘后面的轴线上一定距离处，会出现一亮点。泊松认为这是十分荒谬的，并宣称他驳倒了波动理论。菲涅耳接受了这一挑战，立即用实验证实了这个理论预言。后来人们称这一亮点为泊松亮点。

但是波动说在解释光的偏振现象时还存在着很大困难。一直在为这一困难寻求解决办法的杨在1817年觉察到，如果光是横波或许问题能得到解决，他把这一想法写信告诉了阿拉果(D. F. Arago，1786—1853年)，阿拉果立即转告给了菲涅耳。菲涅耳当时已经独立地领悟到了这一思想，对杨的想法赞赏备至，并立即用这一假设解释了偏振光的干涉，证明了光的横波特性，使光的波动说进入了一个新时期。

利用光的横波特性，菲涅耳还得到了一系列重要结论。他发现了光的圆偏振和椭圆偏振现象，提出了光的偏振面旋转的唯象理论；他确立了反射和折射的定量关系，导出了著名的菲涅耳反射、折射公式，由此解释了反射时的偏振；他还建立了双折射理论，奠定了晶体光学的基础，等等。

菲涅耳具有高超的实验技巧和才干，他长年不懈地勤奋工作，获得了许多内容深刻和数据上正确的结果，菲涅耳双镜实验和双棱镜实验就是例子。

从 1819—1827 年，经过 8 年的艰苦努力，他设计出了一种特殊结构的透镜系统，大大改进了灯塔照明，为海运事业的发展做出了贡献。正当他在科学事业上硕果累累的时候，不幸因肺病医治无效而逝世，终年仅 39 岁。

由于他在科学事业上的重大成就，巴黎科学院授予他院士称号，英国皇家学会选他为会员，并授予他伦福德奖章，人们称他为“物理光学的缔造者”。

菲涅耳等人建立的波动理论认为光是在弹性以太中传播的横波。直到 1865 年，麦克斯韦建立了光的电磁理论，才完成了光的波动理论的最后形式。

第10章

光的衍射

在本书第1篇第8章波动中已介绍过，波的衍射是指波在其传播路径上如果遇到障碍物，它能绕过障碍物的边缘而进入几何阴影内传播的现象。作为电磁波，光也能产生衍射现象。本章讨论光的衍射现象的规律。所讲内容不只是说明光能绕过遮光屏边缘传播，而且根据叠加原理说明了在光的衍射现象中光的强度分布。为简单起见，本章只讨论远场衍射，即夫琅禾费衍射，包括单缝衍射、细丝衍射和光栅衍射。最后介绍有很多实际应用的X射线衍射。

10.1 光的衍射和惠更斯-菲涅耳原理

在实验室内可以很容易地看到光的衍射现象。例如，在图10.1所示的实验中，S为一单色点光源，G为一遮光屏，上面开了一个直径为十分之几毫米的小圆孔，H为一白色观察屏。实验中可以发现，在观察屏上形成的光斑比圆孔大了许多，而且明显地由几个明暗相间的环组成。如果将遮光屏G拿去，换上一个与圆孔大小差不多的不透明的小圆板，则在屏上可看到在圆板阴影的中心是一个亮斑，周围也有一些圆环。如果用针或细丝替换小圆板，则在屏上可看到有明暗条纹出现。

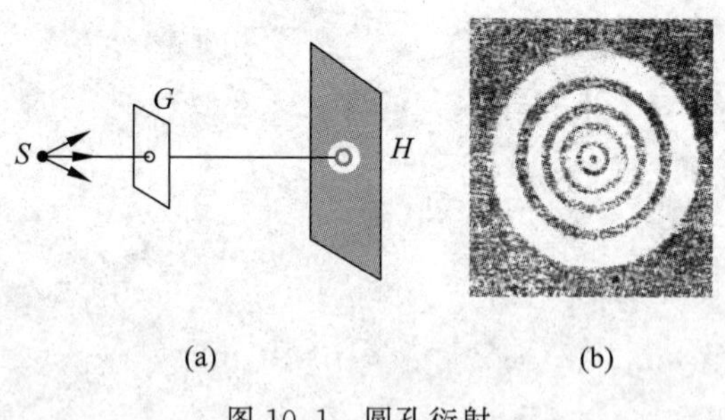

(a)　　(b)

图10.1　圆孔衍射

(a) 装置；(b) 衍射图样[①]

① 改变屏H到衍射孔的距离，衍射图样中心也可能出现亮点。

在图 10.2 所示的实验中，遮光屏 G 上开了一条宽度为十分之几毫米的狭缝，并在缝的前后放两个透镜，单色线光源 S 和观察屏 H 分别置于这两个透镜的焦平面上。这样入射到狭缝的光就是平行光束，光透过它后又被透镜会聚到观察屏 H 上。实验中发现，屏 H 上的亮区也比狭缝宽了许多，而且是由明暗相间的许多平直条纹组成的。

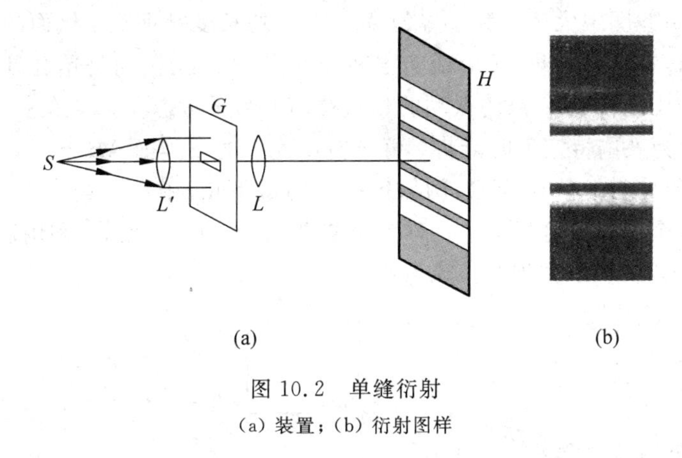

(a) (b)

图 10.2 单缝衍射

(a) 装置；(b) 衍射图样

以上实验都说明了光能产生衍射现象，即光也能绕过障碍物的边缘传播，而且衍射后能形成具有**明暗相间的衍射图样**。

用肉眼也可以发现光的衍射现象。如果你眯缝着眼，使光通过一条缝进入眼内，当你看远处发光的灯泡时，就会看到它向上向下发出长的光芒。这就是光在视网膜上的衍射图像产生的感觉。五指并拢，使指缝与日光灯平行，透过指缝看发光的日光灯，也会看到如图 10.2(b)所示的带有淡彩色的明暗条纹。

根据观察方式的不同，通常把衍射现象分为两类。一类如图 10.1 所示那样，光源和观察屏(或二者之一)离开衍射孔(或缝)的距离有限，这种衍射称为**菲涅耳衍射**，或**近场衍射**。另一类是光源和观察屏都在离衍射孔(或缝)无限远处，这种衍射称为**夫琅禾费衍射**，或**远场衍射**。夫琅禾费衍射实际上是菲涅耳衍射的极限情形。图 10.2 所示的衍射实验就是夫琅禾费衍射，因为两个透镜的应用，对衍射缝来讲，就相当于把光源和观察屏都推到无穷远去了。

对于衍射的理论分析，在第 1 篇第 7 章中曾提到过惠更斯原理。它的基本内容是把波阵面上各点都看成是子波波源，已经指出它只能定性地解决衍射现象中光的传播方向问题。为了说明光波衍射图样中的强度分布，菲涅耳又补充指出：**衍射时波场中各点的强度由各子波在该点的相干叠加决定**。利用相干叠加概念发展了的惠更斯原理叫**惠更斯-菲涅耳原理**。

具体地利用惠更斯-菲涅耳原理计算衍射图样中的光强分布时，需要考虑每个子波波源发出的子波的振幅和相位跟传播距离及传播方向的关系。这种计算对于菲涅耳衍射相当复杂，而对于夫琅禾费衍射则比较简单。为了比较简单地阐述衍射的规律，同时考虑到夫琅禾费衍射也有许多重要的实际应用，我们在本章主要讲述夫琅禾费衍射。

10.2 单缝的夫琅禾费衍射

图 10.2 所示就是单缝的夫琅禾费衍射实验,图 10.3 中又画出了这一实验的光路图,为了便于解说,在此图中大大扩大了缝的宽度 a(缝的长度是垂直于纸面的)。

根据惠更斯-菲涅耳原理,单缝后面空间任一点 P 的光振动是单缝处波阵面上所有子波波源发出的子波传到 P 点的振动的相干叠加。为了考虑在 P 点的振动的合成,我们想象在衍射角 θ 为某些特定值时能将单缝处宽度为 a 的波阵面 AB 分成许多等宽度的纵长条带,并使相邻两带上的对应点,例如每条带的最下点、中点或最上点,发出的光在 P 点的**光程差为半个波长**。这样的条带称为**半波带**,如图 10.4 所示。利用这样的半波带来分析衍射图样的方法叫**半波带法**。

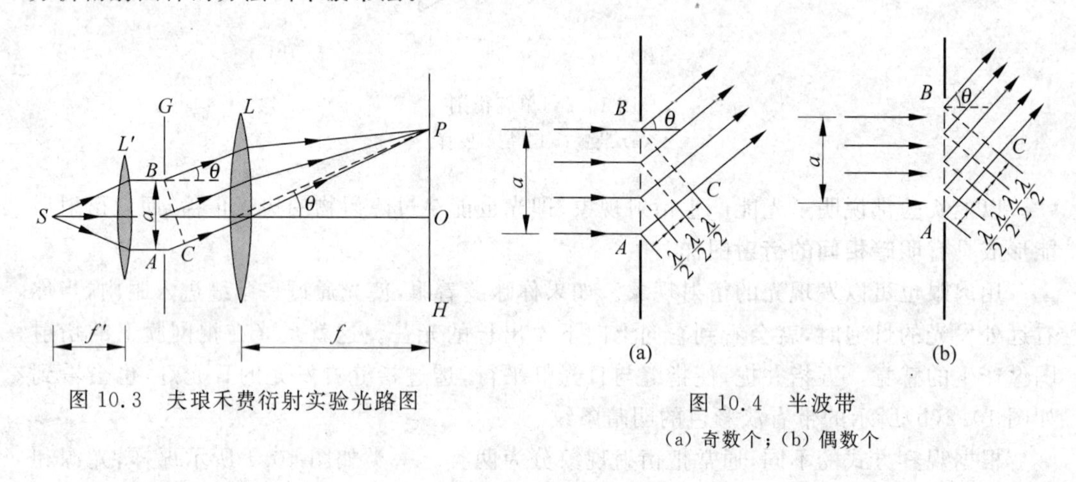

图 10.3 夫琅禾费衍射实验光路图

图 10.4 半波带
(a) 奇数个;(b) 偶数个

衍射角 θ 是衍射光线与单缝平面法线间的夹角。衍射角不同,则单缝处波阵面分出的半波带个数也不同。半波带的个数取决于单缝两边缘处衍射光线之间的光程差 AC(BC 和衍射光线垂直)。由图 10.3 可见

$$AC = a\sin\theta$$

当 AC 等于半波长的奇数倍时,单缝处波阵面可分为奇数个半波带(图 10.4(a));当 AC 是半波长的偶数倍时,单缝处波阵面可分为偶数个半波带(图 10.4(b))。

这样分出的各个半波带,由于它们到 P 点的距离近似相等,因而各个带发出的子波在 P 点的振幅近似相等,而相邻两带的对应点上发出的子波在 P 点的相差为 π。因此相邻两波带发出的振动在 P 点合成时将互相抵消。这样,如果单缝处波阵面被分成偶数个半波带,则由于一对对相邻的半波带发的光都分别在 P 点相互抵消,所以合振幅为零,P 点应是暗条纹的中心。如果单缝处波阵面被分为奇数个半波带,则一对对相邻的半波带发的光分别在 P 点相互抵消后,还剩一个半波带发的光到达 P 点合成。这时,P 点应近似为明条纹的中心,而且 θ 角越大,半波带面积越小,明纹光强越小。当 $\theta=0$ 时,各衍射光光程差为零,通过透镜后会聚在透镜焦平面上,这就是中央明纹(或零级明纹)中心的位置,该处光强最大。对于任意其他的衍射角 θ,AB 一般不能恰巧分成整数个半波带。此时,衍射光束形成介于最明和最暗之间的中间区域。

综上所述可知，当平行光垂直于单缝平面入射时，单缝衍射形成的明暗条纹的位置用衍射角 θ 表示，由以下公式决定：

暗条纹中心

$$a\sin\theta = \pm k\lambda, \quad k = 1,2,3,\cdots \tag{10.1}$$

明条纹中心（近似）

$$a\sin\theta = \pm(2k+1)\frac{\lambda}{2}, \quad k = 1,2,3,\cdots \tag{10.2}$$

中央条纹中心

$$\theta = 0$$

单缝衍射光强分布如图 10.5 所示。此图表明，单缝衍射图样中各极大处的光强是不相同的。中央明纹光强最大，其他明纹光强迅速下降（光强分布公式及其推导见本节末的[注]）。

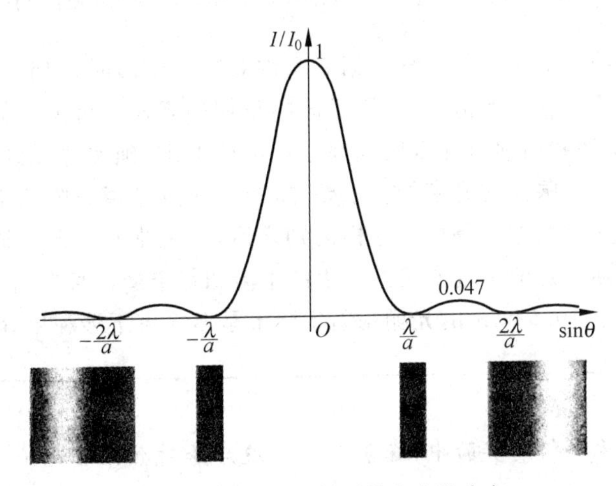

图 10.5 单缝的衍射图样和光强分布

两个第 1 级暗条纹中心间的距离即为中央明条纹的宽度，中央明条纹的宽度最宽，约为其他明条纹宽度的两倍。考虑到一般 θ 角较小，中央明条纹的**半角宽度**为

$$\theta \approx \sin\theta = \frac{\lambda}{a} \tag{10.3}$$

以 f 表示透镜 L 的焦距，则得观察屏上**中央明条纹的线宽度**为

$$\Delta x = 2f\tan\theta \approx 2f\sin\theta = 2f\frac{\lambda}{a} \tag{10.4}$$

上式表明，中央明条纹的宽度正比于波长 λ，反比于缝宽 a。这一关系又称为**衍射反比律**。缝越窄，衍射越显著；缝越宽，衍射越不明显。当缝宽 $a \gg \lambda$ 时，各级衍射条纹向中央靠拢，密集得以至无法分辨，只显出单一的明条纹。实际上这明条纹就是线光源 S 通过透镜所成的几何光学的像，这个像相应于从单缝射出的光是直线传播的平行光束。由此可见，光的直线传播现象，是光的波长较透光孔或缝（或障碍物）的线度小很多时，衍射现象不显著的情形（图 10.6）。由于几何光学是以光的直线传播为基础的理论，所以**几何光学是波动光学在 $\lambda/a \to 0$ 时的极限情形**。对于透镜成像讲，仅当衍射不显著时，才能形成物的几何

像,如果衍射不能忽略,则透镜所成的像将不是物的几何像,而是一个衍射图样。

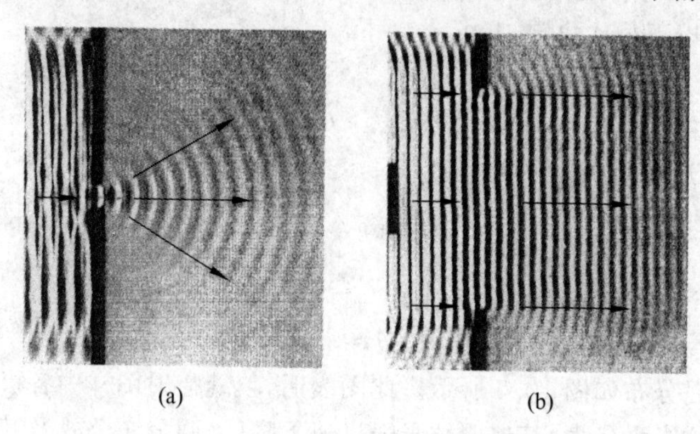

(a) (b)

图 10.6 用水波盘演示衍射现象

(a) 阻挡墙的缺口宽度小于波长,衍射显著;(b) 墙的缺口宽度大于波长,衍射不显著

这里我们再说明一下衍射的概念。第9章讲双缝的干涉时,曾利用了波的叠加的规律。这一节我们分析单缝的衍射时,也用了波的叠加的规律。可见它们都是光波相干叠加的表现。那么,干涉和衍射有什么区别呢?从本质上讲,确实并无区别。习惯上说,干涉总是指那些分立的**有限多**的光束的相干叠加,而衍射总是指波阵面上连续分布的**无穷多**子波波源发出的光波的相干叠加。这样区别之后,二者常常出现于同一现象中。例如双缝干涉的图样实际上是两个缝发出的光束的干涉和每个缝自身发出的光的衍射的综合效果(参看例10.4)。10.5节讲的光栅衍射实际上是多光束干涉和单缝衍射的综合效果。

例 10.1

在一单缝夫琅禾费衍射实验中,缝宽 $a=5\lambda$,缝后透镜焦距 $f=40$ cm,试求中央条纹和第1级亮纹的宽度。

解 由公式(10.1)可得对第一级和第二级暗纹中心有

$$a\sin\theta_1=\lambda,\quad a\sin\theta_2=2\lambda$$

因此第1级和第2级暗纹中心在屏上的位置分别为

$$x_1=f\tan\theta_1\approx f\sin\theta_1=f\frac{\lambda}{a}=40\times\frac{\lambda}{5\lambda}=8\ (\text{cm})$$

$$x_2=f\tan\theta_2\approx f\sin\theta_2=f\frac{2\lambda}{a}=40\times\frac{2\lambda}{5\lambda}=16\ (\text{cm})$$

由此得中央亮纹宽度为

$$\Delta x_0=2x_1=2\times8=16\ (\text{cm})$$

第1级亮纹的宽度为

$$\Delta x_1=x_2-x_1=16-8=8\ (\text{cm})$$

这只是中央亮纹宽度的一半。

[注]夫琅禾费单缝衍射的光强分布公式的推导

菲涅耳半波带法只能大致说明衍射图样的情况,要定量给出衍射图样的强度分布,需要对子波进行相干叠加。下面用相量图法导出夫琅禾费单缝衍射的强度公式。

为了用惠更斯-菲涅耳原理计算屏上各点光强，想象将单缝处的波阵面 AB 分成 N 条（N 很大）等宽度的波带，每条波带的宽度为 $\mathrm{d}s=a/N$（图 10.7）。由于各波带发出的子波到 P 点的传播方向一样，距离也近似相等，所以在 P 点各子波的振幅也近似相等，今以 ΔA 表示此振幅。相邻两波带发出的子波传到 P 点时的光程差都是

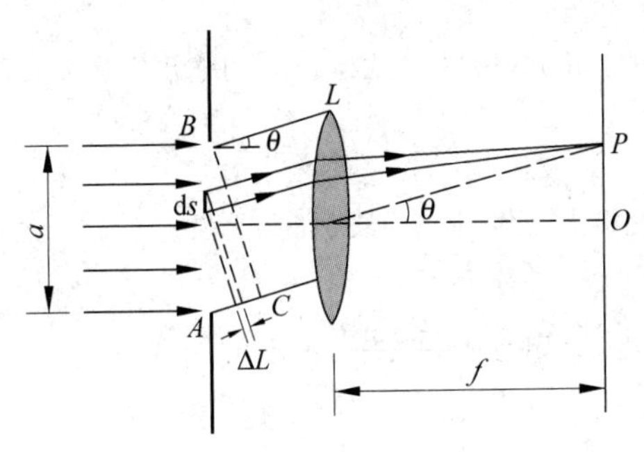

图 10.7 推导单缝衍射强度用图

$$\Delta L=\frac{AC}{N}=\frac{a\sin\theta}{N} \tag{10.5}$$

相应的相差都是

$$\delta=\frac{2\pi}{\lambda}\frac{a\sin\theta}{N} \tag{10.6}$$

根据菲涅耳的叠加思想，P 点光振动的合振幅，就应等于这 N 个波带发出的子波在 P 点的振幅的矢量合成，也就等于 N 个同频率、等振幅（ΔA）、相差依次都是 δ 的振动的合成。这一合振幅可借助图 10.8 的相量图计算出来。图中 $\Delta\boldsymbol{A}_1,\Delta\boldsymbol{A}_2,\cdots,\Delta\boldsymbol{A}_N$ 表示各分振幅矢量，相邻两个分振幅矢量的相差就是式(10.6)给出的 δ。各分振幅矢量首尾相接构成一正多边形的一部分，此正多边形有一外接圆。以 R 表示此外接圆的半径，则合振幅 A_θ 对应的圆心角就是 $N\delta$，而 A_θ 的值为

$$A_\theta=2R\sin\frac{N\delta}{2}$$

在△OCB 中 $\Delta\boldsymbol{A}_1$ 之振幅即前述等振幅 ΔA，显见

$$\Delta A=2R\sin\frac{\delta}{2}$$

以上两式相除可得衍射角为 θ 的 P 处的合振幅应为

$$A_\theta=\Delta A\frac{\sin\frac{N\delta}{2}}{\sin\frac{\delta}{2}}$$

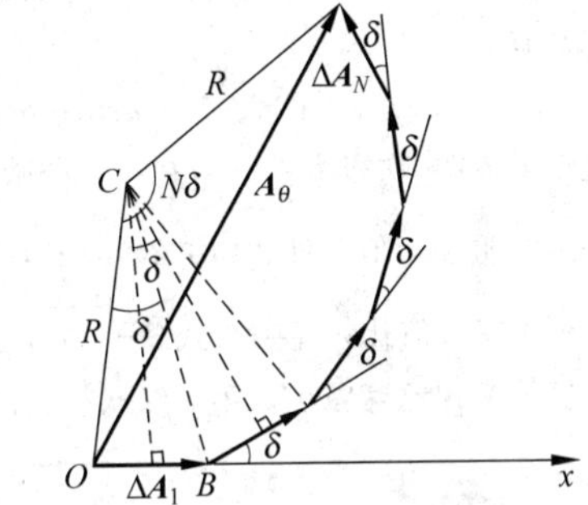

图 10.8 N 个等振幅、相邻振动相差为 δ 的振动的合成相量图

由于 N 非常大，所以 δ 非常小，$\sin\frac{\delta}{2}\approx\frac{\delta}{2}$，因而又可得

$$A_\theta=\Delta A\frac{\sin\frac{N\delta}{2}}{\frac{\delta}{2}}=N\Delta A\frac{\sin\frac{N\delta}{2}}{\frac{N\delta}{2}}$$

令

$$\beta=\frac{N\delta}{2}=\frac{\pi a\sin\theta}{\lambda} \tag{10.7}$$

则

$$A_\theta=N\Delta A\frac{\sin\beta}{\beta}$$

此式中，当 $\theta=0$ 时，$\beta=0$，而 $\frac{\sin\beta}{\beta}=1$，$A_\theta=N\Delta A$。由此可知，$N\Delta A$ 为中央条纹中点 O 处的合振幅。以 A_0 表示此振幅，则 P 点的合振幅为

$$A_\theta=A_0\frac{\sin\beta}{\beta} \tag{10.8}$$

两边平方可得 P 点的光强为

$$I=I_0\left(\frac{\sin\beta}{\beta}\right)^2 \tag{10.9}$$

式中 I_0 为中央明纹中心处的光强。此式即单缝夫琅禾费衍射的光强公式。用相对光强表示，则有

$$\frac{I}{I_0}=\left(\frac{\sin\beta}{\beta}\right)^2 \tag{10.10}$$

图 10.5 中的相对光强分布曲线就是根据这一公式画出的。由式(10.9)或式(10.10)可求出光强极大和极小的条件及相应的角位置。

(1) 主极大

在 $\theta=0$ 处，$\beta=0$，$\sin\beta/\beta=1$，$I=I_0$，光强最大，称为主极大，此即中央明纹中心的光强。

(2) 极小

$\beta=k\pi$，$k=\pm1,\pm2,\pm3,\cdots$时，$\sin\beta=0$，$I=0$，光强最小。因为 $\beta=\frac{\pi a\sin\theta}{\lambda}$，于是得

$$a\sin\theta=k\lambda,\quad k=\pm1,\pm2,\pm3,\cdots$$

此即暗纹中心的条件。这一结论与半波带法所得结果式(10.1)一致。

(3) 次极大

令 $\frac{\mathrm{d}}{\mathrm{d}\beta}\left(\frac{\sin\beta}{\beta}\right)^2=0$，可求得次极大的条件为

$$\tan\beta=\beta$$

用图解法可求得和各次极大相应的 β 值为

$$\beta=\pm1.43\pi,\pm2.46\pi,\pm3.47\pi,\cdots$$

相应地有

$$a\sin\theta=\pm1.43\lambda,\pm2.46\lambda,\pm3.47\lambda,\cdots$$

以上结果表明，次极大差不多在相邻两暗纹的中点，但朝主极大方向稍偏一点。将此结果和用半波带法所得出的明纹近似条件式(10.2)，$a\sin\theta=\pm\left(k+\frac{1}{2}\right)\lambda$ 相比，可知式(10.2)是一个相当好的近似结果。

把上述 β 值代入光强公式(10.10)，可求得各次极大的强度。计算结果表明，次极大的强度随着级次 k 值的增大迅速减小。第1级次极大的光强还不到主极大光强的5%。

10.3 光学仪器的分辨本领

借助光学仪器观察细小物体时，不仅要有一定的放大倍数，还要有足够的分辨本领，才能把微小物体放大到清晰可见的程度。

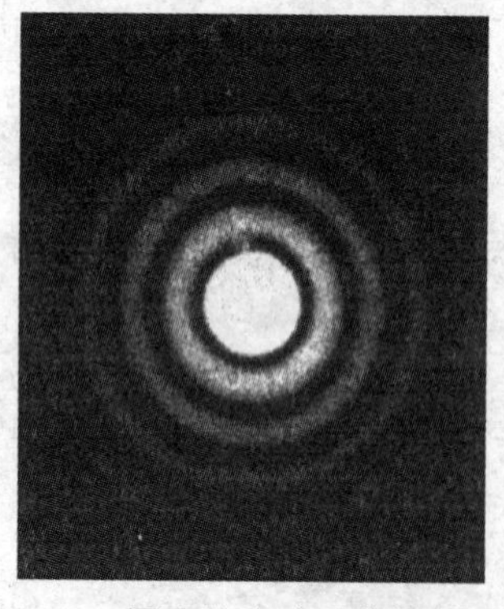

图 10.9 圆孔的夫琅禾费衍射图样

从波动光学角度来看，即使没有任何像差的理想成像系统，它的分辨本领也要受到衍射的限制。光通过光学系统中的光阑、透镜等限制光波传播的光学元件时要发生衍射，因而一个点光源并不成点像，而是在点像处呈现一衍射图样(图 10.9)。例如眼睛的瞳孔、望远镜、显微镜、照相机等的物镜，在成像过程中都是一些衍射孔。两个点光源或同一物体上的两点发的光通过这些衍射孔成像时，由于衍射会形成两个衍射斑，它们的像就是这两个衍射斑的非相干叠加。如果两个衍射斑之间的距离过近，斑点过大，则两个点物或同一

物体上的两点的像就不能分辨，像也就不清晰了（图 10.10(c)）。

怎样才算能分辨？瑞利提出了一个标准，称做**瑞利判据**。它说的是，对于两个强度相等的**不相干**的点光源（物点），**一个点光源的衍射图样的主极大刚好和另一点光源衍射图样的第 1 个极小相重合时**，两个衍射图样的合成光强的谷、峰比约为 0.8。这时，就可以认为，两个点光源（或物点）恰为这一光学仪器所分辨（图 10.10(b)）。两个点光源的衍射斑相距更远时，它们就能十分清晰地被分辨了（图 10.10(a)）。

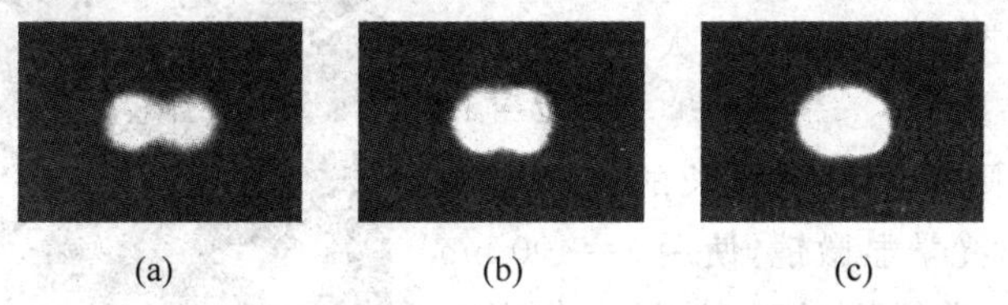

图 10.10 瑞利判据说明：对于两个不相干的点光源
(a) 分辨清晰；(b) 刚能分辨；(c) 不能分辨

以透镜为例，恰能分辨时，两物点在透镜处的张角称为**最小分辨角**，用 $\delta\theta$ 表示，如图 10.11 所示。最小分辨角也叫**角分辨率**，它的倒数称为**分辨本领**（或分辨率）。

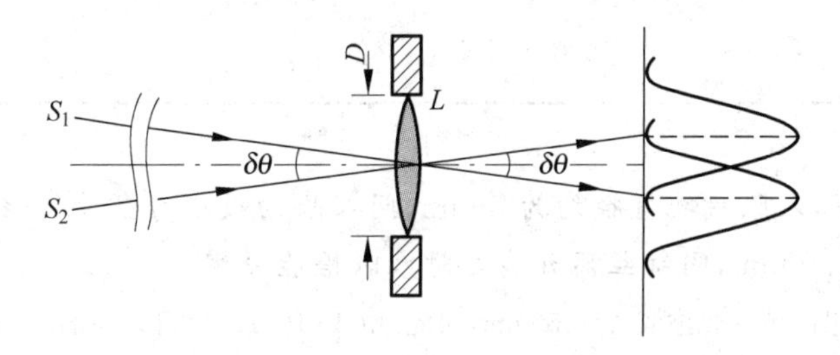

图 10.11 透镜最小分辨角

对**直径为 D 的圆孔**的夫琅禾费衍射来讲，中央衍射斑的角半径为衍射斑的中心到第 1 个极小的角距离。第 1 极小的角位置由下式给出（和式(10.3)略有差别）：

$$\sin\theta = 1.22\frac{\lambda}{D} \tag{10.11}$$

θ 角很小时，

$$\theta \approx \sin\theta = 1.22\frac{\lambda}{D}$$

根据瑞利判据，当两个衍射斑中心的角距离等于衍射斑的角半径时，两个相应的物点恰能分辨，所以角分辨率应为

$$\delta\theta = 1.22\frac{\lambda}{D} \tag{10.12}$$

相应的分辨率为

$$R \equiv \frac{1}{\delta\theta} = \frac{D}{1.22\lambda} \tag{10.13}$$

上式表明，分辨率的大小与仪器的孔径 D 和光波波长有关。因此，大口径的物镜对提高望远镜的分辨率有利。1990 年发射的哈勃太空望远镜的凹面物镜的直径为 2.4 m，角分

辨率约为0.1″([角]秒),在大气层外 615 km 高空绕地球运行(图 10.12)。它采用计算机处理图像技术,把图像资料传回地球。它可观察 130 亿光年远的太空深处,发现了 500 亿个星系。这也并不满足科学家的期望。目前正在设计制造凹面物镜的直径为 8 m 的巨大太空望远镜,用以取代哈勃望远镜,期望能观察到"大爆炸"开端的宇宙实体。

图 10.12 哈勃太空望远镜

对于显微镜,则采用极短波长的光对提高其分辨率有利。对光学显微镜,使用 $\lambda=400$ nm 的紫光照射物体而进行显微观察,最小分辨距离约为 200 nm,最大放大倍数约为 2000。这已是光学显微镜的极限。电子具有波动性。当加速电压为几十万伏时,电子的波长只有约 10^{-3} nm,所以电子显微镜可获得很高的分辨率。这就为研究分子、原子的结构提供了有力工具。

例 10.2

在通常亮度下,人眼瞳孔直径约为 3 mm,问人眼的最小分辨角是多大?远处两根细丝之间的距离为 2.0 mm,问细丝离开多远时人眼恰能分辨?

解 视觉最敏感的黄绿光波长 $\lambda=550$ nm,因此,由式(10.12)可得人眼的最小分辨角为

$$\delta\theta = 1.22\frac{\lambda}{D} = 1.22\times\frac{550\times10^{-9}}{3\times10^{-3}} = 2.24\times10^{-4}\,(\text{rad})\approx 1'$$

设细丝间距离为 Δs,人与细丝相距 L,则两丝对人眼的张角 θ 为

$$\theta=\frac{\Delta s}{L}$$

恰能分辨时应有

$$\theta=\delta\theta$$

于是有

$$L=\frac{\Delta s}{\delta\theta}=\frac{2.0\times10^{-3}}{2.24\times10^{-4}}=8.9\ (\text{m})$$

超过上述距离,则人眼不能分辨。

---

*10.4 细丝和细粒的衍射

不但光通过细缝和小孔时会产生衍射现象,可以观察到衍射条纹,当光射向不透明的细丝或细粒时,也会产生衍射现象,在细丝或细粒后面也会观察到衍射条纹。图 10.13 就

是单色光越过一微小不透光圆片时产生的衍射图样，其中心的小亮点称做**泊松斑**[①]。实际上同样线度的细缝或小孔与细丝或细粒产生的衍射图样是一样的，下面用叠加原理来证明这一点。

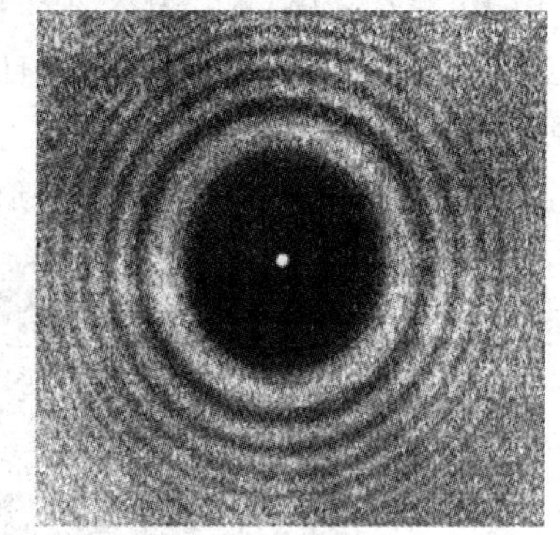

图 10.13　不透光小圆片产生的衍射图样

如图 10.14(a)所示，使一束平行光垂直射向遮光板 G，在遮光板上有一个圆洞，直径为 a。图 10.14(b)为两个透光屏，直径也是 a，正好能嵌入遮光板 G 上的圆洞中。屏 A 上有十字透光缝，屏 B 上有一十字丝，正好能填满屏 A 上的十字缝。这样的两个屏称为互补屏。根据惠更斯-费涅耳原理可知，当屏 A 嵌入遮光板上的圆洞时，其后屏 H 上各点的振幅应是十字缝上各子波波源所发的子波在各点的振幅之和。以 E_1 表示此振幅分布。同理，当屏 B 嵌入遮光板上的圆洞时，屏 H 上各点的振幅应是四象限透光平面(十字丝除外)上各子波波源在各点的振幅之和。以 E_2 表示此振幅分布。若将圆洞全部敞开，屏 H 上的振幅分布就相当于十字缝和透光四象限同时密合相接时二者所分别产生的振幅分布之和。以 E_0 表示圆洞全部敞开时屏 H 上的振幅分布，则应有

$$E_0 = E_1 + E_2 \tag{10.14}$$

此式表明，两个互补透光屏所产生的振幅分布之和等于全透屏所产生的振幅分布。这一结论叫**巴比涅原理**。

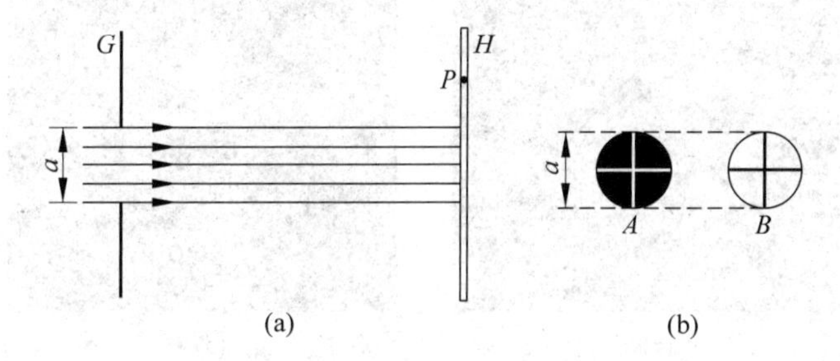

图 10.14　说明巴比涅原理用图

(a) 衍射装置；(b) 互补透光屏

回到图 10.13 的情况，在 $a \gg \lambda$(范围约在 $10^3\lambda$ 到 10λ 之间)时，屏 H 上的几何阴影部分(亦即衍射区)总光强为零，即 $E_0=0$，此时式(10.14)给出

$$E_1 = -E_2 \tag{10.15}$$

由于光强和振幅的平方成正比，所以又可得

$$I_1 = I_2 \tag{10.16}$$

① 泊松于 1818 年首先根据费涅耳的波动论导出了不透光圆片对光的衍射会在其正后方产生一亮斑。他本人不相信波动说，认为这一理论结果是不可信的。他在学会上发表此结果是想为难费涅耳，否定波动说。没想到随后费涅耳就用实验演示了这一亮斑的存在，使波动说有了更强的说服力。

即两个互补的透光屏所产生的衍射光强分布相同，因而具有相同的衍射图样。

细丝和细缝互补，细粒和小孔互补，它们自然就产生相同的衍射图样了。

图10.15(a)，(b)是一对互补的透光屏，图(a)有星形透光孔，图(b)有星形遮光花，图(c)，(d)是和二者分别对应的衍射图样。看起来图(c)，(d)是完全一样的，只是在图(d)的中心有较强的亮光。屏的绝大部分是透光的，图(d)中的中心亮区就是垂直通过此屏的广大透光区而几乎没有衍射的光形成的。

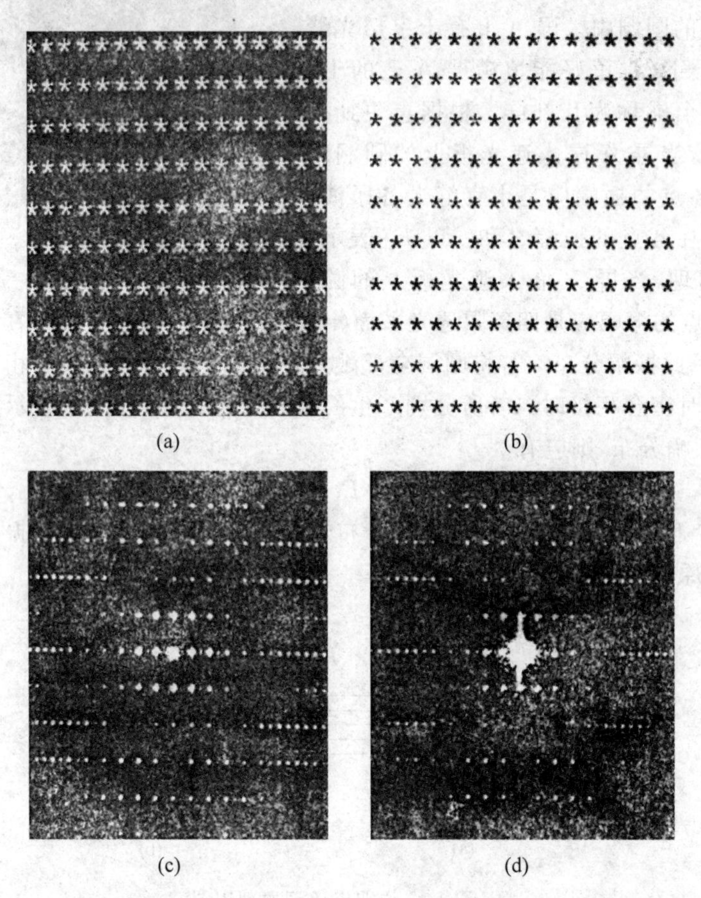

图10.15 说明巴比涅原理用图

(取自 H. C. Ohanian. Physics, 2nd ed.. W. W. NorTon & Company. 1989, Fig 40.19)

例10.3

为了保证抽丝机所抽出的细丝粗细均匀，可以利用光的衍射原理。如图10.16所示，让一束激光照射抽动的细丝，在细丝另一侧2.0 m处设置一接收屏(其后接光电转换装置)接收激光衍射图样。当衍射的中央条纹宽度和预设宽度不合时，光电装置就将信息反馈给抽丝机以改变抽出丝的粗细使之符合要求。如果所用激光器为氦氖激光器，激光波长为632.8 nm，而细丝直径要求为20 μm，求接收屏上衍射图样中的中央亮纹宽度是多大？

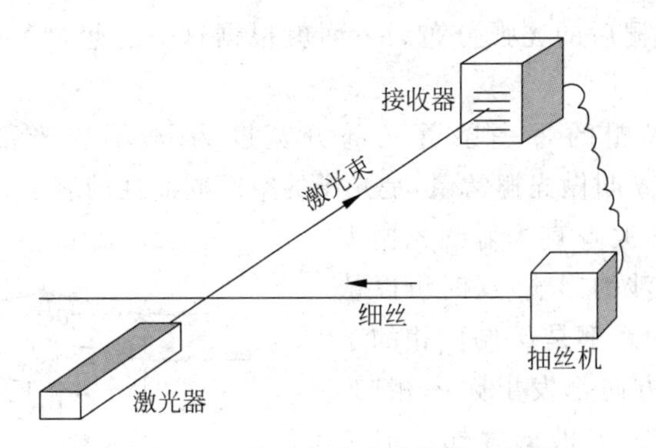

图 10.16 抽丝自动监控装置示意图

解 根据巴比涅原理，细丝产生的衍射图样应和等宽的单缝相同，接收屏上中央亮纹的宽度应为

$$l = 2D\tan\theta_1 = 2D\sin\theta_1 = 2D\lambda/a$$

已知 $D=2.0$ m，$\lambda=632.8$ nm，$a=20$ μm，代入上式可得

$$l = \frac{2\times 2.0\times 632.8\times 10^{-9}}{20\times 10^{-6}} = 0.13\ (\mathrm{m})$$

10.5 光栅衍射

许多等宽的狭缝等距离地排列起来形成的光学元件叫**光栅**。在一块很平的玻璃上用金刚石刀尖或电子束刻出一系列等宽等距的平行刻痕，刻痕处因漫反射而不大透光，相当于不透光部分；未刻过的部分相当于透光的狭缝；这样就做成了透射光栅(图 10.17(a))。在光洁度很高的金属表面刻出一系列等间距的平行细槽，就做成了反射光栅(图 10.17(b))。简易的光栅可用照相的方法制造，印有一系列平行而且等间距的黑色条纹的照相底片就是透射光栅。

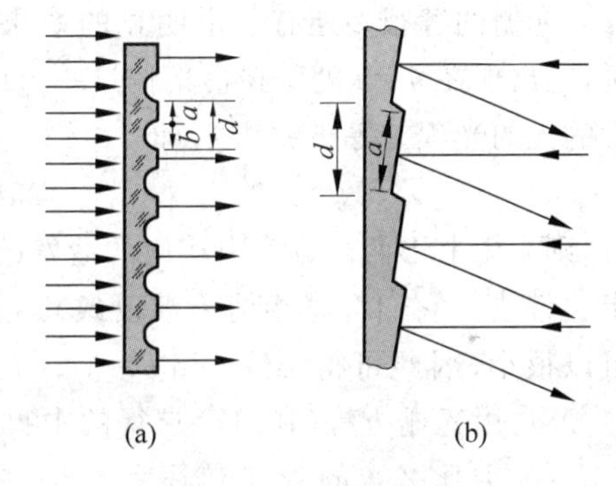

图 10.17 光栅(断面)
(a) 透射光栅；(b) 反射光栅

实用光栅，每毫米内有几十条，上千条甚至几万条刻痕。一块 100 mm×100 mm 的光栅上可能刻有 10^4 条到 10^6 条刻痕。这样的原刻光栅是非常贵重的。

实验中用光透过光栅的衍射现象产生明亮尖锐的亮纹，或在入射光是复色光的情况下，产生光谱以进行光谱分析。它是近代物理实验中用到的一种重要光学元件。本节讨论光栅衍射的基本规律。

如何分析光通过光栅后的强度分布呢？在第 9 章我们讲过双缝干涉的规律。光栅有许多缝，可以想到各个缝发出的光将发生干涉。在 10.2 节我们讲了单缝衍射的规律，可以想到每个缝发出的光本身会产生衍射，正是这各缝之间的干涉和每缝自身的衍射决定了光通过光栅后的光强分布。下面就根据这一思想进行分析(具体推导见本节末[注])。

设图 10.17 中光栅的每一条透光部分宽度为 a,不透光部分宽度为 b(参看图 10.17(a))。$a+b=d$ 叫做**光栅常量**,是光栅的空间周期性的表示。以 N 表示光栅的总缝数,并设平面单色光波垂直入射到光栅表面上。先考虑多缝干涉的影响,这时可以认为各缝共形成 N 个间距都是 d 的同相的子波波源,它们沿每一方向都发出频率相同、振幅相同的光波。这些光波的叠加就成了**多光束的干涉**。在衍射角为 θ 时,光栅上从上到下,相邻两缝发出的光到达屏 H 上 P 点时的光程差都是相等的。由图 10.18 可知,这一光程差等于 $d\sin\theta$。由振动的叠加规律可知,当 θ 满足

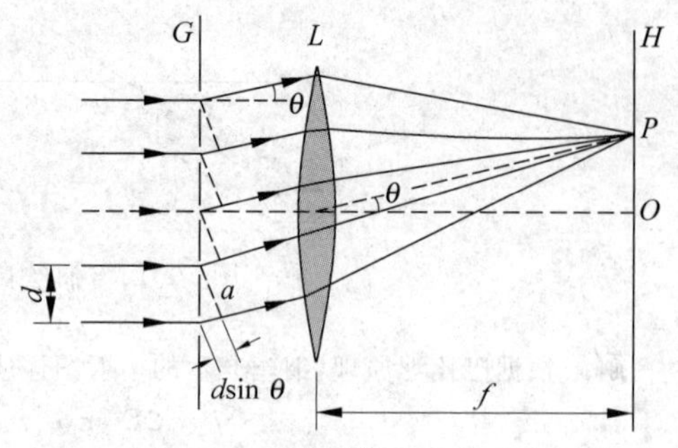

图 10.18 光栅的多光束干涉

$$d\sin\theta = \pm k\lambda, \quad k = 0,1,2,\cdots \tag{10.17}$$

时,所有的缝发的光到达 P 点时都将是同相的。它们将发生相长干涉从而在 θ 方向形成明条纹。值得注意的是,这时在 P 点的合振幅应是来自一条缝的光的振幅的 N 倍,而合光强将是来自一条缝的光强的 N^2 倍。这就是说,光栅的多光束干涉形成的明纹的亮度要比一条缝发的光的亮度大多了,而且 N 越大,条纹越亮。和这些明条纹相应的光强的极大值叫**主极大**,决定主极大位置的式(10.17)叫做**光栅方程**。

光栅的缝很多还有一个明显的效果:使主极大明条纹变得很窄。以中央明条纹为例,它出现在 $\theta=0$ 处。在稍稍偏过一点的 $\Delta\theta$ 方向,如果光栅的最上一条缝和最下一条缝发的光的光程差等于波长 λ,即

$$Nd\sin\Delta\theta = \lambda$$

时,则光栅上下两半宽度内相应的缝发的光到达屏上将都是反相的(想想分析单缝衍射的半波带法),它们都将相消干涉以致总光强为零。由于 N 一般很大,所以 $\sin\Delta\theta=\lambda/Nd$ 可以很小,因此可得 $\Delta\theta=\sin\theta=\lambda/Nd$。由它所限的中央明条纹的角宽度将是 $2\Delta\theta=2\lambda/Nd$。由光栅方程(10.17)求得的中央明条纹到第 1 级明条纹的角距离为 $\theta_1>\sin\theta_1=\lambda/d$。$\theta_1$ 要比 $2\Delta\theta$ 的 $N/2$ 倍还大。由于 N 很大,所以中央明条纹宽度要比它和第 1 级明条纹的间距小得多。对其他级明条纹的分析结果也一样①:明条纹的宽度比它们的间距小得多。在两个主极大之间也还有总光强为零的位置(如使最上面的缝和最下面的缝发的光的光程差为 $2\lambda,3\lambda,\cdots,(N-1)\lambda$ 的方向)。在这些位置之间光强不为零。但由于在这些区域从各缝发来的光叠加时总有许多缝的光干涉相消,所以其总光强比主极大要小得多。这样,多光束干涉的结果就是:**在几乎黑暗的背景上出现了一系列又细又亮的明条纹,而且光栅总缝数 N 越大,所形成的明条纹也越细越亮**。这样的明条纹叫做**光谱线**。这一结果的光强分布曲线如图 10.19(a)所示。

---

① 第 k 级主极大的半角宽应为 $\Delta\theta=\lambda/Nd\cos\theta$,$\theta$ 为第 k 级主极大的角位置。推导见 10.6 节。

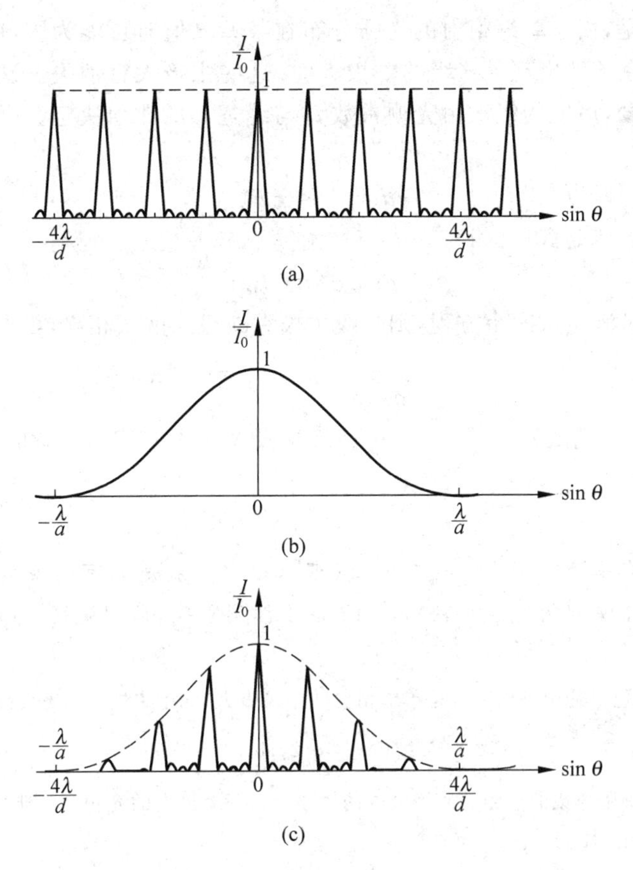

图 10.19　光栅衍射的光强分布

(a) 多光束干涉的光强分布；(b) 单缝衍射的光强分布；(c) 光栅衍射的总光强分布

图 10.19(a)中的光强分布曲线是假设各缝在各方向的衍射光的强度都一样而得出的。实际上，每条缝发的光，由于衍射，在不同的 θ 的方向的强度是不同的，其强度分布如图 10.19(b) 所示(它就是图 10.5 中的分布曲线)。不同 θ 方向的衍射光相干叠加形成的主极大也就要受衍射光强的影响，或者说，**各主极大要受单缝衍射的调制**：衍射光强大的方向的主极大的光强也大，衍射光强小的方向的主极大光强也小。多光束干涉和单缝衍射共同决定的光栅衍射的总光强分布如图 10.19(c)所示。图 10.20 是两张光栅衍射图样的照片。虽然所用光栅的缝数还相当少，但其明条纹的特征已显示得相当明显了。

图 10.20　光栅衍射图样照片

(a) $N=5$；(b) $N=20$

还应指出的是,由于单缝衍射的光强分布在某些θ值时可能为零,所以,如果对应于这些θ值按多光束干涉出现某些级的主极大时,这些主极大将消失。这种衍射调制的特殊结果叫**缺级现象**,所缺的级次由光栅常数d与缝宽a的比值决定。因为主极大满足式(10.17)

$$d\sin\theta=\pm k\lambda$$

而衍射极小(为零)满足式(10.1)

$$a\sin\theta=\pm k'\lambda$$

如果某一θ角同时满足这两个方程,则k级主极大缺级。两式相除,可得

$$k=\pm\frac{d}{a}k',\quad k'=1,2,3,\cdots \tag{10.18}$$

例如,当$d/a=4$时,则缺$k=\pm4,\pm8,\cdots$诸级主极大。图10.19(c)画的就是这种情形。

例 10.4

使单色平行光垂直入射到一个双缝上(可以把它看成是只有两条缝的光栅),其夫琅禾费衍射包线的中央极大宽度内恰好有13条干涉明条纹,试问两缝中心的间隔d与缝宽a应有何关系?

解 双缝衍射包线的中央极大应是单缝衍射的中央极大,此中央极大的宽度按式(10.4)求得为

$$\Delta X=2f\tan\theta_1\approx 2f\sin\theta_1=\frac{2f\lambda}{a}$$

式中f为双缝后面所用透镜的焦距。此极大内的明条纹是两个缝发的光相互干涉的结果。据式(9.8),相邻两明条纹中心的间距为

$$\Delta x=\frac{f\lambda}{d}$$

由于在ΔX内共有13条明条纹,所以应该有

$$\frac{\Delta X}{\Delta x}=13+1=14$$

将上面ΔX与Δx的值代入可得

$$d=7a$$

本题也可由明纹第7级缺级的条件求得。

例 10.5

有一四缝光栅,如图10.21所示。缝宽为a,光栅常量$d=2a$。其中1缝总是开的,而2,3,4缝可以开也可以关闭。波长为λ的单色平行光垂直入射光栅。试画出下列条件下,夫琅禾费衍射的相对光强分布曲线$\frac{I}{I_0}$-$\sin\theta$。

(1) 关闭3,4缝;

(2) 关闭2,4缝;

(3) 4条缝全开。

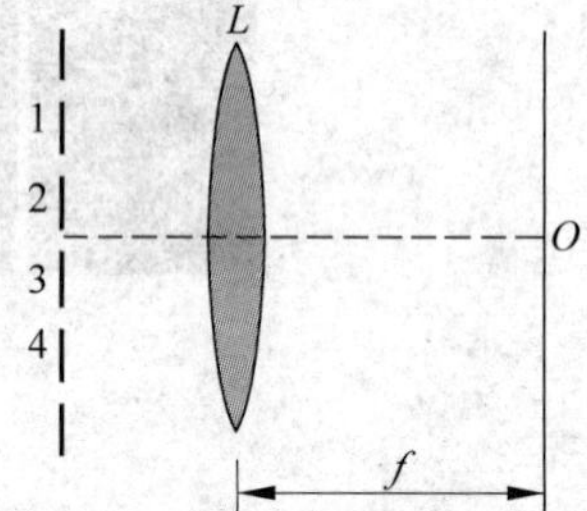

图10.21 四缝光栅

解 (1) 关闭3,4缝时,四缝光栅变为双缝,且$d/a=2$,所以在

中央极大包线内共有 3 条谱线。

(2) 关闭 2,4 缝时，仍为双缝，但光栅常量 d 变为 $d'=4a$，即 $d'/a=4$，因而在中央极大包线内共有 7 条谱线。

(3) 4 条缝全开时，$d/a=2$，中央极大包线内共有 3 条谱线，与(1)不同的是主极大明纹的宽度和相邻两主极大之间的光强分布不同。

上述三种情况下光栅衍射的相对光强分布曲线分别如图 10.22 中(a)，(b)，(c)所示，注意三种情况下都有缺级现象。

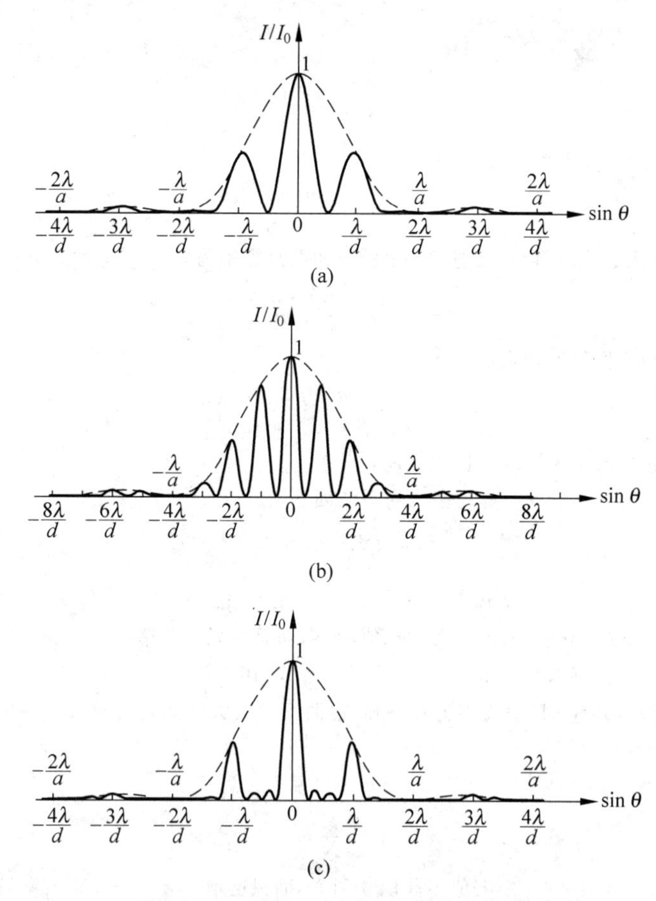

图 10.22　例 10.5 相对光强分布曲线

[注]光栅衍射的光强分布公式的推导

参考图 10.18。以 d 表示光栅常量，以 a 表示每条透光缝的宽度，以 N 表示总的缝数。仍设单色光(波长为 λ)垂直光栅面入射。每一条缝发出的光在衍射角为 θ 的方向的光振动的振幅，根据式(10.8)，为

$$A_{1\theta} = A_{10}\,\frac{\sin\beta}{\beta} \tag{10.19}$$

其中

$$\beta=\frac{\pi a\sin\theta}{\lambda}$$

而 A_{10} 为每一条缝衍射的中央明纹的极大振幅。

所有 N 条缝发出的光在衍射角 θ 方向的总振幅应是式(10.19)的相干叠加。类似于得到式(10.8)的分析，可得这一总振幅为

$$A_\theta = A_{1\theta}\frac{\sin\dfrac{N\delta'}{2}}{\sin\dfrac{\delta'}{2}} \tag{10.20}$$

其中 δ' 是相邻两缝发的光在衍射角 θ 方向的相差，即

$$\delta' = \frac{2\pi}{\lambda}d\sin\theta$$

令

$$\gamma = \frac{\delta}{2} = \frac{\pi d\sin\theta}{\lambda}$$

则式(10.20)可写成

$$A_\theta = A_{1\theta}\frac{\sin N\gamma}{\sin\gamma}$$

将式(10.19)的 $A_{1\theta}$ 代入此式，可得在衍射角为 θ 的方向的总振幅为

$$A_\theta = A_{10}\ \frac{\sin\beta}{\beta}\,\frac{\sin N\gamma}{\sin\gamma} \tag{10.21}$$

将式(10.21)平方即得光栅衍射的强度分布公式

$$I_\theta = I_{10}\left(\frac{\sin\beta}{\beta}\right)^2\left(\frac{\sin N\gamma}{\sin\gamma}\right)^2 \tag{10.22}$$

其中 I_{10} 是每一条缝衍射的中央明纹的极大强度。

式(10.22)中的 $(\sin N\gamma/\sin\gamma)^2$ 称为**多光束干涉因子**，它的极大值出现在

$$\gamma = \frac{\pi d\sin\theta}{\lambda} = k\pi$$

亦即

$$d\sin\theta = k\lambda,\quad k = 0, \pm 1, \pm 2, \cdots \tag{10.23}$$

这时，虽然 $\sin N\gamma=0$ 而且 $\sin\gamma=0$，但二者的比值为 N，而总光强就是单独一个缝产生的光强的 N^2 倍。这就是出现主极大的情况，而式(10.23)也就是光栅方程式(10.17)。

由 $\sin N\gamma=0$ 而 $\sin\gamma\neq 0$ 时，总光强为零可知，在两个主极大之间还有暗纹。在中央主极大($k=0$)和正第1级主极大($k=1$)之间，$\sin N\gamma=0$ 给出

$$N\gamma = k'\pi$$

或

$$\gamma = \frac{k'}{N}\pi \tag{10.24}$$

和式(10.23)对比，可知式(10.24)中 k' 值不能取0和 N，而只能取 $1,2,3,\cdots,N-1$。这说明在 $k=0$ 和1的两主极大之间会有 $N-1$ 个强度极小(零值)。在其他的相邻主极大之间也是这样。在两个极小之间也会有次极大出现，但次极大的光强比主极大的光强要小很多，所以两主极大之间实际上就形成了一段黑暗的背景。这干涉因子的影响正如图10.19(a)所示。

式(10.22)中 $(\sin\beta/\beta)^2$ 称为**单缝衍射因子**，它对光栅衍射的影响就如图10.19(b)所示。

多光束干涉因子和单缝衍射因子共同起作用，光栅衍射强度分布公式式(10.22)就给出了图10.19(c)那样的强度分布曲线和图10.20那样的明纹分布图像。

10.6 光栅光谱

10.5节讲了单色光垂直入射到光栅上时形成谱线的规律。根据光栅方程(10.17)

$$d\sin\theta = \pm k\lambda$$

可知，如果是复色光入射，则由于各成分色光的 λ 不同，除中央零级条纹外，各成分色光的其他同级明条纹将在不同的衍射角出现。同级的不同颜色的明条纹将按波长顺序排列成**光栅光谱**，这就是光栅的分光作用。如果入射复色光中只包含若干个波长成分，则光栅光谱由若干条不同颜色的细亮谱线组成。图 10.23 是氢原子的可见光光栅光谱的第 1,2,4 级谱线（第 3 级缺级），H_α（红），H_β，H_γ，H_δ（紫）的波长分别是 656.3 nm，486.1 nm，434.1 nm，410.2 nm。中央主极大处各色都有，应是氢原子发出复合光，为淡粉色。

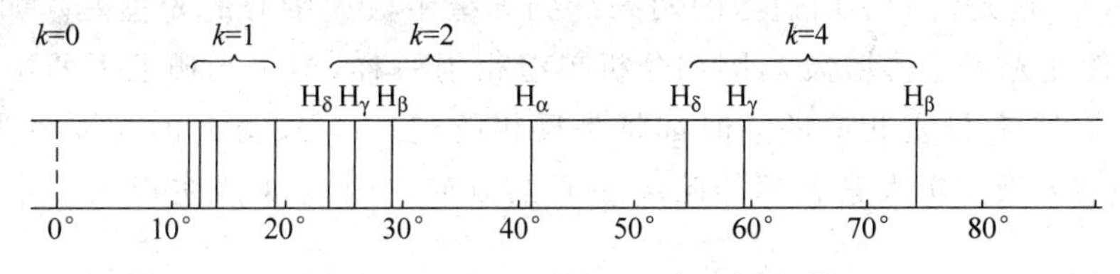

图 10.23　氢原子的可见光光栅光谱

物质的光谱可用于研究物质结构，原子、分子的光谱则是了解原子、分子结构及其运动规律的重要依据。光谱分析是现代物理学研究的重要手段，在工程技术中，也广泛地应用于分析、鉴定等方面。

光栅能把不同波长的光分开，那么波长很接近的两条谱线是否一定能在光栅光谱中分辨出来呢？不一定，因为这还和谱线的宽度有关。根据**瑞利判据**，一条谱线的中心恰与另一条谱线的距谱线中心最近一个极小重合时，两条谱线刚能分辨。如图 10.24 所示，$\delta\theta$ 表示波长相近的两条谱线的角间隔（即两个主极大之间的角距离），$\Delta\theta$ 表示谱线本身的半角宽（即某一主极大的中心到相邻的一级极小的角距离），当 $\delta\theta=\Delta\theta$ 时，两条谱线刚能分辨。下面具体计算光栅的分辨本领和什么因素有关。

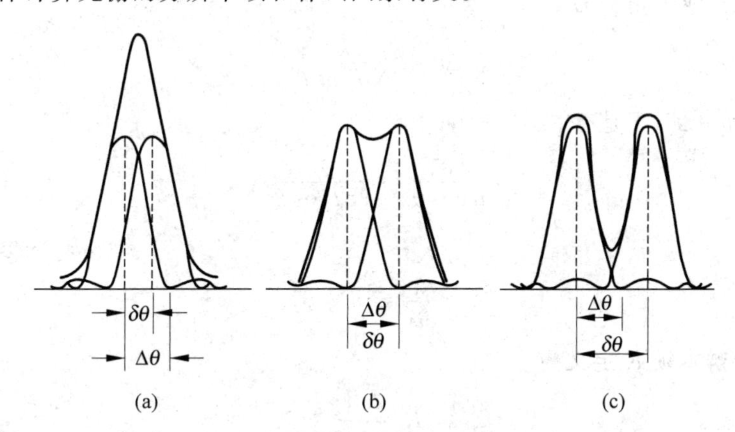

图 10.24　说明光栅分辨本领用图

(a) $\delta\theta<\Delta\theta$，不能分辨；(b) $\delta\theta=\Delta\theta$，恰能分辨；(c) $\delta\theta>\Delta\theta$，能分辨

角间隔 $\delta\theta$ 取决于光栅把不同波长的光分开的本领。对光栅方程两边微分，得

$$d\cos\theta\,\delta\theta = k\delta\lambda$$

于是得波长差为 $\delta\lambda$ 的两条 k 级谱线的角间距为

$$\delta\theta = \frac{k\delta\lambda}{d\cos\theta} \tag{10.25}$$

半角宽 $\Delta\theta$ 可如下求得。对第 k 级主极大形成的谱线的中心，光栅方程给出

$$d\sin\theta = k\lambda \tag{10.26}$$

此式两边乘以光栅总缝数 N，可得

$$Nd\sin\theta = Nk\lambda \tag{10.27}$$

此式中 $Nd\sin\theta$ 是光栅上下两边缘的两条缝到 k 级主极大中心的光程差。如果 θ 增大一小量 $\Delta\theta$，使此光程差再增大 λ，则如分析单缝衍射一样，整个光栅上下两半对应的缝发出的光会聚到屏 H 上相应的点时都将是反相的，在 $\theta+\Delta\theta$ 方向的光强将为零，这一方向也就是和 k 级主极大紧相邻的暗纹中心的方向。因此，k 级主极大的半角宽就是 $\Delta\theta$，它满足

$$Nd\sin(\theta+\Delta\theta) = Nk\lambda + \lambda$$

或

$$d\sin(\theta+\Delta\theta) = k\lambda + \frac{\lambda}{N} \tag{10.28}$$

和式(10.26)相减，可得

$$d[\sin(\theta+\Delta\theta) - \sin\theta] = \frac{\lambda}{N}$$

或写为

$$\Delta(\sin\theta) = \cos\theta\,\Delta\theta = \frac{\lambda}{Nd}$$

由此可得 k 级谱线半角宽为

$$\Delta\theta = \frac{\lambda}{Nd\cos\theta} \tag{10.29}$$

刚能分辨时，$\delta\theta=\Delta\theta$，于是有

$$\frac{k\delta\lambda}{d\cos\theta} = \frac{\lambda}{Nd\cos\theta}$$

由此得

$$\frac{\lambda}{\delta\lambda} = kN \tag{10.30}$$

光栅的**分辨本领** R 定义为

$$R = \frac{\lambda}{\delta\lambda} \tag{10.31}$$

这一定义说明，一个光栅能分开的两个波长的波长差 $\delta\lambda$ 越小，该光栅的分辨本领越大。利用式(10.30)可得

$$R = kN \tag{10.32}$$

此式表明，光栅的分辨本领与级次成正比，特别是，与光栅的总缝数成正比。当要求在某一级次的谱线上提高光栅的分辨本领时，必须增大光栅的总缝数。这就是光栅所以要刻上万条甚至几十万条刻痕的原因。

例 10.6

用每毫米内有500条缝的光栅，观察钠光谱线。

(1) 光线以 $i=30°$ 角斜入射光栅时，谱线的最高级次是多少？并与垂直入射时比较。

(2) 若在第3级谱线处恰能分辨出钠双线，光栅必须有多少条缝(钠黄光的波长一般取589.3 nm，它实际上由589.0 nm和589.6 nm两个波长的光组成，称为钠双线)？

解 (1) 斜入射时，相邻两缝的入射光束在入射前有光程差 AB，衍射后有光程差 CD，如图10.25所示。总光程差为 $CD-AB=d(\sin\theta-\sin i)$，因此斜入射的光栅方程为

$$d(\sin\theta-\sin i)=\pm k\lambda,\quad k=0,1,2,\cdots$$

谱线级次为

$$k=\pm\frac{d(\sin\theta-\sin i)}{\lambda}$$

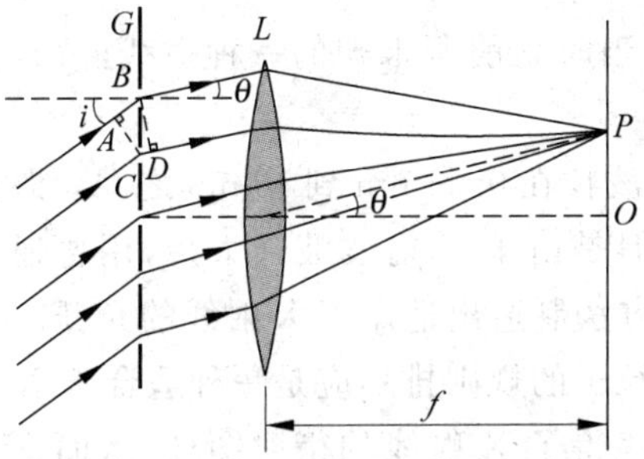

图10.25 斜入射时光程差计算用图

此式表明，斜入射时，零级谱线不在屏中心，而移到 $\theta=i$ 的角位置处。可能的最高级次相应于 $\theta=-\frac{\pi}{2}$。由于 $d=\frac{1}{500}\text{mm}=2\times10^{-6}$ m，代入上式得

$$k_{\max}=-\frac{2\times10^{-6}\left[\sin\left(-\frac{\pi}{2}\right)-\sin30°\right]}{589.3\times10^{-9}}=5.1$$

级次取较小的整数，得最高级次为5。

垂直入射时，$i=0$，最高级次相应于 $\theta=\pi/2$，于是有

$$k_{\max}=\frac{2\times10^{-6}\sin\frac{\pi}{2}}{589.3\times10^{-9}}=3.4$$

最高级次应为3。可见斜入射比垂直入射可以观察到更高级次的谱线。

(2) 利用式(10.30)

$$\frac{\lambda}{\delta\lambda}=kN$$

可得

$$N=\frac{\lambda}{\delta\lambda}\ \frac{1}{k}=\frac{\lambda}{\lambda_2-\lambda_1}\ \frac{1}{k}$$

将 $\lambda_1=589.0$ nm，$\lambda_2=589.6$ nm 和 $k=3$ 代入，可得

$$N=\frac{589.3}{589.6-589.0}\times\frac{1}{3}=327$$

这个要求并不高。

10.7 X射线衍射

X射线是伦琴于1895年发现的，故又称伦琴射线。图10.26所示为X射线管的结构示意图。图中 G 是一抽成真空的玻璃泡，其中密封有电极 K 和 A。K 是发射电子的热阴

极，A是阳极，又称**对阴极**。两极间加数万伏高电压，阴极发射的电子，在强电场作用下加速，高速电子撞击阳极（靶）时，就从阳极发出X射线。

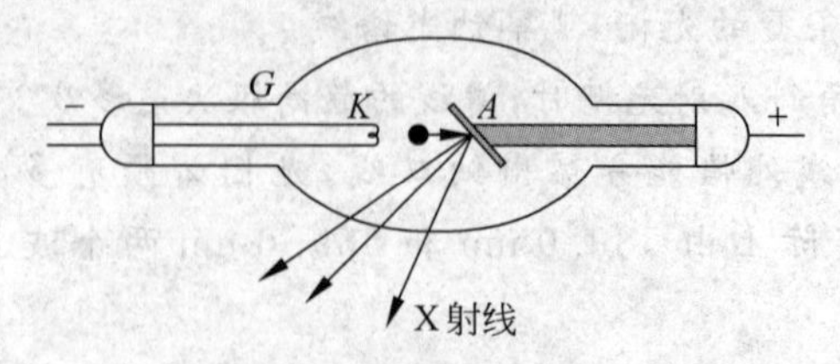

图10.26 X射线管结构示意图

这种射线人眼看不见，具有很强的穿透能力，在当时是前所未知的一种射线，故称为X射线。

后来认识到，X射线是一种波长很短的电磁波，波长在0.01 nm到10 nm之间。既然X射线是一种电磁波，也应该有干涉和衍射现象。但是由于X射线波长太短，用普通光栅观察不到X射线的衍射现象，而且也无法用机械方法制造出适用于X射线的光栅。

1912年德国物理学家劳厄想到，晶体由于其中粒子的规则排列应是一种适合于X射线的三维空间光栅。他进行了实验，第一次圆满地获得了X射线的衍射图样，从而证实了X射线的波动性。劳厄实验装置简图如图10.27所示。图10.27(a)中PP'为铅板，上有一小孔，X射线由小孔通过；C为晶体，E为照相底片。图10.27(b)是X射线通过NaCl晶体后投射到底片上形成的衍射斑，称为劳厄斑。对劳厄斑的定量研究，涉及空间光栅的衍射原理，这里不作介绍。

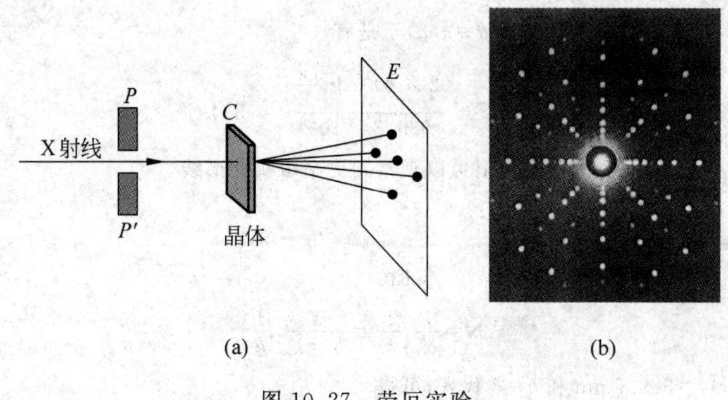

图10.27 劳厄实验

(a) 装置简图；(b) 劳厄斑

下面介绍前苏联乌利夫和英国布拉格父子独立地提出的一种研究方法。这种方法研究X射线在晶体表面上反射时的干涉，原理比较简单。

X射线照射晶体时，晶体中每一个微粒都是发射子波的衍射中心，向各个方向发射子波，这些子波相干叠加，就形成衍射图样。

晶体由一系列平行平面（晶面）组成，各晶面间距离称为晶面间距，用d表示，如图10.28所示。当一束X光以掠射角φ入射到晶面上时，在符合反射定律的方向上可以得到强度最大的射线。但由于各个晶面上衍射中心发出的子波的干涉，这一强度也随掠

射角的改变而改变。由图 10.28 可知，相邻两个晶面反射的两条光线干涉加强的条件为

$$2d\sin\varphi = k\lambda,\quad k = 1,2,3,\cdots \tag{10.33}$$

此式称为**布拉格公式**。

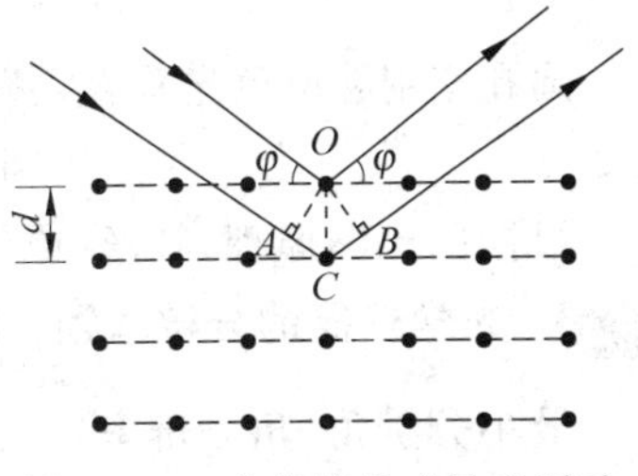

图 10.28 布拉格公式导出图示

应该指出，同一块晶体的空间点阵，从不同方向看去，可以看到粒子形成取向不相同，间距也各不相同的许多晶面族。当 X 射线入射到晶体表面上时，对于不同的晶面族，掠射角 φ 不同，晶面间距 d 也不同。凡是满足式(10.33)的，都能在相应的反射方向得到加强。一块完整的晶体就会形成图 10.27(b)那样的对称分布的衍射图样。

布拉格公式是 X 射线衍射的基本规律，它的应用是多方面的。若由别的方法测出了晶面间距 d，就可以根据 X 射线衍射实验由掠射角 φ 算出入射 X 射线的波长，从而研究 X 射线谱，进而研究原子结构。反之，若用已知波长的 X 射线投射到某种晶体的晶面上，由出现最大强度的掠射角 φ 可以算出相应的晶面间距 d 从而研究晶体结构，进而研究材料性能。这些研究在科学和工程技术上都是很重要的。例如对大生物分子 DNA 晶体的成千张的 X 射线衍射照片(图 10.29(a))的分析，显示出 DNA 分子的双螺旋结构(图 10.29(b))。

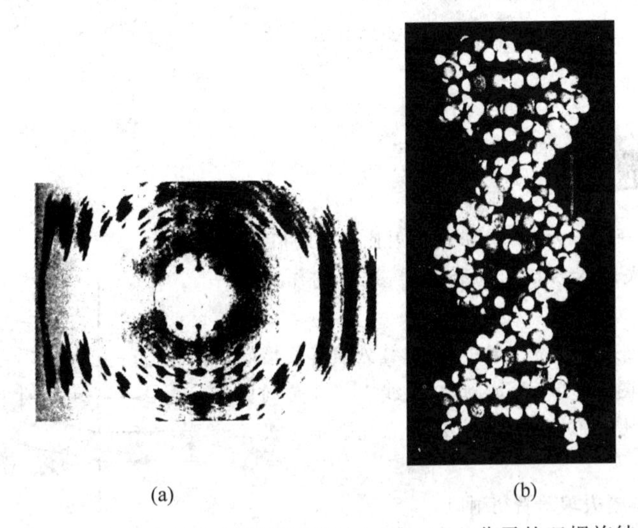

图 10.29 DNA 晶体的 X 射线衍射照片(a)和 DNA 分子的双螺旋结构(b)

提要

1. 惠更斯-菲涅耳原理的基本概念：波阵面上各点都可以当成子波波源，其后波场中各点波的强度由各子波在各该点的相干叠加决定。

2. 夫琅禾费衍射：

单缝衍射：可用半波带法分析。单色光垂直入射时，衍射暗条纹中心位置满足

$$a\sin\theta=\pm k\lambda,\quad a\text{为缝宽}$$

圆孔衍射：单色光垂直入射时，中央亮斑的角半径为θ，且

$$D\sin\theta=1.22\lambda,\quad D\text{为圆孔直径}$$

根据巴比涅原理，细丝（或细粒）和细缝（或小孔）按同样规律产生衍射图样。

3. 光学仪器的分辨本领：根据圆孔衍射规律和瑞利判据可得

最小分辨角（角分辨率）　　$\delta\theta=1.22\dfrac{\lambda}{D}$

分辨率　　$R=\dfrac{1}{\delta\theta}=\dfrac{D}{1.22\lambda}$

4. 光栅衍射：在黑暗的背景上显现窄细明亮的谱线。缝数越多，谱线越细越亮。单色光垂直入射时，谱线（主极大）的位置满足

$$d\sin\theta=k\lambda,\quad d\text{为光栅常量}$$

谱线强度受单缝衍射调制，有时有缺级现象。

光栅的分辨本领

$$R=\frac{\lambda}{\delta\lambda}=kN,\quad N\text{为光栅总缝数}$$

5. X射线衍射的布拉格公式：

$$2d\sin\varphi=k\lambda$$

思考题

10.1　在日常经验中，为什么声波的衍射比光波的衍射更加显著？

10.2　在观察夫琅禾费衍射的装置中，透镜的作用是什么？

10.3　在单缝的夫琅禾费衍射中，若单缝处波阵面恰好分成4个半波带，如图10.30所示。此时光线1与3是同位相的，光线2与4也是同位相的，为什么P点光强不是极大而是极小？

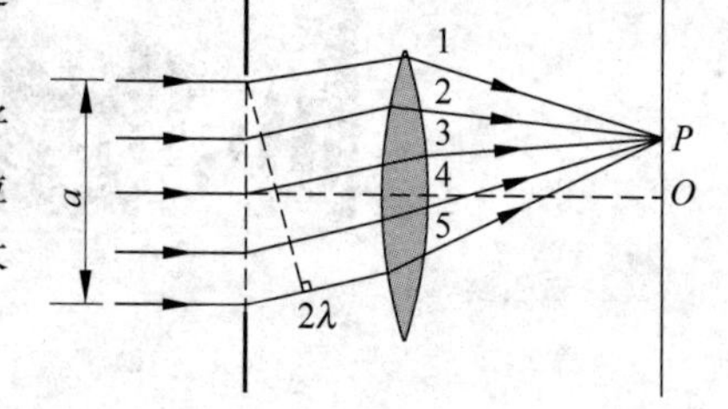

图10.30　思考题10.3用图

10.4　在观察单缝夫琅禾费衍射时，

(1) 如果单缝垂直于它后面的透镜的光轴向上或向下移动，屏上衍射图样是否改变？为什么？

(2) 若将线光源S垂直于光轴向下或向上移动，屏上衍射图样是否改变？为什么？

10.5　在单缝的夫琅禾费衍射中，如果将单缝宽度逐渐加宽，衍射图样发生什么变化？

10.6　假如可见光波段不是在400～700 nm，而是在毫米波段，而人眼睛瞳孔仍保持在3 mm左右，设想人们看到的外部世界将是什么景象？

10.7　如何说明不论多缝的缝数有多少，各主极大的角位置总是和有相同缝宽和缝间距的双缝干涉极大的角位置相同？

10.8　在杨氏双缝实验中，每一条缝自身（即把另一缝遮住）的衍射条纹光强分布各如何？双缝同时打开时条纹光强分布又如何？前两个光强分布图的简单相加能得到后一个光强分布图吗？大略地在同一张图中画出这三个光强分布曲线来。

10.9　一个“杂乱”光栅，每条缝的宽度是一样的，但缝间距离有大有小随机分布。单色光垂直入射这种光栅时，其衍射图样会是什么样子的？

习题

10.1　有一单缝，缝宽 $a=0.10$ mm，在缝后放一焦距为 50 cm 的会聚透镜，用波长 $\lambda=546.1$ nm 的平行光垂直照射单缝，试求位于透镜焦平面处屏上中央明纹的宽度。

10.2　用波长 $\lambda=632.8$ nm 的激光垂直照射单缝时，其夫琅禾费衍射图样的第 1 极小与单缝法线的夹角为 5°，试求该缝的缝宽。

10.3　一单色平行光垂直入射一单缝，其衍射第 3 级明纹位置恰与波长为 600 nm 的单色光垂直入射该缝时衍射的第 2 级明纹位置重合，试求该单色光波长。

10.4　波长为 20 m 的海面波垂直进入宽 50 m 的港口。在港内海面上衍射波的中央波束的角宽度是多少？

10.5　用肉眼观察星体时，星光通过瞳孔的衍射在视网膜上形成一个小亮斑。

(1) 瞳孔最大直径为 7.0 mm，入射光波长为 550 nm。星体在视网膜上的像的角宽度多大？

(2) 瞳孔到视网膜的距离为 23 mm。视网膜上星体的像的直径多大？

(3) 视网膜中央小凹(直径 0.25 mm)中的柱状感光细胞每平方毫米约 1.5×10^5 个。星体的像照亮了几个这样的细胞？

10.6　有一种利用太阳能的设想是在 3.5×10^4 km 的高空放置一块大的太阳能电池板，把它收集到的太阳能用微波形式传回地球。设所用微波波长为 10 cm，而发射微波的抛物天线的直径为 1.5 km。此天线发射的微波的中央波束的角宽度是多少？在地球表面它所覆盖的面积的直径多大？

10.7　解释为什么在有雾的夜晚可以看到月亮周围有一个光圈①，而且这光圈常发红色(图 10.31)。如果月亮周围的光圈的角直径是 5°，试估算大气中水珠的直径的大小。紫光波长按 450 nm 计。

图 10.31　2004 年 5 月 19 日上午 12 时长沙上空出现的日晕(它形成的原理和月晕相同)

10.8　在迎面驶来的汽车上，两盏前灯相距 120 cm。试问汽车离人多远的地方，眼睛恰能分辨这两盏前灯？设夜间人眼瞳孔直径为 5.0 mm，入射光波长为 550 nm，而且仅考虑人眼瞳孔的衍射效应。

10.9　据说间谍卫星上的照相机能清楚识别地面上汽车的牌照号码。

(1) 如果需要识别的牌照上的字划间的距离为 5 cm，在 160 km 高空的卫星上的照相机的角分辨率应多大？

(2) 此照相机的孔径需要多大？光的波长按 500 nm 计。

10.10　美国波多黎各阿里西玻谷地的无线电天文望远镜(图 10.32)的“物镜”镜面孔径为 300 m，曲率半径也是 300 m。它工作的最短波长是 4 cm。对于此波长，这台望远镜的角分辨率是多少？

10.11　为了提高无线电天文望远镜的分辨率，使用相距很远(可达 10^4 km)的两台望远镜。这两台

---

①　参看：张三慧. 日晕是怎样形成的？物理与工程，2004(6)：5.

图 10.32 习题 10.10 用图

望远镜同时各自把无线电信号记录在磁带上，然后拿到一起用电子技术进行叠加分析。(这需要特别精确的原子钟来标记记录信号的时刻。)设这样两台望远镜相距 10^4 km，而所用无线电波波长在厘米波段，这种"特长基线干涉法"所能达到的角分辨率多大？

10.12 大熊星座 ζ 星(图 10.33)实际上是一对双星。二星的角距离是 $14''$([角]秒)。试问望远镜物镜的直径至少要多大才能把这两颗星分辨开来？使用的光的波长按 550 nm 计。

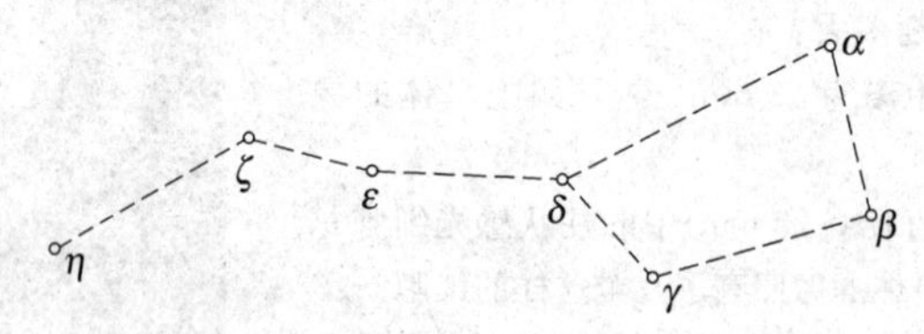

图 10.33 大熊星座诸成员星

10.13 一双缝，缝间距 $d=0.10$ mm，缝宽 $a=0.02$ mm，用波长 $\lambda=480$ nm 的平行单色光垂直入射该双缝，双缝后放一焦距为 50 cm 的透镜，试求：

(1) 透镜焦平面处屏上干涉条纹的间距；

(2) 单缝衍射中央亮纹的宽度；

(3) 单缝衍射的中央包线内有多少条干涉的主极大。

10.14 一光栅，宽 2.0 cm，共有 6000 条缝。今用钠黄光垂直入射，问在哪些角位置出现主极大？

10.15 某单色光垂直入射到每厘米有 6000 条刻痕的光栅上，其第 1 级谱线的角位置为 $20°$，试求该单色光波长。它的第 2 级谱线在何处？

10.16 试根据图 10.23 所示光谱图，估算所用光栅的光栅常量和每条缝的宽度。

10.17 一光源发射的红双线在波长 $\lambda=656.3$ nm 处，两条谱线的波长差 $\Delta\lambda=0.18$ nm。今有一光栅可以在第 1 级中把这两条谱线分辨出来，试求该光栅所需的最小刻线总数。

10.18 北京天文台的米波综合孔径射电望远镜由设置在东西方向上的一列共 28 个抛物面组成(图 10.34)。这些天线用等长的电缆连到同一个接收器上(这样各电缆对各天线接收的电磁波信号不会产生附加的相差)，接收由空间射电源发射的 232 MHz 的电磁波。工作时各天线的作用等效于间距为 6 m，总数为 192 个天线的一维天线阵列。接收器接收到的从正天顶上的一颗射电源发来的电磁波将产生极大强度还是极小强度？在正天顶东方多大角度的射电源发来的电磁波将产生第一级极小强度？又在正天顶东方多大角度的射电源发来的电磁波将产生下一级极大强度？

10.19 在图 10.34 中，若 $\varphi=45°$，入射的 X 射线包含有从 0.095～0.130 nm 这一波带中的各种波长。已知晶格常数 $d=0.275$ nm，问是否会有干涉加强的衍射 X 射线产生？如果有，这种 X 射线的波长

图 10.34　习题 10.18 用图

如何？

*10.20　1927 年戴维孙和革末用电子束射到镍晶体上的衍射(散射)实验证实了电子的波动性。实验中电子束垂直入射到晶面上。他们在 $\varphi=50°$ 的方向测得了衍射电子流的极大强度(图 10.35)。已知晶面上原子间距为 $d=0.215$ nm，求与入射电子束相应的电子波波长。

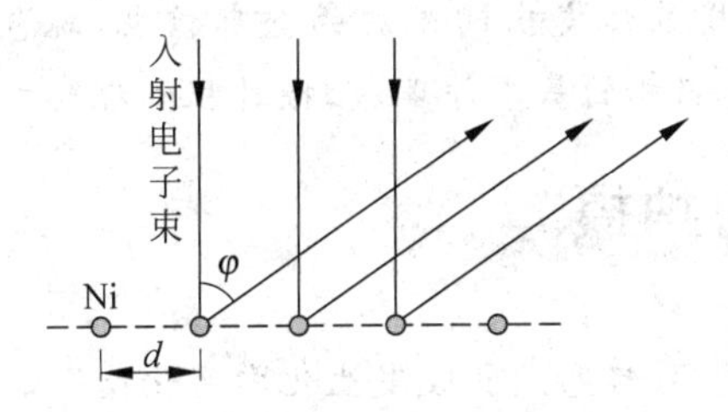

图 10.35　习题 10.20 用图

全息照相

全息照相(简称全息)原理是1948年伽伯(Dennis Gabor)为了提高电子显微镜的分辨本领而提出的。他曾用汞灯作光源拍摄了第一张全息照片。其后,这方面的工作进展相当缓慢。直到1960年激光出现以后,全息技术才获得了迅速发展,现在它已是一门应用广泛的重要新技术。

全息照相的“全息”是指物体发出的光波的全部信息:既包括振幅或强度,也包括相位。和普通照相比较,全息照相的基本原理、拍摄过程和观察方法都不相同。

B.1 全息照片的拍摄

照相技术是利用了光能引起感光乳胶发生化学变化这一原理。这化学变化的深度随入射光强度的增大而增大,因而冲洗过的底片上各处会有明暗之分。普通照相使用透镜成像原理,底片上各处乳剂化学反应的深度直接由物体各处的明暗决定,因而底片就记录了明暗,或者说,记录了入射光波的强度或振幅。全息照相不但记录了入射光波的强度,而且还能记录下入射光波的相位。之所以能如此,是因为全息照相利用了光的干涉现象。

全息照相没有利用透镜成像原理,拍摄全息照片的基本光路大致如图B.1所示。来自同一激光光源(波长为λ)的光分成两部分:一部分直接照到照相底片上,叫**参考光**;另一部分用来照明被拍摄物体,物体表面上各处散射的光也射到照相底片上,这部分光叫**物**

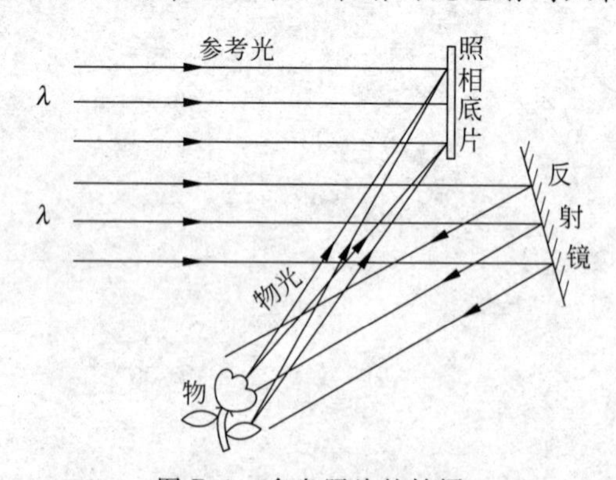

图B.1 全息照片的拍摄

光。参考光和物光在底片上各处相遇时将发生干涉。所产生的干涉条纹既记录了来自物体各处的光波的强度,也记录了这些光波的相位。

干涉条纹记录光波的强度的原理是容易理解的。因为射到底片上的参考光的强度是各处一样的,但物光的强度则各处不同,其分布由物体上各处发来的光决定,这样参考光和物光叠加干涉时形成的干涉条纹在底片上各处的浓淡也不同。这浓淡就反映物体上各处发光的强度,这一点是与普通照相类似的。

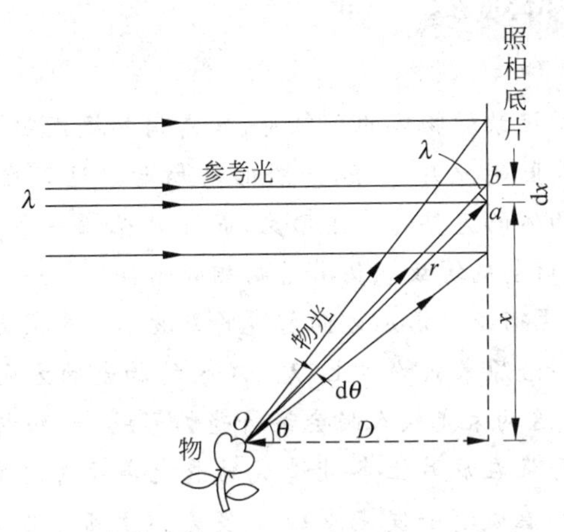

图 B.2　相位记录说明

干涉条纹是怎样记录相位的呢?请看图 B.2,设 O 为物体上某一发光点。它发的光和参考光在底片上形成干涉条纹。设 a,b 为某相邻两条暗纹(底片冲洗后变为透光缝)所在处,距 O 点的距离为 r。要形成暗纹,在 a,b 两处的物光和参考光必须都反相。由于参考光在 a,b 两处是相同的(如图设参考光平行垂直入射,但实际上也可以斜入射),所以到达 a,b 两处的物光的光程差必相差 λ。由图示几何关系可知

$$\lambda = \sin\theta \mathrm{d}x$$

由此得

$$\mathrm{d}x = \frac{\lambda}{\sin\theta} = \frac{\lambda r}{x} \tag{B.1}$$

这一公式说明,在底片上同一处,来自物体上不同发光点的光,由于它们的 θ 或 r 不同,与参考光形成的干涉条纹的间距就不同,因此底片上各处干涉条纹的间距(以及条纹的方向)就反映了物光光波相位的不同,这不同实际上反映了物体上各发光点的位置(前后、上下、左右)的不同。整个底片上形成的干涉条纹实际上是物体上各发光点发出的物光与参考光所形成的干涉条纹的叠加。这种把相位不同转化为干涉条纹间距(或方向)不同从而被感光底片记录下来的方法是普通照相方法中不曾有的。

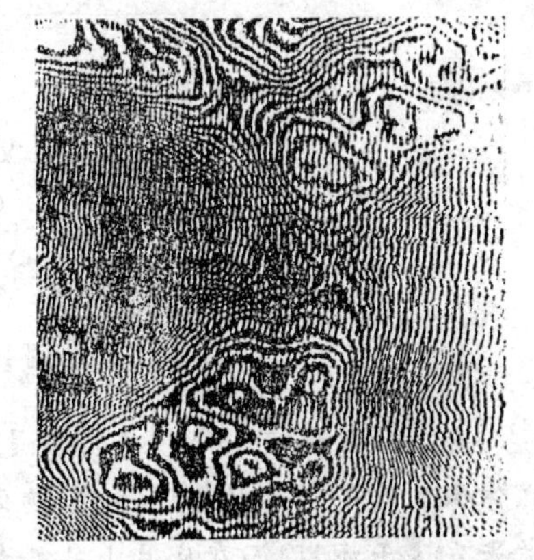

图 B.3　全息照片外观

由上述可知,用全息照相方法获得的底片并不直接显示物体的形象,而是一幅复杂的条纹图像,而这些条纹正记录了物体的光学全息。图 B.3 是一张全息照

片的部分放大图。

由于全息照片的拍摄利用光的干涉现象，它要求参考光和物光是彼此相干的。实际上所用仪器设备以及被拍摄物体的尺寸都比较大，这就要求光源有很强的时间相干性和空间相干性。激光，作为一种相干性很强的强光源正好满足了这些要求，而用普通光源则很难做到。这正是激光出现后全息技术才得到长足发展的原因。

B.2 全息图像的观察

观察一张全息照片所记录的物体的形象时，只需用拍摄该照片时所用的同一波长的照明光沿原参考光的方向照射照片即可，如图 B.4 所示。这时在照片的背面向照片看，就可看到在原位置处原物体的完整的立体形象，而照片就像一个窗口一样。之所以能有这样的效果，是因为光的衍射的缘故。仍考虑两相邻的条纹 a 和 b，这时它们是两条透光缝，照明光透过它们将发生衍射。沿原方向前进的光波不产生成像效果，只是其强度受到照片的调制而不再均匀。沿原来从物体上 O 点发来的物光的方向的那两束衍射光，其光程差一定也就是波长 λ。这两束光被人眼会聚将叠加形成 +1 级极大，这一极大正对应于发光点 O。由发光点 O 原来在底片上各处造成的透光条纹透过的光的衍射的总效果就会使人眼感到在原来 O 所在处有一发光点 O'。发光体上所有发光点在照片上产生的透光条纹对入射照明光的衍射，就会使人眼看到一个在原来位置处的一个原物的完整的**立体虚像**。注意，这个立体虚像**真正是立体的**，其突出特征是：当人眼换一个位置时，可以看到物体的侧面像，原来被挡住的地方这时也显露出来了。普通的照片不可能做到这一点。人们看普通照片时也会有立体的感觉，那是因为人脑对视角的习惯感受，如远小近大等。在普通照片上无论如何也不能看到物体上原来被挡住的那一部分。

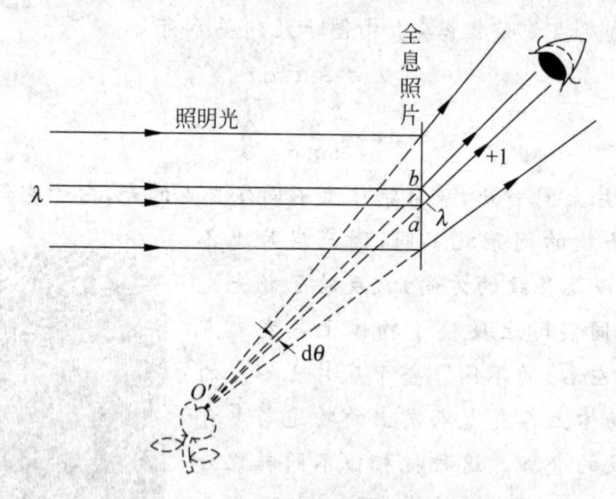

图 B.4 全息照片虚像的形成

全息照片还有一个重要特征是通过其一部分，例如一块残片，也可以看到整个物体的立体像。这是因为拍摄照片时，物体上任一发光点发出的物光在整个底片上各处都和参考光发生干涉，因而在底片上各处都有该发光点的记录。取照片的一部分用照明光照射时，这一部分上的记录就会显示出该发光点的像。对物体上所有发光点都是这样，所不同的只是观察的“窗口”小了一点。这种点-面对应记录的优点是用透镜拍摄普通照片时所不具有的。普通照片与物是点-点对应的，撕去一部分，这一部分就看不到了。

还需要指出的是，用照明光照射全息照片时，还可以得到一个原物的实像，如图 B.5 所示。从 a 和 b 两条透光缝衍射的，沿着和原来物光对称的方向的那两束光，其光程差也正好相差 λ。它们将在和 O' 点对于全息照片对称的位置上相交干涉加强形成 -1 级极大。从照片上各处由 O 点发出的光形成的透光条纹所衍射的相应方向的光将会聚于 O'' 点而成为 O 点的实像。整个照片上的所有条纹对照明光的衍射的 -1 级极大将形成原物的实像。但在此实像中，由于原物的“前边”变成了“后边”，“外边”翻到了“里边”，和人对原物的观察不相符合而成为一种“幻视像”，所以很少有实际用处。

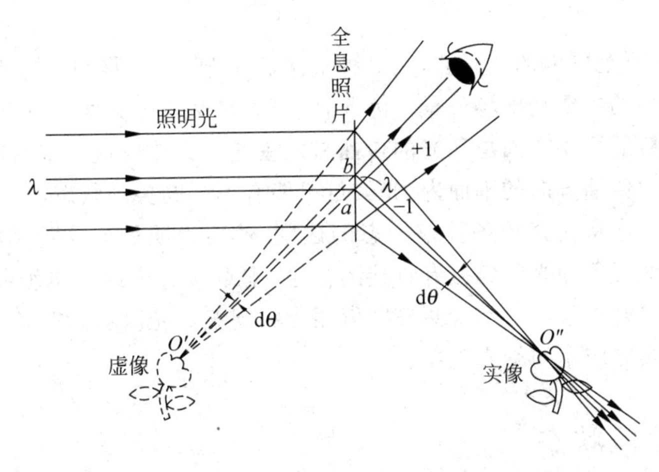

图 B.5 全息照片的实像

以上所述是**平面全息**的原理，在这里照相底片上乳胶层厚度比干涉条纹间距小得多，因而干涉条纹是两维的。如果乳胶层厚度比干涉条纹间距大，则物光和参考光有可能在乳胶层深处发生干涉而形成三维干涉图样。这种光信息记录是所谓**体全息**。

B.3 全息照相的应用

全息照相技术发展到现阶段，已发现它有大量的应用。如全息显微术、全息 X 射线显微镜、全息干涉计量术、全息存储、特征字符识别等。

除光学全息外，还发展了红外、微波、超声全息术，这些全息技术在军事侦察或监视上具有重要意义。如对可见光不透明的物体，往往对超声波“透明”，因而超声全息可用于水下侦察和监视，也可用于医疗透视以及工业无损探伤等。

应该指出的是，由于全息照相具有一系列优点，当然引起人们很大的兴趣与注意，应用前途是很广泛的。但直到目前为止，上述应用还多处于实验阶段，到成熟的应用还有大量的工作要做。

第11章

光的偏振

光波是特定频率范围内的电磁波，在这种电磁波中起光作用（如引起视网膜受刺激的光化学作用）的主要是电场矢量。因此，电场矢量又叫**光矢量**。由于电磁波是横波，所以光波中**光矢量的振动方向总和光的传播方向垂直**。光波的这一基本特征就叫光的**偏振**。在垂直于光的传播方向的平面内，光矢量可能有不同的振动状态，各种振动状态通常称为光的**偏振态**。本章先介绍各种偏振态的区别，然后说明如何获得和检验线偏振光。由于晶体的双折射现象和光的偏振有直接的关系，本章接着介绍了单轴晶体双折射的规律和如何利用双折射现象产生和检测椭圆偏振光和圆偏振光以及偏振光的干涉现象。最后讨论了有广泛实际应用的旋光现象。

11.1 光的偏振状态

就其偏振状态加以区分，光可以分为三类：非偏振光、完全偏振光（简称偏振光）和部分偏振光。下面分别加以简要说明。

1. 非偏振光

非偏振光在垂直于其传播方向的平面内，沿各方向振动的光矢量都有，平均来讲，光矢量的分布各向均匀，而且各方向光振动的振幅都相同（图 11.1(a)）。这种光又称**自然光**。自然光中各光矢量之间没有固定的相位关系。常用两个相互独立而且垂直的振幅相等的光振动来表示自然光，如图 11.1(b)所示。

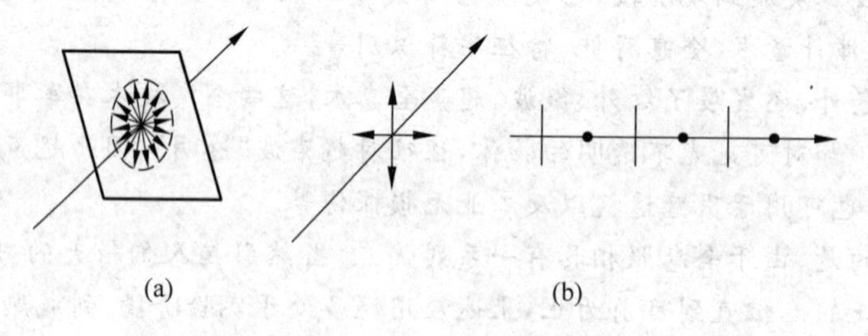

图 11.1 非偏振光示意图

普通光源发的光都是非偏振光。这是因为，在普通光源中有大量原子或分子在发光，各个原子或分子各次发出的光的波列不仅初相互不相关，而且光振动的方向也彼此互不相关而随机分布(参考 9.2 节)。这样，整个光源发出的光平均来讲就形成图 11.1 所示的非偏振光了。

2. 完全偏振光

如果在垂直于其传播方向的平面内，光矢量 $\boldsymbol{E}$ 只沿一个固定的方向振动，这种光就是一种**完全偏振光**，叫**线偏振光**。线偏振光的光矢量方向和光的传播方向构成的平面叫**振动面**(图 11.2(a))。图 11.2(b)是线偏振光的图示方法，其中短线表示光矢量在纸面内，点子表示光矢量与纸面垂直。

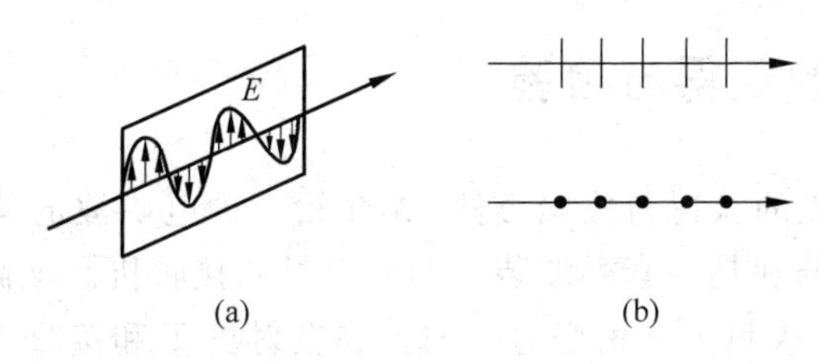

图 11.2　线偏振光及其图示法

还有一种完全偏振光叫椭圆偏振光(包括圆偏振光)。这种光的光矢量 $\boldsymbol{E}$ 在沿着光的传播方向前进的同时，还绕着传播方向均匀转动。如果光矢量的大小不断改变，使其端点描绘出一个椭圆，这种光就叫**椭圆偏振光**。如果光矢量的大小保持不变，这种光就成了**圆偏振光**。根据光矢量旋转的方向不同，这种偏振光有**左旋光**和**右旋光**的区别。图 11.3 画出了某一时刻的左旋偏振光在半波长的长度内光矢量沿传播方向(由 $\boldsymbol{c}$ 表示)改变的情形[①]。

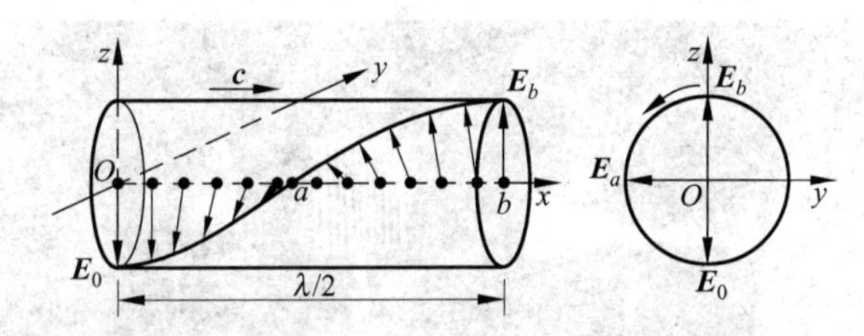

图 11.3　左旋偏振光中光矢量旋转示意图

根据相互垂直的振动合成的规律，椭圆偏振光可以看成是两个相互垂直而有一定相差的线偏振光的合成。例如，图 11.3 中的左旋圆偏振光就可以看成是分别沿 y 和 z 方向的振幅相等而 y 向振动的相位超前 z 向振动 $\pi/2$ 的两个同频率振动的合成。

完全偏振光在实验室内都是用特殊的方法获得的。本章以后各节将着重讲解各种偏振光的获得和检验方法以及它们的应用。

---

① 此处按光学的一般习惯规定：迎着光线看去，光矢量沿顺时针方向转动的称为右旋光，沿逆时针方向转动的称为左旋光。但也有相反地规定的，特别是在其他学科，如电磁学、量子物理等学科中，就规定光矢量绕转方向和光的传播方向符合右手螺旋定则的称做右旋光；反之称左旋光。

3. 部分偏振光

这是介于偏振光与自然光之间的情形，在这种光中含有自然光和偏振光两种成分。一般地，部分偏振光都可看成是自然光和线偏振光的混合（图 11.4）。

自然界中我们看到的许多光都是部分偏振光，仰头看到的“天光”和俯首看到的“湖光”就都是部分偏振光。

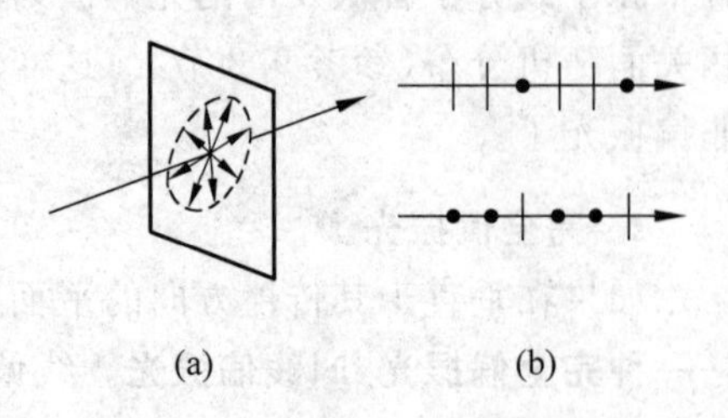

图 11.4 部分偏振光及其表示法

11.2 线偏振光的获得与检验

为了说明线偏振光的获得与检验方法，先介绍一种电磁波的偏振的检验方法。如图 11.5所示，T 和 R 分别是一套微波装置的发射机和接收机。该微波发射机发出的无线电波波长约 3 cm，电矢量方向沿竖直方向。在发射机 T 和接收机 R 之间放了一个由平行的金属线（或金属条）做成的“线栅”，线的间隔约 1 cm。今转动线栅，当其中导线方向沿竖直方向时，接收机完全接收不到信号，而当线栅转到其中导线沿水平方向时，接收机接收到最强的信号。这是为什么呢？这是因为当导线方向为竖直方向时，它就和微波中电矢量的方向平行。这电矢量就在导线中激起电流，它的能量就转变为焦耳热，这时就没有微波通过线栅。当导线方向改为水平方向时，它和微波中的电矢量方向垂直。这时微波不能在导线中激起电流，因而就能无耗损地通过线栅而到达接收机了。

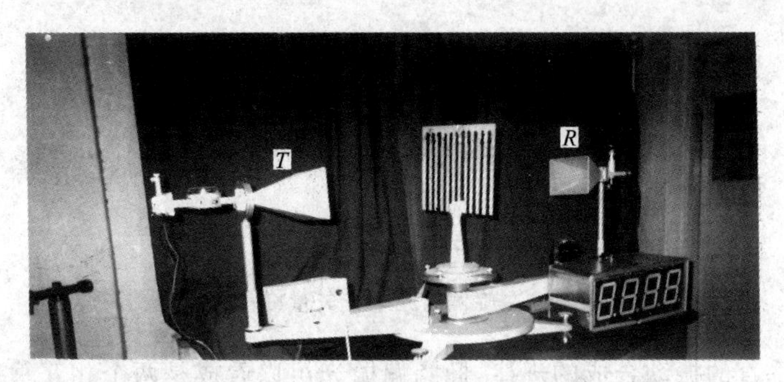

图 11.5 微波偏振检验实验

由于线栅的导线间距比光的波长大得多，用这种线栅不能检验光的偏振。实用的光学线栅称为“**偏振片**”，它是 1928 年一位19 岁的美国大学生兰德（E. H. Land）发明的。起初是把一种针状粉末晶体（硫酸碘奎宁）有序地蒸镀在透明基片上做成的。1938 年则改为把聚乙烯醇薄膜加热，并沿一个方向拉长，使其中碳氢化合物分子沿拉伸方向形成链状。然后将此薄膜浸入富含碘的溶液中，使碘原子附着在长分子上形成一条条“碘链”。碘原子中的自由电子就可以沿碘链自由运动。这样的碘链就成了导线，而整个薄膜也就成了偏振片。沿碘链方向的光振动不能通过偏振片（即这个方向的光振动被偏振片**吸收**了），垂直于碘链方向的光振动就能通过偏振片。因此，垂直于碘链的方向就称做偏振片的**通光方向**或**偏振化方向**。这种偏振片制作容易，价格便宜。现在大量使用的就是这种偏振片。

图 11.6 中画出了两个平行放置的偏振片 P_1 和 P_2，它们的偏振化方向分别用它们上面的虚平行线表示。当自然光垂直入射 P_1 时，由于只有平行于偏振化方向的光矢量才能透过，所以透过的光就变成了线偏振光。又由于自然光中光矢量对称均匀，所以将 P_1 绕光的传播方向慢慢转动时，透过 P_1 的光强不随 P_1 的转动而变化，但它只有入射光强的一半。偏振片这样用来产生偏振光时，它叫**起偏器**。再使透过 P_1 形成的线偏振光入射于偏振片 P_2，这时如果将 P_2 绕光的传播方向慢慢转动，则因为只有平行于 P_2 偏振化方向的光振动才允许通过，透过 P_2 的光强将随 P_2 的转动而变化。当 P_2 的偏振化方向平行于入射光的光矢量方向时，光强最强。当 P_2 的偏振化方向垂直于入射光的光矢量方向时，光强为零，称为**消光**。将 P_2 旋转一周时，透射光光强出现两次最强，两次消光。这种情况只有在入射到 P_2 上的光是线偏振光时才会发生，因而这也就成为识别线偏振光的依据。偏振片这样用来检验光的偏振状态时，它叫**检偏器**。

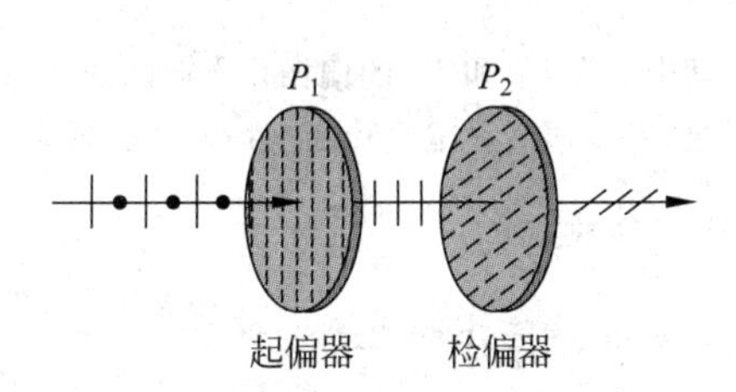

图 11.6　偏振片的应用

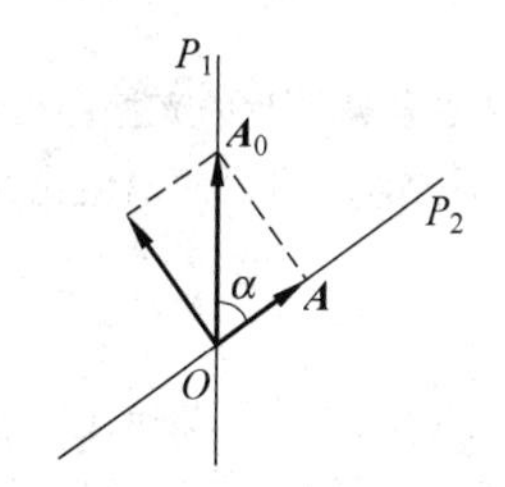

图 11.7　马吕斯定律用图

以 A_0 表示线偏振光的光矢量的振幅，当入射的线偏振光的光矢量振动方向与检偏器的偏振化方向成 α 角时(图 11.7)，透过检偏器的光矢量振幅 A 只是 A_0 在偏振化方向的投影，即 $A=A_0\cos\alpha$。因此，以 I_0 表示入射线偏振光的光强，则透过检偏器后的光强 I 为

$$I = I_0\cos^2\alpha \tag{11.1}$$

这一公式称为**马吕斯定律**。由此式可见，当$\alpha=0$或 180°时，$I=I_0$，光强最大。当$\alpha=90°$或 270°时，$I=0$，没有光从检偏器射出，这就是两个消光位置。当 α 为其他值时，光强 I 介于 0 和 I_0 之间。

偏振片的应用很广。如汽车夜间行车时为了避免对方汽车灯光晃眼以保证安全行车，可以在所有汽车的车窗玻璃和车灯前装上与水平方向成 45°角，而且向同一方向倾斜的偏振片。这样，相向行驶的汽车可以都不必熄灯，各自前方的道路仍然照亮，同时也不会被对方车灯晃眼了。

偏振片也可用于制成太阳镜和照相机的滤光镜。有的太阳镜，特别是观看立体电影的眼镜的左右两个镜片就是用偏振片做的，它们的偏振化方向互相垂直(图 11.8)。

图 11.8　交叉的太阳镜片不透光

例 11.1

如图 11.9 所示，在两块正交偏振片(偏振化方向相互垂直)P_1，P_3 之间插入另一块偏振片 P_2，光强为 I_0 的自然光垂直入射于偏振片 P_1，求转动 P_2 时，透过 P_3 的光强 I 与转角的关系。

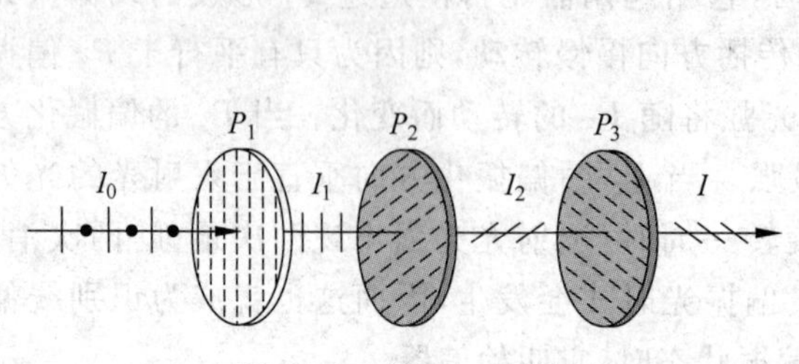

图 11.9 例 11.1 用图

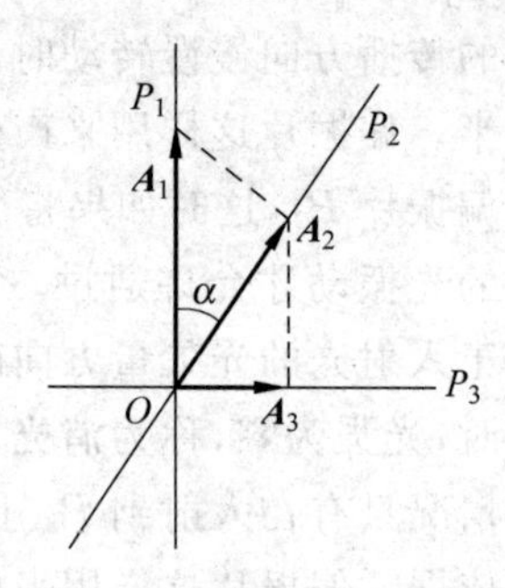

图 11.10 例 11.1 解用图

解 透过各偏振片的光振幅矢量如图 11.10 所示，其中 α 为 P_1 和 P_2 的偏振化方向间的夹角。由于各偏振片只允许和自己的偏振化方向相同的偏振光透过，所以透过各偏振片的光振幅的关系为

$$A_2 = A_1 \cos\alpha, \quad A_3 = A_2 \cos\left(\frac{\pi}{2} - \alpha\right)$$

因而

$$A_3 = A_1 \cos\alpha \cos\left(\frac{\pi}{2} - \alpha\right) = A_1 \cos\alpha \sin\alpha = \frac{1}{2} A_1 \sin 2\alpha$$

于是光强

$$I_3 = \frac{1}{4} I_1 \sin^2 2\alpha$$

又由于 $I_1 = \frac{1}{2} I_0$，所以最后得

$$I = \frac{1}{8} I_0 \sin^2 2\alpha$$

11.3 反射和折射时光的偏振

自然光在两种各向同性介电质的分界面上反射和折射时，不仅光的传播方向要改变，而且偏振状态也要发生变化。一般情况下，反射光和折射光不再是自然光，而是部分偏振光。在反射光中垂直于入射面的光振动多于平行振动，而在折射光中平行于入射面的光振动多于垂直振动(图 11.11)。“湖光山色”中的“湖光”所以是部分偏振光就是因为光在湖面上经过反射的缘故。

理论和实验都证明，反射光的偏振化程度和入射角有关。当入射角等于某一特定值 i_b 时，**反射光是光振动垂直于入射面的线偏振光**(图 11.12)。这个特定的入射角 i_b 称为**起偏振角**，或称为**布儒斯特角**。

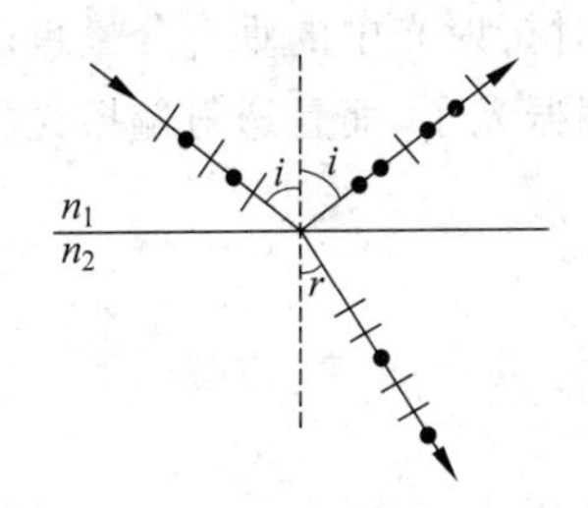

图 11.11　自然光反射和折射后产生部分偏振光

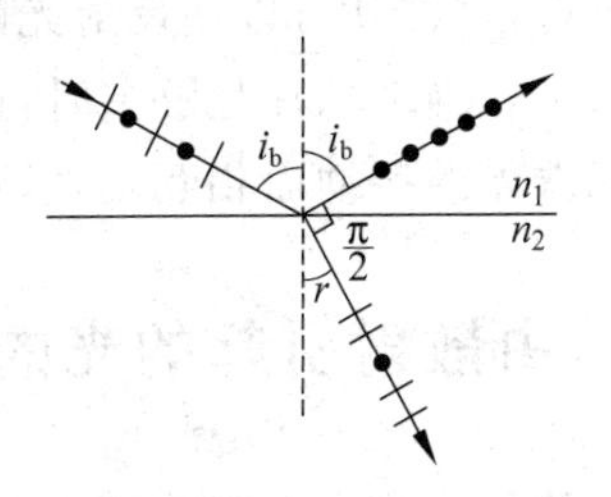

图 11.12　起偏振角

实验还发现，当光线以起偏振角入射时，反射光和折射光的传播方向相互垂直，即

$$i_b + r = 90^\circ$$

根据折射定律，有

$$n_1 \sin i_b = n_2 \sin r = n_2 \cos i_b$$

即

$$\tan i_b = \frac{n_2}{n_1}$$

或

$$\tan i_b = n_{21} \tag{11.2}$$

式中 $n_{21} = n_2/n_1$，是媒质 2 对媒质 1 的相对折射率。式(11.2)称为**布儒斯特定律**，是为了纪念在 1812 年从实验上确定这一定律的布儒斯特而命名的。根据后来的麦克斯韦电磁场方程可以从理论上严格证明这一定律。

当自然光以起偏振角 i_b 入射时，由于反射光中只有垂直于入射面的光振动，所以入射光中平行于入射面的光振动全部被折射。又由于垂直于入射面的光振动也大部分被折射，而反射的仅是其中的一部分，所以，反射光虽然是完全偏振的，但光强较弱，而折射光是部分偏振的，光强却很强。例如，自然光从空气射向玻璃而反射时，$n_{21} = 1.50$，起偏振角 $i_b \approx 56^\circ$。入射角是 i_b 的入射光中平行于入射面的光振动全部被折射，垂直于入射面的光振动的光强约有 85%也被折射，反射的只占 15%。

为了增强反射光的强度和折射光的偏振化程度，把许多相互平行的玻璃片装在一起，构成一玻璃片堆(图 11.13)。自然光以布儒斯特角入射玻璃片堆时，光在各层玻璃面上

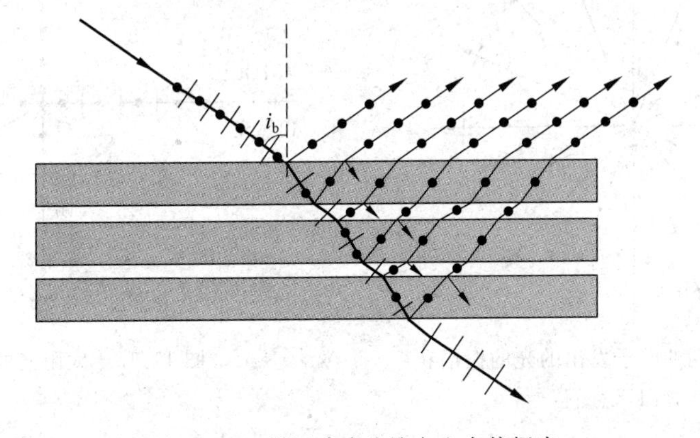

图 11.13　利用玻璃片堆产生全偏振光

反射和折射，这样就可以使反射光的光强得到加强，同时折射光中的垂直分量也因多次被反射而减小。当玻璃片足够多时，透射光就接近完全偏振光了，而且透射偏振光的振动面和反射偏振光的振动面相互垂直。

*11.4 由散射引起的光的偏振

拿一块偏振片放在眼前向天空望去，当你转动偏振片时，会发现透过它的"天光"有明暗的变化。这说明"天光"是部分偏振了的，这种部分偏振光是大气中的微粒或分子对太阳光散射的结果。

一束光射到一个微粒或分子上，就会使其中的电子在光束内的电场矢量的作用下振动。这振动中的电子会向其周围四面八方发射同频率的电磁波，即光。这种现象叫**光的散射**。正是由于这种散射才使得从侧面能看到有灰尘的室内的太阳光束或大型晚会上的彩色激光射线。

分子中的一个电子振动时发出的光是偏振的，它的光振动的方向总垂直于光线的方向（横波！），并和电子的振动方向在同一个平面内。但是，向各方向的光的强度不同：在垂直于电子振动的方向，强度最大；在沿电子振动的方向，强度为零。图11.14表示了这种情形，O处有一电子沿竖直方向振动，它发出的球面波向四外传播，各条光线上的短线表示该方向上光振动的方向，短线的长短大致地表示该方向上光振动的振幅。

如图11.15所示，设太阳光沿水平方向（x方向）射来，它的水平方向（y方向，垂直纸面向内）和竖直方向（z方向）的光矢量激起位于O处的分子中的电子做同方向的振动而发生光的散射。结合图11.14所示的规律，沿竖直方向向上看去，就只有振动方向沿y方向的线偏振光了。实际上，由于你看到的"天光"是大气中许多微粒或分子从不同方向散射来的光，也可能是经过几次散射后射来的光，又由于微粒或分子的大小会影响其散射光的强度等原因，你看到的"天光"就是部分偏振的了。

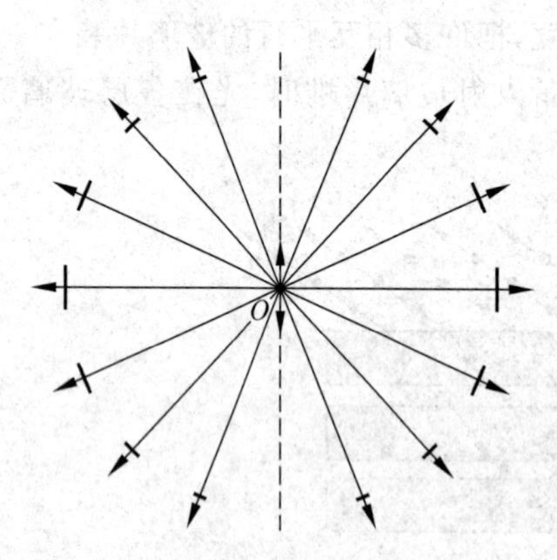

图11.14 振动的电子发出的光的振幅和偏振方向示意图

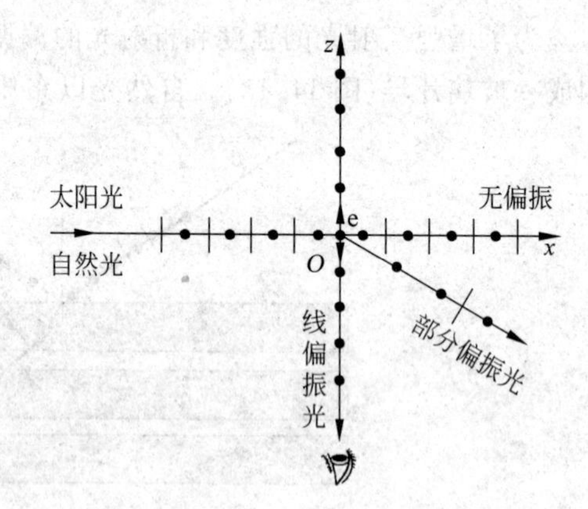

图11.15 太阳光的散射

顺便说明一下，由于散射光的强度和光的频率的 4 次方成正比，所以太阳光中的蓝色光成分比红色光成分散射得更厉害些。因此，天空看起来是蓝色的。在早晨或傍晚，太阳光沿地平线射来，在大气层中传播的距离较长，其中的蓝色成分大都散射掉了，余下的进入人眼的光就主要是频率较低的红色光了，这就是朝阳或夕阳看起来发红的原因。

*11.5 双折射现象

除了光在两种各向同性介质分界面上反射折射时产生光的偏振现象外，自然光通过晶体后，也可以观察到光的偏振现象。光通过晶体后的偏振现象是和晶体对光的双折射现象同时发生的。

把一块普通玻璃片放在有字的纸上，通过玻璃片看到的是一个字成一个像。这是通常的光的折射的结果。如果改用透明的方解石（化学成分是 $CaCO_3$）晶片放到纸上，看到的却是一个字呈现双像（图 11.16）。这说明光进入方解石后分成了两束。这种一束光射入各向异性介质时（除立方系晶体，如岩盐外），折射光分成两束的现象称为**双折射现象**（图 11.17）。当光垂直于晶体表面入射而产生双折射现象时，如果将晶体绕光的入射方向慢慢转动，则其中按原方向传播的那一束光方向不变，而另一束光随着晶体的转动绕前一束光旋转。根据折射定律，入射角 $i=0$ 时，折射光应沿着原方向传播，可见沿原方向传播的光束是遵守折射定律的，而另一束却不遵守。更一般的实验表明，改变入射角 i 时，两束折射光中的一束恒遵守折射定律，这束光称为**寻常光线**，通常用 o 表示，并简称 o 光。另一束光则不遵守折射定律，即当入射角 i 改变时，$\sin i/\sin r$ 的比值不是一个常数，该光束一般也不在入射面内。这束光称为**非常光线**，并用 e 表示，简称 e 光。

图 11.16 透过方解石看到了双像

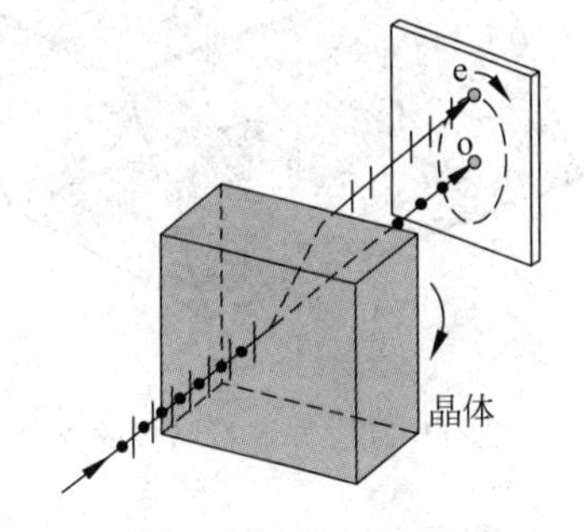

图 11.17 双折射现象

用检偏器检验的结果表明，o 光和 e 光都是线偏振光。

为了更方便地描述 o 光、e 光的偏振情况，下面简单介绍晶体的一些光学性质。

晶体多是各向异性的物质。双折射现象表明，非常光线在晶体内各个方向上的折射率（或 $\sin i/\sin r$ 的比值）不相等，而折射率和光线传播速度有关，因而非常光线在晶体内的传播速度是随方向的不同而改变的。寻常光线则不同，在晶体中各个方向上的折射率以及传播速度都是相同的。

研究发现,在晶体内部存在着某些特殊的方向,光沿着这些特殊方向传播时,寻常光线和非常光线的折射率相等,光的传播速度也相等,因而光沿这些方向传播时,不发生双折射。晶体内部的这个特殊的方向称为晶体的**光轴**。应该注意,光轴仅标志一定的方向,并不限于某一条特殊的直线。

只有一个光轴的晶体称为单轴晶体,有两个光轴的晶体称为双轴晶体。方解石、石英、红宝石等是单轴晶体,云母、硫磺、蓝宝石等是双轴晶体。本书仅限于讨论单轴晶体的情形。

天然方解石(又称冰洲石)晶体(图 11.18)是六面棱体,两棱之间的夹角或约 78°,或约 102°。从其三个钝角相会合的顶点引出一条直线,并使其与各邻边成等角,这一直线方向就是方解石晶体的光轴方向,如图中 AB 或 CD 直线的方向。

假想在晶体内有一子波源 O,由于晶体的各向异性性质,从子波源将发出两组惠更斯子波(图 11.19)。一组是**球面波**,表示各方向光速相等,相应于寻常光线,并称为 o 波面;另一组的波面是**旋转椭球面**,表示各方向光速不等,相应于非常光线,称为 e 波面。由于两种光线沿光轴方向的速度相等,所以两波面在光轴方向相切。在垂直于光轴的方向上,两光线传播速度相差最大。寻常光线的传播速度用 v_o 表示,折射率用 n_o 表示。非常光线在垂直于光轴方向上的传播速度用 v_e 表示,折射率用 n_e 表示。设真空中光速用 c 表示,则有 $n_o=c/v_o$,$n_e=c/v_e$。n_o 和 n_e 称为晶体的**主折射率**,它们是晶体的两个重要光学参量。表 11.1 列出了几种晶体的主折射率。

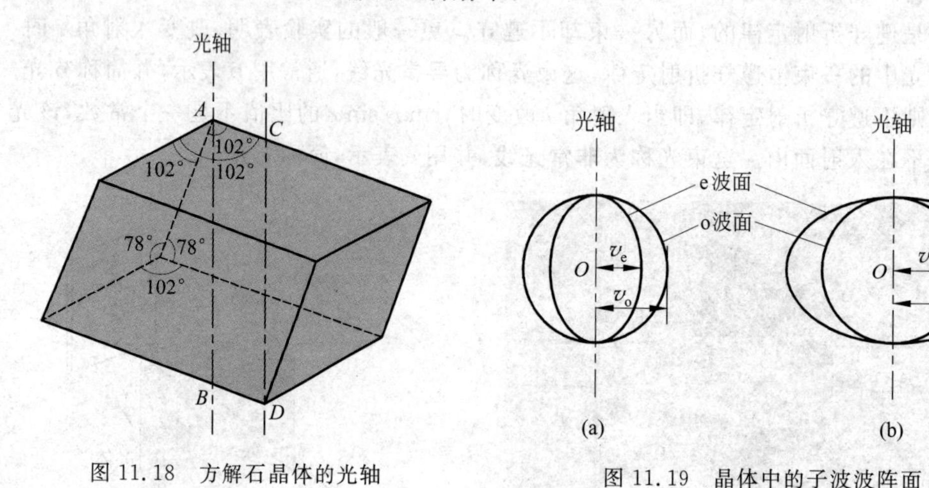

图 11.18 方解石晶体的光轴

图 11.19 晶体中的子波波阵面

(a) 正晶体;(b) 负晶体

表 11.1 几种单轴晶体的主折射率(对 599.3 nm)

晶 体	n_o	n_e	晶 体	n_o	n_e
石英	1.5443	1.5534	方解石	1.6584	1.4864
冰	1.309	1.313	电气石	1.669	1.638
金红石 (TiO_2)	2.616	2.903	白云石	1.6811	1.500

有些晶体 $v_o > v_e$，亦即 $n_o < n_e$，称为正晶体，如石英等。另外有些晶体，$v_o < v_e$，即 $n_o > n_e$，称为负晶体，如方解石等。

在晶体中，某光线的传播方向和光轴方向所组成的平面叫做该光线的**主平面**。寻常光线的光振动方向垂直于寻常光线的主平面，非常光线的光振动方向在其主平面内。

一般情况下，因为 e 光不一定在入射面内，所以 o 光、e 光的主平面并不重合。在特殊情况下，即当光轴在入射面内时，o 光、e 光的主平面以及入射面重合在一起。

应用惠更斯作图法可以确定单轴晶体中 o 光、e 光的传播方向，从而说明双折射现象。

自然光入射到晶体上时，波阵面上的每一点都可作为子波源，向晶体内发出球面子波和椭球面子波。作所有各点所发子波的包络面，即得晶体中 o 光波面和 e 光波面，从入射点引向相应子波波面与光波面的切点的连线方向就是所求晶体中 o 光、e 光的传播方向。图 11.20 所示为在实际工作中较常用的几种情形，晶体为负晶体。

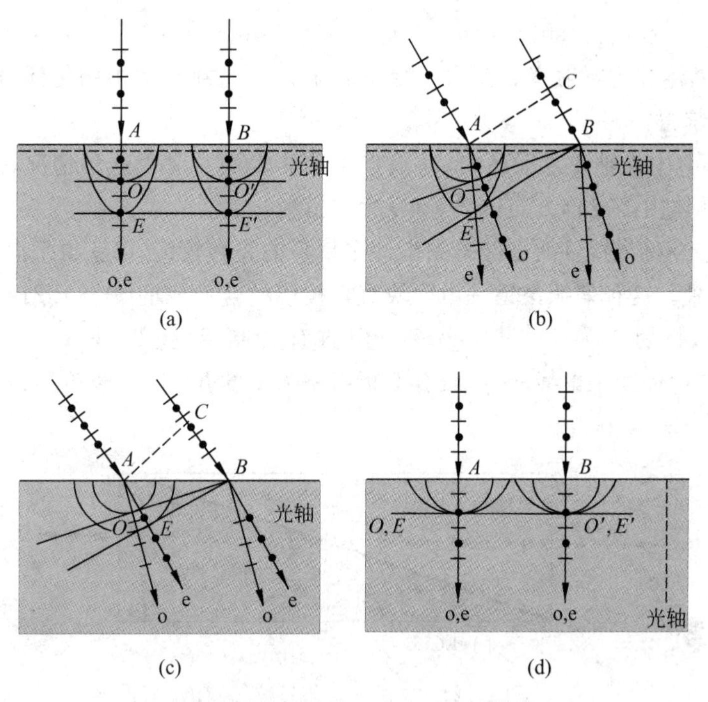

图 11.20　单轴晶体中 o 光和 e 光的传播方向

图 11.20(a)所示为平行光垂直入射晶体，光轴在入射面内，并与晶面平行。这种情况入射波波阵面上各点同时到达晶体表面，波阵面 AB 上每一点同时向晶体内发出球面子波和椭球面子波（为了清楚起见，图中只画出 A，B 两点所发子波），两子波波面在光轴上相切，各点所发子波波面的包络面为平面，如图所示。从入射点向切点 O，O' 和 E，E' 的连线方向就是所求 o 光和 e 光的传播方向。这种情况下，入射角 $i=0$，o 光沿原方向传播，e 光也沿原方向传播，但是两者的传播速度不同，所以 o 波面和 e 波面不相重合，到达同一位置时，两者间有一定的相差。双折射的实质是 o 光、e 光的传播速度不同，折射率不同。对于这种情况，尽管 o 光、e 光传播方向一致，应该说还是有双折射的。

图 11.20(b)中光轴也在入射面内，并平行于晶面，但是入射光是斜入射的。平行光斜入射时，入射波波阵面 AC 不能同时到达晶面。当波阵面上 C 点到达晶面 B 点时，AC 波阵面上除了 C 点以外的其他各点发出的子波，都已在晶体中传播了各自相应的一段距离，其中 A 点发出的子波波面如图所示。各点所发子波的包络面，都是与晶面斜交的平面，如图所示。从入射点 B 向由 A 发出的子波波面引切线，再由 A 点向相应切点 O，E 引直线，即得所求 o 光、e 光的传播方向。

图 11.20(c)中光轴垂直于入射面，并平行于晶面。平行光斜入射时与图(b)的情形类似。所不同的是因为旋转椭球面的转轴就是光轴，所以旋转椭球与入射面的交线也是圆。在负晶体情况下，这个圆的半径为椭圆的半长轴并大于球面子波半径。两种子波波面的包络面也都是和晶面斜交的平面。从入射点 A 向相应切点 O，E 引直线，即得 o 光、e 光的传播方向。在这一特殊情况下，如果入射角为 i，o 光、e 光的折射角分别为 r_o 和 r_e，则有

$$\sin i/\sin r_o = n_o, \quad \sin i/\sin r_e = n_e$$

式中 n_o，n_e 为晶体的主折射率。在这一特殊情况下，e 光在晶体中的传播方向，也可以用普通折射定律求得。

图 11.20(d)中光轴在入射面内，并垂直于晶体表面。对于这种情况，当平行光垂直入射时，光在晶体内沿光轴方向传播，不发生双折射。

利用晶体的双折射，目前已经研制出许多精巧的复合棱镜，以获得平面偏振光。这里仅介绍其中一种。这种**偏振棱镜**是由两块直角棱镜粘合而成的(图 11.21)。其中一块棱镜用玻璃制成，折射率为 1.655。另一块用方解石制成，主折射率 $n_o=1.6584$，$n_e=1.4864$，光轴方向如图中虚线所示，胶合剂折射率为 1.655。这种棱镜称为格兰·汤姆逊棱镜。

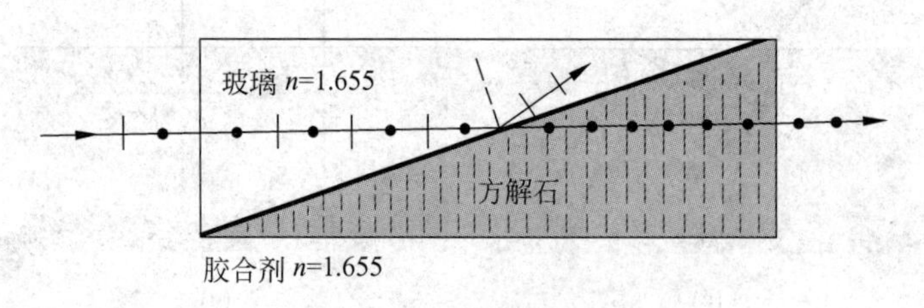

图 11.21 格兰·汤姆逊偏振棱镜

当自然光从左方射入棱镜并到达胶合剂和方解石的分界面时，其中的垂直分量(点子)在方解石中为寻常光线，平行分量(短线)在方解石中为非常光线。方解石的折射率 $n_o=1.6584$ 非常接近 1.655，所以垂直分量几乎无偏折地射入方解石而后进入空气。方解石对于平行分量的折射率为 1.4864，小于胶合剂的折射率 1.655，因而存在一个临界角，当入射角大于临界角时，平行振动的光线发生全反射，偏离原来的传播方向，这样就能把两种偏振光分开，从而获得了偏振程度很高的平面偏振光。棱镜的尺寸正是这样精心设计的。这种偏振棱镜对于所有在水平线上下不超过 10°的入射光都是

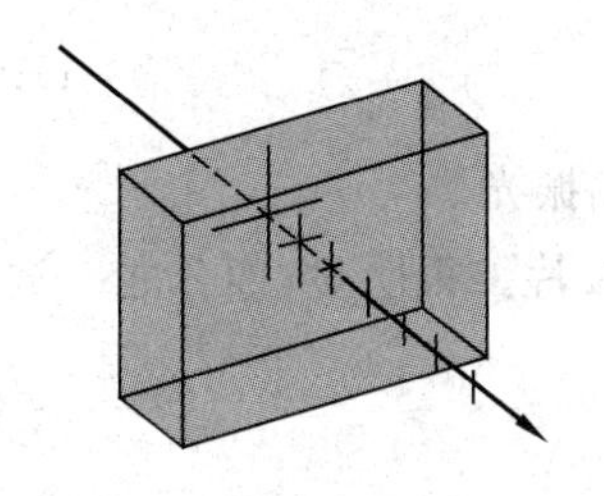

图 11.22 利用电气石的二向色性产生线偏振光

很适用的。

单轴晶体对寻常光线和非常光线的吸收性能一般是相同的。但也有一些晶体如电气石，吸收寻常光线的性能特别强，在 1 mm 厚的电气石晶体内，寻常光线几乎全部被吸收。晶体对互相垂直的两个光振动有选择吸收的这种性能，称为**二向色性**。

利用电气石的二向色性，可以产生线偏振光，如图 11.22 所示。

*11.6 椭圆偏振光和圆偏振光

利用振动方向互相垂直、频率相同的两个简谐运动能够合成椭圆或圆运动的原理，可以获得椭圆偏振光和圆偏振光，装置如图 11.23 所示。图中 P 为偏振片，C 为单轴晶片，与 P 平行放置，其厚度为 d，主折射率为 n_o 和 n_e，光轴(用平行的虚线表示)平行于晶面，并与 P 的偏振化方向成夹角 α。

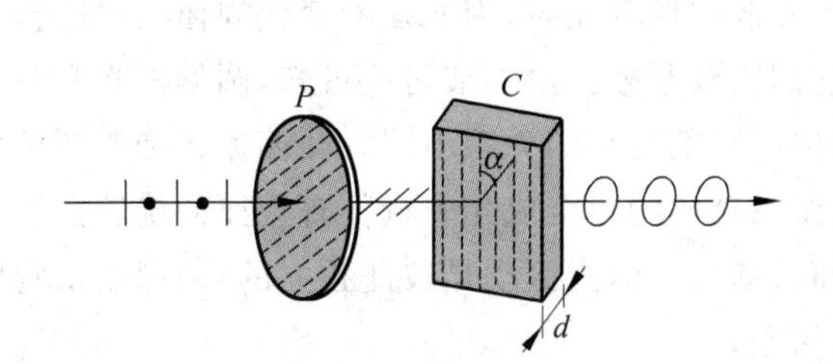

图 11.23 椭圆偏振光的产生

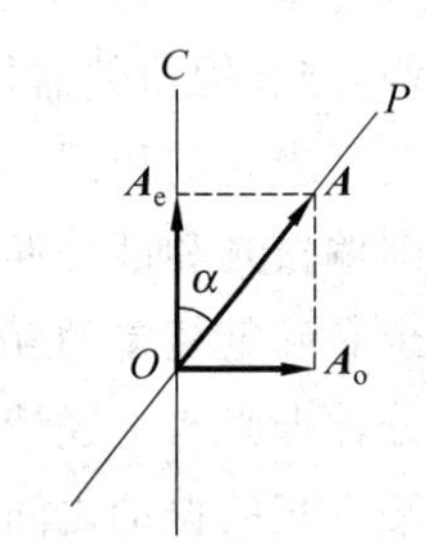

图 11.24 线偏振光的分解

产生椭圆偏振光的原理可用图 11.24 说明。单色自然光通过偏振片后，成为线偏振光，其振幅为 A，光振动方向与晶片光轴夹角为 α。此线偏振光射入晶片后，产生双折射，o 光振动垂直于光轴，振幅为 $A_o = A\sin\alpha$。e 光振动平行于光轴，振幅为 $A_e = A\cos\alpha$。这种情况下，o 光、e 光在晶体中沿同一方向传播(参看图 11.20(a))，但速度不同，利用不同的折射率计算光程，可得两束光通过晶片后的相差为

$$\Delta\varphi = \frac{2\pi}{\lambda}(n_o - n_e)d$$

这样的两束振动方向相互垂直而相差一定的光互相叠加，就形成椭圆偏振光。选择适当的晶片厚度 d 使得相差

$$\Delta\varphi = \frac{2\pi}{\lambda}(n_o - n_e)d = \frac{\pi}{2}$$

则通过晶片后的光为正椭圆偏振光，这时相应的光程差为

$$\delta = (n_o - n_e)d = \frac{\lambda}{4}$$

而厚度

$$d = \frac{\lambda}{4(n_o - n_e)} \tag{11.3}$$

此时，如果再使 $\alpha=\pi/4$，则 $A_o=A_e$，通过晶片后的光将为圆偏振光。

使o光和e光的光程差等于 $\lambda/4$ 的晶片，称为**四分之一波片**。很明显，四分之一波片是对特定波长而言的，对其他波长不适用。

当o光、e光的相差为

$$\Delta\varphi = \frac{2\pi}{\lambda}(n_o - n_e)d = \pi$$

时，相应的光程差为

$$\delta = (n_o - n_e)d = \frac{\lambda}{2}$$

而晶片厚度为

$$d = \frac{\lambda}{2(n_o - n_e)} \tag{11.4}$$

这样的晶片称为**二分之一波片**。线偏振光通过二分之一波片后仍为线偏振光，但其振动面转了 2α 角。$\alpha=\pi/4$ 时，可使线偏振光的振动面旋转 $\pi/2$。

前面曾讲到，用检偏器检验圆偏振光和椭圆偏振光时，因光强的变化规律与检验自然光和部分偏振光时的相同，因而无法将它们区分开来。由本节讨论可知，圆偏振光和自然光或者椭圆偏振光和部分偏振光之间的根本区别是相的关系不同。圆偏振光和椭圆偏振光是由两个有确定相差的互相垂直的光振动合成的。合成光矢量作有规律的旋转。而自然光和部分偏振光与上述情况不同，不同振动面上的光振动是彼此独立的，因而表示它们的两个互相垂直的振动之间没有恒定的相差。

根据这一区别可以将它们区分开来。通常的办法是在检偏器前加上一块四分之一波片。如果是圆偏振光，通过四分之一波片后就变成线偏振光，这样再转动检偏器时就可观察到光强有变化，并出现最大光强和消光。如果是自然光，它通过四分之一波片后仍为自然光，转动检偏器时光强仍然没有变化。

检验椭圆偏振光时，要求四分之一波片的光轴方向平行于椭圆偏振光的长轴或短轴，这样椭圆偏振光通过四分之一波片后也变为线偏振光。而部分偏振光通过四分之一波片后仍然是部分偏振光，因而也就可以将它们区分开了。

以上讨论，同时也说明了在图11.23的装置中偏振片 P 的作用。如果没有偏振片 P，自然光直接射入晶片，尽管也产生双折射，但是o光、e光之间没有恒定的相位差，这样便不会获得椭圆偏振光和圆偏振光。

例 11.2

如图11.25所示，在两偏振片 P_1，P_2 之间插入四分之一波片 C，并使其光轴与 P_1 的偏振化方向间成45°角。光强为 I_0 的单色自然光垂直入射于 P_1，转动 P_2，求透过 P_2 的光强 I。

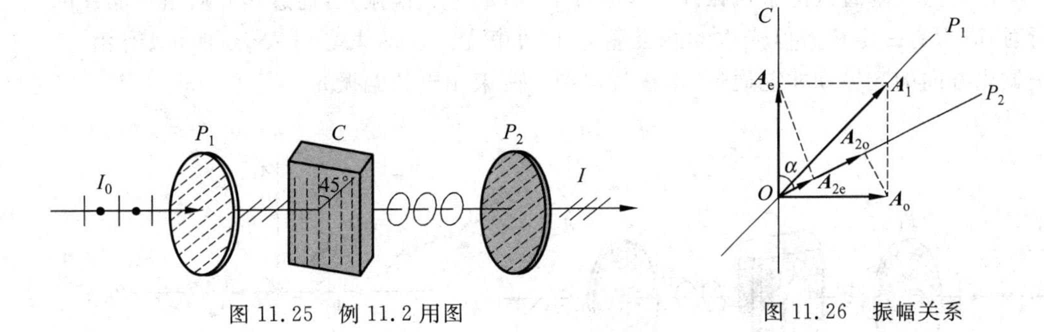

图 11.25 例 11.2 用图

图 11.26 振幅关系

解 通过两偏振片和四分之一波片的光振动的振幅关系如图 11.26 所示。其中 P_1,P_2 分别表示两偏振片的偏振化方向,C 表示波片的光轴方向,α 角表示偏振片 P_2 和 C 之间的夹角。单色自然光通过 P_1 后成为线偏振光,其振幅为 A_1。此线偏振光通过四分之一波片后成为圆偏振光,它的两个互相垂直的分振动的振幅相等,且为

$$A_o = A_e = A_1 \cos 45° = \frac{\sqrt{2}}{2} A_1$$

这两个分振动透过 P_2 的振幅都只是它们沿图中 P_2 方向的投影,即

$$A_{2o} = A_o \cos(90° - \alpha) = A_o \sin \alpha$$

$$A_{2e} = A_e \cos \alpha$$

它们的相差为

$$\Delta\varphi = \frac{\pi}{2}$$

以 A 表示这两个具有恒定相差 $\pi/2$ 并沿同一方向振动的光矢量的合振幅,则有

$$A^2 = A_{2e}^2 + A_{2o}^2 + 2A_{2e}A_{2o}\cos\Delta\varphi = A_{2e}^2 + A_{2o}^2$$

将 A_{2o},A_{2e}的值代入,则

$$A^2 = (A_e \cos\alpha)^2 + (A_o \sin\alpha)^2 = A_o^2 = A_e^2 = \frac{1}{2}A_1^2$$

此结果表明,通过 P_2 的光强 I 只有圆偏振光光强的一半,也是透过 P_1 的线偏振光光强 I_1 的一半,即

$$I = \frac{1}{2} I_1$$

由于 $I_1 = \frac{1}{2} I_0$,所以最后得

$$I = \frac{1}{4} I_0$$

此结果表明透射光的光强与 P_2 的转角无关。这就是用检偏器检验圆偏振光时观察到的现象,这个现象和检验自然光时观察到的现象相同。

*11.7 偏振光的干涉

在实验室中观察偏振光干涉的基本装置如图 11.27 所示。它和图 11.23 所示装置不同之处只是在晶片后面再加上一块偏振片 P_2,通常总是使 P_2 与 P_1 正交。

单色自然光垂直入射于偏振片 P_1，通过 P_1 后成为线偏振光，通过晶片后由于晶片的双折射，成为有一定相差但光振动相互垂直的两束光。这两束光射入 P_2 时，只有沿 P_2 的偏振化方向的光振动才能通过，于是就得到了两束相干的偏振光。

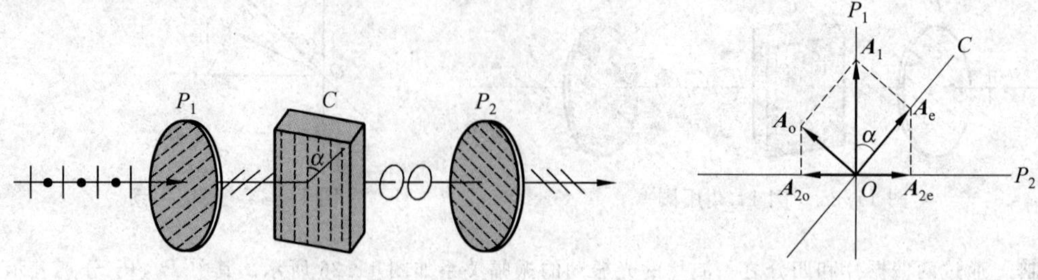

图 11.27 偏振光干涉实验　　图 11.28 偏振光干涉的振幅矢量图

图 11.28 为通过 P_1，C 和 P_2 的光的振幅矢量图。这里 P_1，P_2 表示两正交偏振片的偏振化方向，C 表示晶片的光轴方向。A_1 为入射晶片的线偏振光的振幅，A_o 和 A_e 为通过晶片后两束光的振幅，A_{2o} 和 A_{2e} 为通过 P_2 后两束相干光的振幅。如果忽略吸收和其他损耗，由振幅矢量图可求得

$$\begin{aligned}A_o &= A_1\sin\alpha\\A_e &= A_1\cos\alpha\\A_{2o} &= A_o\cos\alpha = A_1\sin\alpha\cos\alpha\\A_{2e} &= A_e\sin\alpha = A_1\sin\alpha\cos\alpha\end{aligned}$$

可见在 P_1，P_2 正交时 $A_{2e}=A_{2o}$。

两相干偏振光总的相差为

$$\Delta\varphi = \frac{2\pi}{\lambda}(n_o - n_e)d + \pi \tag{11.5}$$

因为透过 P_1 的是线偏振光，所以进入晶片后形成的两束光的初相差为零。式(11.5)中第一项是通过晶片时产生的相差，第二项是通过 P_2 产生的附加相差。从振幅矢量图可见 A_{2o} 和 A_{2e} 的方向相反，因而附加相差 π。应该明确，这一附加相差和 P_1，P_2 的偏振化方向间的相对位置有关，在二者平行时没有附加相差。这一项应视具体情况而定。在 P_1 和 P_2 正交的情况下，当

$$\Delta\varphi = 2k\pi,\quad k = 1,2,\cdots$$

或

$$(n_o - n_e)d = (2k-1)\frac{\lambda}{2}$$

时，干涉加强；当

$$\Delta\varphi = (2k+1)\pi,\quad k = 1,2,\cdots$$

或

$$(n_o - n_e)d = k\lambda$$

时，干涉减弱。如果晶片厚度均匀，当用单色自然光入射，干涉加强时，P_2 后面的视场最明；干涉减弱时视场最暗，并无干涉条纹。当晶片厚度不均匀时，各处干涉情况不同，则视

场中将出现干涉条纹。

当白光入射时，对各种波长的光来讲，由式(11.5)可知干涉加强和减弱的条件因波长的不同而各不相同。所以当晶片的厚度一定时，视场将出现一定的色彩，这种现象称为色偏振。如果这时晶片各处厚度不同，则视场中将出现彩色条纹。

*11.8 人工双折射

有些本来是各向同性的非晶体和有些液体，在人为条件下，可以变成各向异性，因而产生的双折射现象称为**人工双折射**。下面简单介绍两种人工双折射现象中偏振光的干涉和应用。

1. 应力双折射

塑料、玻璃等非晶体物质在机械力作用下产生变形时，就会获得各向异性的性质，和单轴晶体一样，可以产生双折射。

利用这种性质，在工程上可以制成各种机械零件的透明塑料模型，然后模拟零件的受力情况，观察、分析偏振光干涉的色彩和条纹分布，从而判断零件内部的应力分布。这种方法称为**光弹性方法**。图11.29所示为几个零件的塑料模型在受力时产生的偏振光干涉图样的照片。图中的条纹与应力有关，条纹的疏密分布反映应力分布的情况，条纹越密的地方，应力越集中。

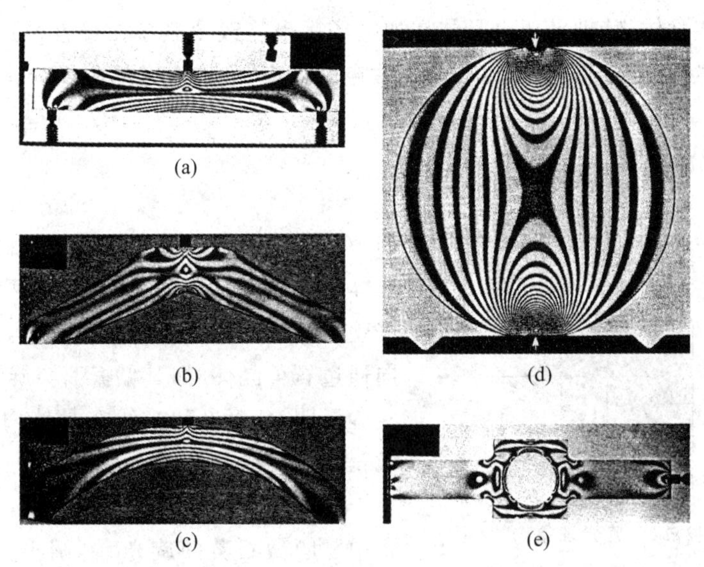

图11.29 几个零件的塑料模型的光弹性照片

2. 克尔效应

这种人工双折射是非晶体或液体在强电场作用下产生的。电场使分子定向排列，从而获得类似于晶体的各向异性性质，这一现象是克尔(J. Kerr)于1875年首次发现的，所以称为**克尔效应**。

图11.30所示的实验装置中，P_1，P_2 为正交偏振片。克尔盒中盛有液体（如硝基苯等）并装有长为 l，间隔为 d 的平行板电极。加电场后，两极间液体获得单轴晶体的性质，其光轴方向沿电场方向。

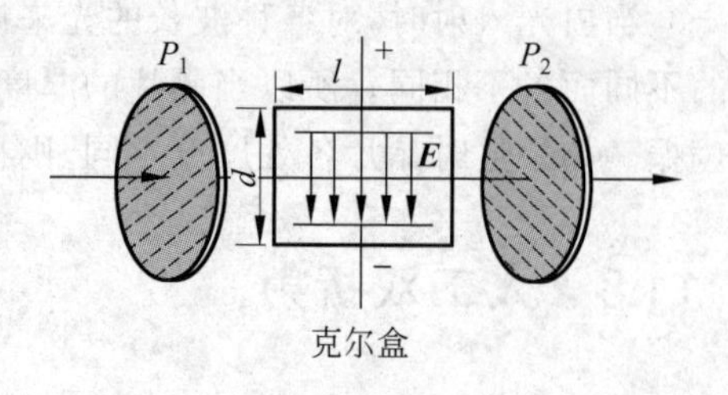

图11.30 克尔效应

实验表明，折射率的差值正比于电场强度的平方，因此这一效应又称为二次电光效应。折射率差为

$$n_o - n_e = kE^2 \tag{11.6}$$

式中 k 称为克尔常数，视液体的种类而定，E 为电场强度。

线偏振光通过液体时产生双折射，通过液体后o，e光的光程差为

$$\delta = (n_o - n_e)l = klE^2 \tag{11.7}$$

如果两极间所加电压为 U，则式中 E 可用 U/d 代替，于是有

$$\delta = kl\,\frac{U^2}{d^2} \tag{11.8}$$

当电压 U 变化时，光程差 δ 随之变化，从而使透过 P_2 的光强也随之变化，因此可以用电压对偏振光的光强进行调制。克尔效应的产生和消失所需时间极短，约为 10^{-9} s。因此可以做成几乎没有惯性的光断续器。这些断续器已广泛用于高速摄影、激光通信和电视等装置中。

另外，有些晶体，特别是压电晶体在加电场后也能改变其各向异性性质，其折射率的差值与所加电场强度成正比，所以称为**线性电光效应**，又称**泡克尔斯**(Pockels)**效应**。

*11.9 旋光现象

1811年，法国物理学家阿喇果(D. F. J. Arago)发现，线偏振光沿光轴方向通过石英晶体时，其偏振面会发生旋转。这种现象称为**旋光现象**。如图11.31所示，当线偏振光沿光轴方向通过石英晶体时，其偏振面会旋转一个角度 θ。实验证明，角度 θ 和光线在晶体内通过的路程 l 成正比，即

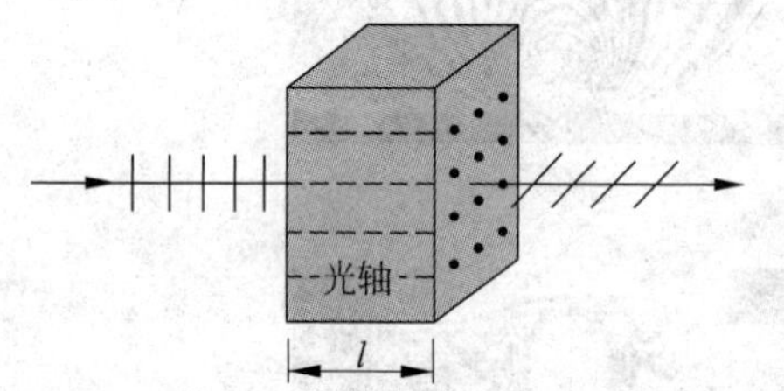

图11.31 旋光现象

$$\theta = \alpha l \tag{11.9}$$

式中 α 叫做石英的旋光率。不同晶体的旋光率不同，旋光率的数值还和光的波长有关。例如，石英对 $\lambda = 589$ nm 的黄光，$\alpha = 21.75°/\text{mm}$；对 $\lambda = 408$ nm 的紫光，$\alpha = 48.9°/\text{mm}$。

很多液体，如松节油、乳酸、糖的溶液也具有旋光性。线偏振光通过这些液体时，偏振面旋转的角度 θ 和光在液体中通过的路程 l 成正比，也和溶液的浓度 C 成正比，即

$$\theta = [\alpha]Cl \tag{11.10}$$

式中[α]称为液体或溶液的**旋光率**。蔗糖水溶液在20℃时，对 $\lambda=589$ nm 的黄光，其旋光率为 $[\alpha]=66.46°/[\mathrm{dm}\cdot(\mathrm{g/mm^3})]$。糖溶液的这种性质被用来检测糖浆或糖尿中的糖分。

同一种旋光物质由于使光振面旋转的方向不同而分为左旋的和右旋的。迎着光线望去，光振动面沿顺时针方向旋转的称右旋物质，反之，称左旋物质。石英晶体的旋光性是由于其中的原子排列具有螺旋形结构，而左旋石英和右旋石英中螺旋绕行的方向不同。不论内部结构还是天然外形，左旋和右旋晶体均互为镜像(图 11.32)。溶液的左右旋光性则是其中分子本身特殊结构引起的。左右旋分子，如蔗糖分子，它们的原子组成一样，都是 $C_6H_{12}O_6$，但空间结构不同。这两种分子叫**同分异构体**，它们的结构也互为镜像(图 11.33)。令人不解的是人工合成的同分异构体，如左旋糖和右旋糖，总是左右旋分子各半，而来自生命物质的同分异构体，如由甘蔗或甜菜榨出来的蔗糖以及生物体内的葡萄糖则都是右旋的。生物总是选择右旋糖消化吸收，而对左旋糖不感兴趣。

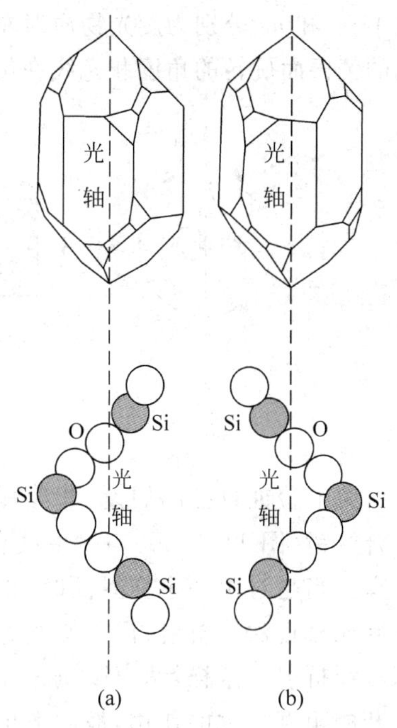

图 11.32 石英晶体

(下为原子排列情况，上为天然晶体外形)

(a) 右旋型；(b) 左旋型

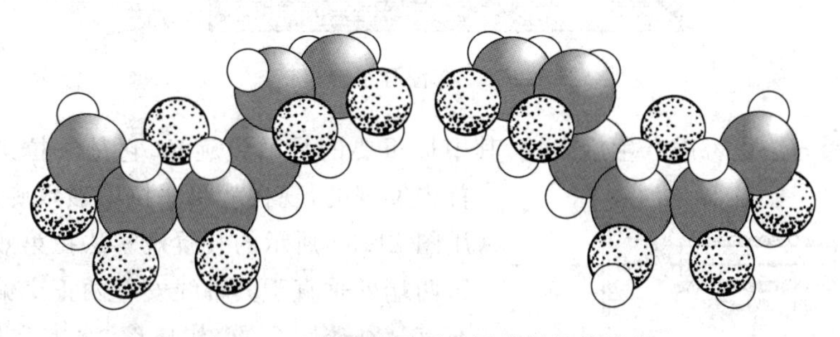

图 11.33 蔗糖分子两种同分异构体结构

1825 年菲涅耳对旋光现象作出了一个唯象的解释。他设想线偏振光是由角频率 ω 相同但旋向相反的两个圆偏振光组成的，而这两种圆偏振光在物质中的速度不同。如图 11.34 所示，设在晶体中右旋圆偏振光的速度 v_R 大于左旋圆偏振光的速度 v_L。进入旋光物质的线偏振光的振动面设为竖直面，进入时电矢量 $\boldsymbol{E}_0$ 向上，此时二圆偏振光的电矢量 $\boldsymbol{E}_R$ 和 $\boldsymbol{E}_L$ 也都向上(图 11.34(a))。此时刻，在射出点处，由于相位落后，$\boldsymbol{E}_R$ 与 $\boldsymbol{E}_0$ 方向的夹角为 $\varphi_R=\omega l/v_R$，$\boldsymbol{E}_L$ 与 $\boldsymbol{E}_0$ 方向的夹角为 $\varphi_L=\omega l/v_L$(图 11.34(c))。由 $\boldsymbol{E}_R$ 和 $\boldsymbol{E}_L$ 合成的线偏振光的振动方向如图 11.34(c)中 $\boldsymbol{E}$ 所示，它已从 $\boldsymbol{E}_0$ 向右旋转了角度 θ，而

$$\theta=\frac{\varphi_L-\varphi_R}{2}=\frac{\omega}{2}\left(\frac{l}{v_L}-\frac{l}{v_R}\right)=\frac{\pi l}{\lambda}\left(\frac{c}{v_L}-\frac{c}{v_R}\right)=\frac{\pi}{\lambda}(n_L-n_R)l \tag{11.11}$$

式中 n_L 和 n_R 分别为旋光物质对左旋和右旋圆偏振光的折射率。式(11.11)说明，线偏振光的偏振面旋转的角度和光线在旋光物质中通过的路程成正比。

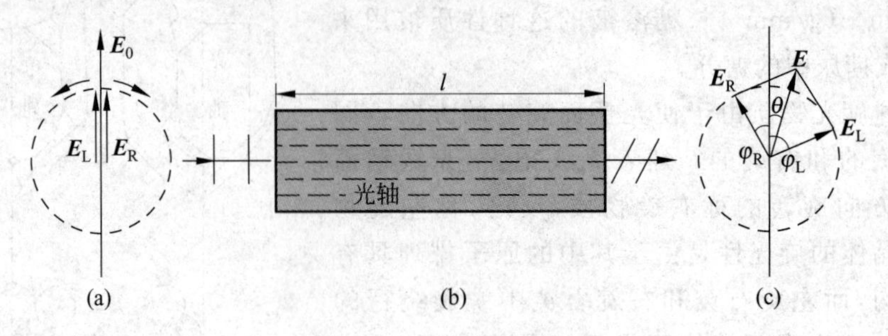

图 11.34 旋光现象的解释

为了验证自己的假设，菲涅耳曾用左旋(L)和右旋(R)石英棱镜交替胶合做成多级组合棱镜(图11.35)。当一束线偏振光垂直入射时，在第一块晶体内两束圆偏振光不分离。当越过第一个交界面时，由于右旋光的速度由大变小，相对折射率 $n_R>1$，所以右旋光靠近法线折射；而左旋光的速度由小变大，相对折射率 $n_L<1$，所以左旋光将远离法线折射。这样，两束圆偏振光就分开了。以后的几个分界面都有使两束圆偏振光分开的角度放大的作用，最后射出棱镜时就形成了两束分开的圆偏振光。实验结果果真这样。

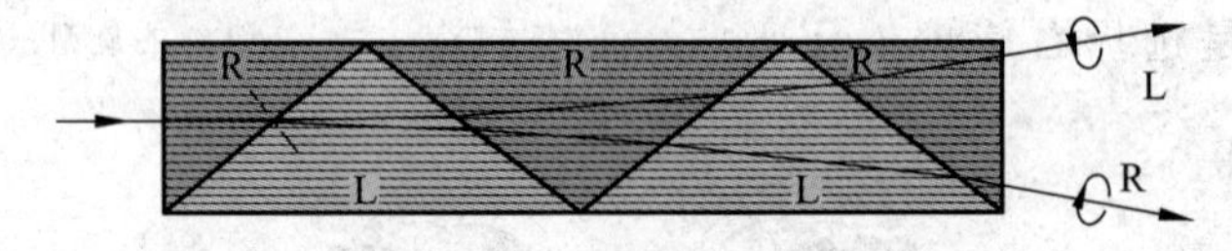

图 11.35 菲涅耳组合棱镜

利用人为方法也可以产生旋光性，其中最重要的是磁致旋光，它是法拉第于1845年首先发现的，现在就叫法拉第磁致旋光效应。可用图11.36所示的装置观察法拉第效应，在螺线管两端外垂直于其轴线安置两正交偏振片，管内充有某种透明介质，如玻璃、水或空气等。在螺线管未通电时，透过 P_1 的偏振光不能透过 P_2。如果在螺旋管中通以电流，则可发现有光透过 P_2，说明入射光经过螺线管内的磁场时，其偏振面旋转了。实验证明，偏振面旋转的角度和光线通过介质的路径长度以及磁场的磁感应强度都成正比，而且因介质不同而不同。和一般晶体的旋光性质明显不同的是：光线顺着和逆着磁场方向传播时，其**旋光方向相反**，这被称为磁致旋光的不可逆性。因此，当偏振光通过一定介质层时，光振动方向如果右旋角度为 φ，则当光被反射通过同一介质层后，其光振动方向将共旋转 2φ 的角度。这种性质被用来制成光隔离器，控制光的传播。磁致旋光效应也被用在磁光盘中读出所记录的信息。

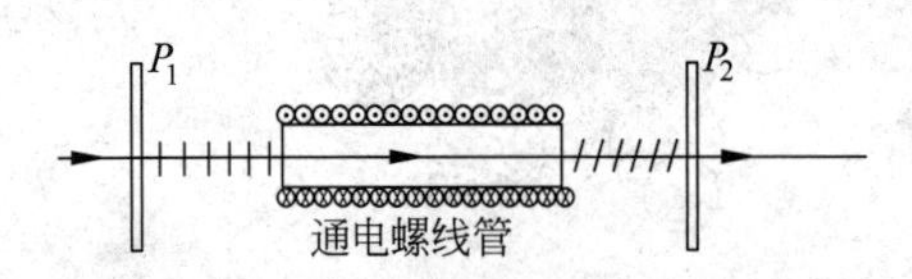

图 11.36 观察法拉第磁致旋光效应装置简图

提要

1. 光的偏振：光是横波，电场矢量是光矢量。光矢量方向和光的传播方向构成振动面。

三类偏振态：非偏振光(无偏振)，偏振光(线偏振、椭圆偏振、圆偏振)，部分偏振光。

2. 线偏振光：可用偏振片产生和检验。偏振片是利用了它对不同方向的光振动选择吸收制成的。

马吕斯定律：$I=I_0\cos^2\alpha$

3. 反射光和折射光的偏振：入射角为布儒斯特角 i_b 时，反射光为线偏振光，且

$$\tan i_b=\frac{n_2}{n_1}=n_{21}$$

4. 散射引起的偏振：散射光是偏振的。

5. 双折射现象：自然光射入晶体后分作 o 光和 e 光两束，二者均为线偏振光。利用四分之一波片可从线偏振光得到椭圆或圆偏振光。

6. 偏振光的干涉：利用晶片(或人工双折射材料)和检偏器可以使偏振光分成两束相干光而发生干涉。

7. 旋光现象：线偏振光通过物质时振动面旋转的现象。

线偏振光通过磁场时也会发生振动面的旋转，被称为法拉第磁光效应。

思考题

11.1 既然根据振动分解的概念可以把自然光看成是两个相互垂直振动的合成，而一个振动的两个分振动又是同相的，那么，为什么说自然光分解成的两个相互垂直的振动之间没有确定的相位关系呢?

11.2 某束光可能是：(1)线偏振光；(2)部分偏振光；(3)自然光。你如何用实验决定这束光究竟是哪一种光?

11.3 通常偏振片的偏振化方向是没有标明的，你有什么简易的方法将它确定下来?

11.4 一束光入射到两种透明介质的分界面上时，发现只有透射光而无反射光，试说明这束光是怎样入射的? 其偏振状态如何?

11.5 自然光入射到两个偏振片上，这两个偏振片的取向使得光不能透过。如果在这两个偏振片之间插入第三块偏振片后，有光透过，那么这第三块偏振片是怎样放置的? 如果仍然无光透过，又是怎样放置的? 试用图表示出来。

11.6 1906 年巴克拉(C. G. Barkla，1917 年诺贝尔物理学奖获得者)曾做过下述“双散射”实验。如图 11.37 所示，先让一束从 X 射线管射出的 X 射线沿水平方向射入一碳块而被向各方向散射。在与入射线垂直的水平方向上放置另一碳块，接收沿水平方向射来的散射的 X 射线。在这第二个碳块的上下方向就没有再观察到 X 射线的散射光。他由此证实了 X 射线是一种电磁波的想法。他是如何论证的?

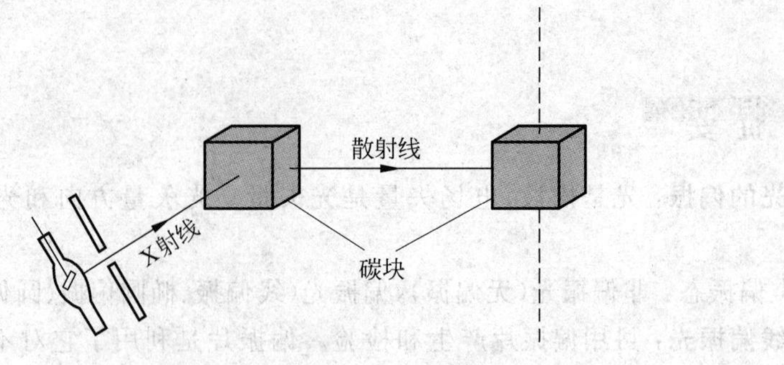

图 11.37 思考题 11.6 用图

11.7 当单轴晶体的光轴方向与晶体表面成一定角度时，一束与光轴方向平行的光入射到该晶体表面，这束光射入晶体后，是否会发生双折射？

11.8 某束光可能是：(1)线偏振光；(2)圆偏振光；(3)自然光。你如何用实验决定这束光究竟是哪一种光？

*11.9 一块四分之一波片和两块偏振片混在一起不能识别，试用实验方法将它们区别开来。

*11.10 在偏振光的干涉装置(图 11.27)中，如果去掉偏振片 P_1 或偏振片 P_2，能否产生干涉效应？为什么？

*11.11 在图 11.28 中，如果 P_1 方向在 C 和 P_2 之间，式(11.5)中还有 π 吗？P_1 和 P_2 平行时，干涉情况又如何？

习题

11.1 自然光通过两个偏振化方向间成 60°的偏振片，透射光强为 I_1。今在这两个偏振片之间再插入另一偏振片，它的偏振化方向与前两个偏振片均成 30°角，则透射光强为多少？

11.2 自然光入射到两个互相重叠的偏振片上。如果透射光强为(1)透射光最大强度的三分之一，或(2)入射光强度的三分之一，则这两个偏振片的偏振化方向间的夹角是多少？

*11.3 两个偏振片 P_1 和 P_2 平行放置(图 11.38)。令一束强度为 I_0 的自然光垂直射向 P_1，然后将 P_2 绕入射线为轴转一角度 θ，再绕竖直轴转一角度 φ。这时透过 P_2 的光强是多大？

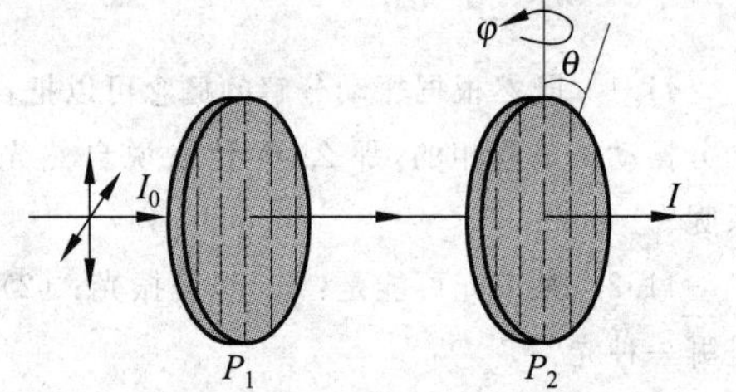

图 11.38 习题 11.3 用图

11.4 在图 11.39 所示的各种情况中，以非偏振光和偏振光入射于两种介质的分界面，图中 i_b 为起偏振角，$i \neq i_b$，试画出折射光线和反射光线并用点和短线表示出它们的偏振状态。

11.5 水的折射率为 1.33，玻璃的折射率为 1.50，当光由水中射向玻璃而反射时，起偏振角为多少？当光由玻璃中射向水而反射时，起偏振角又为多少？这两个起偏振角的数值间是什么关系？

11.6 光在某两种介质界面上的临界角是 45°，它在界面同一侧的起偏振角是多少？

11.7 根据布儒斯特定律可以测定不透明介质的折射率。今测得釉质的起偏振角 $i_b = 58°$，试求它的折射率。

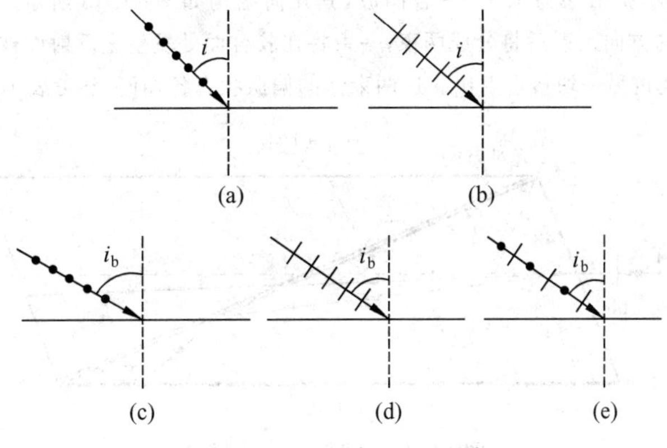

图 11.39　习题 11.4 用图

11.8　已知从一池静水的表面反射出来的太阳光是线偏振光，此时，太阳在地平线上多大仰角处？

11.9　用方解石切割成一个正三角形棱镜。光轴垂直于棱镜的正三角形截面，如图 11.40 所示。自然光以入射角 i 入射时，e 光在棱镜内的折射线与棱镜底边平行，求入射角 i，并画出 o 光的传播方向和光矢量振动方向。

11.10　棱镜 $ABCD$ 由两个 45°的方解石棱镜组成(如图 11.41 所示)，棱镜 ABD 的光轴平行于 AB，棱镜 BCD 的光轴垂直于图面。当自然光垂直于 AB 入射时，试在图中画出 o 光和 e 光的传播方向及光矢量振动方向。

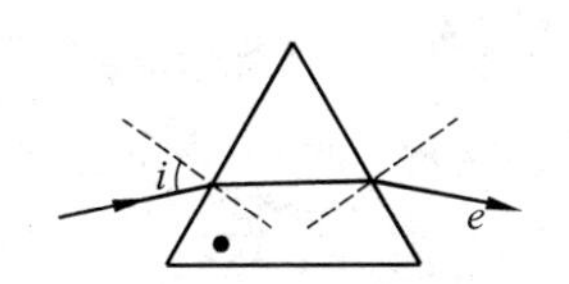

图 11.40　习题 11.9 用图

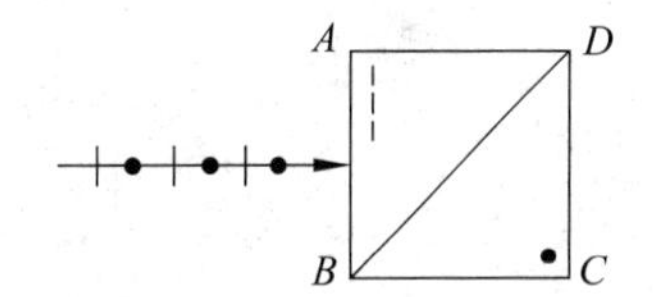

图 11.41　习题 11.10 用图

* 11.11　在图 11.42 所示的装置中，P_1，P_2 为两个正交偏振片。C 为四分之一波片，其光轴与 P_1 的偏振化方向间夹角为 60°。光强为 I_i 的单色自然光垂直入射于 P_1。

(1) 试说明①，②，③各区光的偏振状态并在图上大致画出；

(2) 计算各区光强。

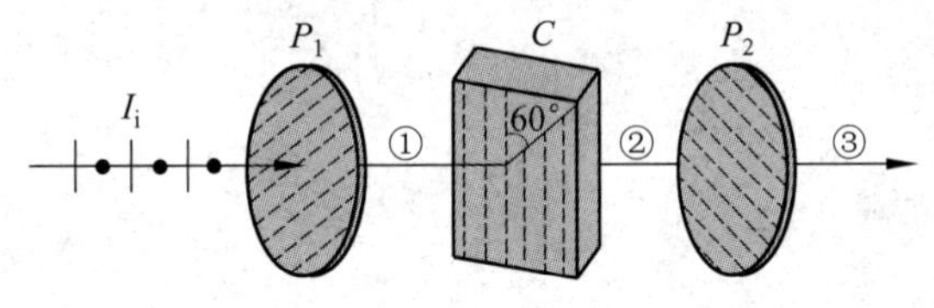

图 11.42　习题 11.11 用图

* 11.12　某晶体对波长 632.8 nm 的主折射率 $n_o=1.66$，$n_e=1.49$。将它制成适用于该波长的四分之一波片，晶片至少要多厚？该四分之一波片的光轴方向如何？

* 11.13　假设石英的主折射率 n_o 和 n_e 与波长无关。某块石英晶片，对 800 nm 波长的光是四分之一波片。当波长为 400 nm 的线偏振光入射到该晶片上，且其光矢量振动方向与晶片光轴成 45°角时，透射光的偏振状态是怎样的？

11.14　1823 年尼科耳发明了一种用方解石做成的棱镜以获得线偏振光。这种“尼科耳棱镜”由两块直角棱镜用加拿大胶(折射率为1.55)粘合而成,其几何结构如图11.43所示。试用计算证明当一束自然光沿平行于底面的方向入射后将分成两束,一束将在胶合面处发生全反射而被涂黑的底面吸收,另一束将透过加拿大胶而经过另一块棱镜射出。这两束光的偏振状态各如何(参考表11.1的折射率数据)?

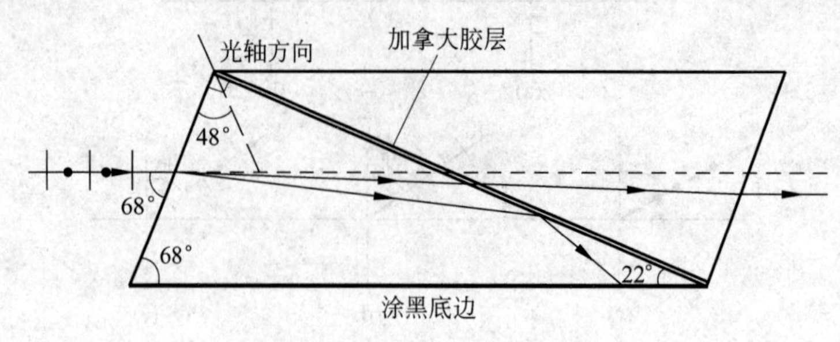

图11.43 习题11.14用图

*11.15 石英对波长为396.8 nm的光的右旋圆偏振光的折射率为 $n_R=1.558\,10$,左旋圆偏振光的折射率为 $n_L=1.558\,21$。求石英对此波长的光的旋光率。

11.16 在激光冷却技术中,用到一种"偏振梯度效应"。它是使强度和频率都相同但偏振方向相互垂直的两束激光相向传播,从而能在叠加区域周期性地产生各种不同偏振态的光。设两束光分别沿 $+x$ 和 $-x$ 方向传播,光振动方向分别沿 y 方向和 z 方向。已知在 $x=0$ 处的合成偏振态为线偏振态,光振动方向与 y 轴成45°。试说明沿 $+x$ 方向每经过 $\lambda/8$ 的距离处的偏振态,并画简图表示之。

今日物理趣闻 C

液　　晶

C.1 液晶的结构

液晶是介于液态与结晶态之间的一种物质状态。它除了兼有液体和晶体的某些性质(如流动性、各向异性等)外,还有其独特的性质。对液晶的研究现已发展成为一个引人注目的学科。

液晶材料主要是脂肪族、芳香族、硬脂酸等有机物。液晶也存在于生物结构中,日常适当浓度的肥皂水溶液就是一种液晶。目前,由有机物合成的液晶材料已有几千种之多。由于生成的环境条件不同,液晶可分为两大类:只存在于某一温度范围内的液晶相称为**热致液晶**;某些化合物溶解于水或有机溶剂后而呈现的液晶相称为**溶致液晶**。溶致液晶和生物组织有关,研究液晶和活细胞的关系,是现今生物物理研究的内容之一。

液晶的分子有盘状、碗状等形状,但多为细长棒状。根据分子排列的方式,液晶可以分为近晶相、向列相和胆甾相三种,其中向列相和胆甾相应用最多。

1. 近晶相液晶

近晶相液晶分子分层排列,根据层内分子排列的不同,又可细分为近晶相A、近晶相B等多种,图C.1所示为近晶相液晶的一种。由图可见,层内分子长轴互相平行,而且垂直于层面。分子质心在层内的位置无一定规律。这种排列称为取向有序,位置无序。

近晶相液晶分子间的侧向相互作用强于层间相互作用,所以分子只能在本层内活动,而各层之间可以相互滑动。

2. 胆甾相液晶

胆甾相液晶是一种乳白色黏稠状液体,是最早发现的一种液晶,其分子也是分层排列,逐层叠合。每层中分子长轴彼此平行,而且与层面平行。不同层中分子长轴方向不同,分子的长轴方向逐层依次向右或向左旋转一个角度。从整体看,分子取向形成螺旋状,其螺距用 p 表示,约为 0.3 μm,如图C.2所示。

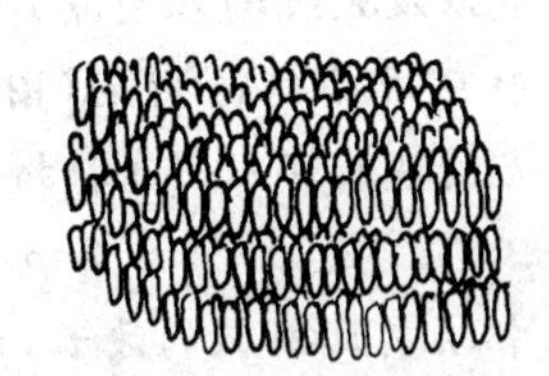

图C.1　近晶相液晶分子排列示意图

3. 向列相液晶

向列相液晶中，分子长轴互相平行，但不分层，而且分子质心位置是无规则的，如图 C.3 所示。

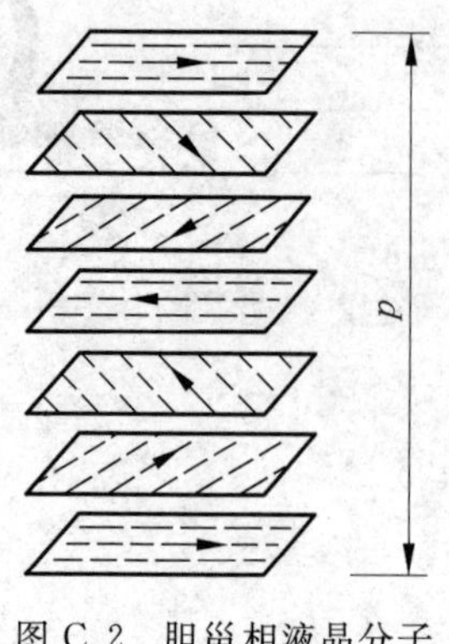

图 C.2 胆甾相液晶分子排列示意图

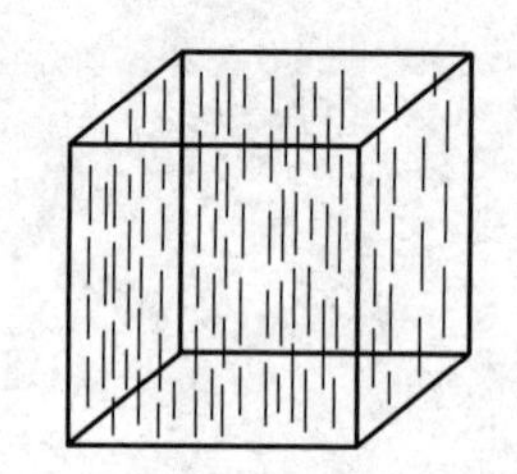

图 C.3 向列相液晶分子排列示意图

C.2 液晶的光学特性

1. 液晶的双折射现象

一束光射入液晶后，分裂成两束光的现象称为双折射现象，如图 C.4 所示。

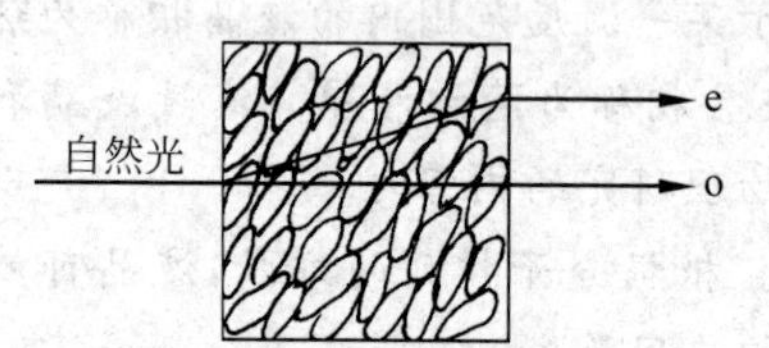

图 C.4 液晶的双折射

双折射现象实质上表示液晶中各个方向上的介电常数以及折射率是不同的。通常用符号 $\varepsilon_{/\!/}$ 和 $\varepsilon_{\perp}$ 分别表示沿液晶分子长轴方向和垂直于长轴方向上的介电常数，并且把 $\varepsilon_{/\!/}>\varepsilon_{\perp}$ 的液晶称为正性液晶，或 P 型液晶；而把 $\varepsilon_{/\!/}<\varepsilon_{\perp}$ 的液晶称为负性液晶，或 N 型液晶。

多数液晶只有一个光轴方向，在液晶中光沿光轴方向传播时，不发生双折射。一般液晶的光轴沿分子长轴方向，胆甾相液晶的光轴垂直于层面。由于其螺旋状结构，胆甾相液晶具有强烈的旋光性，其旋光率可达 40 000°/mm。

2. 胆甾相液晶的选择反射

胆甾相液晶在白光照射下，呈现美丽的色彩，这是它选择反射某些波长的光的结果。反射哪种波长的光取决于液晶的种类和它的温度以及光线的入射角。实验表明，这种选择反射可用晶体的衍射(图 C.5)加以解释。反射光的波长可以用布拉格公式表示为

$$\lambda = 2np\sin\varphi$$

式中，λ 为反射光的波长，p 为胆甾相液晶的螺距，n 为平均折射率，φ 为入射光与液晶表面间的夹角。此式表明，沿不同角度可以观察到不

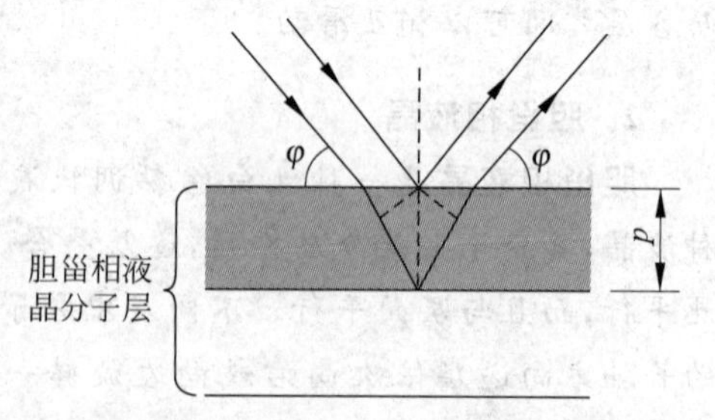

图 C.5 胆甾相液晶的选择反射

同的色光。当温度变化时，胆甾相液晶的螺距发生敏锐的变化，因而反射光的颜色也随之发生变化。一般说来，温度低时反射光为红色，温度高时反射光为蓝色，但也有与此相反的情况。

胆甾相液晶的这一特性被广泛用于液晶温度计和各种测量温度变化的显示装置上。

实验表明，胆甾相液晶的反射光和透射光都是圆偏振光。

3. 液晶的电光效应

在电场作用下，液晶的光学特性发生变化，称为电光效应。下面介绍两种电光效应。

(1) 电控双折射效应

因为液晶具有流动性，通常把它注入玻璃盒中，称为液晶盒。当液晶盒很薄时，其分子的排列可以通过对玻璃表面进行适当处理如摩擦、化学清洗等加以控制。当液晶分子长轴方向垂直于表面时，称为垂面排列；平行于表面时，称为沿面排列。在玻璃表面涂上二氧化锡等透明导电薄膜时，则玻璃片同时又成为透明电极。

今把N型向列相垂直排列的液晶盒放在两正交偏振片之间，如图C.6所示。

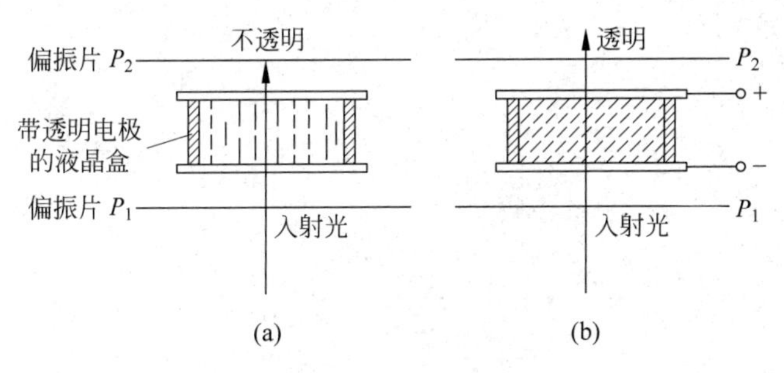

图C.6　电控双折射

(a) 未加电场；(b) 加电场

未加电场时，通过偏振片 P_1 的光在液晶内沿光轴方向传播，不发生双折射，由于两偏振片正交，所以装置不透明。

加电场并超过某一数值(阈值)时，电场使液晶分子轴方向倾斜，此时光在液晶中传播时，发生双折射，装置由不透明变为透明。

光轴的倾斜随电场的变化而变化，因而两双折射光束间的相位差也随之变化，当入射光为复色光时，出射光的颜色也随之变化。

电控双折射现象用P型沿面排列的向列相液晶同样能观察到。

(2) 动态散射

把向列相液晶注入带有透明电极的液晶盒内，未加电场时，液晶盒透明。施加电场并超过某一数值(阈值)时，液晶盒由透明变为不透明，这种现象称为动态散射。这是因为盒内离子和液晶分子在电场作用下，互相碰撞，使液晶分子产生紊乱运动，使折射率随时发生变化，因而使光发生强烈散射的结果。

去掉电场后，则恢复透明状态。但是如果在向列相液晶中混以适当的胆甾相液晶，则散射现象可以保存一些时间，这种情况称为有存储的动态散射。

动态散射现象在液晶显示技术中有广泛应用。目前用于数字显示的多为向列相液晶。图 C.7(a)所示为 7 段液晶显示数码板。数码字的笔画由互相分离的 7 段透明电极组成,并且都与一公共电极相对。当其中某几段电极加上电压时,这几段就显示出来,组成某一数码字(图 C.7(b))。

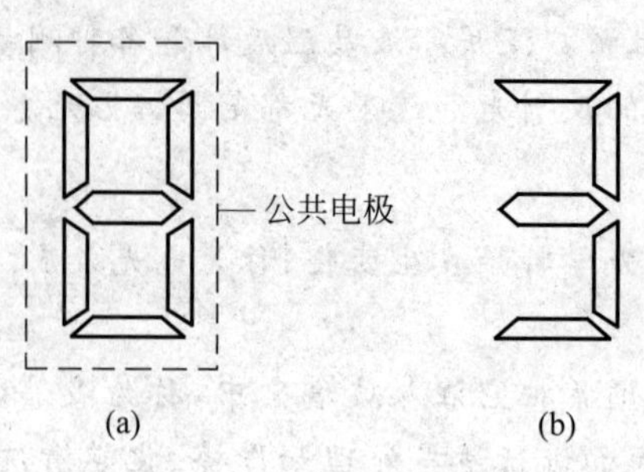

图 C.7 液晶数字显示
(a) 7 段数码板;(b) 显示数码"3"

第3篇 热学

热学研究的是自然界中物质与冷热有关的性质及这些性质变化的规律。

冷热是人们对自然界的一种最普通的感觉，人类文化对此早有记录。我国山东大汶口文化(6000年前)遗址发现的陶器刻画符号，就有如右图所示的“热”字。该符号是“繁体字”，上面是日，中间是火，下面是山。它表示在太阳照射下，山上起了火。这当然反映了人们对热的感觉。现今的“热”字虽然和这一符号不同，但也离不开它下面那四点所代表的火字。

对冷热的客观本质以及有关现象的定量研究约起自300年前。先是人们建立了温度的概念，用它来表示物体的冷热程度。伽利略就曾制造了一种“验温器”(如下页图)。他用一根长玻璃管，上端和一玻璃泡连通，下端开口，插在一个盛有带颜色的水的玻璃容器内，他根据管内水面的高度来判断其周围的“热度”。他的玻璃管上没有刻度，因此还不能定量地测定温度。此后，人们不断设计制造了比较完善的能定量测定温度的温度计，并建立了几种温标。今天仍普遍使用的摄氏温标就是1742年瑞典天文学家摄尔修斯(A. Celsius)建立的。

温度概念建立之后，人们就探讨物体的温度为什么会有高低的不同。最初人们把这种不同归因于物体内所含的一种假想的无重量的“热质”的多少。利用这种热质的守恒规律曾定量地说明了许多有关热传递、热平衡的现象，甚至热机工作的一些规律。18世纪末伦福特伯爵(Count Rumford)通过观察大炮膛孔工作中热的不断产生，否定了热质说，明确指出热是“运动”。这一概念随后就被迈耶(R. J. Mayer)通过计算和焦耳(J. P. Joule)通过实验得出的热功当量加以定量地确认了。此后，经过亥姆霍兹(Hermann von Helmholtz)、克劳修斯(R. Clausius)、开尔文(Kelvin, William Thomson, Lord)等人的努力，逐步精确地建立了热量是能量传递的一种量度的概念，并根据大量实验事实总结出了关于热现象的宏观理论——热力学。热力学的主要内容是两条基本定律——热力学第一定律和热力学第二定律。这些定律都具有高度的普遍性和可靠性，但由于它们不涉及物质的内部具体结构，所以显得不够深刻。

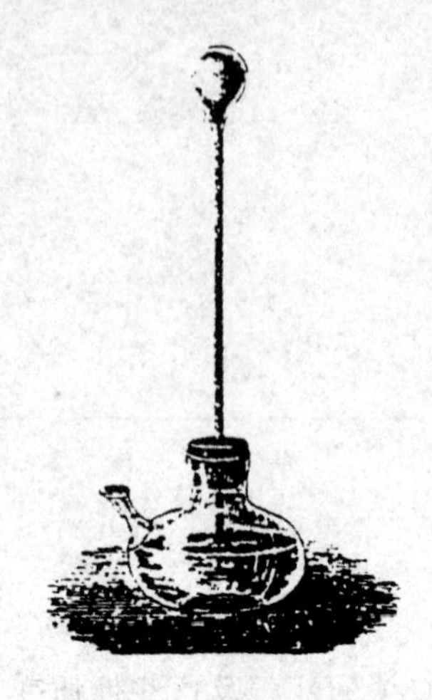

对热现象研究的另一途径是从物质的微观结构出发，以每个微观粒子遵循的力学定律为基础，利用统计规律来导出宏观的热学规律。这样形成的理论称为统计物理或统计力学。统计力学是从19世纪中叶麦克斯韦(J. C. Maxwell)等对气体动理论的研究开始，后经玻耳兹曼(L. Boltzmann)、吉布斯(J. W. Gibbs)等人在经典力学的基础上发展为系统的经典统计力学。20世纪初，建立了量子力学。在量子力学的基础上，狄拉克(P. A. M. Dirac)、费米(E. Fermi)、玻色(S. Bose)、爱因斯坦等人又创立了量子统计力学。由于统计力学是从物质的微观结构出发的，所以更深刻地揭露了热现象以及热力学定律的本质。这不但使人们对自然界的认识深入了一大步，而且由于了解了物质的宏观性质和微观因素的关系，也使得人们在实践中，例如在控制材料的性能以及制取新材料的研究方面，大大提高了自觉性。因此，统计力学在近代物理各个领域都起着很重要的作用。

在本篇热学中，我们将介绍统计物理的基本概念和气体动理论的基本内容以及热力学的基本定律，并尽可能相互补充地加以讲解。

第12章

温度和气体动理论

本章先从宏观角度介绍平衡态温度、状态方程等热学基本概念，然后在气体的微观特征——大量分子的无规则运动——的基础上讲解平衡态统计理论的基本知识，即气体动理论。这包括气体的压强、温度的微观意义和气体分子的麦克斯韦速率分布、玻耳兹曼分布等规律。关于气体的统计理论是整个物理学的基础理论之一，读者通过本章的学习，可理解其基本特点、思想和方法。

12.1　平衡态

在热学中，我们把作为研究对象的一个物体或一组物体称为**热力学系统**，简称为**系统**，系统以外的物体称为**外界**。

一个系统的各种性质不随时间改变的状态叫做**平衡态**，热学中研究的平衡态包括力学平衡，但也要求其他所有的性质，包括冷热的性质，保持不变。对处于平衡态的系统，其状态可用少数几个可以直接测量的物理量来描述。例如封闭在汽缸中的一定量的气体，其平衡态就可以用其体积、压强以及组分比例来描述（图 12.1）。这样的描述称为**宏观描述**，所用的物理量叫系统的**宏观状态参量**。

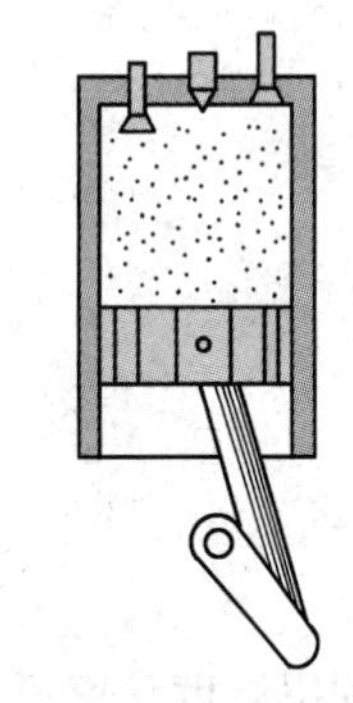

图 12.1　气体作为系统

平衡态只是一种宏观上的寂静状态，在微观上系统并不是静止不变的。在平衡态下，组成系统的大量分子还在不停地无规则地运动着，这些微观运动的总效果也随时间不停地急速地变化着，只不过其总的平均效果不随时间变化罢了。因此我们讲的平衡态从微观的角度应该理解为**动态平衡**。

基于实际的热力学系统都是由分子构成的这一事实，也可以通过对分子运动状态的说明来描述系统的宏观状态。这样的描述称为**微观描述**。但由于分子的数量巨大，且各分子的运动在相互作用和外界的作用下极其复杂，要逐个说明各分子的运动是不可能的。所以对系统的微观描述都采用**统计**的方法。在平衡态下，系统的宏观参量就是说明单个分子运动的**微观参量**（如质量、速度、能量等）的**统计平均值**。本章将对这一方法加以详细的介绍。

由于一个实际的系统总要受到外界的干扰，所以严格的不随时间变化的平衡态是不存在的。平衡态是一个理想的概念，是在一定条件下对实际情况的概括和抽象。但在许多实际问题中，往往可以把系统的实际状态近似地当做平衡态来处理，而比较简便地得出与实际情况基本相符的结论。因此，平衡态是热学理论中的一个很重要的概念。

本书热学部分只限于讨论组分单一的系统，特别是单纯的气体系统，而且只讨论涉及其平衡态的性质。

12.2 温度的概念

将两个物体（或多个物体）放到一起使之接触并不受外界干扰（例如，将热水倒入玻璃杯内放到保温箱内（图12.2）），由于相互的能量传递，经过足够长的时间，它们必然达到一个平衡态。这时我们的直觉认为它们的冷热一样，或者说它们的温度相等。这就给出了温度的定性定义：**共处于平衡态的物体，它们的温度相等**。

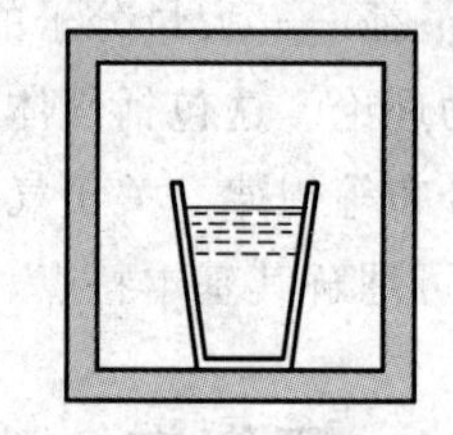

图12.2 水和杯在塑料箱内会达到热平衡

温度的完全定义需要有温度的数值表示法，这一表示方法基于以下实验事实，即：**如果物体 *A* 和物体 *B* 能分别与物体 *C* 的同一状态处于平衡态**（图12.3(a)），**那么当把这时的 *A* 和 *B* 放到一起时，二者也必定处于平衡态**（图12.3(b)）。这一事实被称为**热力学第零定律**。根据这一定律，要确定两个物体是否温度相等，即是否处于平衡态，就不需要使二者直接接触，只要利用一个"第三者"加以"沟通"就行了，这个"第三者"就被称为**温度计**。

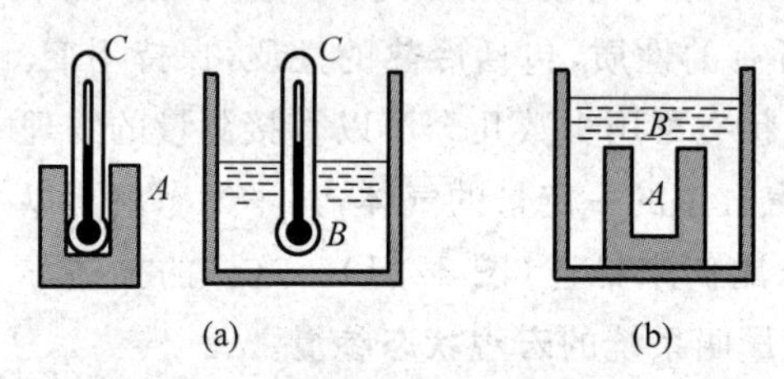

图12.3 热力学第零定律的说明

(a) *A*（铁槽）和 *B*（一定量的水）分别和 *C*（测温器）的同一状态处于平衡态；

(b) *A* 和 *B* 放到一起也一定处于平衡态

利用温度计就可以定义温度的数值了，为此，选定一种物质作为测温物质，以其随温度有明显变化的性质作为温度的标志。再选定一个或两个特定的"**标准状态**"作为温度"**定点**"并赋予数值就可以建立一种**温标**来测量其他温度了。常用的一种温标是用水银作测温物质，以其体积（实际上是把水银装在毛细管内观察水银面的高度）随温度的膨胀作为温度标志。以1 atm下水的冰点和沸点为两个定点，并分别赋予二者的温度数值为0与100。然后，在标有0和100的两个水银面高度之间刻记100份相等的距离，每一份表示1度，记作1℃。这样就做成了一个水银温度计，由它给出的温度叫**摄氏温度**。这种温度计量方法叫**摄氏温标**。

建立了温度概念，我们就可以说，**两个相互接触的物体，当它们的温度相等时，它们就达到了一种平衡态**。这样的平衡态叫**热平衡**。

以上所讲的温度的概念是它的宏观意义。温度的微观本质，即它和分子运动的关系将在12.7节中介绍。

12.3 理想气体温标

一种有重要理论和实际意义的温标叫**理想气体温标**。它是用理想气体作测温物质的，那么什么是理想气体呢？

玻意耳定律指出：一定质量的气体，在一定温度下，其压强 p 和体积 V 的乘积是个常量，即

$$pV = 常量 \quad （温度不变） \tag{12.1}$$

对不同的温度，这一常量的数值不同。各种气体都近似地遵守这一定律，而且压强越小，与此定律符合得也越好。为了表示气体的这种共性，我们引入理想气体的概念。**理想气体就是在各种压强下都严格遵守玻意耳定律的气体**。它是各种实际气体在压强趋于零时的极限情况，是一种理想模型。

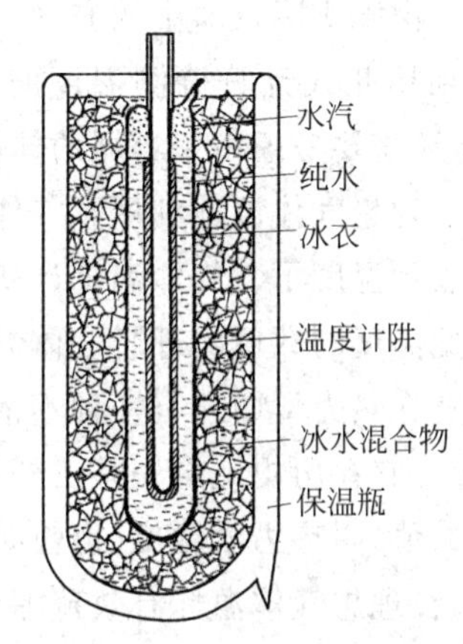

图12.4 水的三相点装置

既然对一定质量的理想气体，它的 pV 乘积只决定于温度，所以我们就可以据此**定义**一个温标，叫**理想气体温标**，这一温标指示的温度值与该温度下一定质量的理想气体的 pV 乘积成正比，以 T 表示理想气体温标指示的温度值，则应有

$$pV \propto T \tag{12.2}$$

这一定义只能给出两个温度数值的比，为了确定某一温度的数值，还必须规定一个特定温度的数值。1954年国际上规定的**标准温度定点**为水的**三相点**，即水、冰和水汽共存而达到平衡态时（图12.4所示装置的中心管内）的温度（这时水汽的压强是4.58 mmHg，约609 Pa）。这个温度称为水的**三相点温度**，以 T_3 表示此温度，它的数值**规定**为

$$T_3 \equiv 273.16\ \mathrm{K} \tag{12.3}$$

式中K是理想气体温标的温度单位的符号，该单位的名称为开[尔文]。

以 p_3，V_3 表示一定质量的理想气体在水的三相点温度下的压强和体积，以 p，V 表示该气体在任意温度 T 时的压强和体积，由式(12.2)和式(12.3)，T 的数值可由下式决定：

$$\frac{T}{T_3} = \frac{pV}{p_3V_3}$$

或

$$T = T_3 \frac{pV}{p_3V_3} = 273.16 \frac{pV}{p_3V_3} \tag{12.4}$$

这样，只要测定了某状态的压强和体积的值，就可以确定和该状态相应的温度数值了。

实际上测定温度时，总是保持一定质量的气体的体积(或压强)不变而测它的压强(或体积)，这样的温度计叫**定体**(或定压)气体温度计。图12.5是定体气体温度计的结构示意图。在充气泡B(通常用铂或铂合金做成)内充有气体，通过一根毛细管C和水银压强计的左臂M相连。测量时，使B与待测系统相接触。上下移动压强计的右臂M'，使M中的水银面在不同的温度下始终保持与指示针尖O同一水平，以保持B内气体的体积不变。当待测温度不同时，由气体实验定律知，气体的压强也不同，它可以由M与M'中的水银面高度差h及当时的大气压强测出。如以p表示测得的气体压强，则根据式(12.4)可求出待测温度数值应是

$$T = 273.16 \frac{p}{p_3} \tag{12.5}$$

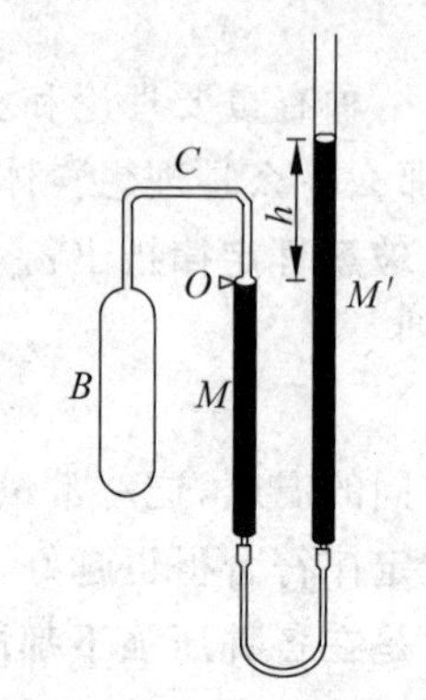

图12.5 定体气体温度计

由于实际仪器中的充气泡内的气体并不是“理想气体”，所以利用此式计算待测温度时，事先必须对压强加以修正。此外，还需要考虑由于容器的体积、水银的密度随温度变化而引起的修正。

理想气体温标利用了气体的性质，因此在气体要液化的温度下，当然就不能用这一温标表示温度了。气体温度计所能测量的最低温度约为0.5 K(这时用低压^{3}He气体)，低于此温度的数值对理想气体温标来说是无意义的。

在热力学中还有一种不依赖于任何物质的特性的温标叫**热力学温标**(也曾叫绝对温标)。它在历史上最先是由开尔文引进的(见13.6节)，通常也用T表示，这种温标指示的数值，叫**热力学温度**(也曾叫绝对温度)。它的SI单位为开[尔文]，符号为K。可以证明，在理想气体温标有效范围内，理想气体温标和热力学温标是完全一致的，因而都用K作单位。

实际上，为了在广大的温度范围内标定各种实用的温度计，国际上按最接近热力学温标的数值规定了一些温度的**固定点**。用这些固定点标定的温标叫**国际温标**。现在采用的1990国际温标的一些固定点在表12.1中用*号标记。以t(℃)表示摄氏温度，它和热力学温度T(K)的关系是

$$t = T - 273.15 \tag{12.6}$$

表12.1给出了一些实际的温度值。表中最后一行给出了1995年朱棣文等利用激光冷却的方法获得的目前为止实验室内达到的最低温度，即2.4×10^{-11} K。这已经非常接近0 K了，但还不到0 K。实际上，要想获得越低的温度就越困难，而热学理论已给出：**热力学零度**(也称绝对零度)**是不能达到的！**这个结论叫**热力学第三定律**。

表 12.1 一些实际的温度值

激光管内正发射激光的气体	<0 K(负温度)①
宇宙大爆炸后的 10^{-43} s	10^{32} K
氢弹爆炸中心	10^{8} K
实验室内已获得的最高温度	6×10^{7} K
太阳中心	1.5×10^{7} K
地球中心	4×10^{3} K
乙炔焰	2.9×10^{3} K
金的凝固点*	1337.33 K
地球上出现的最高温度(利比亚)	331 K(58℃)
吐鲁番盆地最高温度	323 K(50℃)
水的三相点	273.16 K(0.01℃)
地球上出现的最低温度(南极)	185 K(−88℃)
氮的沸点(1 atm)	77 K
氢的三相点	13.8033 K
氦的沸点(1 atm)	4.2 K
星际空间	2.7 K
用激光冷却法获得的最低温度	2.4×10^{-11} K

① 负温度指的是系统的热力学温度值为**负值**,它是从统计意义上对系统状态的一种描述。根据玻耳兹曼分布律(见 12.11 节),在热力学温度为 T 时,构成系统的粒子(如分子、原子或电子)在高能级(E_1)上的数目(N_1)与在低能级(E_2)上的数目(N_2)之比为 $N_1/N_2=\mathrm{e}^{-(E_1-E_2)/kT}$。在实际的正常情况下。$T>0$,因而总有 $N_1<N_2$。在特定情况下,可以使 $N_1>N_2$,这时由上述等式给出系统的温度 T 的值就小于零而为负值了。激光器发出激光时其中气体所处的"布居数反转"状态就是这样的状态,因而其温度为负值(见本书下册 25.6 节"激光")。

12.4 理想气体状态方程

由式(12.4)可得,对一定质量的同种理想气体,任一状态下的 pV/T 值都相等(都等于 p_3V_3/T_3),因而可以有

$$\frac{pV}{T}=\frac{p_0V_0}{T_0} \tag{12.7}$$

其中 p_0,V_0,T_0 为**标准状态**下相应的状态参量值。

实验又指出,在一定温度和压强下,气体的体积和它的质量 m 或摩尔数 ν 成正比。若以 $V_{\mathrm{m},0}$ 表示气体在标准状态下的摩尔体积,则 ν mol 气体在标准状态下的体积应为 $V_0=\nu V_{\mathrm{m},0}$,以此 V_0 代入式(12.7),可得

$$pV=\nu\frac{p_0V_{\mathrm{m},0}}{T_0}T \tag{12.8}$$

阿伏伽德罗定律指出,在相同温度和压强下,1 mol 的各种理想气体的体积都相同,因此上式中的 $p_0V_{\mathrm{m},0}/T_0$ 的值就是一个对各种理想气体都一样的常量。用 R 表示此常量,则有

$$R \equiv \frac{p_0 V_{m,0}}{T_0} = \frac{1.013 \times 10^5 \times 22.4 \times 10^{-3}}{273.15}$$

$$= 8.31\ (\mathrm{J/(mol \cdot K)}) \tag{12.9}$$

此 R 称为**普适气体常量**。利用 R,式(12.8)可写作

$$pV = \nu RT \tag{12.10}$$

或

$$pV = \frac{m}{M}RT \tag{12.11}$$

上式中 m 是气体的质量,M 是气体的摩尔质量。式(12.10)或式(12.11)表示了**理想气体在任一平衡态下各宏观状态参量之间的关系,称理想气体状态方程**。它是由实验结果(玻意耳定律、阿伏伽德罗定律)和理想气体温标的定义综合得到的。各种实际气体,在通常的压强和不太低的温度的情况下,都近似地遵守这个状态方程,而且压强越低,近似程度越高。

1 mol 的任何气体中都有 N_A 个分子,

$$N_A = 6.023 \times 10^{23}/\mathrm{mol}$$

这一数值叫**阿伏伽德罗常量**。

若以 N 表示体积 V 中的气体分子总数,则 $\nu = N/N_A$。引入另一普适常量,称为**玻耳兹曼常量**,用 k 表示:

$$k \equiv \frac{R}{N_A} = 1.38 \times 10^{-23}\ \mathrm{J/K} \tag{12.12}$$

则理想气体状态方程(12.10)又可写作

$$pV = NkT \tag{12.13}$$

或

$$p = nkT \tag{12.14}$$

其中 $n = N/V$ 是单位体积内气体分子的个数,叫气体分子数密度。

按上式计算,在标准状态下,1 cm^3 空气中约有 2.9×10^{19} 个分子。

例 12.1

一房间的容积为 5 m×10 m×4 m。白天气温为 21℃,大气压强为 0.98×10^5 Pa,到晚上气温降为 12℃而大气压强升为 1.01×10^5 Pa。窗是开着的,从白天到晚上通过窗户漏出了多少空气(以 kg 表示)? 视空气为理想气体并已知空气的摩尔质量为 29.0 g/mol。

解 已知条件可列为 $V = 5 \times 10 \times 4 = 200\ \mathrm{m}^3$;白天 $T_d = 21℃ = 294$ K,$p_d = 0.98 \times 10^5$ Pa;晚上 $T_n = 12℃ = 285$ K,$p_n = 1.01 \times 10^5$ Pa;$M = 29.0 \times 10^{-3}$ kg/mol。以 m_d 和 m_n 分别表示在白天和晚上室内空气的质量,则所求漏出空气的质量应为 $m_d - m_n$。

由理想气体状态方程式(12.11)可得

$$m_d = \frac{p_d V_d}{T_d}\frac{M}{R}, \quad m_n = \frac{p_n V_n}{T_n}\frac{M}{R}$$

由于 $V_d = V_n = V$,所以

$$m_d - m_n = \frac{MV}{R}\left(\frac{p_d}{T_d} - \frac{p_n}{T_n}\right)$$

$$= \frac{29.0 \times 10^{-3} \times 200}{8.31}\left(\frac{0.98 \times 10^5}{294} - \frac{1.01 \times 10^5}{285}\right)$$

$$=-14.6\ (\mathrm{kg})$$

此结果的负号表示，实际上是从白天到晚上有 14.6 kg 的空气流进了房间。

例 12.2

恒温气压。求大气压强 p 随高度 h 变化的规律，设空气的温度不随高度改变。

解 如图 12.6 所示，设想在高度 h 处有一薄层空气，其底面积为 S，厚度为 $\mathrm{d}h$，上下两面的气体压强分别为 $p+\mathrm{d}p$ 和 p。该处空气密度为 ρ，则此薄层受的重力为 $\mathrm{d}mg=\rho gS\mathrm{d}h$。力学平衡条件给出

$$(p+\mathrm{d}p)S+\rho gS\mathrm{d}h=pS$$

$$\mathrm{d}p=-\rho g\mathrm{d}h$$

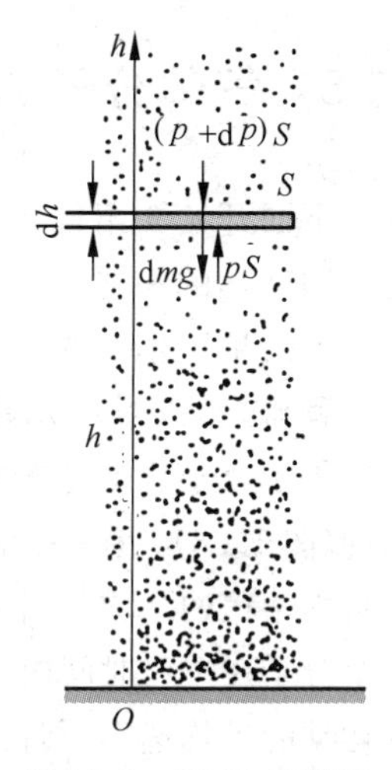

图 12.6 例 12.2 用图

视空气为理想气体，由式(12.11)可以导出

$$\rho=\frac{pM}{RT}$$

将此式代入上一式可得

$$\mathrm{d}p=-\frac{pMg}{RT}\mathrm{d}h \tag{12.15}$$

将右侧的 p 移到左侧，再两边积分：

$$\int_{p_0}^{p}\frac{\mathrm{d}p}{p}=-\int_0^h\frac{Mg}{RT}\mathrm{d}h=-\frac{Mg}{RT}\int_0^h\mathrm{d}h$$

可得

$$\ln\frac{p}{p_0}=-\frac{Mg}{RT}h$$

或

$$p=p_0\mathrm{e}^{-\frac{Mgh}{RT}} \tag{12.16}$$

即大气压强随高度按指数规律减小。这一公式称做**恒温气压公式**。

按此式计算，取 $M=29.0$ g/mol，$T=273$ K，$p_0=1.00$ atm。在珠穆朗玛峰(图 12.7)峰顶，$h=8844.43$ m(2005 年测定值)，大气压强应为 0.33 atm。实际上由于珠峰峰顶温度很低，该处大气压强要比这一计算值小。一般地说，恒温气压公式(12.16)只能在高度不超过 2 km 时才能给出比较符合实际的结果，而这就是一种**高度计**的原理。

图 12.7 本书作者在珠峰南侧飞机上拍的珠峰雄姿

实际上,大气的状况很复杂,其中的水蒸气含量、太阳辐射强度、气流的走向等因素都有较大的影响,大气温度也并不随高度一直降低。在10 km高空,温度约为-50℃。再往高处去,温度反而随高度而升高了。火箭和人造卫星的探测发现,在400 km以上,温度甚至可达10^3 K或更高。

12.5 气体分子的无规则运动

下面开始介绍气体动理论,就是从分子运动论的观点来说明气体的宏观性质,以说明统计物理学的一些基本特点与方法。大家已知道气体的宏观性质是分子无规则运动的整体平均效果。本节先介绍一下气体分子无规则运动的特征,即分子的无规则碰撞与平均自由程概念,以帮助大家对气体分子的无规则运动有些具体的形象化的理解。

由于分子运动是无规则的,一个分子在任意连续两次碰撞之间所经过的自由路程是不同的(图12.8)。在一定的宏观条件下,一个气体分子在连续两次碰撞之间所可能经过的各段自由路程的平均值叫**平均自由程**,用$\bar{\lambda}$表示。它的大小显然和分子的碰撞频繁程度有关。一个分子在单位时间内所受到的平均碰撞次数叫**平均碰撞频率**,以$\bar{z}$表示。若$\bar{v}$代表气体分子运动的平均速率,则在Δt时间内,一个分子所经过的平均距离就是$\bar{v}\Delta t$,而所受到的平均碰撞次数是$\bar{z}\Delta t$。由于每一次碰撞都将结束一段自由程,所以平均自由程应是

$$\bar{\lambda}=\frac{\bar{v}\Delta t}{\bar{z}\Delta t}=\frac{\bar{v}}{\bar{z}} \tag{12.17}$$

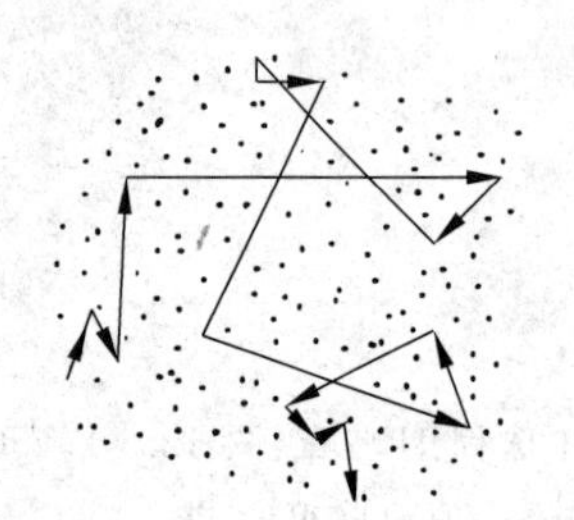

图12.8 气体分子的自由程

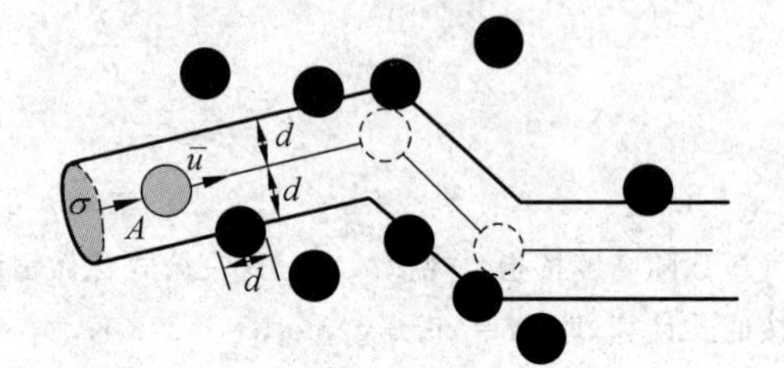

图12.9 $\bar{z}$的计算

有哪些因素影响$\bar{z}$和$\bar{\lambda}$值呢?以同种分子的碰撞为例,我们把气体分子看做直径为d的刚球。为了计算$\bar{z}$,我们可以设想"跟踪"一个分子,例如分子A(图12.9),计算它在一段时间Δt内与多少分子相碰。对碰撞来说,重要的是分子间的相对运动。为简便起见,可先假设其他分子都静止不动,只有分子A在它们之间以平均相对速率$\bar{u}$运动,最后再做修正。

在分子A运动过程中,显然只有其中心与A的中心间距小于或等于分子直径d的那些分子才有可能与A相碰。因此,为了确定在时间Δt内A与多少分子相碰,可设想以A为中心的运动轨迹为轴线,以分子直径d为半径作一曲折的圆柱体,这样凡是中心在此圆柱体内的分子都会与A相碰,圆柱体的截面积为σ,叫做分子的**碰撞截面**。对于大小都一样的分子,$\sigma=\pi d^2$。

在Δt时间内,A所走过的路程为$\bar{u}\Delta t$,相应的圆柱体的体积为$\sigma\bar{u}\Delta t$,若n为气体分子

数密度，则此圆柱体内的总分子数，亦即 A 与其他分子的碰撞次数应为 $n\sigma\bar{u}\Delta t$，因此平均碰撞频率为

$$\bar{z}=\frac{n\sigma\bar{u}\Delta t}{\Delta t}=n\sigma\bar{u} \tag{12.18}$$

可以证明(见习题 12.9)，气体分子的平均相对速率 $\bar{u}$ 与平均速率 $\bar{v}$ 之间有下列关系：

$$\bar{u}=\sqrt{2}\,\bar{v} \tag{12.19}$$

将此关系代入式(12.18)可得

$$\bar{z}=\sqrt{2}\sigma\bar{v}\,n=\sqrt{2}\pi d^2\bar{v}\,n \tag{12.20}$$

将此式代入式(12.17)，可得平均自由程为

$$\bar{\lambda}=\frac{1}{\sqrt{2}\sigma n}=\frac{1}{\sqrt{2}\pi d^2 n} \tag{12.21}$$

这说明，平均自由程与分子的直径的平方及分子的数密度成反比，而与平均速率无关。又因为 $p=nkT$，所以式(12.21)又可写为

$$\bar{\lambda}=\frac{kT}{\sqrt{2}\pi d^2 p} \tag{12.22}$$

这说明当温度一定时，平均自由程和压强成反比。

对于空气分子，$d\approx3.5\times10^{-10}$ m。利用式(12.22)可求出在标准状态下，空气分子的 $\bar{\lambda}=6.9\times10^{-8}$ m，即约为分子直径的 200 倍。这时 $\bar{z}\approx6.5\times10^{9}/\mathrm{s}$。每秒钟内一个分子竟发生几十亿次碰撞！

在 0℃，不同压强下空气分子的平均自由程计算结果如表 12.2 所列。由此表可看出，压强低于 1.33×10^{-2} Pa(即 10^{-4} mmHg，相当于普通白炽灯泡内的空气压强)时，空气分子的平均自由程已大于一般气体容器的线度(1 m 左右)，在这种情况下空气分子在容器内相互之间很少发生碰撞，只是不断地来回碰撞器壁，因此气体分子的平均自由程就应该是容器的线度。还应该指出，即使在 1.33×10^{-4} Pa 的压强下，1 cm^3 内还有 3.5×10^{10} 个分子！

表 12.2 0℃时不同压强下空气分子的平均自由程(计算结果)

p/Pa	$\bar{\lambda}$/m
1.01×10^{5}	6.9×10^{-8}
1.33×10^{2}	5.2×10^{-5}
1.33	5.2×10^{-3}
1.33×10^{-2}	5.2×10^{-1}
1.33×10^{-4}	52

12.6 理想气体的压强

气体对容器壁有压强的作用，大家在中学物理中已学过，气体对器壁的压强是大量气体分子在无规则运动中对容器壁碰撞的结果，并作出了定性的解释。本节将根据气体动

理论对气体的压强作出定量的说明。为简单起见，我们讨论理想气体的压强。关于理想气体，我们在12.3节中已给出**宏观**的定义。为了从微观上解释气体的压强，需要先了解理想气体的分子及其运动的特征。对于这些我们只能根据气体的表现作出一些假设，建立一定的模型，然后进行理论推导，最后再将导出的结论与实验结果进行比较，以判定假设是否正确。

气体动理论关于理想气体模型的基本微观假设的内容可分为两部分。一部分是关于分子个体的，另一部分是关于分子集体的。

1. 关于每个分子的力学性质的假设

(1) 分子本身的线度比起分子之间的平均距离来说，小得很多，以至可以忽略不计。

(2) 除碰撞瞬间外，分子之间和分子与容器壁之间均无相互作用。

(3) 分子在不停地运动着，分子之间及分子与容器壁间发生着频繁的碰撞，这些碰撞都是完全弹性的，即在碰撞前后气体分子的动能是守恒的。

(4) 分子的运动遵从经典力学规律。

以上这些假设可概括为理想气体分子的一种微观模型：理想气体分子像一个个极小的彼此间无相互作用的遵守经典力学规律的弹性质点。

2. 关于分子集体的统计性假设

(1) 每个分子运动速度各不相同，而且通过碰撞不断发生变化。

(2) 平衡态时，若忽略重力的影响，每个分子的位置处在容器内空间任何一点的机会(或概率)是一样的，或者说，**分子按位置的分布是均匀的**。如以 N 表示容器体积 V 内的分子总数，则分子数密度应到处一样，并且有

$$n=\frac{\mathrm{d}N}{\mathrm{d}V}=\frac{N}{V} \tag{12.23}$$

(3) 在平衡态时，气体分子的运动是完全无规则的，这表现为每个分子的速度指向任何方向的机会(或概率)都是一样的，或者说，**分子速度按方向的分布是均匀的**。因此速度的每个分量的平方的平均值应该相等，即

$$\overline{v_x^2}=\overline{v_y^2}=\overline{v_z^2} \tag{12.24}$$

其中各速度分量的平方的平均值按下式定义：

$$\overline{v_x^2}=\frac{v_{1x}^2+v_{2x}^2+\cdots+v_{Nx}^2}{N}$$

由于每个分子的速率 v_i 和速度分量有下述关系：

$$v^2=v_{ix}^2+v_{iy}^2+v_{iz}^2$$

所以取等号两侧的平均值，可得

$$\overline{v^2}=\overline{v_x^2}+\overline{v_y^2}+\overline{v_z^2}$$

将式(12.24)代入上式得

$$\overline{v_x^2}=\overline{v_y^2}=\overline{v_z^2}=\frac{1}{3}\overline{v^2} \tag{12.25}$$

上述(2)，(3)两个假设实际上是关于分子无规则运动的假设。它是一种**统计性假设**，只适用于**大量分子的集体**。上面的 $n,\overline{v_x^2},\overline{v_y^2},\overline{v_z^2},\overline{v^2}$ 等都是**统计平均值**，只对大量分子的集

体才有确定的意义。因此在考虑如式(12.23)中的 $\mathrm{d}V$ 时,从宏观上来说,为了表明容器中各点的分子数密度,它应该是非常小的体积元;但从微观上来看,在 $\mathrm{d}V$ 内应包含大量的分子。因而 $\mathrm{d}V$ 应是**宏观小**、**微观大**的体积元,不能单纯地按数学极限来了解 $\mathrm{d}V$ 的大小。在我们遇到的一般情形,这个物理条件完全可以满足。例如,在标准状态下,1 cm^3 空气中有 2.7×10^{19} 个分子,若 $\mathrm{d}V$ 取 10^{-9} cm^3(即边长为 0.001 cm 的正立方体),这在宏观上看是足够小的了。但在这样小的体积 $\mathrm{d}V$ 内还包含 10^{10} 个分子,因而 $\mathrm{d}V$ 在微观上看还是非常大的。分子数密度 n 就是对这样的体积元内可能出现的分子数统计平均的结果。当然,由于分子不停息地作无规则运动,不断地进进出出,因而 $\mathrm{d}V$ 内的分子数 $\mathrm{d}N$ 是不断改变的,而 $\mathrm{d}N/\mathrm{d}V$ 值也就是不断改变的,各时刻的 $\mathrm{d}N/\mathrm{d}V$ 值相对于平均值 n 的差别叫**涨落**。通常 $\mathrm{d}V$ 总是取得这样大,使这一涨落比起平均值 n 可以小到忽略不计。

在上述假设的基础上,可以定量地推导理想气体的压强公式。为此设一定质量的某种理想气体,被封闭在体积为 V 的容器内并处于平衡态。分子总数为 N,每个分子的质量为 m,各个分子的运动速度不同。为了讨论方便,我们把所有分子**按速度区间分为若干组**,在每一组内各分子的速度大小和方向都差不多相同。例如,第 i 组分子的速度都在 $\boldsymbol{v}_i$ 到 $\boldsymbol{v}_i+\mathrm{d}\boldsymbol{v}_i$ 这一区间内,它们的速度基本上都是 $\boldsymbol{v}_i$,以 n_i 表示这一组分子的数密度,则总的分子数密度应为

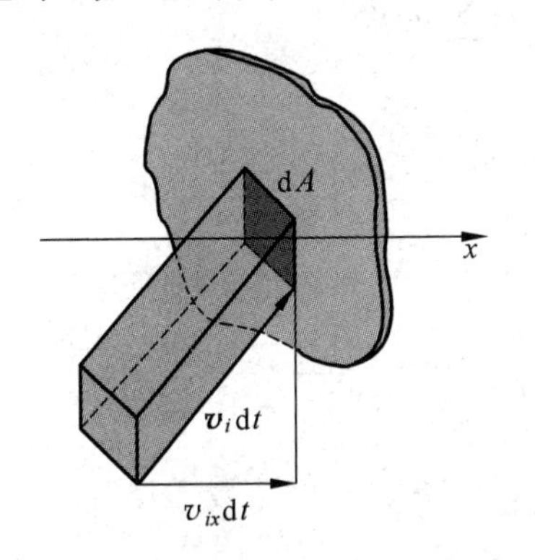

图 12.10 速度基本上是 $\boldsymbol{v}_i$ 的这类分子对 dA 的碰撞

$$n=n_1+n_2+\cdots+n_i+\cdots$$

从微观上看,气体对容器壁的压力是气体分子对容器壁频繁碰撞的总的平均效果。为了计算相应的压强,我们选取容器壁上一小块面积 $\mathrm{d}A$,取垂直于此面积的方向为直角坐标系的 x 轴方向(图 12.10),首先考虑速度在 $\boldsymbol{v}_i$ 到 $\boldsymbol{v}_i+\mathrm{d}\boldsymbol{v}_i$ 这一区间内的分子对器壁的碰撞。设器壁是光滑的(由于分子无规则运动,大量分子对器壁碰撞的平均效果在沿器壁方向上都相互抵消了,对器壁无切向力作用。这相当于器壁是光滑的)。在碰撞前后,每个分子在 y,z 方向的速度分量不变。由于碰撞是完全弹性的,分子在 x 方向的速度分量由 v_{ix} 变为 $-v_{ix}$,其动量的变化是 $m(-v_{ix})-mv_{ix}=-2mv_{ix}$。按动量定理,这就等于每个分子在一次碰撞器壁的过程中器壁对它的冲量。根据牛顿第三定律,每个分子对器壁的冲量的大小应是 $2mv_{ix}$,方向垂直指向器壁。

在 $\mathrm{d}t$ 时间内有多少个速度基本上是 $\boldsymbol{v}_i$ 的分子能碰到 $\mathrm{d}A$ 面积上呢?凡是在底面积为 $\mathrm{d}A$,斜高为 $v_i\mathrm{d}t$(高为 $v_{ix}\mathrm{d}t$)的斜形柱体内的分子在 $\mathrm{d}t$ 时间内都能与 $\mathrm{d}A$ 相碰。由于这一斜柱体的体积为 $v_{ix}\mathrm{d}t\mathrm{d}A$,所以这类分子的数目是

$$n_iv_{ix}\mathrm{d}A\mathrm{d}t$$

这些分子在 $\mathrm{d}t$ 时间内对 $\mathrm{d}A$ 的总冲量的大小为

$$n_iv_{ix}\mathrm{d}A\mathrm{d}t(2mv_{ix})$$

计算 dt 时间内碰到 dA 上所有分子对 dA 的总冲量的大小 d^2I①，应把上式对所有 $v_{ix}>0$ 的各个速度区间的分子求和(因为 $v_{ix}<0$ 的分子不会向 dA 撞去)，因而有

$$d^2I=\sum_{(v_{ix}>0)}2mn_iv_{ix}^2\,dA\,dt$$

由于分子运动的无规则性，$v_{ix}>0$ 与 $v_{ix}<0$ 的分子数应该各占分子总数的一半。又由于此处求和涉及的是 v_{ix} 的平方，所以如果 $\sum$ 表示对所有分子(即不管 v_{ix} 为何值)求和，则应有

$$d^2I=\frac{1}{2}\Big(\sum_i 2mn_iv_{ix}^2\,dA\,dt\Big)=\sum_i mn_iv_{ix}^2\,dA\,dt$$

各个气体分子对器壁的碰撞是断续的，它们给予器壁冲量的方式也是一次一次断续的。但由于分子数极多，因而碰撞**极其频繁**。它们对器壁的碰撞宏观上就成了**连续地**给予冲量，这也就在宏观上表现为气体对容器壁有**持续的压力**作用。根据牛顿第二定律，气体对 dA 面积上的作用力的大小应为 $dF=d^2I/dt$。而气体对容器壁的宏观压强就是

$$p=\frac{dF}{dA}=\frac{d^2I}{dt\,dA}=\sum_i mn_iv_{ix}^2=m\sum_i n_iv_{ix}^2$$

由于

$$\overline{v_x^2}=\frac{\sum n_iv_{ix}^2}{n}$$

所以

$$p=nm\overline{v_x^2}$$

再由式(12.25)又可得

$$p=\frac{1}{3}nm\overline{v^2}$$

或

$$p=\frac{2}{3}n\Big(\frac{1}{2}m\overline{v^2}\Big)=\frac{2}{3}n\bar{\varepsilon}_t \tag{12.26}$$

其中

$$\bar{\varepsilon}_t=\frac{1}{2}m\overline{v^2} \tag{12.27}$$

为分子的**平均平动动能**。

式(12.26)就是气体动理论的压强公式，它把宏观量 p 和统计平均值 n 和 $\bar{\varepsilon}_t$(或 $\overline{v^2}$)联系起来。它表明气体压强具有统计意义，即它对于大量气体分子才有明确的意义。实际上，在推导压强公式的过程中所取的 dA，dt 都是**"宏观小微观大"**的量。因此在 dt 时间内撞击 dA 面积上的分子数是非常大的，这才使得压强有一个稳定的数值。对于微观小的时间和微观小的面积，碰撞该面积的分子数将很少而且变化很大，因此也就不会产生有一稳定数值的压强。对于这种情况宏观量压强也就失去意义了。

---

① 因为此总冲量为两个无穷小 dt 和 dA 所限，所以在数字上相应的总冲量的大小应记为 d^2I。

12.7 温度的微观意义

将式(12.26)与式(12.14)对比，可得

$$\frac{2}{3}n\bar{\varepsilon}_t = nkT$$

或

$$\bar{\varepsilon}_t = \frac{3}{2}kT \tag{12.28}$$

此式说明，各种理想气体在平衡态下，它们的分子**平均平动动能**只和温度有关，并且与热力学温度成正比。

式(12.28)是一个很重要的关系式。它说明了温度的微观意义，即热力学温度是分子平均平动动能的量度。粗略地说，温度反映了物体内部分子无规则运动的激烈程度(这就是中学物理课程中对温度的微观意义的定性说明)。再详细一些，关于温度概念应注意以下几点：

(1) 温度是描述热力学系统**平衡态**的一个物理量。这一点在从宏观上引入温度概念时就明确地说明了。当时曾提到热平衡是一种动态平衡，式(12.28)更定量地显示了"动态"的含义。对处于非平衡态的系统，不能用温度来描述它的状态(如果系统整体上处于非平衡态，但各个微小局部和平衡态差别不大时，也往往以不同的温度来描述各个局部的状态)。

(2) 温度是一个**统计**概念。式(12.28)中的平均值就表明了这一点。因此，温度只能用来描述大量分子的集体状态，对单个分子谈论它的温度是毫无意义的。

(3) 温度所反映的运动是分子的**无规则运动**。式(12.28)中分子的平动动能是分子的无规则运动的平动动能。温度和物体的整体运动无关，物体的整体运动是其中所有分子的一种有规则运动(即系统的机械运动)的表现。因此式(12.28)中的平均平动动能是相对于系统的**质心参考系**测量的，系统内所有分子的平动动能的总和就是系统的**内动能**。例如，物体在平动时，其中所有分子都有一个共同的速度，和这一速度相联系的动能是物体的轨道动能。温度和物体的轨道动能无关。例如，匀高速开行的车厢内的空气温度并不一定比停着的车厢内的空气的温度高，冷气开放时前者温度会更低一些。正因为温度反映的是分子的无规则运动，所以这种运动又称**分子热运动**。

(4) 式(12.28)根据气体分子的热运动的平均平动动能说明了温度的微观意义。实际上，不仅是平均平动动能，而且分子热运动的平均转动动能和振动动能也都和温度有直接的关系。这将在12.8节介绍。

由式(12.27)和式(12.28)可得

$$\frac{1}{2}m\overline{v^2} = \frac{3}{2}kT$$

由此得

$$\overline{v^2} = 3kT/m$$

于是有

$$\sqrt{\overline{v^2}} = \sqrt{\frac{3kT}{m}} = \sqrt{\frac{3RT}{M}} \tag{12.29}$$

$\sqrt{\overline{v^2}}$叫气体分子的**方均根速率**，常以 v_{rms} 表示，是分子速率的一种统计平均值。式(12.29)说明，在同一温度下，质量大的分子其方均根速率小。

例 12.3

求 0℃时氢分子和氧分子的平均平动动能和方均根速率。

解 已知

$$T = 273.15 \text{ K}$$
$$M_{H_2} = 2.02\times10^{-3} \text{ kg/mol}$$
$$M_{O_2} = 32\times10^{-3} \text{ kg/mol}$$

H_2 分子与 O_2 分子的平均平动动能相等，均为

$$\bar{\varepsilon}_t = \frac{3}{2}kT = \frac{3}{2}\times1.38\times10^{-23}\times273.15$$
$$= 5.65\times10^{-21}\,(\text{J}) = 3.53\times10^{-2}\,(\text{eV})$$

H_2 分子的方均根速率

$$v_{rms,H_2} = \sqrt{\frac{3RT}{M_{H_2}}} = \sqrt{\frac{3\times8.31\times273.15}{2.02\times10^{-3}}}$$
$$= 1.84\times10^{3}\,(\text{m/s})$$

O_2 分子的方均根速率

$$v_{rms,O_2} = \sqrt{\frac{3RT}{M_{O_2}}} = \sqrt{\frac{3\times8.31\times273.15}{32.00\times10^{-3}}} = 461\,(\text{m/s})$$

此后一结果说明，在常温下气体分子的平均速率与声波在空气中的传播速率数量级相同。

例 12.4

"量子零度"。按式(12.28)，当温度趋近 0 K 时，气体分子的平均平动动能趋近于 0，即分子要停止运动。这是经典理论的结果。金属中的自由电子也在不停地作热运动，组成"电子气"，在低温下并不遵守经典统计规律。量子理论给出，即使在 0 K 时，电子气中电子的平均平动动能并不等于零。例如，铜块中的自由电子在 0 K 时的平均平动动能为 4.23 eV。如果按经典理论计算，这样的能量相当于多高的温度？

解 由式(12.28)可得

$$T = \frac{2\bar{\varepsilon}_t}{3k} = \frac{2\times4.23\times1.6\times10^{-19}}{3\times1.38\times10^{-23}} = 3.19\times10^{4}\,(\text{K})$$

量子理论给出的结果与经典理论结果的差别如此之大！

12.8 能量均分定理

12.7 节讲了在平衡态下气体分子的平均平动动能和温度的关系，那里只考虑了分子的平动。实际上，各种分子都有一定的内部结构。例如，有的气体分子为单原子分子（如 He，Ne），有的为双原子分子（如 H_2，N_2，O_2），有的为多原子分子（如 CH_4，H_2O）。因此，气体分子除了平动之外，还可能有转动及分子内原子的振动。为了用统计的方法计算分子的平均转动动能和平均振动能量，以及平均总能量，需要引入**运动自由度**的概念。

按经典力学理论，一个物体的能量常能以"平方项"之和表示。例如一个自由物体的平动动能可表示为 $E_{k,t}=\frac{1}{2}mv_x^2+\frac{1}{2}mv_y^2+\frac{1}{2}mv_z^2$，转动动能可表示为 $E_{k,r}=\frac{1}{2}J_x\omega_x^2+\frac{1}{2}J_y\omega_y^2+\frac{1}{2}J_z\omega_z^2$，而一维振子的能量为 $E=\frac{1}{2}kx^2+\frac{1}{2}mv^2$ 等。一个物体的能量表示式中这样的平方项的数目称做物体的运动自由度数，简称自由度。

考虑气体分子的运动能量时，对单原子分子，当做质点看待，只需计算其平动动能。一个单原子分子的自由度就是3。这3个自由度叫**平动自由度**。以 t 表示平动自由度，就有 $t=3$。对双原子分子，除了计算其平动动能外，还有转动动能。以其两原子的连线为 x 轴，则它对此轴的转动惯量 J_x 甚小，相应的那一项转动能量可略去。于是，一个双原子分子的**转动自由度**就是 $r=2$。对一个多原子分子，其转动自由度应为 $r=3$。

仔细来讲，考虑双原子分子或多原子分子的能量时，还应考虑分子中原子的振动。但是，由于关于分子振动的能量经典物理不能作出正确的说明，正确的说明需要量子力学[①]；另外在常温下用经典方法认为分子是刚性的也能给出与实验大致相符的结果；所以作为统计概念的初步介绍，下面将不考虑分子内部的振动而认为气体分子都是刚性的。这样，一个气体分子的运动自由度就如表12.3所示。

表 12.3 气体分子的自由度

分子种类	平动自由度 t	转动自由度 r	总自由度 $i(i=t+r)$
单原子分子	3	0	3
刚性双原子分子	3	2	5
刚性多原子分子	3	3	6

现在考虑气体分子的每一个自由度的**平均动能**。12.7节已讲过，一个分子的平均平动动能为

$$\bar{\varepsilon}_t=\frac{1}{2}m\overline{v^2}=\frac{3}{2}kT$$

利用分子运动的无规则性表示式(12.25)，即

$$\overline{v_x^2}=\overline{v_y^2}=\overline{v_z^2}=\frac{1}{3}\overline{v^2}$$

可得

$$\frac{1}{2}m\overline{v_x^2}=\frac{1}{2}m\overline{v_y^2}=\frac{1}{2}m\overline{v_z^2}=\frac{1}{3}\left(\frac{1}{2}m\overline{v^2}\right)=\frac{1}{2}kT \tag{12.30}$$

此式中前三个平方项的平均值各和一个平动自由度相对应，因此它说明分子的每一个平动自由度的平均动能都相等，而且等于 $\frac{1}{2}kT$。

式(12.30)所表示的规律是一条统计规律，它只适用于大量分子的集体。各平动自由度的平动动能相等，是气体分子在无规则运动中不断发生碰撞的结果。由于碰撞是无规

① 参看本书13.3节。

则的，所以在碰撞过程中动能不但在分子之间进行交换，而且还可以从一个平动自由度转移到另一个平动自由度上去。由于在各个平动自由度中并没有哪一个具有特别的优势，因而**平均来讲**，各平动自由度就具有相等的平均动能。

这种能量的分配，在分子有转动的情况下，应该还扩及转动自由度。这就是说，在分子的无规则碰撞过程中，平动和转动之间以及各转动自由度之间也可以交换能量(试想两个枣仁状的橄榄球在空中的任意碰撞)，而且就能量来说这些自由度中也没有哪个是特殊的。因而就得出更为一般的结论：各自由度的平均动能都是相等的。在理论上，经典统计物理可以更严格地证明：**在温度为 T 的平衡态下，气体分子每个自由度的平均能量都相等，而且等于 $\frac{1}{2}kT$**。这一结论称为**能量均分定理**。在经典物理中，这一结论也适用于液体和固体分子的无规则运动。

根据能量均分定理，如果一个气体分子的总自由度数是 i，则它的**平均总动能**就是

$$\bar{\varepsilon}_k = \frac{i}{2}kT \tag{12.31}$$

将表12.3的 i 值代入，可得几种气体分子的平均总动能如下：

单原子分子 $\bar{\varepsilon}_k = \frac{3}{2}kT$

刚性双原子分子 $\bar{\varepsilon}_k = \frac{5}{2}kT$

刚性多原子分子 $\bar{\varepsilon}_k = 3kT$

作为质点系的总体，宏观上气体具有**内能**。气体的内能是指它所包含的所有分子的无规则运动的动能和分子间的相互作用势能的总和。对于理想气体，由于分子之间无相互作用力，所以分子之间无势能，因而理想气体的内能就是它的所有分子的动能的总和。以 N 表示一定的理想气体的分子总数，由于每个分子的平均动能由式(12.31)决定，所以这理想气体的内能就应是

$$E = N\bar{\varepsilon}_k = N\frac{i}{2}kT$$

由于 $k=R/N_A$，$N/N_A=\nu$，即气体的摩尔数，所以上式又可写成

$$E = \frac{i}{2}\nu RT \tag{12.32}$$

对已讨论的几种理想气体，它们的内能如下：

单原子分子气体 $E = \frac{3}{2}\nu RT$

刚性双原子分子气体 $E = \frac{5}{2}\nu RT$

刚性多原子分子气体 $E = 3\nu RT$

这些结果都说明一定的理想气体的内能**只是温度的函数，而且和热力学温度成正比**。这个经典统计物理的结果在与室温相差不大的温度范围内和实验近似地符合。在本篇中也只按这种结果讨论有关理想气体的能量问题。

12.9 麦克斯韦速率分布律

在12.6节中关于理想气体的气体动理论的统计假设中，有一条是每个分子运动速度各不相同，而且通过碰撞不断发生变化。对任何一个分子来说，在任何时刻它的速度的方向和大小受到许多偶然因素的影响，因而是不能预知的。但从整体上统计地说，气体分子的速度还是有规律的。早在1859年(当时分子概念还是一种假说)麦克斯韦就用概率论证明了(见本节末)在平衡态下，理想气体的分子按速度的分布是有确定的规律的，这个规律现在就叫**麦克斯韦速度分布律**。如果不管分子运动速度的方向如何，只考虑分子按速度的大小即速率的分布，则相应的规律叫做**麦克斯韦速率分布律**。作为统计规律的典型例子，我们在本节介绍麦克斯韦速率分布律。

先介绍**速率分布函数**的意义。从微观上说明一定质量的气体中所有分子的速率状况时，因为分子数极多，而且各分子的速率通过碰撞又在不断地改变，所以不可能逐个加以说明。因此就采用统计的说明方法，也就是指出在总数为 N 的分子中，具有各种速率的分子各有多少或它们各占分子总数的百分比多大。这种说明方法就叫给出**分子按速率的分布**。正像为了说明一个学校的学生年龄的总状况时，并不需要指出一个个学生的年龄，而只要给出各个年龄段的学生是多少，即学生数目按年龄的分布，就可以了。

按经典力学的概念，气体分子的速率 v 可以连续地取0到无限大的任何数值。因此，说明分子按速率分布时就需要采取按速率区间分组的办法，例如可以把速率以10 m/s的间隔划分为0～10 m/s，10～20 m/s，20～30 m/s，…的区间，然后说明各区间的分子数是多少。一般地讲，速率分布就是要指出速率在 v 到 $v+\mathrm{d}v$ 区间的分子数 $\mathrm{d}N_v$ 是多少，或是 $\mathrm{d}N_v$ 占分子总数 N 的百分比，即 $\mathrm{d}N_v/N$ 是多少。这一百分比在各速率区间是不相同的，即它应是速率 v 的函数。同时，在速率区间 $\mathrm{d}v$ 足够小的情况下，这一百分比还应和区间的大小成正比，因此，应该有

$$\frac{\mathrm{d}N_v}{N}=f(v)\mathrm{d}v \tag{12.33}$$

或

$$f(v)=\frac{\mathrm{d}N_v}{N\mathrm{d}v} \tag{12.34}$$

式中函数 $f(v)$ 就叫速率分布函数，它的物理意义是：**速率在速率 v 所在的单位速率区间内的分子数占分子总数的百分比**。

将式(12.33)对所有速率区间积分，将得到所有速率区间的分子数占总分子数百分比的总和。它显然等于1，因而有

$$\int_0^N\frac{\mathrm{d}N_v}{N}=\int_0^\infty f(v)\mathrm{d}v=1 \tag{12.35}$$

所有分布函数必须满足的这一条件叫做**归一化条件**。

速率分布函数的意义还可以用**概率**的概念来说明。各个分子的速率不同，可以说成是一个分子具有各种速率的概率不同。式(12.33)的 $\mathrm{d}N_v/N$ 就是一个分子的速率在速率 v 所在的 $\mathrm{d}v$ 区间内的概率，式(12.34)中的 $f(v)$ 就是一个分子的速率在速率 v 所在的

单位速率区间的概率。在概率论中，$f(v)$叫做分子速率分布的**概率密度**。它对所有可能的速率积分就是一个分子具有不管什么速率的概率。这个“总概率”当然等于1，这也就是式(12.35)所表示的归一化条件的概率意义。

麦克斯韦速率分布律就是在一定条件下的速率分布函数的具体形式。它指出：**在平衡态下，气体分子速率在v到$v+dv$区间内的分子数占总分子数的百分比为**

$$\frac{\mathrm{d}N_v}{N} = 4\pi\left(\frac{m}{2\pi kT}\right)^{3/2} v^2 \mathrm{e}^{-mv^2/2kT}\mathrm{d}v \tag{12.36}$$

和式(12.33)对比，可得**麦克斯韦速率分布函数**为

$$f(v) = 4\pi\left(\frac{m}{2\pi kT}\right)^{3/2} v^2 \mathrm{e}^{-mv^2/2kT} \tag{12.37}$$

式中，T是气体的热力学温度；m是一个分子的质量；k是玻耳兹曼常量。由式(12.37)可知，对一给定的气体(m一定)，麦克斯韦速率分布函数只和温度有关。以v为横轴，以$f(v)$为纵轴，画出的图线叫做**麦克斯韦速率分布曲线**(图12.11)，它能形象地表示出气体分子按速率分布的情况。图中曲线下面宽度为$\mathrm{d}v$的小窄条面积就等于在该区间内的分子数占分子总数的百分比$\mathrm{d}N_v/N$。

从图中可以看出，按麦克斯韦速率分布函数确定的速率很小和速率很大的分子数都很少。在某一速率v_p处函数有一极大值，v_p叫**最概然速率**，它的物理意义是：若把整个速率范围分成许多相等的小区间，则v_p所在的区间内的分子数占分子总数的百分比最大。v_p可以由下式求出：

$$\left.\frac{\mathrm{d}f(v)}{\mathrm{d}v}\right|_{v_\mathrm{p}} = 0$$

由此得

$$v_\mathrm{p} = \sqrt{\frac{2kT}{m}} = \sqrt{\frac{2RT}{M}} \approx 1.41\sqrt{\frac{RT}{M}} \tag{12.38}$$

而$v=v_\mathrm{p}$时，

$$f(v_\mathrm{p}) = \left(\frac{8m}{\pi kT}\right)^{1/2}\Big/\mathrm{e} \tag{12.39}$$

式(12.38)表明，v_p随温度的升高而增大，又随m增大而减小。图12.11画出了氮气在不同温度下的速率分布函数，可以看出温度对速率分布的影响，温度越高，最概然速率越大，$f(v_\mathrm{p})$越小。由于曲线下的面积恒等于1，所以温度升高时曲线变得平坦些，并向高速区域扩展。也就是说，温度越高，速率较大的分子数越多。这就是通常所说的温度越高，分子运动越剧烈的真正含义。

应该指出，麦克斯韦速率分布定律是一个统计规律，它只适用于大量分子组成的气体。由于分子运动的无规则性，在任何速率区间v到$v+\mathrm{d}v$内的分子数都是不断变化的。式(12.36)中的$\mathrm{d}N_v$只表示在这一速率区间的分子数的统计平均值。为使$\mathrm{d}N_v$有确定的意义，区间$\mathrm{d}v$必须是宏观小微观大的。如果区间是微观小的，$\mathrm{d}N_v$的数值将十分不确定，因而失去实际意义。至于说速率正好是某一确定速率v的分子数是多少，那就根本没有什么意义了。

已知速率分布函数，可以求出分子运动的**平均速率**。平均速率的定义是

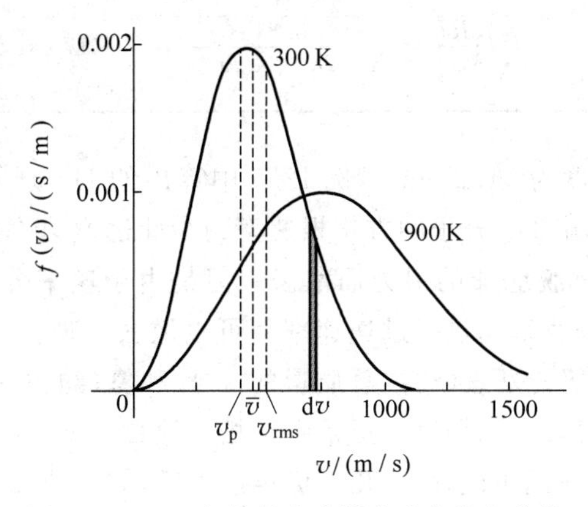

图 12.11 N_2 气体的麦克斯韦速率分布曲线

$$\bar{v} = \Big(\sum^{N} v_i\Big)\Big/N = \int v\mathrm{d}N_v/N = \int_0^\infty vf(v)\mathrm{d}v \tag{12.40}$$

将麦克斯韦速率分布函数式(12.37)代入式(12.40),可求得平衡态下理想气体分子的平均速率为

$$\bar{v} = \sqrt{\frac{8kT}{\pi m}} = \sqrt{\frac{8RT}{\pi M}} \approx 1.60\sqrt{\frac{RT}{M}} \tag{12.41}$$

还可以利用速率分布函数求 v^2 的平均值。由平均值的定义

$$\overline{v^2} = \Big(\sum^{N} v_i^2\Big)\Big/N = \int v^2\mathrm{d}N_v/N = \int_0^\infty v^2 f(v)\mathrm{d}v$$

将麦克斯韦速率分布函数式(12.37)代入,可得

$$\overline{v^2} = \int_0^\infty v^4 4\pi\left(\frac{m}{2\pi kT}\right)^{3/2} \mathrm{e}^{-mv^2/2kT}\mathrm{d}v = 3\,kT/m$$

这一结果的平方根,即方均根速率为

$$v_{\mathrm{rms}} = \sqrt{\overline{v^2}} = \sqrt{\frac{3kT}{m}} = \sqrt{\frac{3RT}{M}} \approx 1.73\sqrt{\frac{RT}{M}} \tag{12.42}$$

此结果与式(12.29)相同。

由式(12.38)、式(12.41)和式(12.42)确定的三个速率值 v_{p},$\bar{v}$,v_{rms} 都是在统计意义上说明大量分子的运动速率的典型值。它们都与$\sqrt{T}$成正比,与$\sqrt{m}$成反比。其中 v_{rms} 最大,$\bar{v}$ 次之,v_{p} 最小。三种速率有不同的应用,例如,讨论速率分布时要用 v_{p},计算分子的平均平动动能时要用 v_{rms},以后讨论分子的碰撞次数时要用 $\bar{v}$。

例 12.5

大气组成。计算 He 原子和 N_2 分子在 20℃时的方均根速率,并以此说明地球大气中为何没有氦气和氢气而富有氮气和氧气。

解 由式(12.40)可得

$$v_{\mathrm{rms,He}} = \sqrt{\frac{3RT}{M_{\mathrm{He}}}} = \sqrt{\frac{3\times 8.31\times 293}{4.00\times 10^{-3}}} = 1.35\ (\mathrm{km/s})$$

$$v_{\mathrm{rms,N_2}} = \sqrt{\frac{3RT}{M_{\mathrm{N_2}}}} = \sqrt{\frac{3 \times 8.31 \times 293}{28.0 \times 10^{-3}}} = 0.417\ (\mathrm{km/s})$$

地球表面的逃逸速度为11.2 km/s,例12.5中算出的He原子的方均根速率约为此逃逸速率的1/8,还可算出H_2分子的方均根速率约为此逃逸速率的1/6。这样,似乎He原子和H_2分子都难以逃脱地球的引力而散去。但是由于速率分布的原因,还有相当多的He原子和H_2分子的速率超过了逃逸速率而可以散去。现在知道宇宙中原始的化学成分(现在仍然如此)大部分是氢(约占总质量的3/4)和氦(约占总质量的1/4)。地球形成之初,大气中应该有大量的氢和氦。正是由于相当数目的H_2分子和He原子的方均根速率超过了逃逸速率,它们不断逃逸。几十亿年过去后,如今地球大气中就没有氢气和氦气了。与此不同的是,N_2和O_2分子的方均根速率只有逃逸速率的1/25,这些气体分子逃逸的可能性就很小了。于是地球大气今天就保留了大量的氮气(约占大气质量的76%)和氧气(约占大气质量的23%)。

实际上大气化学成分的起因是很复杂的,许多因素还不清楚。就拿氦气来说,1963年根据人造卫星对大气上层稀薄气体成分的分析,证实在几百千米的高空(此处温度可达1000 K),空气已稀薄到接近真空,那里有一层氦气,叫"氦层",其上更有一层"氢层",实际上是"质子层"。

麦克斯韦速度分布律和速率分布律的推导

根据麦克斯韦在1859年发表的论文《气体动力理论的说明》,速度分布律及速率分布律的推导过程大致如下。设总粒子数为N,粒子速度在x,y,z三个方向的分量分别为v_x,v_y,v_z。

(1) 以$\mathrm{d}N_{v_x}$表示速度分量v_x在v_x到$v_x+\mathrm{d}v_x$之间的粒子数,则一个粒子在此$\mathrm{d}v_x$区间出现的概率为$\mathrm{d}N_{v_x}/N$。粒子在不同的v_x附近区间$\mathrm{d}v_x$内出现的概率不同,用分布函数$g(v_x)$表示在单位v_x区间粒子出现的概率,则应有

$$\frac{\mathrm{d}N_{v_x}}{N} = g(v_x)\mathrm{d}v_x \tag{12.43}$$

系统处于平衡态时,容器内各处粒子数密度n相同,粒子朝任何方向运动的概率相等。因此相应于速度分量v_y,v_z也应有相同形式的分布函数$g(v_y),g(v_z)$,使得相应的概率可表示为

$$\frac{\mathrm{d}N_{v_y}}{N} = g(v_y)\mathrm{d}v_y$$

$$\frac{\mathrm{d}N_{v_z}}{N} = g(v_z)\mathrm{d}v_z$$

(2) 假设上述三个概率就是彼此独立的,又根据独立概率相乘的概率原理,得到粒子出现在v_x到$v_x+\mathrm{d}v_x$,v_y到$v_y+\mathrm{d}v_y$,v_z到$v_z+\mathrm{d}v_z$间的概率为

$$\frac{\mathrm{d}N_v}{N} = g(v_x)g(v_y)g(v_z)\mathrm{d}v_x\mathrm{d}v_y\mathrm{d}v_z = F\mathrm{d}v_x\mathrm{d}v_y\mathrm{d}v_z$$

式中$F=g(v_x)g(v_y)g(v_z)$,即为速度分布函数。

(3) 由于粒子向任何方向运动的概率相等,所以速度分布应与粒子的速度方向无关。因而速度分布函数应只是速度大小

$$v = \sqrt{v_x^2 + v_y^2 + v_z^2}$$

的函数。这样，速度分布函数就可以写成下面的形式：

$$g(v_x)g(v_y)g(v_z) = F(v_x^2 + v_y^2 + v_z^2)$$

要满足这一关系，函数 $g(v_x)$ 应具有 $Ce^{Av_x^2}$ 的形式。因此可得

$$F = Ce^{Av_x^2} \cdot Ce^{Av_y^2} \cdot Ce^{Av_z^2} = C^3 e^{A(v_x^2+v_y^2+v_z^2)} = C^3 e^{Av^2}$$

现在来定常数 C 及 A。考虑到具有无限大速率的粒子出现的概率极小，故 A 应为负值。令 $A=-1/\alpha^2$，则

$$\frac{dN_v}{N} = C^3 e^{-(v_x^2+v_y^2+v_z^2)/\alpha^2} dv_x dv_y dv_z \tag{12.44}$$

由于粒子的速率在从 $-\infty$ 到 $+\infty$ 的全部速率区间内出现的概率应等于1，即分布函数应满足归一化条件，所以

$$\int \frac{dN_v}{N} = C^3 \int_{-\infty}^{+\infty} e^{-v_x^2/\alpha^2} dv_x \int_{-\infty}^{+\infty} e^{-v_y^2/\alpha^2} dv_y \int_{-\infty}^{+\infty} e^{-v_z^2/\alpha^2} dv_z = 1$$

利用数学公式

$$\int_{-\infty}^{+\infty} e^{-\lambda u^2} du = \sqrt{\frac{\pi}{\lambda}}$$

得

$$C^3(\pi\alpha^2)^{3/2} = 1$$

由此得

$$C = \frac{1}{\alpha\sqrt{\pi}}$$

代入式(12.44)得

$$\frac{dN_v}{N} = \frac{1}{\alpha^3\sqrt{\pi^3}} e^{-(v_x^2+v_y^2+v_z^2)/\alpha^2} dv_x dv_y dv_z \tag{12.45}$$

这就是麦克斯韦速度分布律。

(4) 由式(12.45)还可以导出速率分布律。为此设想一个用三个相互垂直的轴分别表示 v_x, v_y, v_z 的"速度空间"。在这一空间内从原点到任一点 (v_x, v_y, v_z) 的连线都代表一个粒子可能具有的速度(图12.12)。由于速率分布与速度的方向无关，所以粒子的速率出现在同一速率 v 处的速率区间 dv 内的概率相同。这一速率区间是半径为 v，厚度为 dv 的球壳，其总体积为 $4\pi v^2 dv$。将式(12.45)中的 $dv_x dv_y dv_z$ 换成 $4\pi v^2 dv$ 即可得粒子的速率在 v 到 $v+dv$ 区间出现的概率为

$$\frac{dN_v}{N} = \frac{4}{\alpha^3\sqrt{\pi}} v^2 e^{-v^2/\alpha^2} dv \tag{12.46}$$

这就是麦克斯韦速率分布律。

(5) 确定常数 α。用式(12.46)可求出粒子的速率平方的平均值为

$$\overline{v^2} = \frac{3}{2}\alpha^2 \tag{12.47}$$

12.7节曾由压强微观公式和理想气体状态方程得出式(12.29)，即

$$\overline{v^2} = \frac{3kT}{m}$$

与式(12.47)比较可得

$$\alpha^2 = \frac{2kT}{m}$$

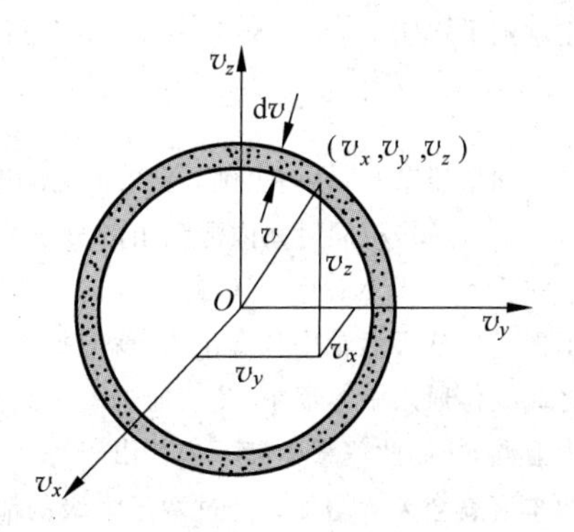

图12.12 速度空间

将此 α^2 的值代入式(12.45)和式(12.46)就可得到现代物理

教科书中的麦克斯韦速度分布律及速率分布律，即

$$F(\boldsymbol{v})=\frac{\mathrm{d}N_{\boldsymbol{v}}}{N\mathrm{d}v_x\mathrm{d}v_y\mathrm{d}v_z}=\left(\frac{m}{2\pi kT}\right)^{3/2}\mathrm{e}^{-mv^2/2kT} \tag{12.48}$$

$$f(v)=\frac{\mathrm{d}N_v}{N\mathrm{d}v}=4\pi\left(\frac{m}{2\pi kT}\right)^{3/2}v^2\mathrm{e}^{-mv^2/2kT}$$

沿 x 方向的速度分量 v_x 的分布律应为

$$g(v_x)=\frac{\mathrm{d}N_{v_x}}{N\mathrm{d}v_x}=\left(\frac{m}{2\pi kT}\right)^{1/2}\mathrm{e}^{-mv_x^2/2kT}$$

例 12.6

用麦克斯韦按速度分量分布函数，求单位时间内碰撞到单位面积容器壁上的分子数 Γ。

解 先计算 $\mathrm{d}t$ 时间内碰到 $\mathrm{d}A$ 面积容器壁上速度在 $\mathrm{d}v_x$ 区间的分子数。如图 12.13 所示，设 x 轴方向垂直于 $\mathrm{d}A$ 向外，则此分子数为

$$\mathrm{d}n_{v_x}\ v_x\ \mathrm{d}t\ \mathrm{d}A$$

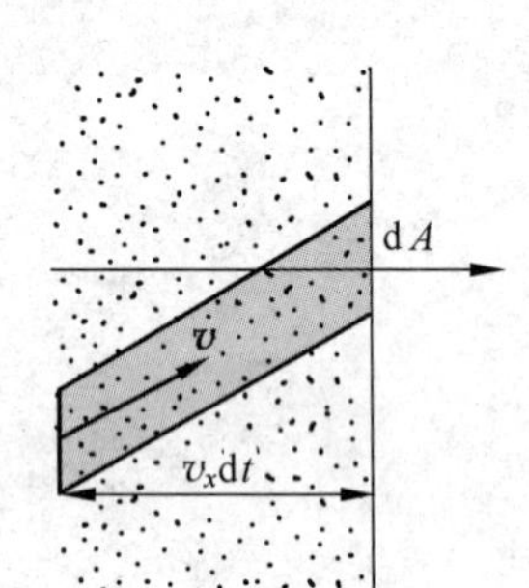

图 12.13 例 12.6 用图

$\mathrm{d}n_{v_x}$ 为在 $\mathrm{d}v_x$ 区间的分子数密度，它和总的分子数密度 n 的关系为

$$\mathrm{d}n_{v_x}=ng(v_x)\mathrm{d}v_x$$

代入上一式，并除以 $\mathrm{d}t\mathrm{d}A$，可得单位时间内碰撞到单位器壁面积上，速度在 $\mathrm{d}v_x$ 区间的分子数为

$$\mathrm{d}\Gamma=ng(v_x)v_x\mathrm{d}v_x$$

由于

$$g(v_x)=C\mathrm{e}^{-v_x^2/\alpha^2}=\left(\frac{m}{2\pi kT}\right)^{1/2}\mathrm{e}^{-mv_x^2/2kT}$$

所以单位时间内碰撞到单位面积器壁上的分子总数应为

$$\Gamma=\int\mathrm{d}\Gamma=\int_0^{\infty}n\left(\frac{m}{2\pi kT}\right)^{1/2}\mathrm{e}^{-mv_x^2/2kT}v_x\mathrm{d}v_x$$

注意，此积分的积分域只能取 $v_x>0$，因为 $v_x<0$ 的分子不可能碰上 $\mathrm{d}A$。此积分很容易用变换变量法求出，其结果为

$$\Gamma=n\left(\frac{kT}{2\pi m}\right)^{1/2} \tag{12.49}$$

注意到平均速率 $\bar{v}=\sqrt{8kT/\pi m}$，上式又可写成

$$\Gamma=\frac{1}{4}n\bar{v}$$

如果器壁有一小孔，则式(12.49)给出的 Γ 值就是单位时间内泄漏出单位面积小孔的分子数。由式(12.49)可知，相同时间内泄漏出的分子数和分子的质量的平方根成反比。这个关系被用来富集天然铀中的 $^{235}\mathrm{U}$。天然铀中 $^{238}\mathrm{U}$ 的丰度为 99.3%，$^{235}\mathrm{U}$ 的丰度仅为 0.7%。链式反应实际用到的是 $^{235}\mathrm{U}$，为了把 $^{235}\mathrm{U}$ 从天然铀中分离出来，就先把固态铀转换成气体化合物 $\mathrm{UF_6}$，其中 $^{235}\mathrm{U}$ 的丰度和天然铀相同。将此气体通入一容器中，使它通过一多孔隔膜向另一容器中泄漏，然后再通过一多孔隔膜向第三级容器中泄漏，并如此逐级泄漏下去。由于每一级泄漏都会使质量较小的 $^{235}\mathrm{UF_6}$ 的密度增大一些，最后 $^{235}\mathrm{UF_6}$ 的丰度就会大大增加。经过两千多级的泄漏，$^{235}\mathrm{U}$ 的丰度可达 99% 以上。

*12.10　麦克斯韦速率分布律的实验验证

由于未能获得足够高的真空，所以在麦克斯韦导出速率分布律的当时，还不能用实验验证它。直到 20 世纪 20 年代后由于真空技术的发展，这种验证才有了可能。史特恩(Stern)于 1920 年最早测定分子速率，1934 年我国物理学家葛正权曾测定过铋(Bi)蒸气分子的速率分布，实验结果都与麦克斯韦分布律大致相符。下面介绍 1955 年密勒(Miller)和库什(P. Kusch)做得比较精确地验证麦克斯韦速率分布定律的实验①。

他们的实验所用的仪器如图 12.14 所示。图 12.14(a)中 O 是蒸气源，选用钾或铊的蒸气。在一次实验中所用铊蒸气的温度是 870 K，其蒸气压为 0.4256 Pa。R 是一个用铝合金制成的圆柱体，图 12.14(b)表示其真实结构。该圆柱长 $L=20.40$ cm，半径 $r=10.00$ cm，可以绕中心轴转动，它用来精确地测定从蒸气源开口逸出的金属原子的速率，为此在它上面沿纵向刻了很多条螺旋形细槽，槽宽 $l=0.0424$ cm，图中画出了其中一条。细槽的入口狭缝处和出口狭缝处的半径之间夹角为 $\varphi=4.8°$。在出口狭缝后面是一个检测器 D，用它测定通过细槽的原子射线的强度，整个装置放在抽成高真空(1.33×10^{-5} Pa)的容器中。

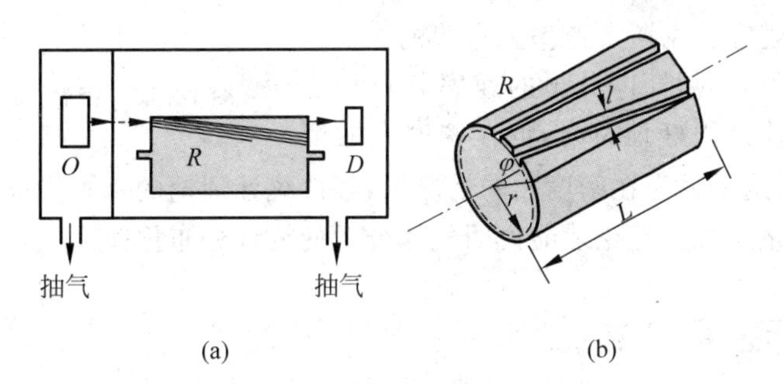

图 12.14　密勒-库什的实验装置

当 R 以角速度 ω 转动时，从蒸气源逸出的各种速率的原子都能进入细槽，但并不都能通过细槽从出口狭缝飞出，只有那些速率 v 满足关系式

$$\frac{L}{v}=\frac{\varphi}{\omega}$$

或

$$v=\frac{\omega}{\varphi}L \tag{12.50}$$

的原子才能通过细槽，而其他速率的原子将沉积在槽壁上。因此，R 实际上是个滤速器，改变角速度 ω，就可以让不同速率的原子通过。槽有一定宽度，相当于夹角 φ 有一 $\Delta\varphi$ 的变化范围，相应地，对于一定的 ω，通过细槽飞出的所有原子的速率并不严格地相同，而是在一定的速率范围 v 到 $v+\Delta v$ 之内。改变 ω，对不同速率范围内的原子射线检测其强度，

① 麦克斯韦速率分布定律本是对理想气体建立的。但由于这里指的分子的速率是分子质心运动的速率，又由于质心运动的动能总是作为分子总动能的独立的一项出现，所以，即使对非理想气体，麦克斯韦速率分布仍然成立。实验结果就证明了这一点，因为实验中所用的气体都是实际气体而非真正的理想气体。

就可以验证原子速率分布是否与麦克斯韦速率分布律给出的一致。

需要指出的是，**通过细槽**的原子和从**蒸气源逸出的射线**中的原子以及**蒸气源内**原子的速率分布都不同。在蒸气源内速率在 v 到 $v+\Delta v$ 区间内的原子数与 $f(v)\Delta v$ 成正比。由于速率较大的原子有更多的机会逸出，所以在原子射线中，在相应的速率区间的原子数还应和 v 成正比，因而应和 $vf(v)\Delta v$ 成正比。据速率的公式(12.50)可知，能通过细槽的原子的速率区间 $|\Delta v|=\frac{\omega L}{\varphi^2}\Delta\varphi=\frac{v}{\varphi}\Delta\varphi$，因而通过细槽的速率在 Δv 区间的原子数应与 $v^2 f(v)\Delta\varphi$ 成正比。由于 $\Delta\varphi=l/r$ 是常数，所以由式(12.37)可知，通过细槽到达检测器的、速率在 v 到 $v+\Delta v$ 区间的原子数以及相应的强度应和 $v^4 e^{-mv^2/2kT}$ 成正比，其极大值应出现在 $v_p'=(4kT/m)^{1/2}$ 处。图12.15中的理论曲线(实线)就是根据这一关系画出的，横轴表示 v/v_p'，纵轴表示检测到的原子射线强度。图中小圆圈和三角黑点是密勒和库什的两组实验值，实验结果与理论曲线的密切符合，说明蒸气源内的原子的速率分布是遵守麦克斯韦速率分布律的。

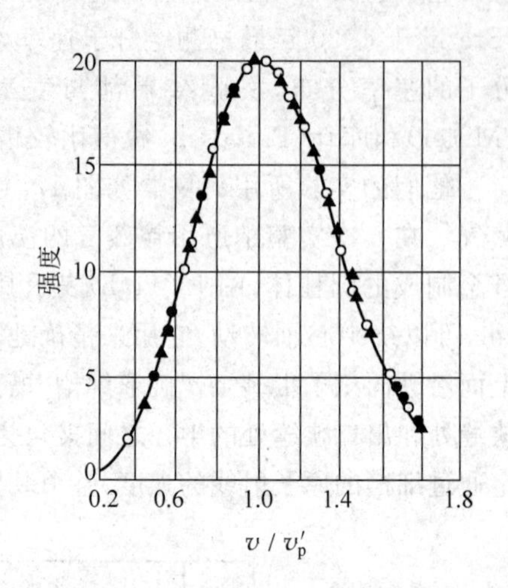

图12.15 密勒-库什的实验结果

在通常情况下，实际气体分子的速率分布和麦克斯韦速率分布律能很好地符合，但在密度大的情况下就不符合了，这是因为在密度大的情况下，经典统计理论的基本假设不成立了。在这种情况下必须用量子统计理论才能说明气体分子的统计分布规律。

*12.11 玻耳兹曼分布律

12.9节与12.10节讨论了理想气体分子按速率的分布。那里未考虑分子速度的方向，更仔细的讨论应该指出分子按速度是如何分布的，即指出速度分量分别在 v_x 到 v_x+dv_x，v_y 到 v_y+dv_y，v_z 到 v_z+dv_z 区间的分子数或百分比是多少。这里 $dv_x dv_y dv_z$ 叫**速度区间**。除了分子按速度分布外，更一般的情况下，如对在外力场中的气体，还需要指明它们的分子按**空间位置**的分布，即要指出位置坐标分别在 x 到 $x+dx$，y 到 $y+dy$，z 到 $z+dz$ 区间的分子数或百分比。这里 $dxdydz$ 叫**位置区间**。这样，一般来讲，从微观上统计地说明理想气体的状态时，以速度和位置表示一个分子的状态就需要指出其分子在 $dv_x dv_y dv_z dxdydz$ 所限定的各个**状态区间**的分子数或百分比。这种一般的分布遵守什么规律呢？

在麦克斯韦速率分布函数中，可能已注意到指数因子 $e^{-mv^2/2kT}$。由于 $\frac{1}{2}mv^2=E_k$ 是分子的平动动能，所以分子的速率分布与它们的平动动能有关。实际上，麦克斯韦已导出了理想气体分子按**速度**的分布(式(12.48))，即在**速度区间** $dv_x dv_y dv_z$ 的分子数与该区间内分子的平动动能 E_k 有关，而且与 $e^{-E_k/kT}$ **成正比**。玻耳兹曼将这一规律推广，得出：**在温度为 T 的平衡态下，任何系统的微观粒子按状态的分布，即在某一状态区间的粒子数与该状态区间的一个粒子的能量 E 有关，而且与 $e^{-E/kT}$ 成正比**。这个结论叫**玻耳兹曼分

布律，它是统计物理中适用于任何系统的一个基本定律，$e^{-E/kT}$ 就叫**玻耳兹曼因子**。这个定律说明，在能量越大的状态区间内的粒子数越小，而且随着能量的增大，大小相等的状态区间的粒子数按指数规律急剧地减小。

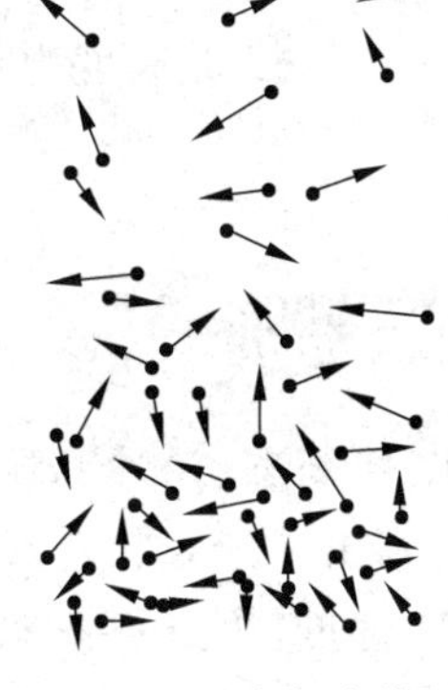

图 12.16 重力场中分子的分布示意图

作为玻耳兹曼分布律的实例，我们考虑在重力场中理想气体分子按位置的分布。由于重力的影响，分子的位置分布不再是均匀的，而是下密上疏，定性地如图 12.16 所示。由于在状态区间 $dv_x dv_y dv_z dx dy dz$ 分子的总能量为

$$E = E_k + E_p = \frac{1}{2}mv^2 + E_p$$

$$= \frac{1}{2}m(v_x^2 + v_y^2 + v_z^2) + E_p$$

所以玻耳兹曼分布律给出在该区间的分子数为

$$dN = Ce^{-(E_k+E_p)/kT} dv_x dv_y dv_z dx dy dz \tag{12.51}$$

其中 C 是比例常数，与速度和位置无关。

如果要计算体积元 $dx dy dz$ 中的总分子数，就可以将上式对所有速度进行积分。由于 E_p 与速度无关，所以在这体积元中的分子数就是

$$dN' = C\left[\iiint_{-\infty}^{+\infty} e^{-m(v_x^2+v_y^2+v_z^2)/2kT} dv_x dv_y dv_z\right] e^{-E_p/kT} dx dy dz$$

由于方括号内的积分是一个定积分，其值可与 C 合并成另一常数 C'，所以

$$dN' = C' e^{-E_p/kT} dx dy dz$$

由此可得在体积元 $dx dy dz$ 内的分子数密度为

$$n = \frac{dN'}{dx dy dz} = C' e^{-E_p/kT}$$

如果以 n_0 表示在 $E_p=0$ 处的分子数密度，则上式给出

$$n_0 = C'$$

因此，上式可写成

$$n = n_0 e^{-E_p/kT}$$

将 $E_p = mgh$（此处以 h 代替纵坐标 z）代入，则可得

$$n = n_0 e^{-mgh/kT} \tag{12.52}$$

其中 m 是一个分子的质量。以 $m/k = M/R$ 代入上式还可得

$$n = n_0 e^{-Mgh/RT} \tag{12.53}$$

这两个公式就是玻耳兹曼分布律给出的在重力场中的分子或粒子**按高度分布**的定律。这一定律说明粒子数密度随高度按指数规律减小。1909 年皮兰(M. J. Perrin)曾数了在显微镜下的悬浊液内不同高度处悬浮的粒子的数目（图 12.17），其结果直接证实了这一分布规律，并求出了阿伏伽德罗常数 N_A。这个实验结果在物理学史上最后确立了分子存在的真实性。

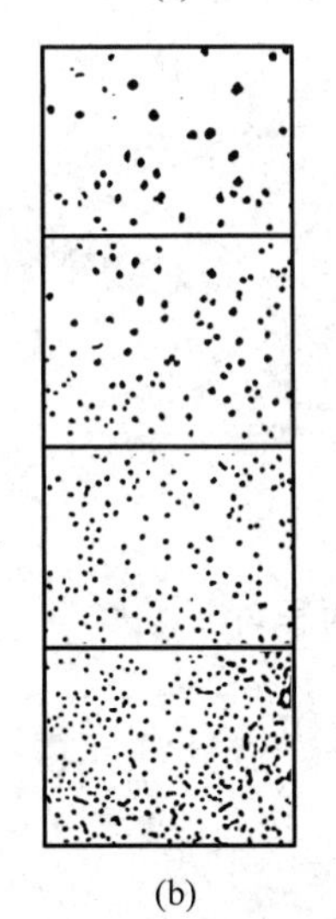

图 12.17 皮兰实验

还可以根据式(12.53)导出大气压强随高度的变化关系。

由式(12.14)，$p=nkT$，再利用式(12.53)，即可得在 h 高度处的大气压压强为

$$p = n_0 e^{-Mgh/RT} kT = p_0 e^{-Mgh/RT} \tag{12.54}$$

式中 $p_0=n_0kT$ 是高度为零处的压强，这就是恒温气压公式(12.16)。

提要

1. 平衡态：一个系统的各种性质不随时间改变的状态。处于平衡态的系统，其状态可用少数几个宏观状态参量描写。从微观的角度看，平衡态是分子运动的**动态平衡**。

2. 温度：处于平衡态的物体，它们的温度相等。温度相等的平衡态叫热平衡。

3. 热力学第零定律：如果 A 和 B 能分别与物体 C 的同一状态处于平衡态，那么当把这时的 A 和 B 放到一起时，二者也必定处于平衡态。这一定律是制造温度计，建立温标，定量地计量温度的基础。

4. 理想气体温标：建立在玻意耳定律(pV=常量)的基础上，选定水的三相点温度为 $T_3=273.16$ K，以此制造气体温度计。

在理想气体温标有效的范围内，它和热力学温标完全一致。

摄氏温标 t(℃)和热力学温标 T(K)的关系：

$$t = T - 273.15$$

5. 热力学第三定律：热力学(绝对)零度不能达到。

6. 理想气体状态方程：在平衡态下，对理想气体有

$$pV = \nu RT = \frac{m}{M}RT$$

或

$$pV = nkT$$

其中，气体普适常量

$$R=8.31\ \text{J/(mol}\cdot\text{K)}$$

玻耳兹曼常量

$$k=R/N_A=1.38\times10^{-23}\ \text{J/K}$$

7. 气体分子的无规则运动：

平均自由程($\bar{\lambda}$)：气体分子无规则运动中各段自由路程的平均值。

平均碰撞频率($\bar{z}$)：气体分子单位时间内被碰撞次数的平均值。

$$\bar{\lambda} = \bar{v}/\bar{z}$$

碰撞截面(σ)：一个气体分子运动中可能与其他分子发生碰撞的截面面积，

$$\bar{\lambda} = \frac{1}{\sqrt{2}\sigma n} = \frac{kT}{\sqrt{2}\sigma p}$$

8. 理想气体压强的微观公式：

$$p = \frac{1}{3}nm\overline{v^2} = \frac{2}{3}n\bar{\varepsilon}_t$$

式中各量都是统计平均值，应用于宏观小微观大的区间。

9. 温度的微观统计意义：

$$\bar{\varepsilon}_t = \frac{3}{2}kT$$

10. 能量均分定理：在平衡态下，分子热运动的每个自由度的平均动能都相等，且等于$\frac{1}{2}kT$。以 i 表示分子热运动的总自由度，则一个分子的总平均动能为

$$\bar{\varepsilon}_k = \frac{i}{2}kT$$

ν(mol)理想气体的内能，只包含有气体分子的无规则运动动能，

$$E = \frac{i}{2}\nu RT$$

11. 速率分布函数：指气体分子速率在速率 v 所在的单位速率区间内的分子数占总分子数的百分比，也是分子速率分布的概率密度，

$$f(v) = \frac{\mathrm{d}N_v}{N\mathrm{d}v}$$

麦克斯韦速率分布函数：对在平衡态下，分子质量为 m 的气体，

$$f(v) = 4\pi\left(\frac{m}{2\pi kT}\right)^{3/2} v^2 \mathrm{e}^{-mv^2/2kT}$$

三种速率：

最概然速率 $$v_p = \sqrt{\frac{2kT}{m}} = \sqrt{\frac{2RT}{M}} = 1.41\sqrt{\frac{RT}{M}}$$

平均速率 $$\bar{v} = \sqrt{\frac{8kT}{\pi m}} = \sqrt{\frac{8RT}{\pi M}} = 1.60\sqrt{\frac{RT}{M}}$$

方均根速率 $$v_{rms} = \sqrt{\frac{3kT}{m}} = \sqrt{\frac{3RT}{M}} = 1.73\sqrt{\frac{RT}{M}}$$

***12. 玻耳兹曼分布律：**平衡态下某状态区间（粒子能量为 E）的粒子数正比于 $\mathrm{e}^{-E/kT}$（玻耳兹曼因子）。

思考题

12.1 什么是热力学系统的平衡态？为什么说平衡态是热动平衡？

12.2 怎样根据平衡态定性地引进温度的概念？对于非平衡态能否用温度概念？

12.3 用温度计测量温度是根据什么原理？

12.4 理想气体温标是利用气体的什么性质建立的？

12.5 图12.18是用扫描隧穿显微镜（STM）取得的石墨晶体表面碳原子排列队形的照片。试根据此照片估算一个碳原子的直径。

12.6 地球大气层上层的电离层中，电离气体的温度可达2000 K，但每立方厘米中的分子数不超过

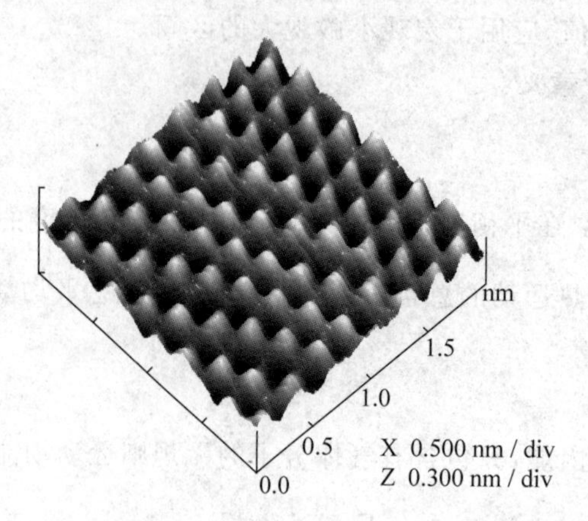

图 12.18 思考题 12.5 用图

10^5 个。这温度是什么意思？一块锡放到该处会不会被熔化？已知锡的熔点是 505 K。

12.7 如果盛有气体的容器相对某坐标系作匀速运动，容器内的分子速度相对这坐标系也增大了，温度也因此升高吗？

12.8 在大气中随着高度的增加，氮气分子数密度与氧气分子数密度的比值也增大，为什么？

12.9 一定质量的气体，保持体积不变。当温度升高时分子运动得更剧烈，因而平均碰撞次数增多，平均自由程是否也因此而减小？为什么？

12.10 在平衡态下，气体分子速度 $\boldsymbol{v}$ 沿各坐标方向的分量的平均值 $\bar{v}_x$，$\bar{v}_y$ 和 $\bar{v}_z$ 各应为多少？

12.11 对一定量的气体来说，当温度不变时，气体的压强随体积的减小而增大；当体积不变时，压强随温度的升高而增大。从宏观来看，这两种变化同样使压强增大，从微观来看它们有何区别？

12.12 根据下述思路粗略地推导理想气体压强微观公式。设想在四方盒子内装有处于平衡态的理想气体，从统计平均效果讲，可认为所有气体分子的平均速率都是 $\bar{v}$，且总数中有 1/6 垂直地向某一器壁运动而冲击器壁。计算动量变化以及压强（忽略 $\bar{v}$ 与 $\sqrt{\overline{v^2}}$ 的差别）。

12.13 试用气体动理论说明，一定体积的氢和氧的混合气体的总压强等于氢气和氧气单独存在于该体积内时所产生的压强之和。

12.14 在相同温度下氢气和氧气分子的速率分布的概率密度是否一样？试比较它们的 v_p 值以及 v_p 处概率密度的大小。

12.15 证明 $v_{rms}=\sqrt{3p/\rho}$，其中 ρ 为气体的质量密度。

12.16 在深秋或冬日的清晨，有时你会看到蓝天上一条笔直的白练在不断延伸。再仔细看去，那是一架正在向右飞行的喷气式飞机留下的径迹(图 12.19)。喷气式飞机在飞行时喷出的“废气”中充满了带电粒子，那条白练实际上是小水珠形成的雾条。你能解释这白色雾条形成的原因吗？

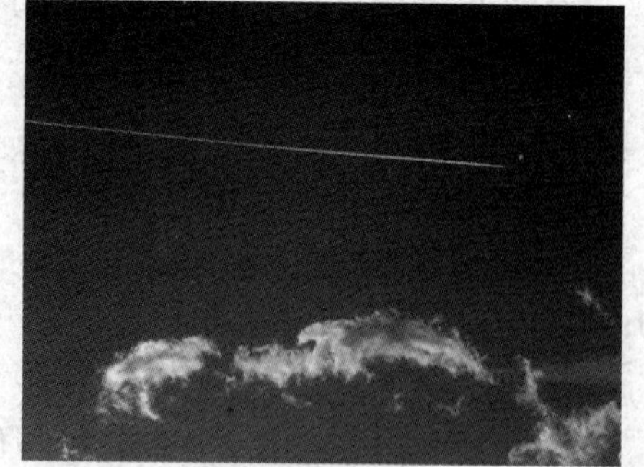

图 12.19 白练映蓝天

12.17 试根据热导率的微观公式说明：当容器内的气体温度不变而压强降低时，它的热导率将保持不变；当压强降低到分子运动的平均自由程和容器线度可比或更低时，气体的热导率将随压强的降低而减小。

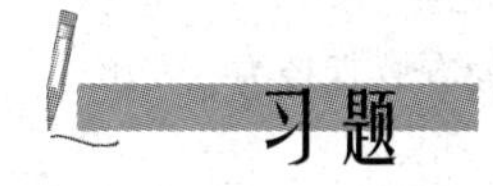

习题

12.1 定体气体温度计的测温气泡放入水的三相点管的槽内时，气体的压强为 6.65×10^3 Pa。

(1) 用此温度计测量 373.15 K 的温度时，气体的压强是多大？

(2) 当气体压强为 2.20×10^3 Pa 时，待测温度是多少 K？多少℃？

12.2 温度高于环境的物体会逐渐冷却。实验指出，在物体温度 T 和环境温度 T_s 差别不太大的情况下，物体的冷却速率和温差 $(T-T_s)$ 成正比，即

$$-\frac{dT}{dt}=A(T-T_s)$$

其中 A 是比例常量。试由上式导出，在 T_s 保持不变，物体初温度为 T_1 的情况下，经过时间 t，物体的温度变为

$$T=T_s+(T_1-T_s)e^{-At}$$

一天早上房内温度是 25℃时停止供暖，室外气温为 −10℃。40 min 后房内温度降为 20℃，再经过多长时间房内温度将降至 15℃？

12.3 "28"自行车车轮直径为 71.12 cm(相当于 28 英寸)，内胎截面直径为 3 cm。在 −3℃的天气里向空胎里打气。打气筒长 30 cm，截面半径 1.5 cm。打了 20 下，气打足了，问此时车胎内压强是多少？设车胎内最后气体温度为 7℃。

12.4 在 90 km 高空，大气的压强为 0.18 Pa，密度为 3.2×10^{-6} kg/m^3。求该处的温度和分子数密度。空气的摩尔质量取 29.0 g/mol。

12.5 一个大热气球的容积为 2.1×10^4 m^3，气球本身和负载质量共 4.5×10^3 kg，若其外部空气温度为 20℃，要想使气球上升，其内部空气最低要加热到多少度？

12.6 目前可获得的极限真空度为 1.00×10^{-18} atm。求在此真空度下 1 cm^3 空气内平均有多少个分子？设温度为 20℃。

12.7 星际空间氢云内的氢原子数密度可达 10^{10} m^{-3}，温度可达 10^4 K。求这云内的压强。

12.8 在较高的范围内大气温度 T 随高度 y 的变化可近似地取下述线性关系：

$$T=T_0-\alpha y$$

其中，T_0 为地面温度；α 为一常量。

(1) 试证明在这一条件下，大气压强随高度变化的关系为

$$p=p_0\exp\left[\frac{Mg}{\alpha R}\ln\left(1-\frac{\alpha y}{T_0}\right)\right]$$

(2) 证明 $\alpha\to0$ 时，上式转变为式(12.16)。

(3) 通常取 $\alpha=0.6$℃/100 m，试求珠穆朗玛峰峰顶的温度和大气压强。已知 $M=29.0$ g/mol，$T_0=273$ K，$P_0=1.00$ atm。

12.9 证明：在平衡态下，两分子热运动相对速率的平均值 $\bar{u}$ 与分子的平均速率 $\bar{v}$ 有下述关系：

$$\bar{u}=\sqrt{2}\,\bar{v}$$

(提示：写 u_{12} 和 v_1，v_2 的关系式，然后求平均值。)

12.10 试证不论气体分子速率分布函数的形式如何，其分子热运动的速率均满足式

$$\sqrt{\overline{v^2}}\geqslant\bar{v}$$

[提示：考虑速率对平均值的偏差 $(v-\bar{v})$ 的平方的平均值。]

12.11 氮分子的有效直径为 3.8×10^{-10} m，求它在标准状态下的平均自由程和连续两次碰撞间的平均时间间隔。

12.12 真空管的线度为 10^{-2} m，其中真空度为 1.33×10^{-3} Pa，设空气分子的有效直径为 3×10^{-10} m，求 27℃时单位体积内的空气分子数、平均自由程和平均碰撞频率。

12.13 在 160 km 高空，空气密度为 1.5×10^{-9} kg/m^3，温度为 500 K。分子直径以 3.0×10^{-10} m 计，求该处空气分子的平均自由程与连续两次碰撞相隔的平均时间。

12.14 在气体放电管中，电子不断与气体分子碰撞。因电子的速率远大于气体分子的平均速率，所以气体分子可以认为是不动的。设电子的"有效直径"比起气体分子的有效直径 d 来可以忽略不计。求：

(1) 电子与气体分子的碰撞截面；

(2) 电子与气体分子碰撞的平均自由程(以 n 表示气体分子数密度)。

12.15 一篮球充气后，其中有氮气 8.5 g，温度为 17℃，在空中以 65 km/h 做高速飞行。求：

(1) 一个氮分子(设为刚性分子)的热运动平均平动动能、平均转动动能和平均总动能；

(2) 球内氮气的内能；

(3) 球内氮气的轨道动能。

12.16 温度为 27℃时，1 mol 氦气、氢气和氧气各有多少内能？1 g 的这些气体各有多少内能？

12.17 一容器被中间的隔板分成相等的两半，一半装有氦气，温度为 250 K；另一半装有氧气，温度为 310 K。二者压强相等。求去掉隔板两种气体混合后的温度。

12.18 有 N 个粒子，其速率分布函数为

$$f(v)=av/v_0\quad(0\leqslant v\leqslant v_0)$$

$$f(v)=a\quad(v_0\leqslant v\leqslant 2v_0)$$

$$f(v)=0\quad(v>2v_0)$$

(1) 作速率分布曲线并求常数 a；

(2) 分别求速率大于 v_0 和小于 v_0 的粒子数；

(3) 求粒子的平均速率。

12.19 日冕的温度为 2×10^6 K，求其中电子的方均根速率。星际空间的温度为 2.7 K，其中气体主要是氢原子，求那里氢原子的方均根速率。1994 年曾用激光冷却的方法使一群 Na 原子几乎停止运动，相应的温度是 2.4×10^{-11} K，求这些 Na 原子的方均根速率。

12.20 火星的质量为地球质量的 0.108 倍，半径为地球半径的 0.531 倍，火星表面的逃逸速度多大？以表面温度 240 K 计，火星表面 CO_2 和 H_2 分子的方均根速率多大？以此说明火星表面有 CO_2 而无 H_2(实际上，火星表面大气中 96%是 CO_2)。

木星质量为地球的 318 倍，半径为地球半径的 11.2 倍，木星表面的逃逸速度多大？以表面温度 130 K 计，木星表面 H_2 分子的方均根速率多大？以此说明木星表面有 H_2(实际上木星大气 78%质量为 H_2，其余的是 He，其上盖有冰云，木星内部为液态甚至固态氢)。

12.21 烟粒悬浮在空气中受空气分子的无规则碰撞作布朗运动的情况可用普通显微镜观察，它和空气处于同一平衡态。一颗烟粒的质量为 1.6×10^{-16} kg，求在 300 K 时它悬浮在空气中的方均根速率。此烟粒如果是在 300 K 的氢气中悬浮，它的方均根速率与在空气中的相比会有不同吗？

12.22 质量为 6.2×10^{-14} g 的碳粒悬浮在 27℃的液体中，观察到它的方均根速率为 1.4 cm/s。试由气体普适常量 R 值及此实验结果求阿伏伽德罗常量的值。

12.23 试将麦克斯韦速率分布律改写成按平动动能 ε_t 分布的形式

$$\mathscr{F}(\varepsilon_t)\mathrm{d}\varepsilon_t=\frac{2}{\sqrt{\pi}}(kT)^{-3/2}\varepsilon_t^{1/2}\mathrm{e}^{-\varepsilon_t/kT}\mathrm{d}\varepsilon_t$$

由此求出最概然平均动能，并和$\frac{1}{2}mv_p^2$比较。

12.24　皮兰对悬浮在水中的藤黄粒子数按高度分布的实验应用了公式

$$\frac{RT}{N_A}\ln\frac{n_0}{n}=\frac{4}{3}\pi a^3(\Delta-\delta)gh$$

式中，n和n_0分别表示上下高度差为h的两处的粒子数密度；Δ为藤黄的密度；δ为水的密度；a为藤黄粒子的半径。

(1) 试根据玻耳兹曼分布律推证此公式；

(2) 皮兰在一次实验中测得的数据是$a=0.212\times10^{-6}$ m，$\Delta-\delta=0.2067$ g/cm^3，$t=20$℃，显微镜物镜每升高30×10^{-6} m时数出的同一液层内的粒子数分别是7160，3360，1620，860。试验算这一组数目基本上是几何级数，从而证明粒子数密度是按指数规律递减的，并利用第一和第二个数计算阿伏伽德罗常量的值。

12.25　一汽缸内封闭有水和饱和水蒸气，其温度为100℃，压强为1 atm，已知这时水蒸气的摩尔体积为3.01×10^4 cm^3/mol。

(1) 每cm^{3}水蒸气中含有多少个水分子？

(2) 每秒有多少水蒸气分子碰撞到1 cm^{2}面积的水面上？

(3) 设所有碰到水面上的水蒸气分子都凝聚成水，则每秒有多少水分子从1 cm^{2}面积的水面上跑出？

(4) 等温压进活塞使水蒸气的体积缩小一半后，水蒸气的压强是多少？

科学家介绍

玻耳兹曼

(Ludwig Boltzmann,1844—1906 年)

玻耳兹曼像

VORLESUNGEN

ÜBER

GASTHEORIE

VON

DR. LUDWIG BOLTZMANN

PROFESSOR DER THEORETISCHEN PHYSIK

AN DER UNIVERSITÄT WIEN

I. TEIL

THEORIE DER GASE MIT EINATOMIGEN MOLEKÜLEN

DEREN DIMENSIONEN GEGEN DIE MITTLERE WEGLÄNGE

VERSCHWINDEN

DRITTE

UNVERÄNDERTE AUFLAGE

1 9 2 3

LEIPZIG · VERLAG VON JOHANN AMBROSIUS BARTH

《气体理论演讲集》的扉页

1844 年 2 月 20 日玻耳兹曼生于奥地利首都维也纳。他从小勤奋好学,在维也纳大学毕业后,曾获得牛津大学理学博士学位。

1867 年他到维也纳物理研究所当斯忒藩的助手和学生。1869 年起先后在格拉茨大学、维也纳大学、慕尼黑大学和莱比锡大学任教并被伦敦、巴黎、柏林、彼得堡等科学院吸收为会员。1906 年 9 月 5 日在意大利的一所海滨旅馆自杀身亡。

玻耳兹曼与克劳修斯(R. Clausius)和麦克斯韦(J. C. Maxwell)同是分子运动论的主要奠基者。1868—1871 年,玻耳兹曼由麦克斯韦分布律引进了玻耳兹曼因子 $e^{-E/kT}$,据此他又得到了能量均分定理。

为了说明非平衡的输运过程的规律,需要确定非平衡态的分布函数 $f(\boldsymbol{r},\boldsymbol{v},t)$。这个问题首先由玻耳兹曼在1872年解决了。他从某一状态区间的分子数的变化是由于分子的运动和碰撞两个原因出发，建立了一个关于 f 的既含有积分又含有微分的方程式。这个方程式现在就叫玻氏积分微分方程，利用它就可以建立输运过程的精确理论。

玻耳兹曼还利用分布函数 f 引进了一个函数 H，即

$$H = \iiint f \ln f \mathrm{d}v_x \mathrm{d}v_y \mathrm{d}v_z$$

他证明了当 f 变化时，**H 随时间单调地减小**，即总有

$$\frac{\mathrm{d}H}{\mathrm{d}t} \leqslant 0$$

而**平衡态相当于 H 取极小值的状态**。这一结论在当时是非常令人吃惊的。它的意义是，H 随时间的改变率给人们一个系统趋向平衡的标志。这就是著名的 H 定理。它第一次用统计物理的微观理论证明了**宏观过程的不可逆性**或**方向性**。

在这之前的1865年，克劳修斯用宏观的热力学方法建立了关于不可逆过程的定律，即熵增加原理(参看本书第14章“热力学第二定律”)。它指出孤立系统的熵总是要增加的，H 定理和熵增加原理是相当的。但从微观上这样解释不可逆过程，在当时是很难令人接受的，因而很受到一些知名学者的攻击。连支持分子运动理论的洛喜密特(Loschmidt)也提出了驳难。他在1876年提出：分子的运动遵守力学定律，因而是可逆的，即当全体分子的速度都反过来后，分子运动的进程应当向着与原来方向相反的方向进行。而 H 定理的不可逆性是和这不相容的。当时的知名学者实证论者马赫(E. Mach)和唯能论者奥斯特瓦德(W. Ostwald)根本否定分子原子的存在，当然对建立在分子运动理论基础上的 H 定理更大肆攻击了。

对于洛喜密特的驳难，玻耳兹曼的回答是：H 定理本身是统计性质的，它的结论是 H 减小的概率最大。所以宏观不可逆性是统计规律性的结果，这与微观可逆性并不矛盾，因为微观可逆性是建立在确定的微观运动状态上的，而统计结论则仅适用于微观状态不完全确定的情形。因此 H 定理并不是说 H 绝对不能增加，只是增加的机会极小而已。这些话深刻地阐明了**统计规律性**，今天仍保持着它的正确性，但在当时并不能为反对者所理解。

正是在解释这种“不可逆性佯谬”的过程中，1877年玻耳兹曼提出了把熵 S 和热力学概率 W 联系起来，得出

$$S \propto \ln W$$

1900年普朗克引进了比例常量 k，写出了著名公式

$$S = k \ln W$$

这一公式现在就叫**玻耳兹曼关系**，常量 k 就叫**玻耳兹曼常量**。他还导出了 H 和熵 S 的关系，即 H 和 S(或 $\ln W$)的负值成正比(或相差一个常数)。这样 H 的减小和 S 的增大相当就被完全证明了。

在众多的非难和攻击面前，玻耳兹曼清醒地认识到自己是正确的，因此坚持他的统计理论。在1895年出版的《气体理论讲义》第一册中，他写道：“尽管气体理论中使用概率论这一点不能直接从运动方程推导出来，但是由于采取概率论后得出的结果和实验事实一

致，我们就应当承认它的价值。”在 1898 年出版的这本讲义的第二册的序言中，他又写道：“我坚持认为(对于动力论的)攻击是由于对它的错误理解以及它的意义目前还没有完全显示出来，如果对这一理论的攻击使它遭到像光的波动说在牛顿的权威影响下所遭受的命运一样而被人遗忘的话，那将是对科学的一次很大的打击。我清楚地认识到在反对目前这种盛行的舆论时我个人力量的薄弱。为了保证以后当人们回过头来研究动力论时不至于作过多的重复性努力，我将对该理论最困难而且被人们错误地理解了的部分尽可能清楚地加以解说。”这些话一方面表明了玻耳兹曼的自信，另一方面也流露出了他凄凉的心情。有人就认为这种长期受到攻击的境遇是他在 1906 年自杀的重要原因之一。

真理是不会被遗忘的。1902 年美国的吉布斯(J. W. Gibbs)出版了《统计力学的基本原理》，其中大大地发展了麦克斯韦、玻耳兹曼的理论，利用系综的概念建立了一套完整的统计力学理论。1905 年爱因斯坦在理论上以及 1909 年皮兰在实验上对布朗运动的研究最终确立了分子的真实性。就这样统计力学成了一门得到普遍承认的、应用非常广泛的而且不断发展的科学理论，在近代物理研究的各方面发挥着极其重要的基础作用。

第13章

热力学第一定律

第12章讨论了热力学系统，特别是气体处于平衡态时的一些性质和规律。除了说明宏观规律外，还引进统计概念统计概念说明了微观本质。本章说明热力学系统状态发生变化时在能量上所遵循的规律，这一规律实际上就是能量守恒定律。能量守恒的概念源于18世纪末人们认识到热是一种运动，作为能量守恒定律真正得到公认则是在19世纪中叶迈耶(J. R. Mayer)关于热功当量的计算，特别是焦耳(J. P. Joule)关于热功当量的实验结果发表之后(焦耳的最重要的实验是利用重物下落带动许多叶片转动，叶片再搅动水使水的温度升高，见图13.1)。随着物质结构的分子学说的建立，人们对热的本质及热功转换有了更具体更实在的认识，并有可能用经典力学对机械能和热的转换和守恒作出说明，这一转换和守恒可以说是能量守恒定律的最基本或最初的形式。本章讨论的热力学第一定律就限于能量守恒定律这一"最初形式"。

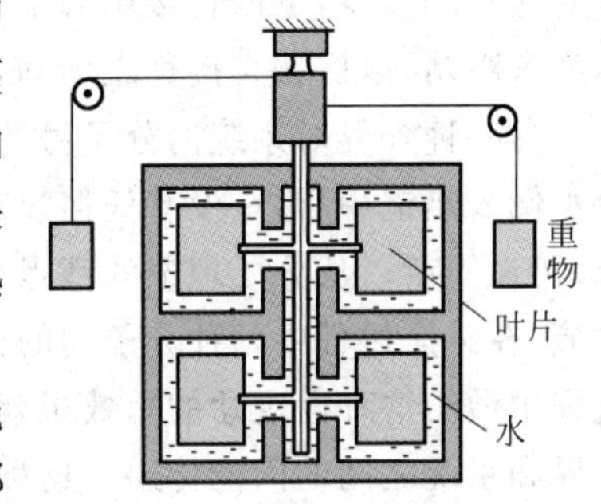

图13.1　焦耳实验示意图

热力学第一定律及有关概念，如功、热量、内能、绝热过程等大家在中学物理课程中也都学过，对它们都有一定的认识和理解。本章所讨论的内容，包括定律本身及相关概念，包括热容量、各种单一过程、循环过程等都更加全面和深入，不但讲了它们的宏观意义，而且还尽可能说明其微观本质。希望同学们仔细领会，不但多知道些热学知识，而且对热学的思维方法也能有所体会。

13.1　功　热量　热力学第一定律

在4.6节中曾导出了机械能守恒定律(式(4.24))，即

$$A_{ex} + A_{in,n\text{-}cons} = E_B - E_A$$

并把它应用于保守系统，即 $A_{in,n\text{-}cons}=0$，得式(4.25)，即

$$A_{ex} = E_B - E_A = \Delta E \quad (\text{保守系统})$$

之后，又进一步把式(4.25)应用于系统的质心参考系，得到式(4.31)，即

$$A'_{ex} = E_{in,B} - E_{in,A}$$

此式说明，**对于一个保守系统，在其质心参考系内，外力对它做的功等于它的内能的增量**。

现在让我们在分子理论的基础上把这一"机械能"守恒定律应用于我们讨论的**单一组分**的热力学系统，组成这种热力学系统的"质点"就是分子。由于分子间的作用力是保守力，因此这种热力学系统就是保守系统。由于我们只考虑这种热现象而不考虑系统整体的运动，所以也就是在系统的质心参考系内讨论系统的规律。这样，式(4.31)中的内能 E_{in} 就是系统内所有分子的无规则运动动能和分子间势能的总和。它由系统的状态决定，因而是一个**状态量**。

理想气体的内能已由式(12.32)给出，即

$$E = \frac{i}{2}\nu RT$$

外力，或说外界，对系统内各分子做功的情况，从分子理论的观点看来，可以分两种情况。一种情况和系统的边界发生宏观位移相联系。例如以汽缸内的气体为系统，当活塞移动时，气体和活塞相对的表面就要发生宏观位移而使气体体积发生变化。在这一过程中，活塞将对气体做功：气体受压缩时，活塞对它做正功；气体膨胀时，活塞对它做负功。这种宏观功都会改变气体的内能。从分子理论的观点看来，这一做功过程是外界(如此例中的活塞)分子的有规则运动动能和系统内分子的无规则运动能量传递和转化的过程，表现为宏观的机械能和内能的传递和转化的过程。由于这一过程中做功的多少，亦即所传递的能量的多少，可以直接用力学中功的定义计算，所以这种情况下外界对系统做的功可称为**宏观功**，以后就直接称之为**功**，并以 A' 表示①。

另一种外界对系统内分子做功的情况是在没有宏观位移的条件下发生的。例如，把冷水倒入热锅中后，在没有任何宏观位移的情况下，热锅(作为外界)也会向冷水(作为系统)传递能量。从分子理论的观点看来，这种做功过程是由于水分子不断和锅的分子发生碰撞，在碰撞过程中两种分子间的作用力会在它们的微观位移中做功。大量分子在碰撞过程中做的这种**微观功**的总效果就是锅的分子无规则运动能量传给了水的分子，表现为外界和系统之间的内能传递。这种内能的传递，从微观上说，只有在外界分子和系统分子的平均动能不相同时才有可能。从宏观上说，也就是这种内能的传递需要外界和系统的温度不同。这种由于外界和系统的温度不同，通过分子做微观功而进行的内能传递过程叫做**热传递**，而所传递的能量叫**热量**。通常以 Q 表示热量，它的单位就是能量的单位 J。

综合上述宏观功和微观功两种情况可知，从分子理论的观点看来，公式(4.31)中外力对系统做的功 A'_{ex} 可写成

$$A'_{ex} = A' + Q$$

而式(4.31)就变为

---

① 电流通过电阻丝时，电阻丝要发热而改变状态。这里没有宏观位移，但是从微观上看来，这一过程是带电粒子在集体定向运动中与电阻丝的正离子进行无规则碰撞而增大后者的无规则运动能量的过程。这也是一种有规则运动向无规则运动转化和传递的过程。所以这一过程也归类为做功过程，我们说电流对电阻丝**做了电功**。又由于电阻丝内的带电粒子的定向运动是电场作用的结果，我们也可以说这一过程是电场做功。将这一概念再引申一步，电磁辐射(如光)的照射引起被照系统的状态发生改变，也可归类为做功过程。不过，由于辐射的照射常常是使物体发热(即温度升高)，所以辐射的作用又常被归为"热传递"。归根结底，它就是一种能量传递的方式。

$$A' + Q = \Delta E \tag{13.1}$$

此式说明,在一给定过程中,外界对系统做的功和传给系统的热量之和等于系统的内能的增量。这一结论现在叫做**热力学第一定律**。

如果以 A 表示过程中系统对外界做的功,则由于总有 $A=-A'$,所以式(13.1)又可以写成

$$Q = \Delta E + A \tag{13.2}$$

这是热力学第一定律常用的又一种表示式。本书后面将采用这一表示式。

式(13.1)实际上就是能量守恒定律的"最初形式"。因为,从微观上来说,它只涉及分子运动的能量。从上面的讨论看来,它是可以从经典力学导出的,因而它具有狭隘的机械的性质[①]。但是,不要因此而轻视它的重要意义。实际上,认识到物质由分子组成而把能量概念扩展到分子的运动,建立内能的概念,从而认识到热的本质,是科学史上一个重要的里程碑,从此打开了通向普遍的能量概念以及普遍的能量守恒定律的大门。随着人们对自然界的认识的扩展和深入,功的概念扩大了,并且引入电磁能、光能、原子核能等多种形式的能量。如果把这些能量也包括在式(13.1)的能量 E 中,则式(13.1)就成了普遍的能量守恒的表示式。当然,对式(13.1)的这种普遍性的理解已不再是经典力学的结果,而是守恒思想和实验结果的共同产物了。

13.2 准静态过程

一个系统的状态发生变化时,我们说系统在经历一个**过程**。在过程进行中的任一时刻,系统的状态当然不是平衡态。例如,推进活塞压缩汽缸内的气体时,气体的体积、密度、温度或压强都将发生变化(图 13.2),在这一过程中任一时刻,气体各部分的密度、压强、温度并不完全相同。靠近活塞表面的气体密度要大些,压强也要大些,温度也高些。在热力学中,为了能利用系统处于平衡态时的性质来研究过程的规律,引入了**准静态过程**的概念。所谓准静态过程是这样的过程,**在过程中任意时刻,系统都无限地接近平衡态**,因而任何时刻系统的状态都可以当平衡态处理。这也就是说,准静态过程是由一系列依次接替的平衡态所组成的过程。

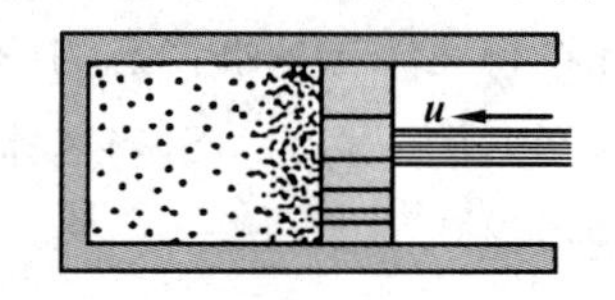

图 13.2 压缩气体时气体内各处密度不同

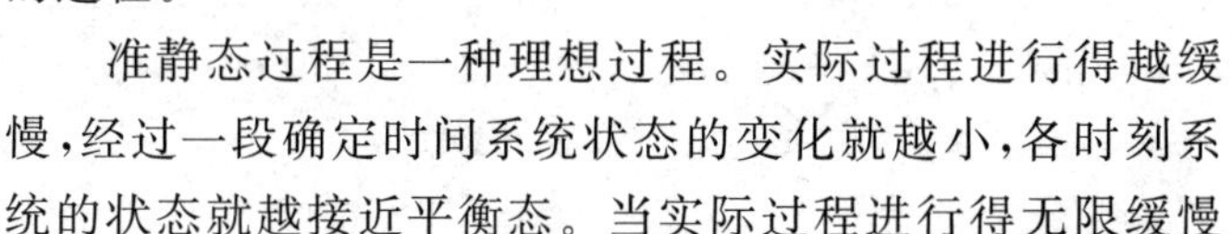

准静态过程是一种理想过程。实际过程进行得越缓慢,经过一段确定时间系统状态的变化就越小,各时刻系统的状态就越接近平衡态。当实际过程进行得无限缓慢时,各时刻系统的状态也就无限地接近平衡态,而过程也就成了准静态过程。因此,准静态过程就是实际过程无限缓慢进行时的极限情况。这里"**无限**"一词,应从相对意义上理解。一个系统如果最初处于非平衡态,经过一段时间过渡到了一个平衡态,这一过渡时间叫**弛豫时间**。在一个实际过程中,如果系统的状态发生一个可以被实验查知的微小变化所需的时间比弛豫时间长得多,那么在任何时刻进行观察时,系统都有充分时间达到平衡

① 见:王竹溪.热力学.北京:高等教育出版社,1955:58.

态。这样的过程就可以当成准静态过程处理。例如,原来汽缸内处于平衡态的气体受到压缩后再达到平衡态所需的时间,即弛豫时间,大约是 10^{-3} s或更小,如果在实验中压缩一次所用的时间是1 s,这时间是上述弛豫时间的 10^3 倍,气体的这一压缩过程就可以认为是准静态过程。实际内燃机汽缸内气体经历一次压缩的时间大约是 10^{-2} s,这个时间也已是上述弛豫时间的10倍以上。从理论上对这种压缩过程作初步研究时,也把它当成准静态过程处理。

准静态过程可以用系统的**状态图**,如 p-V 图(或 p-T 图、V-T 图)中的一条曲线表示。在状态图中,任何一点都表示系统的一个平衡态,所以一条曲线就表示由一系列平衡态组成的准静态过程,这样的曲线叫**过程曲线**。在图13.3的 p-V 图中画出了几种**等值过程**的曲线:a 是**等压过程**曲线,b 是**等体[积]过程**曲线,c 是**等温过程**(理想气体的)曲线。非平衡态不能用一定的状态参量描述,非准静态过程也就不能用状态图上的一条线来表示。

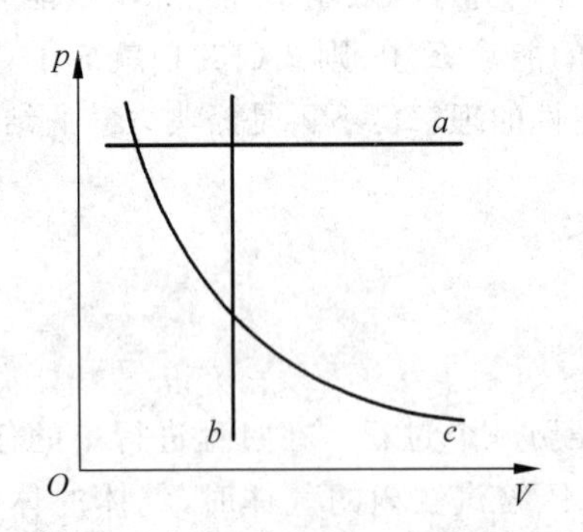

图13.3 p-V 图上几条等值过程曲线

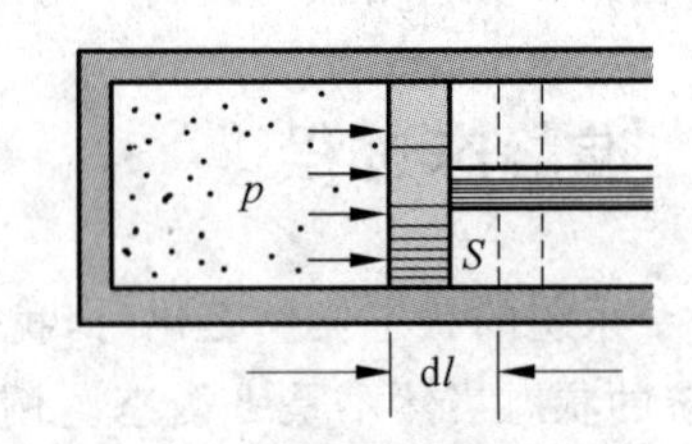

图13.4 气体膨胀时做功的计算

对于准静态过程,功的大小可以直接利用系统的状态参量来计算。在系统保持静止的情况下常讨论的功是和系统体积变化相联系的机械功。如图13.4所示,设想汽缸内的气体进行无摩擦的准静态的膨胀过程,以 S 表示活塞的面积,以 p 表示气体的压强。气体对活塞的压力为 pS,当气体推动活塞向外缓慢地移动一段微小位移 dl 时,**气体对外界做的微量功**为

$$\text{đ}A = pS\,dl$$

由于

$$Sdl = dV$$

是气体体积 V 的增量,所以上式又可写为

$$\text{đ}A = pdV \tag{13.3}$$

这一公式是通过图13.5的特例导出的,但可以证明它是准静态过程中**"体积功"**的一般计算公式。它是用系统的状态参量表示的。很明显,如果 $dV>0$,则 $\text{đ}A>0$,即系统体积膨胀时,系统对外界做功;如果 $dV<0$,则 $\text{đ}A<0$,表示系统体积缩小时,系统对外界做负功,实际上是外界对系统做功。

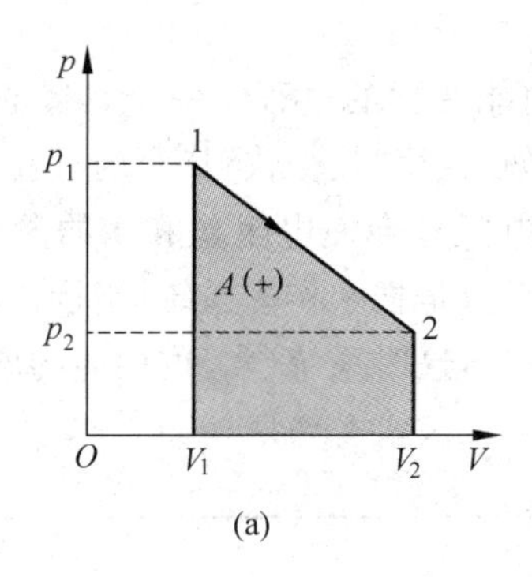

(a)

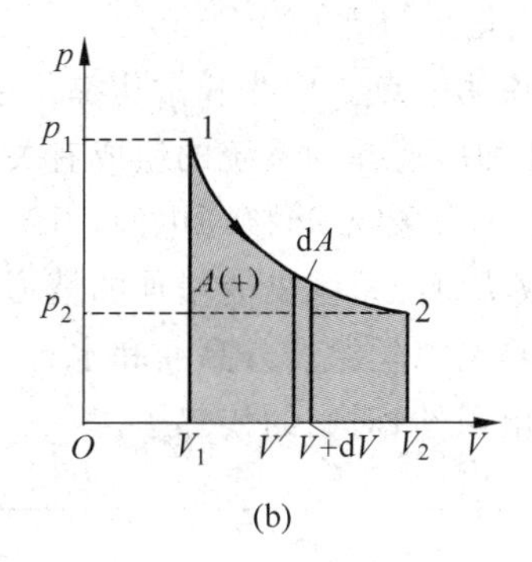

(b)

图 13.5 功的图示

当系统经历了一个有限的准静态过程，体积由 V_1 变化到 V_2 时，**系统对外界做的总功**就是

$$A=\int \text{đ}A=\int_{V_1}^{V_2} p\mathrm{d}V \tag{13.4}$$

如果知道过程中系统的压强随体积变化的具体关系式，将它代入此式就可以求出功来。

由积分的意义可知，用式(13.4)求出的功的大小等于 p-V 图上过程曲线下的**面积**，如图 13.5 所示。比较图 13.5(a)，(b)两图还可以看出，使系统从某一初态 1 过渡到另一末态 2，功 A 的数值与过程进行的**具体形式**，即过程中压强随体积变化的具体关系直接有关，只知道初态和末态并不能确定功的大小。因此，**功是"过程量"**。不能说系统处于某一状态时，具有多少功，即功不是状态的函数。因此，微量功不能表示为某个状态函数的全微分。这就是在式(13.3)中我们用 $\text{đ}A$ 表示微量功而不用全微分表示式 $\mathrm{d}A$ 的原因。

在式(13.2)中，内能 E 是由系统的状态决定的而与过程无关，因而称为"状态量"。既然功是过程量，内能是状态量，则由式(13.2)可知，热量 Q 也一定是"过程量"，即决定于过程的形式。说系统处于某一状态时具有多少热量是没有意义的。对于微量热量，我们也将以 $\text{đ}Q$ 表示而不用 $\mathrm{d}Q$。

关于热量的计算，对于固体或液体，如果吸热只引起温度的升高，通常是用下式计算热量：

$$Q=cm\Delta T \tag{13.5}$$

式中，m 为被加热物体的质量(kg)；ΔT 为物体温度的升高(K)；c 为该物体所属物质的比热(J/(kg·K))。不同的固体和液体，它们的比热各不相同。关于气体的比热将在下节讨论。

在有的过程中，系统和外界虽有热传递，但系统温度并不改变的实际的这种例子有系统发生的相变，如熔化、凝固、汽化或液化等。固体(晶体)在熔点熔化成液体时吸热而温度不变，液体在沸点汽化时吸热温度也不改变。物体在相变时所吸收(或放出)的热量叫**潜热**。具体来说，固体熔化时吸收的热量叫**熔化热**，这熔化成的液体在凝固时将放出同样多的热量。液体在沸点汽化时吸收的热量叫**汽化热**，所生成的蒸气在液化时也将放出同样的热。不同物质的熔化热和汽化热各不相同。如冰在 0℃时的熔化热为 6.03 kJ/mol，水在 100℃时的汽化热为 40.6 kJ/mol，铜在 1356 K 时的熔化热是 8.52 kJ/mol，液氮在

77.3 K时的汽化热为5.63 kJ/mol。

最后，再说明一点。传热和做功都是系统内能变化的过程。一个具体的过程是传热还是做功往往和所选择的系统的组成有关。例如，在用“热得快”烧水的过程中，如果把水和电阻丝一起作为系统，当接通电源，电流通过电阻丝会使电阻丝和水的温度升高，这是外界对系统做功而使系统内能增加的情形。如果只是把水作为系统，当接通电源，电流通过电阻丝，先是电阻丝温度升高而和水有了温度差，这时系统(水)的内能的增加就应归因于外界(包括电阻丝)对它的传热了。

例 13.1

气体等温过程。ν(mol)的理想气体在保持温度 T 不变的情况下，体积从 V_1 经过准静态过程变化到 V_2。求在这一等温过程中气体对外做的功和它从外界吸收的热。

解 理想气体在准静态过程中，压强 p 随体积 V 按下式变化：

$$pV = \nu RT$$

由这一关系式求出 p 代入式(13.4)，并注意到温度 T 不变，可求得在**等温过程**中气体对外做的功为

$$A = \int_{V_1}^{V_2} p\mathrm{d}V = \int_{V_1}^{V_2} \frac{\nu RT}{V}\mathrm{d}V = \nu RT\int_{V_1}^{V_2} \frac{\mathrm{d}V}{V} = \nu RT\ln\frac{V_2}{V_1} \tag{13.6}$$

此结果说明，气体等温膨胀时($V_2>V_1$)，气体对外界做正功；气体等温压缩时($V_2<V_1$)，气体对外界做负功，即外界对气体做功。

理想气体的内能由公式(12.32)

$$E = \frac{i}{2}\nu RT$$

给出。在等温过程中，由于 T 不变，$\Delta E=0$，再由热力学第一定律公式(13.2)可得气体从外界吸收的热量为

$$Q = \Delta E + A = A = \nu RT\ln\frac{V_2}{V_1} \tag{13.7}$$

此结果说明，气体等温膨胀时，$Q>0$，气体从外界吸热；气体等温压缩时，$Q<0$，气体对外界放热。

例 13.2

汽化过程。压强为 1.013×10^5 Pa时，1 mol的水在100℃变成水蒸气，它的内能增加多少？已知在此压强和温度下，水和水蒸气的摩尔体积分别为 $V_{l,m}=18.8\ \mathrm{cm^3/mol}$ 和 $V_{g,m}=3.01\times10^4\ \mathrm{cm^3/mol}$，而水的汽化热 $L=4.06\times10^4$ J/mol。

解 水的汽化是等温等压相变过程。这一过程可设想为下述准静态过程：汽缸内装有100℃的水，其上用一重量可忽略而与汽缸无摩擦的活塞封闭起来，活塞外面为大气，其压强为 1.013×10^5 Pa，汽缸底部导热，置于温度比100℃高一无穷小值的热库上(图13.6)。这样水就从热库缓缓吸热汽化，而水汽将缓缓地推动活塞向上移动而对外做功。在 $\nu=1$ mol的水变为水汽的过程中，水从热库吸的热量为

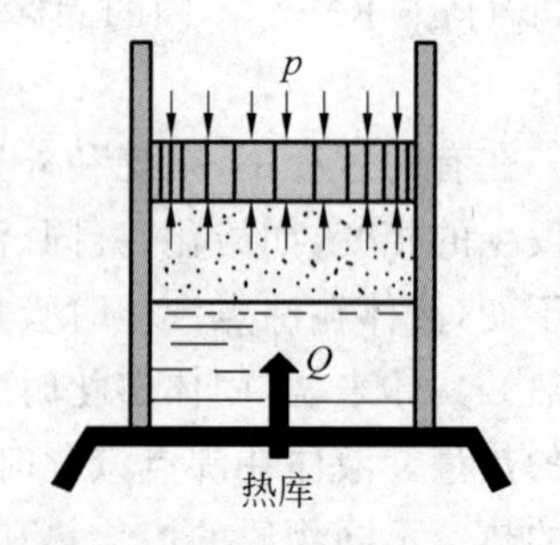

图13.6 水的等温等压汽化

$$Q = \nu L = 1\times4.06\times10^4 = 4.06\times10^4\,(\mathrm{J})$$

水汽对外做的功为

$$A = p(V_{g,m} - V_{l,m})$$
$$= 1.013 \times 10^5 \times (3.01 \times 10^4 - 18.8) \times 10^{-6}$$
$$= 3.05 \times 10^3\ (\text{J})$$

根据式(13.2)，水的内能增量为

$$\Delta E = E_2 - E_1 = Q - A = 4.06 \times 10^4 - 3.05 \times 10^3$$
$$= 3.75 \times 10^4\ (\text{J})$$

13.3 热容

很多情况下，系统和外界之间的热传递会引起系统本身温度的变化，这一温度的变化和热传递的关系用**热容**表示。不同物质升高相同温度时吸收的热量一般不相同。1 mol 的物质温度升高 $\mathrm{d}T$ 时，如果吸收的热量为 $\text{đ}Q$，则该物质的**摩尔热容**[1]定义为

$$C_m = \frac{\text{đ}Q}{\mathrm{d}T} \tag{13.8}$$

由于热量是过程量，同种物质的摩尔热容也就随过程不同而不同。常用的摩尔热容有定压热容和定体热容两种，分别由定压和定体条件下物质吸收的热量决定。对于液体和固体，由于体积随压强的变化甚小，所以摩尔定压热容和摩尔定体热容常可不加区别。气体的这两种摩尔热容则有明显的不同。下面就来讨论理想气体的摩尔热容。

对 ν (mol)理想气体进行的压强不变的准静态过程，式(13.2)和式(13.3)给出在一元过程中气体吸收的热量为

$$(\text{đ}Q)_p = \mathrm{d}E + p\mathrm{d}V$$

气体的摩尔定压热容为

$$C_{p,m} = \frac{1}{\nu}\left(\frac{\text{đ}Q}{\mathrm{d}T}\right)_p = \frac{1}{\nu}\frac{\mathrm{d}E}{\mathrm{d}T} + \frac{p}{\nu}\left(\frac{\mathrm{d}V}{\mathrm{d}T}\right)_p$$

将 $E = \frac{i}{2}\nu RT$ 和 $pV = \nu RT$ 代入，可得

$$C_{p,m} = \frac{i}{2}R + R \tag{13.9}$$

对于体积不变的过程，由于 $\text{đ}A = p\mathrm{d}V = 0$，在一元过程中气体吸收的热量为

$$(\text{đ}Q)_V = \mathrm{d}E$$

由此得摩尔定体热容为

$$C_{V,m} = \frac{1}{\nu}\left(\frac{\text{đ}Q}{\mathrm{d}T}\right)_V = \frac{1}{\nu}\frac{\mathrm{d}E}{\mathrm{d}T} \tag{13.10}$$

由此可得

$$\Delta E = E_2 - E_1 = \nu\int_{T_1}^{T_2} C_{V,m}\,\mathrm{d}T \tag{13.11}$$

---

[1] 如果式(13.8)中的 $\text{đ}Q$ 是单位质量的物质温度升高 $\mathrm{d}T$ 时所吸收的热量，则 $\text{đ}Q/\mathrm{d}T$ 定义为物质的比热容，简称比热，以小写的 c 代表。

这就是说，理想气体的内能改变可直接由**定体**热容求得。将 $E=\frac{i}{2}\nu RT$ 代入式(13.10)，又可得

$$C_{V,\mathrm{m}}=\frac{i}{2}R \tag{13.12}$$

比较式(13.9)和式(13.12)可得

$$C_{p,\mathrm{m}}-C_{V,\mathrm{m}}=R \tag{13.13}$$

迈耶在1842年利用该公式算出了热功当量，对建立能量守恒作出了重要贡献，这一公式就叫**迈耶公式**。

以 γ 表示摩尔定压热容和摩尔定体热容的比，叫**比热比**，则对理想气体，根据式(13.9)和式(13.12)，就有

$$\gamma=\frac{C_{p,\mathrm{m}}}{C_{V,\mathrm{m}}}=\frac{i+2}{i} \tag{13.14}$$

对单原子分子气体，

$$i=3,\quad C_{V,\mathrm{m}}=\frac{3}{2}R,\quad C_{p,\mathrm{m}}=\frac{5}{2}R,\quad \gamma=\frac{5}{3}=1.67$$

对刚性双原子分子气体，

$$i=5,\quad C_{V,\mathrm{m}}=\frac{5}{2}R,\quad C_{p,\mathrm{m}}=\frac{7}{2}R,\quad \gamma=1.40$$

对刚性多原子分子气体，

$$i=6,\quad C_{V,\mathrm{m}}=3R,\quad C_{p,\mathrm{m}}=4R,\quad \gamma=\frac{4}{3}=1.33$$

表13.1列出了一些气体的摩尔热容和 γ 值的理论值与实验值。对单原子分子气体及双原子分子气体来说符合得相当好，而对多原子分子气体，理论值与实验值有较大差别。

表13.1 室温下一些气体的 $C_{V,\mathrm{m}}/R$，$C_{p,\mathrm{m}}/R$ 与 γ 值

气体	理论值			实验值		
	$C_{V,\mathrm{m}}/R$	$C_{p,\mathrm{m}}/R$	γ	$C_{V,\mathrm{m}}/R$	$C_{p,\mathrm{m}}/R$	γ
He	1.5	2.5	1.67	1.52	2.52	1.67
Ar	1.5	2.5	1.67	1.51	2.51	1.67
H_2	2.5	3.5	1.40	2.46	3.47	1.41
N_2	2.5	3.5	1.40	2.48	3.47	1.40
O_2	2.5	3.5	1.40	2.55	3.56	1.40
CO	2.5	3.5	1.40	2.69	3.48	1.29
H_2O	3	4	1.33	3.00	4.36	1.33
CH_4	3	4	1.33	3.16	4.28	1.35

上述经典统计理论给出的理想气体的热容是与温度无关的，实验测得的热容则随温度变化。图13.7为实验测得的氢气的摩尔定压热容和普适气体常量的比值 $C_{p,\mathrm{m}}/R$ 同温度的关系，这个图线有三个台阶。在很低温度($T<50$ K)下，$C_{p,\mathrm{m}}/R\approx5/2$，氢分子的总自由度数为 $i=3$；在室温($T\approx300$ K)附近，$C_{p,\mathrm{m}}/R\approx7/2$，氢分子的总自由度数 $i=5$；在很高

温度时，$C_{p,\mathrm{m}}/R\approx 9/2$，氢分子的总自由度数变成了 $i=7$。可见，在图示的温度范围内氢气的摩尔热容是明显地随温度变化的。这种热容随温度变化的关系是经典理论所不能解释的。

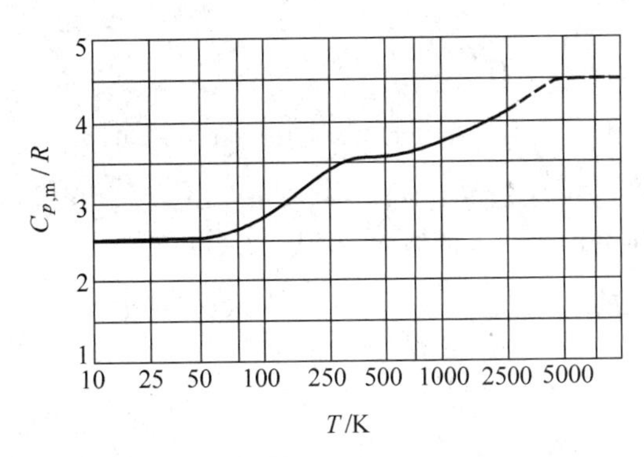

图 13.7 氢气的 $C_{p,\mathrm{m}}/R$ 与温度的关系

经典理论所以有这一缺陷，后来认识到，其根本原因在于，上述热容的经典理论是建立在能量均分定理之上，而这个定理是以粒子能量可以连续变化这一经典概念为基础的。实际上原子、分子等微观粒子的运动遵从量子力学规律，经典概念只在一定的限度内适用，只有量子理论才能对气体热容作出较完满的解释。

例 13.3

20 mol 氧气由状态 1 变化到状态 2 所经历的过程如图 13.8 所示。试求这一过程的 A 与 Q 以及氧气内能的变化 E_2-E_1。氧气当成刚性分子理想气体看待。

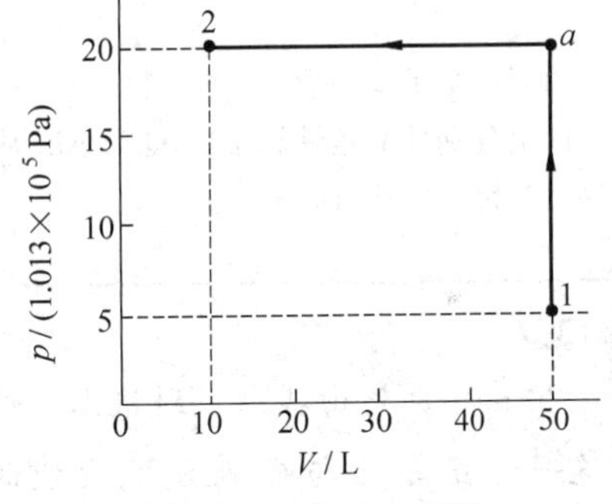

图 13.8 例 13.3 用图

解 图示过程分为两步：$1\to a$ 和 $a\to 2$。

对于 $1\to a$ 过程，由于是**等体过程**，所以由式(13.4)，$A_{1a}=0$，得

$$\begin{aligned}Q_{1a}&=\nu C_{V,\mathrm{m}}(T_a-T_1)=\frac{i}{2}\nu R(T_a-T_1)\\&=\frac{i}{2}(p_2V_1-p_1V_1)\\&=\frac{i}{2}(p_2-p_1)V_1\\&=\frac{5}{2}(20-5)\times1.013\times10^5\times50\times1\times10^{-3}\\&=1.90\times10^5\ (\mathrm{J})\end{aligned}$$

此结果为正，表示气体从外界吸了热。由式(13.11)，得

$$(\Delta E)_{1a}=\nu C_{V,\mathrm{m}}(T_a-T_1)=Q_{1a}=1.90\times10^5\ (\mathrm{J})$$

气体内能增加了 1.90×10^5 J。

对于 $a\to2$ 过程，由于是**等压过程**，所以式(13.4)给出

$$\begin{aligned}A_{a2}&=\int_{V_1}^{V_2}p\mathrm{d}V=p\int_{V_1}^{V_2}\mathrm{d}V=p_2(V_2-V_1)\\&=20\times1.013\times10^5\times(10-50)\times10^{-3}\end{aligned}$$

$$=-0.81\times10^5\,(\mathrm{J})$$

此结果的负号表示气体的内能减少了 0.81×10^5 J。

$$Q_{a2}=\nu C_{p,\mathrm{m}}(T_2-T_a)=\frac{i+2}{2}\nu R(T_2-T_a)$$
$$=\frac{i+2}{2}p_2(V_2-V_1)$$
$$=\frac{5+2}{2}\times20\times1.013\times10^5\times(10-50)\times10^{-3}$$
$$=-2.84\times10^5\,(\mathrm{J})$$

负号表明气体向外界放出了 2.84×10^5 J 的热量。由式(13.11),得

$$(\Delta E)_{a2}=\nu C_{V,\mathrm{m}}(T_2-T_a)=\frac{i}{2}\nu R(T_2-T_a)$$
$$=\frac{i}{2}p_2(V_2-V_1)$$
$$=\frac{5}{2}\times20\times1.013\times10^5\times(10-50)\times10^{-3}$$
$$=-2.03\times10^5\,(\mathrm{J})$$

负号表示气体的内能减少了 2.03×10^5 J。

对于整个 $1\to a\to2$ 过程,

$$A=A_{1a}+A_{a2}=0+(-0.81\times10^5)=-0.81\times10^5\,(\mathrm{J})$$

气体对外界做了负功或外界对气体做了 0.81×10^5 J 的功。

$$Q=Q_{1a}+Q_{a2}=1.90\times10^5-2.84\times10^5=-0.94\times10^5\,(\mathrm{J})$$

气体向外界放出了 0.94×10^5 J 热量。

$$\Delta E=E_2-E_1=(\Delta E)_{1a}+(\Delta E)_{a2}$$
$$=1.90\times10^5-2.03\times10^5$$
$$=-0.13\times10^5\,(\mathrm{J})$$

气体内能减小了 0.13×10^5 J。

以上分别独立地计算了 A,Q 和 ΔE,从结果可以验证 $1\to a$ 过程、$a\to2$ 过程以及整个过程,它们都符合热力学第一定律,即 $Q=\Delta E+A$。

例 13.4

20 mol 氮气由状态 1 到状态 2 经历的过程如图 13.9 所示,其过程图线为一斜直线。求这一过程的 A 与 Q 及氮气内能的变化 E_2-E_1。氮气当成刚性分子理想气体看待。

解 对图示过程求功,如果还利用式(13.4)积分求解,必须先写出压强 p 作为体积的函数。这虽然是可能的,但比较繁琐。我们知道,任一过程的功等于 p-V 图中该过程曲线下到 V 轴之间的面积,所以可以通过计算斜线下梯形的面积而求出该过程的功,即气体对外界做的功为

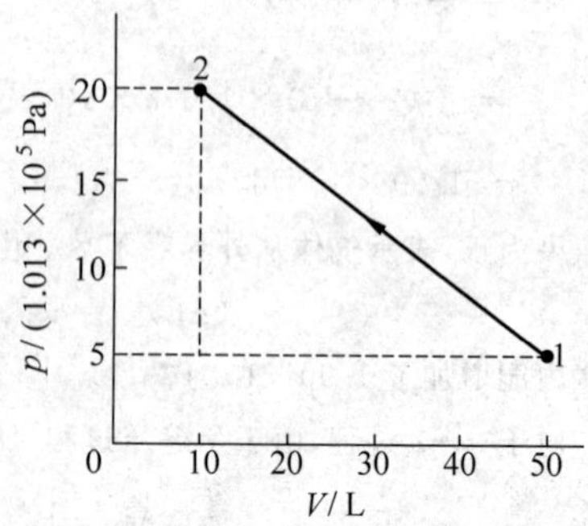

图 13.9 例 13.4 用图

$$A=-\frac{p_1+p_2}{2}(V_1-V_2)$$
$$=-\frac{5+20}{2}\times1.013\times10^5\times(50-10)\times10^{-3}$$

$$=-0.51\times10^5\ (\mathrm{J})$$

负号表示外界对气体做了 0.51×10^5 J 的功。

图示过程既非等体，亦非等压，故不能直接利用 $C_{V,\mathrm{m}}$ 和 $C_{p,\mathrm{m}}$ 求热量，但可以先求出内能变化 ΔE，然后用热力学第一定律求出热量来。由式(13.11)得从状态 1 到状态 2 气体内能的变化为

$$\begin{aligned}\Delta E &= \nu C_{V,\mathrm{m}}(T_2-T_1)\\ &= \frac{i}{2}\nu R(T_2-T_1)=\frac{i}{2}(p_2V_2-p_1V_1)\\ &= \frac{5}{2}\times(20\times10-5\times50)\times1.013\times10^5\times10^{-3}(\mathrm{J})\\ &= -0.13\times10^5(\mathrm{J})\end{aligned}$$

负号表示气体内能减少了 0.13×10^5 J。

再由，得

$$Q=\Delta E+A=-0.13\times10^5-0.51\times10^5=-0.64\times10^5(\mathrm{J})$$

是气体向外界放了热。

13.4 绝热过程

绝热过程是系统在和外界无热量交换的条件下进行的过程，用隔能壁（或叫绝热壁）把系统和外界隔开就可以实现这种过程。实际上没有理想的隔能壁，因此用这个方法只能实现近似的绝热过程。如果过程进行得很快，以致在过程中系统来不及和外界进行显著的热交换，这种过程也近似于绝热过程。蒸汽机或内燃机汽缸内的气体所经历的急速压缩和膨胀，空气中声音传播时引起的局部膨胀或压缩过程都可以近似地当成绝热过程处理就是这个原因。

下面我们讨论理想气体的绝热过程的规律。举两个例子，一是准静态的，另一是非准静态的。

1. 准静态绝热过程

我们研究理想气体经历一个**准静态**绝热过程时，其能量变化的特点及各状态参量之间的关系。

因为是绝热过程，所以过程中 $Q=0$，根据热力学第一定律得出的能量关系是

$$E_2-E_1+A=0 \tag{13.15}$$

或

$$E_2-E_1=-A$$

此式表明在绝热过程中，外界对系统做的功等于系统内能的增量。对于微小的绝热过程应有

$$\mathrm{d}E+\mathrm{d}A=0$$

由于是理想气体，所以有

$$\mathrm{d}E=\frac{i}{2}\nu R\,\mathrm{d}T$$

又由于是准静态过程，所以又有

$$dA = p\,dV$$

因而绝热条件给出

$$\frac{i}{2}\nu R\,dT + p\,dV = 0 \tag{13.16}$$

此式是由能量守恒给定的状态参量之间的关系。

在准静态过程中的任意时刻，理想气体都应满足状态方程

$$pV = \nu RT$$

对此式求微分可得

$$p\,dV + V\,dp = \nu R\,dT \tag{13.17}$$

在式(13.16)与式(13.17)中消去 dT，可得

$$(i+2)\,p\,dV + iV\,dp = 0$$

再利用 γ 的定义式(13.14)，可以将上式写成

$$\frac{dp}{p} + \gamma\frac{dV}{V} = 0$$

这是理想气体的状态参量在准静态绝热过程中必须满足的微分方程式。在实际问题中，γ 可当做常数。这时对上式积分可得

$$\ln p + \gamma \ln V = C$$

或

$$pV^{\gamma} = C_1 \tag{13.18}$$

式中 C 为常数，C_1 为常量。式(13.18)叫**泊松公式**。利用理想气体状态方程，还可以由此得到

$$TV^{\gamma-1} = C_2 \tag{13.19}$$

$$p^{\gamma-1}T^{-\gamma} = C_3 \tag{13.20}$$

式中 C_2，C_3 也是常量。除状态方程外，理想气体在准静态绝热过程中，各状态参量还需要满足式(13.18)或式(13.19)或式(13.20)，这些关系式叫绝热过程的**过程方程**。

在图13.10所示的 p-V 图上画出了理想气体的绝热过程曲线 a，同时还画出了一条等温线 i 进行比较。可以看出，绝热线比等温线陡，这可以用数学方法通过比较两种过程曲线的斜率来证明。

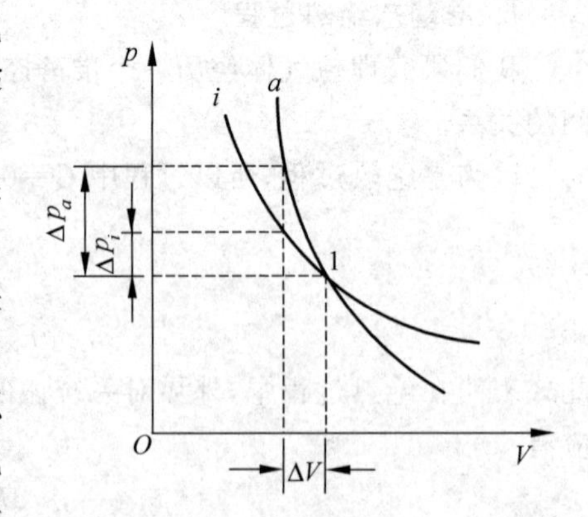

图13.10 绝热线 a 与等温线 i 的比较

从气体动理论的观点看绝热线比等温线陡是很容易解释的。例如同样的气体都从状态1出发，一次用绝热压缩，一次用等温压缩，使其体积都减小 ΔV。在等温条件下，随着体积的减小，气体分子数密度将增大，但分子平均动能不变，根据公式 $p=\frac{2}{3}n\bar{\varepsilon}_t$，气体的压强将增大 Δp_i。在绝热条件下，随着体积的减小，不但分子数密度要同样地增大，而且由于外界做功增大了分子

的平均动能，所以气体的压强增大得更多了，即 $\Delta p_a > \Delta p_i$，因此绝热线要比等温线陡些。

例 13.5

一定质量的理想气体，从初态(p_1, V_1)开始，经过准静态绝热过程，体积膨胀到 V_2，求在这一过程中气体对外做的功。设该气体的比热比为 γ。

解　由泊松公式(13.18)得

$$pV^{\gamma} = p_1 V_1^{\gamma}$$

由此得

$$p = p_1 V_1^{\gamma} / V^{\gamma}$$

将此式代入计算功的式(13.4)，可直接求得功为

$$A = \int_{V_1}^{V_2} p\mathrm{d}V = p_1 V_1^{\gamma} \int_{V_1}^{V_2} \frac{\mathrm{d}V}{V^{\gamma}} = p_1 V_1^{\gamma} \frac{1}{1-\gamma}(V_2^{1-\gamma} - V_1^{1-\gamma})$$

$$= \frac{p_1 V_1}{\gamma - 1}\left[1 - \left(\frac{V_1}{V_2}\right)^{\gamma-1}\right] \tag{13.21}$$

此式也可以利用绝热条件求得。由式(13.2)可得

$$A = -\Delta E = E_1 - E_2 = \frac{i}{2}\nu R(T_1 - T_2)$$

再利用式(13.14)，可得

$$A = \frac{\nu R}{\gamma - 1}(T_1 - T_2) = \frac{1}{\gamma - 1}(\nu R T_1 - \nu R T_2)$$

$$= \frac{1}{\gamma - 1}(p_1 V_1 - p_2 V_2) \tag{13.22}$$

再利用泊松公式，就可以得到与式(13.21)相同的结果。

例 13.6

空气中的声速。空气中有声波传播时，各空气质元不断地反复经历着压缩和膨胀的过程，由于这种变化过程的频率较高，压缩和膨胀进行得都较快，各质元都来不及和周围的质元发生热传递，因而过程可视为绝热的。试根据是理想气体的绝热过程这一假定，求空气中的声速。

解　7.4 节中已讲过气体中的纵波波速公式(7.23)为 $u = \sqrt{K/\rho}$，其中 K 为气体的体弹模量，ρ 为气体的密度。按体弹模量的定义式(7.16)为 $K = -V\mathrm{d}p/\mathrm{d}V$。由绝热过程的过程方程式(13.18)及理想气体状态方程式(12.11)可得 $K = \gamma\rho RT/M$。将此式代入式(7.23)可得空气中的声速为

$$u_1 = \sqrt{\frac{\gamma RT}{M}}$$

此即 7.4 节中所列式(7.25)。

对于标准状况下的空气来说，$\gamma = 1.40$，$T = 273\ \mathrm{K}$，$M = 29.0 \times 10^{-3}\ \mathrm{kg/mol}$，再用 $R = 8.31\ \mathrm{J/(mol \cdot K)}$ 代入，

$$u_1 = \sqrt{\frac{1.40 \times 8.31 \times 273}{29.0 \times 10^{-3}}} = 331\ \mathrm{m/s}$$

此结果和表 7.2 所列结果一致，说明绝热过程的假设是正确的。

例 13.7

用绝热过程模型求大气温度随高度递减的规律。

解 在例12.2中分析大气压强随高度的变化时,曾假定大气的温度不随高度改变。这当然和实际不符。实际上,在地面上一定高度内,空气的温度是随高度递减的,这个温度的变化可以用绝热过程来研究。原来,由于地面被太阳晒热,其上空气受热而密度减小,就缓慢向上流动。流动时因为周围空气导热性差,所以上升气流可以认为是经历绝热过程。这种绝热过程模型应该更符合实际。

仍借助例12.2的图12.6,通过分析厚度为 $\mathrm{d}h$ 的一层空气的平衡条件得到式(12.15):

$$\frac{\mathrm{d}p}{\mathrm{d}h}=-\frac{Mgp}{RT}$$

考虑到温度随高度变化,此式可写成

$$\frac{\mathrm{d}p}{\mathrm{d}T}\frac{\mathrm{d}T}{\mathrm{d}h}=-\frac{Mgp}{RT}$$

对式(13.20)求导,可得对准静态绝热过程,

$$\frac{\mathrm{d}p}{\mathrm{d}T}=\frac{\gamma}{\gamma-1}\frac{p}{T}$$

代入上一式可得

$$\frac{\mathrm{d}T}{\mathrm{d}h}=-\frac{\gamma-1}{\gamma}\frac{Mg}{R}$$

对空气,取 $\gamma=7/5$,$M=29\times10^{-3}\ \mathrm{kg/mol}$,可得

$$\frac{\mathrm{d}T}{\mathrm{d}h}=-9.8\times10^{-3}\ \mathrm{K/m}=-9.8\ \mathrm{K/km}$$

由此可得,每升高1 km,大气温度约下降10 K,这和地面上10 km以内大气温度的变化大致符合。

实际上,大气的状况很复杂,其中的水蒸气含量、太阳辐射强度、地势的高低、气流的走向等因素都有较大的影响,大气温度并不随高度一直递减下去。在10 km高空,温度约为−50℃。再往高处去,温度反而随高度而升高了。火箭和人造卫星的探测发现,在400 km以上,温度甚至可达 10^3 K或更高。

2. 绝热自由膨胀过程

考虑一绝热容器,其中有一隔板将容器容积分为相等的两半。左半充以理想气体,右半抽成真空(图13.11)。左半部气体原处于平衡态,现在抽去隔板,则气体将冲入右半部,最后可以在整个容器内达到一个新的平衡态。这种过程叫**绝热自由膨胀**。在此过程中任一时刻气体显然不处于平衡态,因而过程是非准静态过程。

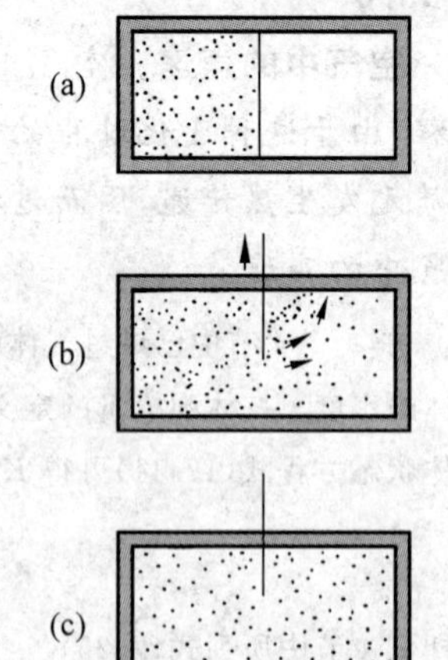

图13.11 气体的自由膨胀

(a) 膨胀前(平衡态);(b) 过程中某一时刻(非平衡态);(c) 膨胀后(平衡态)

虽然自由膨胀是非准静态过程,它仍应服从热力学第一定律。由于过程是绝热的,即 $Q=0$,因而有

$$E_2-E_1+A=0$$

又由于气体是向真空冲入,所以它对外界不做功,即 $A=0$。因而进一步可得

$$E_2-E_1=0$$

即气体经过自由膨胀,内能保持不变。对于理想气体,由于内能只包含分子热运动动能,它只是温度的函数,所以经过

自由膨胀，理想气体再达到平衡态时，它的温度将复原，即

$$T_2 = T_1 \quad (\text{理想气体绝热自由膨胀}) \tag{13.23}$$

根据状态方程，对于初、末状态应分别有

$$p_1V_1 = \nu RT_1$$

$$p_2V_2 = \nu RT_2$$

因为 $T_1=T_2$，$V_2=2V_1$，这两式就给出

$$p_2 = \frac{1}{2}p_1$$

应该着重指出的是，上述状态参量的关系都是对气体的初态和末态说的。虽然自由膨胀的初、末态温度相等，但不能说自由膨胀是等温过程，因为在过程中每一时刻系统并不处于平衡态，不可能用一个温度来描述它的状态。又由于自由膨胀是非准静态过程，所以式(13.18)～式(13.20)诸过程方程也都不适用了。

应该指出，上述绝热自由膨胀过程是对理想气体说的。理想气体内能只包含分子热运动动能，内能不变就意味着分子的平均动能不变，因而温度不变。实际气体经过绝热自由膨胀后，温度一般不会恢复到原来温度。原因是实际气体分子之间总存在相互作用力，而内能中还包含分子间的势能。如果在绝热自由膨胀时，分子间的平均作用力以斥力为主(这要看分子间的平均距离是怎么改变的)，则绝热膨胀后，由于斥力做了正功，分子间势能要减小。这时，内能不变就意味着分子的动能增大，因而气体的温度将升高。如果在绝热自由膨胀时，分子间的平均作用力以引力为主，则绝热膨胀后，由于引力做了负功，分子间的势能要增大。这时，内能不变就意味着分子的动能减小，因而气体的温度要降低。

自由膨胀是向真空的膨胀，这在实验上难以严格做到，实际上做的是气体向压强较低的区域膨胀。如图 13.12 所示，在一管壁绝热的管道中间安置一个多孔塞(曾用棉花压紧制成，其中有许多细小的气体通道)。两侧气体压强分别为 p_1 和 p_2，且 $p_1>p_2$。当徐徐推进左侧活塞时，气体可以通过多孔塞流入右侧压强较小区域，这一区域靠活塞的徐徐右移而保持压强 p_2 不变。气体通过多孔塞的过程不是准静态过程，这一过程叫**节流过程**。也可以用一个小孔代替多孔塞进行节流过程。通过节流过程，实际气体温度改变的现象叫**焦耳-汤姆孙效应**。正的焦耳-汤姆孙效应，即节流后气体温度降低的现象，被利用来制取液态空气，使空气经过几次节流膨胀后，其温度可以降低到其中部分空气被液化的程度。

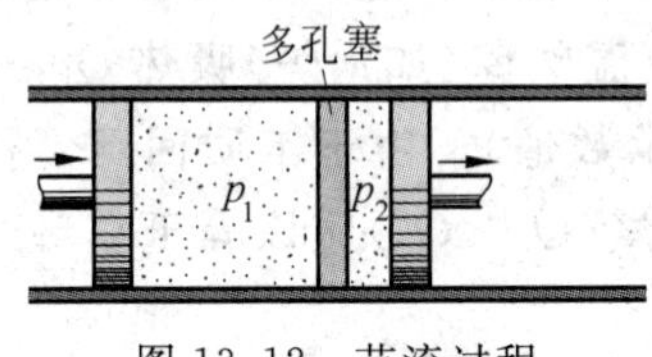

图 13.12 节流过程

13.5 循环过程

在历史上，热力学理论最初是在研究热机工作过程的基础上发展起来的。热机是利用热来做功的机器，例如蒸汽机、内燃机、汽轮机等都是热机。在热机中被利用来吸收热量并对外做功的物质叫**工作物质**，简称**工质**。各种热机都是重复地进行着某些过程而不断地吸热做功的。为了研究热机的工作过程，引入循环过程的概念。**一个系统**，如热机中的工质，**经历一系列变化后又回到初始状态的整个过程叫循环过程**，简称**循环**。研究循环

过程的规律在实践上(如热机的改进)和理论上都有很重要的意义。

先以热电厂内水的状态变化为例说明循环过程的意义。水所经历的循环过程如图13.13所示。一定量的水先从锅炉B中吸收热量Q_1变成高温高压的蒸汽,然后进入汽缸C,在汽缸中蒸汽膨胀推动汽轮机的叶轮对外做功A_1。做功后蒸汽的温度和压强都大为降低而成为“废气”,废气进入冷凝器R后凝结为水时放出热量Q_2。最后由泵P对此冷凝水做功A_2将它压回到锅炉中去而完成整个循环过程。

如果一个系统所经历的循环过程的各个阶段都是准静态过程,这个循环过程就可以在状态图(如p-V图)上用一个闭合曲线表示。图13.14就画了一个闭合曲线表示任意的一个循环过程,其过程进行的方向如箭头所示。从状态a经状态b达到状态c的过程中,系统对外做功,其数值A_1等于曲线段abc下面到V轴之间的面积;从状态c经状态d回到状态a的过程中,外界对系统做功,其数值A_2等于曲线段cda下面到V轴之间的面积。整个循环过程中系统对外做的**净功**的数值为$A=A_1-A_2$,在图13.14中它就等于循环过程曲线所包围的面积。在p-V图中,循环过程沿顺时针方向进行时,像图13.14中那样,系统对外做功,这种循环叫**正循环**(或热循环)。循环过程沿逆时针方向进行时,外界将对系统做净功,这种循环叫**逆循环**(或致冷循环)。

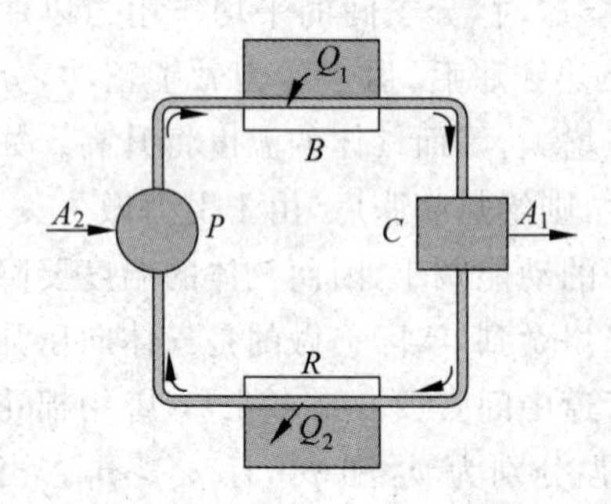

图13.13 热电厂内水的循环过程示意图

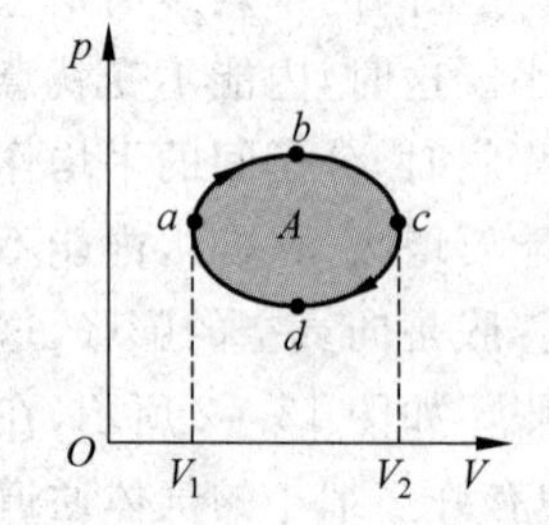

图13.14 用闭合曲线表示循环过程

在图13.13中,水进行的是正循环,该循环过程中的能量转化和传递的情况具有正循环的一般特征:一定量的工作物质在一次循环过程中要从**高温热库**(如锅炉)吸热Q_1,对外做净功A,又向**低温热库**(如冷凝器)放出热量Q_2(只表示数值)。由于工质回到了初态,所以内能不变。根据热力学第一定律,工质吸收的**净热量**(Q_1-Q_2)应该等于它对外做的净功A,即

$$A = Q_1 - Q_2 \tag{13.24}$$

这就是说,工质以传热方式从高温热库得到的能量,有一部分仍以传热的方式放给低温热库,二者的**差额**等于工质对外做的净功。

对于热机的正循环,实践上和理论上都很注意它的**效率**。循环的效率是**在一次循环过程中工质对外做的净功占它从高温热库吸收的热量的比率**。这是热机效能的一个重要指标。以η表示循环的效率,则按定义,应该有

$$\eta = \frac{A}{Q_1} \tag{13.25}$$

再利用式(13.24),可得

$$\eta = 1 - \frac{Q_2}{Q_1} \tag{13.26}$$

例 13.8

空气标准奥托循环。燃烧汽油的四冲程内燃机中进行的循环过程叫做奥托循环，它实际上进行的过程如下：先是将空气和汽油的混合气吸入汽缸，然后进行急速压缩，压缩至混合气的体积最小时用电火花点火引起爆燃。汽缸内气体得到燃烧放出的热量，温度、压强迅速增大，从而能推动活塞对外做功。做功后的废气被排出汽缸，然后再吸入新的混合气进行下一个循环。这一过程并非同一工质反复进行的循环过程，而且经过燃烧，汽缸内的气体还发生了化学变化。在理论上研究上述实际过程中的能量转化关系时，总是用一定质量的空气(理想气体)进行的下述准静态循环过程来代替实际的过程。这样的理想循环过程就叫**空气标准奥托循环**，它由下列四步组成(图 13.15)：

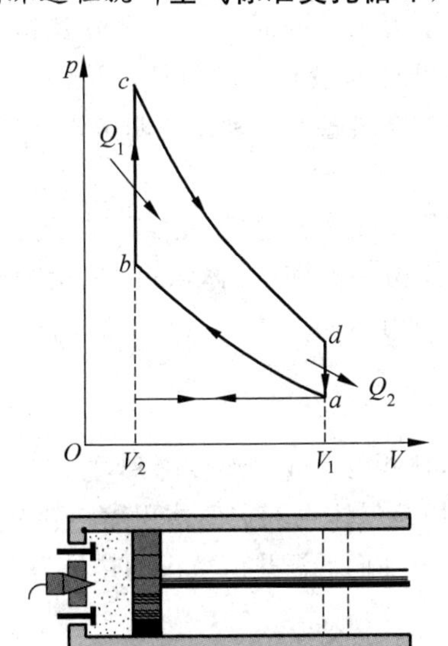

图 13.15　空气标准奥托循环

(1) 绝热压缩 $a \to b$，气体从(V_1, T_1)状态变化到(V_2, T_2)状态；

(2) 等体吸热(相当于点火爆燃过程)$b \to c$，气体由(V_2, T_2)状态变化到(V_2, T_3)状态；

(3) 绝热膨胀(相当于气体膨胀对外做功的过程)$c \to d$，气体由(V_2, T_3)状态变化到(V_1, T_4)状态；

(4) 等体放热 $d \to a$，气体由(V_1, T_4)状态变回到(V_1, T_1)状态。

求这个理想循环的效率。

解　在 $b \to c$ 的等体过程中气体吸收的热量为

$$Q_1 = \nu C_{V,\mathrm{m}}(T_3 - T_2)$$

在 $d \to a$ 的等体过程中气体放出的热量为

$$Q_2 = \nu C_{V,\mathrm{m}}(T_4 - T_1)$$

代入式(13.26)，可得此循环效率为

$$\eta = 1 - \frac{Q_2}{Q_1} = 1 - \frac{T_4 - T_1}{T_3 - T_2}$$

由于 $a \to b$ 是绝热过程，所以

$$\frac{T_2}{T_1} = \left(\frac{V_1}{V_2}\right)^{\gamma - 1}$$

又由于 $c \to d$ 也是绝热过程，所以又有

$$\frac{T_3}{T_4} = \left(\frac{V_1}{V_2}\right)^{\gamma - 1}$$

由以上两式可得

$$\frac{T_3}{T_4} = \frac{T_2}{T_1} = \frac{T_3 - T_2}{T_4 - T_1}$$

将此关系代入上面的效率公式中，可得

$$\eta = 1 - \frac{1}{\dfrac{T_2}{T_1}} = 1 - \frac{1}{\left(\dfrac{V_1}{V_2}\right)^{\gamma - 1}}$$

定义**压缩比**为$V_1/V_2=r$,则上式又可写成

$$\eta = 1-\frac{1}{r^{\gamma-1}}$$

由此可见,空气标准奥托循环的效率决定于压缩比。现代汽油内燃机的压缩比约为10,更大时当空气和汽油的混合气在尚未压缩到b状态时,温度就已升高到足以引起混合气燃烧了。设$r=10$,空气的γ值取1.4,则上式给出

$$\eta = 1-\frac{1}{10^{0.4}} = 0.60 = 60\%$$

实际的汽油机的效率比这小得多,一般只有30%左右。

13.6 卡诺循环

在19世纪上半叶,为了提高热机效率,不少人进行了理论上的研究。1824年法国青年工程师卡诺提出了一个理想循环,该循环体现了热机循环的最基本的特征。该循环是一种准静态循环,在循环过程中工质**只和两个恒温热库交换热量**。这种循环叫**卡诺循环**,按卡诺循环工作的热机叫**卡诺机**。

下面讨论以理想气体为工质的卡诺循环,它由下列几步准静态过程(图13.16)组成。

1→2:使汽缸和温度为T_1的高温热库接触,使气体做等温膨胀,体积由V_1增大到V_2。在这一过程中,它从高温热库吸收的热量按式(13.7)为

$$Q_1 = \nu R T_1 \ln\frac{V_2}{V_1}$$

2→3:将汽缸从高温热库移开,使气体做绝热膨胀,体积变为V_3,温度降到T_2。

3→4:使汽缸和温度为T_2的低温热库接触,等温地压缩气体直到它的体积缩小到V_4,而状态4和状态1位于同一条绝热线上。在这一过程中,气体向低温热库放出的热量为

$$Q_2 = \nu R T_2 \ln\frac{V_3}{V_4}$$

4→1:将汽缸从低温热库移开,沿绝热线压缩气体,直到它回复到起始状态1而完成一次循环。

在一次循环中,气体对外做的净功为

$$A = Q_1 - Q_2$$

卡诺循环中的能量交换与转化的关系可用图13.17那样的能流图表示。

根据循环效率公式(13.26),上述理想气体卡诺循环的效率为

$$\eta_C = 1-\frac{Q_2}{Q_1} = 1-\frac{T_2\ln\frac{V_3}{V_4}}{T_1\ln\frac{V_2}{V_1}}$$

又由理想气体绝热过程方程,对两个绝热过程应有如下关系:

$$T_1 V_2^{\gamma-1} = T_2 V_3^{\gamma-1}$$
$$T_1 V_1^{\gamma-1} = T_2 V_4^{\gamma-1}$$

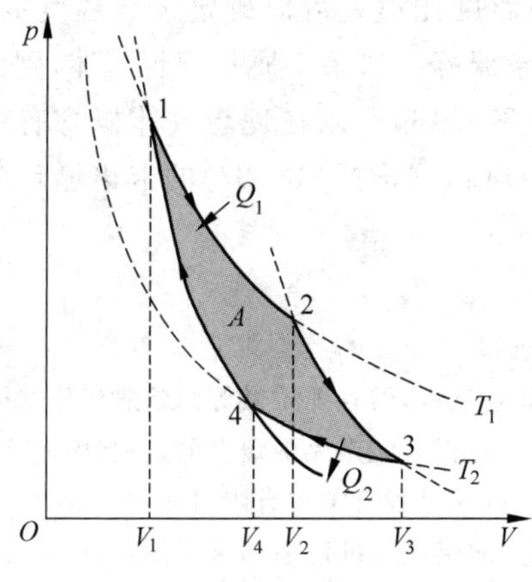

图 13.16 理想气体的卡诺循环

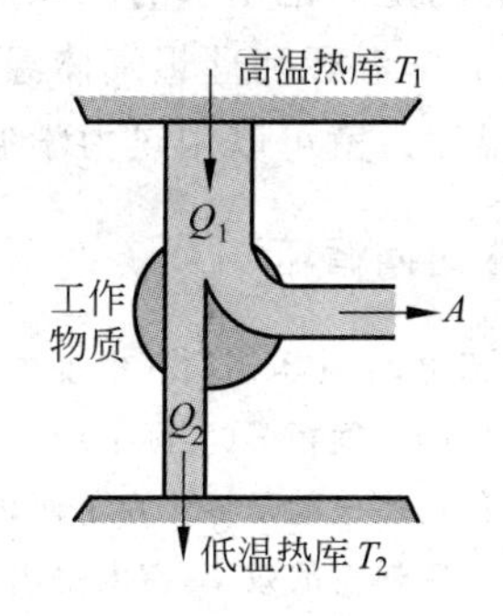

图 13.17 卡诺机的能流图

两式相比，可得

$$\frac{V_3}{V_4}=\frac{V_2}{V_1}$$

据此，上面的效率表示式可简化为

$$\eta_C = 1-\frac{T_2}{T_1} \tag{13.27}$$

这就是说，以理想气体为工作物质的卡诺循环的效率，只由热库的温度决定。可以证明（见例 14.1），在同样两个温度 T_1 和 T_2 之间工作的**各种工质**的卡诺循环的效率都由上式给定，而且是实际热机的可能效率的最大值。这是卡诺循环的一个基本特征。

现代热电厂利用的水蒸气温度可达 580℃，冷凝水的温度约 30℃，若按卡诺循环计算，其效率应为

$$\eta_C = 1-\frac{303}{853}=64.5\%$$

实际的蒸汽循环的效率最高只到 36%左右，这是因为实际的循环和卡诺循环相差很多。例如热库并不是恒温的，因而工质可以随处和外界交换热量，而且它进行的过程也不是准静态的。尽管如此，式(13.27)还是有一定的实际意义。因为它提出了提高高温热库的温度是提高效率的途径之一，现代热电厂中要尽可能提高水蒸气的温度就是这个道理。降低冷凝器的温度虽然在理论上对提高效率有作用，但要降到室温以下，实际上很困难，而且经济上不合算，所以都不这样做。

卡诺循环有一个重要的理论意义就是用它可以定义一个温标。对比式(13.26)和式(13.27)可得

$$\frac{Q_1}{Q_2}=\frac{T_1}{T_2} \tag{13.28}$$

即卡诺循环中工质从高温热库吸收的热量与放给低温热库的热量之比等于两热库的温度之比。由于这一结论和工质种类无关，因而可以利用任何进行卡诺循环的工质与高低温热库所交换的热量之比来量度两热库的温度，或说定义两热库的温度。这样的定义当然只能根据热量之比给出两温度的比值。如果再取水的三相点温度作为计量温度的定点，

并规定它的值为273.16，则由式(13.28)给出的温度比值就可以确定任意温度的值了。这种计量温度的方法是开尔文引进的，叫做**热力学温标**。如果工质是理想气体，则因理想气体温标的定点也是水的三相点，而且也规定为273.16，所以在理想气体概念有效的范围内，热力学温标和理想气体温标将给出相同的数值，这样式(13.27)的卡诺循环效率公式中的温度也就可以用热力学温标表示了。

有限时间循环

应该指出，上述卡诺循环中工质经历的过程都是准静态过程，而且工质做等温膨胀或压缩时，其温度都和热库的温度相等(实际上应差一无穷小值)。这样的过程只能是无限缓慢的过程，因此这种循环过程输出的功率只能是零。为了使热机输出一定的功率，循环过程必须在有限时间内完成。为了更切合实际地研究热机的效率，有人提出了这样的循环模型：工质仍进行准静态的卡诺循环，但它等温变化时的温度不再等于热库的温度，即高温低于高温热库的温度 T_1，低温高于低温热库的温度 T_2。这样，热交换就可以在有限时间内完成。如果再假设工质与热库间交换的热量和时间成正比，则可以推知，这样的循环有一最大输出功率为

$$P_{\max} = \frac{\alpha}{4}\left(\sqrt{T_1} - \sqrt{T_2}\right)^2$$

式中 α 为工质与热库间的单位温差的传热率，单位为J/(K·s)。与上述最大功率相应的循环效率为

$$\eta_{\mathrm{C}} = 1 - \sqrt{\frac{T_2}{T_1}} \tag{13.29}$$

这一效率也只与热库温度有关，而比卡诺循环效率 η_{C} 小，但它更接近于实际热机的效率。这里所提出的循环叫"内卡诺循环"①，与之相联系的热力学理论叫"有限时间热力学"，现在正受到人们的关注。

13.7 致冷循环

如果工质做逆循环，即沿着与热机循环相反的方向进行循环过程，则在一次循环中，工质将从低温热库吸热 Q_2，向高温热库放热 Q_1，而外界必须对工质做功 A，其能量交换与转换的关系如图13.18的能流图所示。由热力学第一定律，得

$$A = Q_1 - Q_2$$

或者

$$Q_1 = Q_2 + A$$

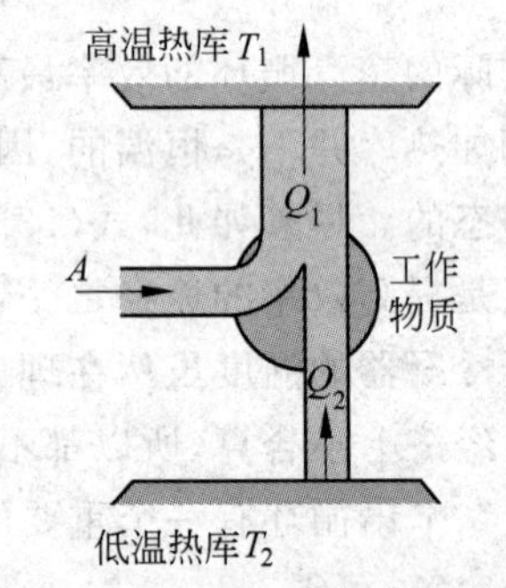

图13.18 致冷机的能流图

这就是说，工质把从低温热库吸收的热和外界对它做的功一并以热量的形式传给高温热库。由于从低温物体的吸热有可能使它的温度降低，所以这种循环又叫**致冷循环**。按这种循环工作的机器就是**致冷机**。

在致冷循环中，从低温热库吸收热量 Q_2 是我们冀求的效果，而必须对工质做的功 A 是我们要付的"本钱"。因此致冷循环的效能用 Q_2/A 表示，吸热越多，做功越少，则致冷

① 参见：严子浚，陈丽璇，内可逆卡诺循环.大学物理，1985(7)：22.

机性能越好。这一比值叫致冷循环的**致冷系数**，以 w 表示致冷系数，则有

$$w=\frac{Q_2}{A} \tag{13.30}$$

由于 $A=Q_1-Q_2$，所以又有

$$w=\frac{Q_2}{Q_1-Q_2} \tag{13.31}$$

以理想气体为工质的**卡诺致冷循环**的过程曲线如图 13.19 所示，很容易证明这一循环的致冷系数为

$$w_C=\frac{T_2}{T_1-T_2} \tag{13.32}$$

这一致冷系数也是在 T_1 和 T_2 两温度间工作的各种致冷机的致冷系数的最大值。

常用的致冷机——冰箱的构造与工作原理可用图 13.20 说明。工质用较易液化的物质，如氨。氨气在压缩机内被急速压缩，它的压强增大，而且温度升高，进入冷凝器（高温热库）后，由于向冷却水（或周围空气）放热而凝结为液态氨。液态氨经节流阀的小口通道后，降压降温，再进入蒸发器。此处由于压气机的抽吸作用因而压强很低。液态氨将从冷库（低温热库）中吸热，使冷库温度降低而自身全部蒸发为蒸气。此氨蒸气最后被吸入压气机进行下一循环。

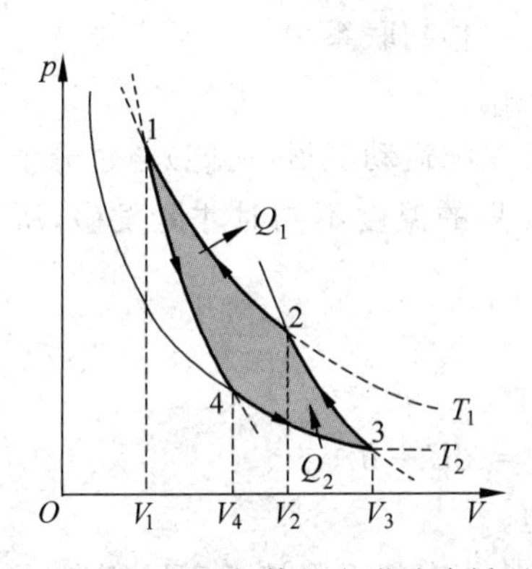

图 13.19 理想气体的卡诺致冷循环

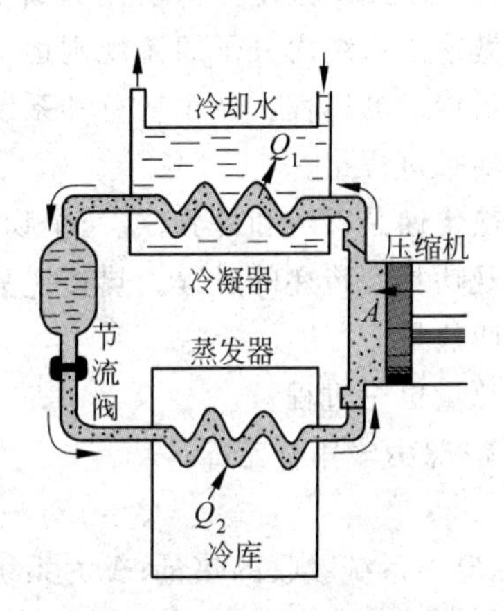

图 13.20 冰箱循环示意图

冰箱的致冷原理也可应用于房间。在夏天，可将房间作为低温热库，以室外的大气或河水为高温热库，用类似图 13.20 的致冷机使房间降温，这就是空调器的原理。如果在冬天则以室外大气或河水为低温热库，以房间为高温热库，可使房间升温变暖，为此目的设计的致冷机又叫**热泵**。图 13.21 为一空调器和热泵合为一体的装置示意图。当换向阀如图示接通后，此装置向室内供热致暖。当换向阀由图示位置转 90°时，工作物质流向将反过来，此装置将从室内带出热量使室内降温。

家用电冰箱的箱内要保持 $T_2=270\ \mathrm{K}$，箱外空气温度为 $T_1=300\ \mathrm{K}$，按卡诺致冷循环计算致冷系数为

$$w_C=\frac{T_2}{T_1-T_2}=\frac{270}{300-270}=9$$

这表示从做功吸热角度看来，使用致冷机是相当合算的，实际冰箱的致冷系数要比这个数小些。

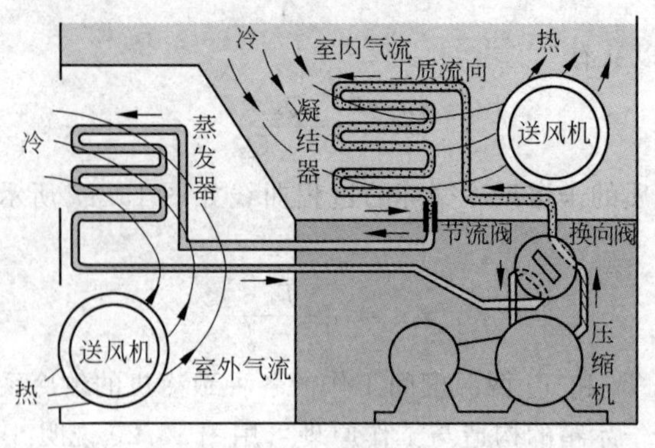

图 13.21 热泵结构图

提要

1. 功的微观本质：外界对系统做功而交换能量有两种情形。

做功是系统内分子的无规则运动能量和外界分子的有规则运动能量通过宏观功相互转化与传递的过程。体积功总和系统的边界的宏观位移相联系。

功是过程量。

热传递是系统和外界（或两个物体）的分子的无规则运动能量（内能）通过分子碰撞时的微观功相互传递的过程。热传递只有在系统和外界的温度不同时才能发生，所传递的内能叫热量。

热量也是过程量。

2. 热力学第一定律：

$$Q = E_2 - E_1 + A,\quad \mathrm{đ}Q = \mathrm{d}E + \mathrm{đ}A$$

其中，Q 为系统吸收的热量；A 为系统对外界做的功。

3. 准静态过程：过程进行中的每一时刻，系统的状态都无限接近于平衡态。

准静态过程可以用状态图上的曲线表示。

准静态过程中系统对外做的体积功：

$$\mathrm{đ}A = p\mathrm{d}V,\quad A = \int_{V_1}^{V_2} p\mathrm{d}V$$

4. 热容：

摩尔定压热容 $\quad C_{p,\mathrm{m}} = \frac{1}{\nu}\left(\frac{\mathrm{đ}Q}{\mathrm{d}T}\right)_p$

摩尔定体热容 $\quad C_{V,\mathrm{m}} = \frac{1}{\nu}\left(\frac{\mathrm{đ}Q}{\mathrm{d}T}\right)_V$

理想气体的摩尔热容

$$C_{V,\mathrm{m}} = \frac{i}{2}R,\quad C_{p,\mathrm{m}} = \frac{i+2}{2}R$$

迈耶公式 $$C_{p,\mathrm{m}}-C_{V,\mathrm{m}}=R$$

比热比 $$\gamma=\frac{c_p}{c_V}=\frac{C_{p,\mathrm{m}}}{C_{V,\mathrm{m}}}=\frac{i+2}{i}$$

5. 绝热过程：

$$Q=0,\qquad A=E_1-E_2$$

理想气体的准静态绝热过程：

$$pV^{\gamma}=\text{常量},\quad A=\frac{1}{\gamma-1}(p_1V_1-p_2V_2)$$

绝热自由膨胀：理想气体的内能不变，温度复原。

6. 循环过程：

热循环：系统从高温热库吸热，对外做功，向低温热库放热。效率为

$$\eta=\frac{A}{Q_1}=1-\frac{Q_2}{Q_1}$$

致冷循环：系统从低温热库吸热，接受外界做功，向高温热库放热。

致冷系数 $$w=\frac{Q_2}{A}=\frac{Q_2}{Q_1-Q_2}$$

7. 卡诺循环：系统只和两个恒温热库进行热交换的准静态循环过程。

正循环的效率 $$\eta_{\mathrm{C}}=1-\frac{T_2}{T_1}$$

逆循环的致冷系数 $$w_{\mathrm{C}}=\frac{T_2}{T_1-T_2}$$

8. 热力学温标：利用卡诺循环的热交换定义的温标，定点为水的三相点，$T_3=273.16\ \mathrm{K}$。

思考题

13.1 内能和热量的概念有何不同？下面两种说法是否正确？

(1) 物体的温度愈高，则热量愈多；

(2) 物体的温度愈高，则内能愈大。

*13.2 在 p-V 图上用一条曲线表示的过程是否一定是准静态过程？理想气体经过自由膨胀由状态(p_1,V_1)改变到状态(p_2,V_2)而温度复原这一过程能否用一条等温线表示？

13.3 汽缸内有单原子理想气体，若绝热压缩使体积减半，问气体分子的平均速率变为原来平均速率的几倍？若为双原子理想气体，又为几倍？

13.4 有可能对系统加热而不致升高系统的温度吗？有可能不作任何热交换，而使系统的温度发生变化吗？

13.5 一定量的理想气体对外做了 500 J 的功。

(1) 如果过程是等温的，气体吸了多少热？

(2) 如果过程是绝热的，气体的内能改变了多少？是增加了，还是减少了？

13.6 试计算 ν(mol)理想气体在下表所列准静态过程中的 A,Q 和 ΔE，以分子的自由度数和系统初、末态的状态参量表示之，并填入下表：

过程	A	Q	ΔE
等体			
等温			
绝热			
等压			

13.7 有两个卡诺机共同使用同一个低温热库，但高温热库的温度不同。在 p-V 图上，它们的循环曲线所包围的面积相等，它们对外所做的净功是否相同？热循环效率是否相同？

13.8 一个卡诺机在两个温度一定的热库间工作时，如果工质体积膨胀得多些，它做的净功是否就多些？它的效率是否就高些？

13.9 在一个房间里，有一台电冰箱正工作着。如果打开冰箱的门，会不会使房间降温？会使房间升温吗？用一台热泵为什么能使房间降温？

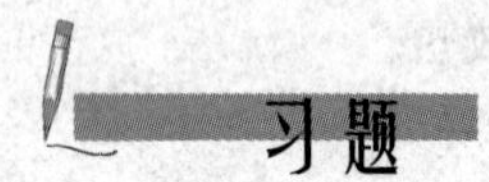

习题

13.1 使一定质量的理想气体的状态按图13.22中的曲线沿箭头所示的方向发生变化，图线的 BC 段是以 p 轴和 V 轴为渐近线的双曲线。

(1) 已知气体在状态 A 时的温度 $T_A=300\ \text{K}$，求气体在 B,C 和 D 状态时的温度。

(2) 从 A 到 D 气体对外做的功总共是多少？

(3) 将上述过程在 V-T 图上画出，并标明过程进行的方向。

13.2 一热力学系统由如图13.23所示的状态 a 沿 acb 过程到达状态 b 时，吸收了560 J的热量，对外做了356 J的功。

(1) 如果它沿 adb 过程到达状态 b 时，对外做了220 J的功，它吸收了多少热量？

(2) 当它由状态 b 沿曲线 ba 返回状态 a 时，外界对它做了282 J的功，它将吸收多少热量？是真吸了热，还是放了热？

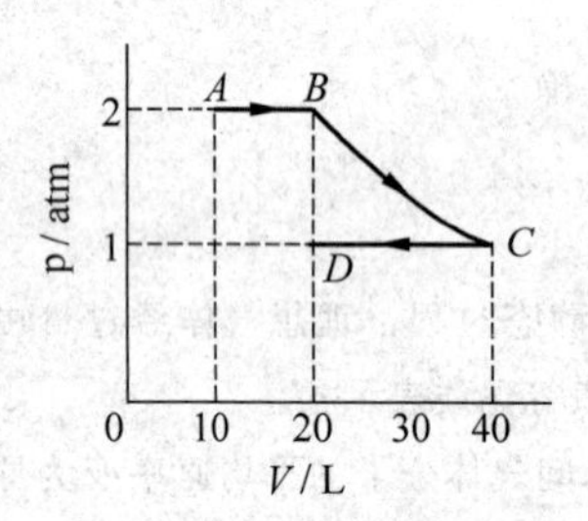

图13.22 习题13.1用图

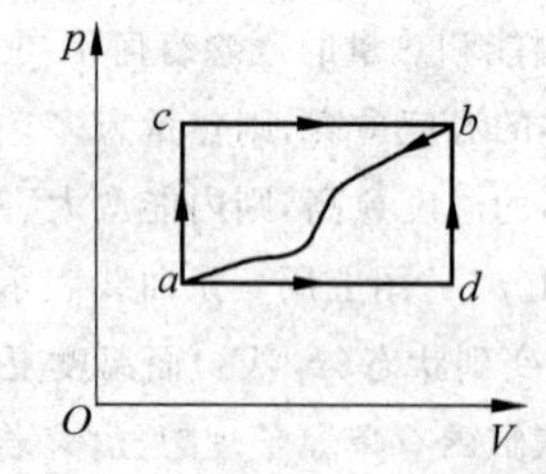

图13.23 习题13.2用图

13.3 64 g氧气的温度由0℃升至50℃，(1)保持体积不变；(2)保持压强不变。在这两个过程中氧气各吸收了多少热量？各增加了多少内能？对外各做了多少功？

13.4 10 g氦气吸收 10^3 J的热量时压强未发生变化，它原来的温度是300 K，最后的温度是多少？

13.5 一定量氢气在保持压强为 4.00×10^5 Pa不变的情况下，温度由0.0℃升高到50.0℃时，吸收了 6.0×10^4 J的热量。

(1) 氢气的量是多少摩尔？

(2) 氢气内能变化多少?

(3) 氢气对外做了多少功?

(4) 如果这氢气的体积保持不变而温度发生同样变化,它该吸收多少热量?

13.6　用比较曲线斜率的方法证明在 p-V 图上相交于任一点的理想气体的绝热线比等温线陡。

13.7　一定量的氮气,压强为 1 atm,体积为 10 L,温度为 300 K。当其体积缓慢绝热地膨胀到 30 L 时,其压强和温度各是多少?在过程中它对外界做了多少功?内能改变了多少?

13.8　3 mol 氧气在压强为 2 atm 时体积为 40 L,先将它绝热压缩到一半体积,接着再令它等温膨胀到原体积。

(1) 求这一过程的最大压强和最高温度;

(2) 求这一过程中氧气吸收的热量、对外做的功以及内能的变化;

(3) 在 p-V 图上画出整个过程曲线。

13.9　如图 13.24 所示,有一汽缸由绝热壁和绝热活塞构成。最初汽缸内体积为 30 L,有一隔板将其分为两部分:体积为 20 L 的部分充以 35 g 氮气,压强为 2 atm;另一部分为真空。今将隔板上的孔打开,使氮气充满整个汽缸。然后缓慢地移动活塞使氮气膨胀,体积变为 50 L。

(1) 求最后氮气的压强和温度;

(2) 求氮气体积从 20 L 变到 50 L 的整个过程中氮气对外做的功及氮气内能的变化;

(3) 在 p-V 图中画出整个过程的过程曲线。

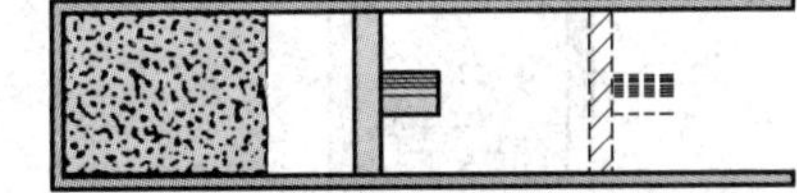

图 13.24　习题 13.9 用图

13.10　在标准状态下,在氧气中的声速为 3.172×10^2 m/s。试由此求出氧气的比热比 γ。

*13.11　按准静态绝热过程模型证明:大气压强 p 随高度 h 的变化关系为

$$p = p_0\left(1-\frac{Mgh}{C_{p,\mathrm{m}}T_0}\right)^{\gamma/(\gamma-1)}$$

式中 p_0,T_0 分别为 $h=0$ 处的大气压强和温度,$C_{p,\mathrm{m}}$ 为空气的摩尔定压热容。

*13.12　试证明:一定量的气体在节流膨胀前的压强为 p_1,体积为 V_1,经过节流膨胀后(图 13.12)压强变为 p_2,体积变为 V_2,则总有

$$E_1 + p_1V_1 = E_2 + p_2V_2$$

热力学中定义 $E+pV\equiv H$,称做系统的**焓**。很明显,**焓也是系统的状态函数**。上面的证明表明,**经过节流过程,系统的焓不变**。

*13.13　一种测量气体的比热比 γ 的方法如下:一定量的气体,初始温度、压强、体积分别为 T_0,p_0,V_0,用一根铂丝通过电流对气体加热。第一次加热时保持气体体积不变,温度和压强各变为 T_1 和 p_1。第二次加热时保持气体压强不变而温度和体积变为 T_2 和 V_1。设两次加热的电流和时间均相同,试证明

$$\gamma = \frac{(p_1-p_0)V_0}{(V_1-V_0)p_0}$$

*13.14　理想气体的既非等温也非绝热而其过程方程可表示为 $pV^n=$常量的过程叫**多方过程**,n 叫**多方指数**。

(1) 说明 $n=0,1,\gamma$ 和 ∞ 时各是什么过程?

(2) 证明:多方过程中外界对理想气体做的功为

$$\frac{p_2V_2-p_1V_1}{n-1}$$

(3) 证明:多方过程中理想气体的摩尔热容为

$$C_m = C_{V,m}\left(\frac{\gamma - n}{1 - n}\right)$$

并就此说明(1)中各过程的 C_m 值。

13.15 如图13.25所示总容积为40 L的绝热容器，中间用一绝热隔板隔开，隔板重量忽略，可以无摩擦地自由升降。A,B两部分各装有1 mol的氮气，它们最初的压强都是1.013×10^5 Pa，隔板停在中间。现在使微小电流通过B中的电阻而缓缓加热，直到A部气体体积缩小到一半为止，求在这一过程中：

(1) B中气体的过程方程，以其体积和温度的关系表示；

(2) 两部分气体各自的最后温度；

(3) B中气体吸收的热量。

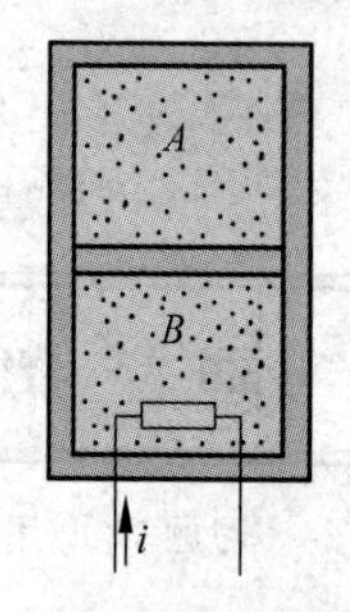

图13.25 习题13.15用图

图13.26 我国歼10歼击机雄姿

13.16 现代喷气式飞机(图13.26)和热电站所用的燃气轮机进行的循环过程可简化为下述布瑞顿循环(Brayton cycle)(图13.27)。1→2，一定量空气被绝热压缩到燃烧室内；2→3，在燃烧室内燃料喷入燃烧，气体等压膨胀；3→4，高温高压气体被导入轮机内绝热膨胀推动叶轮做功；4→1，废气进入热交换器等压压缩，放热给冷却剂(空气或水)。

(1) 证明：以1,2,3,4各点的温度表示的循环效率为$\eta=1-\dfrac{T_4-T_1}{T_3-T_2}$；

(2) 以$r_p=p_{max}/p_{min}$表示此循环的压缩比，则其效率可表示为$\eta=1-\dfrac{1}{r_p^{(\gamma-1)/\gamma}}$。取$\gamma=1.40$，则当$r_p=10$时，效率是多少？

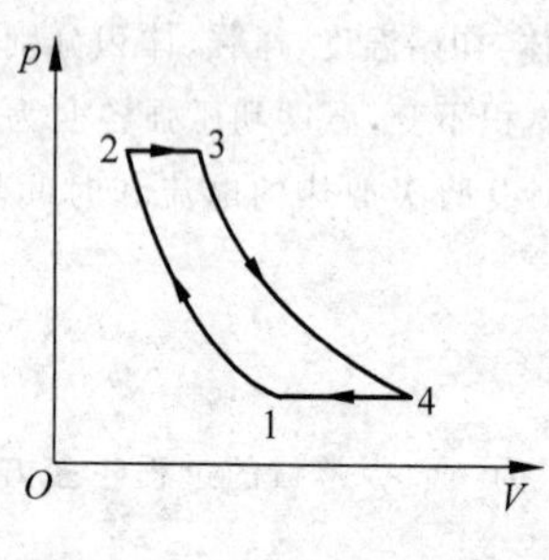

图13.27 习题13.16用图

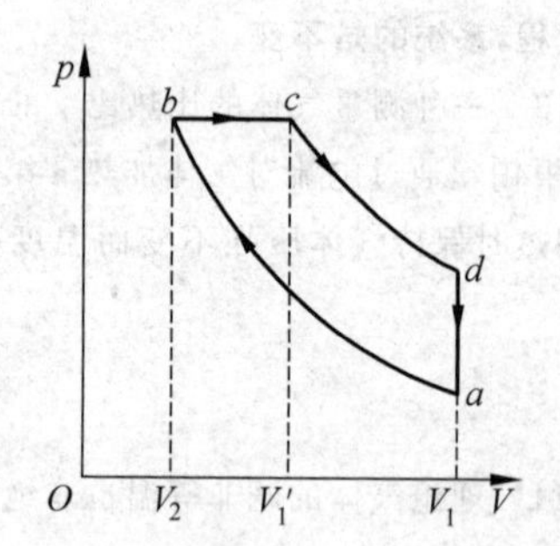

图13.28 习题13.17用图

*13.17 空气标准狄赛尔循环(柴油内燃机的工作循环)由两个绝热过程ab和cd、一个等压过程bc及一个等容过程da组成(图13.28)，试证明此热机效率为

$$\eta = 1 - \frac{\left(\frac{V_1'}{V_2}\right)^{\gamma} - 1}{\gamma\left(\frac{V_1}{V_2}\right)^{\gamma-1}\left(\frac{V_1'}{V_2} - 1\right)}$$

13.18 克劳修斯在1854年的论文中曾设计了一个如图13.29所示的循环过程，其中 ab，cd，ef 分别是系统与温度为 T，T_2 和 T_1 的热库接触而进行的等温过程，bc，de，fa 则是绝热过程。他还设定系统在 cd 过程吸的热和 ef 过程放的热相等。设系统是一定质量的理想气体，而 T_1，T_2，T 又是热力学温度，试计算此循环的效率。

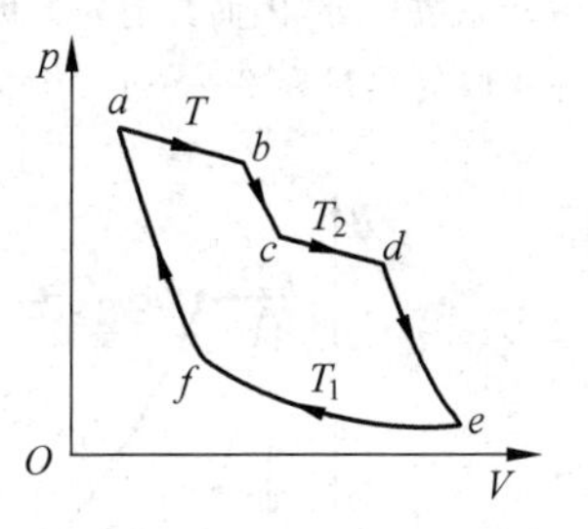

图13.29 习题13.18用图

13.19 两台卡诺热机串联运行，即以第一台卡诺热机的低温热库作为第二台卡诺热机的高温热库。试证明它们各自的效率 η_1 及 η_2 和该联合机的总效率 η 有如下的关系：

$$\eta = \eta_1 + (1 - \eta_1)\eta_2$$

再用卡诺热机效率的温度表示式证明该联合机的总效率和一台工作于最高温度与最低温度的热库之间的卡诺热机的效率相同。

13.20 有可能利用表层海水和深层海水的温差来制成热机。已知热带水域表层水温约25℃，300 m深处水温约5℃。

(1) 在这两个温度之间工作的卡诺热机的效率多大？

(2) 如果一电站在此最大理论效率下工作时获得的机械功率是1 MW，它将以何速率排出废热？

(3) 此电站获得的机械功和排出的废热均来自25℃的水冷却到5℃所放出的热量，问此电站将以何速率取用25℃的表层水？

13.21 一台冰箱工作时，其冷冻室中的温度为−10℃，室温为15℃。若按理想卡诺致冷循环计算，则此致冷机每消耗 10^3 J的功，可以从冷冻室中吸出多少热量？

13.22 当外面气温为32℃时，用空调器维持室内温度为21℃。已知漏入室内热量的速率是 3.8×10^4 kJ/h，求所用空调器需要的最小机械功率是多少？

13.23 有一暖气装置如下：用一热机带动一致冷机，致冷机自河水中吸热而供给暖气系统中的水，同时暖气中的水又作为热机的冷却器。热机的高温热库的温度是 $t_1=210$℃，河水温度是 $t_2=15$℃，暖气系统中的水温为 $t_3=60$℃。设热机和致冷机都以理想气体为工质，分别以卡诺循环和卡诺逆循环工作，那么每燃烧1 kg煤，暖气系统中的水得到的热量是多少？是煤所发热量的几倍？已知煤的燃烧值是 3.34×10^7 J/kg。

13.24 一台致冷机的循环过程如图13.30所示(参看图12.18中的汽液转变过程)，其中压缩过程 da 和膨胀过程 bc 都是绝热的。工质在 a，b，c，d 四个状态的温度、压强、体积以及内能如下表所示：

状态	T/℃	p/kPa	V/m³	E/kJ	液体占的百分比/%
a	80	2305	0.0682	1969	0
b	80	2305	0.009 46	1171	100
c	5	363	0.2202	1015	54
d	5	363	0.4513	1641	5

(1) 每一次循环中，工质在蒸发器内从致冷机内部吸收多少热量？

(2) 每一次循环中，工质在冷凝器内向机外空气放出多少热量？

(3) 每一次循环，压缩机对工质做功多少？

(4) 计算此致冷机的致冷系数。如按卡诺致冷机计算,致冷系数又是多少?

*13.25 一定量的理想气体进行如图 13.31 所示的**逆向斯特林循环**,其中 1→2 为等温(T_1)压缩过程,3→4 为等温(T_2)膨胀过程,其他两过程为等体积过程。求证此循环的致冷系数和逆向卡诺循环的致冷系数相等,因而具有较好的致冷效果。(这一循环是回热式制冷机中的工作循环。4→1 过程从热库吸收的热量在 2→3 过程中又放回给了热库,故均不计入循环效率计算。)

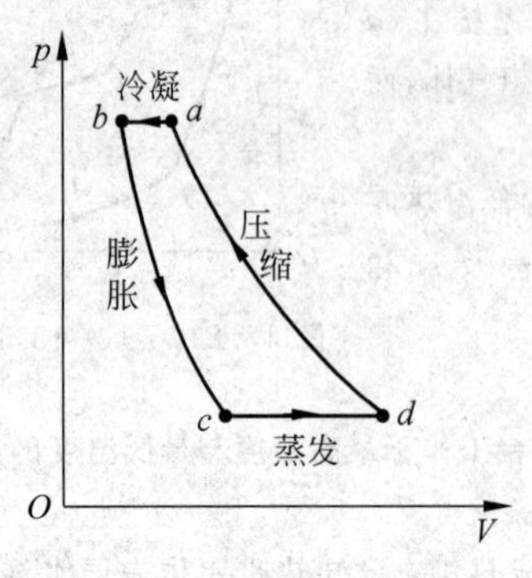

图 13.30 习题 13.29 用图

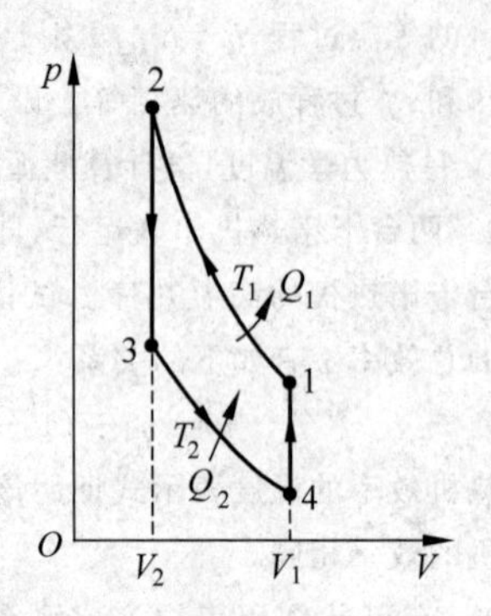

图 13.31 逆向斯特林循环

科学家介绍

焦　耳

(James Prescott Joule,1818—1889 年)

焦耳像

On the Mechanical Equivalent of Heat. By JAMES PRESCOTT JOULE, *F.C.S., Sec. Lit. and Phil. Society, Manchester, Cor. Mem. R.A., Turin, &c.** (*Communicated by* MICHAEL FARADAY, *D.C.L., F.R.S., Foreign Associate of the Academy of Sciences, Paris, &c. &c. &c.*)

['Philosophical Transactions,' 1850, Part I. Read June 21, 1849.]

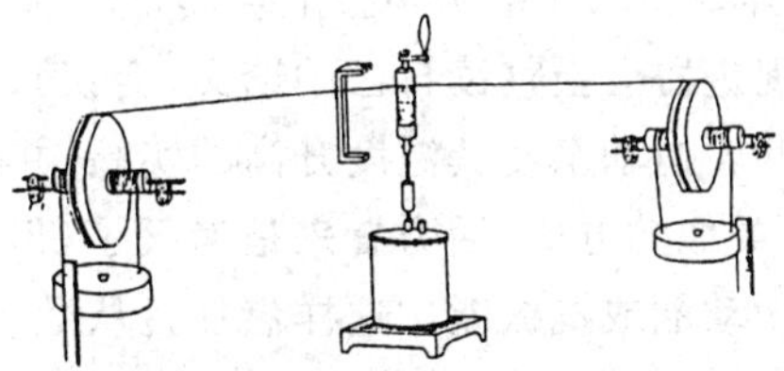

IN accordance with the pledge I gave the Royal Society some years ago, I have now the honour to present it with the results of the experiments I have made in order to determine the mechanical equivalent of heat with exactness. I will commence with a slight sketch of the progress of the mechanical doctrine, endeavouring to confine myself, for the sake of conciseness, to the notice of such researches as are immediately connected with the subject. I shall not therefore be able to review the valuable labours of Mr. Forbes and other illustrious men, whose researches on radiant heat and other subjects do not come exactly within the scope of the present memoir.

For a long time it had been a favourite hypothesis that heat consists of "a force or power belonging to bodies"†, but it was reserved for Count Rumford to make the first experiments decidedly in favour of that view. That justly

* The experiments were made at Oak Field, Whalley Range, near Manchester.

† Crawford on Animal Heat, p. 15.

焦耳在 1849 年宣读的论文及

他的实验装置图

1818 年 12 月 24 日焦耳出生在英国曼彻斯特市郊的一个富有的酿酒厂老板的家中。从小跟父母参加酿酒劳动,没有上过正规学校。16 岁时,曾与其兄一起到著名化学家道尔顿(J. Dolton)家里学习,受到了热情的帮助和鼓励,激发了他对科学的浓厚兴趣。

19 世纪 30 年代末英国有一股研究磁电机的热潮。焦耳当时刚 20 岁,也想研制磁电机来代替父母酿酒厂中的蒸汽机,以便提高效率。他虽然没有达到预期的目的,但却从实验中发现电流可以做机械功,也能产生热,即电、磁、热和功之间存在一定的联系。于是他开始进行电流热效应的实验研究。

1840 年至 1841 年焦耳在《论伏打电流所生的热》和《电的金属导体产生的热和电解

时电池组所放出的热》这两篇论文中发表了实验结果。他得出“在一定时间内伏打电流通过金属导体产生的热与电流强度的平方和导体电阻乘积成正比”，这就是著名的焦耳定律。

接着焦耳进一步想到磁电机产生的感应电流和伏打电流一样产生热效应。于是他又做这方面的实验，并于1883年在《磁电的热效应和热的机械值》一文中叙述了他的实验和结果。他的实验是使一个小线圈在一个电磁体的两极间转动，通过小线圈的电流由一个电流计测量。小线圈放在一个量热器内的水中，从水温的升高可以测出小线圈放出的热量，实验给出了相同的结果：“磁电机的线圈所产生的热量（在其他条件相同时）正比于电流的平方。”他还用这一装置进行了机械功和热量的关系的实验，为此他用重物下降来带动线圈转动，机械功就用重物的重量和下降的距离求得。他得出的平均结果是：“使1磅水温度升高华氏1度的热量，等于（并可转化为）把838磅重物举高1英尺的机械功。”用现在的单位表示，这一数值约等于4.51 J/cal。

1844年焦耳曾要求在皇家学会上宣读自己的论文，但遭到拒绝。1847年又要求在牛津的科学技术促进协会上宣读自己的论文，会议只允许他作一简单的介绍。他在会上介绍了他用铜制叶轮搅动水使其温度升高的实验，并根据实验指出：“一般的规律是：通过碰撞、摩擦或任何类似的方式，活力**看来**是消灭了，但总有正好与之相当的热量产生。”这里“活力”后来叫做动能或机械能。这样焦耳就从数量上完全肯定了热是能量的一种形式。它比伦福德在年前关于“热是运动”的定性结论在热的本质方面又前进了一大步。由于当时英国学者都相信法国工程师们的热质说，所以在会上这一结论曾受到汤姆孙（W. Thomson）的质问。但正是这种质问的提出，反而使焦耳的工作更受到与会的其他人的重视。

此后焦耳还做了压缩空气或使空气膨胀时温度变化的实验，并由此也计算了热功当量。他还进行了空气的真空自由膨胀的实验，并和汤姆孙合作做了节流膨胀的实验，发现了节流膨胀后气体的温度变化的现象。这一现象现在就叫焦耳-汤姆孙效应，其中节流后引起冷却的效应对制冷技术的发展起了重要的作用。

1849年6月21日，焦耳作了一个《热功当量》的总结报告。全面整理了他几年来用叶轮搅拌和铸铁摩擦等方法测定热功当量的实验，给出了用水、汞做实验的结果。他用水得出的结果是772磅·英尺/英热单位，这相当于4.154 J/cal，和现代公认的结果十分相近。

在这以后直到1878年，焦耳又做了许多测定热功当量的实验。在前后近四十年的时间里，他用各种方法做了四百多次实验，用实验结果确凿地证明了热和机械能以及电能的转化，因而对能量的转化和守恒定律的建立作出了不可磨灭的贡献。

应该指出，在建立能量守恒定律方面，焦耳的同代人，英国的格罗夫（W. R. Grove）、德国的迈耶（R. Mayer）、亥姆霍兹（H. Helmholtz）、法国的卡诺（S. Carnot）、丹麦的柯尔丁（L. A. Colding）、法国的赫恩（G. A. Hirn），都曾独立地做过研究而得出了相同的结论。例如迈耶在1842年就提出能量守恒的理论，认为热是能量的一种形式，可以和机械能相互转化。他还利用空气的定压比热和定体比热之差算出了热功当量的值为3.58 J/cal。（现在就把公式 $C_{p,\mathrm{m}}-C_{V,\mathrm{m}}=R$ 叫做迈耶公式。）迈耶后来曾和焦耳发生过发现能量守恒的优先权的争论，在英国未曾获胜，在他自己的祖国也遭到粗暴的、侮辱性的中伤。亥姆霍兹在1847年发表的《力的守恒》一文，论述了他的能量守恒与转化的思想，并提出了把这一原理应用到生物过程的可能性。他的这篇文章也曾受到过冷遇。卡诺早在1830年也意识到热质说的错误，得出过“动力不变”的结论，并且算出过热功当量的数值为3.6 J/cal，可惜这是1878年在他的遗稿中发现的。当然，用大量实验事实来证明能量守恒定律，完全是焦耳的功绩。在1850年，他的实验结果就已使科学界公认能量守恒是自然界的一条基本规律了。

焦耳是一位没有受过专业训练的自学成才的科学家。虽多次受到冷遇与热讽，但还是不屈不挠地进行科学实验研究，几十年如一日。这种精神是很令人钦佩的。他在1850年(32岁)被选为英国伦敦皇家学会会员。1886年被授予皇家学会柯普兰金质奖章，1872—1887年任英国科学促进协会主席，1889年10月11日在塞拉逝世，终年71岁。

今日物理趣闻

能源与环境

D.1 各式能源的利用

在生产、生活的各个方面,人类每时每刻都在利用着能量,提供能量的物质叫**能源**。在人类历史上,最早利用的是柴草,其后逐渐发展到煤炭、石油、天然气以及核能等。最初柴草和煤炭还只是用来取暖和做熟食,作为动力来源的主要还是人力和畜力,金字塔、长城、运河、宫殿等伟大建筑都是靠无数劳力组成的"人海战术"完成的。人们也利用了水力和风力这种自然力。我国东汉时代(公元初年)的杜诗,就曾做了**水排**(一种水轮机)来推动炼铁炉的风箱(图D.1)。黄河上游的人很早就利用水车汲取黄河水进行灌溉。帆船是利用风力的最普通的例子,我国明代(15世纪)郑和七次下西洋直达非洲东岸所乘坐的长150 m、宽56 m的大船就是风力推动的。直到19世纪中叶,西方工业革命由于蒸汽机的发明而兴起,其后能源才逐渐地转为大部分用来提供动力。在今天,能源已成为发展国民经济和提高人民生活水平的重要物质基础,生产力发达的国家都是以雄厚的能源工业为支柱的。

图D.1 水排

目前,人类利用的能源主要是化石能源,包括煤、石油、天然气等。这些能源的应用约1/3是取暖,其余用于工业和交通。这些能源的储量总是有限的,会有用尽的一天。就目前来说,这些化石能源的利用,主要遇到了两个大问题。其一,这些化石能源都是很宝贵的化工原料(实际上全世界石油和天然气产量的75%做了化工原料,我国还不足5%),把它们都烧掉实在是资源的浪费。其二,化石燃料的燃烧严重地污染了大气,会给人类带来很大的灾难(见D.2节)。因此,人们正在不断地寻找新的干净的能源。

目前利用较多的新能源是**裂变**核能。现在世界上已有400多座裂变核电站,发电量3亿kW,占世界总发电量的15%。有的国家,如法国和比利时,已超过国家总发电量的一半。裂变核能并不干净。这是由于它的放射性危害,放射性废弃物难于处理,而意外事故更造成较大的灾害。例如,1986 年苏联切尔诺贝利核电站因值班人员失职引起反应堆失控,堆芯熔化引起爆炸,致使大量放射性物质外泄,造成了东欧大面积的放射性污染灾害,有 31 人直接死于这次事故。尽管如此,这类事故出现的概率还是相当小的,而且日益完善的技术会使核电站的安全达到令人无需忧虑的程度。现在我国也正在发展核能发电。据报道,到 2020 年我国将建成 40 座核电站,总功率达 4.0×10^6 kW,占全国发电量的 4%。

比较干净而且更有效的核能是**聚变**核能。它利用海水中大量存在的氘,其储量足够人类用上几百亿年。但目前聚变的关键问题——10^8 K 的高温条件——还没有完全得到技术上的解决,“室温核聚变”还处在极初始的实验阶段,因而聚变在近期(二三十年)还不是可持续利用的能源。世界上第一个示范级热核聚变实验反应堆将建在法国南部,预计于 2015 年竣工(图 D.2)。

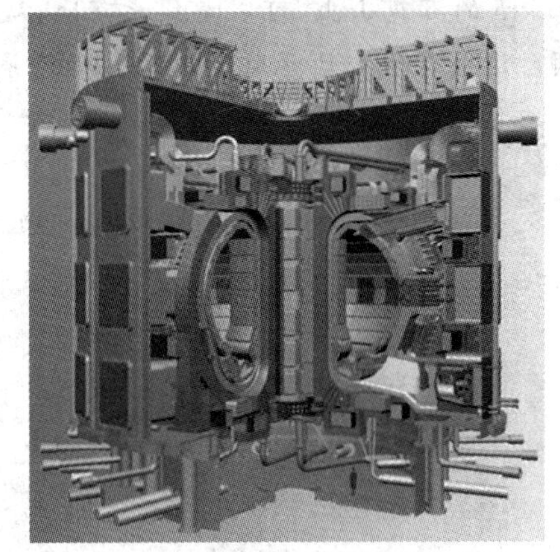

图 D.2 国际热核聚变实验反应堆

地球上可利用的无尽的干净能源是**太阳能**、**水能**、**风能**(图 D.3)、**海水的波浪能**等,前三种已得到广泛应用,主要是发电。例如,目前全世界的发电量有 1/4 来自水电站。

图 D.3 乌鲁木齐城南的亚洲最大的风力发电站

(新京报记者刘旻)

D.2 人类环境问题

人类环境污染已成为当代世界范围内危及人类生存的问题,它已受到各国政府和科学家的普遍重视。

环境污染严重的首推**大气污染**,它主要是大量使用化石燃料以及大规模烧毁森林的结果,城市中汽车排放的尾气也是重要的大气污染源。1000 MW 的煤电站年排烟尘(包括粉尘、CO 等)100 万 t,SO_2 6 万 t,强致癌物苯并芘 630 kg。大气污染直接危害着人的健康。1952年12月伦敦的“死雾”就是燃煤产生的粉尘造成的恶果。由大气中的SO_2形成的酸雨不仅直接破坏森林，使农作物和水果减产，而且严重污染水资源，使鱼类、动物和人受到危害。我国是大气污染最严重的国家之一。1997年我国工业粉尘排放量约为1000万t，烟气（CO、碳氢化合物、氮氧化物等）排放量3000万t，SO_2排放量为2346万t，其中烟尘的73%和SO_2的90%来自煤的燃烧。而我国主要能源是煤。城市污染特别严重而且日益加剧，北京市的雾气随着工业的发展也越来越严重了。很早以前，从北京以西60 km的百花山上，可以看到北京城；从北京以西23 km的香山上，可以看见故宫的黄屋顶。这些在现今已很难实现了。据记录，北京的大气中颗粒浓度曾大约是东京的15倍和伦敦的2倍，肺癌发病率曾是全国平均发病率的3倍。进入21世纪，北京市经大力整治，大气污染已有所减轻，晴朗天数逐渐增多。有些城乡的大气污染还很严重，如本溪市全年一半时间能见度只有30～50 m，重庆酸雨的pH值已达3.35。图D.4是笔者老家某乡镇企业的烟囱排出黑烟的可怕景象，该企业实际上是损害附近居民的健康来获取利润的（经笔者投诉，省、市环保局查处，近期白天已不见冒黑烟）。全国每年因大气污染造成的经济损失达数百亿元，对人民健康造成的损害是无法计量的。

图D.4　某乡镇耐火材料厂正排出可怕的“黑龙”

化石燃料燃烧的后果还引起了一种重要的世界性污染——热污染或**温室效应**。这是由于化石燃料燃烧生成的大量CO与空气中氧结合生成的CO_2造成的。1995年全球CO_2排放量为220亿t，其中美国50亿t，中国30亿t。CO_2允许短波辐射透过，但能吸收热辐射（红外线）。因此，如大气中有大量的CO_2，太阳光直射地面，但地面增暖后放出的热辐射则难于散向天空。这样地球表面温度就会上升，这就是温室效应。过去50年里，大气中CO_2约增加了10%。近几年，大气中CO_2含量正以每年1.5×10^6亿t的速度增长。我国科学家竺可桢教授指出，过去5000年我国年平均气温上升了约2℃。世界气象组织等估计，由于CO_2的增多，再过50年全球气温就将上升1.5～4.5℃，从而使海水升温膨胀，极地冰雪融化，海平面上升0.2～1.4 m。这将淹没大片经济繁荣的沿海地区。同时全球气候格局也会发生重大变化，风暴与旱涝灾害增多，灾情加重。中纬度地区将变得酷热难忍，森林草原失火增多，土壤盐碱化、沼泽化和沙漠化加剧。为了减弱温室效应，1997年12月联合国气候大会在日本东京通过《京都议定书》，目标是在2008年至2012年间，将发达国家的CO_2、CH_4等6种“温室气体”的排放量在1990年的基础上平均减少5.2%。10年来，占全球温室气体排放量55%以上的100多个国家和地区（其中包括中国、俄罗斯、欧盟、日本）的批准使《京都议定书》终于正式生效。然而，美国、澳大利亚等发达国家认为没有必要，借口对本国经济发展有碍，至今仍然拒绝批准《京都议定书》。但不幸的是，2005 年 8 月"卡特里娜"飓风(图 D.5)肆虐美国南海岸，新奥尔良市沦为泽国，据报道，有 1836 人葬身鱼腹，100 多万人无家可归，经济损失 750 亿美元。此次灾难被说成美国历史上十大自然灾难之一，比"9·11"恐怖袭击还要严重得多。这也是大自然的一种警告吧！

图 D.5 "卡特里娜"飓风登陆美国南海岸

和大气污染有直接关系的是**水污染**。地球上虽然有大量的水，但 96.5%是不能直接饮用或工业用的海洋咸水，其余 3.5%的陆地淡水中，可供人类采用的河湖经流水和浅层地下水仅占 0.35%，即约 90 000 亿 t/a。但因每年降雨时间和地域分布不均，城市人口膨胀，工农业用水和生活用水迅速增加，特别是由于水的污染，使得世界各国，特别是大城市都感到水资源紧张。水污染主要是由于工业废水的排放。全世界目前每年工业和城市排放废水 5000 亿 t，有 18 亿人口饮用未进行处理的受过污染的水。我国水污染也很严重。2004 年废水排放量为 600 亿 t，使 80%的江河湖泊受到不同程度的污染(表 D.1)。以长江为例，2007 年 4 月 14 日发表的《长江保护与发展报告 2007》指出："长江干流水质总体良好，但局部污染严重，整体呈恶化趋势。长江干流存在岸边污染带累计达 600 多公里……90%以上的湖泊呈不同程度的富营养化状态……长江生态系统也在不断退化，物种减少……国宝白鳍豚难觅踪迹，长江鲥鱼不见多年，中华鲟、白鲟数量急剧减少。"(图 D.6)严重的河水污黑发臭，时时泛起白沫。这就使得 3 亿多人饮水不安全，其中 1.9 亿人饮用的水中有害物质含量超标。近海海水也受到很大污染。水污染对人类以及动物鱼类生存的危害是显而易见的，我国因水污染年经济损失约 400 亿元，而对人的健康损害无法计算。

表 D.1 环保总局 2005 年环境状况公报中所列我国七大水系水质污染情况

水 系	污染情况	劣Ⅴ类* 水体比例/%
长江	轻度污染	9.6
黄河	中度污染	29.5
珠江	水质良好	6.1
松花江	中度污染	24.4
淮河	中度污染	32.6
海河	重度污染	56.7
辽河	中度污染	

* 劣Ⅴ类水质的水体已丧失使用功能，连农业灌溉都不行。

图 D.6 2006年9月，水位下降及水质污染导致洞庭湖丁字堤沙滩裸露，鱼类死亡

森林是人类的自然生态环境的重要组成部分。它不但蕴藏有大量宝贵的财富，是各种野生动物的栖息场所，涵养水源，而且还吸收大量 CO_2，可抵消温室效应。但是近年来世界森林资源遭到严重破坏。占地球上森林面积 1/3，聚集了人类 1/5 的淡水资源，向人类提供 50% 的新鲜氧气的亚马孙热带雨林，近 20 年来已被毁 20%。全世界森林面积正以每年 1800 万公顷的速度被破坏。水土流失每天就使 4 万公顷土地变为沙漠。我国情况也十分严重。由于森林遭到破坏，新中国成立以来水土流失面积达 36 700 万公顷，流失总量 50 亿 t，这相当于全国耕地年损失 1 cm 厚的沃土层，年带走氮、磷、钾成分等于全国施肥量。近几年平均水旱灾面积达 5 亿亩，比建国初期增加了 65%。森林破坏造成的经济年损失为115 亿元。多么严重的后果！1998 年夏季发生的长江和嫩江特大洪灾，直接经济损失达 2551 多亿元。在森林遭破坏的同时，由于干旱和过度放牧，我国北部草原沙漠化严重。2001 年我国 90% 的可利用天然草原在退化，并且退化面积以每年 200 万公顷的速度增加。狂风掠过沙漠引起沙尘，2000 年我国北方就发生过严重的沙尘暴。2006 年春沙尘暴曾袭击北京 14 次，4 月 17 日那次特别严重，黄沙从天而降，每平方米有 20 g，北京市降落了33 t多黄沙。图 D.7 为沙尘过后一辆吸尘车在天安门广场吸扫黄尘。环境灾害触目惊心，保护植被刻不容缓。

图 D.7 北京天安门前沙尘过后清扫黄尘

（新京报记者张涛）

我国国家环保总局和国家统计局 2006 年 9 月 7 日联合发布的《中国绿色 GDP 核算报告 2004》中称 2004 年全国环境退化成本（即因环境污染造成的经济损失）为 5118 亿

元，占当年GDP的3.05%，其中水污染占55.9%，大气污染占42.9%，污染事故占1.1%。这一核算还没有包含自然资源耗减成本和环境退化成本中生态破坏成本，而且只计算了20多项环境污染损失中的10项。我们为经济起飞付出的代价过大，应该尽力消除污染，以此作为坚持科学发展观的一项重要任务。

近几年又提出了**拯救臭氧层**这一全球性环境问题。臭氧层存在于离地面15～50 km高的同温层中。它阻挡了太阳99%的紫外辐射，保护着地球上的生命。1985年英国南极考察队发现南极上空臭氧层出现"空洞"，该处臭氧含量只有正常情况的一半甚至40%，目前空洞还在扩大。其后北极上空也发现了臭氧空洞，又发现世界大部分人口居住的北纬30°～60°地区冬季臭氧层减少5%～7%。科学家认为，臭氧层减少1%，射到地面上的太阳紫外线辐射增加2%。这样，皮肤癌、白内障发病率将增加，海洋生态平衡将遭破坏，使农作物减产。紫外线的大量射入还会进一步增强温室效应。据研究，臭氧层的减少主要是由于氟氯烃。这种化工产品发明于1930年，目前大量应用在致冷空调设备、灭火器、泡沫塑料和电子工业中。工业和生活中排出的大量氟氯烃飘浮到同温层高空，受太阳紫外线作用产生出游离氯原子，一个氯原子就能破坏近10万个臭氧分子(O_3)。这样严重的污染已引起各国的注意。1987年国际会议规定从1989年元旦到20世纪末使氟氯烃的生产减少50%。1989年3月西欧共同体和美国宣布到20世纪末停止生产氟氯烃。在减少氟氯烃方面，工业发达国家担负着主要责任，因为据统计，目前美国、日本和欧洲生产的氟氯烃占世界总产量的96%，消费占全世界的84%。这个任务是艰巨的，因为找到氟氯烃的代用品尚需时日，而且即使全部停止使用氟氯烃后，要完全恢复臭氧层也要经过至少50年的时间。由于近几年世界各国在这方面的成功措施，2006年已有报告指明臭氧层空洞已出现缩小的征兆。

由上述可知，人类社会正面临着环境恶化的严重威胁。这不但需要各国在自己的经济发展中加以注意，而且需要国际社会的努力合作。1992年在联合国环境与发展大会上，100多个国家的首脑共同签署了《地球宣言》，提出全世界要走可持续发展的道路，既要符合当代人的利益，也不要损害未来人的利益，人人都要关心并且参与自己周围环境条件的改善。

第14章

热力学第二定律

第13章讲了热力学第一定律，说明在一切热力学过程中，能量一定守恒。但满足能量守恒的过程是否都能实现呢？许多事实说明，**不一定！**一切实际的热力学过程都只能按一定的方向进行，反方向的热力学过程不可能发生。本章所要介绍的热力学第二定律就是关于自然过程的方向的规律，它决定了实际过程是否能够发生以及沿什么方向进行，所以也是自然界的一条基本的规律。

本章先用实例说明宏观热力学过程的方向性，即不可逆性，然后总结出热力学第二定律。此后着重说明这一规律的微观本质：自然过程总是沿着分子运动的无序性增大的方向进行。接着引入了玻耳兹曼用热力学概率定义的熵的概念来定量地表示这一规律——熵增加原理。一个系统的熵变可以根据系统的状态参量的变化求得。为此，本章从微观的熵的玻耳兹曼公式导出了宏观的熵的克劳修斯公式并说明了熵变的计算方法。

14.1 自然过程的方向

自古人生必有死，这是一个自然规律，它说明人生这个自然过程总体上是沿着向死的方向进行，是不可逆的。鸡蛋从高处落到水泥地板上，碎了，蛋黄蛋清流散了(图14.1)，此后再也不会聚合在一起恢复成原来那个鸡蛋了。鸡蛋被打碎这个自然过程也是不可逆的。实际经验告诉我们一切自然过程都是不可逆的，是按一定方向进行的。上面的例子太复杂了，热力学研究最简单但也是最基本的情况，下面举三个典型的例子。

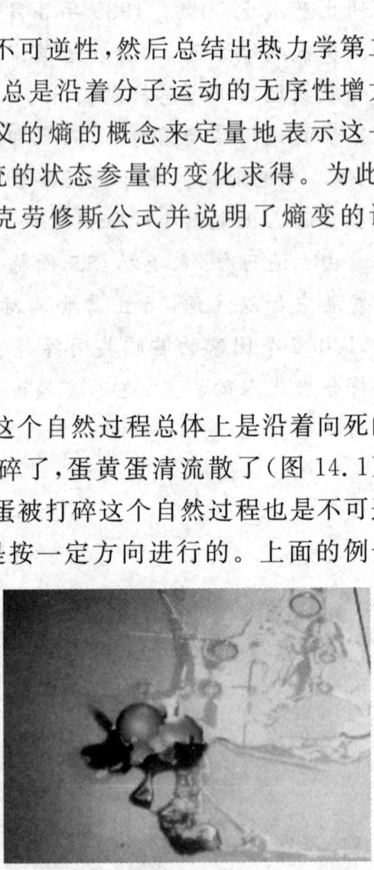

1. 功热转换

转动着的飞轮，撤除动力后，总是要由于轴处的摩擦而逐渐停下来。在这一过程中飞轮的机械能转变为轴和飞轮的内能。相反的过程，即轴和飞轮自动地冷却，其内能转变为飞轮的机械能使飞轮转起来的过程从来没有发生过，尽管它并不违反热力学第一定律。这一现象还可以更典型地用焦耳实验

图14.1 鸡蛋碎了，不能复原

来说明。在该实验中，重物可以**自动**下落，使叶片在水中转动，和水相互摩擦而使水温上升。这是机械能转变为内能的过程，或简而言之，是功变热的过程。与此相反的过程，即水温**自动**降低，产生水流，推动叶片转动，带动重物上升的过程，是热**自动地**转变为功的过程。这一过程是不可能发生的。对于这个事实我们说，**通过摩擦而使功变热的过程是不可逆的**。

"热自动地转换为功的过程不可能发生"也常说成是**不引起其他任何变化**，因而**惟一效果**是一定量的内能(热)全部转变成了机械能(功)的过程是不可能发生的。当然热变功的过程是有的，如各种热机的目的就是使热转变为功，但实际的热机都是工作物质从高温热库吸收热量，其中一部分用来对外做功，同时还有一部分热量不能做功，而传给了低温热库。因此热机循环除了热变功这一效果以外，还产生了其他效果，即一定热量从高温热库传给了低温热库。热全部转变为功的过程也是有的，如理想气体的等温膨胀过程。但在这一过程中除了气体把从热库吸的热全部转变为对外做的功以外，还引起了其他变化，表现在过程结束时，理想气体的体积增大了。

上面的例子说明自然界里的功热转换过程具有**方向性**。功变热是实际上经常发生的过程，但是在热变功的过程中，如果其**惟一效果**是热全部转变为功，那这种过程在实际上就不可能发生。

2. 热传导

两个温度不同的物体互相接触(这时二者处于非平衡态)，热量总是**自动地**由高温物体传向低温物体，从而使两物体温度相同而达到热平衡。从未发现过与此相反的过程，即热量**自动地**由低温物体传给高温物体，而使两物体的温差越来越大，虽然这样的过程并不违反能量守恒定律。对于这个事实我们说，**热量由高温物体传向低温物体的过程是不可逆的**。

这里也需要强调"自动地"这几个字，它是说在传热过程中不引起其他任何变化。因为热量从低温物体传向高温物体的过程在实际中也是有的，如致冷机就是。但是致冷机是要通过外界做功才能把热量从低温热库传向高温热库的，这就不是热量自动地由低温物体传向高温物体了。实际上，外界由于做功，必然发生了某些变化。

3. 气体的绝热自由膨胀

如图 14.2 所示，当绝热容器中的隔板被抽去的瞬间，气体都聚集在容器的左半部，这是一种非平衡态。此后气体将自动地迅速膨胀充满整个容器，最后达到一平衡态。而相反的过程，即充满容器的气体自动地收缩到只占原体积的一半，而另一半变为真空的过程，是不可能实现的。对于这个事实，我们说，**气体向真空中绝热自由膨胀的过程是不可逆的**。

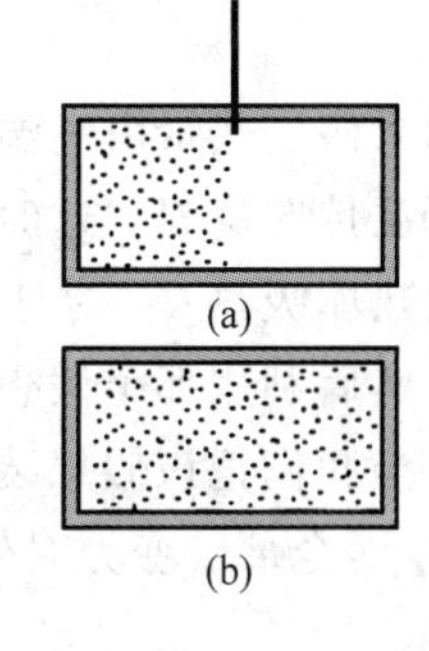

图 14.2 气体的绝热自由膨胀
(a) 膨胀前；(b) 膨胀后

以上三个典型的实际过程都是**按一定的方向进行的**，

是不可逆的[①]。相反方向的过程不能自动地发生，或者说，可以发生，但必然会产生其他后果。由于自然界中一切与热现象有关的**实际宏观过程**都涉及热功转换或热传导，特别是，都是由非平衡态向平衡态的转化，因此可以说，**一切与热现象有关的实际宏观过程都是不可逆的**。

自然过程进行的方向性遵守什么规律，这是热力学第一定律所不能概括的。这个规律是什么？它的微观本质如何？如何定量地表示这一规律？这就是本章要讨论的问题。

14.2 不可逆性的相互依存

关于各种自然的能实现的宏观过程的不可逆性的一条重要规律是：它们都是**相互依存的**。意思是说，一种实际宏观过程的不可逆性保证了另一种过程的不可逆性，或者反之，如果一种实际过程的不可逆性消失了，其他的实际过程的不可逆性也就随之消失了。下面通过例子来说明这一点。

假设功变热的不可逆性消失了，即热量可以自动地通过某种假想装置全部转变为功，这样我们可以利用这种装置从一个温度为 T_0 的热库吸热 Q 而对外做功 $A(A=Q)$（图 14.3(a)），然后利用这功来使焦耳实验装置中的转轴转动，搅动温度为 $T(T>T_0)$ 的水，从而使水的内能增加 $\Delta E=A$。把这样的假想装置和转轴看成一个整体，它们就自行动作，而把热量由低温热库传到了高温的水（图 14.3(b)）。这也就是说，热量由高温传向低温的不可逆性也消失了。

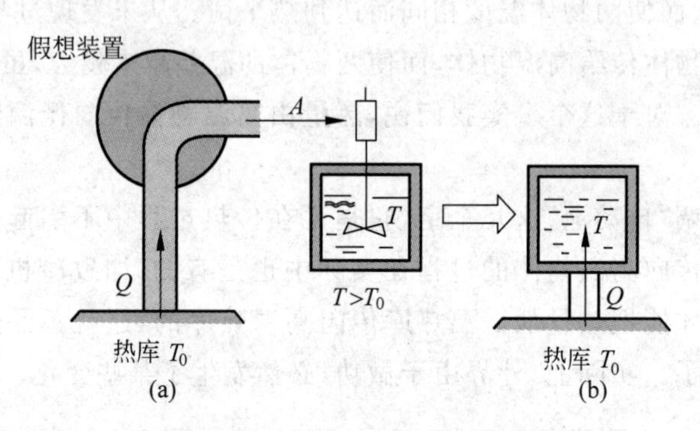

图 14.3 假想的自动传热机构

如果假定热量由高温传向低温的不可逆性消失了，即热量能自动地经过某种假想装置从低温传向高温。这时我们可以设计一部卡诺热机，如图 14.4(a)，使它在一次循环中由高温热库吸热 Q_1，对外做功 A，向低温热库放热 $Q_2(Q_2=Q_1-A)$，这种热机能自动进行动作。然后利用那个假想装置使热量 Q_2 自动地传给高温热库，而使低温热库恢复原来状态。当我们把该假想装置与卡诺热机看成一个整体时，它们就能从热库 T_1 吸出热量 Q_1-Q_2 而全部转变为对外做的功 A，而不引起其他任何变化（图 14.4(b)）。这就是说，

---

① 参见：王竹溪. 热力学. 北京：高等教育出版社，1955：80.

功变热的不可逆性也消失了。

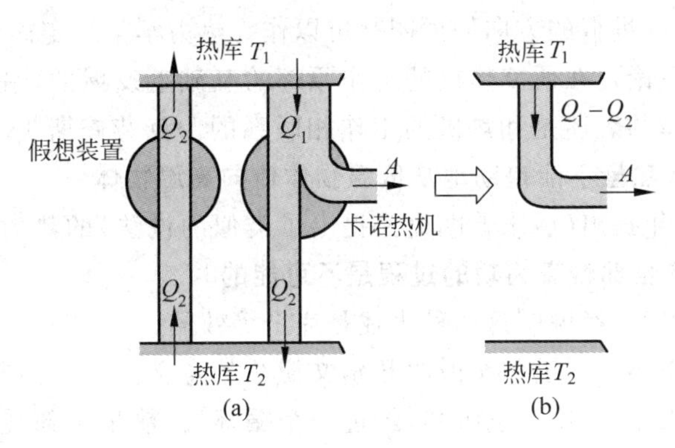

图 14.4 假想的热自动变为功的机构

再假定理想气体绝热自由膨胀的不可逆性消失了，即气体能够自动收缩。这时，如图 14.5(a)～(c)所示，我们可以利用一个热库，使装有理想气体的侧壁绝热的汽缸底部

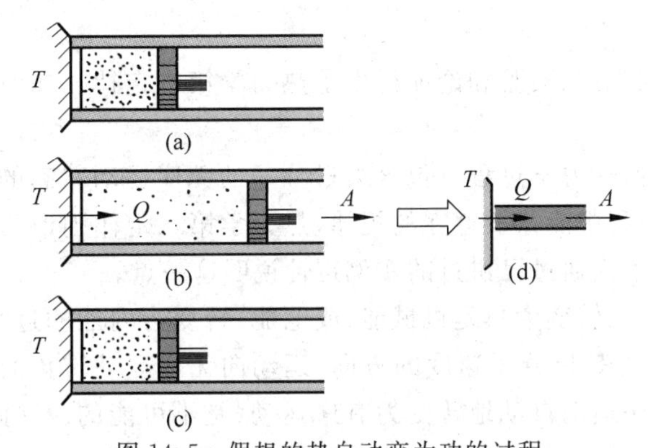

图 14.5 假想的热自动变为功的过程

(a) 初态；(b) 吸热做功；(c) 自动收缩回复到初态；(d) 总效果

和它接触，其中气体从热库吸热 Q，作等温膨胀而对外做功 $A=Q$，然后让气体自动收缩回到原体积，再把绝热的活塞移到原位置(注意这一移动不必做功)。这个过程的惟一效果将是一定的热量变成了功，而没有引起任何其他变化(图 14.5(d))。也就是说，功变热的不可逆性也消失了。

类似的例子还可举出很多，它们都说明各种宏观自然过程的不可逆性都是互相联系在一起或者说是相互依存的，只需承认其中之一的不可逆性，便可以论证其他过程的不可逆性。

14.3 热力学第二定律及其微观意义

以上两节说明了自然宏观过程是不可逆的，而且都是按确定的方向进行的。**说明自然宏观过程进行的方向的规律叫做热力学第二定律**。由于各种实际自然过程的不可逆性是相互依存的，所以要说明关于各种实际过程进行的方向的规律，就无须把各个特殊过程列出来一一加以说明，而只要任选一种实际过程并指出其进行的方向就可以了。这就是说，任何一个实际过程进行的方向的说明都可以作为热力学第二定律的表述。

历史上热力学理论是在研究热机的工作原理的基础上发展的，最早提出的并沿用至今的热力学第二定律的表述是和热机的工作相联系的。克劳修斯 1850 年提出的热力学第二定律的表述为：**热量不能自动地从低温物体传向高温物体**。

开尔文在 1851 年提出(后来普朗克又提出了类似的说法)的热力学第二定律的表述为：**其惟一效果是热全部转变为功的过程是不可能的**。

在 14.2 节中我们已经说明这两种表述是完全等效的。

结合热机的工作还可以进一步说明开尔文说法的意义。如果能制造一台热机，**它只利用一个恒温热库工作**，工质从它吸热，经过一个**循环**后，热量全部转变为功而未引起其他效果，这样我们就实现了一个“其惟一效果是热全部转变为功”的过程。这是不可能的，因而只利用一个恒温热库进行工作的热机是不可能制成的。这种假想的热机叫**单热源热机**。不需要能量输入而能继续做功的机器叫**第一类永动机**，它的不可能是由于违反了热力学第一定律。有能量输入的单热源热机叫**第二类永动机**，由于违反了热力学第二定律，它也是不可能的。

以上是从**宏观的**观察、实验和论证得出了热力学第二定律。如何从微观上理解这一定律的意义呢?

从微观上看，任何热力学过程总包含大量分子的无序运动状态的变化。热力学第一定律说明了热力学过程中能量要遵守的规律，热力学第二定律则说明大量分子运动的无序程度变化的规律，下面通过已讲过的实例定性说明这一点。

先说热功转换。功转变为热是机械能(或电能)转变为内能的过程。从微观上看，是大量分子的有序(这里是指分子速度的方向)运动向无序运动转化的过程，这是可能的。而相反的过程，即无序运动自动地转变为有序运动，是不可能的。因此从微观上看，在功热转换现象中，自然过程总是沿着使大量分子的运动从有序状态向无序状态的方向进行。

再看热传导。两个温度不同的物体放在一起，热量将自动地由高温物体传到低温物体，最后使它们的温度相同。温度是大量分子无序运动平均动能大小的宏观标志。初态温度高的物体分子平均动能大，温度低的物体分子平均动能小。这意味着虽然两物体的分子运动都是无序的，但还能按分子的平均动能的大小区分两个物体。到了末态，两物体的温度变得相同，所有分子的平均动能都一样了，按平均动能区分两物体也成为不可能的了。这就是大量分子运动的无序性(这里是指分子的动能或分子速度的大小)由于热传导而增大了。相反的过程，即两物体的分子运动从平均动能完全相同的无序状态自动地向两物体分子平均动能不同的较为有序的状态进行的过程，是不可能的。因此从微观上看，在热传导过程中，自然过程总是沿着使大量分子的运动向更加无序的方向进行的。

最后再看气体绝热自由膨胀。自由膨胀过程是气体分子整体从占有较小空间的初态变到占有较大空间的末态。经过这一过程，从分子运动状态(这里指分子的位置分布)来说是更加无序了(这好比把一块空地上乱丢的东西再乱丢到更大的空地上去，这时要想找出某个东西在什么地方就更不容易了)。我们说末态的无序性增大了。相反的过程，即分子运动自动地从无序(从位置分布上看)向较为有序的状态变化的过程，是不可能的。因此从微观上看，自由膨胀过程也说明，自然过程总是沿着使大量分子的运动向更加无序的方向进行。

综上分析可知：**一切自然过程总是沿着分子热运动的无序性增大的方向进行**。这是不可逆性的微观本质，它说明了热力学第二定律的微观意义。

热力学第二定律既然是涉及大量分子的运动的无序性变化的规律，因而它就是一条**统计规律**。这就是说，它只适用于包含大量分子的集体，而不适用于只有少数分子的系统。例如对功热转换来说，把一个单摆挂起来，使它在空中摆动，自然的结果毫无疑问是单摆最后停下来，它最初的机械能都变成了空气和它自己的内能，无序性增大了。但如果单摆的质量和半径非常小，以至在它周围作无序运动的空气分子，任意时刻只有少数分子从不同的且非对称的方向和它相撞，那么这时静止的单摆就会被撞得摆动起来，空气的内能就自动地变成单摆的机械能，这不是违背了热力学第二定律吗？（当然空气分子的无序运动又有同样的可能使这样摆动起来的单摆停下来。）又例如，气体的自由膨胀过程，对于有大量分子的系统是不可逆的。但如果容器左半部只有 4 个分子，那么隔板打开后，由于无序运动，这 4 个分子将分散到整个容器内，但仍有较多的机会使这 4 个分子又都同时进入左半部，这样就实现了“气体”的自动收缩，这不又违背了热力学第二定律吗？（当然，这 4 个分子的无序运动又会立即使它们散开。）是的！但这种现象都只涉及少数分子的集体。对于由大量分子组成的热力学系统，是不可能观察到上面所述的违背热力学第二定律的现象的。因此说，热力学第二定律是一个统计规律，它只适用于大量分子的集体。由于宏观热力学过程总涉及极大量的分子，对它们来说，热力学第二定律总是正确的。也正因为这样，它就成了自然科学中最基本而又最普遍的规律之一。

14.4　热力学概率与自然过程的方向

14.3 节说明了热力学第二定律的宏观表述和微观意义，下面进一步介绍如何用数学形式把热力学第二定律表示出来。最早把上述热力学第二定律的微观本质用数学形式表示出来的是玻耳兹曼，他的基本概念是：“**从微观上来看，对于一个系统的状态的宏观描述是非常不完善的，系统的同一个宏观状态实际上可能对应于非常非常多的微观状态，而这些微观状态是粗略的宏观描述所不能加以区别的**。”现在我们以气体自由膨胀中分子的位置分布的经典理解为例来说明这个意思。

设想有一长方形容器，中间有一隔板把它分成左、右两个**相等**的部分，左面有气体，右面为真空。让我们讨论打开隔板后，容器中气体分子的位置分布。

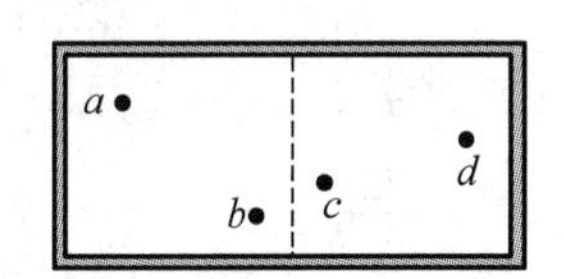

图 14.6　4 个分子在容器中

设容器中有 4 个分子 a,b,c,d（图 14.6），它们在无规则运动中任一时刻可能处于左或右任意一侧。这个由 4 个分子组成的系统的任一微观状态是指出**这个**或**那个**分子各处于左或右哪一侧。而宏观描述无法区分各个分子，所以宏观状态只能指出左、右两侧各有**几个**分子。这样区别的微观状态与宏观状态的分布如表 14.1 所示。

表 14.1 4个分子的位置分布

微观状态		宏观状态		一种宏观状态对应的微观状态数 Ω
左	右			
a b c d	无	左 4	右 0	1
a b c	*d*	左 3	右 1	4
b c d	*a*			
c d a	*b*			
d a b	*c*			
a b	*c d*	左 2	右 2	6
a c	*b d*			
a d	*b c*			
b c	*a d*			
b d	*a c*			
c d	*a b*			
a	*b c d*	左 1	右 3	4
b	*c d a*			
c	*d a b*			
d	*a b c*			
无	*a b c d*	左 0	右 4	1

若容器中有20个分子，则与各个宏观状态对应的微观状态数如表14.2所示。

表 14.2 20个分子的位置分布

宏观状态		一种宏观状态对应的微观状态数 Ω
左 20	右 0	1
左 18	右 2	190
左 15	右 5	15 504
左 11	右 9	167 960
左 10	右 10	184 756
左 9	右 11	167 960
左 5	右 15	15 504
左 2	右 18	190
左 0	右 20	1

从表14.1及表14.2已可看出，对于一个宏观状态，可以有许多微观状态与之对应。系统内包含的分子数越多，和一个宏观状态对应的微观状态数就越多。实际上一般气体系统所包含的分子数的量级为10^{23}，这时对应于一个宏观状态的微观状态数就非常大了。这还只是以分子的左、右位置来区别状态，如果再加上以分子速度的不同作为区别微观状

态的标志，那么气体在一个容器内的一个宏观状态所对应的微观状态数就会非常大了。

从表14.1及表14.2中还可以看出，与每一种宏观状态对应的微观状态数是不同的。在这两个表中，与左、右两侧分子数相等或差不多相等的宏观状态所对应的微观状态数最多，但在分子总数少的情况下，它们占微观状态总数的比例并不大。计算表明，分子总数越多，则左、右两侧分子数相等和差不多相等的宏观状态所对应的微观状态数占微观状态总数的比例越大。对实际系统所含有的分子总数(10^{23})来说，这一比例几乎是，或**实际上**是百分之百。这种情况如图14.7所示，其中横轴表示容器左半部中的分子数 N_L，纵轴表示相应的微观状态数 Ω(注意各分图纵轴的标度)。Ω 在两侧分子数相等处有极大值，而且在此极大值显露出，曲线峰随分子总数 N 的增大越来越尖锐。

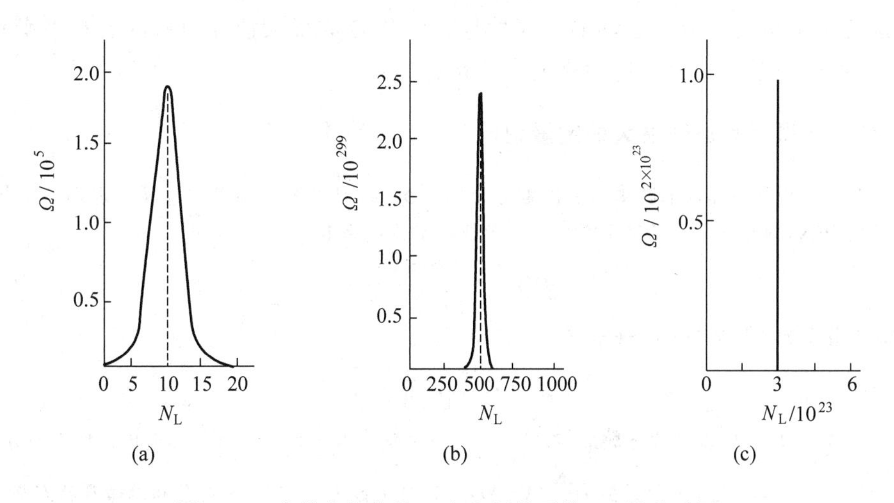

图14.7　容器中气体的 Ω 和左侧分子数 N_L 的关系图

(a) $N=20$；(b) $N=1000$；(c) $N=6\times10^{23}$

在一定宏观条件下，既然有多种可能的宏观状态，那么，哪一种宏观状态是实际上观察到的状态呢？从微观上说明这一规律时要用到统计理论的一个**基本假设：对于孤立系，各个微观状态出现的可能性(或概率)是相同的**。这样，对应微观状态数目多的宏观状态出现的概率就大。实际上**最可能**观察到的宏观状态就是在一定宏观条件下出现的概率最大的状态，也就是包含微观状态数最多的宏观状态。对上述容器内封闭的气体来说，也就是左、右两侧分子数相等或差不多相等的那些宏观状态。对于实际上分子总数很多的气体系统来说，这些"位置上均匀分布"的宏观状态所对应的微观状态数几乎占微观状态总数的百分之百，因此实际上观察到的总是这种宏观状态。所以**对应于微观状态数最多的宏观状态就是系统在一定宏观条件下的平衡态**。气体的自由膨胀过程是由非平衡态向平衡态转化的过程，在微观上说，是由包含微观状态数目少的宏观状态向包含微观状态数目多的宏观状态进行。相反的过程，在外界不发生任何影响的条件下是不可能实现的。这就是气体自由膨胀过程的。

一般地说，为了定量说明宏观状态和微观状态的关系，我们定义：**任一宏观状态所对应的微观状态数称为该宏观状态的热力学概率**，并用 Ω 表示。这样，对于系统的宏观状态，根据基本统计假设，我们可以得出下述结论：

(1) 对孤立系,在一定条件下的平衡态对应于 Ω 为最大值的宏观态。对于一切实际系统来说,Ω 的最大值**实际上**就等于该系统在给定条件下的所有可能微观状态数。

(2) 若系统最初所处的宏观状态的微观状态数 Ω 不是最大值,那就是非平衡态。系统将随着时间的延续向 Ω 增大的宏观状态过渡,最后达到 Ω 为最大值的宏观平衡状态。这就是实际的自然过程的方向的微观定量说明。

14.3 节从微观上定性地分析了自然过程总是沿着使分子运动更加无序的方向进行,这里又定量地说明了自然过程总是沿着使系统的热力学概率增大的方向进行。两者相对比,可知**热力学概率 Ω 是分子运动无序性的一种量度**。的确是这样,宏观状态的 Ω 越大,表明在该宏观状态下系统可能处于的微观状态数越多,从微观上说,系统的状态更是变化多端,这就表示系统的分子运动的无序性越大。和 Ω 为极大值相对应的宏观平衡状态就是在一定条件下系统内分子运动最无序的状态。

均匀分布微观状态数最大的定量说明

对于按左右相等两部分来说明分子位置分布的情况,微观状态数可以用二项式定理的系数表示。如分子总数为 N,则有 n 个分子处于左半部的微观状态数就等于

$$\Omega(n)=\frac{N!}{n!(N-n)!}$$

对左右两半分子数相等的"均匀"分布,有

$$\Omega=N!\Big/\left[\left(\frac{N}{2}\right)!\right]^2$$

这一分布的概率最大,即微观状态数最多,可以通过下述估算看出来。设另一宏观状态和均匀分布偏离一微小的比例 $\delta\ll 1$,以致左方分子数为 $\frac{N}{2}(1-\delta)$,右方分子数为 $\frac{N}{2}(1+\delta)$,此分布的微观状态数为

$$\Omega'=N!\Big/\left[\frac{N}{2}(1-\delta)!\frac{N}{2}(1+\delta)!\right]$$

当数 M 很大时,可以利用关于大数的斯特令公式,即

$$\ln M!\approx M\ln M-M$$

将 Ω 和 Ω' 分别代入此式可得

$$\ln\Omega\approx N\ln 2,\quad \ln\Omega'\approx N\ln 2-N\delta^2$$

由此可得

$$\ln(\Omega'/\Omega)=-N\delta^2$$

即

$$\Omega'/\Omega=\mathrm{e}^{-N\delta^2}$$

在 $N\approx 10^{23}$ 的情况下,即使偏离值 δ 只有 10^{-10},也会有 $\Omega'/\Omega\approx \mathrm{e}^{-1000}\approx 10^{-434}$。这一结果说明 Ω' 和 Ω 相比是微不足道的。这也就是说,均匀分布和几乎均匀分布的微观状态数占微观状态总数的绝大比例,或实际上是百分之百。

14.5 玻耳兹曼熵公式与熵增加原理

一般来讲,热力学概率 Ω 是非常大的,为了便于理论上处理,1877 年玻耳兹曼用关系式

$$S \propto \ln \Omega$$

定义的**熵** S 来表示系统无序性的大小。1900年，普朗克引进了比例系数 k，将上式写为

$$S = k\ln \Omega \tag{14.1}$$

其中 k 是玻耳兹曼常量。此式叫**玻耳兹曼熵公式**。对于系统的某一宏观状态，有一个 Ω 值与之对应，因而也就有一个 S 值与之对应，因此由式(14.1)定义的熵是系统状态的函数。和 Ω 一样，熵的微观意义是系统内分子热运动的无序性的一种量度。对熵的这一本质的认识，现已远远超出了分子运动的领域，它适用于任何作无序运动的粒子系统。甚至对大量的无序地出现的事件(如大量的无序出现的信息)的研究，也应用了熵的概念。

由式(14.1)可知，熵的量纲与 k 的量纲相同，它的SI单位是J/K。

注意，用式(14.1)定义的熵具有**可加性**。例如，当一个系统由两个子系统组成时，该系统的熵 S 等于两个子系统的熵 S_1 与 S_2 之和，即

$$S = S_1 + S_2 \tag{14.2}$$

这是因为若分别用 Ω_1 和 Ω_2 表示在一定条件下两个子系统的热力学概率，则在同一条件下系统的热力学概率 Ω，根据概率法则，为

$$\Omega = \Omega_1\Omega_2$$

这样，代入式(14.1)就有

$$S = k\ln \Omega = k\ln \Omega_1 + k\ln \Omega_2 = S_1 + S_2$$

即式(14.2)。

用熵来代替热力学概率 Ω 后，以上两节所述的热力学第二定律就可以表述如下：**在孤立系中所进行的自然过程总是沿着熵增大的方向进行**，它是不可逆的。**平衡态相应于熵最大的状态**。热力学第二定律的这种表述叫**熵增加原理**，其数学表示式为

$$\Delta S > 0 \quad \text{(孤立系，自然过程)} \tag{14.3}$$

下面我们用熵的概念来说明理想气体的绝热自由膨胀过程的不可逆性。

设 ν(mol)理想气体的体积从 V_1 经绝热自由膨胀到 V_2，气体的初末状态均为平衡态。因为气体的温度复原，所以分子速度分布不变，只有位置分布改变。因此可以只按位置分布来计算气体的热力学概率。设气体在一立方盒子内处于平衡态，盒子的三边长度分别为 x,y,z。由于平衡态时，一个气体分子到达盒内各处的概率相同，所以它沿 x 方向的位置分布的可能状态数应该和边长成正比(这和一个人在一长排空椅上的可能座次数和这一排椅子的总长成正比相类似)，沿 y 和 z 方向的位置分布的可能状态数分别和 y 及 z 成正比。这样，由于对应于任一个 x 位置状态，一个分子都还可以处于任一 y 和 z 位置状态，所以一个分子在盒子内任一点的位置分布的可能状态数 ω 将和乘积 xyz，亦即气体的体积 V 成正比。盒子内总共有 νN_A 个分子，由于各分子的位置分布是相互独立的，所以这些分子在体积 V 内的位置分布的可能状态总数 Ω($\Omega=\omega^{\nu N_A}$)就将和 $V^{\nu N_A}$ 成正比，即

$$\Omega \propto V^{\nu N_A} \tag{14.4}$$

当气体体积从 V_1 增大到 V_2 时，气体的微观状态数 Ω 将增大到 $(V_2/V_1)^{\nu N_A}$ 倍，即 $\Omega_2/\Omega_1 = (V_2/V_1)^{\nu N_A}$。按式(14.1)计算熵的增量应是

$$\Delta S = S_2 - S_1 = k(\ln \Omega_2 - \ln \Omega_1) = k\ln(\Omega_2/\Omega_1)$$

即

$$\Delta S = \nu N_{A}k\ln(V_2/V_1) = \nu R\ln(V_2/V_1) \tag{14.5}$$

因为 $V_2 > V_1$，所以

$$\Delta S > 0$$

这一结果说明理想气体绝热自由膨胀过程是熵增加的过程，这是符合熵增加原理的。

这里我们对热力学第二定律的不可逆性的统计意义作进一步讨论。根据式(14.3)所表示的熵增加原理，孤立系内自然发生的过程总是向热力学概率更大的宏观状态进行。但这只是一种可能性。由于每个微观状态出现的概率都相同，所以也还可能向那些热力学概率小的宏观状态进行。只是由于对应于宏观平衡状态的可能微观状态数这一极大值比其他宏观状态所对应的微观状态数无可比拟地大得非常多，所以孤立系处于非平衡态时，它将以完全压倒优势的可能性向平衡态过渡。这就是不可逆性的统计意义。反向的过程，即孤立系熵减小的过程，**并不是原则上不可能，而是概率非常非常小**。实际上，在平衡态时，系统的热力学概率或熵总是不停地进行着对于极大值或大或小的偏离。这种偏离叫做**涨落**。对于分子数比较少的系统，涨落很容易观察到，例如布朗运动中粒子的无规则运动就是一种位置涨落的表现，这是因为它总是只受到少数分子无规则碰撞的缘故。对于由大量分子构成的热力学系统，这种涨落相对很小，观测不出来。因而平衡态就显出是静止的模样，而实际过程也就成为不可逆的了。我们再以气体的自由膨胀为例从数量上说明这一点。

设容器内有 1 mol 气体，分子数为 N_A。一个分子任意处在容器左半或右半容积内的状态数是 2，N_A 个分子任意分布在左半或右半的状态总数就是 2^{N_A}。在这些所有可能微观状态中，只有一个微观状态对应于分子都聚集在左半容积内的宏观状态。为了形象化地说明气体膨胀后自行聚集到左半容积的可能性，我们设想将这 2^{N_A} 个微观状态中的每一个都拍成照片，然后再像放电影那样一个接一个地匀速率地放映。平均来讲，要放 2^{N_A} 张照片才能碰上分子集聚在左边的那一张，即显示出气体自行收缩到一半体积的那一张。即使设想 1 秒钟放映 1 亿张(普通电影 1 秒钟放映 24 幅画面)，要放完 2^{N_A} 张照片需要多长时间呢？时间是

$$2^{6\times10^{23}}/10^8 \approx 10^{2\times10^{23}}\ (\mathrm{s})$$

这个时间比如今估计的宇宙的年龄 10^{18} s(200 亿年)还要大得无可比拟。因此，并不是原则上不可能出现那张照片，而是实际上"永远"不会出现(而且，即使出现，它也只不过出现一亿分之一秒的时间，立即就又消失了，看不见也测不出)。这就是气体自由膨胀的不可逆性的统计意义：气体自由收缩不是不可能，而是实际上永远不会出现。

以熵增加原理表明的自然过程的不可逆性给出了"时间的箭头"：时间的流逝总是沿着熵增加的方向，亦即分子运动更加无序的方向进行的，逆此方向的时间倒流是不可能的。一旦孤立系达到了平衡态，时间对该系统就毫无意义了。电影屏幕上显现着向下奔流的洪水冲垮了房屋，你不会怀疑此惨相的发生。但当屏幕上显现洪水向上奔流，把房屋残片收拢在一块，房屋又被重建起来而洪水向上退去的画面时，你一定想到是电影倒放了，因为实际上这种时间倒流的过程是根本不会发生的。热力学第二定律决定着在能量守恒的条件下，什么事情可能发生，什么事情不可能发生。

14.6 可逆过程

在第13章开始研究过程的规律时，为了从理论上分析实际过程的规律，我们曾在13.2节引入了**准静态过程**这一概念。现在为了说明熵的宏观意义，要引入热力学中另一重要概念：**可逆过程**[①]，**它是对准静态过程的进一步理想化，在分析过程的方向性时显得特别重要。下面我们先以气体的绝热压缩为例说明这一点。**

设想在具有绝热壁的汽缸内被一绝热的活塞封闭着一定量的气体，要使过程成为准静态的，汽缸壁和活塞之间没有摩擦。考虑一准静态的压缩过程。要使过程无限缓慢地准静态地进行，外界对活塞的推力必须在任何时刻都等于（严格说来，应是大一个无穷小的值）气体对它的压力。否则，活塞将加速运动，压缩将不再是无限缓慢的了。这样的压缩过程具有下述特点，即如果在压缩到某一状态时，使外界对活塞的推力减小一**无穷小的值**以致推力比气体对活塞的压力还小，并且此后逐渐减小这一推力，则气体将能准静态地膨胀而依相反的次序逐一经过被压缩时所经历的各个状态而回到未受压缩前的初态。这时，如果忽略外界在最初减小推力时的无穷小变化，则连**外界也都一起恢复了原状**。显然，如果汽缸壁和活塞之间**有摩擦**，则由于要克服摩擦，外界对活塞的推力只减小一无穷小的值是不足以使过程反向（即膨胀）进行的。推力减小一有限值是可以使过程反向进行而使气体回到初态的，但推力的有限变化必然在外界留下了不能忽略的有限的改变。

一般地说，**一个过程进行时，如果使外界条件改变一无穷小的量，这个过程就可以反向进行（其结果是系统和外界能同时回到初态），则这一过程就叫做可逆过程**。如上例说明的无摩擦的**准静态过程就是可逆过程**。

在有传热的情况下，准静态过程还要求系统和外界在任何时刻的温差是无限小。否则，传热过快也会引起系统的状态不平衡，而使过程不再是准静态的。由于温差是无限小的，所以就可以无限小地使温差倒过来而使传热过程反向进行，直至系统和外界都回到初态。这种系统和外界的**温差为无限小的热传导**有时就叫**“等温热传导”**。它是有传热发生的可逆过程。

前面已经讲过，实际的自然过程是不可逆的，其根本原因在于如热力学第二定律指出的那些摩擦生热，有限的温差条件下的热传导，或系统由非平衡态向平衡态转化等过程中有不可逆因素。由于这些不可逆因素的存在，一旦一个自然过程发生了，系统和外界就不可能同时都回复到原来状态了。由此可知，可逆过程实际是排除了这些不可逆因素的理想过程。有些过程，可以忽略不可逆因素（如摩擦）而当成可逆过程处理，这样可以简化处理过程而得到足够近似的结果。

在第13章中讲了卡诺循环，那里的功和热的计算都是按准静态过程进行的。工质所做的功已全部作为对外输出的“有用功”。因此那里讨论的卡诺循环实际上是可逆的，而式(13.27)给出的就是这种可逆循环的效率。

---

① 参见：王竹溪.热力学.北京：高等教育出版社，1955：46.

对于可逆过程，有一个重要的关于系统的熵的结论：**孤立系进行可逆过程时熵不变**，即

$$\Delta S = 0 \quad (\text{孤立系，可逆过程}) \tag{14.6}$$

这是因为，在可逆过程中，系统总处于平衡态，平衡态对应于热力学概率取极大值的状态。在不受外界干扰的情况下，系统的热力学概率的极大值是不会改变的，因此就有了式(14.6)的关系。

例 14.1

卡诺定理。证明：在相同的高温热库和相同的低温热库之间工作的一切可逆热机，其效率都相等，与工作物质种类无关，并且和不可逆热机相比，可逆热机的效率最高(这是1824年法国工程师卡诺错误地用热质说导出的正确结论，现在就叫卡诺定理)。

证明 设有两部可逆热机 E 和 E'，在同一高温热库和同一低温热库之间工作。这样两个可逆热机必定都是**卡诺机**。调节两热机的工作过程使它们在一次循环过程中分别从高温热库吸热 Q_1 和 Q_1'，向低温热库放热 Q_2 和 Q_2'，而且两热机对外做的功 A 相等。以 η_C 和 η_C' 分别表示两热机的效率，则有

$$\eta_C = \frac{A}{Q_1}, \quad \eta_C' = \frac{A}{Q_1'}$$

让我们证明 $\eta_C' = \eta_C$，为此用反证法。设 $\eta_C' > \eta_C$，由于热机是可逆的，我们可以使 E 机倒转，进行卡诺逆循环。在一次循环中，它从低温热库吸热 Q_2，接收 E' 机输入的功 A，向高温热库放热 Q_1(图 14.8)。由于 $\eta_C' > \eta_C$，而

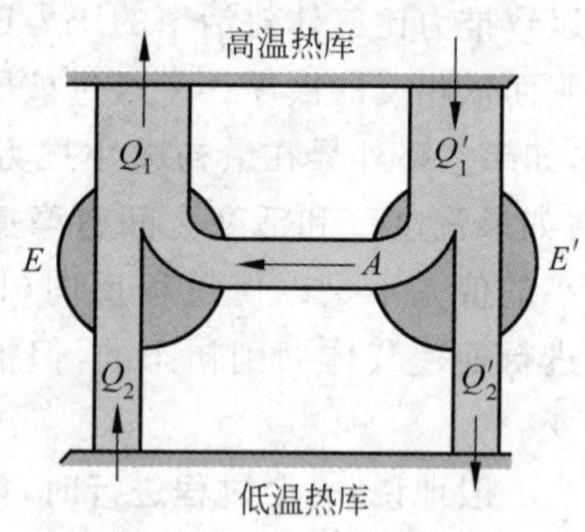

图 14.8 两部热机的联动

$$\eta_C = \frac{A}{Q_1}, \quad \eta_C' = \frac{A}{Q_1'}$$

所以

$$Q_1 > Q_1'$$

又因为

$$Q_2 = Q_1 - A, \quad Q_2' = Q_1' - A$$

所以

$$Q_2 > Q_2'$$

两机联合动作进行一次循环后，工质状态都已复原，结果将有 $Q_2 - Q_2'$ 的热量(也等于 $Q_1 - Q_1'$)由低温热库传到高温热库。这样，对于由两个热机和两个热库组成的系统来说，在未发生任何其他变化的情况下，热量就由低温传到了高温。这是直接违反热力学第二定律的克劳修斯表述的，因而是不可能的。因此，η_C' 不能大于 η_C。同理，可以证明 η_C 不能大于 η_C'。于是必然有 $\eta_C' = \eta_C$。注意，这一结论并不涉及工质为何物，这正是要求证明的。

如果 E' 是工作在相同热库之间的不可逆热机，则由于 E' 不能逆运行，所以如上分析只能证明 η_C' 不能大于 η_C，从而得出卡诺机的效率最高的结论。

14.7 克劳修斯熵公式

熵的玻耳兹曼公式，即式(14.1)，是从微观上定义的。实际上对热力学过程的分析，总是用宏观状态参量的变化说明的。熵和系统的宏观状态参量有什么关系呢？如何从系

统的宏观状态的改变求出熵的变化呢？这对熵的概念的实际应用当然是很重要的，下面我们就根据式(14.1)的定义来导出熵的宏观表示式①。

先以 1 mol 单原子理想气体为例。它的平衡状态可用两个宏观量，例如 V,T，完全确定。让我们来求它处于任意平衡态 (V,T) 时的熵 $S=S(V,T)$ 的具体形式。为此先要求出 $\Omega=\Omega(V,T)$。

在一定温度下一定体积内的单原子的理想气体，它的微观状态是以分子的位置和速度来确定的。由于分子按位置分布和按速度分布是相互独立的，所以气体的可能微观状态总数 $\Omega(V,T)$ 应是分子按位置分布的可能微观状态数 Ω_p 和按速度分布的可能微观状态数 Ω_v 的乘积，即

$$\Omega(V,T)=\Omega_p\Omega_v \tag{14.7}$$

可以证明(见本节最后)，对处于平衡态的 1 mol 单原子理想气体，

$$\ln\Omega(V,T)=N_A\ln V+\frac{3}{2}N_A\ln T+S_0' \tag{14.8}$$

其中 S_0' 是与气体状态参量无关的常量。

由于气体在平衡态下的微观状态数基本上就等于在该体积 V 和温度 T 的条件下的所有可能微观状态数 $\Omega(V,T)$，所以，将式(14.8)代入玻耳兹曼熵公式(14.1)，可得单原子理想气体在平衡态时的熵的宏观表达式为

$$S=N_Ak\ln V+\frac{3}{2}N_Ak\ln T+S_0$$

其中 $S_0=kS_0'$ 为另一常量，它的值可以由气体在某一特定状态下所规定的 S 值确定。由于 $N_Ak=R,\frac{3}{2}N_Ak=\frac{3}{2}R=C_{V,\mathrm{m}}$ 为单原子理想气体的摩尔定体热容，所以上式又可写成

$$S=R\ln V+C_{V,\mathrm{m}}\ln T+S_0 \tag{14.9}$$

这就是 1 mol 单原子理想气体在平衡态 (V,T) 时的熵的宏观表示式。

为了得到熵 S 的普遍关系式，考虑气体吸收一点微小热量 $\mathrm{d}Q$。这将使气体的体积或温度，或二者同时发生微小的变化，从而使熵也发生微小的变化。由式(14.9)可得这些微量变化的关系为

$$\mathrm{d}S=\frac{R}{V}\mathrm{d}V+\frac{C_{V,\mathrm{m}}}{T}\mathrm{d}T$$

以 T 乘等式两侧，得

$$T\mathrm{d}S=\frac{RT}{V}\mathrm{d}V+C_{V,\mathrm{m}}\mathrm{d}T$$

对于理想气体，$RT/V=p$，所以

$$T\mathrm{d}S=p\mathrm{d}V+C_{V,\mathrm{m}}\mathrm{d}T$$

① 以下推导由 N. B. Narozhny 提出，见：I. V. Savelyev. Physics. Vol. 1. English Trans. Moscow: Mir Publishers, 1980: 338-344.

对于理想气体的**可逆过程**，$p\mathrm{d}V=\text{đ}A, C_{V,\mathrm{m}}\mathrm{d}T=\mathrm{d}E$，于是又有

$$T\mathrm{d}S = \text{đ}A + \mathrm{d}E$$

但由热力学第一定律，此等式右侧的量 $\text{đ}A+\mathrm{d}E=\text{đ}Q$，即系统吸收的热量。故最后可得

$$T\mathrm{d}S = \text{đ}Q$$

或

$$\mathrm{d}S = \frac{\text{đ}Q}{T} \tag{14.10}$$

这是关于单原子理想气体的熵变和吸热的关系，它只适用于可逆过程。

下面进一步把式(14.10)推广于任何热力学系统。为此设想一任意的热力学系统 Σ_a 和上述单原子理想气体系统 Σ_i 组成一个孤立的复合系统 Σ，使 Σ_a 和 Σ_i 接触而达到平衡态，温度为 T。由于熵的可加性，可得复合系统的熵为

$$S = S_a + S_i \tag{14.11}$$

其中 S_a 和 S_i 分别表示 Σ_a 和 Σ_i 在同一状态下的熵。设想 Σ_a 和 Σ_i 的状态发生一微小的涨落，以致在它们之间发生一微小的热量传递：Σ_a 吸收热量 $\text{đ}Q_a$，Σ_i 吸收热量 $\text{đ}Q_i$。由能量守恒可知 $\text{đ}Q_a=-\text{đ}Q_i$。由于此热量非常小，所以可以认为两系统的温度均无变化而过程成为可逆的。这样，由式(14.10)可得

$$\mathrm{d}S_i = \frac{\text{đ}Q_i}{T}$$

代入式(14.11)，可得

$$\mathrm{d}S = \mathrm{d}S_a + \frac{\text{đ}Q_i}{T}$$

由于孤立系统进行可逆过程时，熵变 $\mathrm{d}S=0$，所以有

$$\mathrm{d}S_a = \frac{-\text{đ}Q_i}{T} = \frac{\text{đ}Q_a}{T}$$

去掉下标 a，就得到对于任意系统的熵变公式

$$\mathrm{d}S = \frac{\text{đ}Q}{T} \quad \text{（任意系统，可逆过程）} \tag{14.12}$$

当系统进行一有限的可逆过程时，其熵变可以将上式积分求得，即（下标 R 表示可逆过程）

$$S_2 - S_1 = {}_{\mathrm{R}}\int_1^2 \frac{\text{đ}Q}{T} \tag{14.13}$$

式(14.12)说明，系统的熵的改变，即系统内分子热运动无序度的改变是通过分子在热运动中相互碰撞这种热传递过程而发生的。

式(14.12)和式(14.13)是在1865年首先由克劳修斯根据可逆卡诺循环用完全宏观的方法导出的（本书略去其推导，有兴趣者可参看任一本热力学教材），现在就称做**克劳修**

斯熵公式[1]。熵的英文名字(entropy)也是克劳修斯造的,中文的"熵"字则是胡刚复先生根据此量等于温度去除热量的"商"再加上火字旁(热力学!)而造成的。

对于孤立系中进行的可逆过程,由于 $đQ$ 总等于零,所以总有

$$\Delta S = 0 \quad (\text{孤立系,可逆过程})$$

我们又回到了式(14.6)。

对于任意系统的可逆绝热过程,由于 $đQ=0$,所以也有 $\Delta S=0$。因此,任何系统的可逆绝热过程都是**等熵过程**。

再用第一定律公式 $đQ=đA+dE$,可由式(14.12)得,对于任一系统的可逆过程,

$$TdS = dE + đA \tag{14.14}$$

这个结合热力学第一定律和热力学第二定律的公式是热力学的基本关系式。

关于熵的两个公式,即玻耳兹曼熵公式(14.1)和克劳修斯熵公式(14.12),还应该指明一点。熵是系统的状态函数,其微观意义是系统内分子热运动的无序性的量度。作为状态函数,玻耳兹曼熵式(14.1)和克劳修斯熵式(14.12)在概念上还有些区别。由式(14.12)的推导过程可知,克劳修斯熵只对系统的平衡状态才有意义,它是系统的平衡状态的函数。熵的变化是指系统从某一平衡态到另一平衡态熵的变化。但式(14.1)定义的熵表示了系统的某一宏观态所对应的微观态数。对于系统的任一宏观态,哪怕是非平衡态,都有一定的可能微观状态数与之对应,因此,也有一定的熵值和它对应[2]。由于平衡态对应于热力学概率最大的状态,所以可以说,克劳修斯熵是玻耳兹曼熵的最大值。后者的意义更普遍些。但要注意,当我们对熵按式(14.12)或式(14.13)进行宏观计算时(热力学中都是这样),用的都是克劳修斯熵公式。

式(14.8)的证明

因为 $\Omega(V,T)=\Omega_p\Omega_v$,所以 $\ln\Omega(V,T)=\ln\Omega_p+\ln\Omega_v$。现在先计算 1 mol 理想气体在平衡态时的 Ω_p。为此设想把体积 V 分成很多(r 个)宏观小的相等的体积元 $\Delta V=V/r$,N_A 个分子分配到这 r 个体积元内的可能**组合数**(这是考虑到在同一体积元内的分子交换位置并不改变分子的微观分布状态)就是气体分子按位置分布的可能微观状态总数 Ω_p。由于在**平衡态**下,气体分子按位置分布是均匀的,每个体积元内的分子数就应是 $N_1=N_A/r$。排列组合的算法给出

---

① 对于孤立系的不可逆过程,$\Delta S>0$。因此,如果系统 Σ_a 进行的是不可逆过程,则应有

$$dS=dS_a+\frac{đQ_i}{T}>0$$

于是有

$$dS_a>\frac{-đQ_i}{T}=\frac{đQ_a}{T}$$

去掉下标 a,就有对任意系统的**不可逆过程**,

$$dS>\frac{đQ}{T}$$

对有限的不可逆过程,有

$$S_2-S_1>{}_{Ir}\int_1^2\frac{đQ}{T}$$

这两个公式称为**克劳修斯不等式**,式中下标"Ir"表示不可逆过程。

② 参见:王竹溪.统计物理学导论.北京:高等教育出版社,1956.

$$\Omega_p = \frac{N_A!}{(N_1!)^r} = \frac{N_A!}{[(N_A/r)!]^r} \tag{14.15}$$

取对数，即有

$$\ln \Omega_p = \ln N_A! - r\ln\left(\frac{N_A}{r}\right)!$$

由于 N_A 和 N_A/r 都非常大，计算此式右侧两项时可以用关于大数 M 的斯特林公式（$\ln M! = M\ln M - M$）。这样就可得到

$$\ln \Omega_p = N_A \ln r = N_A \ln V - N_A \ln \Delta V \tag{14.16}$$

再来计算 Ω_v 和 $\ln \Omega_v$。为此利用速度空间（图 12.12），也设想把速度空间分成许多（无限多）个相等的“体积元”ΔV_1。在平衡态下，理想气体分子在速度空间的分布不是均匀的。它遵守麦克斯韦速度分布律（式(12.48)），即

$$F(\boldsymbol{v}) = \left(\frac{m}{2\pi kT}\right)^{3/2} \mathrm{e}^{-\frac{mv^2}{2kT}}$$

这样，在速度 $\boldsymbol{v}_i$ 所在的第 i 个“体积元”内的分子数就是

$$N_{v_i} = N_A F(\boldsymbol{v}_i)\Delta V_V = N_A \left(\frac{m}{2\pi kT}\right)^{3/2} \mathrm{e}^{-\frac{mv_i^2}{2kT}} \Delta V_V$$

而分子按速度分布的可能微观状态总数就是

$$\Omega_v = \frac{N_A!}{\prod_i N_{v_i}!} \tag{14.17}$$

取对数可得

$$\ln \Omega_v = \ln N_A! - \sum_i N_{v_i}!$$

再用斯特令公式，并注意到 $N_A = \sum_i N_{v_i}$，可得

$$\ln \Omega_v = \frac{3}{2} N_A \ln T - \frac{3}{2} N_A \ln \frac{m}{2\pi k} + \frac{1}{kT} \sum_i \left(N_{v_i} \frac{mv_i^2}{2}\right) - N_A \ln \Delta V_V$$

由于 $\sum_i \left(N_{v_i} \frac{mv_i^2}{2}\right) = N_A \bar{\varepsilon}_t = \frac{3}{2} N_A kT$，所以又有

$$\ln \Omega_v = \frac{3}{2} N_A \ln T + \frac{3}{2} N_A \left(1 - \ln \frac{m}{2\pi k}\right) - N_A \ln \Delta V_V \tag{14.18}$$

将式(14.16)和式(14.18)相加，得

$$\ln \Omega_p + \ln \Omega_v = N_A \ln V + \frac{3}{2} N_A \ln T + \frac{3}{2} N_A \left(1 - \ln \frac{m}{2\pi k}\right) - N_A \ln(\Delta V \Delta V_V)$$

此式后两项与气体状态参量无关，可记作常量 S_0'，于是有

$$\ln \Omega(V,T) = \ln \Omega_p + \ln \Omega_v = N_A \ln V + \frac{3}{2} N_A \ln T + S_0'$$

这正是式(14.8)。

14.8　用克劳修斯熵公式计算熵变

用克劳修斯熵公式(14.13)可以计算熵的变化。要想利用这一公式求出任一平衡态 2 的熵，应先选定某一平衡态 1 作为参考状态。为了计算方便，常把参考态的熵定为零。在热力工程中计算水和水汽的熵时就取 0℃时的纯水的熵值为零，而且常把其他温度时熵值计算出来列成数值表备用。

在用式(14.13)计算熵变时要注意积分路线必须是连接始、末两态的任一**可逆过程**。如果系统由始态实际上是经过不可逆过程到达末态的，那么必须设计一个连接同样始、末两态的可逆过程来计算。由于熵是态函数，与过程无关，所以利用这种过程求出来的熵变也就是原过程始、末两态的熵变。

下面举几个求熵变的例子。

例 14.2

熔冰过程微观状态数增大。1 kg，0℃的冰，在0℃时完全熔化成水。已知冰在0℃时的熔化热 $\lambda=334$ J/g。求冰经过熔化过程的熵变，并计算从冰到水微观状态数增大到几倍。

解 冰在0℃时等温熔化，可以设想它和一个0℃的恒温热源接触而进行可逆的吸热过程，因而

$$\Delta S=\int\frac{đQ}{T}=\frac{Q}{T}=\frac{m\lambda}{T}=\frac{10^3\times 334}{273}=1.22\times 10^3\,(\mathrm{J/K})$$

由式(14.1)熵的微观定义式可知

$$\Delta S=k\ln\left(\frac{\Omega_2}{\Omega_1}\right)=2.30k\lg\left(\frac{\Omega_2}{\Omega_1}\right)$$

由此得
$$\frac{\Omega_2}{\Omega_1}=10^{\Delta S/2.30k}=10^{1.22\times 10^3/(2.30\times 1.38\times 10^{-23})}=10^{3.84\times 10^{25}}$$

方次上还有方次，多么大的数啊！

例 14.3

热水熵变。把1 kg，20℃的水放到100℃的炉子上加热，最后达到100℃，水的比热是 4.18×10^3 J/(kg·K)。分别求水和炉子的熵变 ΔS_{w}，ΔS_{f}。

解 水在炉子上被加热的过程，由于温差有限而是不可逆过程。为了计算熵变需要设计一个可逆过程。设想把水**依次**与**一系列**温度逐渐升高，但一次只升高无限小温度 $\mathrm{d}T$ 的热库接触，每次都吸热 $đQ$ 而达到平衡，这样就可以使水经过准静态的可逆过程而逐渐升高温度，最后达到温度 T。

和每一热库接触的过程，熵变都可以用式(14.13)求出，因而对整个升温过程，就有

$$\begin{aligned}\Delta S_{\mathrm{w}}&=\int_1^2\frac{đQ}{T}=\int_{T_1}^{T_2}\frac{cm\mathrm{d}T}{T}=cm\int_{T_1}^{T_2}\frac{\mathrm{d}T}{T}\\&=cm\ln\frac{T_2}{T_1}=4.18\times 10^3\times 1\times\ln\frac{373}{293}\\&=1.01\times 10^3\,(\mathrm{J/K})\end{aligned}$$

由于熵变与水实际上是怎样加热的过程无关，这一结果也就是把水放在100℃的炉子上加热到100℃时的水的熵变。

炉子在100℃供给水热量 $\Delta Q=cm(T_2-T_1)$。这是不可逆过程，考虑到炉子温度未变，设计一个可逆等温放热过程来求炉子的熵变，即有

$$\begin{aligned}\Delta S_{\mathrm{f}}&=\int_1^2\frac{đQ}{T}=\frac{1}{T_2}\int_1^2 đQ=-\frac{cm(T_2-T_1)}{T_2}\\&=-\frac{4.18\times 10^3\times 1\times(373-293)}{373}\\&=-9.01\times 10^2\,(\mathrm{J/K})\end{aligned}$$

例 14.4

气体熵变。1 mol 理想气体由初态(T_1,V_1)经某一过程到达末态(T_2,V_2),求熵变。设气体的 $C_{V,\mathrm{m}}$ 为常量。

解 利用式(14.13)和式(14.14),可得

$$\Delta S = \int_1^2 \mathrm{d}S = \int_1^2 \frac{\mathrm{d}E + p\mathrm{d}V}{T} = \int_1^2 \frac{C_{V,\mathrm{m}}\mathrm{d}T}{T} + R\int_1^2 \frac{\mathrm{d}V}{V}$$

$$= C_{V,\mathrm{m}} \ln \frac{T_2}{T_1} + R\ln \frac{V_2}{V_1}$$

例 14.5

焦耳实验熵变。计算利用重物下降使水温度升高的焦耳实验(图 8.1)中当水温由 T_1 升高到 T_2 时水和外界(重物)总的熵变。

解 把水和外界(重物)都考虑在内,这是一个孤立系内进行的不可逆过程。为了计算此过程水的熵变,可设想一个可逆等压(或等体)升温过程,以 c 表示水的比热(等压比热和等体比热基本一样),以 m 表示水的质量,则对这一过程

$$đQ = cm\mathrm{d}T$$

由式(14.13)可得

$$S_2 - S_1 = \int_{T_1}^{T_2} \frac{đQ}{T} = \int_{T_1}^{T_2} cm \frac{\mathrm{d}T}{T}$$

把水的比热当做常数,则

$$S_2 - S_1 = cm\ln \frac{T_2}{T_1}$$

因为 $T_2 > T_1$,所以水的熵变 $S_2 - S_1 > 0$。重物下落只是机械运动,熵不变,所以水的熵变也就是水和重物组成的孤立系统的熵变。上面的结果说明这一孤立系统在这个不可逆过程中总的熵是增加的。

例 14.6

有限温差热传导的熵变。求温度分别为 T_A 和 T_B($T_A > T_B$)的两个物体之间发生 $|đQ|$ 的热传递后二者的总熵变。

解 两个物体接触后,热量 $|đQ|$ 将由 A 传向 B。由于 $|đQ|$ 很小,A 和 B 的温度基本未变,因此计算 A 的熵变时可设想它经历了一个可逆等温过程放热 $|đQ|$。由式(14.12)得它的熵变为

$$\mathrm{d}S_A = \frac{-|đQ|}{T_A}$$

同理,B 的熵变为

$$\mathrm{d}S_B = \frac{|đQ|}{T_B}$$

二者整体构成一孤立系,其总熵的变化为

$$\mathrm{d}S = \mathrm{d}S_A + \mathrm{d}S_B = |đQ| \left(\frac{1}{T_B} - \frac{1}{T_A} \right)$$

由于 $T_A > T_B$,所以 $\mathrm{d}S > 0$。这说明,两个物体的熵在有限温差热传导这个不可逆过程中也是增加的。

例 14.7

绝热自由膨胀熵变。 求 ν(mol)理想气体体积从 V_1 绝热自由膨胀到 V_2 时的熵变。

解 这也是不可逆过程。绝热容器中的理想气体是一孤立系统，已知理想气体的体积由 V_1 膨胀到 V_2，而始末温度相同，设都是 T_0，故可以设计一个可逆等温膨胀过程，使气体与温度也是 T_0 的一恒温热库接触吸热而体积由 V_1 缓慢膨胀到 V_2。由式(14.13)得这一过程中气体的熵变 ΔS 为

$$\Delta S=\int\frac{\mathrm{d}Q}{T_0}=\frac{1}{T_0}\int\mathrm{d}Q=\nu R\ln(V_2/V_1)$$

这一结果和前面用玻耳兹曼熵公式得到的结果式(14.5)相同。因为 $V_2>V_1$，所以 $\Delta S>0$。这说明理想气体经过绝热自由膨胀这个不可逆过程熵是增加的。又因为这时的理想气体是一个孤立系，所以又说明一孤立系经过不可逆过程总的熵是增加的。

提要

1. **不可逆**：各种自然的宏观过程都是不可逆的，而且它们的不可逆性又是相互沟通的。

   三个实例：功热转换、热传导、气体绝热自由膨胀。

2. **热力学第二定律**：

   克劳修斯表述：热量不能自动地由低温物体传向高温物体。

   开尔文表述：其惟一效果是热全部转变为功的过程是不可能的。

   微观意义：自然过程总是沿着使分子运动更加无序的方向进行。

3. **热力学概率 Ω**：和同一宏观状态对应的可能微观状态数。自然过程沿着向 Ω 增大的方向进行。平衡态相应于一定宏观条件 Ω 最大的状态，它也(几乎)等于平衡态下系统可能有的微观状态总数。

4. **玻耳兹曼熵公式**：

   熵的定义：$S=k\ln\Omega$

   熵增加原理：对孤立系的各种自然过程，总有

$$\Delta S>0$$

这是一条统计规律。

5. **可逆过程**：外界条件改变无穷小的量就可以使其反向进行的过程(其结果是系统和外界能同时回到初态)。这需要系统在过程中无内外摩擦并与外界进行等温热传导。严格意义上的准静态过程都是可逆过程。

6. **克劳修斯熵公式**：熵 S 是系统的平衡态的态函数。

$$\mathrm{d}S=\frac{\mathrm{d}Q}{T}\quad(\text{可逆过程})$$

$$S_2-S_1={}_{\text{rev}}\int_1^2\frac{\mathrm{d}Q}{T}$$

   克劳修斯不等式：对于不可逆过程 $\mathrm{d}S>\frac{\mathrm{d}Q}{T}$

熵增加原理：$\Delta S \geqslant 0$（孤立系，等号用于可逆过程）

思考题

14.1 试设想一个过程，说明：如果功变热的不可逆性消失了，则理想气体自由膨胀的不可逆性也随之消失。

14.2 试根据热力学第二定律判别下列两种说法是否正确。

(1) 功可以全部转化为热，但热不能全部转化为功；

(2) 热量能够从高温物体传到低温物体，但不能从低温物体传到高温物体。

14.3 瓶子里装一些水，然后密闭起来。忽然表面的一些水温度升高而蒸发成汽，余下的水温变低，这件事可能吗？它违反热力学第一定律吗？它违反热力学第二定律吗？

14.4 一条等温线与一条绝热线是否能有两个交点？为什么？

14.5 下列过程是可逆过程还是不可逆过程？说明理由。

(1) 恒温加热使水蒸发。

(2) 由外界做功使水在恒温下蒸发。

(3) 在体积不变的情况下，用温度为 T_2 的炉子加热容器中的空气，使它的温度由 T_1 升到 T_2。

(4) 高速行驶的卡车突然刹车停止。

14.6 一杯热水置于空气中，它总是要冷却到与周围环境相同的温度。在这一自然过程中，水的熵减小了，这与熵增加原理矛盾吗？

14.7 一定量气体经历绝热自由膨胀。既然是绝热的，即 $dQ=0$，那么熵变也应该为零。对吗？为什么？

*14.8 现在已确认原子核都具有自旋角动量，好像它们都围绕自己的轴线旋转运动。这种运动就叫自旋(图14.9)，自旋角动量是**量子化的**。在磁场中其自旋轴的方向只能取某些特定的方向，如与外磁场平行或反平行的方向。由于原子核具有电荷，所以伴随着自旋，它们就有**自旋磁矩**，如小磁针那样。通常以$\boldsymbol{\mu}_0$表示自旋磁矩。磁矩在磁场中具有和磁场相联系的能量。例如，$\boldsymbol{\mu}_0$和磁场$\boldsymbol{B}$平行时能量为$-\mu_0 B$，其值较低；μ_0 和磁场 $\boldsymbol{B}$ 反平行时能量为$+\mu_0 B$，其值较高。

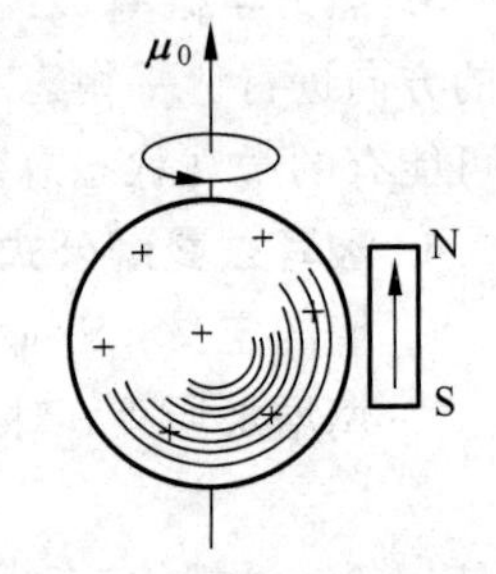

图14.9 核的自旋模型

现在考虑某种晶体中由 N 个原子核组成的系统，并假定其磁矩只能取与外磁场平行或反平行两个方向。对此系统加一磁场 $\boldsymbol{B}$ 后，最低能量的状态应是所有磁矩的方向都平行于磁场 $\boldsymbol{B}$ 的状态，如图14.10(a)所示，其中小箭头表示核的磁矩。这时系统的总能量为 $E=-N\mu_0 B_0$。当逐渐增大系统的能量时(如用频率适当的电磁波照射)，磁矩与 $\boldsymbol{B}$ 的方向相同的核数 n 将逐渐减少，而磁矩与 $\boldsymbol{B}$ 反平行的能量较高的核的数目将增多，如图14.10(b)，(c)，(d)依次所示。当所有核的磁矩方向都和磁场 $\boldsymbol{B}$ 相反时(图14.10(e))，系统的能量到了最大值 $E=+N\mu_0 B$，系统不可能具有更大的能量了。

(1) 用核的取向的无序性大小或热力学概率大小判断，从(a)到(e)的变化过程中，此核自旋系统的熵是怎样变化的？何状态熵最大？(a)，(e)两状态的熵各是多少？

(2) 对于从(a)到(c)的各个状态，系统的温度 $T>0$。对于从(c)到(e)的各状态，系统的温度 $T<0$，即系统处于负热力学温度状态(此温度称自旋温度)。试用玻耳兹曼分布律(能量为 E 的粒子数和

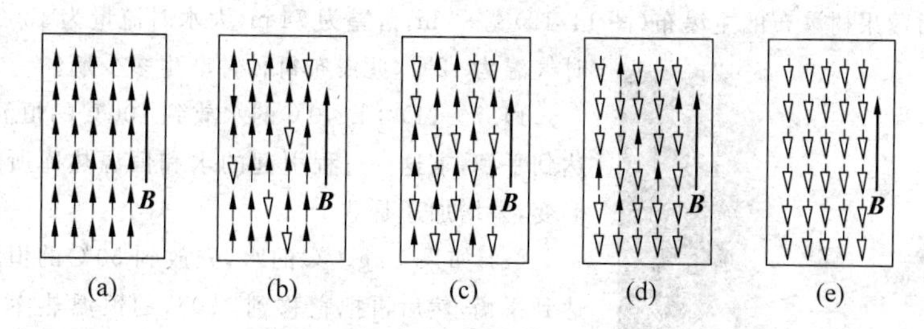

图 14.10 自旋系统在外磁场中的磁矩取向随能量变化的情况

$e^{-E/kT}$成正比,从而具有较高能量 E_2 的粒子数 N_2 和具有较低能量 E_1 的粒子数 N_1 的比为 $N_2/N_1=e^{-(E_2-E_1)/kT}$)加以解释。

(3) 由热力学第二定律,热量只能从高温物体传向低温物体。试分析以下关于系统温度的论断是否正确。状态(a)的能量最低,因而再不能从系统传出能量(指相关的磁矩-磁场能量),所以其(自旋)温度是最低的。状态(e)的能量最高,因而再不能传给系统能量,所以系统的温度是最高的。就(a)到(c)各状态和(c)到(e)各状态对比,$T<0$ 的状态的温度比 $T>0$ 的状态的温度还要高。

*14.9 热力学第零定律指出:分别和系统 C 处于热平衡的系统 A 和系统 B 接触时,二者也必定处于热平衡状态。利用温度概念,则有:温度相同的系统 A 和系统 B 相接触时必定处于热平衡状态。试说明:如果这一结论不成立,则热力学第二定律,特别是克劳修斯表述,也将不成立。从这个意义上说,热力学第零定律已暗含在热力学第二定律之中了。

*14.10 热力学第三定律的说法是:热力学绝对零度不能达到。试说明,如果这一结论不成立,则热力学第二定律,特别是开尔文表述,也将不成立。从这个意义上说,热力学第三定律也已暗含在热力学第二定律之中了。

习题

14.1 1 mol 氧气(当成刚性分子理想气体)经历如图 14.11 所示的过程由 a 经 b 到 c。求在此过程中气体对外做的功、吸的热以及熵变。

14.2 求在一个大气压下 30 g,-40℃的冰变为 100℃的蒸气时的熵变。已知冰的比热 $c_1=2.1$ J/(g·K),水的比热 $c_2=4.2$ J/(g·K),在 1.013×10^5 Pa 气压下冰的熔化热 $\lambda=334$ J/g,水的汽化热$L=2260$ J/g。

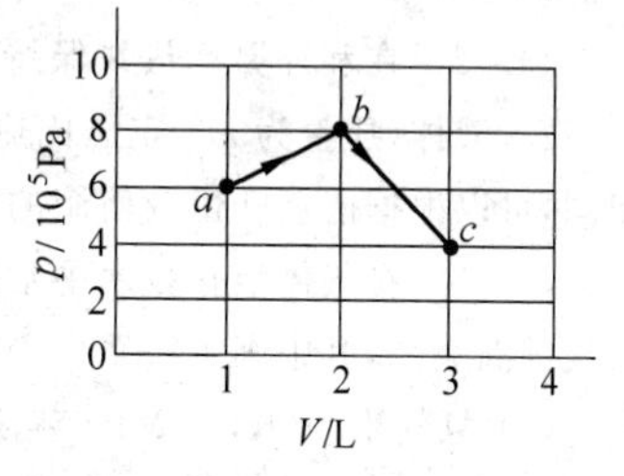

图 14.11 习题 14.1 用图

14.3 你一天大约向周围环境散发 8×10^6 J 热量,试估算你一天产生多少熵?忽略你进食时带进体内的熵,环境的温度按 273 K 计算。

14.4 在冬日一座房子散热的速率为 2×10^8 J/h。设室内温度是 20℃,室外温度是-20℃,这一散热过程产生熵的速率(J/(K·s))是多大?

14.5 一汽车匀速开行时,消耗在各种摩擦上的功率是 20 kW。求由于这个原因而产生熵的速率(J/(K·s))是多大?设气温为 12℃。

14.6 贵州黄果树瀑布的主瀑布(图14.12)宽83 m,落差为74 m,大水时流量为1500 m^3/s,如果当时气温为12℃,此瀑布每秒钟产生多少熵?

图14.12 习题14.6用图

14.7 (1) 1 kg,0℃的水放到100℃的恒温热库上,最后达到平衡,求这一过程引起的水和恒温热库所组成的系统的熵变,是增加还是减少?

(2) 如果1 kg,0℃的水,先放到50℃的恒温热库上使之达到平衡,然后再把它移到100℃的恒温热库上使之达到平衡。求这一过程引起的整个系统(水和两个恒温热库)的熵变,并与(1)比较。

14.8 一金属筒内放有2.5 kg水和0.7 kg冰,温度为0℃而处于平衡态。

(1) 今将金属筒置于比0℃稍有不同的房间内使筒内达到水和冰质量相等的平衡态。求在此过程中冰水混合物的熵变以及它和房间的整个熵变各是多少?

(2) 现将筒再放到温度为100℃的恒温箱内使筒内的冰水混合物状态复原。求此过程中冰水混合物的熵变以及它和恒温箱的整个熵变各是多少?

14.9 一理想气体开始处于 $T_1=300$ K,$p_1=3.039\times 10^5$ Pa,$V_1=4$ m^3 的平衡态。该气体等温地膨胀到体积为16 m^3,接着经过一等体过程达到某一压强,从这个压强再经一绝热压缩就可使气体回到它的初态。设全部过程都是可逆的。

(1) 在 p-V 图上画出上述循环过程。

(2) 计算每段过程和循环过程气体所做的功和它的熵的变化(已知 $\gamma=1.4$)。

14.10 在绝热容器中,有两部分同种液体在等压下混合,这两部分的质量相等,都等于 m,但初温度不同,分别为 T_1 和 T_2,且 $T_2>T_1$。二者混合后达到新的平衡态。求这一混合引起的系统的总熵的变化,并证明熵是增加了。已知定压比热 c_p 为常量。

*14.11 两个绝热容器各装有 ν(mol)的同种理想气体。最初两容器互相隔绝,但温度相同而压强分别为 p_1 和 p_2,然后使两容器接通使气体最后达到平衡态。证明这一过程引起的整个系统熵的变化为

$$\Delta S=\nu R\ln\frac{(p_1+p_2)^2}{4p_1p_2}$$

并证明 $\Delta S>0$。

*14.12 在和外界绝热并保持压强不变的情况下,将一块金属(质量为 m,定压比热为 c_p,温度为 T_i)没入液体(质量为 m',定压比热为 c_p',温度为 T_i')中。证明系统达到平衡的条件,即二者最后的温度相同,可以根据能量守恒及使熵的变化为最大值求出。

*14.13 在气体液化技术中常用到绝热致冷或节流致冷过程,这要参考气体的温熵图。图14.13为氢气的温熵图,其中画了一系列等压线和等焓线(图中 H_m 表示摩尔焓,S_m 表示摩尔熵)。试由图回答:

(1) 氢气由80 K,50 MPa节流膨胀到20 MPa时,温度变为多少?

(2) 氢气由70 K,2.0 MPa节流膨胀到0.1 MPa时,温度变为多少?

(3) 氢气由76 K,5.0 MPa可逆绝热膨胀到0.1 MPa时温度变为多少?

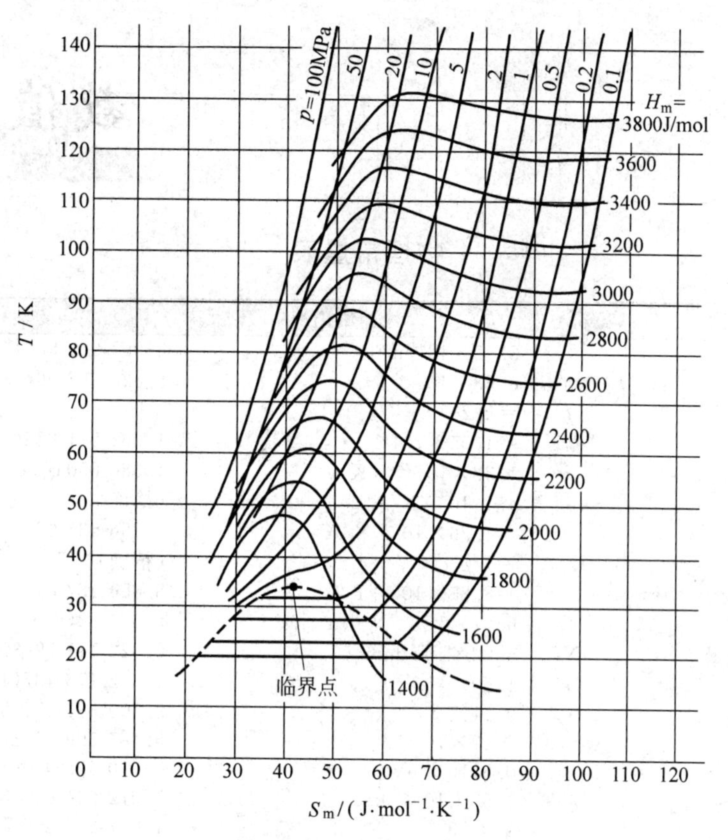

图 14.13　氢气的温熵图

数值表

物理常量表

名　称	符号	计算用值	2006 最佳值[①]
真空中的光速	c	3.00×10^{8} m/s	2.997 924 58(精确)
普朗克常量	h	6.63×10^{-34} J·s	6.626 068 96(33)
	$\hbar$	$=h/2\pi$	
		$=1.05\times10^{-34}$ J·s	1.054 571 628(53)
玻耳兹曼常量	k	1.38×10^{-23} J/K	1.380 6504(24)
真空磁导率	μ_0	$4\pi\times10^{-7}$ N/A^2	(精确)
		$=1.26\times10^{-6}$ N/A^2	1.256 637 061…
真空介电常量	ε_0	$=1/\mu_0 c^2$	(精确)
		$=8.85\times10^{-12}$ F/m	8.854 187 817
引力常量	G	6.67×10^{-11} N·m^2/kg^2	6.674 28(67)
阿伏伽德罗常量	N_A	6.02×10^{23} mol^{-1}	6.022 141 79(30)
元电荷	e	1.60×10^{-19} C	1.602 176 487(40)
电子静质量	m_e	9.11×10^{-31} kg	9.109 382 15(45)
		5.49×10^{-4} u	5.485 799 0943(23)
		0.5110 MeV/c^2	0.510 998 910(13)
质子静质量	m_p	1.67×10^{-27} kg	1.672 621 637(83)
		1.0073 u	1.007 276 466 77(10)
		938.3 MeV/c^2	938.272 013(23)
中子静质量	m_n	1.67×10^{-27} kg	1.674 927 211(84)
		1.0087 u	1.008 664 915 97(43)
		939.6 MeV/c^2	939.565 346(23)
α 粒子静质量	m_α	4.0026 u	4.001 506 179 127(62)
玻尔磁子	μ_B	9.27×10^{-24} J/T	9.274 009 15(23)
电子磁矩	μ_e	-9.28×10^{-24} J/T	−9.284 763 77(23)
核磁子	μ_N	5.05×10^{-27} J/T	5.050 783 24(13)
质子磁矩	μ_p	1.41×10^{-26} J/T	1.410 606 662(37)
中子磁矩	μ_n	-0.966×10^{-26} J/T	−0.966 236 41(23)
里德伯常量	R	1.10×10^{7} m^{-1}	1.097 373 156 8527(73)
玻尔半径	a_0	5.29×10^{-11} m	5.291 772 0859(36)
经典电子半径	r_e	2.82×10^{-15} m	2.817 940 2894(58)
电子康普顿波长	$\lambda_{C,e}$	2.43×10^{-12} m	2.426 310 2175(33)
斯特藩-玻耳兹曼常量	σ	5.67×10^{-8} W·m^{-2}·K^{-4}	5.670 400(40)

① 所列最佳值摘自《2006 CODATA INTERNATIONALLY RECOMMEDED VALUES OF THE FUNDAMENTAL PHYSICAL CONSTANTS》(www.physics.nist.gov)。

一些天体数据

名称	计算用值
我们的银河系	
质量	10^{42} kg
半径	10^{5} l. y.
恒星数	1.6×10^{11}
太阳	
质量	1.99×10^{30} kg
半径	6.96×10^{8} m
平均密度	1.41×10^{3} kg/m^{3}
表面重力加速度	274 m/s^{2}
自转周期	25 d(赤道),37 d(靠近极地)
对银河系中心的公转周期	2.5×10^{8} a
总辐射功率	4×10^{26} W
地球	
质量	5.98×10^{24} kg
赤道半径	6.378×10^{6} m
极半径	6.357×10^{6} m
平均密度	5.52×10^{3} kg/m^{3}
表面重力加速度	9.81 m/s^{2}
自转周期	1 恒星日 $=8.616\times10^{4}$ s
对自转轴的转动惯量	8.05×10^{37} kg·m^{2}
到太阳的平均距离	1.50×10^{11} m
公转周期	1 a $=3.16\times10^{7}$ s
公转速率	29.8 m/s
月球	
质量	7.35×10^{22} kg
半径	1.74×10^{6} m
平均密度	3.34×10^{3} kg/m^{3}
表面重力加速度	1.62 m/s^{2}
自转周期	27.3 d
到地球的平均距离	3.82×10^{8} m
绕地球运行周期	1 恒星月 $=27.3$ d

几个换算关系

名称	符号	计算用值	1998 最佳值
1[标准]大气压	atm	1 atm $=1.013\times10^{5}$ Pa	$1.013\ 250\times10^{5}$
1 埃	Å	1 Å $=1\times10^{-10}$ m	(精确)
1 光年	l. y.	1 l. y. $=9.46\times10^{15}$ m	
1 电子伏	eV	1 eV $=1.602\times10^{-19}$ J	1.602 176 462(63)
1 特[斯拉]	T	1 T $=1\times10^{4}$ G	(精确)
1 原子质量单位	u	1 u $=1.66\times10^{-27}$ kg	1.660 538 73(13)
		$=931.5$ MeV/c^{2}	931.494 013(37)
1 居里	Ci	1 Ci $=3.70\times10^{10}$ Bq	(精确)

习题答案

第 1 章

1.1 849 m/s

1.2 超过，400 m

1.3 会，46 km/h

1.4 36.3 s

1.5 34.5 m，24.7 L

1.6 (1) 51.1 m/s，17.2 m/s； (2) 23.0 m/s

1.7 (1) $y=x^2-8$；

(2) 位置：$2\boldsymbol{i}-4\boldsymbol{j}$，$4\boldsymbol{i}+8\boldsymbol{j}$； 速度：$2\boldsymbol{i}+8\boldsymbol{j}$，$2\boldsymbol{i}+16\boldsymbol{j}$； 加速度：$8\boldsymbol{j}$，$8\boldsymbol{j}$

1.8 (1) 74.6 km/h； (2) 24 cm； (3) 22.3 m/s

1.9 (1) 269 m； (2) 空气阻力影响

1.10 不能，12.3 m

1.11 (1) 3.28 m/s^2，12.7 s； (2) 1.37 s； (3) 10.67 m

(4) 西岸桥面低 4.22 m

1.12 两炮弹可能在空中相碰。但二者速率必须大于 45.6 m/s。

1.13 4×10^5

1.14 356 m/s，2.59×10^{-2} m/s^2

1.15 6.6×10^{15} Hz，9.1×10^{22} m/s^2

1.16 2.4×10^{14}

1.17 0.25 m/s^2；0.32 m/s^2，与 $\boldsymbol{v}$ 夹角为 $128°40'$

*1.18 (1) 69.4 min； (2) 26 rad/s，-3.31×10^{-3} rad/s^2

1.19 0.30 m，向后

1.20 374 m/s，314 m/s，343 m/s

1.21 0.59 s，2.06 m

1.22 36 km/h，竖直向下偏西 30°

1.23 917 km/h，西偏南 $40°56'$；917 km/h，东偏北 $40°56'$

1.24 0.93 km/s

1.25 7.5×10^4 m/s，6.0×10^8 m/s

1.26 5400 km/h，西偏南 12.5°

第 2 章

2.1 (1) $\dfrac{\mu_s Mg}{\cos\theta-\mu_s\sin\theta}$, $\dfrac{\mu_k Mg}{\cos\theta-\mu_k\sin\theta}$; (2) $\arctan\dfrac{1}{\mu_s}$

2.2 (1) 3.32 N, 3.75 N; (2) 17.0 m/s^2

2.3 (1) 6.76×10^4 N; (2) 1.56×10^4 N

2.4 (1) 368 N; (2) 0.98 m/s^2

2.5 (1) $a_1=1.96\ m/s^2$,向下;$a_2=1.96\ m/s^2$,向下;$a_3=5.88\ m/s^2$,向上;
(2) 1.57 N,0.784 N

2.6 39.3 m

2.7 19.4 N

2.8 (1) $\dfrac{1}{M+m_2+\dfrac{m_1m_2}{m_1+m_2}}\left[F-\dfrac{m_1m_2}{m_1+m_2}g\right]$; (2) $(m_1+m_2+M)\dfrac{m_2}{m_1}g$

2.9 (1) $v=\sqrt{\dfrac{GM}{r}}=1.59\ km/s$, $T=2\pi\sqrt{\dfrac{r^3}{GM_{月}}}=7666\ s$

2.11 (1) 1.88×10^3 N, 635 N; (2) 66.0 m/s

2.12 1.89×10^{27} kg

2.13 5.7×10^{26} kg

2.14 (2) 6.9×10^3 s; (3) 0.12

2.15 1.1×10^7 atm

2.16 $\sqrt[4]{48}\pi R^{3/2}/\sqrt{GM}$

2.17 1.5×10^6 km

2.18 $\dfrac{v_0R}{R+v_0\mu_k t}$, $\dfrac{R}{\mu_k}\ln\left(1+\dfrac{v_0\mu_k t}{R}\right)$

2.19 (1) 0.56×10^5, 2.80×10^5; (2) 1.97×10^4 N, 2.01 t;
(3) 4.6×10^{-16} N

2.20 534

2.21 $\dfrac{1}{2\pi}\sqrt{\dfrac{(\sin\theta+\mu_s\cos\theta)g}{(\cos\theta-\mu_s\sin\theta)r}}\geqslant n\geqslant\dfrac{1}{2\pi}\sqrt{\dfrac{(\sin\theta-\mu_s\cos\theta)g}{(\cos\theta+\mu_s\sin\theta)r}}$

2.22 $w^2[m_1L_1+m_2(L_1+L_2)]$, $w^2m_2(L_1+L_2)$

2.23 2.9 m/s

2.24 7.4×10^{-2} rad/s,沿转动半径向外

*2.25 $\theta=\pi$,不稳定
$\theta=0$,在 $\omega<\sqrt{g/R}$时稳定,在 $\omega\geqslant\sqrt{g/R}$时不稳定
$\theta=\pm\arccos[g/(\omega^2R)]$,在 $\omega>\sqrt{g/R}$时稳定

*2.26 1560 N, 156 kW

第 3 章

3.1 $-kA/\omega$

3.2 1.41 N·s

3.3 6.42×10^3 N

3.4 11.6 N

3.5 1.1×10^5 N

3.6 4.24×10^4 N,沿 90°平分线向外

3.9 1.07×10^{-20} kg·m/s,与 $\boldsymbol{p}_1$ 的夹角为 149°58′

*3.10 7290 m/s, 8200 m/s, 都向前

3.11 必有一辆车超速

3.12 108 m/s

3.13 0.632

*3.14 (1) 2.07×10^4 m/s; (2) 2.68×10^3 m/s; (3) 172 km

*3.15 2.25×10^4 N

3.16 5.26×10^{12} m

3.17 2.86×10^{34} kg·m²/s, 1.94×10^{11} m²/s

3.18 (1) 1.59 km/s; (2) 10.6 h

3.19 v_0r_0/r

*3.20 (1) 离静止质点$\frac{a}{3}$处,0; (2) $\frac{1}{2}ma^2\omega, \frac{1}{2}ma^2\omega$; (3) $\frac{3}{4}\Omega$

第 4 章

4.1 (1) 1.36×10^4 N, 0.83×10^4 N; (2) 3.95×10^3 J; (3) 1.96×10^4 J

4.2 $mgR[(1-\sqrt{2}/2)+\sqrt{2}\mu_k/2]$, $mgR(\sqrt{2}/2-1)$, $-\sqrt{2}mgR\mu_k/2$

4.3 4.52×10^9 J, 0.982 t

4.4 113 W

4.5 2.8 m/s

4.6 (1) $\frac{1}{2}mv^2\left[\left(\frac{m}{m+M}\right)^2-1\right], \frac{1}{2}M\left(\frac{mv}{m+M}\right)^2$

4.10 (1) 31.8 m, 22.5 m/s; (2) 不会

*4.11 $mv_0\left[\frac{M}{k(M+m)(2M+m)}\right]^{1/2}$

4.12 1.40 m/s

*4.13 (1) $\sqrt{\frac{2MgR}{M+m}}, m\sqrt{\frac{2gR}{M(M+m)}}$; (2) $\frac{m^2gR}{M+m}$; (3) $\left(3+\frac{2m}{M}\right)mg$

4.16 (1) $\frac{GmM}{6R}$; (2) $-\frac{GmM}{3R}$; (3) $-\frac{GmM}{6R}$

4.18 (1) 8.80×10^9 J, 1.62×10^9 J; (2) 2.14 km/s, 1.36 km/s

4.19 (1) 82 km/s; (2) 4.1×10^4 km/s

4.20 1.6×10^{24} J,约 10^6 倍

4.21 2.95 km, 1.85×10^{19} kg/m³, 80 倍

4.22　5×10^{11} kg，7.4×10^{-16} m

4.23　4.20 MeV

第 5 章

5.1　(1) 25.0 rad/s；(2) 39.8 rad/s^2；(3) 0.628 s

5.2　(1) $\omega_0=20.9$ rad/s，$\omega=314$ rad/s，$\alpha=41.9$ rad/s^2；
　　(2) 1.17×10^3 rad，186 圈

5.3　-9.6×10^{-22} rad/s^2

5.4　$4.63\times10^2\cos\lambda$ m/s，与 $O'P$ 垂直；$3.37\times10^{-2}\cos\lambda$ m/s^2，指向 O'

5.5　9.59×10^{-11} m，104°54′

5.6　(1) 1.01×10^{-39} kg·m^2；(2) 5.54×10^8 Hz

5.7　1.95×10^{-46} kg·m^2，1.37×10^{-12} s

5.8　$m\left(\frac{14}{5}R^2+2Rl+\frac{l^2}{2}\right),\frac{4}{5}mR^2$

5.9　分针：1.18 kg·m^2/s，1.03×10^{-3} J；
　　时针：2.12×10^{-2} kg·m^2/s，1.54×10^{-6} J

*5.10　$\frac{13}{24}mR^2$

5.11　$\frac{m_1-\mu_k m_2}{m_1+m_2+m/2}g$，$\frac{(1+\mu_k)m_2+m/2}{m_1+m_2+m/2}m_1 g$，$\frac{(1+\mu_k)m_1+\mu_k m/2}{m_1+m_2+m/2}m_2 g$

5.12　10.5 rad/s^2，4.58 rad/s

5.14　$\frac{2}{3}\mu_k mgR,\frac{3}{4}\frac{\omega R}{\mu_k g},\frac{1}{2}mR^2\omega^2,\frac{1}{4}mR^2\omega^2$

5.15　37.5 r/min，不守恒。臂内肌肉做功，3.70 J

5.16　(1) 8.89 rad/s；(2) 94°18′

5.17　0.496 rad/s

5.18　(1) 4.8 rad/s；(2) 4.5×10^5 J

5.19　(1) 4.95 m/s；(2) 8.67×10^{-3} rad/s；(3) 19 圈

5.20　1.1×10^{42} kg·m^2/s，3.3%

*5.21　(1) -2.3×10^{-9} rad/s^2；(2) 2.6×10^{31} J/s；(3) 1300 a

*5.22　2.14×10^{29} J，2.6×10^9 kW，11，3.5×10^{16} N·m

5.23　3.1 min

*5.25　轮轴沿拉力 **F** 的方向滚动，0.62 rad/s^2，0.62 m/s^2，1380 N

*5.26　(1) $2g/3, mg/3$；(2) $mg, 2g/R$；(3) g，$5g$

*5.27　1.79×10^{22} kg·m^2/s^2，1.79×10^{22} N·m

*5.28　(1) 78.4 min；(2) 1.46×10^5 N·m

第 6 章

6.1　$l\left[1-\cos^2\theta\frac{u^2}{c^2}\right]^{1/2},\arctan\left[\tan\theta\left(1-\frac{u^2}{c^2}\right)^{-\frac{1}{2}}\right]$

6.2 $a^3\left(1-\frac{u^2}{c^2}\right)^{1/2}$

6.3 $\frac{1}{\sqrt{1-u^2/c^2}}$m

6.4 6.71×10^8 m

6.5 0.577×10^{-8} s

6.6 (1) $30c$ m； (2) $90c$ m

6.7 $x=6.0\times10^{16}$ m, $y=1.2\times10^{17}$ m, $z=0$, $t=-2.0\times10^8$ s

*6.8 (1) 1.2×10^8 s； (2) 3.6×10^8 s； (3) 2.5×10^8 s

6.9 (1) $0.95c$； (2) 4.00 s

6.12 $\frac{\frac{Ft}{m_0c}}{\left[1+\left(\frac{Ft}{m_0c}\right)^2\right]^{1/2}}c$, $\left\{\left[1+\left(\frac{Ft}{m_0c}\right)^2\right]^{1/2}-1\right\}\frac{m_0c^2}{F}$;

at, $\frac{1}{2}at^2(a=F/m_0)$; c, ct

6.13 $0.866c$, $0.786c$

6.14 (1) 5.02 m/s； (2) 1.49×10^{-18} kg·m/s； (3) 1.2×10^{-11} N, 0.25 T

6.15 1.36×10^{-15} m/s

6.16 2.22 MeV, 0.12%, 1.45×10^{-6} %

6.17 (1) 4.15×10^{-12} J； (2) 0.69%； (3) 6.20×10^{14} J；
(4) 6.29×10^{11} kg/s； (5) 7.56×10^{10} a

6.18 (1) 6.3×10^7 J, 7×10^{-8} %； (2) 1.3×10^{16} J, 14%, 20 倍

6.19 (1) $0.58m_0c$, $1.15m_0c^2$； (2) $1.33m_0c$, $1.67m_0c^2$

6.20 6.7 GeV

6.21 5.6 GeV, 3.1×10^4 GeV

*6.23 (1) 1 GeV； (2) 10^{18} GeV, 10^{15} 倍

第 7 章

7.1 (1) 8π s^{-1}, 0.25 s, 0.05 m, $\pi/3$, 1.26 m/s, 31.6 m/s^2；
(2) $25\pi/3$, $49\pi/3$, $241\pi/3$

7.2 (1) π； (2) $-\pi/2$； (3) $\pi/3$

7.3 (1) 0, $\pi/3$, $\pi/2$, $2\pi/3$, $4\pi/3$； (2) $x=0.05\cos\left(\frac{5}{6}\pi t-\frac{\pi}{3}\right)$

7.4 (1) 4.2 s； (2) 4.5×10^{-2} m/s^2； (3) $x=0.02\cos\left(1.5t-\frac{\pi}{2}\right)$

7.5 (1) $x=0.02\cos(4\pi t+\pi/3)$； (2) $x=0.02\cos(4\pi t-2\pi/3)$

7.6 (1) $x_2=A\cos(\omega t+\varphi-\pi/2)$, $\Delta\varphi=-\pi/2$； (2) $\varphi=2\pi/3$,图从略

7.7 $2\pi/3$

7.8 (1) 0.25 m； (2) ±0.18 m； (3) 0.2 J

7.9　$m\frac{d^2x}{dt^2}=-kx$，$T=2\pi\sqrt{\frac{m}{k}}$；　总能量是$\frac{1}{2}kA^2$

7.11　$2\pi\sqrt{m(k_1+k_2)/k_1k_2}$

*7.13　31.8 Hz

*7.14　(1) GM_Emr/R_E^3，r 为球到地心的距离；(2),(3) $2\pi R_E\sqrt{R_E/GM_E}$

*7.15　(1) 0.031 m；(2) 2.2 Hz

7.16　0.90 s

7.17　0.77 s

7.20　$2\pi\sqrt{2R/g}$

*7.21　(1) 1.1×10^{14} Hz；(2) 1.7×10^{-11} m

7.22　311 s, $2.2\times10^{-3}\ s^{-1}$, 712

7.24　$x=0.06\cos(2t+0.08)$

*7.25　(1) 314 s^{-1}, 0.16 m, $\pi/2$, $x=0.16\cos\left(314t+\frac{\pi}{2}\right)$；(2) 12.5 ms

第 8 章

8.1　6.9×10^{-4} Hz，10.8 h

8.2　$y=0.05\sin(4.0t-5x+2.64)$或 $y=0.05\sin(4.0t+5x+1.64)$

8.3　(1) 0.50 m，200 Hz，100 m/s，沿 x 轴正向；(2) 25 m/s

8.4　3 km，1.0 m

8.5　(1) $y=0.04\cos\left(0.4\pi t-5\pi x+\frac{\pi}{2}\right)$；(2) 图从略

8.6　(1) $x=n-8.4$，$n=0,\pm1,\pm2,\cdots$，-0.4 m，4 s；(2) 图从略

8.7　(1) 0.12 m；(2) π

8.8　$2.03\times10^{11}\ N/m^2$

8.10　(1) $8\times10^{-4}\ W/m^2$；(2) 1.2×10^{-6} W

8.12　x 轴正向沿 AB 方向，原点取在 A 点，静止的各点的位置为 $x=15-2n$，$n=0,\pm1,\pm2,\cdots,\pm7$

8.13　(1) 0.01 m，37.5 m/s；(2) 0.157 m；(3) -8.08 m/s

8.14　(1) $y_i=A\cos\left(2\pi\nu t-\frac{2\pi\nu}{u}x-\frac{\pi}{2}\right)$，$\left(0\leqslant x\leqslant\frac{3}{4}\lambda=\frac{3u}{4\nu}\right)$；

(2) $y_r=A\cos\left(2\pi\nu t+\frac{2\pi\nu}{u}x-\frac{\pi}{2}\right)$，$\left(x\leqslant\frac{3}{4}\lambda=\frac{3u}{4\nu}\right)$波节在 P 点及距 P 点 $\lambda/2$ 处

8.15　1.44 MHz

8.16　0.316 W/m^2，126 W/m^2

8.19　(1) 6.25 m/s；*(2) 0.94 m/s

8.20　415 Hz

8.21　0.30 Hz，3.3 s；0.10 Hz，10 s

8.22 9.4 m/s

8.23 1.66×10^3 Hz

8.24 超了

8.25 (1) 25.8°； (2) 13.6 s

8.26 1.46 m/s

8.27 (1) $y=2A\cos(0.5x-0.5t)\sin(4.5x-9.5t)$； (2) 1 m/s； (3) 6.3 m

*8.28 $2u$

*8.29 $u=\sqrt{\omega_p^2+c^2k^2}/k, u_g=\dfrac{c^2k}{\sqrt{\omega_p^2+c^2k^2}}$

8.30 1.2×10^8 m/s

第 9 章

9.1 5×10^6

9.2 545 nm,绿色

9.3 4.5×10^{-5}m

9.4 0.60 μm

9.5 −39°,−7.2°,22°,61°

9.6 23 Hz

9.8 5.7°

9.10 895 nm,0.8

*9.11 23 cm,7.7×10^{-10} s

*9.12 55 μm

9.13 6.6 μm

9.14 1.28 μm

9.15 反射加强 $\lambda=480$ nm；透射加强 $\lambda_1=600$ nm,$\lambda_2=400$ nm

9.16 70 nm

9.17 643 nm

9.18 0.111 μm,590 nm(黄色)

9.19 $(99.6+199.3k)$nm,$k=0,1,2,\cdots$,最薄 99.6 nm

9.20 590 nm

9.21 $2(n-1)h$

9.22 534.9 nm

*9.23 1.000 29

第 10 章

10.1 5.46 mm

10.2 7.26 μm

10.3 428.6 nm

10.4 47°

10.5 (1) 1.9×10^{-4} rad; (2) 4.4×10^{-3} mm; (3) 2.3 个

10.6 1.6×10^{-4} rad, 7.1 km

10.7 13 μm

10.8 8.9 km

10.9 (1) 3×10^{-7} rad; (2) 2 m

10.10 1.6×10^{-4} rad

10.11 $10^{-3}{}''$([角]秒)

10.12 1.0 cm

10.13 (1) 2.4 mm; (2) 2.4 cm; (3) 9

10.14 $\arcsin(\pm0.1768k)$, $k=0,1,\cdots,5$;

$0°, \pm10°11', \pm20°42', \pm32°2', \pm45°, \pm62°7'$

10.15 570 nm, 43.2°

10.16 2×10^{-6} m, 6.7×10^{-7} m

10.17 3646

10.18 极大, 3.85′, 12.4°

10.19 有, 0.130 nm, 0.097 nm

*10.20 0.165 nm

第 11 章

11.1 $2.25I_1$

11.2 (1) 54°44′; (2) 35°16′

*11.3 $\frac{1}{2}I_0\cos^2\theta/(\cos^2\theta+\sin^2\theta\cos^2\varphi)$

11.5 48°26′, 41°34′, 互余

11.6 35°16′

11.7 1.60

11.8 36°56′

11.9 48°

*11.11 (2) $I_i/2$, $I_i/2$, $3I_i/16$

*11.12 931 nm, 光轴平行于晶片表面

*11.13 线偏振光, 偏振方向与入射光的垂直

11.14 透射光的偏振方向在入射面内, 在胶合面处全反射的光的偏振方向垂直于入射面

*11.15 49.9°/mm

第 12 章

12.1 (1) 9.08×10^3 Pa; (2) 90.4 K, −182.8 ℃

12.2 47 min

12.3 2.8 atm

12.4 196 K, 6.65×10^{19} m^{-3}

12.5 84℃

12.6 25 cm^{-3}

12.7 1.4×10^{-9} Pa

12.8 (3) 0.29 atm

12.11 5.8×10^{-8} m, 1.3×10^{-10} s

12.12 3.2×10^{17} m^{-3}, 10^{-2} m(分子间很难相互碰撞),分子与器壁的平均碰撞频率为4.7×10^{4} s^{-1}。

12.13 80 m, 0.13 s

12.14 (1) $\pi d^2/4$; (2) $4/(\pi d^2 n)$

12.15 (1) 6.00×10^{-21} J, 4.00×10^{-21} J, 10.00×10^{-21} J;
(2) 1.83×10^{3} J; (3) 1.39 J

12.16 3.74×10^{3} J/mol, 6.23×10^{3} J/mol, 6.23×10^{3} J/mol;
0.935×10^{3} J, 3.12×10^{3} J, 0.195×10^{3} J

12.17 284 K

12.18 (1) $2/3v_0$; (2) $\frac{2}{3}N, \frac{1}{3}N$; (3) $11v_0/9$

12.19 0.95×10^{7} m/s, 2.6×10^{2} m/s, 1.6×10^{-4} m/s

12.20 对火星:5.0 km/s, $v_{rms,CO_2}=0.368$ km/s, $v_{rms,H_2}=1.73$ km/s
对木星:60 km/s, $v_{rms,H_2}=1.27$ km/s

12.21 8.8×10^{-3} m/s

12.22 6.15×10^{23}/mol

12.23 $\varepsilon_{t,p}=kT/2$

12.25 (1) 2.00×10^{19}; (2) 3.31×10^{23} $cm^{-2}\cdot s^{-1}$; (3) 3.31×10^{23} $cm^{-2}\cdot s^{-1}$;
(4) 1 atm

第 13 章

13.1 (1) 600 K, 600 K, 300 K; (2) 2.81×10^{3} J

13.2 (1) 424 J; (2) −486 J, 放了热

13.3 (1) 2.08×10^{3} J, 2.08×10^{3} J, 0;
(2) 2.91×10^{3} J, 2.08×10^{3} J, 0.83×10^{3} J

13.4 319 K

13.5 (1) 41.3 mol; (2) 4.29×10^{4} J; (3) 1.71×10^{4} J; (4) 4.29×10^{4} J

13.7 0.21 atm, 193 K; 934 J, −934 J

13.8 (1) 5.28 atm, 429 K; (2) 7.41×10^{3} J, 0.93×10^{3} J, 6.48×10^{3} J

13.9 (1) 0.652 atm, 317 K; (2) 1.90×10^{3} J, -1.90×10^{3} J;

(3) 氮气体积由 20 L 变为 30 L，是非平衡过程，画不出过程曲线，从 30 L 变为 50 L 的过程曲线为绝热线。

13.10　1.42

*13.14　(1) 等压，等温，绝热，等体

13.15　(1) $p_B(0.04-V_B)^2=51V_B$；　(2) 322 K，965 K；　(3) 1.66×10^4 J

13.16　(2) 0.48

13.18　$1-\dfrac{T_1T_2}{T_1T_2+(T_2-T_1)T}$

13.20　(1) 6.7%；　(2) 14 MW；　(3) 6.5×10^2 t/h

13.21　1.05×10^4 J

13.22　0.39 kW

13.23　9.98×10^7 J，2.99 倍

*13.24　(1) 7.10×10^5 J；　(2) 9.33×10^5 J；　(3) 2.23×10^5 J；　(4) 3.18，3.71

第 14 章

14.1　1.30×10^3 J，2.79×10^3 J，23.5 J/K

14.2　268 J/K

14.3　3.4×10^3 J/K

14.4　30 J/(K·s)

14.5　70 J/(K·s)

14.6　3.8×10^6 J/K

14.7　(1) 184 J/K，增加；　(2) 97 J/K

14.8　(1) -1.10×10^3 J/K，0；　(2) 1.10×10^3 J/K，0.29×10^3 J/K

14.9　(2) 等温过程　$A=1.69\times10^6$ J；$\Delta S=5.63\times10^3$ J/K

　　等体过程　$A=0$；$\Delta S=-5.63\times10^3$ J/K

　　绝热过程　$A=-1.30\times10^6$ J；$\Delta S=0$

　　循环过程　$A=3.9\times10^5$ J；$\Delta S=0$